AutoCAD 2024 中文版从入门到精通

■ 刘迅芳 著

U0377456

人民邮电出版社
北京

图书在版编目（CIP）数据

AutoCAD 2024中文版从入门到精通 / 刘迅芳著. --
北京 : 人民邮电出版社, 2024.6
ISBN 978-7-115-64178-6

Ⅰ. ①A… Ⅱ. ①刘… Ⅲ. ①AutoCAD软件 Ⅳ.
①TP391.72

中国国家版本馆CIP数据核字(2024)第069796号

内 容 提 要

本书重点介绍 AutoCAD 2024 中文版在产品设计中的应用方法与技巧。全书共 17 章，分别介绍 AutoCAD 2024 的基本概念、基本操作，基本绘图命令，基本绘图设置，精确绘图，平面图形的编辑，文字与表格，图案填充、块与属性，复杂二维图形的绘制与编辑，尺寸标注，快捷绘图工具，布局与打印，三维绘图基础，绘制和编辑三维表面，实体绘制，实体编辑，机械设计工程实例，建筑设计工程实例等内容。全书由浅入深，从易到难，内容翔实，图文并茂，语言简洁，思路清晰。知识点配有案例讲解，使读者对知识点有进一步的了解。每章最后配有巩固练习，使读者能对全章的知识点综合运用。

本书还随书附赠丰富的电子资源，包含全书讲解实例和练习实例的源文件，以及同步讲解的视频。

本书既可以作为大、中专院校相关专业以及 CAD 培训机构的教材，也可以作为从事设计工作的工程技术人员的参考书。

◆ 著　　　　刘迅芳
责任编辑　王旭丹
责任印制　王　郁　胡　南

◆ 人民邮电出版社出版发行　　北京市丰台区成寿寺路 11 号
邮编　100164　　电子邮件　315@ptpress.com.cn
网址　https://www.ptpress.com.cn
固安县铭成印刷有限公司印刷

◆ 开本：787×1092　1/16
印张：20　　　　2024 年 6 月第 1 版
字数：559 千字　　　　2025 年 5 月河北第 7 次印刷

定价：79.80 元

读者服务热线：(010)81055410　印装质量热线：(010)81055316
反盗版热线：(010)81055315

前　言

随着技术的发展，计算机辅助设计（Computer Aided Design，CAD）技术在人们的日常工作和生活中发挥着越来越重要的作用。AutoCAD 是目前应用最广泛的 CAD 软件之一。AutoCAD 一直致力于把工业技术与计算机技术融为一体，形成开放式的大型 CAD 平台，在机械、建筑、电子等领域更是先人一步，发展势头异常迅猛。值此 AutoCAD 2024 版本面市之际，作者根据读者工程应用学习的需要编写了本书。本书处处凝结着教育者的经验与体会，体现着他们的教学思想，希望能够为广大读者的学习抛砖引玉，提供一条有效的路径。

一、本书特色

图书市场上关于 AutoCAD 的指导书多不胜数，读者要挑选一本自己中意的书反而很困难。那么，本书为什么能够在读者“众里寻他千百度”之时，出现于“灯火阑珊”处呢？这是因为本书有以下特色。

1. 作者专业

本书由作者根据多年的设计经验和教学的心得体会精心编著而成，力求全面细致地展现 AutoCAD 在设计领域的各种功能和使用方法。

2. 知行合一

本书结合大量的设计实例，详细讲解 AutoCAD 的知识要点，让读者在学习实例的过程中掌握 AutoCAD 的操作技巧，同时提升工程设计实践能力。

3. 技能突出

本书从全面提升读者 AutoCAD 设计能力的角度出发，结合大量的实例来讲解如何利用 AutoCAD 进行设计，真正让读者能够灵活运用 AutoCAD 独立地完成各种工程设计。

4. 内容全面

本书包括 AutoCAD 常用功能的讲解，不仅对 AutoCAD 基本功能、二维平面绘图功能，以及三维造型设计功能进行了详细讲解，还包含了各种工程应用案例讲解。

二、本书的组织结构和主要内容

本书以 AutoCAD 2024 为演示平台，全面介绍 AutoCAD 软件的相关知识和使用方法，帮助读者从新手成长为高手。全书分为 17 章，各部分内容如下。

第 1 章主要介绍 AutoCAD 2024 基础知识，包括 AutouCAD 的基本概念和基本操作。

第 2 章主要介绍基本绘图命令，如直线类命令、圆类命令、平面图形命令等内容。

第 3 章主要介绍基本绘图设置，如绘图环境设置、图层设置等内容。

第 4 章主要介绍精确绘图的相关内容。

第 5 章主要介绍平面图形的编辑。

第 6 章主要介绍文字与表格，如文本样式、文本标注、表格等内容。

第 7 章主要介绍图案填充、块与属性的相关内容。

第 8 章主要介绍复杂二维图形的绘制与编辑。

第 9 章主要介绍尺寸标注的相关内容。

第 10 章主要介绍快捷绘图工具，如设计中心、工具选项板、参数化绘图等内容。

第 11 章主要介绍布局与打印，如对象查询、模型与布局等内容。

第 12 章主要介绍三维绘图基础，如显示形式、三维坐标系统、观察模式等内容。

第 13 章主要介绍绘制与编辑三维表面，如绘制三维网格图元、绘制三维网格、绘制三维曲面等内容。

第 14 章主要介绍实体绘制，包括绘制基本三维实体、特征操作、三维倒角和圆角等内容。

第 15 章主要介绍实体编辑的相关内容。

第 16 章主要介绍机械设计工程实例。

第 17 章主要介绍建筑设计工程实例。

三、本书的配套资源

本书为读者提供了极为丰富的配套电子资源，以便读者在最短的时间内学会并精通这门技能。

1. 实例配套讲解视频

本书针对实例专门制作了配套讲解视频，读者可以先看视频，方便、直观地学习本书内容，然后对照课本加以实践和练习，能大大提高学习效率。

2. 全书实例的源文件

本书附带全部讲解实例和练习实例的源文件。

3. 其他资源

为了拓展读者的学习范围，电子资源中还收录了 AutoCAD 官方认证的考试大纲和模拟题、AutoCAD 应用技巧大全、AutoCAD 常用图块集等超值赠送资源。

四、致谢

本书由刘迅芳著，闫聪聪、康士廷、韩哲等在资料的收集、整理、校对方面也做了大量的工作，在此向他们表示感谢！

由于时间仓促，作者水平有限，书中疏漏之处在所难免，希望广大读者加入 qq 群 735248336 或发邮件到 714491436@qq.com 提出宝贵的批评意见。

2024 年 2 月

资源与支持

资源获取

本书提供如下资源：

- 讲解视频；
- 配套源文件；
- 超值赠送资源。

要获得以上资源，您可以扫描下方二维码，根据指引领取。

提交勘误

作者和编辑尽最大努力来确保书中内容的准确性，但难免会存在疏漏。欢迎您将发现的问题反馈给我们，帮助我们提升图书的质量。

当您发现错误时，请登录异步社区（https://www.epubit.com），按书名搜索，进入本书页面，点击“发表勘误”，输入错误相关信息，点击“提交勘误”按钮即可（见下图）。本书的作者和编辑会对您提交的意见进行审核，确认并接受后，您将获赠异步社区的 100 积分。积分可用于在异步社区兑换优惠券、样书或奖品。

图书勘误　　发表勘误

页码： 1　　页内位置（行数）： 1　　勘误印次： 1

图书类型： 纸书　电子书

添加勘误图片（最多可上传4张图片）

+

提交勘误

与我们联系

我们的联系邮箱是 contact@epubit.com.cn。

如果您对本书有任何疑问或建议，请您发邮件给我们，并请在邮件标题中注明本书书名，以便我们更高效地做出反馈。

如果您有兴趣出版图书、录制教学视频，或者参与图书翻译、技术审校等工作，可以发邮件给我们。

如果您所在的学校、培训机构或企业，想批量购买本书或异步社区出版的其他图书，也可以发邮件给我们。

如果您在网上发现有针对异步社区出品图书的各种形式的盗版行为，包括对图书全部或部分内容的非授权传播，请您将怀疑有侵权行为的链接发邮件给我们。您的这一举动是对作者权益的保护，也是我们持续为您提供有价值的内容的动力之源。

关于异步社区和异步图书

“异步社区”（www.epubit.com）是由人民邮电出版社创办的 IT 专业图书社区，于 2015 年 8 月上线运营，致力于出版和分享优质内容，为读者提供高品质的学习内容，为作译者提供专业的出版服务，实现作者与读者在线交流互动，以及传统出版与数字出版的融合发展。

“异步图书”是异步社区策划出版的精品 IT 图书的品牌，依托于人民邮电出版社在 IT 图书领域 40 余年的发展与积淀。异步图书主要面向 IT 行业以及各行业使用 IT 相关技术的读者。

目 录

第1章 基本概念、基本操作……1
1.1 操作界面……2
1.2 标题栏……2
1.3 绘图区……2
1.3.1 修改十字光标的大小……3
1.3.2 修改操作界面的颜色……3
1.3.3 坐标系图标……3
1.3.4 菜单栏……3
1.3.5 工具栏……4
1.3.6 命令行窗口……6
1.3.7 布局标签……6
1.3.8 状态栏……6
1.3.9 滚动条……7
1.3.10 状态托盘……7
1.3.11 快速访问工具栏和交互信息工具栏……9
1.3.12 功能区……9
1.4 基本输入操作……9
1.4.1 命令输入方式……9
1.4.2 命令的重复、撤销、重做……10
1.4.3 坐标系与数据的输入方法……10
1.4.4 实例——绘制线段……11
1.4.5 使用功能键或快捷键……11
1.5 文件管理……12
1.5.1 新建文件……12
1.5.2 打开文件……12
1.5.3 保存文件……12
1.5.4 另存为……13
1.5.5 退出……13
1.5.6 图形修复……13
1.6 图形的缩放与平移……14
1.6.1 实时缩放……14
1.6.2 放大和缩小……14
1.6.3 动态缩放……15
1.6.4 实时平移……16
1.7 练习……16
第2章 基本绘图命令……18
2.1 直线类命令……19
2.1.1 直线……19
2.1.2 实例——绘制螺栓……19
2.1.3 构造线……20
2.2 圆类命令……21
2.2.1 圆……21
2.2.2 实例——绘制连环圆……22
2.2.3 圆弧……22
2.2.4 实例——绘制小靠背椅……23
2.2.5 椭圆与椭圆弧……23
2.2.6 实例——绘制马桶……24
2.2.7 圆环……24
2.3 平面图形命令……25
2.3.1 矩形……25
2.3.2 实例——绘制方头平键1……26
2.3.3 多边形……27
2.3.4 实例——绘制八角凳……27
2.4 点命令……28
2.4.1 点……28
2.4.2 等分点……28
2.4.3 测量点……29
2.4.4 实例——绘制棘轮……29
2.5 练习……30
第3章 基本绘图设置……31
3.1 设置绘图环境……32
3.1.1 图形单位设置……32
3.1.2 图形边界设置……32
3.2 设置图层……33
3.2.1 利用对话框设置图层……33
3.2.2 利用工具栏设置图层……36

3.3 颜色、线型与线宽……36
3.3.1 颜色的设置……36
3.3.2 线型的设置……38
3.4 线宽的设置……40
3.5 随层特性……40
3.6 实例——绘制机械零件图形……40
3.7 练习……42
第4章 精确绘图……43
4.1 精确定位工具……44
4.1.1 正交模式……44
4.1.2 栅格工具……44
4.1.3 捕捉工具……45
4.2 对象捕捉……45
4.2.1 特殊位置点捕捉……46
4.2.2 实例——绘制圆的公切线……46
4.2.3 对象捕捉设置……47
4.2.4 实例——绘制盘盖……48
4.2.5 基点捕捉……49
4.2.6 实例——绘制线段1……49
4.2.7 点过滤器捕捉……49
4.2.8 实例——绘制线段2……50
4.3 对象追踪……50
4.3.1 自动追踪……50
4.3.2 实例——绘制线段3……51
4.3.3 实例——方头平键2……51
4.3.4 临时追踪……53
4.3.5 实例——绘制线段4……53
4.4 动态输入……53
4.5 练习……54
第5章 平面图形的编辑……56
5.1 选择对象……57
5.1.1 构造选择集……57
5.1.2 快速选择……59
5.1.3 实例——选择指定对象……59
5.2 删除及恢复类命令……60
5.2.1 删除命令……60
5.2.2 恢复命令……60
5.2.3 清除命令……60
5.3 基本编辑命令……60
5.3.1 复制命令……61
5.3.2 实例——绘制电冰箱……61
5.3.3 镜像命令……62
5.3.4 实例——绘制二极管……62
5.3.5 偏移命令……62
5.3.6 实例——绘制多级开关……63
5.3.7 阵列命令……64
5.3.8 实例——绘制燃气灶……64
5.3.9 移动命令……65
5.3.10 旋转命令……65
5.3.11 实例——绘制转角沙发……66
5.3.12 缩放命令……67
5.4 改变几何特性类命令……67
5.4.1 剪切命令……67
5.4.2 实例——绘制铰套……68
5.4.3 延伸命令……68
5.4.4 实例——绘制空间连杆……69
5.4.5 圆角命令……70
5.4.6 实例——绘制吊钩……71
5.4.7 倒角命令……72
5.4.8 实例——绘制M10螺母……73
5.4.9 拉伸命令……74
5.4.10 实例——绘制手柄……75
5.4.11 拉长命令……76
5.4.12 实例——绘制蓄电池符号……76
5.4.13 打断命令……77
5.4.14 打断于点命令……77
5.4.15 分解命令……77
5.4.16 合并……78
5.4.17 光顺曲线……78
5.4.18 实例——绘制轴承座……78
5.5 对象编辑……82
5.5.1 钳夹功能……82
5.5.2 修改对象属性……82
5.5.3 特性匹配……83
5.5.4 实例——绘制吧椅……83
5.6 练习……84

第6章 文字与表格……86
6.1 文本样式……87
6.2 文本标注……88
6.2.1 单行文本标注……88
6.2.2 多行文本标注……90
6.2.3 标注注释性文字……92
6.2.4 实例——插入符号……93
6.3 文本编辑……94
6.3.1 文本编辑命令……94
6.3.2 实例——绘制样板图……94
6.4 表格……98
6.4.1 定义表格样式……98
6.4.2 创建表格……99
6.4.3 表格文字编辑……100
6.4.4 实例——绘制种植表……100
6.5 练习……102
第7章 图案填充、块与属性……104
7.1 图案填充……105
7.1.1 基本概念……105
7.1.2 图案填充的操作……105
7.1.3 编辑填充的图案……108
7.1.4 实例——绘制圆锥滚子轴承……109
7.2 图块操作……112
7.2.1 定义图块……112
7.2.2 图块的存盘……112
7.2.3 实例——定义组合沙发图块……113
7.2.4 图块的插入……114
7.2.5 实例——标注阀盖表面粗糙度……115
7.2.6 动态块……115
7.2.7 实例——利用动态块功能标注阀盖的表面粗糙度……117
7.3 图块的属性……118
7.3.1 定义图块属性……118
7.3.2 修改属性的定义……119
7.3.3 图块属性编辑……119
7.3.4 实例——利用属性功能标注阀盖的表面粗糙度……120
7.4 练习……120
第8章 复杂二维图形的绘制与编辑……122
8.1 多段线……123
8.1.1 绘制多段线……123
8.1.2 编辑多段线……123
8.1.3 实例——绘制锅……124
8.2 样条曲线……125
8.2.1 绘制样条曲线……125
8.2.2 编辑样条曲线……126
8.2.3 实例——绘制泵轴……126
8.3 多线……130
8.3.1 绘制多线……130
8.3.2 定义多线样式……130
8.3.3 编辑多线……131
8.3.4 实例——绘制平面墙线……132
8.4 面域……134
8.4.1 创建面域……134
8.4.2 面域的布尔运算……134
8.4.3 实例——绘制法兰盘……135
8.5 练习……136
第9章 尺寸标注……137
9.1 尺寸样式……138
9.1.1 直线……139
9.1.2 符号和箭头……140
9.1.3 尺寸文本……141
9.1.4 调整……142
9.1.5 主单位……143
9.1.6 换算单位……144
9.1.7 公差……144
9.2 标注尺寸……145
9.2.1 长度型尺寸标注……145
9.2.2 实例——标注阀盖1……146
9.2.3 对齐标注……149
9.2.4 基线标注……149
9.2.5 连续标注……149
9.2.6 实例——标注阀盖2……149
9.2.7 坐标尺寸标注……151
9.2.8 角度尺寸标注……151
9.2.9 直径标注……152

9.2.10 半径标注……152
9.2.11 实例——标注阀盖3……152
9.2.12 弧长标注……153
9.2.13 折弯标注……154
9.2.14 圆心标记和中心线标注……154
9.2.15 快速尺寸标注……154
9.2.16 等距标注……155
9.2.17 折断标注……155
9.3 引线标注……155
9.3.1 一般引线标注……155
9.3.2 快速引线标注……156
9.3.3 多重引线样式……157
9.3.4 多重引线标注……159
9.3.5 实例——标注阀盖4……159
9.4 几何公差……159
9.4.1 几何公差标注……160
9.4.2 实例——标注阀盖5……160
9.5 编辑尺寸标注……162
9.5.1 利用DIMEDIT命令编辑尺寸标注……162
9.5.2 利用DIMTEDIT命令编辑尺寸标注……162
9.5.3 实例——标注泵轴……163
9.6 练习……167
第10章 快捷绘图工具……169
10.1 设计中心……170
10.1.1 启动设计中心……170
10.1.2 插入图块……170
10.1.3 图形复制……171
10.1.4 实例——给房子图形插入窗户图块……171
10.2 工具选项板……172
10.2.1 打开工具选项板……172
10.2.2 工具选项板的显示控制……173
10.2.3 新建工具选项板……173
10.2.4 向工具选项板中添加内容……174
10.2.5 实例——绘制居室布置平面图……175
10.3 参数化绘图……177
10.3.1 建立几何约束……177
10.3.2 几何约束设置……178
10.3.3 实例——绘制电感符号……178
10.3.4 建立尺寸约束……179
10.3.5 尺寸约束设置……179
10.3.6 实例——绘制轴……180
10.3.7 自动约束……181
10.3.8 实例——约束控制未封闭的三角形……182
10.4 练习……183
第11章 布局与打印……184
11.1 对象查询……185
11.1.1 查询距离……185
11.1.2 查询对象状态……185
11.2 模型与布局……185
11.2.1 模型空间……186
11.2.2 图纸空间……187
11.3 打印……189
11.4 练习……190
第12章 三维绘图基础……191
12.1 显示形式……192
12.1.1 消隐……192
12.1.2 视觉样式……192
12.1.3 视觉样式管理器……193
12.2 三维坐标系统……193
12.2.1 坐标系建立……194
12.2.2 动态UCS……194
12.3 观察模式……195
12.3.1 动态观察……195
12.3.2 控制盘……196
12.4 视点设置……197
12.4.1 利用对话框设置视点……197
12.4.2 利用罗盘确定视点……197
12.5 基本三维绘制……198
12.5.1 绘制三维点……198
12.5.2 绘制三维多段线……198
12.5.3 绘制三维面……198
12.5.4 绘制多边网格面……198
12.5.5 绘制三维网格……199
12.5.6 绘制三维螺旋线……199
12.6 练习……200

第13章　绘制和编辑三维表面……201
13.1　绘制基本三维网格图元……202
13.1.1　绘制网格长方体……202
13.1.2　绘制网格圆锥体……202
13.1.3　实例——绘制足球门……202
13.2　绘制三维网格……204
13.2.1　直纹网格……204
13.2.2　平移网格……204
13.2.3　边界网格……204
13.2.4　旋转网格……205
13.2.5　实例——绘制弹簧……205
13.3　绘制三维曲面……206
13.3.1　平面曲面……206
13.3.2　偏移曲面……207
13.3.3　过渡曲面……207
13.3.4　圆角曲面……207
13.3.5　网络曲面……208
13.3.6　修补曲面……208
13.4　编辑曲面……209
13.4.1　修剪曲面……209
13.4.2　取消修剪曲面……209
13.4.3　延伸曲面……209
13.5　三维操作……210
13.5.1　三维旋转……210
13.5.2　三维镜像……210
13.5.3　三维阵列……211
13.5.4　三维对齐……211
13.5.5　三维移动……212
13.5.6　实例——绘制花篮……212
13.6　综合实例——绘制茶壶……213
13.6.1　绘制茶壶拉伸截面……213
13.6.2　拉伸茶壶截面……214
13.6.3　绘制茶壶盖……215
13.7　练习……216
第14章　实体绘制……217
14.1　绘制基本三维实体……218
14.1.1　长方体……218
14.1.2　圆柱体……218
14.1.3　实例——绘制石凳……219
14.2　特征操作……219
14.2.1　拉伸……219
14.2.2　实例——绘制胶垫……220
14.2.3　旋转……221
14.2.4　实例——绘制带轮……221
14.2.5　扫掠……223
14.2.6　实例——绘制六角螺栓……223
14.2.7　放样……226
14.2.8　拖曳……227
14.3　三维倒角与圆角……227
14.3.1　倒角……228
14.3.2　圆角……228
14.3.3　实例——绘制手柄……228
14.4　特殊视图……230
14.4.1　剖面图……230
14.4.2　剖切断面……230
14.4.3　截面平面……230
14.4.4　实例——绘制阀芯……233
14.5　练习……234
第15章　实体编辑……236
15.1　编辑实体……237
15.1.1　拉伸面……237
15.1.2　实例——绘制六角螺母……237
15.1.3　移动面……239
15.1.4　压印边……239
15.1.5　偏移面……239
15.1.6　删除面……240
15.1.7　实例——绘制镶块……240
15.1.8　旋转面……241
15.1.9　实例——绘制轴支架……242
15.1.10　复制面……243
15.1.11　着色面……243
15.1.12　倾斜面……244
15.1.13　实例——绘制回形窗……244
15.1.14　抽壳……245
15.1.15　实例——绘制镂空园桌……246
15.1.16　复制边……247

15.1.17 实例——绘制摇杆 247
15.1.18 着色边 249
15.1.19 清除 249
15.1.20 分割 249
15.1.21 检查 250
15.1.22 夹点编辑 250
15.2 渲染实体 250
15.2.1 贴图 250
15.2.2 材质 251
15.2.3 渲染 252
15.3 综合实例——绘制齿轮 252
15.4 练习 256
第16章 机械设计工程实例 257
16.1 完整零件图绘制方法 258
16.1.1 零件图内容 258
16.1.2 零件图绘制过程 258
16.2 零件图绘制实例 258
16.2.1 圆柱齿轮 258
16.2.2 减速器箱体 264
16.3 完整装配图绘制方法 272
16.3.1 装配图内容 273
16.3.2 装配图绘制过程 273
16.4 减速器装配图 273
16.4.1 配置绘图环境 274
16.4.2 拼装装配图 274
16.4.3 修剪装配图 276
16.4.4 标注装配图 276
16.4.5 填写标题栏和明细表 277
16.5 练习 278
第17章 建筑设计工程实例 279
17.1 建筑绘图概述 280
17.1.1 建筑设计概述 280
17.1.2 建筑设计特点 281
17.1.3 建筑总平面图概述 283
17.1.4 建筑平面图概述 285
17.1.5 建筑立面图概述 285
17.1.6 建筑剖面图概述 286
17.1.7 建筑详图概述 286
17.2 绘制别墅建筑图 287
17.2.1 绘制别墅平面图 287
17.2.2 绘制别墅立面图 294
17.2.3 绘制别墅剖面图 299
17.2.4 绘制别墅建筑详图 303
17.3 练习 307

第1章 基本概念、基本操作

本章介绍 AutoCAD 2024 中文版的主要特点、基本概念和基本操作。

重点与难点

- 操作界面
- 标题栏
- 绘图区
- 基本输入操作
- 文件管理
- 图形的缩放与平移

1.1 操作界面

为了便于学习，本书采用 AutoCAD 经典风格的界面做介绍，AutoCAD 2024 中文版操作界面如图 1-1 所示。

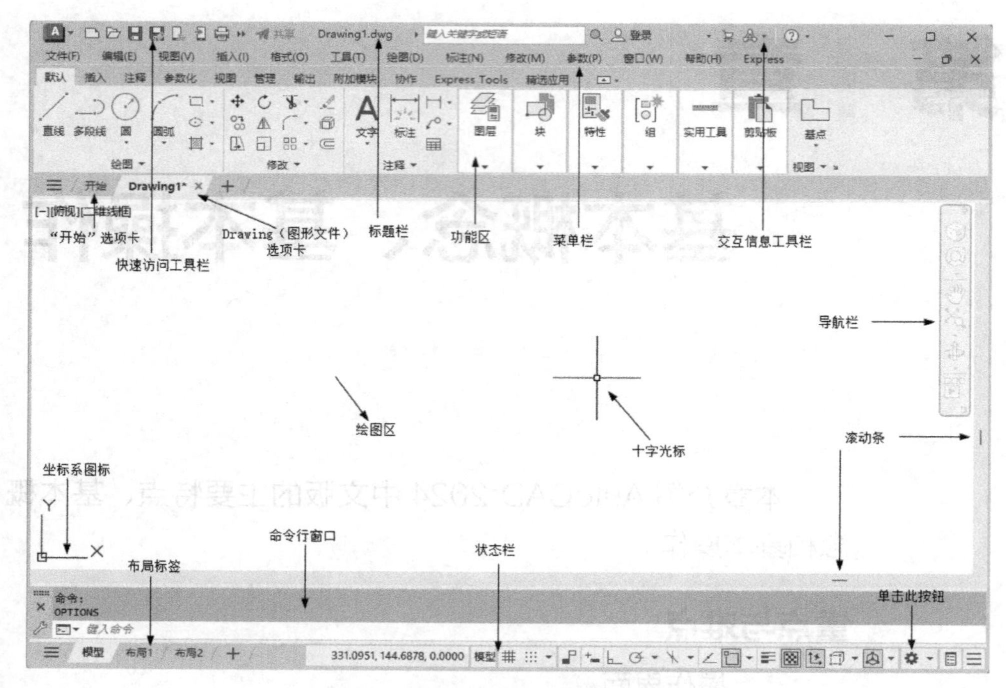

图 1-1　AutoCAD 2024 中文版操作界面

单击界面右下角的"切换工作空间"按钮⚙，如图 1-1 所示，在弹出的菜单中选择"草图与注释"命令，如图 1-2 所示，可切换到 AutoCAD 经典风格的界面。

AutoCAD 经典风格的界面包括标题栏、绘图区、十字光标、菜单栏、导航栏、坐标系图标、命令行窗口、状态栏、布局标签和快速访问工具栏等。

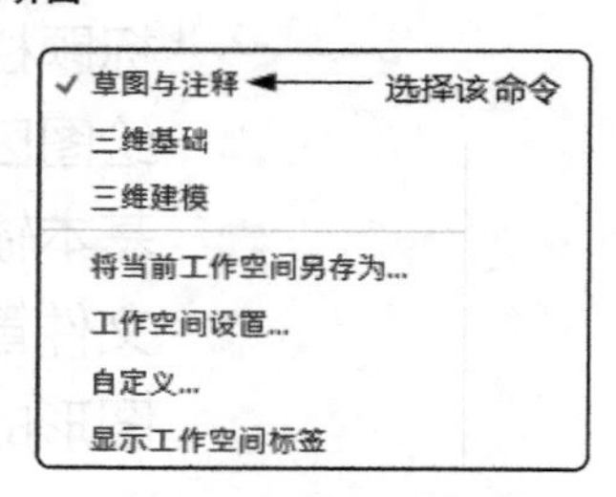

图 1-2　"草图与注释"命令

1.2 标题栏

AutoCAD 2024 中文版操作界面的最上方是标题栏。标题栏中显示了系统当前正在运行的应用程序（AutoCAD 2024）和用户正在使用的图形文件名字。第一次启动 AutoCAD 时，标题栏中将显示 AutoCAD 2024 中文版在启动时创建并打开的图形文件的名字"Drawing1.dwg"，如图 1-1 所示。

1.3 绘图区

绘图区是用户使用 AutoCAD 绘制图形的区域，用户完成一幅设计作品的主要工作都是在绘图区进行的。

在绘图区中，十字光标的方向与当前用户坐标系的 *X* 轴、*Y* 轴方向平行，系统预设长度为屏幕大小的 5%。

1.3.1 修改十字光标的大小

用户可以根据实际需要更改十字光标的大小，具体方法如下。

在操作界面中选择“工具”菜单中的“选项”命令。屏幕上将弹出“选项”对话框。打开“显示”选项卡，在“十字光标大小”区域的文本框中直接输入需要的数值，或者拖动文本框后的滑块，对十字光标的大小进行调整，如图 1-3 所示。

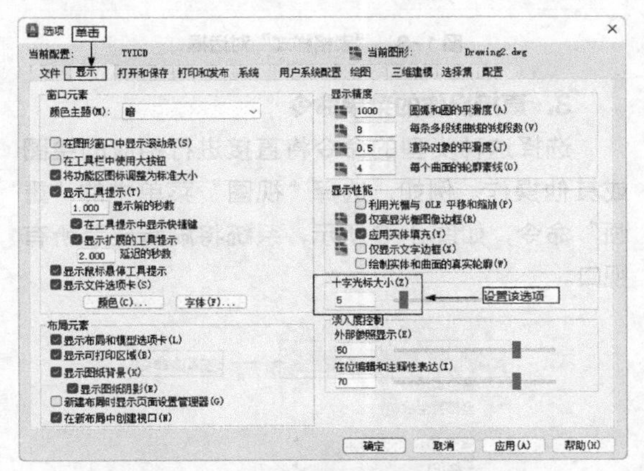

图 1-3 “选项”对话框中的“显示”选项卡

还可以通过设置系统变量 CURSOR-SIZE 的值，实现对十字光标大小的更改。方法是在命令行输入以下内容。

命令：CURSORSIZE ↙

输入：CURSORSIZE 的新值 <5>：

在提示下输入新值即可。默认值为 5%。

1.3.2 修改操作界面的颜色

默认情况下，AutoCAD 的操作界面是黑色背景、白色线条，用户可根据自己的需要修改操作界面的颜色。

修改操作界面颜色的步骤如下。

（1）选择“工具”菜单中的“选项”命令，打开“选项”对话框，打开图 1-3 所示的“显示”选项卡，单击“窗口元素”区域中的“颜色”按钮，打开图 1-4 所示的“图形窗口颜色”对话框。

（2）单击“图形窗口颜色”对话框中“颜色”字样下的下拉箭头，在打开的下拉列表中选择需要的颜色，然后单击“应用并关闭”按钮。

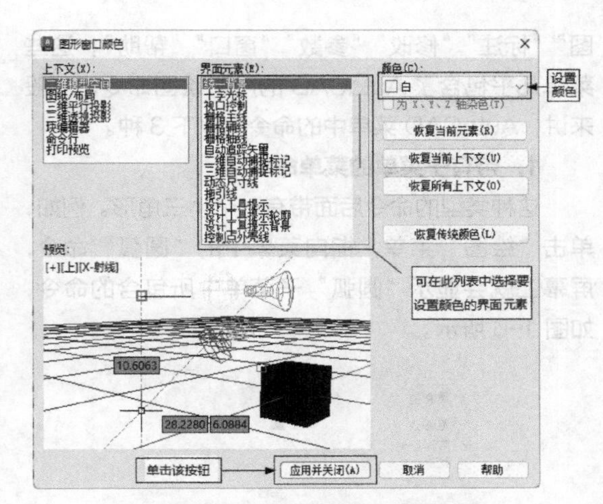

图 1-4 “图形窗口颜色”对话框

1.3.3 坐标系图标

在绘图区域的左下角，有一个直线指向图标，称之为坐标系图标，用于表示用户正使用的坐标系，如图 1-1 所示。坐标系图标的作用是为点的坐标确定一个参照系。根据工作需要，用户可以选择是否将其关闭。方法是选择“视图→显示→ UCS 图标→开”命令，如图 1-5 所示。

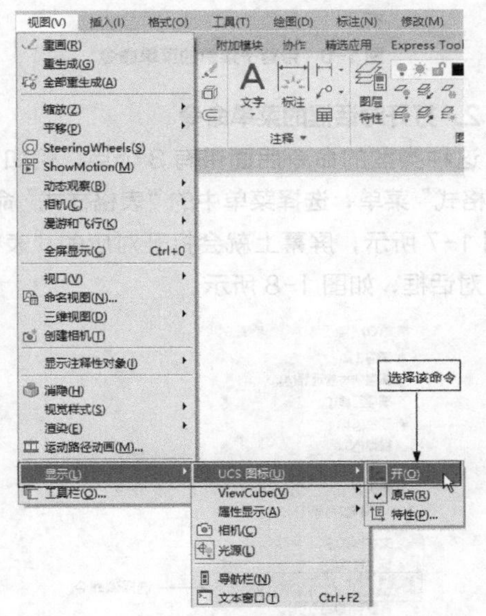

图 1-5 “视图”菜单

1.3.4 菜单栏

AutoCAD 的菜单栏中包含 12 个菜单——“文件”“编辑”“视图”“插入”“格式”“工具”“绘

图”“标注”“修改”“参数”“窗口”“帮助”，这些菜单几乎包含了AutoCAD的所有绘图命令。一般来讲，AutoCAD菜单中的命令有以下3种。

1. 带有子菜单的菜单命令

这种类型的命令后面带有一个小三角形。例如，单击“绘图”菜单，指向菜单中的“圆弧”命令，屏幕上就会显示“圆弧”子菜单中所包含的命令，如图1-6所示。

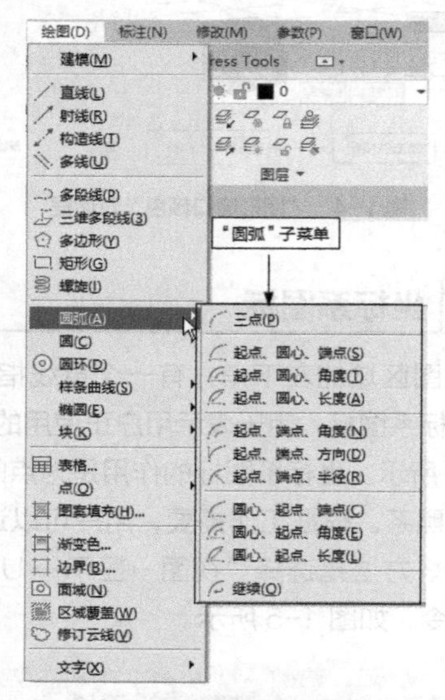

图1-6 带有子菜单的菜单命令

2. 打开对话框的菜单命令

这种类型的命令后面带有3个点。例如，单击“格式”菜单，选择菜单中的“表格样式”命令，如图1-7所示，屏幕上就会打开对应的“表格样式”对话框，如图1-8所示。

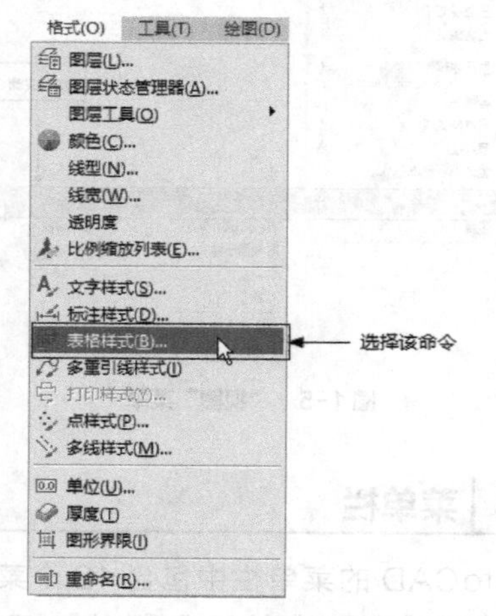

图1-7 打开对话框的菜单命令

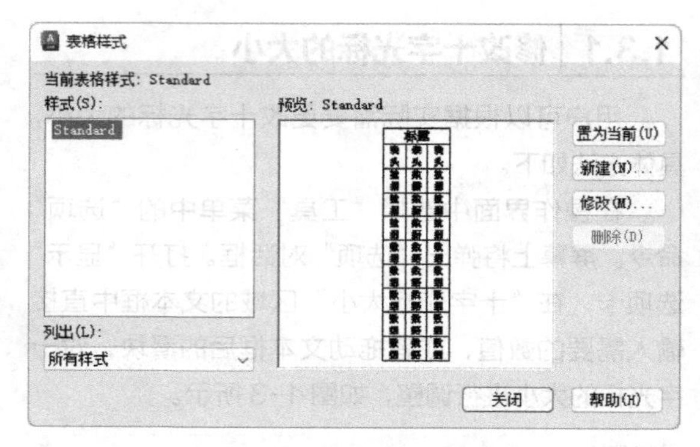

图1-8 “表格样式”对话框

3. 直接操作的菜单命令

选择这种类型的命令将直接进行相应的绘图或其他操作。例如，选择“视图”菜单中的“重画”命令，如图1-9所示，系统将刷新显示所有视口。

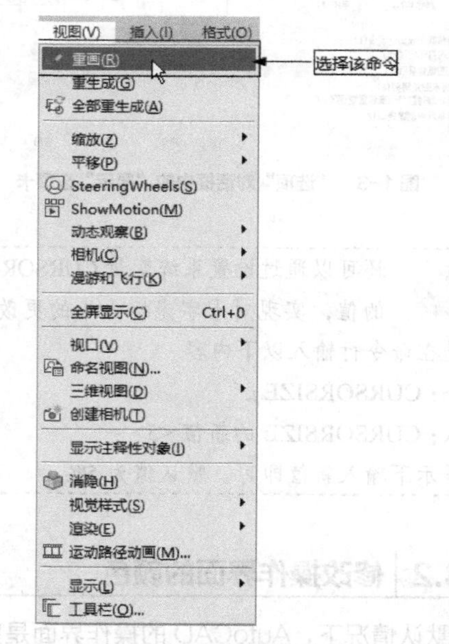

图1-9 直接操作的菜单命令

1.3.5 工具栏

工具栏是AutoCAD工具的集合，把鼠标指针移动到某个工具图标上，稍停片刻，该图标一侧会显示相应的工具提示，同时状态栏中会显示对应的说明和命令名。在默认操作界面中，可以见到绘图区顶部的“标准”工具栏、“样式”工具栏、“特性”工具栏和“图层”工具栏（见图1-10），绘图区左侧的“绘图”工具栏，绘图区右侧的“修改”工具栏和“绘图次序”工具栏（见图 1-11）。

图 1-10 “标准”“样式”“特性”“图层”工具栏

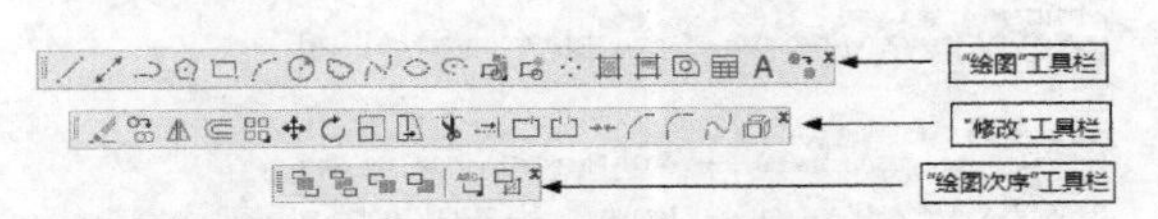

图 1-11 “绘图”“修改”“绘图次序”工具栏

1. 设置工具栏的显示与隐藏

将鼠标指针放在任一工具栏的非标题区，单击鼠标右键，系统会自动打开“工具栏”快捷菜单，如图 1-12 所示。单击未在界面显示的工具栏的名称，系统在界面中显示该工具栏；单击已显示在界面中的工具栏的名称，该工具栏隐藏。

2. 工具栏的固定、浮动与打开

工具栏可以在绘图区“浮动”（见图 1-13），拖动“浮动”工具栏到绘图区边界，可使它变为“固定”工具栏，此时工具栏标题将被隐藏。也可以把“固定”工具栏拖出，使它成为“浮动”工具栏。

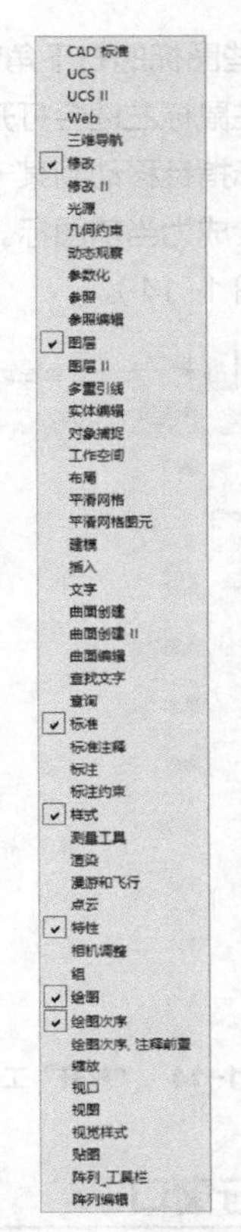

图 1-12 “工具栏”快捷菜单

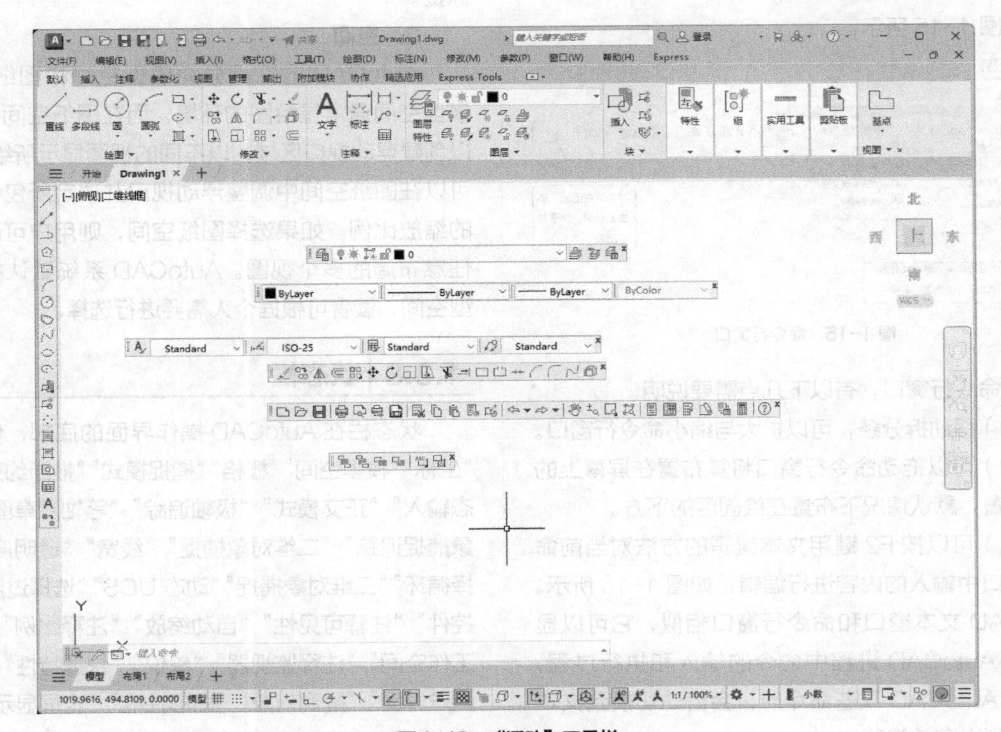

图 1-13 “浮动”工具栏

工具栏中有些图标的右下角带有一个小三角形，在这些图标上按住鼠标左键会打开相应的工具组。按住鼠标左键将鼠标指针移动到某一图标上然后释放鼠标左键，该图标会成为当前图标。单击当前图标，执行相应命令（见图 1-14）。

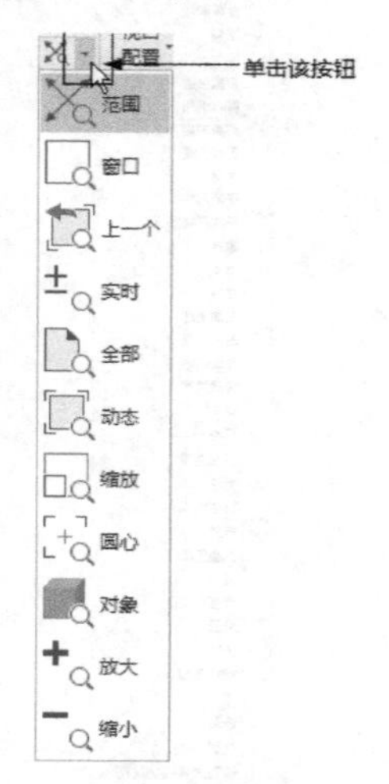

图 1-14 “打开”工具栏

1.3.6 命令行窗口

命令行窗口是输入命令名和显示命令提示的区域，如图 1-15 所示。

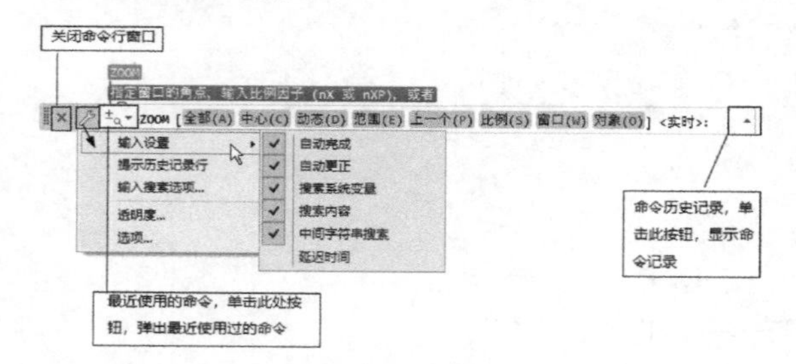

图 1-15 命令行窗口

对命令行窗口，有以下几点需要说明。

（1）移动拆分条，可以扩大与缩小命令行窗口。

（2）可以拖动命令行窗口将其布置在屏幕上的其他位置，默认情况下布置在绘图区的下方。

（3）可以按 F2 键用文本编辑的方法对当前命令行窗口中输入的内容进行编辑，如图 1-16 所示。AutoCAD 文本窗口和命令行窗口相似，它可以显示当前 AutoCAD 进程中命令的输入和执行过程，在执行 AutoCAD 某些命令时，会自动切换到文本窗口，列出有关信息。

（4）AutoCAD 通过命令行窗口反馈各种信息，包括出错信息。因此，用户要时刻关注在命令行窗口中出现的信息。

```
正在重生成模型。
命令: ZOOM
指定窗口的角点，输入比例因子 (nX 或 nXP)，或者
[全部(A)/中心(C)/动态(D)/范围(E)/上一个(P)/比例(S)/窗口(W)/对象(O)] <实时>: *取消*
命令: ZOOM
指定窗口的角点，输入比例因子 (nX 或 nXP)，或者
[全部(A)/中心(C)/动态(D)/范围(E)/上一个(P)/比例(S)/窗口(W)/对象(O)] <实时>: e
正在重生成模型。
命令:
ZOOM
指定窗口的角点，输入比例因子 (nX 或 nXP)，或者
[全部(A)/中心(C)/动态(D)/范围(E)/上一个(P)/比例(S)/窗口(W)/对象(O)] <实时>:
指定对角点:
自动保存到 C:\Users\xlt\AppData\Local\Temp\Drawing1_1_21763_77ca5015.sv$ ...
命令:
命令: *取消*
命令: 指定对角点或 [栏选(F)/圈围(WP)/圈交(CP)]:
命令: 指定对角点或 [栏选(F)/圈围(WP)/圈交(CP)]:
命令: 指定对角点或 [栏选(F)/圈围(WP)/圈交(CP)]:
```

图 1-16 文本窗口

1.3.7 布局标签

AutoCAD 系统默认设定一个模型空间布局标签和两个图纸空间布局标签“布局 1”“布局 2”。布局和模型的概念如下。

1. 布局

布局是系统提供的一种绘图环境，包括图样大小、尺寸单位、角度设定、数值精确度等，在系统预设的 3 个标签中，环境变量都按默认值设置。用户可以根据实际需要设置这些变量的值或者创建新标签。

2. 空间

AutoCAD 的空间分为模型空间和图纸空间。模型空间通常是绘图的环境，而在图纸空间中，可以创建浮动视口区域，以不同的视图显示所绘图形。可以在图纸空间中调整浮动视口并决定所包含视图的缩放比例。如果选择图纸空间，则用户可以打印任意布局的多个视图。AutoCAD 系统默认打开模型空间，读者可根据个人需要进行选择。

1.3.8 状态栏

状态栏在 AutoCAD 操作界面的底部，依次有“坐标”“模型空间”“栅格”“捕捉模式”“推断约束”“动态输入”“正交模式”“极轴追踪”“等轴测草图”“对象捕捉追踪”“二维对象捕捉”“线宽”“透明度”“选择循环”“三维对象捕捉”“动态 UCS”“选择过滤”“小控件”“注释可见性”“自动缩放”“注释比例”“切换工作空间”“注释监视器”“单位”“快捷特性”“锁定用户界面”“隔离对象”“图形性能”“全屏显示”“自定义”30 个功能按钮，如图 1-17 所示。

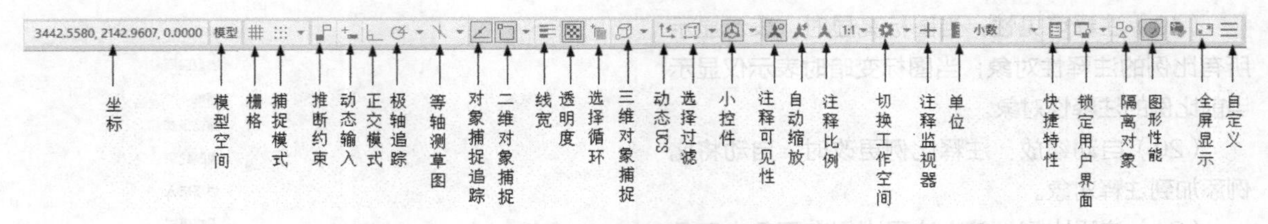

图 1-17 状态栏功能按钮

1.3.9 滚动条

在 AutoCAD 绘图区的下方和右侧还提供了用来浏览图形的水平和竖直方向的滚动条。在滚动条中单击或拖动滚动条中的滚动块，可以按水平或竖直方向浏览图形。

1.3.10 状态托盘

状态托盘中包含一些常见的显示工具和注释工具，包括模型空间与布局空间的转换工具，如图 1-17 所示。

（1）坐标：显示工作区鼠标放置点的坐标。

（2）模型空间：在模型空间与布局空间之间进行转换。

（3）栅格：栅格是覆盖整个用户坐标系（UCS）*XY* 平面的直线或点组成的矩形图案。使用栅格类似于在图形下放置一张坐标纸，利用栅格可以对齐对象并直观显示对象之间的距离。

（4）捕捉模式：对象捕捉对于在对象上指定精确位置非常重要。不论何时提示输入点，都可以指定对象捕捉。默认情况下，当光标移到对象的对象捕捉位置时，将显示标记和工具提示。

（5）推断约束：自动在正在创建或编辑的对象与对象捕捉的关联对象或点之间应用约束。

（6）动态输入：在光标附近显示出一个提示框（称为“工具提示”），工具提示中显示出对应的命令提示和光标的当前坐标值。

（7）正交模式：将光标限制在水平或垂直方向上移动，以便于精确地创建和修改对象。当创建或移动对象时，可以使用正交模式将光标限制在相对于用户坐标系（UCS）的水平或垂直方向上。

（8）极轴追踪：使用极轴追踪，可以使光标将按指定角度进行移动。创建或修改对象时，可以使用极轴追踪来显示由指定的极轴角度所定义的临时对齐路径。

（9）等轴测草图：通过等轴测草图可以很容易地沿三个等轴测平面之一对齐对象。尽管等轴测草图看似三维图形，但它实际上是由二维图形表示的，因此不能提取三维距离和面积、从不同视点显示对象或自动消除隐藏线。

（10）对象捕捉追踪：使用对象捕捉追踪可以沿着基于对象捕捉点的对齐路径进行追踪。已获取的点将显示一个小加号（+），一次最多可以获取 7 个追踪点。获取追踪点之后，在绘图路径上移动光标，将显示相对于获取追踪点的水平、垂直或极轴对齐路径。例如，可以获取对象端点、中点或者对象的交点后沿着某个路径选择一点。

（11）二维对象捕捉：使用执行对象捕捉设置（也称为对象捕捉），可以在对象上的精确位置指定捕捉点。选择多个选项后，将应用选定的捕捉模式，以返回距离靶框中心最近的点。按 Tab 键可以在这些选项之间循环。

（12）线宽：分别显示对象所在图层中设置的不同宽度，而不是统一线宽。

（13）透明度：使用该命令调整绘图对象显示的明暗程度。

（14）选择循环：当一个对象与其他对象彼此接近或重叠时，准确选择某一个对象是很困难的。使用选择循环的命令，单击鼠标左键，弹出“选择集”列表框，里面列出了鼠标单击位置周围的图形，然后在列表中选择所需的对象。

（15）三维对象捕捉：三维中的对象捕捉与在二维中工作的方式类似，不同之处在于在三维中可以投影对象捕捉。

（16）动态 UCS：在创建对象时使 UCS 的 *XY* 平面自动与实体模型上的平面临时对齐。

（17）选择过滤：根据对象特性或对象类型对选择集进行过滤。当按下图标后，只选择满足指定条件的对象，其他对象将被排除在选择集之外。

（18）小控件：帮助用户沿三维轴或平面移动、旋转或缩放一组对象。

（19）注释可见性：当图标亮显时，表示显示所有比例的注释性对象；当图标变暗时表示仅显示当前比例的注释性对象。

（20）自动缩放：注释比例更改时，自动将比例添加到注释对象。

（21）注释比例：单击注释比例右下角小三角符号，弹出注释比例列表，如图 1-18 所示，可以根据需要选择适当的注释比例。

（22）切换工作空间：进行工作空间转换。

（23）注释监视器：打开仅用于所有事件或模型文档事件的注释监视器。

（24）单位：指定线性和角度单位的格式和小数位数。

（25）快捷特性：控制快捷特性面板的使用与禁用。

（26）锁定用户界面：可以锁定工具栏、面板和可固定窗口的位置和大小。

（27）隔离对象：当选择隔离对象时，在当前视图中显示选定对象。所有其他对象都暂时隐藏；当选择隐藏对象时，在当前视图中暂时隐藏选定对象。所有其他对象都可见。

（28）图形性能：设定图形卡的驱动程序以及设置硬件加速的选项。

（29）全屏显示：该选项可以清除 Windows 窗口中的标题栏、功能区和选项板等界面元素，使 AutoCAD 的绘图窗口全屏显示，如图 1-19 所示。

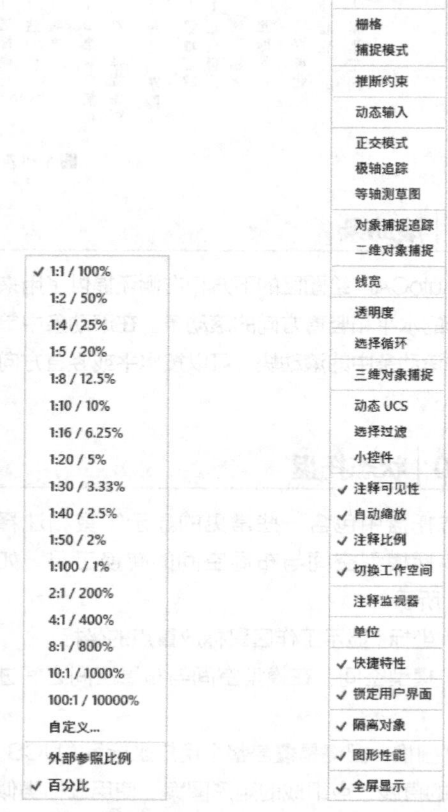

图 1-18　注释比例列表　　图 1-19　自定义下拉菜单

（30）自定义：单击该按钮，如图 1-20 所示。可以选择打开或锁定相关选项位置。

图 1-20　全屏显示

1.3.11 快速访问工具栏和交互信息工具栏

1. 快速访问工具栏

该工具栏包括“新建”“打开”“保存”“另存为”“放弃”“重做”“打印”等几个常用的工具。可以单击该工具栏后面的下拉按钮设置显示的工具。

2. 交互信息工具栏

该工具栏包括“搜索”“Autodesk Account”“Autodesk App Store”“保持连接”“单击此处访问帮助”等几个常用的数据交互访问工具。

1.3.12 功能区

AutoCAD 包含“默认”“插入”“注释”“参数化”“三维工具”“可视化”“视图”“管理”“输出”“附加模块”“协作”“Express Tools”“精选应用”13 个功能区，每个功能区都集成了相关的操作工具，方便用户使用。单击功能区选项后面的按钮可以控制功能区的展开与收缩。

打开或关闭功能区的操作方式如下。

- 命令行：RIBBON（或 RIBBONCLOSE）
- 菜单：工具→选项板→功能区

1.4 基本输入操作

在 AutoCAD 中，有一些基本的输入操作，这些基本操作是进行 AutoCAD 绘图的必备基础知识，也是深入学习 AutoCAD 功能的前提。

1.4.1 命令输入方式

使用 AutoCAD 绘图时要输入指令和参数，以下是部分 AutoCAD 命令输入方式（以画直线为例）。

1. 在命令行窗口中输入命令名

命令字符不区分大小写。例如，LINE↙。其中，“↙”表示“回车”（按 Enter 键）。执行命令时，命令行提示中经常会出现命令选项。如输入绘制直线的命令“LINE”后，命令行中的提示为：

```
命令：LINE↙
指定第一点：（在屏幕上指定一点或输入一个点的坐标）
指定下一点或 [放弃（U）]：
```

不带方括号的提示为默认选项，因此可以直接输入直线的起点坐标或在屏幕上指定一点。如果要选择其他选项，则应该先输入该选项的标识字符，如“放弃”选项的标识字符“U”，然后按系统提示输入数据即可。命令选项后面有时候还会带有尖括号，尖括号内的数值为默认数值。

2. 在命令行窗口中输入命令缩写字符

如 L（Line）、C（Circle）、A（Arc）、Z（Zoom）、R（Redraw）、M（More）、CO（Copy）、PL（Pline）、E（Erase）等。

3. 选择绘图菜单中的直线命令

选择该命令后，在状态栏中可以看到对应的命令说明及命令名。

4. 单击工具栏中的对应图标

单击该图标后也可以在状态栏中看到对应的命令说明及命令名。

5. 在命令行打开右键快捷菜单

如果刚使用过要输入的命令，可以在命令行打开右键快捷菜单，在“最近的输入”子菜单中选择需要的命令，如图 1-21 所示。“最近的输入”子菜单中储存最近使用的 5 个命令。

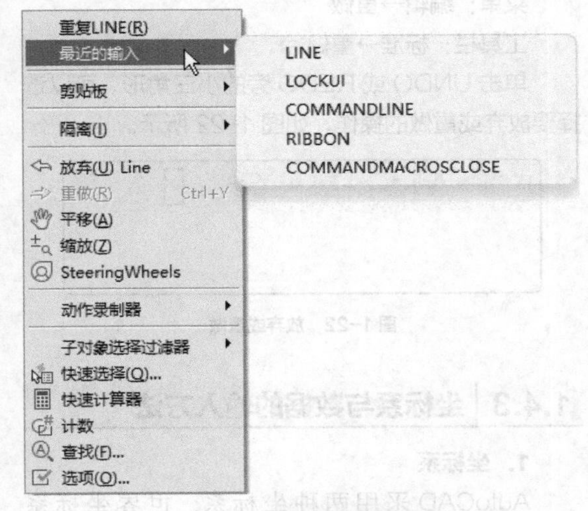

图 1-21 命令行右键快捷菜单

6. 在绘图区右击

如果用户要重复使用上次使用的命令，可以直接在绘图区右击，系统会立即重复执行上次使用的命令。

有些命令同时存在命令行、菜单和工具栏 3 种执行方式。如果选择菜单或工具栏方式，命令行会显示该命令，并在前面加一条下划线，如通过菜单或工具栏方式执行“直线”命令时，命令行会显示“_line”，命令的执行过程与结果与命令行方式相同。

1.4.2 命令的重复、撤销、重做

1. 命令的重复

在命令行窗口按 Enter 键可重复调用上一个命令，不管上一个命令是否完成。

2. 命令的撤销

任何时刻都可以取消或终止命令。

执行方式

命令行：UNDO

菜单：编辑→放弃

工具栏：标准→放弃

快捷键：Esc

3. 命令的重做

已被撤销的命令还可以恢复重做，以下是恢复最近刚撤销的命令的方法。

执行方式

命令行：REDO

菜单：编辑→重做

工具栏：标准→重做

单击 UNDO 或 REDO 旁的小三角形，可以选择要放弃或重做的操作，如图 1-22 所示。

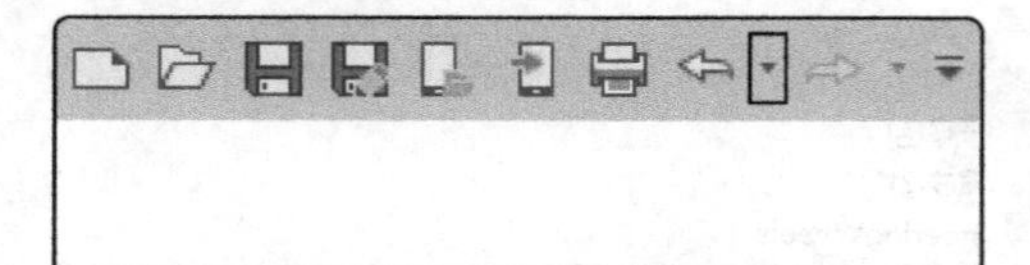

图 1-22 放弃或重做

1.4.3 坐标系与数据的输入方法

1. 坐标系

AutoCAD 采用两种坐标系：世界坐标系（WCS）与用户坐标系（UCS）。用户刚进入 AutoCAD 操作界面时显示的坐标系统就是世界坐标系，是固定的坐标系统。世界坐标系也是坐标系统中的基准，绘制图形时多数情况下都是在这个坐标系下进行的。

执行方式

命令行：UCS

菜单：工具→ UCS

工具栏：标准→坐标系

AutoCAD 的模型空间和图纸空间适用不同的视图显示方式。模型空间使用单一视图显示，绘图时通常使用这种显示方式；图纸空间能够在绘图区创建图形的多视图，用户可以对其中的每一个视图进行单独操作。默认情况下，当前 UCS 与 WCS 重合。图 1-23（a）所示为模型空间下的 UCS 坐标系图标，通常放在绘图区的左下角；也可以指定它放在当前 UCS 的实际坐标原点位置，如图 1-23（b）所示。图 1-23（c）所示为图纸空间下的坐标系图标。

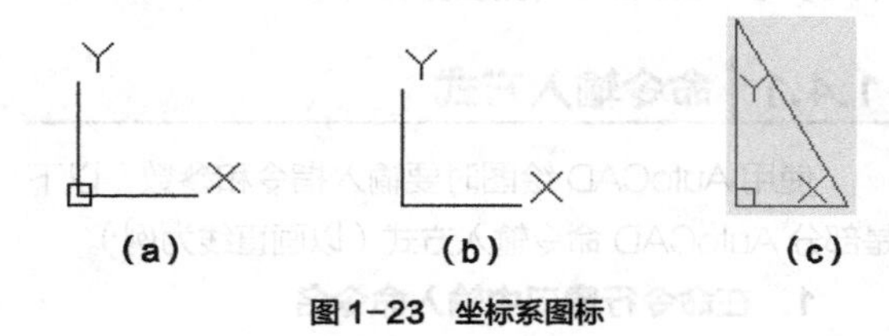

图 1-23 坐标系图标

2. 数据输入方法

在 AutoCAD 中，点的坐标可以用直角坐标、极坐标、球面坐标或柱面坐标表示，每一种坐标又分别具有两种输入方式：绝对坐标和相对坐标。其中直角坐标和极坐标最为常用，下面主要介绍它们的输入方法。

（1）直角坐标法：用点的 *X*、*Y* 坐标值表示的坐标。

例如：在命令行中输入“15，18”，则表示输入了一个 *X*、*Y* 坐标值分别为 15、18 的点，此为绝对坐标输入方式，表示该点的坐标是相对于当前坐标原点的坐标值，如图 1-24（a）所示。如果输入“@10，20”，则为相对坐标输入方式，表示该点的坐标是相对于前一点的坐标值，如图 1-24（c）所示。

（2）极坐标法：用长度和角度表示的坐标，只能用来表示二维点。

在绝对坐标输入方式下，表示方式为“长度 < 角度”，如“25<50”，其中长度表示该点到坐标原点的距离，角度表示该点和坐标原点的连线与 *X* 轴

正向的夹角，如图 1-24（b）所示。

在相对坐标输入方式下，表示方式为“@ 长度 < 角度”，如“@25<45”，其中长度表示该点到前一点的距离，角度表示该点和前一点的连线与 X 轴正向的夹角，如图 1-24（d）所示。

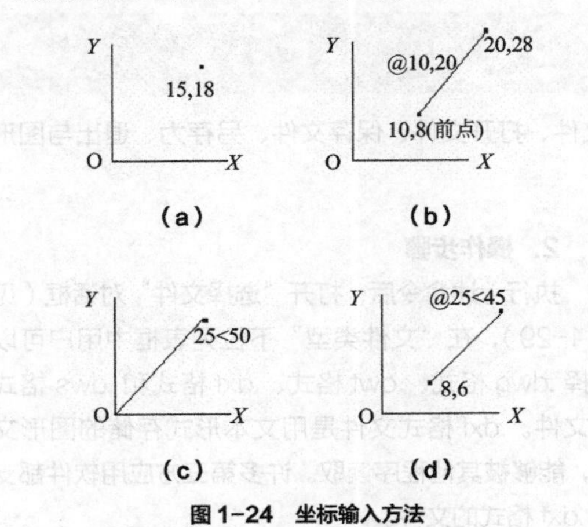

图 1-24 坐标输入方法

3. 动态输入数据

单击状态栏上的“DYN”按钮，打开动态输入功能，可以在屏幕上动态地输入参数数据。例如，绘制直线时十字光标附近会动态地显示“指定第一点”提示字样，以及后面的坐标框，当前显示的是十字光标所在位置，输入数据，数据之间以逗号隔开，如图 1-25 所示。指定第一点后，系统将会动态显示直线的角度，同时要求输入线段的长度值，如图 1-26 所示，其输入效果与“@ 长度 < 角度”输入效果相同。

指定第一点: 179.2748 110.5998

图 1-25 动态输入坐标值

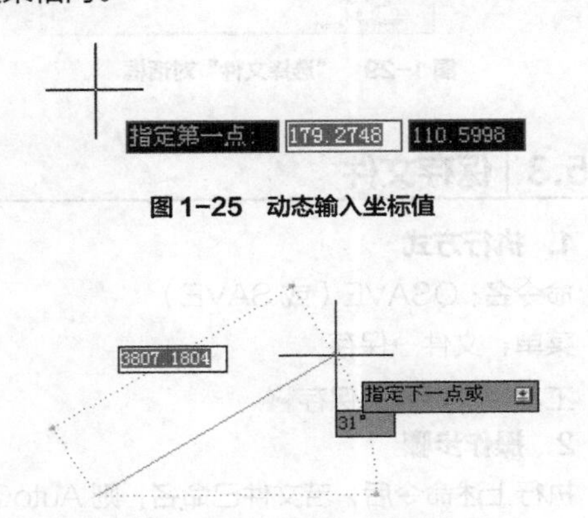

图 1-26 动态输入长度值

下面分别讲述点与距离值的输入方法。

（1）点的输入。AutoCAD 提供了如下几种输入点的方式。

①直接在命令行窗口中输入点的坐标值。直角坐标有两种输入方式：“x，y”（点的绝对坐标值，例如“100，50”）和“@ x，y”（相对上一点的相对坐标值，例如“@ 50，-30”）。

极坐标的输入方式为：“长度 < 角度”（相对上一点的绝对极坐标，例如“20<45”）或“@ 长度 < 角度”（相对上一点的相对极坐标，例如“@ 50 < -30”）。

②用鼠标等定标设备移动十字光标，在屏幕上直接单击取点。

③用目标捕捉方式捕捉屏幕上已有图形的特殊点（如端点、中点、中心点、插入点、交点、切点、垂足点等，详见第 4 章）。

④直接输入距离：先按住鼠标左键拖曳出橡筋线确定方向，然后输入距离值。

（2）距离值的输入。AutoCAD 提供了两种输入距离值的方式：一种是直接在命令行窗口中输入数值；另一种是在屏幕上随意拾取两点，以两点的距离值定出所需数值。

1.4.4 实例——绘制线段

绘制一条 20mm 长的线段。

操作步骤

```
命令：LINE ↙
指定第一点：（在屏幕上指定一点）
指定下一点或 [放弃(U)]：
```

移动十字光标指明线段的方向，但不要单击确认，如图 1-27 所示，在命令行窗口输入 20，这样就在指定的方向上准确地绘制了长度为 20mm 的线段。

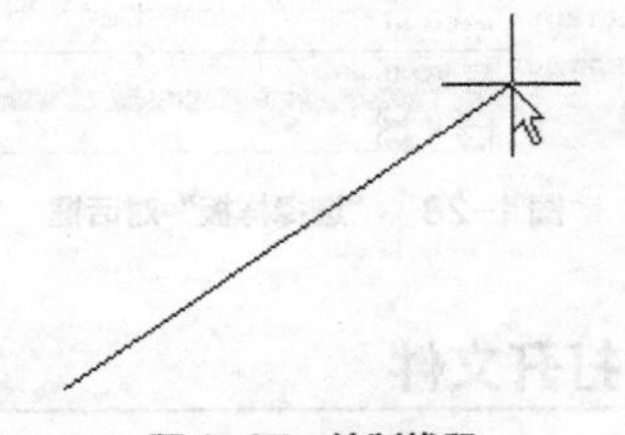

图 1-27 绘制线段

1.4.5 使用功能键或快捷键

除了可以通过在命令行窗口输入命令、单击工具栏图标或选择菜单命令来完成绘图操作外，还可以使用功能键或快捷键，通过这些功能键或快捷键，可以快速实现指定的功能。如按 F1 键，系统将调用 AutoCAD 帮助对话框。

有些功能键或快捷键在 AutoCAD 的菜单中已经指出，如“粘贴”的快捷键为“Ctrl+V”“复制”的快捷键为“Ctrl+C”。快捷键的定义见菜单命令后面的说明，如“粘贴（P）Ctrl+V”。

1.5 文件管理

本节将介绍有关文件管理的一些基本操作，包括新建文件、打开文件、保存文件、另存为、退出与图形修复等，这些都是 AutoCAD 最基础的知识。

1.5.1 新建文件

1. 执行方式

命令行：NEW 或 QNEW

菜单：文件→新建

工具栏：标准→新建

2. 操作步骤

执行上述命令后，系统打开图 1-28 所示的“选择样板”对话框，在“文件类型”下拉列表框中有 3 种格式的图形样板，后缀分别是 .dwt、.dwg、.dws。一般情况下，.dwt 文件是标准的样板文件，.dwg 文件是普通的样板文件，而 .dws 文件是包含标准图层、标注样式、线型和文字样式的样板文件。

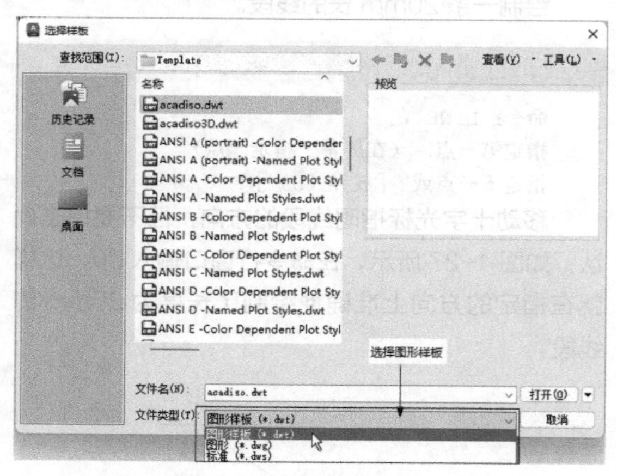

图 1-28 “选择样板”对话框

1.5.2 打开文件

1. 执行方式

命令行：OPEN

菜单：文件→打开

工具栏：标准→打开

2. 操作步骤

执行上述命令后，打开“选择文件”对话框（见图 1-29），在“文件类型”下拉列表框中用户可以选择 .dwg 格式、.dwt 格式、.dxf 格式和 .dws 格式的文件。.dxf 格式文件是用文本形式存储的图形文件，能够被其他程序读取。许多第三方应用软件都支持 .dxf 格式的文件。

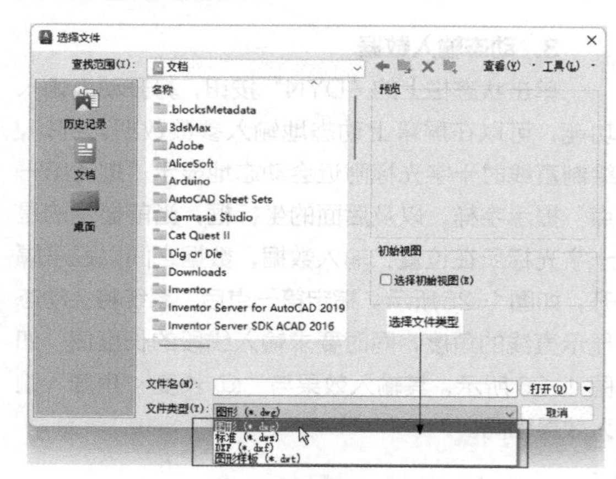

图 1-29 “选择文件”对话框

1.5.3 保存文件

1. 执行方式

命令名：QSAVE（或 SAVE）

菜单：文件→保存

工具栏：标准→保存

2. 操作步骤

执行上述命令后，若文件已命名，则 AutoCAD 将会自动保存文件；若文件未命名（即为默认名 drawing1.dwg），则会打开“图形另存为”对话框（见图 1-30），在这里用户可以设置文件名称和文件格式，再进行保存。

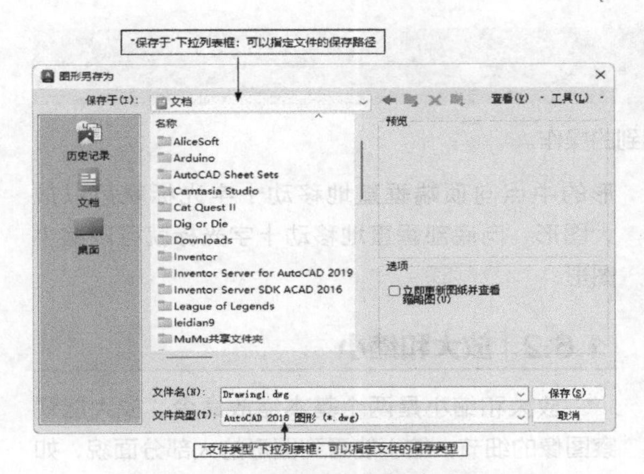

图 1-30 “图形另存为”对话框

为了防止因意外操作或计算机系统故障导致正在绘制的图形文件的丢失，可以对当前图形文件设置自动保存。步骤如下。

（1）利用系统变量 SAVEFILEPATH 设置所有文件自动保存的位置，如 D：\HU\。

（2）利用系统变量 SAVEFILE 存储自动保存的文件名。该系统变量储存的文件名文件是只读文件，用户可以从中查询到自动保存的文件名。

（3）利用系统变量 SAVETIME 指定多长时间保存一次图形。

1.5.4 另存为

1. 执行方式

命令行：SAVEAS

菜单：文件→另存为

2. 操作步骤

执行上述命令后，打开“图形另存为”对话框（见图 1-30），为当前图形更名，设置存储位置。

1.5.5 退出

1. 执行方式

命令行：QUIT 或 EXIT

菜单：文件→关闭

按钮：AutoCAD 操作界面右上角的“关闭”按钮 ×

2. 操作步骤

命令：QUIT↙（或 EXIT↙）

执行上述命令后，若用户对图形所做的修改尚未保存，则会弹出图 1-31 所示的系统警告对话框。单击“是”按钮系统将保存文件，然后退出；单击“否”按钮系统将不保存文件。若用户对图形所做的修改已经保存，则会直接退出。

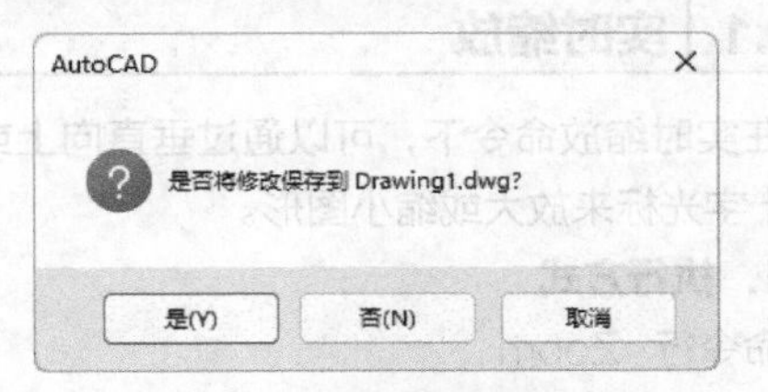

图 1-31 系统警告对话框

1.5.6 图形修复

1. 执行方式

命令行：DRAWINGRECOVERY

菜单：文件→图形实用工具→图形修复管理器

2. 操作步骤

命令：DRAWINGRECOVERY↙

执行上述命令后，弹出图形修复管理器，如图 1-32 所示，打开“备份文件”列表中的文件，进行修复。

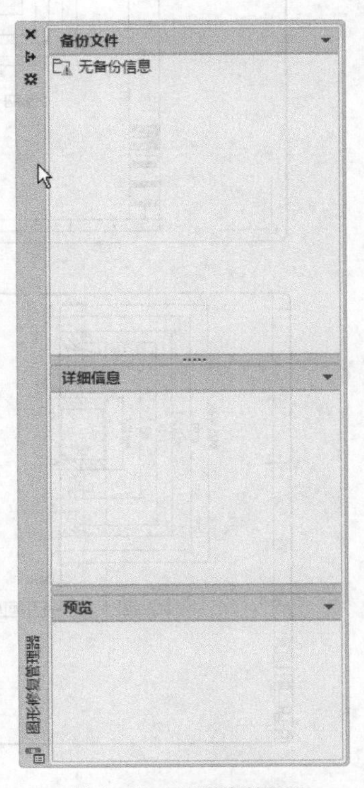

图 1-32 图形修复管理器

1.6 图形的缩放与平移

图形的缩放与平移是使用 AutoCAD 绘图时经常用到的操作。

1.6.1 实时缩放

在实时缩放命令下，可以通过垂直向上或向下移动十字光标来放大或缩小图形。

1. 执行方式

命令行：Zoom

菜单：视图→缩放→实时

工具栏：标准→实时缩放

2. 操作步骤

按住鼠标左键垂直向上或向下移动。从图形的中点向顶端垂直地移动十字光标就可以放大图形，向底部垂直地移动十字光标就可以缩小图形。

1.6.2 放大和缩小

放大和缩小是两个基本缩放命令。放大能观察图像的细节，缩小能看到图形的大部分面貌，如图 1-33 所示。

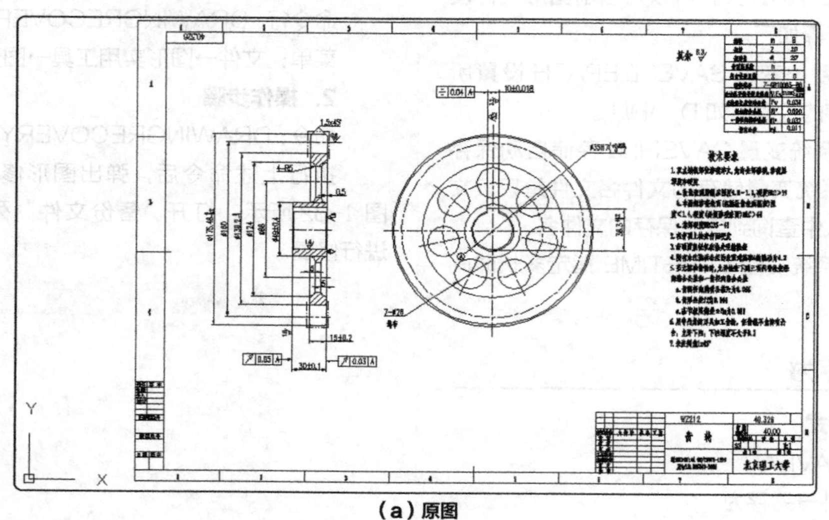

（a）原图

（b）放大

图 1-33 放大和缩小

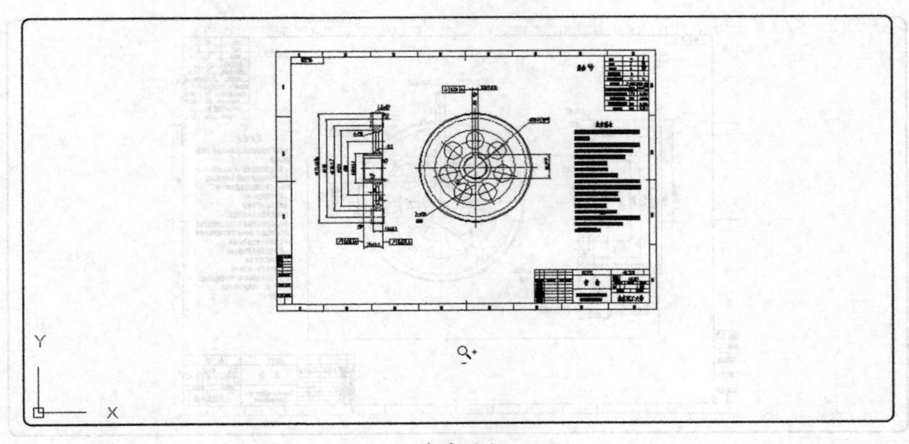

（c）缩小

图 1-33　放大和缩小（续）

1. 执行方式

菜单：视图→缩放→放大（缩小）

2. 操作步骤

选择菜单中的“放大（缩小）”命令，当前图形将自动地放大（缩小）。

1.6.3 动态缩放

动态缩放会在当前视区中显示图形的全部。如果“快速缩放”功能已经打开，就可以用动态缩放改变画面显示而不重新生成。

1. 执行方式

命令行：ZOOM

菜单：视图→缩放→动态

工具栏：缩放→动态缩放（见图 1-34）

图 1-34　“缩放”工具栏

2. 操作步骤

命令：ZOOM↙

指定窗口的角点，输入比例因子（nX 或 nXP），或者［全部（A）/中心（C）/动态（D）/范围（E）/上一个（P）/比例（S）/窗口（W）/对象（O）］<实时>：D↙

执行上述命令后，系统会弹出一个图框。选取动态缩放前的画面呈绿色点线。如果要动态缩放的图形显示范围与选取动态缩放前的范围相同，则此框将与白线重合而不可见。新生成区域的四周会出现一个蓝色虚线框，用以标记虚拟屏幕。

这时，如果线框中有一个“×”出现，如图 1-35（a）所示，就可以拖动线框而把它平移到另外一个区域。如果要放大图形到不同的放大倍数，按下鼠标左键，“×”就会变成箭头，如图 1-35（b）所示。这时左右拖动边界线就可以重新确定线框的大小。

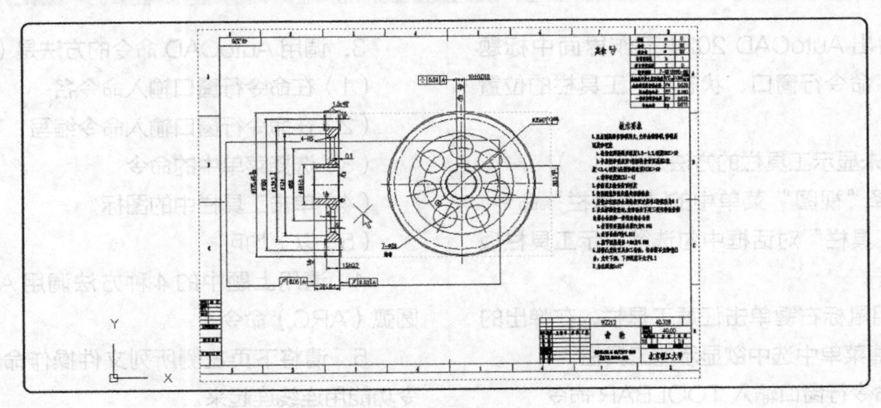

（a）

图 1-35　动态缩放

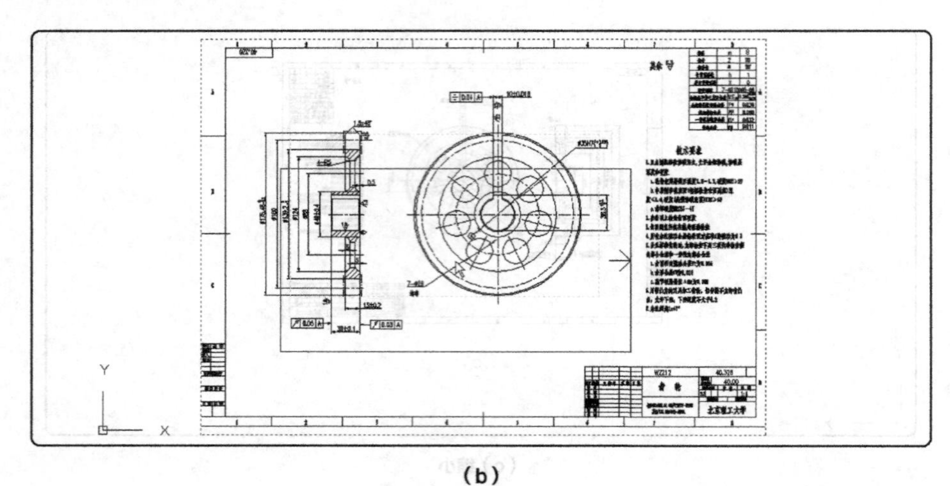

（b）

图 1-35 动态缩放（续）

另外，还有窗口缩放、比例缩放、中心缩放、缩放对象、缩放上一个、全部缩放和最大图形范围缩放，其操作方法与动态缩放类似，不再赘述。

1.6.4 实时平移

1. 执行方式

命令：PAN

菜单：视图→平移→实时

工具栏：标准→实时平移

2. 操作步骤

执行上述命令后，按下鼠标左键，移动手形图标可以平移图形。当移动到图形的边沿时，鼠标指针变成三角形。

另外，在 AutoCAD 中，为显示控制命令设置了一个右键快捷菜单，如图 1-36 所示。在该菜单中，用户可以在显示控制命令执行的过程中，快捷地进行切换。

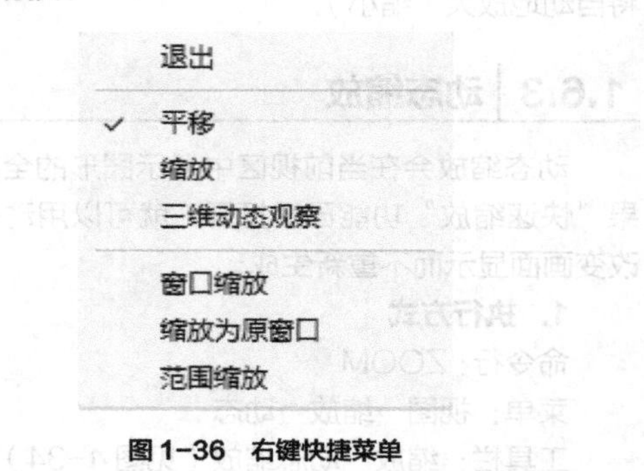

图 1-36 右键快捷菜单

1.7 练习

1. 请指出 AutoCAD 2024 工作界面中标题栏、菜单栏、命令行窗口、状态栏、工具栏的位置及作用。

2. 打开未显示工具栏的方法是（　　）。

（1）选择“视图”菜单中的“工具栏”命令，在弹出的“工具栏”对话框中勾选欲显示工具栏项前面的复选框

（2）使用鼠标右键单击任意工具栏，在弹出的“工具栏”快捷菜单中选中欲显示的工具栏

（3）在命令行窗口输入 TOOLBAR 命令

（4）以上均可

3. 调用 AutoCAD 命令的方法是（　　）。

（1）在命令行窗口输入命令名

（2）在命令行窗口输入命令缩写

（3）选择菜单中的命令

（4）单击工具栏中的图标

（5）以上均可

4. 请用上题中的 4 种方法调用 AutoCAD 的圆弧（ARC）命令。

5. 请将下页左侧所列文件操作命令与右侧命令功能用连线连起来。

（A）OPEN　　（a）打开旧的图形文件

（B）QSAVE （b）将当前图形另名存盘
（C）SAVEAS （c）退出
（D）QUIT （d）将当前图形存盘 AutoCAD

6. 正常退出 AutoCAD 的方法有（ ）。
（1）使用 QUIT 命令
（2）使用 EXIT 命令
（3）单击屏幕右上角的关闭按钮
（4）直接关机

7. 利用缩放与平移命令查看路径 X：Programme Files\AutoCAD 2024\Sample\MKMPlan 的图形细节。

第2章

基本绘图命令

二维图形是指在二维平面空间绘制的图形，主要由点、直线、圆弧、圆、椭圆、矩形、多边形、多段线、样条曲线、多线等几何元素组成。AutoCAD 提供了大量的绘图工具，可以帮助用户完成二维图形的绘制。

重点与难点

- 直线类命令
- 圆类命令
- 平面图形命令
- 点命令

2.1 直线类命令

直线类命令包括直线、构造线等。这几个命令是 AutoCAD 中最简单的绘图命令。

2.1.1 直线

1. 执行方式

命令行：LINE

菜单：绘图→直线（见图 2-1）

工具栏：绘图→直线 ⁄（见图 2-2）

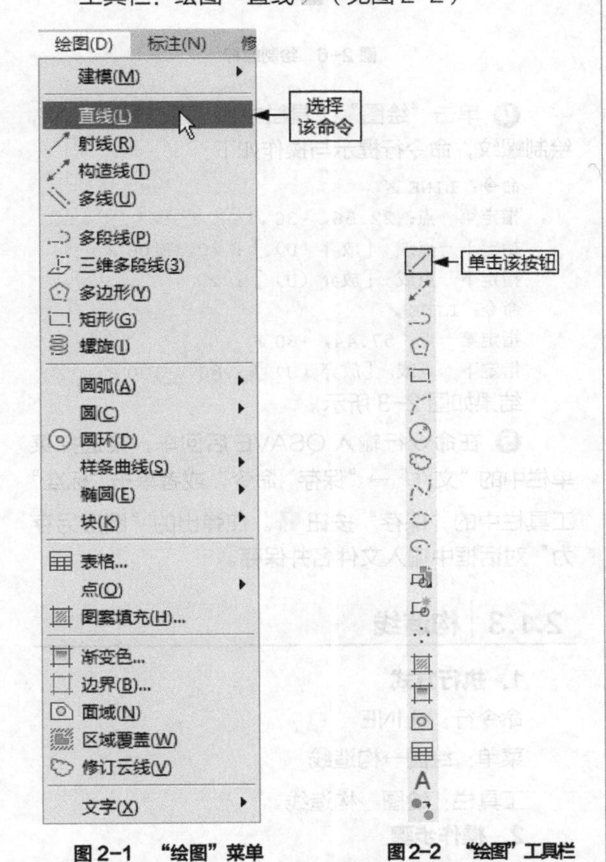

图 2-1 “绘图”菜单　　图 2-2 “绘图”工具栏

2. 操作步骤

命令：LINE↙

指定第一点：（输入直线段的起点，用鼠标指定点或者给定点的坐标）

指定下一点或 ［放弃（U）］：（输入直线段的端点）

指定下一点或 ［放弃（U）］：（输入下一直线段的端点。输入选项“U”表示放弃前面的输入；单击鼠标右键或按Enter键确认）

指定下一点或 ［闭合（C）/放弃（U）］：（输入下一直线段的端点，或输入选项“C”使图形闭合，结束命令）

3. 选项说明

（1）若按 Enter 键来响应“指定第一点：”提示，系统会把上次绘线（或弧）的终点作为本次操作的起点。特别地，若上次操作为绘制圆弧，按 Enter 键响应后会绘出通过圆弧终点的与该圆弧相切的直线段，该线段的长度由鼠标在屏幕上指定的一点与切点之间线段的长度确定。

（2）在“指定下一点”提示下，用户可以指定多个端点，从而绘出多条直线段。每一段直线都是一个独立的对象，可以进行单独的编辑操作。

（3）绘制两条以上直线段后，若用 C 响应提示，系统会自动连接起点和最后一个端点，绘出封闭的图形。

（4）若用 U 响应提示，系统会擦除最近一次绘制的直线段。

（5）若设置正交模式，只能绘制水平或垂直直线段。

（6）若设置动态输入数据方式（单击状态栏上“DYN”按钮），可以动态输入坐标或长度值。

2.1.2 实例——绘制螺栓

绘制图 2-3 所示的螺栓。

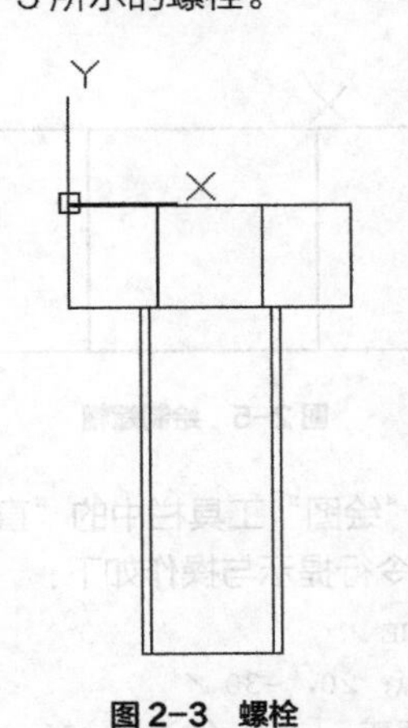

图 2-3 螺栓

操作步骤

❶ 单击“绘图”工具栏中的“直线”按钮 ⁄，绘制螺帽的外轮廓，命令行提示与操作如下：

```
命令：LINE↙
指定第一点：0，0↙
指定下一点或 [放弃（U）]：@80，0↙
指定下一点或 [放弃（U）]：@0，-30↙
指定下一点或 [闭合（C）/放弃（U）]：@80<180↙
指定下一点或 [闭合（C）/放弃（U）]：C↙
```

结果如图 2-4 所示。

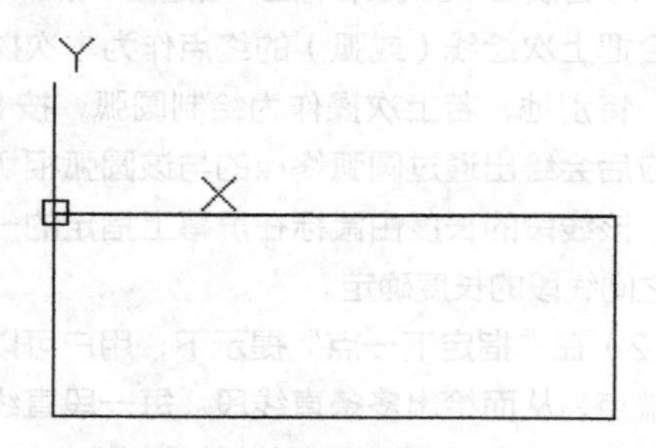

图 2-4　绘制螺帽外轮廓

❷ 单击“绘图”工具栏中的“直线”按钮，完成螺帽的绘制，命令行提示与操作如下：

```
命令：LINE↙
命令：_line 指定第一点：25，0↙
指定下一点或 [放弃（U）]：@0，-30↙
指定下一点或 [放弃（U）]：↙
命令：LINE↙
指定第一点：55，0↙
指定下一点或 [放弃（U）]：@0，-30↙
指定下一点或 [放弃（U）]：↙
```

结果如图 2-5 所示。

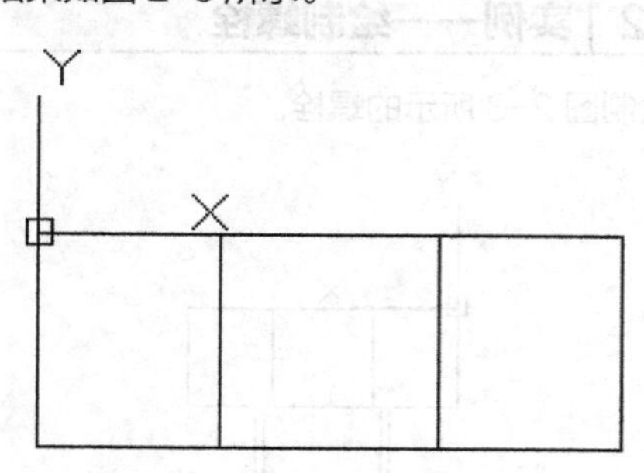

图 2-5　绘制螺帽

❸ 单击“绘图”工具栏中的“直线”按钮，绘制螺杆，命令行提示与操作如下：

```
命令：LINE↙
指定第一点：20，-30↙
指定下一点或 [放弃（U）]：@0，-100↙
指定下一点或 [放弃（U）]：@40，0↙
指定下一点或 [闭合（C）/放弃（U）]：@0，100↙
指定下一点或 [闭合（C）/放弃（U）]：↙
```

结果如图 2-6 所示。

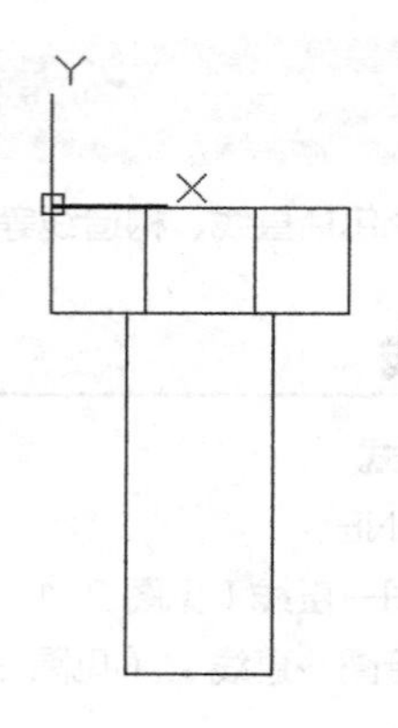

图 2-6　绘制螺杆

❹ 单击“绘图”工具栏中的“直线”按钮，绘制螺纹，命令行提示与操作如下：

```
命令：LINE↙
指定第一点：22.56，-30↙
指定下一点或 [放弃（U）]：@0，-100↙
指定下一点或 [放弃（U）]：↙
命令：LINE↙
指定第一点：57.44，-30↙
指定下一点或 [放弃（U）]：@0，-100↙
```

结果如图 2-3 所示。

❺ 在命令行输入 QSAVE 后回车，或选择菜单栏中的“文件”→“保存”命令，或者单击“标准”工具栏中的“保存”按钮。在弹出的“图形另存为”对话框中输入文件名并保存。

2.1.3 构造线

1. 执行方式

命令行：XLINE

菜单：绘图→构造线

工具栏：绘图→构造线

2. 操作步骤

```
命令：XLINE↙
指定点或 [水平（H）/垂直（V）/角度（A）/二等分（B）/偏移（O）]：（给出起点 1）
指定通过点：（给定通过点 2，绘制一条双向无限长直线）
指定通过点：（继续给点，继续绘制线，如图 2-7（a）所示，回车结束）
```

3. 选项说明

（1）执行选项中有“指定点”“水平”“垂直”“角度”“二等分”“偏移”6 种方式绘制构造线，分别如图 2-7（a）~（f）所示。

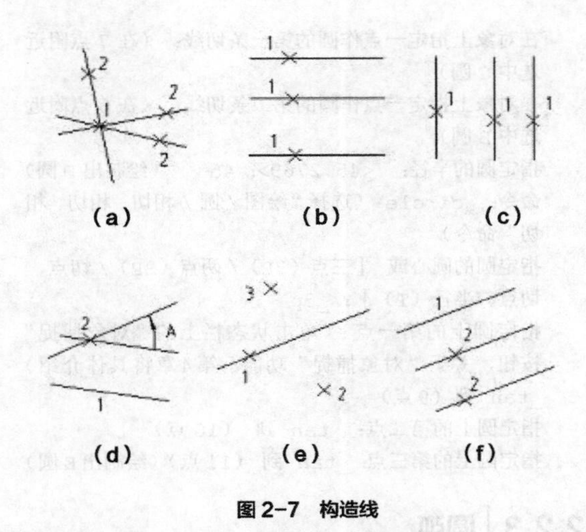

图 2-7 构造线

（2）这种线常用来模拟手动作图中的辅助作图线。用特殊的线型显示，可不做输出，常用于辅助作图。

应用构造线作为辅助线绘制机械图中的三视图是构造线的最主要用途。图 2-8 所示为应用构造线作为辅助线绘制机械图中的三视图示例，构造线的应用保证了三视图之间“主俯视图长对正、主左视图高平齐、俯左视图宽相等”的对应关系。图中红色线（细线）为构造线，黑色线（粗线）为三视图轮廓线。

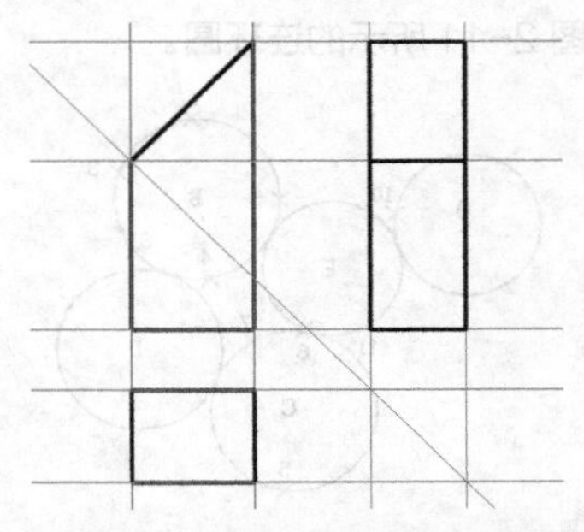

图 2-8 构造线辅助绘制三视图

2.2 圆类命令

圆类命令主要包括“圆”“圆弧”“圆环”“椭圆”“椭圆弧”“圆环”命令，这几个命令是 AutoCAD 中最简单的曲线命令。

2.2.1 圆

1. 执行方式

命令行：CIRCLE

菜单：绘图→圆

工具栏：绘图→圆

2. 操作步骤

命令：CIRCLE↙

指定圆的圆心或 [三点（3P）/ 两点（2P）/ 切点、切点、半径（T）]：（指定圆心）

指定圆的半径或 [直径（D）]：（直接输入半径数值或用鼠标指定半径长度）

指定圆的直径 <默认值>：（输入直径数值或用鼠标指定直径长度）

3. 选项说明

（1）三点（3P）：用圆周上指定的 3 点画圆。

（2）两点（2P）：用指定的两点为直径画圆。

（3）切点、切点、半径（T）：先指定两个相切对象，后给出半径画圆。图 2-9 给出了以“相切、相切、半径”方式绘制圆的各种情形（其中加黑的圆为最后绘制的圆）。

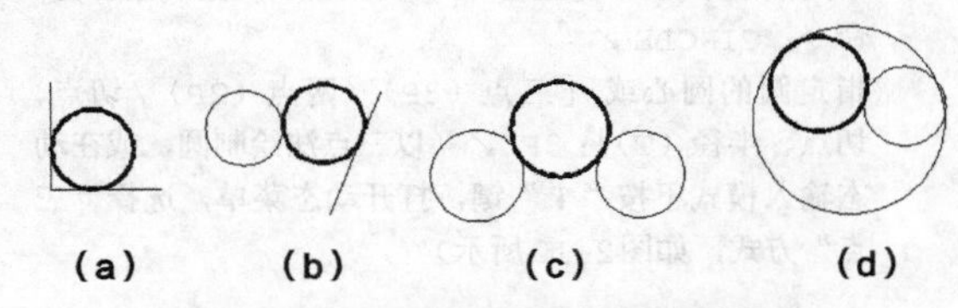

图 2-9 圆与另外两个对象相切的各种情形

（4）相切、相切、相切（A）：“绘图”的“圆”子菜单中多了一种“相切、相切、相切”的方法，当选择此方式时（见图 2-10），系统提示如下：

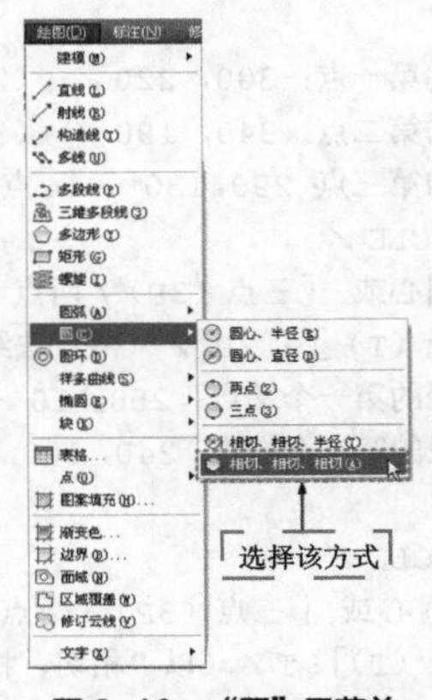

图 2-10 “圆”子菜单

指定圆上的第一个点：_tan 到：（指定相切的第一个圆弧）
指定圆上的第二个点：_tan 到：（指定相切的第二个圆弧）
指定圆上的第三个点：_tan 到：（指定相切的第三个圆弧）

2.2.2 实例——绘制连环圆

绘制图 2-11 所示的连环圆。

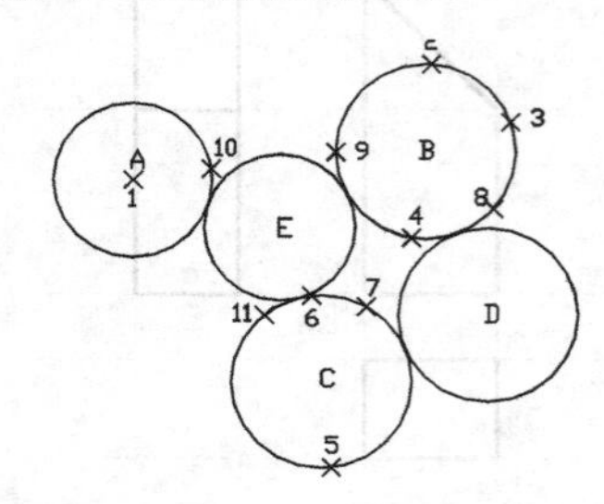

图 2-11 连环圆

操作步骤

命令：CIRCLE↙
指定圆的圆心或 ［三点（3P）/ 两点（2P）/ 切点、切点、半径（T）］：150，160 （1 点）
指定圆的半径或 ［直径（D）］：40 ↙（绘制出 A 圆）
命令：CIRCLE↙
指定圆的圆心或 ［三点（3P）/ 两点（2P）/ 切点、切点、半径（T）］：3P ↙（以三点法绘制圆，或在动态输入模式下按"↓"键，打开动态菜单，选择"三点"方式，如图 2-12 所示）

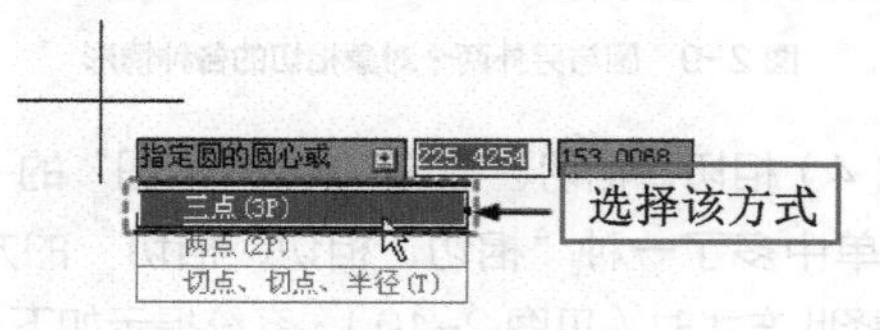

图 2-12 动态菜单

指定圆上的第一点：300，220↙ （2 点）
指定圆上的第二点：340，190↙ （3 点）
指定圆上的第三点：290，130 ↙（4 点）（绘制出 B 圆）
命令：CIRCLE↙
指定圆的圆心或 ［三点（3P）/ 两点（2P）/ 切点、切点、半径（T）］：2P ↙（两点法绘制圆）
指定圆直径的第一个端点：250，10↙ （5 点）
指定圆直径的第二个端点：240，100↙ （6 点）（绘制出 C 圆）
命令：CIRCLE↙
指定圆的圆心或 ［三点（3P）/ 两点（2P）/ 切点、切点、半径（T）］：T↙（以"相切、相切、半径"方式绘制中间的圆，并自动打开"切点"捕捉功能）
在对象上指定一点作圆的第一条切线：（在 7 点附近选中 C 圆）
在对象上指定一点作圆的第二条切线：（在 8 点附近选中 B 圆）
指定圆的半径：<45.2769>：45↙ （绘制出 D 圆）
命令：_circle （选择"绘图 / 圆 / 相切、相切、相切"命令）
指定圆的圆心或 ［三点（3P）/ 两点（2P）/ 切点、切点、半径（T）］：_3p
指定圆上的第一点：（单击状态栏上的"对象捕捉"按钮，关于"对象捕捉"功能，第 4 章将具体介绍）_tan 到（9 点）
指定圆上的第二点：_tan 到 （10 点）
指定圆上的第三点：_tan 到 （11 点）（绘制出 E 圆）

2.2.3 圆弧

1. 执行方式

命令行：ARC（缩写：A）

菜单：绘图→圆弧

工具栏：绘图→圆弧

2. 操作步骤

命令：ARC↙
指定圆弧的起点或 ［圆心（C）］：（指定起点）
指定圆弧的第二点或 ［圆心（C）/ 端点（E）］：（指定第二点）
指定圆弧的端点：（指定端点）

3. 选项说明

（1）用命令方式画圆弧时，可以根据系统提示选择不同的方式，具体功能和用"绘制"菜单的"圆弧"子菜单提供的 11 种方式相似，如图 2-13 所示。

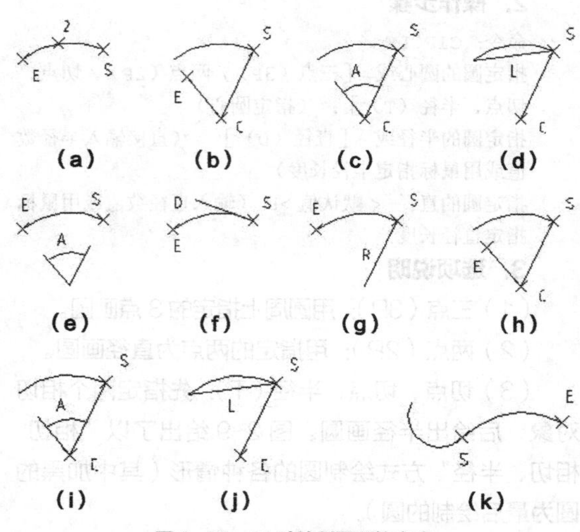

图 2-13 11 种绘制圆弧的方式

（2）需要强调的是，使用“继续”方式绘制的圆弧与上一线段或圆弧相切，会继续画圆弧段，因此只需提供端点即可。

2.2.4 实例——绘制小靠背椅

绘制如图 2-14 所示的小靠背椅。

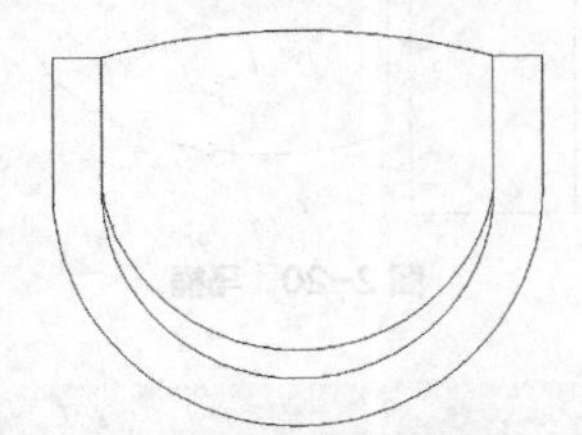

图 2-14 小靠背椅

操作步骤

❶ 单击“绘图”工具栏中的“直线”按钮，任意指定一点为线段起点，以点（@0，-140）为终点绘制一条线段。

❷ 单击“绘图”工具栏中的“圆弧”按钮，绘制圆弧。命令行提示如下：

命令：ARC ↙
指定圆弧的起点或 ［圆心（C）］：（指定刚绘制的线段的下端点）
指定圆弧的第二点或 ［圆心（C）/ 端点（E）］：（@250，-250）
指定圆弧的端点：（@250，250）

结果如图 2-15 所示。

图 2-15 绘制圆弧

❸ 单击“直线”按钮，以刚绘制的圆弧的右端点为起点，以点（@0，140）为终点绘制一条线段。结果如图 2-16 所示。

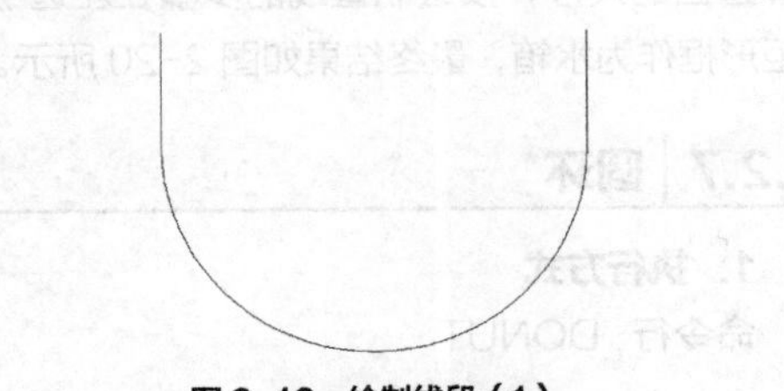

图 2-16 绘制线段（1）

❹ 单击“直线”按钮，分别以刚绘制的两条线段的上端点为起点，分别以点（@50，0）和点（@-50，0）为终点绘制两条水平线段，结果如图 2-17 所示。单击“直线”按钮，分别以刚绘制的两条水平线段的终点为起点，以点（@0，-140）为终点绘制两条竖直线段。

❺ 单击“绘图”工具栏中的“圆弧”按钮，绘制圆弧。命令行提示如下：

命令：ARC ↙
指定圆弧的起点或 ［圆心（C）］：（指定刚绘制的左边竖直线段的下端点）
指定圆弧的第二个点或 ［圆心（C）/ 端点（E）］：e ↙
指定圆弧的端点：（指定刚绘制的右边竖直线段的下端点）
指定圆弧的圆心或 ［角度（A）/ 方向（D）/ 半径（R）］：a ↙
指定包含角：180 ↙

结果如图 2-18 所示。

提示 上一步绘制圆弧时两个端点指定顺序不要反了，否则绘制出的圆弧凸向相反，因为系统默认以逆时针为角度正向。

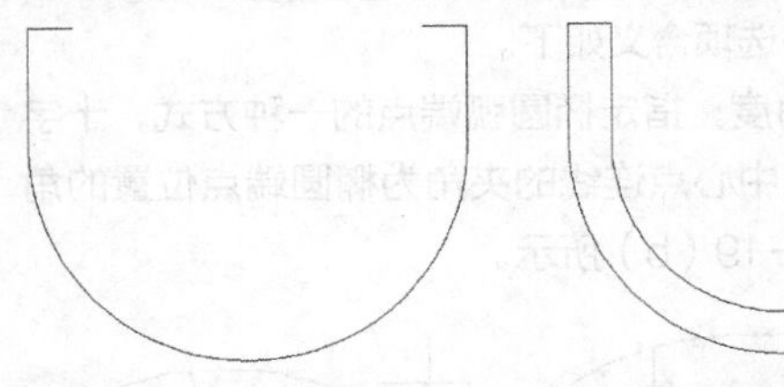

图 2-17 绘制线段（2） 图 2-18 绘制线段和圆弧

❻ 以图 2-18 中内侧两条竖线的上下两个端点分别为起点和终点，选择适当位置的一点为中间点，绘制两条圆弧，最终结果如图 2-14 所示。

2.2.5 椭圆与椭圆弧

1. 执行方式

命令行：ELLIPSE
菜单：绘图→椭圆→圆弧
工具栏：绘图→椭圆 或绘图→椭圆弧

2. 操作步骤

命令：ELLIPSE ↙
指定椭圆的轴端点或 ［圆弧（A）/ 中心点（C）］：（指定轴端点 1，如图 2-19（a）所示）

指定轴的另一个端点：（指定轴端点 2，如图 2-19（a）所示）
指定另一条半轴长度或 ［旋转（R）］：

3. 选项说明

（1）指定椭圆的轴端点：根据两个端点定义椭圆的第一条轴。第一条轴的角度将确定整个椭圆的角度。第一条轴既可以选择定义椭圆的长轴也可以选择定义短轴。

（2）旋转（R）：绕第一条轴旋转创建椭圆。

（3）中心点（C）：通过指定的中心点创建椭圆。

（4）圆弧（A）：用于创建一段椭圆弧。与“工具栏：绘图→椭圆弧”功能相同。其中第一条轴的角度确定了椭圆弧的角度。选择该选项，系统会继续提示：

指定椭圆弧的轴端点或 ［中心点（C）］：（指定端点或输入 C）
指定轴的另一个端点：（指定另一端点）
指定另一条半轴长度或 ［旋转（R）］：（指定另一条半轴长度或输入 R）
指定起始角度或［参数（P）］：（指定起始角度或输入 P）
指定终止角度或［参数（P）/包含角度（I）］：

其中各选项含义如下。

（1）角度：指定椭圆弧端点的一种方式，十字光标与椭圆中心点连线的夹角为椭圆端点位置的角度，如图 2-19（b）所示。

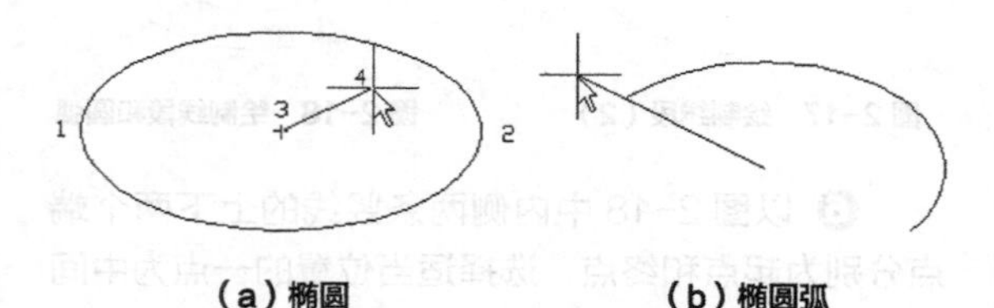

（a）椭圆　　（b）椭圆弧

图 2-19　椭圆和椭圆弧

（2）参数（P）：指定椭圆弧端点的另一种方式，该方式同样是指定椭圆弧端点的角度，但通过以下矢量参数方程式创建椭圆弧：

$\boldsymbol{p}(u)=\boldsymbol{c}+\boldsymbol{a}\times\cos(u)+\boldsymbol{b}\times\sin(u)$

式中，$\boldsymbol{c}$ 是椭圆的中心点，$\boldsymbol{a}$ 和 $\boldsymbol{b}$ 分别是椭圆的长半轴和短半轴，u 为十字光标与椭圆中心点连线与水平线的夹角。

（3）包含角度（I）：定义从起点角度开始的包含角度。

2.2.6 实例——绘制马桶

绘制图 2-20 所示的马桶。

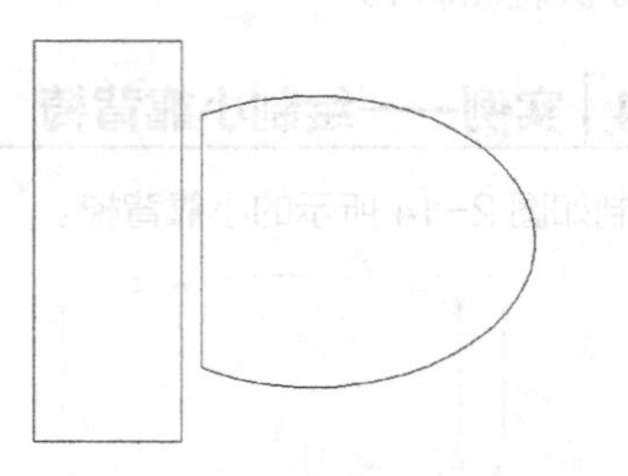

图 2-20　马桶

操作步骤

❶ 单击“绘图”工具栏中的“椭圆弧”按钮，绘制马桶外沿，命令行提示与操作如下：

命令：_ellipse
指定椭圆的轴端点或 ［圆弧（A）/中心点（C）］：_a
指定椭圆弧的轴端点或 ［中心点（C）］：c
指定椭圆弧的中心点：（指定一点）
指定轴的端点：（适当指定一点）
指定另一条半轴长度或［旋转(R)］：（适当指定一点）
指定起点角度或 ［参数（P）］：（指定下面适当位置一点）
指定端点角度或 ［参数（P）/包含角度（I）］：（指定正上方适当位置一点）

绘制结果如图 2-21 所示。

❷ 单击“绘图”工具栏中的“直线”按钮，连接椭圆弧上下两个端点，绘制马桶后沿，结果如图 2-22 所示。

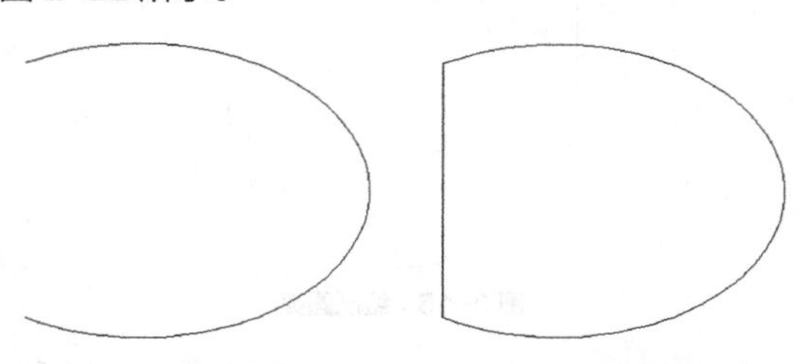

图 2-21　绘制马桶外沿　　图 2-22　绘制马桶后沿

❸ 单击“绘图”工具栏中的“直线”按钮，选择适当的尺寸，按绘制直线的步骤在左边绘制一个矩形框作为水箱，最终结果如图 2-20 所示。

2.2.7 圆环

1. 执行方式

命令行：DONUT

菜单：绘图→圆环

2. 操作步骤

命令：DONUT ↙
指定圆环的内径 <默认值>：（指定圆环内径）
指定圆环的外径 <默认值>：（指定圆环外径）
指定圆环的中心点或 <退出>：（指定圆环的中心点）
指定圆环的中心点或 <退出>：（继续指定圆环的中心点，则继续绘制相同内外径的圆环。用Enter、空格键或单击鼠标右键结束命令，如图2-23（a）所示）

3. 选项说明

（1）若指定内径为 0，则画出实心填充圆（见图 2-23（b））。

（2）用命令 FILL 可以决定是否填充圆环，具体方法如下。

命令：FILL ↙
输入模式［开（ON）/ 关（OFF）］<开>：（选择ON表示填充，选择OFF表示不填充，如图2-23（c）所示）

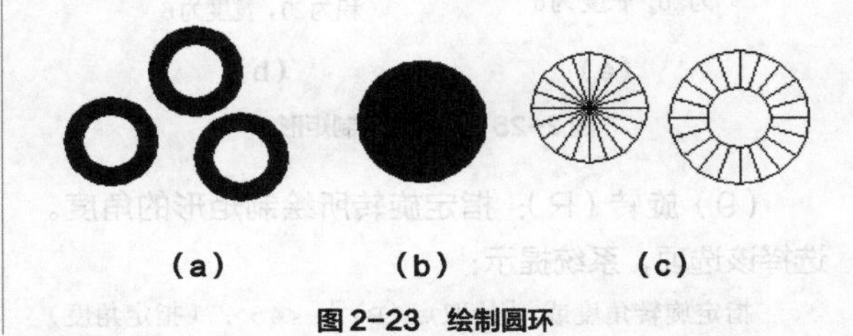

图 2-23 绘制圆环

2.3 平面图形命令

平面图形命令包括矩形命令和多边形命令。

2.3.1 矩形

1. 执行方式

命令行：RECTANG（缩写名：REC）

菜单：绘图→矩形

工具栏：绘图→矩形

2. 操作步骤

命令：RECTANG ↙
指定第一个角点或［倒角（C）/ 标高（E）/ 圆角（F）/ 厚度（T）/ 宽度（W）］：（指定一点）
指定另一个角点或［面积(A)/ 尺寸(D)/ 旋转(R)]:

3. 选项说明

（1）第一个角点：通过指定两个角点确定矩形，如图 2-24（a）所示。

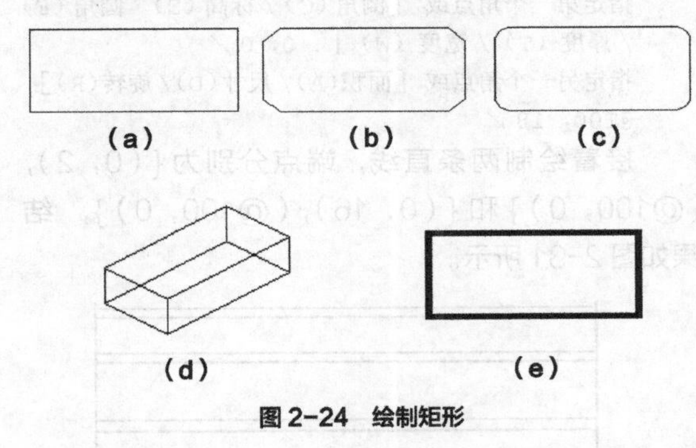

图 2-24 绘制矩形

（2）尺寸（D）：使用长和宽创建矩形。第二个指定点用于将矩形定位在与第一个角点相关的 4 个位置之一。

（3）倒角（C）：指定倒角的角度和距离，绘制带倒角的矩形（见图 2-24（b）所示），每一个角点逆时针和顺时针方向的倒角可以相同。也可以不同。其中第一个倒角距离是指角点逆时针方向的倒角距离，第二个倒角距离是指角点顺时针方向的倒角距离。

（4）标高（E）：指定矩形的标高（*Z* 坐标），即把矩形画在和 *XOY* 坐标面平行的平面上，并作为后续矩形的标高值。

（5）圆角（F）：指定圆角半径，绘制带圆角的矩形，如图 2-24（c）所示。

（6）厚度（T）：指定矩形的厚度，如图 2-24（d）所示。

（7）宽度（W）：指定线宽，如图 2-24（e）所示。

（8）面积（A）：指定面积和长或宽的大小创建矩形。选择该选项，系统提示：

输入以当前单位计算的矩形面积 <20.0000>：（输入面积值）
计算矩形标注时依据［长度（L）/ 宽度（W）］<长度>：（回车或输入 W）
输入矩形长度 <4.0000>：（指定长度或宽度）

指定面积和长度或宽度的大小后，系统自动计算另一个值绘制出矩形。如果矩形被倒角或圆角，则长度或宽度计算中会考虑此设置。如图 2-25 所示。

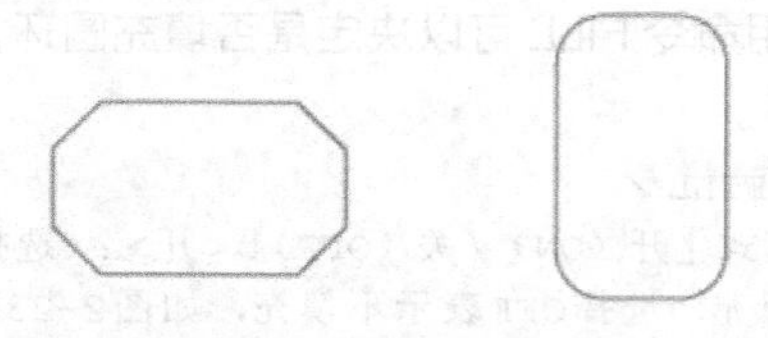

倒角距离为（1,1），面积为20，长度为6

(a)

圆角半径为1，面积为20，宽度为6

(b)

图 2-25　按面积绘制矩形

（9）旋转（R）：指定旋转所绘制矩形的角度。选择该选项，系统提示：

```
指定旋转角度或 [拾取点(P)] <45>:（指定角度）
指定另一个角点或 [面积(A)/尺寸(D)/旋转(R)]:（指定另一个角点或选择其他选项）
```

指定旋转角度后，系统按指定角度创建矩形，如图 2-26 所示。

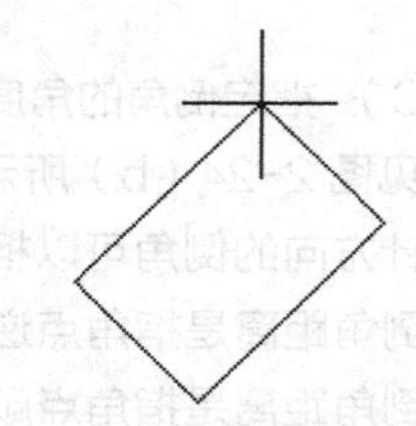

图 2-26　按指定旋转角度创建矩形

2.3.2 实例——绘制方头平键 1

绘制图 2-27 所示的方头平键 1。

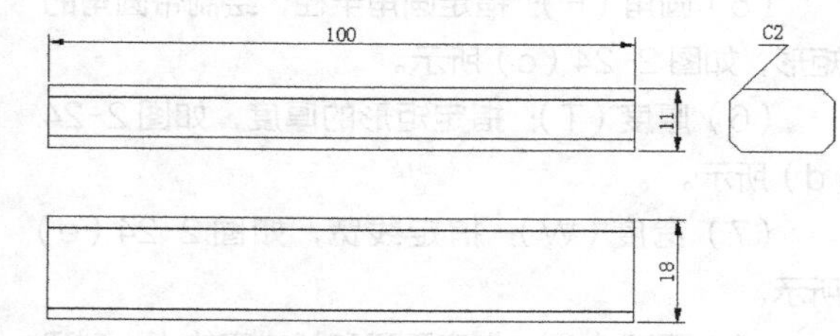

图 2-27　方头平键 1

操作步骤

❶ 单击“绘图”工具栏中的“矩形”按钮▭，绘制主视图外形。命令行提示与操作如下：

```
命令：RETANG↙
指定第一个角点或 [倒角(C)/标高(E)/圆角(F)/厚度(T)/宽度(W)]: 0, 30↙
指定另一个角点或 [面积(A)/尺寸(D)/旋转(R)]: @100, 11↙
```

结果如图 2-28 所示。

图 2-28　绘制主视图外形

❷ 单击“绘图”工具栏中的“直线”按钮╱，绘制主视图的两条棱线。一条棱线的两个端点坐标值为（0，32）和（@100，0），另一条棱线的两个端点坐标值为（0，39）和（@100，0），结果如图 2-29 所示。

图 2-29　绘制主视图棱线

❸ 单击“绘图”工具栏中“构造线”按钮⤢，绘制构造线，命令行提示与操作如下：

```
命令：XLINE↙
指定点或 [水平(H)/垂直(V)/角度(A)/二等分(B)/偏移(O)]:（指定主视图左边竖线上一点）
指定通过点：（指定竖直位置上一点）
指定通过点：↙
```

用同样方法绘制右边的竖直构造线，如图 2-30 所示。

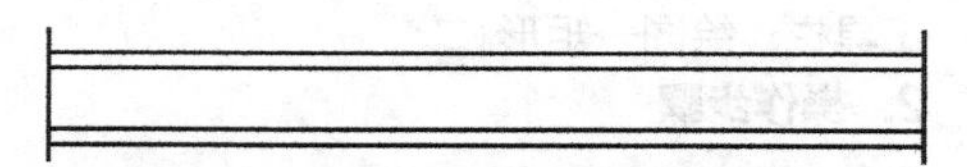

图 2-30　绘制竖直构造线

❹ 分别单击“绘图”工具栏中的“矩形”按钮▭和“直线”按钮╱，绘制俯视图。命令行提示与操作如下：

```
命令：RETANG↙
指定第一个角点或 [倒角(C)/标高(E)/圆角(F)/厚度(T)/宽度(W)]: 0, 0↙
指定另一个角点或 [面积(A)/尺寸(D)/旋转(R)]: @100, 18↙
```

接着绘制两条直线，端点分别为{（0，2），（@100，0）}和{（0，16），（@100，0）}，结果如图 2-31 所示。

图 2-31　绘制俯视图

❺ 单击“绘图”工具栏中的“构造线”按钮，绘制左视图构造线。命令行提示与操作如下：

```
命令：_xline
指定点或 [水平（H）/垂直（V）/角度（A）/二等分（B）/偏移（O）]：H↙
指定通过点：（指定主视图上右上端点）
指定通过点：（指定主视图上右下端点）
指定通过点：（捕捉俯视图上右上端点）
指定通过点：（捕捉俯视图上右下端点）
指定通过点：↙
命令：↙（回车表示重复绘制构造线命令）
指定点或 [水平（H）/垂直（V）/角度（A）/二等分（B）/偏移（O）]：A↙
输入构造线的角度（0）或[参照（R）]：-45↙
指定通过点：（任意指定一点）
指定通过点：↙
命令：XLINE↙
指定点或 [水平（H）/垂直（V）/角度（A）/二等分（B）/偏移（O）]：V↙
指定通过点：（指定斜线与第三条水平线的交点）
指定通过点：（指定斜线与第四条水平线的交点）
```

结果如图 2-32 所示。

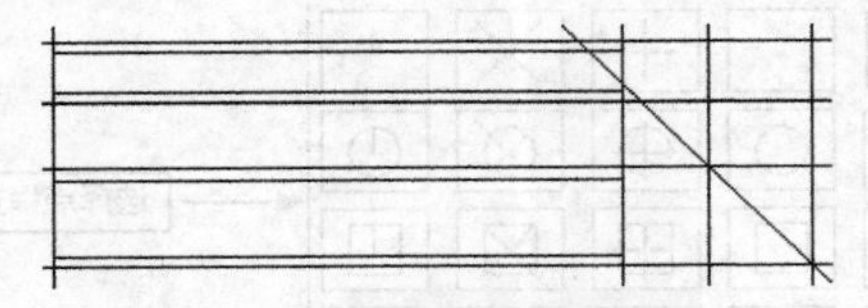

图 2-32 绘制左视图构造线

❻ 设置矩形的两个倒角距离为 2，绘制左视图。命令行提示与操作如下：

```
命令：_rectang↙
指定第一个角点或 [倒角(C)/标高(E)/圆角(F)/厚度(T)/宽度(W)]：C↙
指定矩形的第一个倒角距离 <0.0000>：（指定主视图上右上端点）
指定第二点：（指定主视图上右上第二个端点）
指定矩形的第二个倒角距离 <2.0000>：↙
指定第一个角点或 [倒角（C）/标高（E）/圆角（F）/厚度（T）/宽度（W）]：(按构造线确定位置指定一个角点)
指定另一个角点或 [面积(A)/尺寸(D)/旋转(R)]：(按构造线确定位置指定另一个角点)
```

结果如图 2-33 所示。

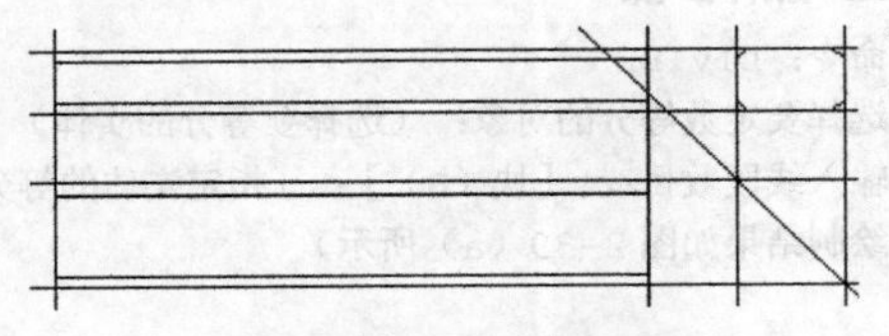

图 2-33 绘制左视图

❼ 删除构造线，最终结果如图 2-27 所示。

2.3.3 多边形

1. 执行方式

命令行：POLYGON

菜单：绘图→多边形

工具栏：绘图→多边形

2. 操作步骤

```
命令：POLYGON↙
输入侧面数 <4>：(指定多边形的边数，默认值为 4)
指定正多边形的中心点或 [边（E）]：（指定中心点）
输入选项 [内接于圆（I）/外切于圆（C）] <I>：(指定是内接于圆或外切于圆，I 表示内接，如图 2-34（a）所示，C 表示外切，如图 2-34（b）所示)
指定圆的半径：（指定外接圆或内切圆的半径）
```

3. 选项说明

如果选择“边”选项，则只需指定一条边，系统会按逆时针方向自动创建正多边形，如图 2-34（c）所示。

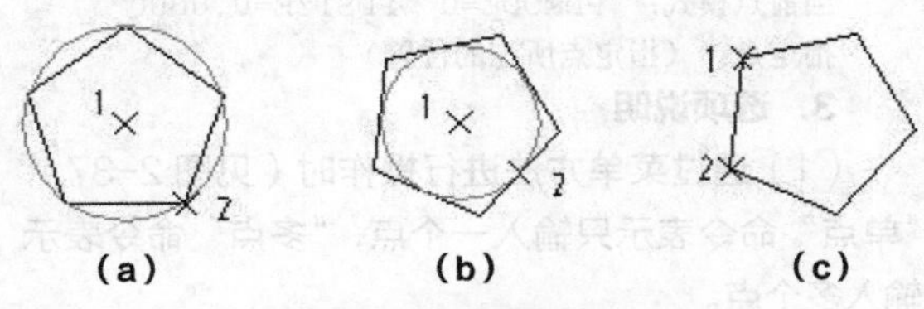

图 2-34 绘制正多边形

2.3.4 实例——绘制八角凳

绘制图 2-35 所示的八角凳。

操作步骤

❶ 单击“绘图”工具栏中的“多边形”按钮，绘制多边形外轮廓线。命令行提示与操作如下：

```
命令：polygon↙
输入侧面数 <4>：8↙
指定正多边形的中心点或 [边（E）]：0，0↙
输入选项 [内接于圆（I）/外切于圆（C）] <I>：c↙
指定圆的半径：100↙（绘制结果如图 2-36 所示）
命令：↙
输入侧面数 <8>：↙
指定正多边形的中心点或 [边（E）]：0，0↙
输入选项 [内接于圆（I）/外切于圆（C）] <C>：i↙
指定圆的半径：100↙
```

❷ 重复该命令，绘制内轮廓线。命令行提示如下：

命令：↙
输入侧面数 <8>：↙
指定正多边形的中心点或 [边 (E)]：0,0↙
输入选项 [内接于圆 (I)/外切于圆 (C)] <C>：i↙
指定圆的半径：100↙

最终结果如图 2-36 所示。

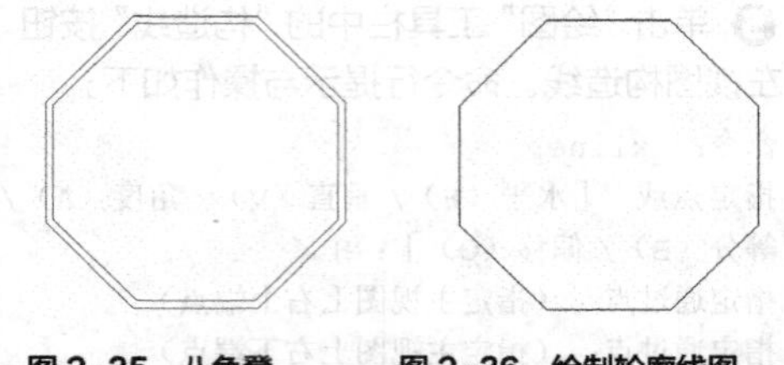

图 2-35 八角凳 图 2-36 绘制轮廓线图

2.4 点命令

AutoCAD 中有多种关于点的表示方式，用户可以根据需要自行设置。

2.4.1 点

1. 执行方式

命令行：POINT

菜单：绘图→点→单点或多点

工具栏：绘图→点

2. 操作步骤

命令：_point
当前点模式： PDMODE=0 PDSIZE=0.0000
指定点：（指定点所在的位置）

3. 选项说明

（1）通过菜单方法进行操作时（见图 2-37），“单点”命令表示只输入一个点，“多点”命令表示输入多个点。

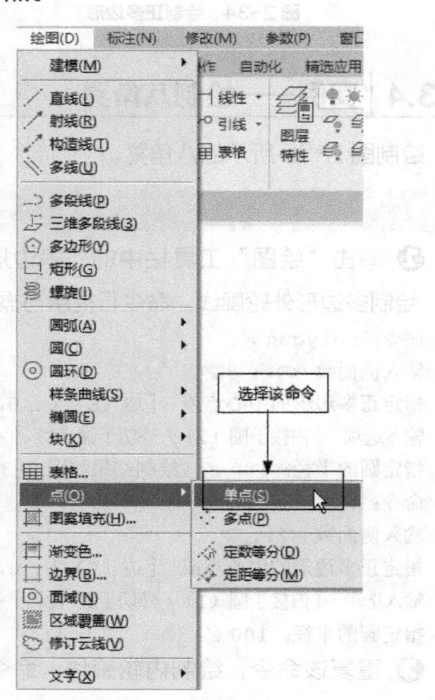

图2-37 “点”子菜单

（2）可以打开状态栏中的“对象捕捉”开关设置点捕捉模式，帮助用户拾取点。

（3）点在图形中的表示样式共有 20 种，可通过 DDPTYPE 命令或选择菜单命令“格式”→“点样式”，在弹出的“点样式”对话框中设置，如图 2-38 所示。

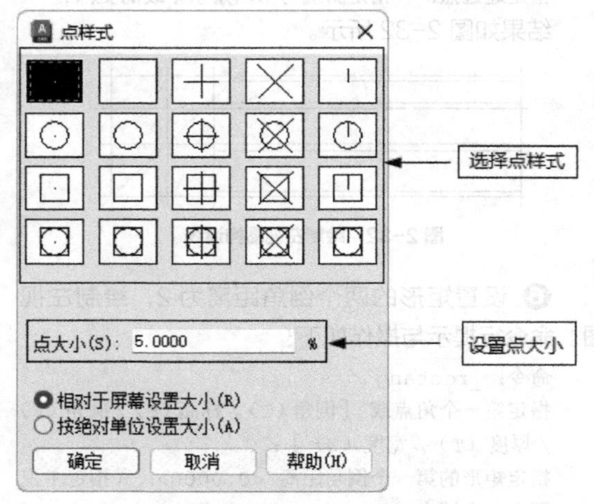

图 2-38 “点样式”对话框

2.4.2 等分点

1. 执行方式

命令行：DIVIDE（缩写：DIV）

菜单：绘图→点→定数等分

2. 操作步骤

命令：DIVIDE↙
选择要定数等分的对象：（选择要等分的实体）
输入线段数目或 [块 (B)]：（指定实体的等分数，绘制结果如图 2-39（a）所示）

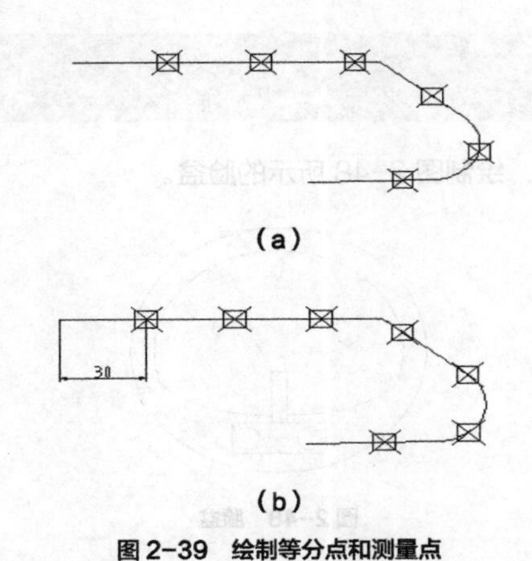

图 2-39　绘制等分点和测量点

3. 选项说明

（1）等分数范围为 2 ~ 32767。

（2）在等分点处，按当前点样式的设置画出等分点。

（3）在第二提示行选择“块（B）”选项时，表示在等分点处插入指定的块（BLOCK）。

2.4.3 测量点

1. 执行方式

命令行：MEASURE（缩写：ME）

菜单：绘图→点→定距等分

2. 操作步骤

```
命令：MEASURE ↙
选择要定距等分的对象：（选择要设置测量点的实体）
指定线段长度或［块（B）］：（指定分段长度，绘制结果如图 2-39（b）所示）
```

3. 选项说明

（1）设置的起点一般是指指定线的绘制起点。

（2）在第二提示行选择“块（B）”选项时，表示在测量点处插入指定的块。

（3）在等分点处，按当前点样式设置画出等分点。

（4）最后一个测量段的长度不一定等于指定分段长度。

2.4.4 实例——绘制棘轮

绘制图 2-40 所示的棘轮。

图 2-40　棘轮

操作步骤

❶ 单击“绘图”工具栏中的“圆”按钮，绘制半径分别为 90、60、40 的同心圆，如图 2-41 所示。

❷ 设置点样式。选择菜单栏中的“格式”→“点样式”命令，在打开的“点样式”对话框中选择“×”样式。

❸ 等分圆。命令行提示与操作如下：

```
命令：Divide ↙
选择要定数等分的对象：（选取 R90 圆）
输入线段数目或 ［块（B）］：12 ↙
```

等分 R60 圆，结果如图 2-42 所示。

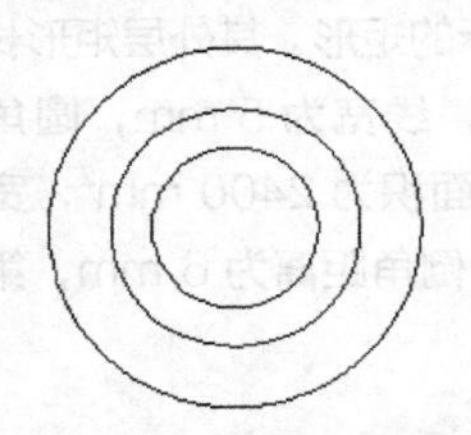

图 2-41　绘制同心圆　　图 2-42　等分圆

❹ 单击“绘图”工具栏中的“直线”按钮，连接 3 个等分点，如图 2-43 所示。

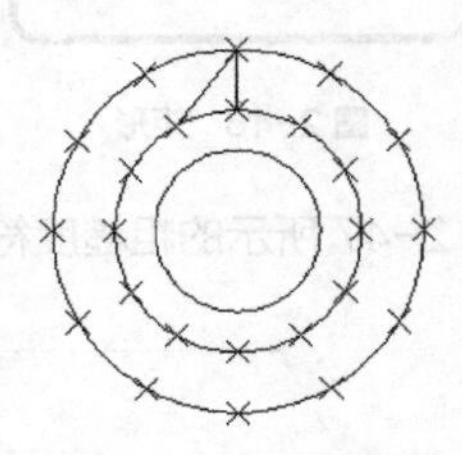

图 2-43　棘轮轮齿

❺ 使用相同的方法连接其他点，使用 Delete 键删除多余的点、圆以及圆弧，最终结果如图 2-40 所示。

2.5 练习

1. 请写出绘制圆弧的方法（至少 10 种）。

2. 绘制图 2-44 所示的五角星。

图 2-44　五角星

3. 绘制图 2-45 所示的椅子。

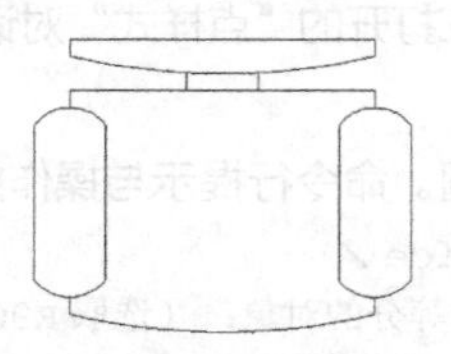

图 2-45　椅子

4. 绘制图 2-46 所示的矩形。其外层矩形长为 150 mm，宽为 100mm，线宽为 5 mm，圆角半径为 10 mm；内层矩形面积为 2400 mm^2，宽为 30 mm，线宽为 0，第一倒角距离为 6 mm，第二倒角距离为 4 mm。

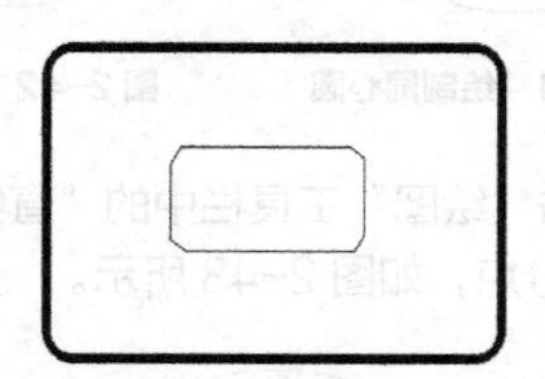

图 2-46　矩形

5. 绘制图 2-47 所示的粗糙度符号。

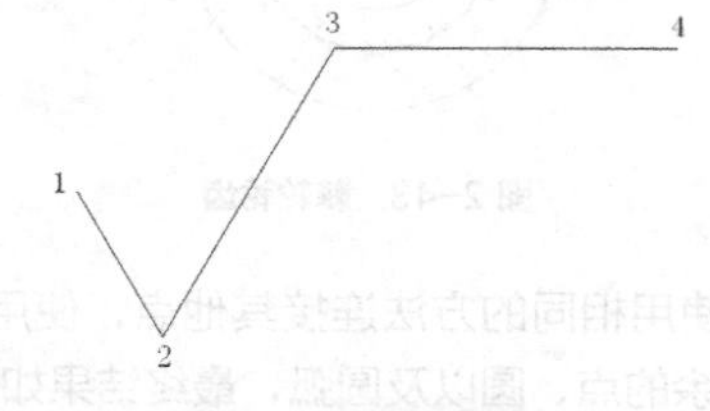

图 2-47　粗糙度符号

6. 绘制图 2-48 所示的脸盆。

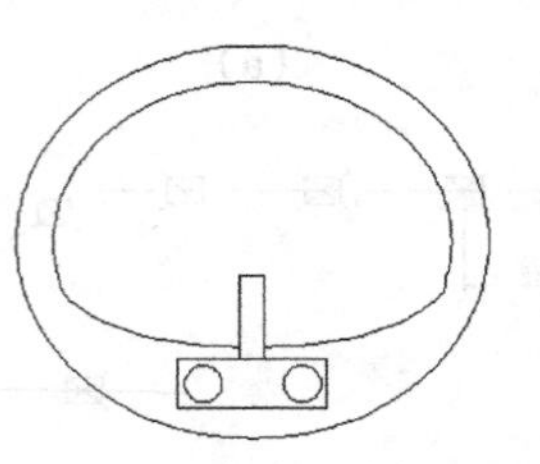

图 2-48　脸盆

7. 绘制图 2-49 所示的卡通图形。

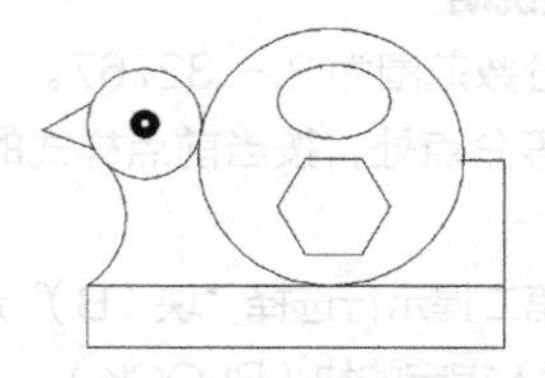

图 2-49　卡通图形

8. 绘制图 2-50 所示的螺母。

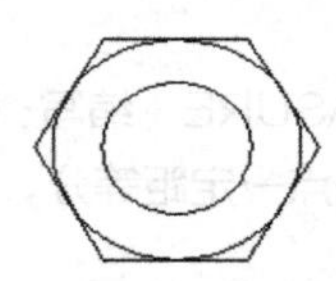

图 2-50　螺母

9. 绘制图 2-51 所示的圆头平键。

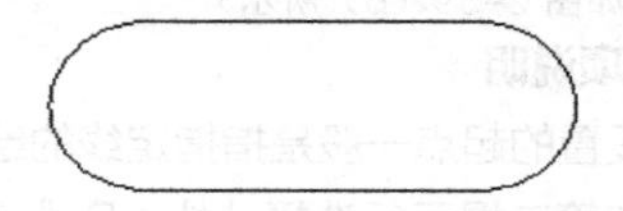

图 2-51　圆头平键

10. 绘制图 2-52 所示的嵌套圆。

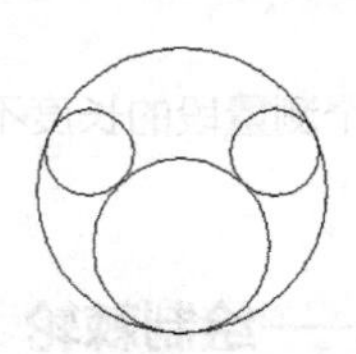

图 2-52　嵌套圆

第3章

基本绘图设置

使用 AutoCAD 绘制图形时，通常需要进行一些基本绘图设置，如设置单位、图形边界以及图层等。

重点与难点

- 设置绘图环境
- 设置图层
- 颜色、线型与线宽
- 随层特性

3.1 设置绘图环境

在 AutoCAD 中，可以使用相关命令对图形单位和图形边界以及工作工件进行具体设置。

3.1.1 图形单位设置

1. 执行方式

命令行：DDUNITS（或 UNITS）

菜单：格式→单位

2. 操作步骤

执行上述命令后，弹出“图形单位”对话框，如图 3-1 所示。该对话框用于定义单位和角度格式。

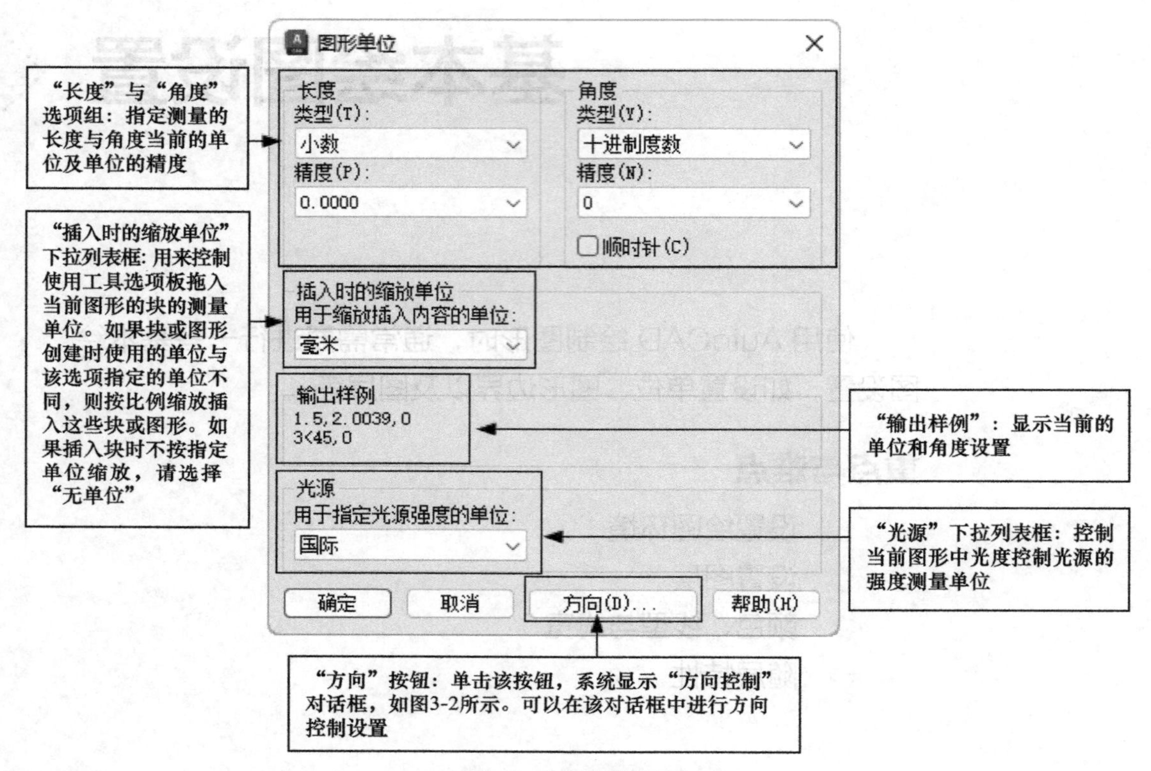

图 3-1 “图形单位”对话框

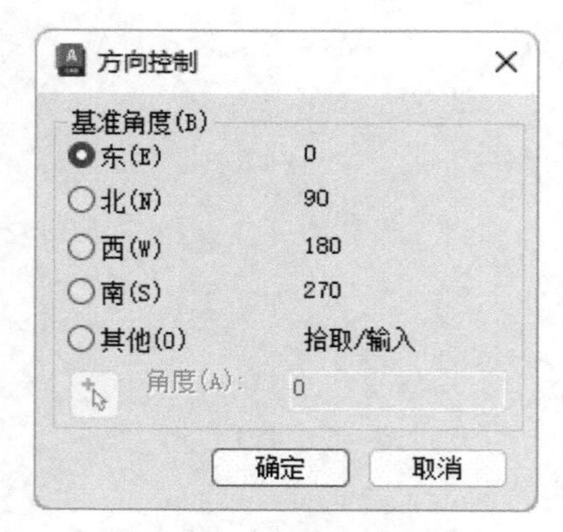

图 3-2 “方向控制”对话框

3.1.2 图形边界设置

1. 执行方式

命令行：LIMITS

菜单：格式→图形界限

2. 操作步骤

```
命令：LIMITS ↙
重新设置模型空间界限：
指定左下角点或 [开（ON）/关（OFF）] <0.0000，0.0000>：（输入图形边界左下角的坐标后回车）
指定右上角点 <12.0000，9.0000>：（输入图形边界右上角的坐标后回车）
```

3. 选项说明

（1）开（ON）：使绘图边界有效。系统在绘图边界以外拾取的点视为无效。

（2）关（OFF）：使绘图边界无效。用户可以在绘图边界以外拾取点或实体。

（3）动态输入角点坐标：可以直接在屏幕上输入角点坐标，输入横坐标值后，按“,”键，接着输入纵坐标值，如图 3-3 所示。也可以在十字光标位置直接单击确定角点位置。

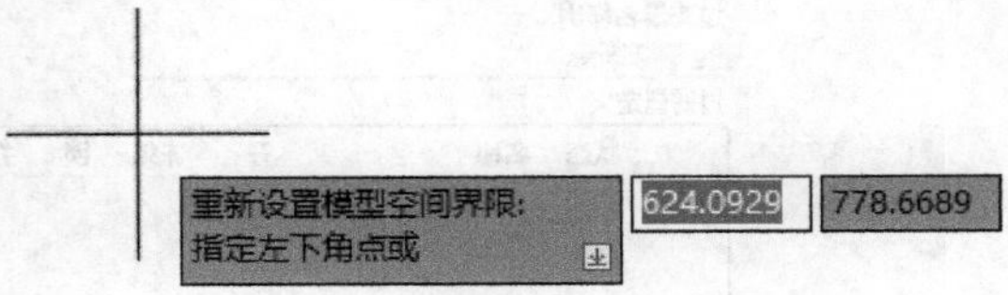

重新设置模型空间界限:
指定左下角点或 624.0929 778.6689

图 3-3 动态输入

3.2 设置图层

图层的概念类似投影片，将不同属性的对象分别放置在不同的投影片（图层）上。例如将图形的主要线段、中心线、尺寸标注等分别绘制在不同的图层上，每个图层可设定不同的线型、线条颜色，然后把不同的图层堆叠在一起合成一个完整的图形。这样可使图形层次分明，方便图形的编辑与管理。一个完整的图形就是由它所包含的所有图层上的对象叠加在一起构成的，如图 3-4 所示。

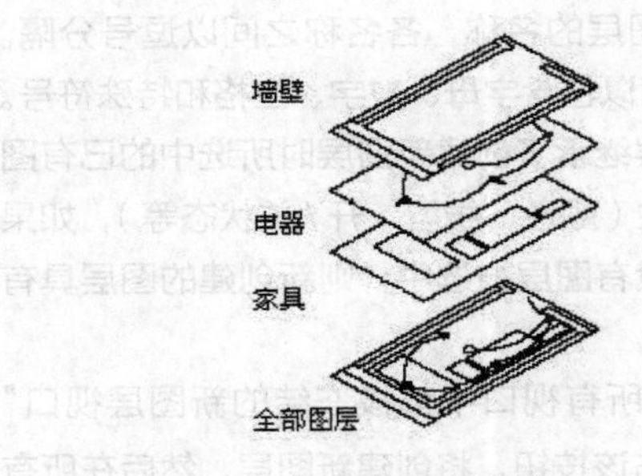

图 3-4 图层效果

3.2.1 利用对话框设置图层

在 AutoCAD 中，可以实现创建新图层、设置图层颜色及线型等各种操作。

1. 执行方式

命令行：LAYER

菜单：格式→图层

工具栏：图层→图层特性管理器按钮。

执行上述操作后，弹出图 3-5 所示的“图层特性管理器”对话框。

2. 选项说明

（1）“新建特性过滤器”按钮：单击该按钮，可以打开“图层过滤器特性”对话框，如图 3-6 所示，在对话框中可以基于一个或多个图层特性创建图层过滤器。

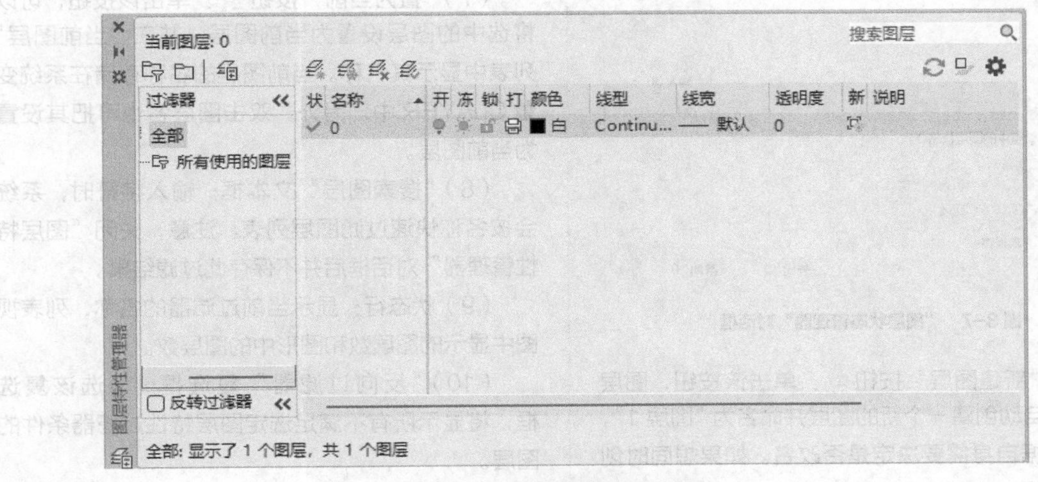

图 3-5 “图层特性管理器”对话框

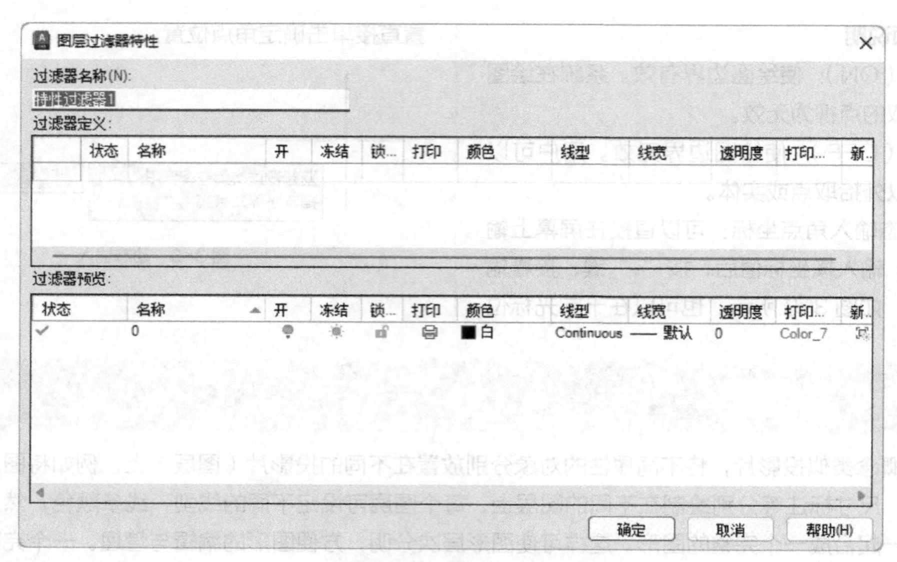

图 3-6 “图层过滤器特性”对话框

（2）“新建组过滤器”按钮：单击该按钮可以创建一个图层过滤器，其中包含用户选定并添加到该过滤器的图层。

（3）“图层状态管理器”按钮：单击该按钮，可以打开“图层状态管理器”对话框，如图 3-7 所示，在对话框中可以将图层的当前特性设置保存到图层状态中，也可以以后再恢复这些设置。

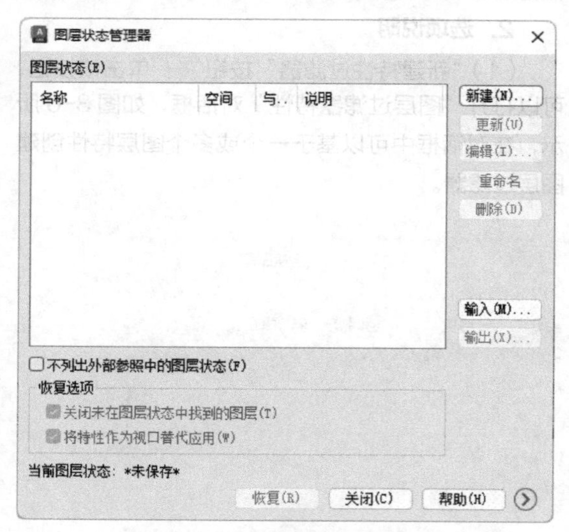

图 3-7 “图层状态管理器”对话框

（4）“新建图层”按钮：单击该按钮，图层列表中会自动创建一个新的图层并命名为“图层 1”，用户可根据自身需要决定是否改名。如果想同时创建多个图层，只需在选中一个图层名之后，输入要创建的多个图层的名称，各名称之间以逗号分隔。图层的名称可以包含字母、数字、空格和特殊符号。新创建的图层继承了创建新图层时所选中的已有图层的所有特性（颜色、线型、开 / 关状态等），如果新建图层时没有图层被选中，则新创建的图层具有默认的设置。

（5）“在所有视口中都被冻结的新图层视口”按钮：单击该按钮，将创建新图层，然后在所有现有布局视口中将其冻结。可以在模型空间或布局空间上访问此按钮。

（6）“删除图层”按钮：在图层列表中选中需要删除的图层，单击该按钮，图层被删除。

（7）“置为当前”按钮：单击该按钮，可以将选中的图层设置为当前图层，并在“当前图层”列表中显示其名称。当前图层的名称存储在系统变量 CLAYER 中。另外，双击图层名也可把其设置为当前图层。

（8）“搜索图层”文本框：输入字符时，系统会按名称快速过滤图层列表。注意，关闭“图层特性管理器”对话框后并不保存此过滤结果。

（9）状态行：显示当前过滤器的名称、列表视图中显示的图层数和图形中的图层数。

（10）“反向过滤器”复选框：勾选该复选框，将显示所有不满足选定图层特性过滤器条件的图层。

（11）图层列表区：显示已有的图层及其特性。

如果要修改图层的特性，只需单击它所对应的图标即可。列表区中各列的含义如下。

①状态：指示项目的类型。分为图层过滤器、正在使用的图层、空图层和当前图层 4 种。

②名称：显示满足条件的图层名称。如果要对某图层进行修改，首先要选中该图层的名称。

③状态转换图标："图层特性管理器"对话框的图层列表中有一列图标，单击这些图标，可以打开或关闭图标所代表的功能，各图标功能说明如表 3-1 所示。

表 3-1　图标功能

图示	名称	功能说明
/	打开 / 关闭	将图层设定为打开或关闭状态。当呈现关闭状态时，该图层上的所有对象将被隐藏不显示，只有处于打开状态的图层才会在绘图区上显示或由打印机打印出来。因此，为了绘制方便，绘制复杂的图形时，先将暂时不需要的图层隐藏。图 3-8 所示为尺寸标注图层打开和关闭的情形 打开　关闭 图 3-8　打开和关闭尺寸标注图层
/	解冻 / 冻结	将图层设定为解冻或冻结状态。当图层呈现冻结状态时，该图层上的对象均不会显示在绘图区上，也不能由打印机打出，而且不会执行重生（REGEN）、缩放（EOOM）、平移（PAN）等命令的操作，因此若将视图中暂时不需要的图层冻结，可加快编辑图形的速度。而 / （打开 / 关闭）功能只是单纯将对象隐藏，并不会加快执行速度
/	解锁 / 锁定	将图层设定为解锁或锁定状态。被锁定的图层，仍然显示在绘图区，但不能进行编辑修改，此功能可以用来保护重要的图形
/	打印 / 不打印	设定该图层是否可以被打印

④颜色：显示和修改图层的颜色。如果要修改某一图层的颜色，单击其对应的颜色图标，弹出图 3-9 所示的"选择颜色"对话框，从中选择需要的颜色。

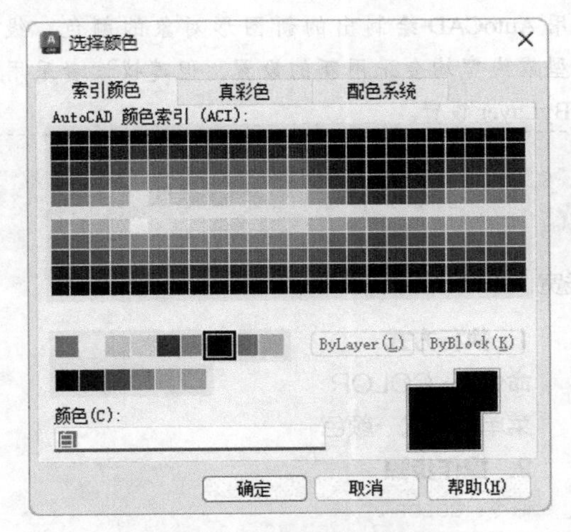

图 3-9　"选择颜色"对话框

⑤线型：显示和修改图层的线型。如果要修改某一图层的线型，单击该图层的"线型"项，弹出"选择线型"对话框，如图 3-10 所示，其中列出了当前可用的线型，从中选择需要的线型。

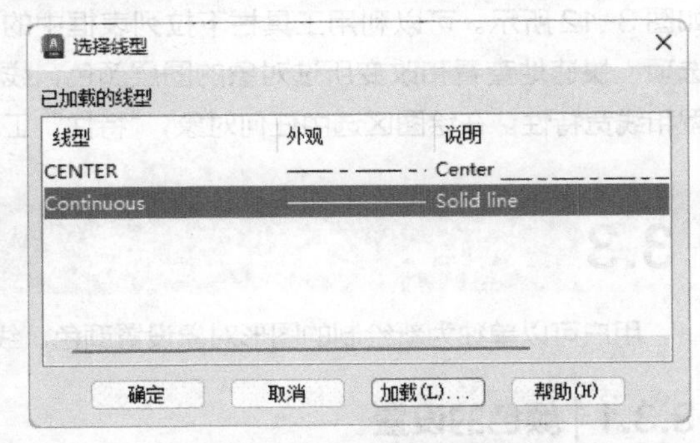

图 3-10　"选择线型"对话框

⑥线宽：显示和修改图层的线宽。如果要修改某一图层的线宽，单击该图层的"线宽"列，弹出"线宽"对话框，如图 3-11 所示，用户可

从中选择需要的线宽。“旧的”显示行显示修改之前的线宽，当创建一个新图层时，采用默认线宽（其值为 0.25mm），默认线宽的值由系统变量 LWDEFAULT 设置；“新的”显示行显示赋予图层的新线宽。

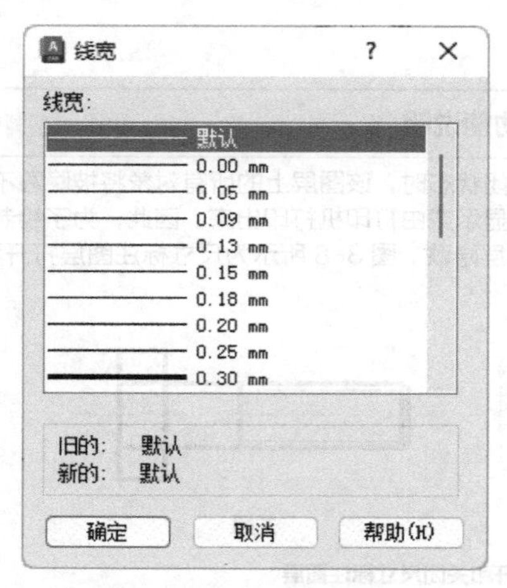

图 3-11 “线宽”对话框

⑦打印样式：打印图形时各项属性的设置。

提示　合理利用图层，可以事半功倍。在开始绘制图形之前，就预先设置一些基本图层。每个图层有自己的专门用途，这样做只需绘制一份图形文件，就可以组合出许多不同的图样，需要修改时也只需针对各个图层进行。

3.2.2 利用工具栏设置图层

AutoCAD 2024 提供了一个“特性”工具栏，如图 3-12 所示。可以利用工具栏下拉列表框中的选项，快速地查看和改变所选对象的图层颜色、线型和线宽特性。在绘图区选中任何对象，“特性”工具栏上都将自动显示它所在的图层颜色、线型等属性。“特性”工具栏各部分的功能介绍如下。

图 3-12 “特性”工具栏

（1）“颜色控制”下拉列表框：单击右侧的下拉按钮，可从打开的下拉列表中选择一种颜色，使之成为当前颜色，如果选择“选择颜色”选项，系统将弹出“选择颜色”对话框，在对话框中有多种颜色可供选择。修改当前颜色后，之后在任何图层上绘图都将采用这种颜色，但对各个图层原本的颜色没有影响。

（2）“线型控制”下拉列表框：单击右侧的下拉按钮，可从打开的下拉列表中选择一种线型，使之成为当前线型。修改当前线型后，之后在任何图层上绘图都将采用这种线型，但对各个图层原有的线型设置没有影响。

（3）“线宽控制”下拉列表框：单击右侧的下拉按钮，可从打开的下拉列表中选择一种线宽，使之成为当前线宽。修改当前线宽后，之后在任何图层上绘图都将采用这种线宽，但对各个图层原有的线宽设置没有影响。

（4）“打印类型控制”下拉列表框：单击右侧的下拉按钮，可从打开的下拉列表中选择一种打印样式，使之成为当前打印样式。

提示　如果在“特性”工具栏设置了具体的图层颜色、线型或线宽，而不是采用 ByLayer（随层）设置，那么在此之后使用 AutoCAD 绘制出的新图形对象的颜色、线型或线宽均会采用新的设置，但建议读者采用 ByLayer 设置。

3.3 颜色、线型与线宽

用户可以单独为新绘制的图形对象设置颜色、线型与线宽。

3.3.1 颜色的设置

AutoCAD 允许用户为图层设置颜色，为新建的图形对象设置当前颜色，还可以改变已有图形对象的颜色。

1. 执行方式

命令行：COLOR

菜单：格式→颜色

2. 操作步骤

```
命令：COLOR ↙
```

选择相应的菜单命令或在命令行中输入

COLOR 命令后回车，AutoCAD 将弹出图 3-13 所示的“选择颜色”对话框。也可在图层操作中打开此对话框，具体方法上节已讲述。

3. 选项说明

（1）“索引颜色”选项卡：打开此选项卡，可以在系统所提供的 255 色索引表中选择需要的颜色，如图 3-13 所示。

（2）“真彩色”选项卡：打开此选项卡，可以选择需要的颜色，如图 3-14 所示。

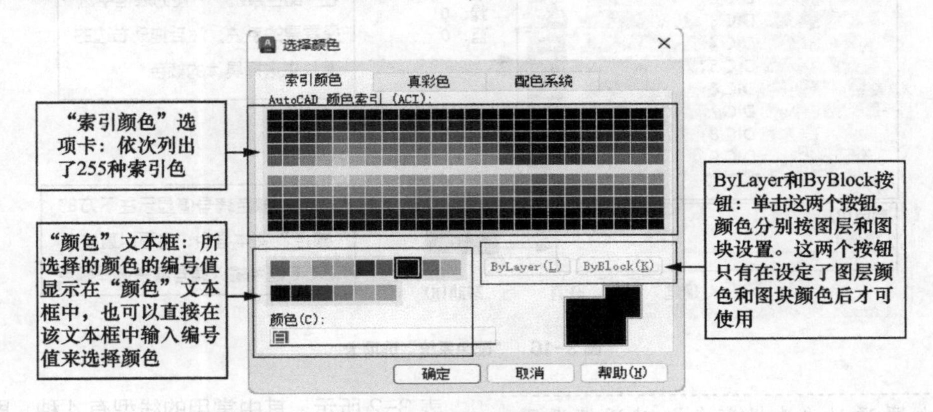

图 3-13 “索引颜色”选项卡

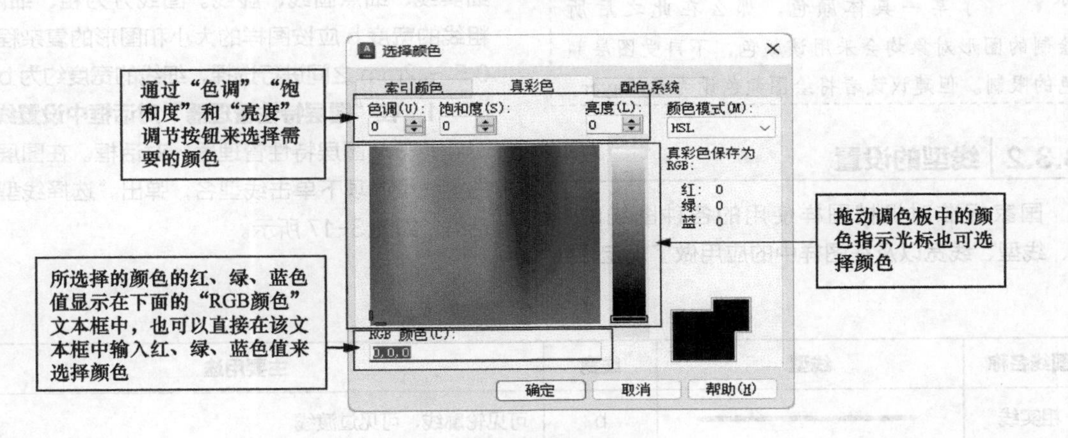

图 3-14 “真彩色”选项卡

在此选项卡的右侧，有一个“颜色模式”下拉列表框，默认为 HSL 模式，即图 3-14 所示的模式。如果选择 RGB 模式，则如图 3-15 所示，在该模式下选择颜色的方式与在 HSL 模式下类似。

（3）“配色系统”选项卡：打开此选项卡，可以从标准配色系统（如 Pantone）中选择预定义的颜色，如图 3-16 所示。

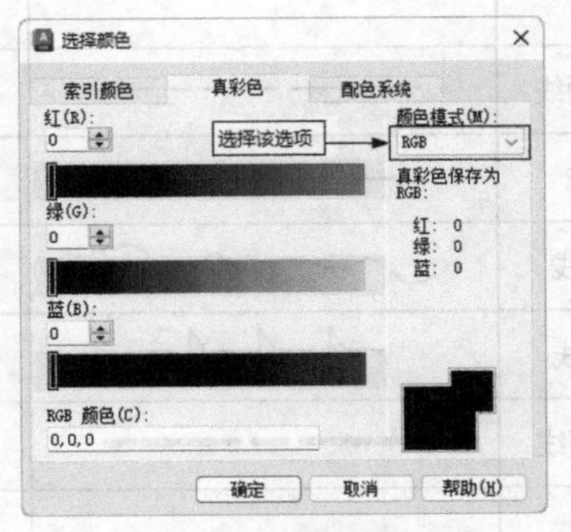

图 3-15 RGB 模式

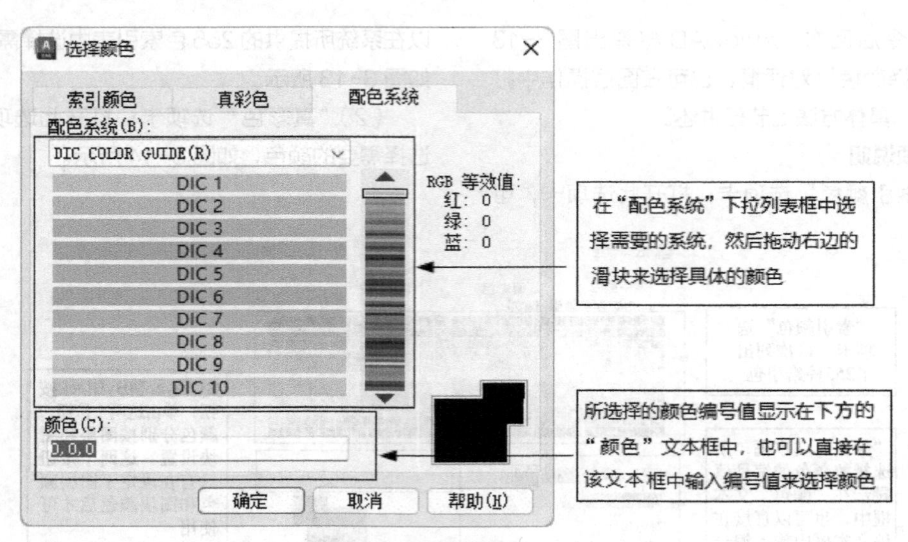

图 3-16 “配色系统”选项卡

> 提示 如果通过“选择颜色”对话框设置了某一具体颜色，那么在此之后所绘制的图形对象均会采用该颜色，不再受图层颜色的限制。但建议读者将绘图颜色设为 ByLayer。

3.3.2 线型的设置

国家标准对机械图样使用的各种图线的名称、线型、线宽以及在图样中的应用做了规定，如表 3-2 所示，其中常用的线型有 4 种，即粗实线、细实线、细点画线、虚线。图线分为粗、细两种，粗线的宽度 b 应按图样的大小和图形的复杂程度在 0.5 ~ 2mm 之间进行选择，细线的宽度约为 b/2。

1. 在“图层特性管理器”对话框中设置线型

打开“图层特性管理器”对话框。在图层列表的“线型”项下单击线型名，弹出“选择线型”对话框，如图 3-17 所示。

表 3-2 图线

图线名称	线型	线宽	主要用途
粗实线		b	可见轮廓线、可见过渡线
细实线		约 b/2	尺寸线、尺寸界线、剖面线、引出线、弯折线、牙底线、齿根线、辅助线等
细点画线		约 b/2	轴线、对称中心线、齿轮节线等
虚线		约 b/2	不可见轮廓线、不可见过渡线
波浪线		约 b/2	断裂处的边界线、剖视与视图的分界线
双折线		约 b/2	断裂处的边界线
粗点画线		b	有特殊要求的线或面的表示线
双点画线		约 b/2	相邻辅助零件的轮廓线、极限位置的轮廓线、假想投影的轮廓线

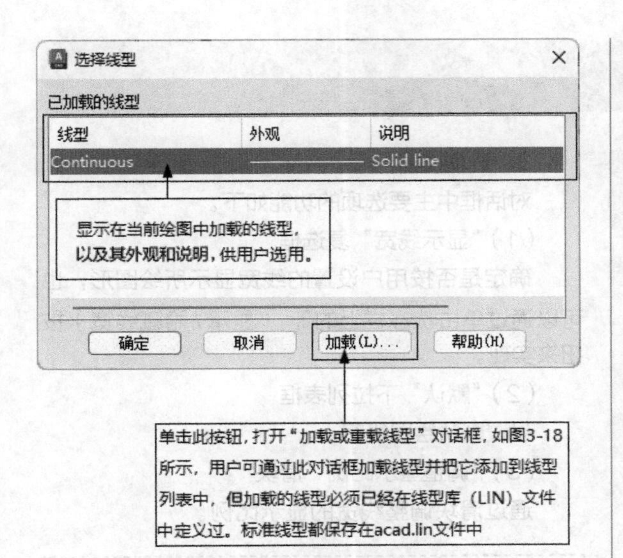

图 3-17 “选择线型”对话框

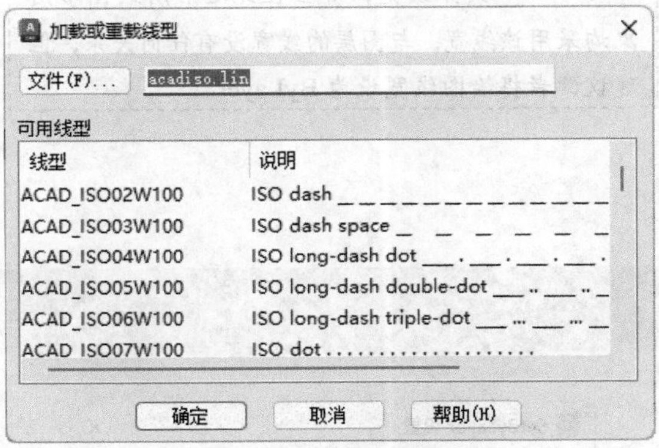

加载或重载线型

文件(F)... acadiso.lin

可用线型

线型	说明
ACAD_ISO02W100	ISO dash
ACAD_ISO03W100	ISO dash space
ACAD_ISO04W100	ISO long-dash dot
ACAD_ISO05W100	ISO long-dash double-dot
ACAD_ISO06W100	ISO long-dash triple-dot
ACAD_ISO07W100	ISO dot

确定 取消 帮助(H)

图 3-18 “加载或重载线型”对话框

2. 直接设置线型

用户也可以直接设置线型。

在命令行输入 LINETYPE 命令后回车，弹出“线型管理器”对话框，如图 3-19 所示。

（1）“线型过滤器”选项组

在下拉列表框中选择需要的过滤条件，设置过滤条件后，线型列表框中将只显示满足条件的线型。

“线型过滤器”选项组中的“反转过滤器”复选框用于确定线型列表框中是否显示与过滤条件相反的线型。

（2）“隐藏细节”按钮

单击该按钮，“线型管理器”对话框中将不再显示“详细信息”选项组部分，同时按钮名称变成了“显示细节”。

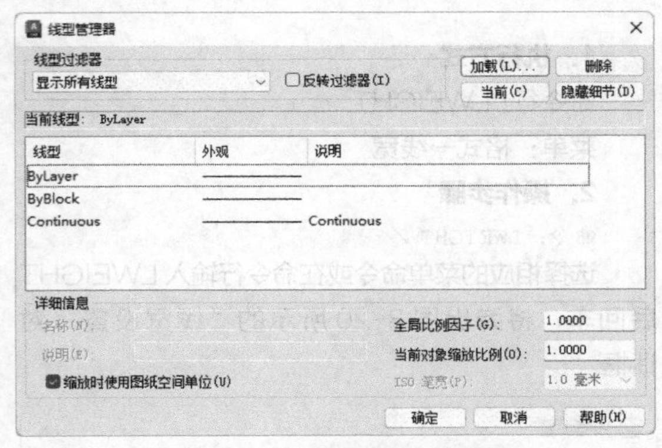

图 3-19 “线型管理器”对话框

3. 在“详细信息”选项组中设置线型

（1）“名称”“说明”文本框

显示或修改指定线型的名称与说明。在线型列表中选中某一线型，它的名称和说明会分别显示在“名称”和“说明”文本框中。

（2）“全局比例因子”文本框

设置线型的全局比例因子，即所有线型的比例因子。除连续线外，每种线型一般都由实线段、空白段或点等组成，“线型定义”中定义了这些线型的长度。全局比例因子对已有线型和新绘图形的线型均有效，也可以使用 LTSCALE 命令更改线型的比例因子。

注意 改变线型的比例因子后，各图形对象的总长度不会因此改变。

（3）“当前对象缩放比例”文本框

设置新绘图形对象所用线型的缩放比例。通过该文本框设置线型比例后，之后所绘图形的线型比例均为此线型比例，利用系统变量 CELTSCALE 也可以实现此设置。

提示 如果在“线型管理器”对话框中设置了某一具体线型，那么在此之后所绘图形对象均采用该线型，与图层的线型没有任何关系，但建议读者将绘图线型设为 ByLayer。

3.4 线宽的设置

1. 执行方式

命令行：LWEIGHT

菜单：格式→线宽

2. 操作步骤

```
命令：LWEIGHT↙
```

选择相应的菜单命令或在命令行输入 LWEIGHT 后回车，将弹出图 3-20 所示的“线宽设置”对话框。

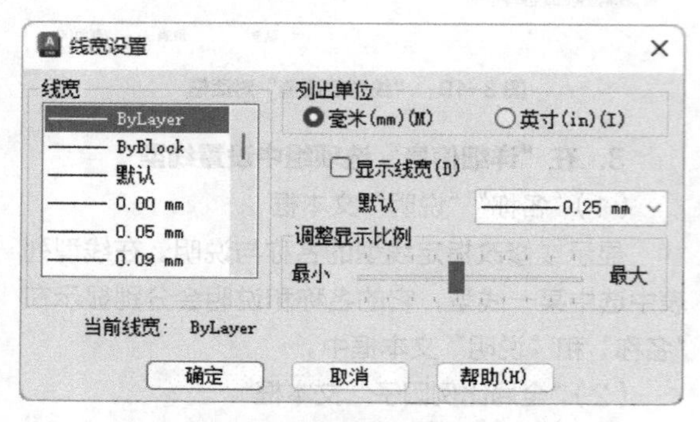

图 3-20 “线宽设置”对话框

3. 选项说明

对话框中主要选项的功能如下。

（1）“显示线宽”复选框

确定是否按用户设置的线宽显示所绘图形，也可以通过单击状态栏上的（显示 / 隐藏线宽）按钮来实现。

（2）“默认”下拉列表框

设置默认绘图线宽。

（3）“调整显示比例”滑块

通过滑块调整线宽的显示比例。

> **提示** 如果在“线宽设置”对话框中设置了某一具体线宽，那么在此之后所绘图形对象均采用该线宽，与图层的线宽没有任何关系，但建议读者将绘图线宽设为 ByLayer。

3.5 随层特性

1. 执行方式

命令行：SETBYLAYER

菜单：修改→更改为 Bylayer

2. 操作步骤

```
命令：SETBYLAYER↙
选择对象或［设置（S）］:
```

3. 选项说明

选择“设置”选项，将弹出“SetByLayer设置”对话框，如图 3-21 所示。

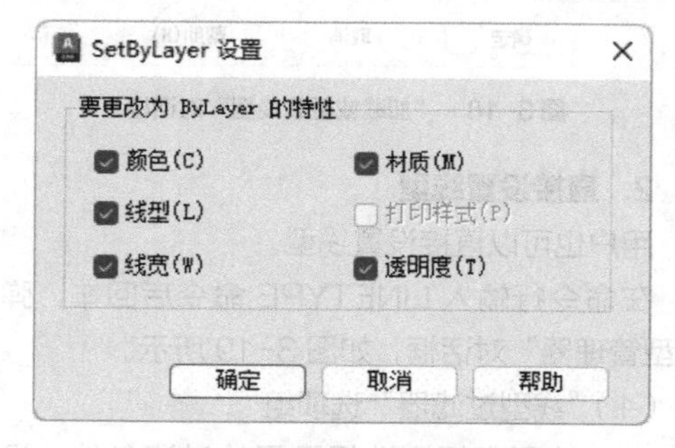

图 3-21 “SetByLayer 设置”对话框

3.6 实例——绘制机械零件图形

绘制图 3-22 所示的机械零件图形。

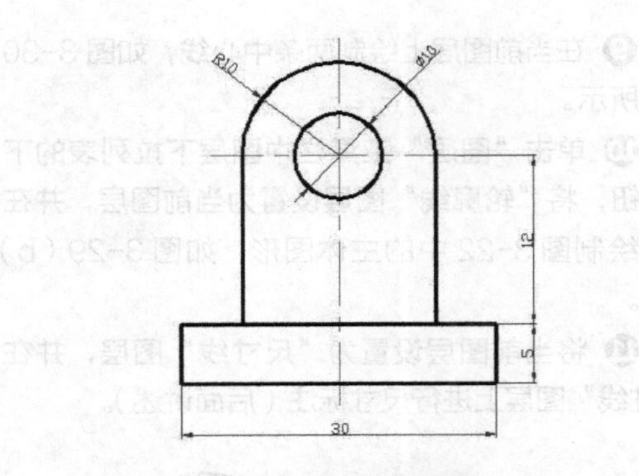

图 3-22 机械零件图形

操作步骤

❶ 选择菜单栏中的“格式”→“图层”命令，打开“图层特性管理器”对话框。

❷ 单击“新建”按钮新建一个图层，把该图层的名称由默认的“图层 1”改为“中心线”，如图 3-23 所示。

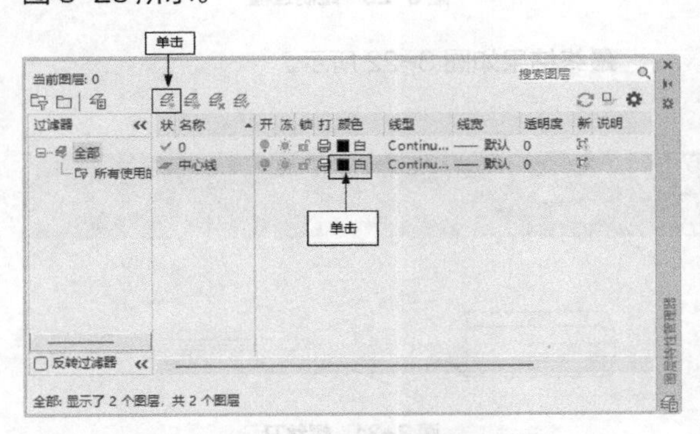

图 3-23 更改图层名称

❸ 单击“中心线”图层对应的“颜色”项，打开“选择颜色”对话框，选择红色为该图层颜色，如图3-24所示。确认后返回“图层特性管理器”对话框。

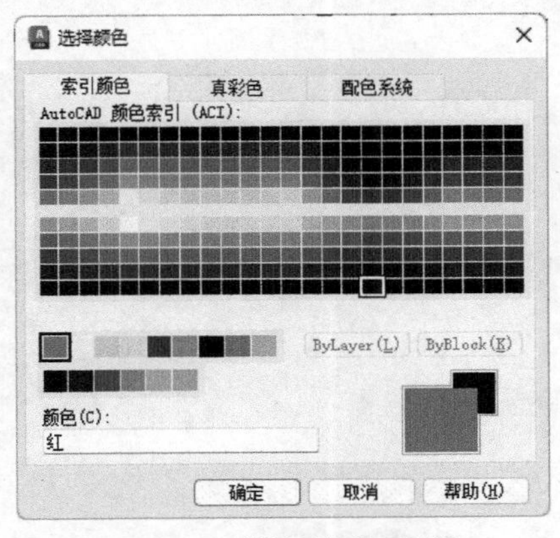

图 3-24 “选择颜色”对话框

❹ 单击“中心线”图层对应的“线型”项，打开“选择线型”对话框，如图 3-25 所示。

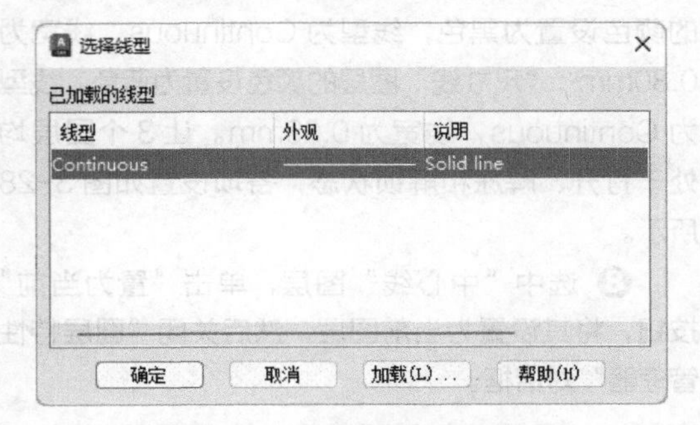

图 3-25 “选择线型”对话框

❺ 单击“加载”按钮，弹出“加载或重载线型”对话框，选择 CENTER 线型，如图 3-26 所示。单击“确定”按钮，返回“选择线型”对话框，选择 CENTER 为该图层线型，单击“确定”按钮，返回“图层特性管理器”对话框。

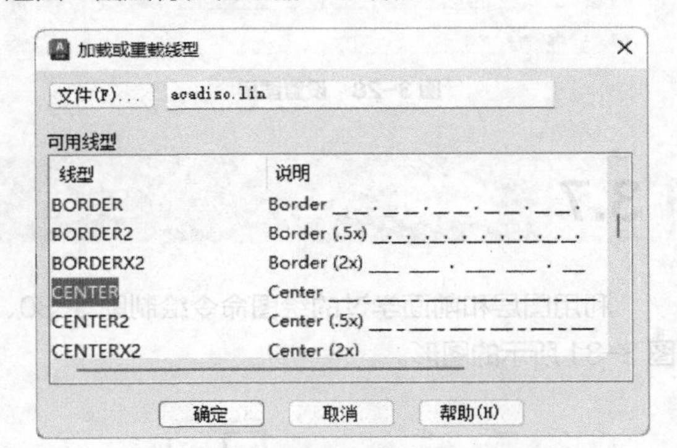

图 3-26 “加载或重载线型”对话框

❻ 单击“中心线”图层对应的“线宽”项，打开“线宽”对话框，选择 0.09mm 线宽，如图 3-27 所示。单击“确定”按钮，返回“图层特性管理器”对话框。

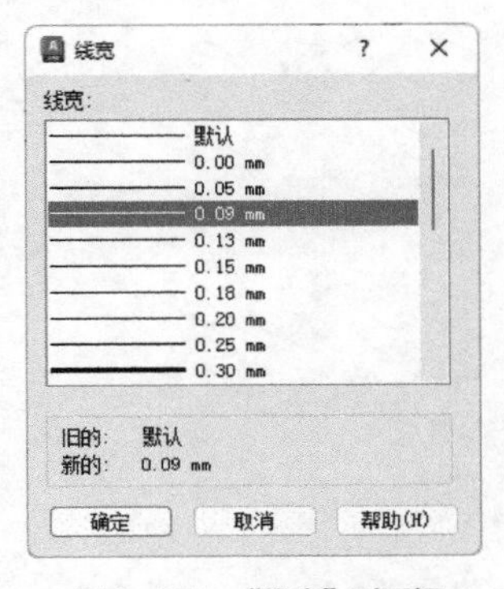

图 3-27 “线宽”对话框

❼ 用相同的方法再建立两个新图层，分别命名为“轮廓线”和“尺寸线”。“轮廓线”图层的颜色设置为黑色，线型为 Continuous，线宽为 0.30mm；“尺寸线”图层的颜色设置为蓝色，线型为 Continuous，线宽为 0.09mm。让 3 个图层均处于打开、解冻和解锁状态，各项设置如图 3-28 所示。

❽ 选中“中心线”图层，单击“置为当前”按钮，将其设置为当前图层，然后关闭“图层特性管理器”对话框。

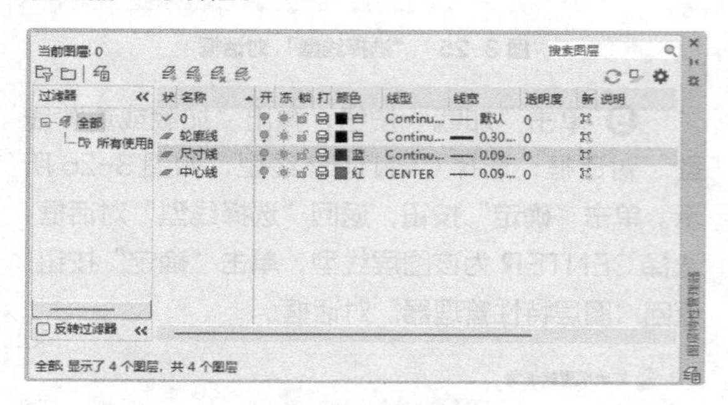

图 3-28　设置图层

❾ 在当前图层上绘制两条中心线，如图 3-30（a）所示。

❿ 单击“图层”工具栏中图层下拉列表的下拉按钮，将“轮廓线”图层设置为当前图层，并在其上绘制图 3-22 中的主体图形，如图 3-29（b）所示。

⓫ 将当前图层设置为“尺寸线”图层，并在“尺寸线”图层上进行尺寸标注（后面讲述）。

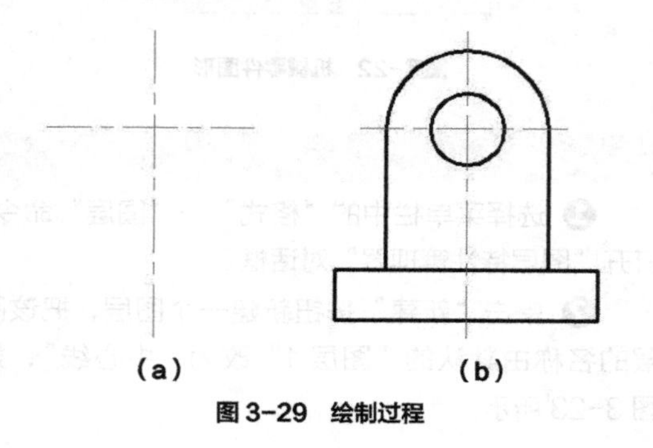

图 3-29　绘制过程

最终结果如图 3-22 所示。

3.7 练习

利用图层和前面学过的绘图命令绘制图 3-30、图 3-31 所示的图形。

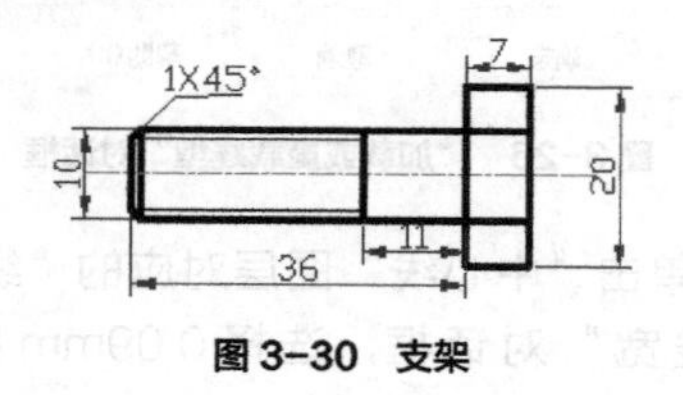

图 3-30　支架

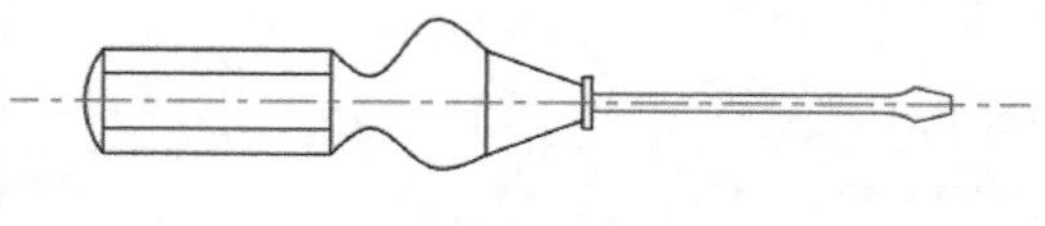

图 3-31　螺丝刀

第4章 精确绘图

在前面的学习过程中，我们不难发现，当绘制某些图形时会感到效率低、准确性差。为解决此类问题，AutoCAD提供了精确绘图的方法。

重点与难点

- 精确定位工具
- 对象捕捉
- 对象追踪
- 动态输入

4.1 精确定位工具

精确定位工具是指能够帮助用户快速、准确地定位某些特殊点（如端点、中点、圆心等）和特殊位置（如水平位置、垂直位置）的工具。

精确定位工具包括栅格显示、捕捉模式、推断约束、动态输入、正交模式、极轴追踪、对象捕捉追踪、对象捕捉、显示 / 隐藏线宽、显示 / 隐藏透明度、选择循环、三维对象捕捉、动态 UCS、快捷特性等工具，这些工具主要集中在状态栏上，如图 4-1 所示。

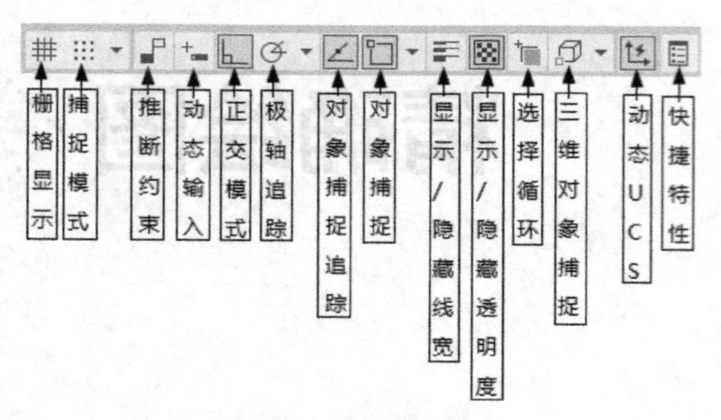

图 4-1　精确定位工具

4.1.1 正交模式

绘图过程中，经常需要绘制水平直线和垂直直线，但是用鼠标拾取线段的端点时很难保证两个点严格处在水平或垂直方向上。为此，AutoCAD 提供了正交模式。当启用正交模式时，画线或移动对象时只能沿水平方向或垂直方向移动十字光标。

1. 执行方式

命令行：ORTHO

状态栏：正交

快捷键：F8

2. 操作步骤

命令：ORTHO ↙

输入模式 ［开（ON）/ 关（OFF）］ ＜开＞：（设置开或关）

4.1.2 栅格工具

应用显示栅格工具可以使绘图区中显示可见的网格，它是一个形象的画图工具，就像传统的坐标纸一样。本节介绍控制栅格的显示及设置栅格参数的方法。

1. 执行方式

菜单：工具→绘图设置

状态栏：栅格（仅限于打开与关闭）

快捷键：F7（仅限于打开与关闭）

2. 操作步骤

执行上述操作打开“草图设置”对话框，选择“捕捉和栅格”选项卡，如图 4-2 所示。

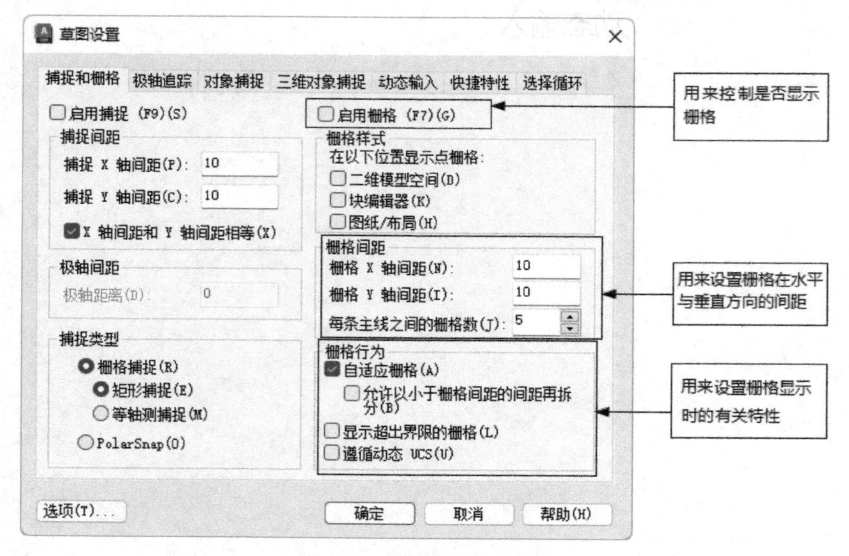

图 4-2　“草图设置”对话框

> **注意** 若在“栅格 X 轴间距”文本框中输入一个数值后回车，则 AutoCAD 自动传送这个值给“栅格 Y 轴若在“栅格 X 轴间距”。如果“栅格 X 轴间距”和“栅格 Y 轴间距”设置为 0，则 AutoCAD 会自动将捕捉栅格间距应用于栅格，且其原点和角度总是和捕捉栅格的原点和角度相同。

4.1.3 捕捉工具

为了准确地在屏幕上捕捉点，AutoCAD 提供了捕捉工具，可以在屏幕上生成一个隐含的栅格（捕捉栅格），这个栅格能够捕捉十字光标，约束它只能落在栅格的某一个节点上。本节介绍捕捉栅格的参数设置方法。

1. 执行方式

菜单：工具→绘图设置

状态栏：捕捉（仅限于打开与关闭）

快捷键：F9（仅限于打开与关闭）

2. 操作步骤

执行上述操作打开“草图设置”对话框，选择“捕捉和栅格”选项卡，如图 4-3 所示。

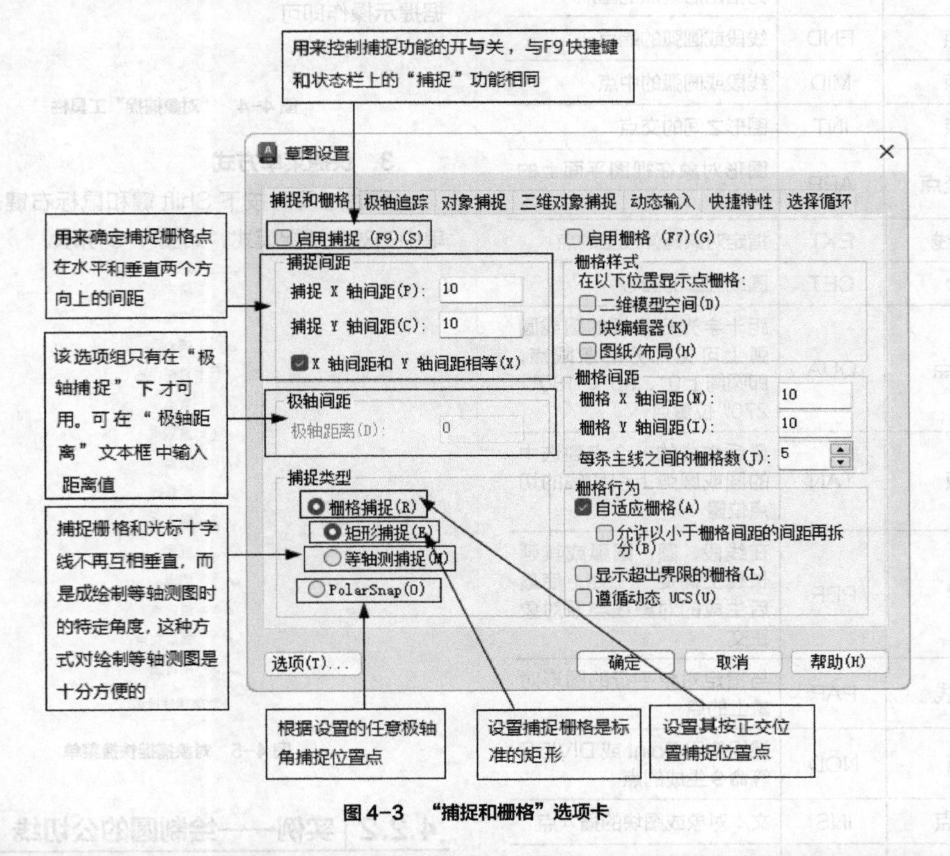

图 4-3 “捕捉和栅格”选项卡

4.2 对象捕捉

在 AutoCAD 中，利用对象捕捉功能，可以迅速、准确地捕捉到某些特殊点，从而迅速、准确地绘出图形。

绘图时经常要用到一些特殊点，例如圆心、切点、线段或圆弧的端点、中点等，如果用鼠标拾取的话，要准确地找到这些点是十分困难的。为此，AutoCAD 提供了一些识别这些点的工具，通过这些工具可以方便地构造新的几何体，其结果比传统手动绘图更精确、更容易维护。

4.2.1 特殊位置点捕捉

表 4-1 所示为绘图时经常用到的特殊位置点。可以通过对象捕捉功能来捕捉这些点。

表 4-1　特殊位置点捕捉

名称	命令	含义
临时追踪点	TT	建立临时追踪点
两点之间中点	M2P	捕捉两个独立点之间的中点
捕捉自	FRO	与其他捕捉方式配合使用建立一个临时参考点，作为指出后继点的基点
端点	END	线段或圆弧的端点
中点	MID	线段或圆弧的中点
交点	INT	图形之间的交点
外观交点	APP	图形对象在视图平面上的交点
延长线	EXT	指定对象延伸线上的点
圆心	CET	圆或圆弧的圆心
象限点	QUA	距十字光标最近的圆或圆弧上可见部分的象限点，即圆周上 0°、90°、180°、270° 位置点
切点	TAN	最后生成的一个点到选中的圆或圆弧上引切线的切点位置
垂足	PER	在线段、圆、圆弧或其延长线上捕捉一个点，使最后生成的对象线与原对象正交
平行线	PAR	与指定对象平行的图形对象上的点
节点	NOD	捕捉使用 Point 或 DIVIDE 等命令生成的点
插入点	INS	文本对象或图块的插入点
最近点	NEA	离拾取点最近的线段、圆、圆弧等对象上的点
无	NON	取消对象捕捉
对象捕捉设置	OSNAP	设置对象捕捉

AutoCAD 提供了命令行、工具栏和右键快捷菜单 3 种执行特殊位置点捕捉的方法。

1. 命令方式

绘图时，在命令行中输入相应特殊位置点捕捉命令，如表 4-1 所示，然后根据提示进行操作即可。

> **注意** AutoCAD 对象捕捉功能中捕捉垂足（Perpendiculer）、捕捉交点（Intersection）等项有延伸捕捉的功能，即如果对象没有相交，AutoCAD 会假想把线或弧延长，从而找出相应的点。

2. 工具栏方式

使用图 4-4 所示的“对象捕捉”工具栏可以更方便地捕捉特殊位置点。当命令行提示输入一点时，从“对象捕捉”工具栏上单击相应的按钮，然后根据提示操作即可。

图 4-4　“对象捕捉”工具栏

3. 快捷菜单方式

可通过同时按下 Shift 键和鼠标右键来激活菜单中的对象捕捉模式，如图 4-5 所示。

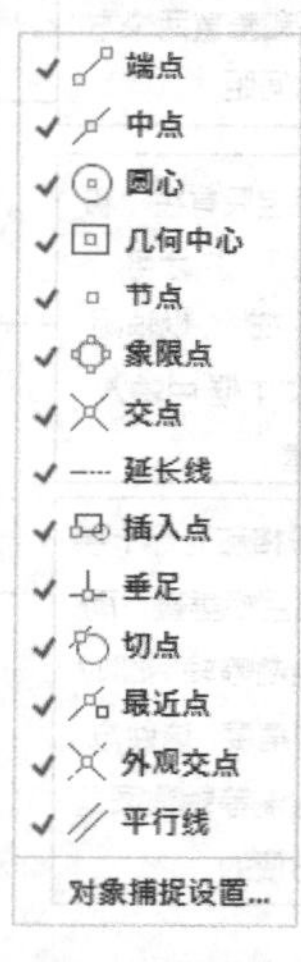

图 4-5　对象捕捉快捷菜单

4.2.2 实例——绘制圆的公切线

结合绘图命令和特殊位置点捕捉绘制图 4-6 所示的圆的公切线。

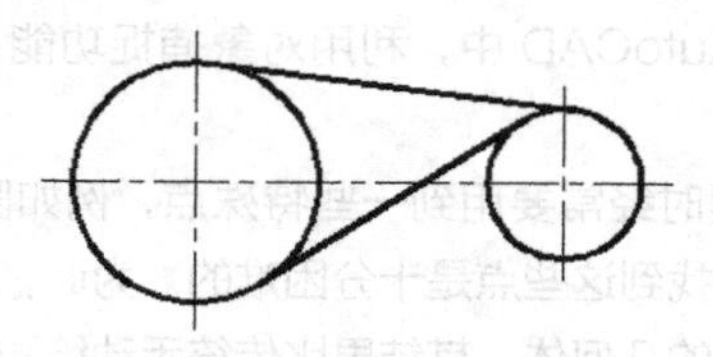

图 4-6　圆的公切线

操作步骤

❶ 选择菜单栏中的“格式”→“图层”命令，新建一个“中心线”图层，设置其线型为CENTER，其余属性默认；再新建一个“粗实线”图层，设置其线宽为0.30mm，其余属性默认。

❷ 将“中心线”图层设置为当前图层，单击“绘图”工具栏中的“直线”按钮，绘制适当长度的垂直相交中心线，结果如图4-7所示。

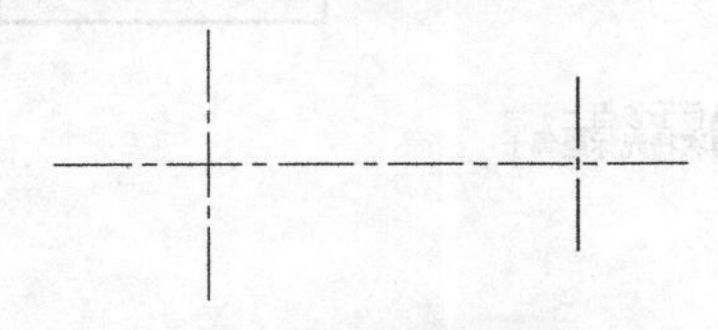

图 4-7 绘制中心线

❸ 转换到“粗实线”图层，单击“绘图”工具栏中的“圆”按钮，分别以水平中心线与竖直中心线的交点为圆心，以适当半径绘制两个圆，结果如图4-8所示。

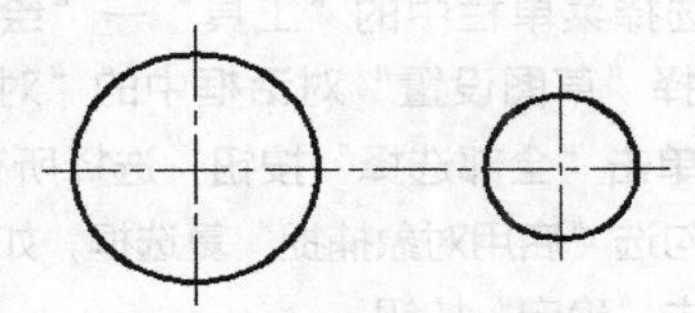

图 4-8 绘制圆

❹ 打开“对象捕捉”工具栏。

❺ 单击“绘图”工具栏中的“直线”按钮，绘制公切线。命令行提示与操作如下：

```
命令：_line
指定第一点：(单击“对象捕捉”工具栏上的“捕捉到切点”按钮)
_tan 到：(指定左边圆上一点，系统自动显示“递延切点”提示，如图4-9所示)
指定下一点或 [放弃(U)]：(单击“对象捕捉”工具栏上的“捕捉到切点”按钮)
_tan 到：(指定右边圆上一点，系统自动显示“递延切点”提示，如图4-10所示)
指定下一点或 [放弃(U)]：↙
```

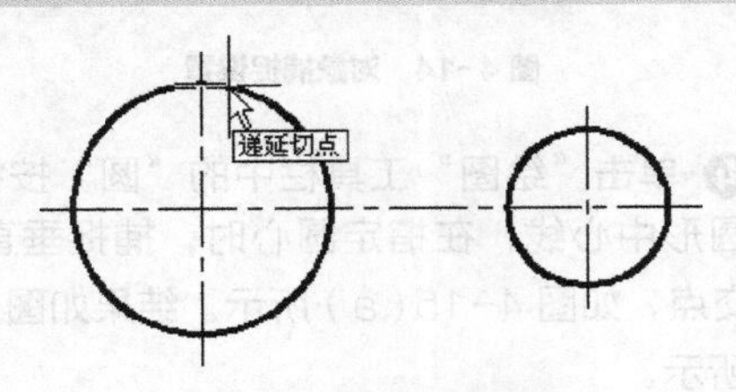

图 4-9 捕捉切点（1）

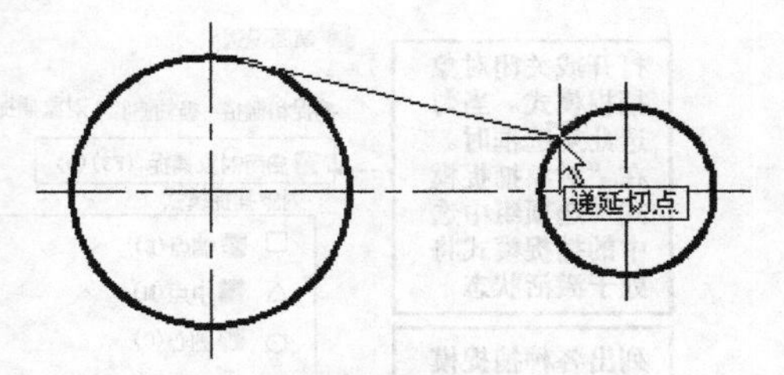

图 4-10 捕捉另一切点

❻ 再次单击“绘图”工具栏中的“直线”按钮，绘制公切线。同样利用“捕捉到切点”按钮捕捉切点，图4-11所示为捕捉第二个切点的情形。

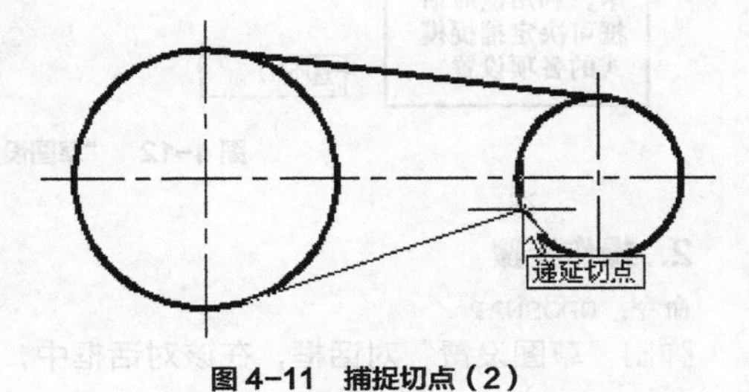

图 4-11 捕捉切点（2）

❼ 系统自动捕捉切点的位置，最终结果如图4-6所示。

> **注意** 不管用户指定圆上的哪一点作为切点，系统都会自动根据圆的半径和指定点的位置确定准确的切点，并且根据指定点与内外切点的大致距离依据距离趋近原则判断是绘制外切线还是内切线。

4.2.3 对象捕捉设置

绘图之前，可以根据需要事先设置一些对象捕捉模式，从而加快绘图速度，提高绘图质量。

1. 执行方式

命令行：DDOSNAP

菜单：工具→绘图设置

工具栏：对象捕捉→对象捕捉设置

状态栏：对象捕捉（仅限于打开与关闭）

快捷键：F3（仅限于打开与关闭）

快捷菜单：对象捕捉设置

“草图设置”对话框的“对象捕捉”选项卡如图4-12所示。

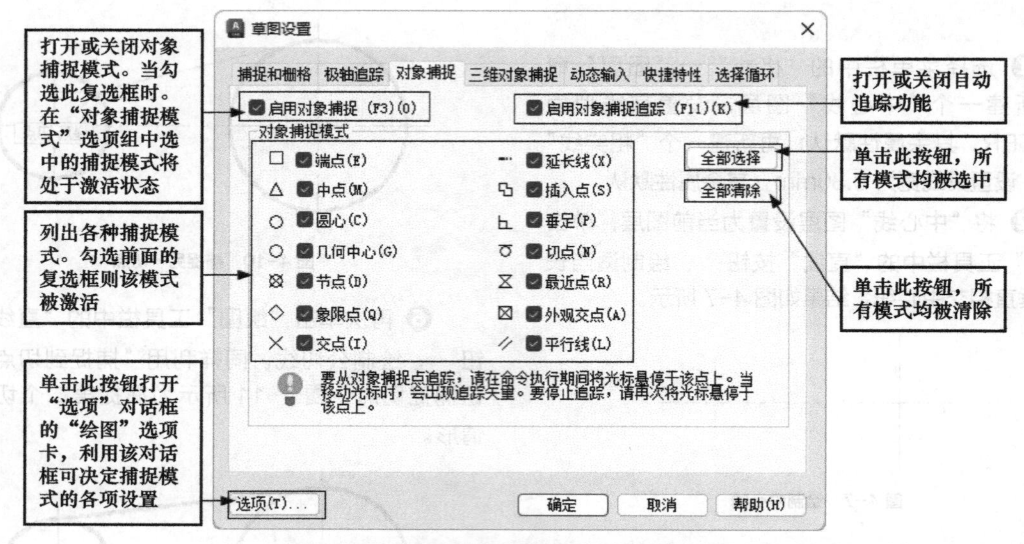

图 4-12 “草图设置”对话框的“对象捕捉”选项卡

2. 操作步骤

命令：DDOSNAP↙

弹出“草图设置”对话框，在该对话框中，选择“对象捕捉”选项卡，如图 4-12 所示。利用此对话框可以进行对象捕捉模式设置。

4.2.4 实例——绘制盘盖

绘制如图 4-13 所示的盘盖。

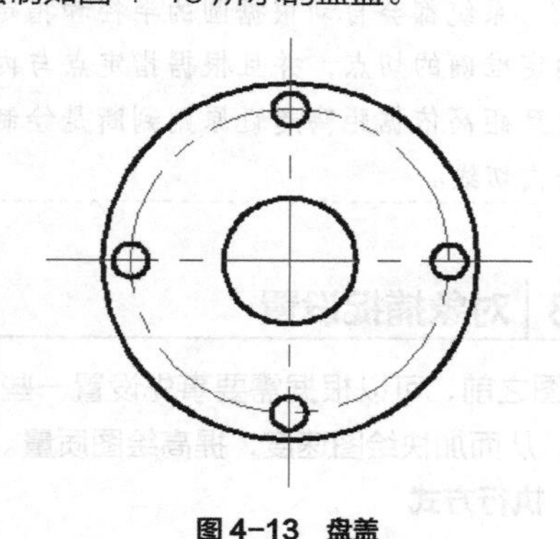

图 4-13 盘盖

操作步骤

❶ 选择菜单栏中的“格式”→“图层”命令，新建一个“中心线”图层，设置其线型为 CENTER，颜色为红色，其余属性默认；再新建一个“粗实线”图层，设置其线宽为 0.30mm，其余属性默认。

❷ 将“中心线”图层设置为当前图层，单击“绘图”工具栏中的“直线”按钮╱，绘制垂直中心线。

❸ 选择菜单栏中的“工具”→“绘图设置”命令，选择“草图设置”对话框中的“对象捕捉”选项卡，单击“全部选择”按钮，选择所有的捕捉模式，并勾选“启用对象捕捉”复选框，如图 4-14 所示，单击“确定”按钮。

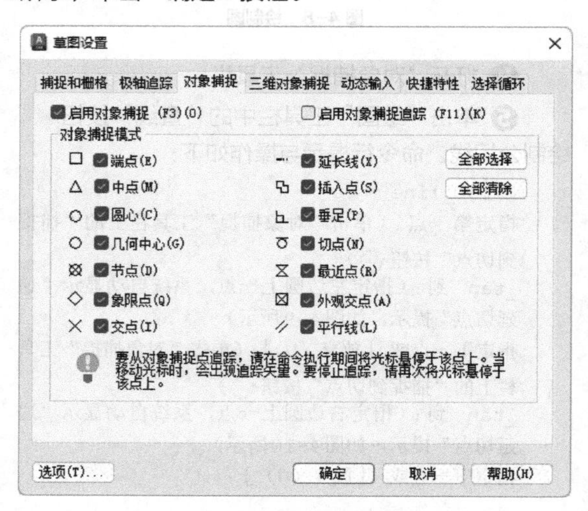

图 4-14 对象捕捉设置

❹ 单击“绘图”工具栏中的“圆”按钮⊙，绘制圆形中心线，在指定圆心时，捕捉垂直中心线的交点，如图 4-15（a）所示。结果如图 4-15（b）所示。

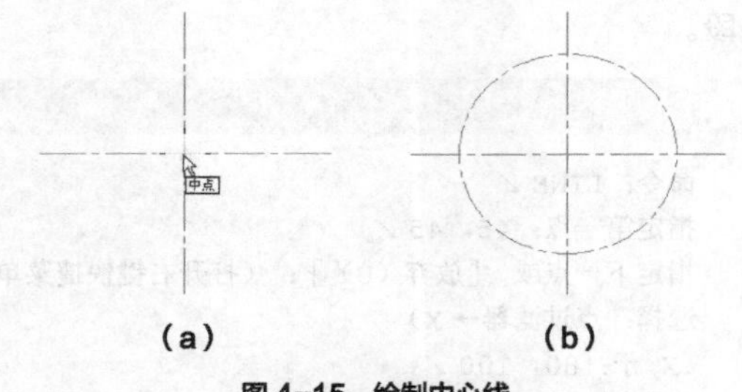

（a）　　　　　　（b）

图 4-15　绘制中心线

❺ 转换到“粗实线”图层，单击“绘图”工具栏中的“圆”按钮，绘制盘盖外圆和内孔。在指定圆心时，捕捉垂直中心线的交点，如图 4-1(a) 所示。结果如图 4-16（b）所示。

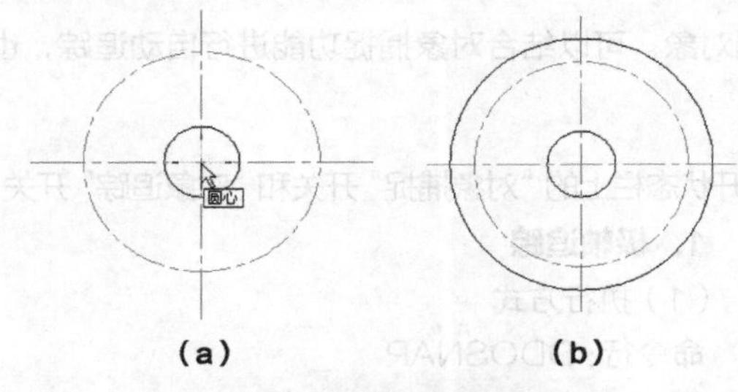

（a）　　　　　　（b）

图 4-16　绘制同心圆

❻ 单击“绘图”工具栏中的“圆”按钮，绘制螺孔。在指定圆心时，捕捉圆形中心线与水平中心线或垂直中心线的交点，如图 4-17（a）所示。结果如图 4-17（b）所示。

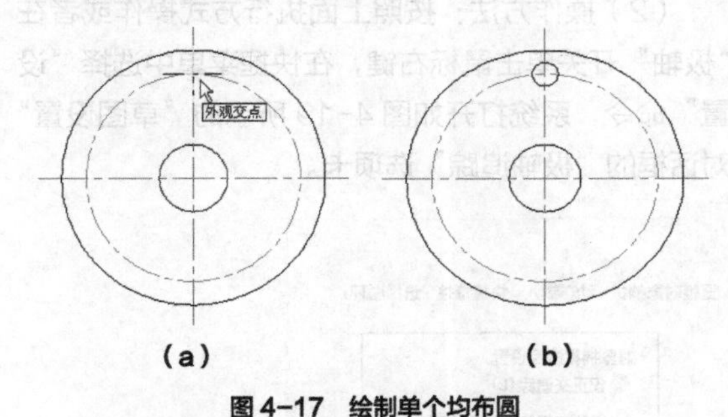

（a）　　　　　　（b）

图 4-17　绘制单个均布圆

❼ 使用同样的方法绘制其他 3 个螺孔，最终结果如图 4-13 所示。

4.2.5 基点捕捉

绘制图形时，有时需要指定以某个点为基点。这时，可以利用基点捕捉功能来捕捉此点。基点捕捉功能要求确定一个临时参考点作为指定后续点的基点，通常与其他对象捕捉模式及相关坐标联合使用。

1. 执行方式

命令行：FROM

快捷菜单：自（见图 4-18）

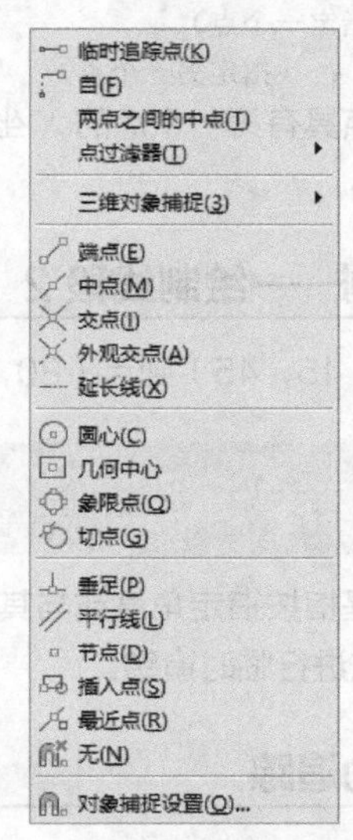

图 4-18　快捷菜单

2. 操作步骤

在输入提示下输入 From 并回车，或单击相应的工具图标时，命令行提示：

```
基点：（指定一个基点）
<偏移>：（输入相对于基点的偏移量）
```

得到一个点，这个点与基点之间的坐标差便为指定的偏移量。

注意　在“<偏移>：”提示后输入的坐标必须是相对坐标，如（@10，15）等

4.2.6 实例——绘制线段 1

绘制一条从点（45，45）到点（80，120）的线段。

操作步骤

```
命令：LINE ↙
指定第一点：45，45 ↙
指定下一点或 [放弃（U）]：FROM ↙
基点：100，100 ↙
<偏移>：@-20，20 ↙
指定下一点或 [放弃（U）]：↙
```

4.2.7 点过滤器捕捉

利用点过滤器捕捉，可以由一个点的 *X* 坐标和另一点的 Y 坐标确定一个新点。在“指定下一点或[放弃（U）]：”提示下选择点过滤器（在快捷菜单中选取，如图 4-18 所示），命令行提示：

```
.X 于：（指定一个点）
（需要 YZ）：（指定另一个点）
```

则新建的点具有第一个点的 X 坐标和第二个点的 Y 坐标。

4.2.8 实例——绘制线段 2

绘制从点（45，45）到点（80，120）的一条线段。

操作步骤

```
命令：LINE↙
指定第一点：45，45↙
指定下一点或 [放弃（U）]：（打开右键快捷菜单，选择：点过滤器→X）
.X 于：80，100↙
（需要 YZ）：100，120↙
指定下一点或 [放弃（U）]：↙
```

4.3 对象追踪

对象追踪是指按指定角度或与其他对象的指定关系绘制对象。可以结合对象捕捉功能进行自动追踪，也可以指定临时点进行临时追踪。

4.3.1 自动追踪

利用自动追踪功能，可以对齐路径，有助于以精确的位置和角度创建对象。自动追踪包括“极轴追踪”和“对象捕捉追踪”两种模式。“极轴追踪”是指按指定的极轴角或极轴角的倍数对齐要指定的点的路径；“对象捕捉追踪”是指以捕捉到的特殊位置点为基点，按指定的极轴角或极轴角的倍数对齐要指定的点的路径。

“极轴追踪”必须配合“极轴”功能和“对象追踪”功能一起使用，即同时打开状态栏上的“极轴”开关和“对象追踪”开关；“对象捕捉追踪”必须配合“对象捕捉”功能和“对象追踪”功能一起使用，即同时打开状态栏上的“对象捕捉”开关和“对象追踪”开关。

1. 极轴追踪

（1）执行方式

命令行：DDOSNAP

菜单：工具→绘图设置

工具栏：对象捕捉→对象捕捉设置

状态栏：对象捕捉 + 极轴

快捷键：F10

快捷菜单：对象捕捉设置（见图 4-18）

（2）操作方法：按照上面执行方式操作或者在“极轴”开关单击鼠标右键，在快捷菜单中选择“设置”命令，系统打开如图 4-19 所示的“草图设置”对话框的“极轴追踪”选项卡。

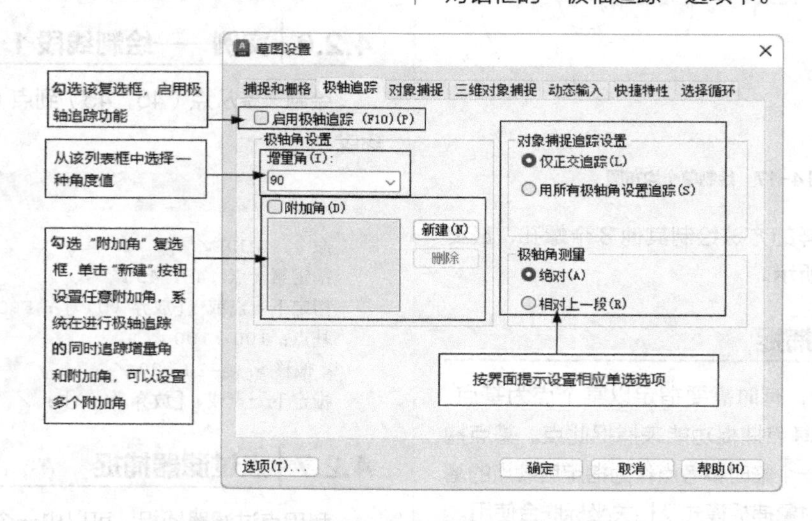

图 4-19 “草图设置”对话框的“极轴追踪”选项卡

2. 对象捕捉追踪

（1）执行方式

命令行：DDOSNAP

菜单：工具→绘图设置

工具栏：对象捕捉→对象捕捉设置。

状态栏：对象捕捉 + 对象追踪

快捷键：F11

快捷菜单：对象捕捉设置（见图 4-18）

（2）操作方法：按照上面执行方式操作或者在“对象捕捉”开关或“对象追踪”开关单击鼠标右键，在快捷菜单中选择“设置”命令，系统打开“草图设置”对话框的“对象捕捉”选项卡，勾选“启用对象捕捉追踪”复选框，完成对象捕捉追踪设置。

4.3.2 实例——绘制线段 3

绘制一条线段，使该线段上的一个端点与另一条线段的端点在一条水平线上。

操作步骤

❶ 同时打开状态栏上的“对象捕捉”和“对象追踪”开关，启动对象捕捉追踪功能。

❷ 单击“绘图”工具栏中的“直线”按钮，绘制一条线段。

❸ 单击“绘图”工具栏中的“直线”按钮，绘制第二条线段，命令行提示与操作如下：

```
命令：LINE↙
指定第一点：（指定点 1，如图 4-20（a）所示）
指定下一点或 [放弃（U）]：（将十字光标移动到点 2 处，系统自动捕捉到第一条直线的端点 2，如图 4-20（b）所示。移动鼠标，系统显示一条虚线为追踪线，在追踪线的适当位置指定点 3，如图 4-20（c）所示）
指定下一点或 [放弃（U）]：↙
```

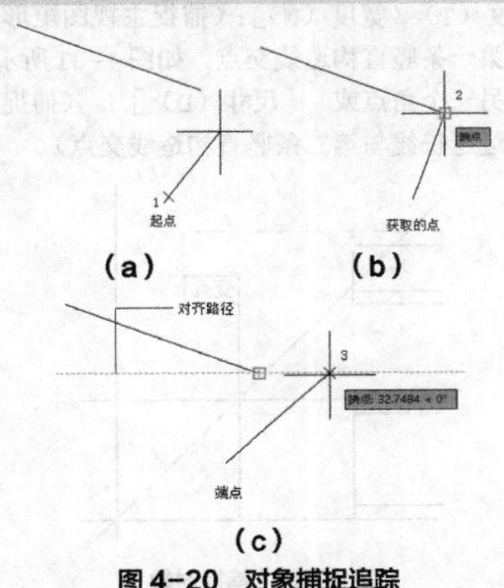

图 4-20 对象捕捉追踪

4.3.3 实例——方头平键 2

绘制图 4-21 所示的方头平键 2。

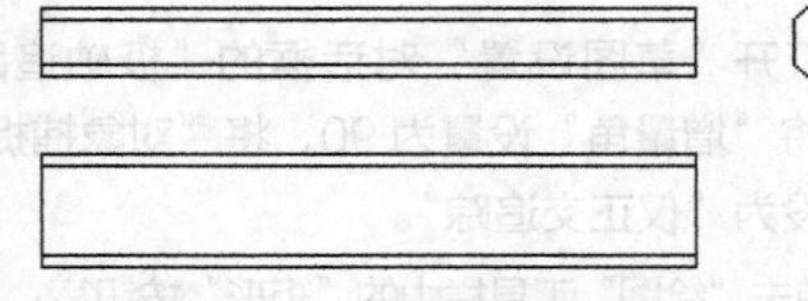

图 4-21 方头平键 2

操作步骤

❶ 单击“绘图”工具栏中的“矩形”按钮，绘制主视图外形。首先在屏幕上适当位置指定第一个角点，然后指定第二个角点为（@100，11），结果如图 4-22 所示。

图 4-22 绘制主视图外形

❷ 同时打开状态栏上的“对象捕捉”和“对象追踪”开关，启动对象捕捉追踪功能。单击“绘图”工具栏中的“直线”按钮，绘制主视图棱线。命令行提示与操作如下：

```
命令：LINE↙
指定第一点：FROM↙
基点：（捕捉矩形左上角点，如图 4-23 所示）
<偏移>：@0，-2↙
指定下一点或 [放弃（U）]：（鼠标右移，捕捉矩形右边上的垂足，如图 4-24 所示）
```

图 4-23 捕捉角点

图 4-24 捕捉垂足

使用相同方法，以矩形左下角点为基点，向上偏移两个单位，利用基点捕捉绘制下方的棱线。结果如图 4-25 所示。

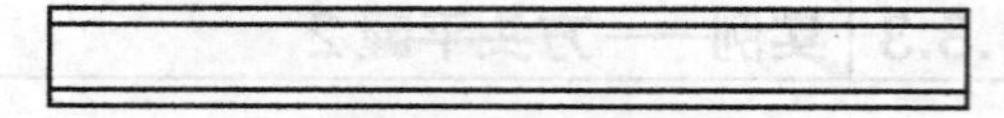

图 4-25　绘制主视图棱线

❸ 打开“草图设置”对话框的“极轴追踪”选项卡，将“增量角”设置为 90，将“对象捕捉追踪设置”设为“仅正交追踪”。

❹ 单击“绘图”工具栏中的“矩形”按钮▭，绘制俯视图外形。捕捉绘制矩形左下角点，系统显示追踪线，沿追踪线向下在适当位置指定一点为矩形角点，如图 4-26 所示。另一角点坐标为（@100，18），结果如图 4-27 所示。

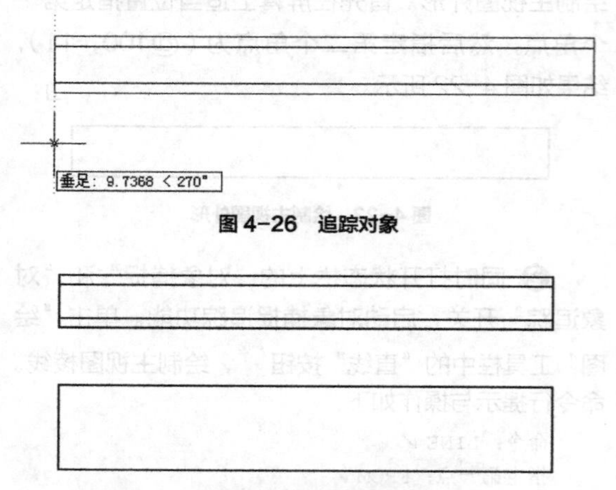

图 4-26　追踪对象

图 4-27　绘制俯视图

❺ 单击“绘图”工具栏中的“直线”按钮╱，结合基点捕捉功能绘制俯视图棱线，偏移距离为 2，结果如图 4-28 所示。

图 4-28　绘制俯视图棱线

❻ 单击“绘图”工具栏中的“构造线”按钮⤢，绘制左视图构造线。首先指定适当一点绘制 -45 °构造线，继续绘制构造线，命令行提示与操作如下：

```
命令：XLINE↙
指定点或 [水平（H）/垂直（V）/角度（A）/二等分（B）/偏移（O）]：(捕捉俯视图右上角点，在水平追踪线上指定一点，如图4-29所示)
指定通过点：（打开状态栏上的“正交”开关，指定水平方向一点以指定斜线与第 4 条水平线的交点）
```

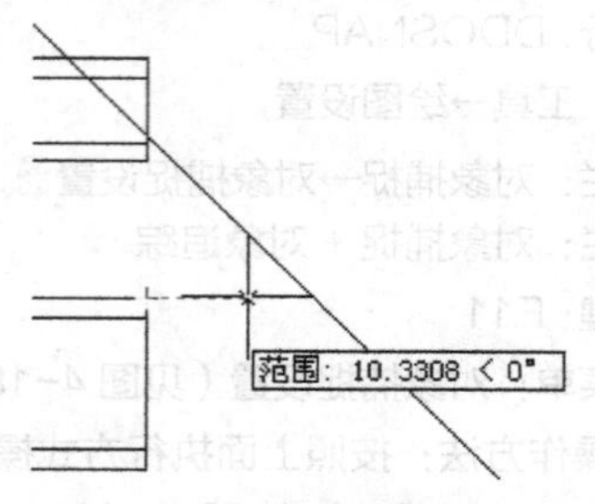

图 4-29　绘制左视图构造线

使用同样的方法绘制另一条水平构造线。再捕捉两条水平构造线与斜构造线的交点为指定点绘制两条竖直构造线，如图 4-30 所示。

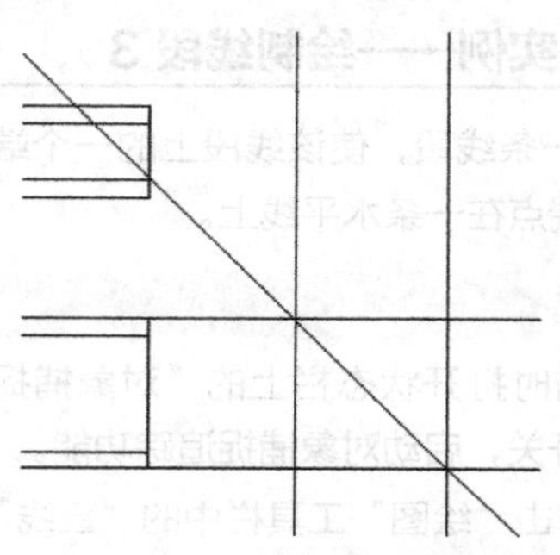

图 4-30　完成左视图构造线

❼ 单击“绘图”工具栏中的“矩形”按钮▭，绘制左视图。命令行提示与操作如下：

```
命令：_rectang↙
指定第一个角点或 [倒角（C）/标高（E）/圆角（F）/厚度（T）/宽度（W）]：C↙
指定矩形的第一个倒角距离 <0.0000>：2
指定矩形的第一个倒角距离 <0.0000>：2
指定第一个角点或 [倒角（C）/标高（E）/圆角（F）/厚度（T）/宽度（W）]：(捕捉主视图矩形上边延长线与第一条竖直构造线交点，如图4-31所示)
指定另一个角点或 [尺寸（D）]：（捕捉主视图矩形下边延长线与第二条竖直构造线交点）
```

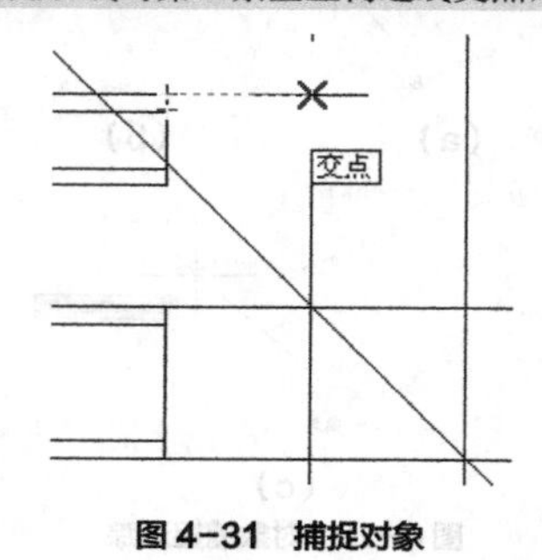

图 4-31　捕捉对象

结果如图 4-32 所示。

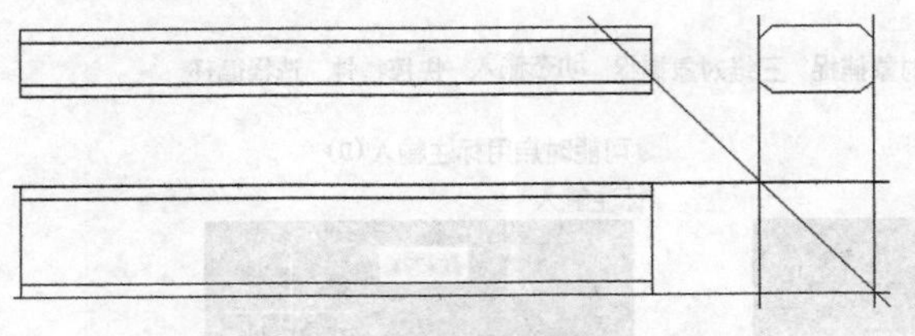

图 4-32　绘制左视图

❽ 单击“修改”工具栏中的“删除”按钮，删除构造线，最终结果如图 4-21 所示。

4.3.4 临时追踪

绘制图形时，除了自动追踪外，还可以指定临时点作为基点，进行临时追踪。

在命令行中输入“tt”后回车，或右击打开快捷菜单，选择“临时追踪点”命令，然后指定一个临时追踪点，该点上将出现一个小的“+”。移动十字光标时，将相对于这个临时点显示自动追踪对齐路径。要删除此点，请将十字光标移回到“+”上再进行删除操作。

4.3.5 实例——绘制线段 4

绘制一条线段，使其一个端点与已知点保持在一条水平线上。

操作步骤

❶ 打开状态栏上“对象捕捉”开关，并打开“草图设置”对话框的“极轴追踪”选项卡，将“增量角”设置为 90，将“对象捕捉追踪设置”设为“仅正交追踪”。

❷ 单击“绘图”工具栏中的“直线”按钮，绘制直线，命令行提示与操作如下：

```
命令：LINE↙
指定第一点：（适当指定一点）
指定下一点或 [放弃（U）]：tt↙
指定临时对象追踪点：（捕捉左边的点，该点显示“+”，移动鼠标，显示追踪线，如图 4-33 所示）
指定下一点或 [放弃（U）]：（在追踪线上的适当位置指定一点）
指定下一点或 [放弃（U）]：↙
```

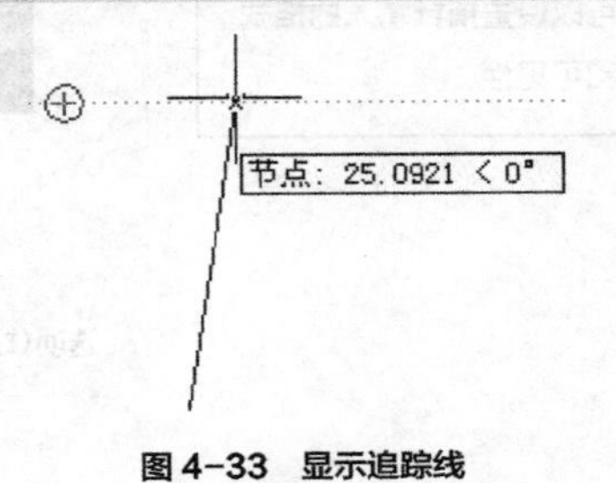

图 4-33　显示追踪线

结果如图 4-34 所示。

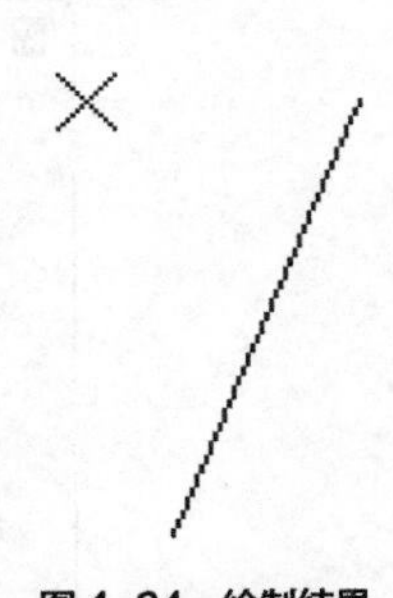

图 4-34　绘制结果

4.4 动态输入

动态输入功能可以直接动态输入绘制图形的各种参数。

1. 执行方式

命令行：DSETTINGS

菜单：工具→绘图设置

工具栏：对象捕捉→对象捕捉设置

状态栏：DYN（只限于打开与关闭）

快捷键：F12（只限于打开与关闭）

快捷菜单：对象捕捉设置（见图 4-18）

2. 操作步骤

按照上面执行方式操作或者在“DYN”开关单击鼠标右键，在快捷菜单中选择“设置”命令，系统打开图 4-35 所示的“草图设置”对话框的“动态输入”选项卡。

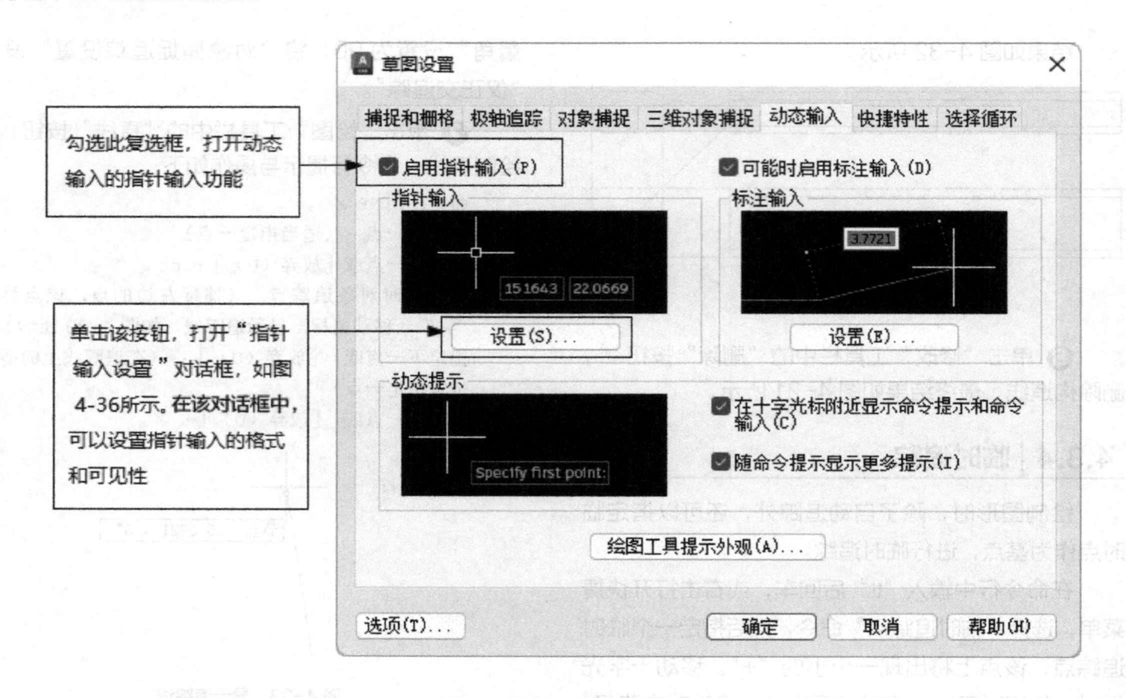

图 4-35　“动态输入”选项卡

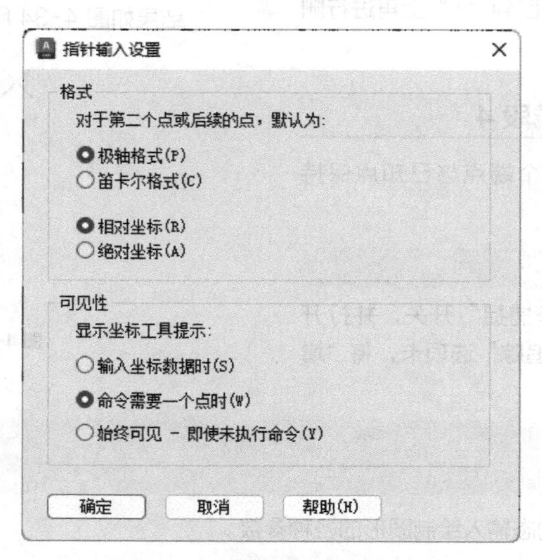

图 4-36　“指针输入设置”对话框

4.5　练习

1. 比较栅格与栅格捕捉的异同点。

2. 物体捕捉的方法有（　　）。

（1）命令行方式

（2）菜单栏方式

（3）快捷菜单方式

（4）工具栏方式

3. 正交模式设置的方法有（　　）。

（1）命令行：ORTHO

（2）菜单：工具→辅助绘图工具

（3）状态栏：正交开关按钮

（4）快捷键：F8

4．绘制两个圆，并用线段连接其圆心。

5．过图 4-37 所示的四边形上下边延长线的交点作四边形右边的平行线。

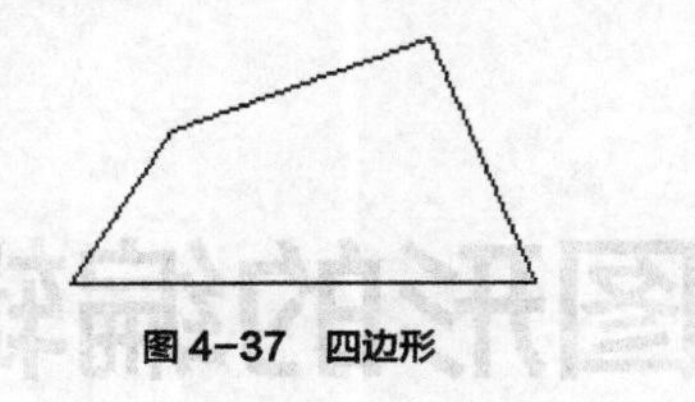

图 4-37 四边形

6．设置物体捕捉功能，并绘制图 4-38 所示的塔形三角形。

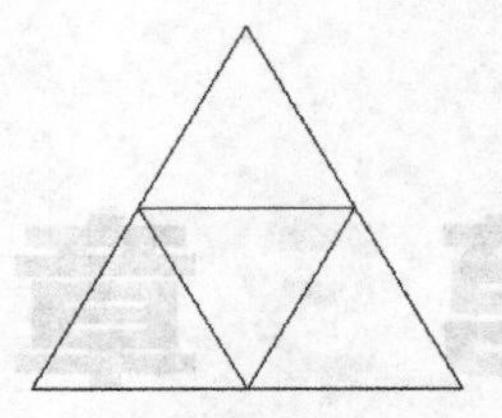

图 4-38 塔形三角形

第 5 章

平面图形的编辑

图形绘制完毕后，经常要进行复审，找出疏漏或根据需求的变化来修改图形，力求达到准确与完美。AutoCAD 2024 提供了丰富的图形编辑功能，最大限度地满足用户工程技术上的指标要求。这些编辑命令配合绘图命令可以进一步完成复杂图形对象的绘制工作，并可使用户合理安排和组织图形，保证作图准确，提高设计和绘图的效率。

重点与难点

- 选择对象
- 删除及恢复类命令
- 基本编辑命令
- 改变几何特性类命令
- 对象编辑

5.1 选择对象

选择对象是进行编辑的前提。AutoCAD 提供了多种对象选择方法，如点取方法、用选择窗口选择对象、用选择线选择对象、用对话框选择对象等。

AutoCAD 可以把选择的多个对象组成整体，如选择集和对象组，进行整体编辑与修改。

AutoCAD 提供两种执行效果相同的途径编辑图形：

（1）先执行编辑命令，然后选择要编辑的对象；

（2）先选择要编辑的对象，然后执行编辑命令。

5.1.1 构造选择集

选择集可以仅由一个图形对象构成，也可以是一个复杂的对象组。选择集的构造可以在调用编辑命令之前或之后。

AutoCAD 提供以下几种方法构造选择集。

- 先选择一个编辑命令，然后选择对象，回车结束操作。
- 使用 SELECT 命令。
- 用点取设备选择对象，然后调用编辑命令。
- 定义对象组。

无论使用哪种方法，AutoCAD 都将提示用户选择对象，并且鼠标指针的形状由十字光标变为拾取框。

下面结合 SELECT 命令说明选择对象的方法。

SELECT 命令可以单独使用，即在命令行键入 SELECT 后回车，也可以在执行其他编辑命令时自动调用。此时，屏幕出现提示：

选择对象：

AutoCAD 提供多种选择方式，可以键入“？”查看这些选择方式：

需要点或窗口（W）/上一个（L）/窗交（C）/框选（BOX）/全部（ALL）/栏选（F）/圈围（WP）/圈交（CP）/编组（G）/添加（A）/删除（R）/多个（M）/上一个（P）/放弃（U）/自动（AU）/单选（SI）/子对象（SU）/对象（O）
选择对象：

上面各选项含义如下。

（1）点：该选项表示直接通过点取的方式选择对象，这是较常用也是系统默认的一种对象选择方法。移动拾取框，使其框住要选取的对象，然后，单击鼠标左键，该对象被选中并高亮显示。也可以使用键盘输入一个点的坐标值来实现。当选定点后，系统将立即扫描图形，搜索并选中穿过该点的对象。

选择“工具”菜单中的“选项”命令，在打开的“选项”对话框中设置拾取框的大小，选择“选择”选项卡。移动“拾取框大小”选项组的滑动标尺可以调整拾取框的大小，左侧的空白区中会显示相应的拾取框尺寸的值。

（2）窗口（W）：用由两个对角顶点确定的矩形窗口选取位于其范围内的所有图形，与边界相交的对象不会被选中。指定对角顶点时应该按照从左向右的顺序。

在“选择对象：”提示下，键入 W 后回车，出现如下提示：

指定第一个角点：（输入矩形窗口的第一个对角点的位置）
指定对角点：（输入矩形窗口的另一个对角点的位置）

指定两个对角顶点后，位于矩形窗口内的所有图形被选中并高亮显示，如图 5-1 所示。

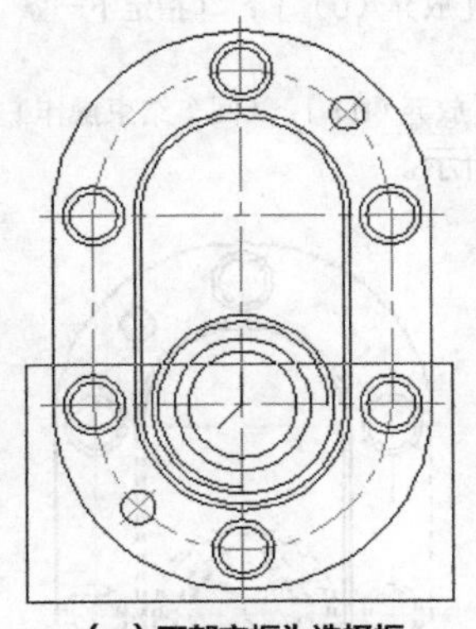

（a）下部方框为选择框

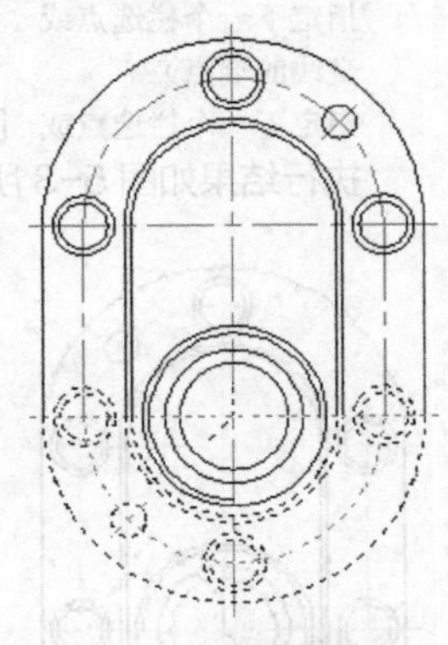

（b）选择后的图形

图 5-1 “窗口”对象选择方式

（3）上一个（L）：在“选择对象：”提示下键入 L 后回车，系统会自动选取最后绘制的对象。

（4）窗交（C）：该方式与上述的“窗口”方式类似，区别在于它不但会选择矩形窗口内的对象，同时也会选中与矩形窗口边界相交的对象。

在“选择对象：”提示下，键入C后回车，系统提示：

> 指定第一个角点：（输入矩形窗口的第一个对角点的位置）
> 指定对角点：（输入矩形窗口的另一个对角点的位置）

选择的对象如图5-2所示。

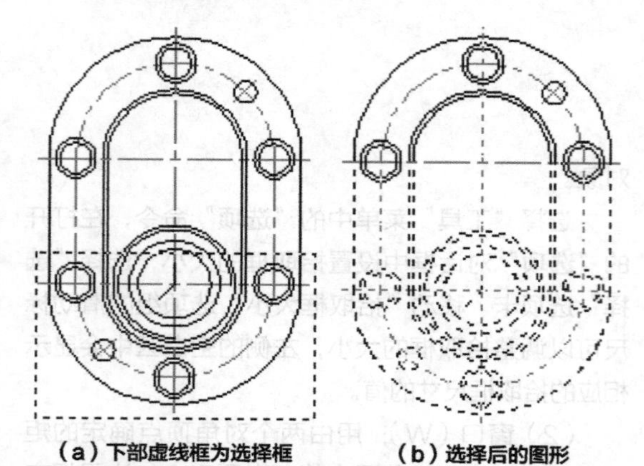

（a）下部虚线框为选择框　　（b）选择后的图形

图5-2 “窗交”对象选择方式

（5）栏选（F）：临时绘制一些线段，这些线段不必构成封闭图形，凡是与这些线段相交的对象均被选中，这种方式对选择相距较远的对象比较有效。交线可以穿过本身。在“选择对象：”提示下，键入F后回车，出现如下提示：

> 指定第一个栏选点：（指定交线的第一点）
> 指定下一个栏选点或 ［放弃（U）］：（指定交线的第二点）
> 指定下一个栏选点或 ［放弃（U）］：（指定下一条交线的端点）
> 指定下一个栏选点或 ［放弃（U）］：（回车结束操作）

执行结果如图5-3所示。

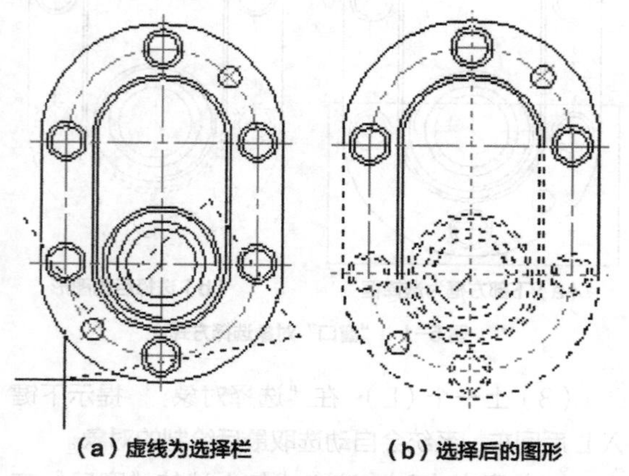

（a）虚线为选择栏　　（b）选择后的图形

图5-3 “栏选”对象选择方式

（6）圈围（WP）：使用一个不规则的多边形来选择对象。在“选择对象：”提示下，键入WP后回车，出现如下提示：

> 第一圈围点：（输入不规则多边形的第一个顶点坐标）
> 指定直线的端点或 ［放弃（U）］：（输入第二个顶点坐标）
> 指定直线的端点或 ［放弃（U）］：（回车结束操作）

根据提示，用户顺次输入构成多边形的所有顶点的坐标，回车结束操作，系统将自动连接，形成封闭的多边形。多边形的边不能接触或穿过本身。若键入U，则取消刚才定义的坐标点并且重新进行指定。凡是被多边形围住的对象均被选中（不包括边界），执行结果如图5-4所示。

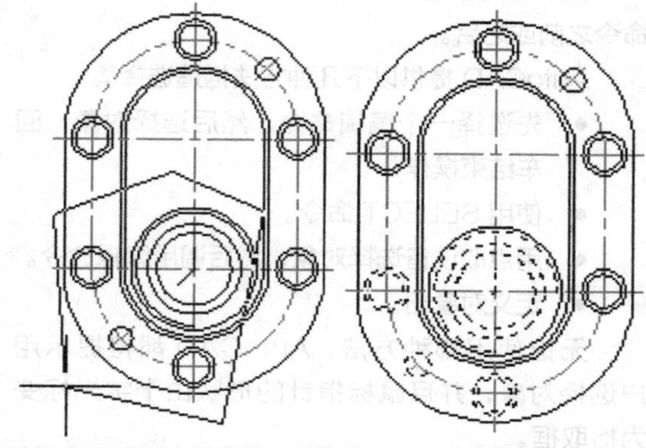

（a）十字光标所拉出的多边形为选择框　　（b）选择后的图形

图5-4 “圈围”对象选择方式

（7）圈交（CP）：类似于“圈围”方式，在提示下键入CP后回车，后续操作与WP方式相同。区别在于与多边形边界相交的对象也会被选中，如图5-5所示。

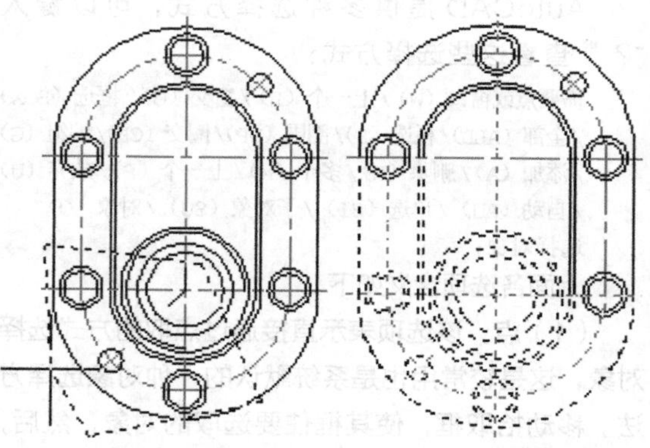

（a）十字光标所拉出的多边形为选择框　　（b）选择后的图形

图5-5 “圈交”对象选择方式

其他几种选择方式与前面讲述的方式类似，读者可以自行练习，这里不再赘述。

5.1.2 快速选择

有时需要选择具有某些共同属性的对象来构造选择集，如选择具有相同颜色、线型或线宽的对象。用户当然可以使用前面介绍的方法来选择这些对象，但如果要选择的对象数量较多且分布在较复杂的图形中，会导致很大的工作量。AutoCAD 2024 提供了 QSELECT 命令来解决这个问题。调用 QSELECT 命令后，打开“快速选择”对话框，利用该对话框用户可以指定过滤标准快速创建选择集，如图 5-6 所示。

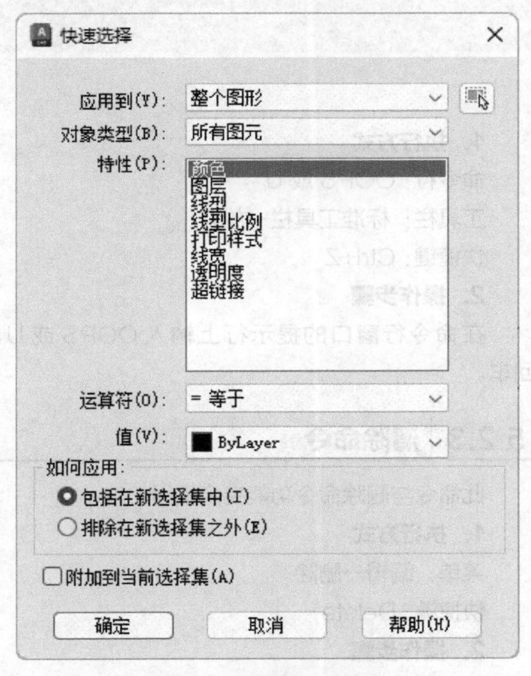

图 5-6 “快速选择”对话框

1. 执行方式

命令行：QSELECT

菜单：工具→快速选择

右键快捷菜单：快速选择（见图 5-7）

2. 操作步骤

执行上述命令后，弹出如图 5-6 所示的“快速选择”对话框，在该对话框中可以选择符合条件的对象或对象组。

图 5-7 右键快捷菜单

5.1.3 实例——选择指定对象

选择图 5-8 中除直径小于 8 的圆外的所有对象。

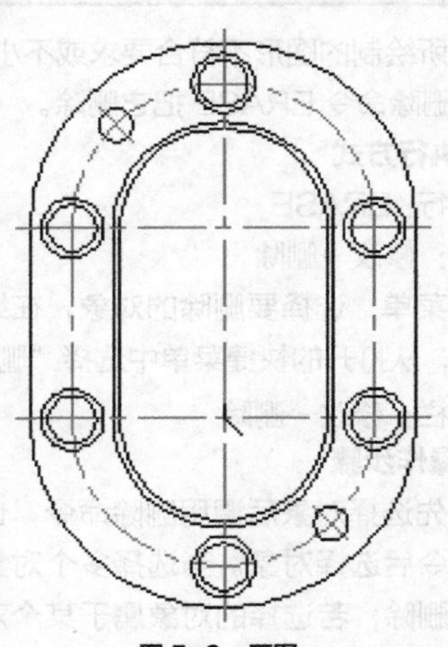

图 5-8 原图

操作步骤

❶ 打开“快速选择”对话框。

❷ 在“应用到”下拉列表框中选择“整个图形”。

❸ 在“对象类型”下拉列表框中选择“圆”。

❹ 在“特性”列表框中选择“直径”。

❺ 在“运算符”下拉列表框中选择“< 小于”。

❻ 在“值”文本框中输入 8。

❼ 在“如何应用”选项组中选择“排除在新选择集之外”选项，如图 5-9 所示。

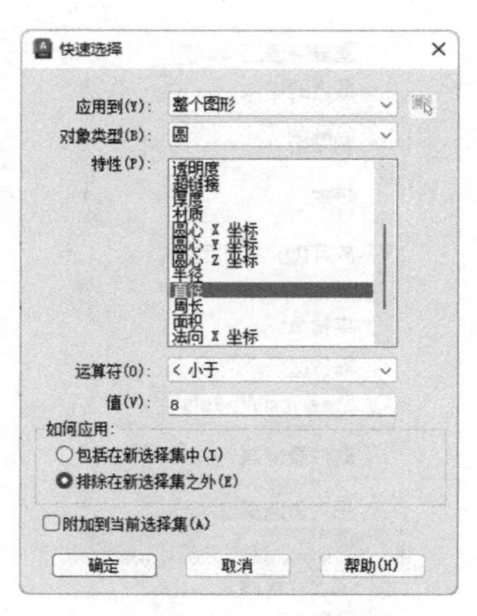

图 5-9　快速选择设置

❽ 单击“确定”按钮，结果如图 5-10 所示。可以看出直径小于 8 的圆没有被选中。

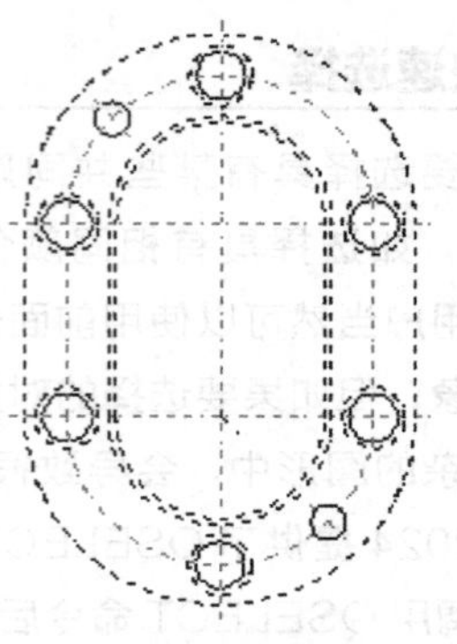

图 5-10　结果图

5.2　删除及恢复类命令

这类命令主要包括删除、恢复、清除等。

5.2.1　删除命令

如果所绘制的图形不符合要求或不小心画错了，可以使用删除命令 ERASE 把它删除。

1．执行方式

命令行：ERASE

菜单：修改→删除

快捷菜单：选择要删除的对象，在绘图区单击鼠标右键，从打开的快捷菜单中选择“删除”命令

工具栏：修改→删除

2．操作步骤

可以先选择对象后调用删除命令，也可以先调用删除命令后选择对象。当选择多个对象时，多个对象将被删除；若选择的对象属于某个对象组，则该对象组的所有对象都将被删除。

5.2.2　恢复命令

若不小心误删了图形，可以使用恢复命令 OOPS 恢复误删除的对象。

1．执行方式

命令行：OOPS 或 U

工具栏：标准工具栏→放弃

快捷键：Ctrl+Z

2．操作步骤

在命令行窗口的提示行上输入 OOPS 或 U，回车。

5.2.3　清除命令

此命令与删除命令功能完全相同。

1．执行方式

菜单：编辑→删除

快捷键：Delete

2．操作步骤

用菜单方式或用快捷键输入上述命令后，系统提示：

```
选择对象：（选择要清除的对象，按 Enter 键执行清除命令）
```

5.3　基本编辑命令

AutoCAD 中，有一些编辑命令，不改变编辑对象形状和大小，只改变对象的相对位置和数量。

5.3.1 复制命令

1. 执行方式

命令行：COPY

菜单：修改→复制（见图 5-11）

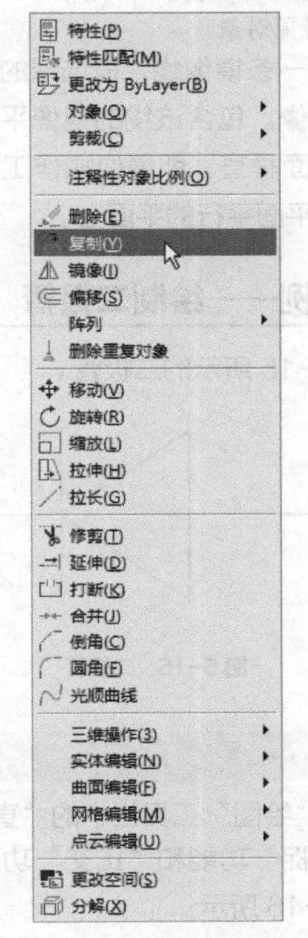

图 5-11 “修改”菜单

工具栏：修改→复制（见图 5-12）

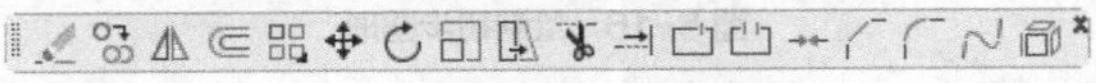

图 5-12 “修改”工具栏

快捷菜单：选中要复制的对象，在绘图区单击鼠标右键，从打开的快捷菜单中选择“复制选择”命令。

2. 操作步骤

```
命令：COPY ↙
选择对象：（选择要复制的对象）
```

用前面介绍的对象选择方法选择一个或多个对象，回车结束选择操作，系统继续提示：

```
当前设置：复制模式 = 多个
指定基点或［位移（D）/ 模式（O）］ <位移> ：（指定基点或位移）
```

3. 选项说明

（1）指定基点：指定一个坐标点后，系统把该点作为复制对象的基点，并提示以下内容。

```
指定第二个点或 ［阵列（A）］ 或 <用第一点作位移>：
```

指定第二个点后，系统将根据这两点确定的位移矢量把选中的对象复制到第二点处。如果此时直接回车，即默认选择“用第一点作位移”，则第一个点被当作相对于 X、Y、Z 的位移。例如，如果指定基点为 2、3，并在下一个提示下按 Enter 键，则该对象将从它当前的位置开始向 X 轴正向移动 2 个单位，向 Y 轴正向移动 3 个单位。

复制完成后，系统会继续提示：

```
指定第二个点或 ［阵列（A）/ 退出（E）/ 放弃（U）］ <退出>：
```

这时，可以不断指定新的第二个点，从而实现多重复制。

（2）位移（D）：直接输入位移值，表示以选中对象时的拾取点为基准，以拾取点坐标为移动方向纵横比移动指定位移后确定的点为基点。例如，选中对象时拾取点的坐标为（2，3），输入位移为 5，则表示以（2，3）点为基准，沿纵横比为 3 ：2 的方向移动 5 个单位所确定的点为基点。

（3）模式（O）：控制是否自动重复该命令。选择该选项后，系统提示：

```
输入复制模式选项 ［单个（S）/ 多个（M）］ <当前>：
```

5.3.2 实例——绘制电冰箱

绘制图 5-13 所示的电冰箱。

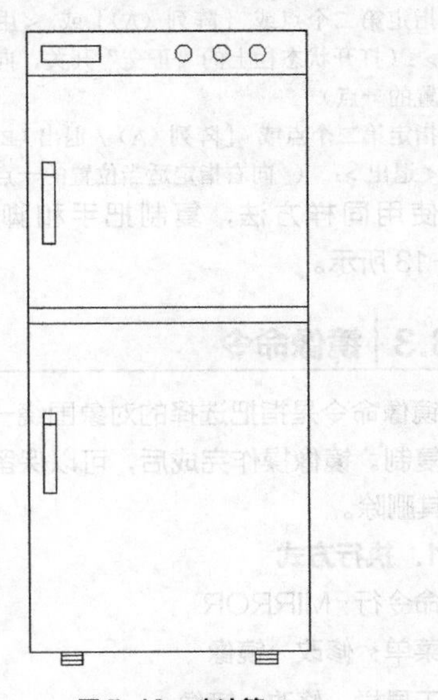

图 5-13 电冰箱

操作步骤

❶ 分别单击“绘图”工具栏中的“直线”按钮╱、“矩形”按钮▭和“圆”按钮⊘，绘制初步图形，如图 5-14 所示。

图 5-14 绘制初步图形

❷ 单击“修改”工具栏中的“复制”按钮，复制圆，命令行提示与操作如下：

命令：_copy
选择对象：（选择圆）
选择对象：↙
当前设置： 复制模式 = 多个
指定基点或 [位移（D）/ 模式（O）] <位移>：（指定一点为基点）
指定第二个点或 [阵列（A）] 或 <用第一点作位移>：（打开状态栏上的“正交”开关，向右指定适当位置的一点）
指定第二个点或 [阵列（A）/ 退出（E）/ 放弃（U）] < 退出 >：（ 向右指定适当位置的一点）

使用同样方法，复制把手和脚轮，结果如图 5-13 所示。

5.3.3 镜像命令

镜像命令是指把选择的对象围绕一条镜像线作对称复制。镜像操作完成后，可以保留原对象也可以将其删除。

1. 执行方式

命令行：MIRROR

菜单：修改→镜像

工具栏：修改→镜像

2. 操作步骤

命令：MIRROR ↙
选择对象：（选择要镜像的对象）
指定镜像线的第一点：（指定镜像线的第一个点）
指定镜像线的第二点：（指定镜像线的第二个点）
要删除源对象吗？ [是（Y）/ 否（N）] <N>：（确定是否删除原对象）

两点确定一条镜像线，被选择的对象以该线为对称轴进行镜像。包含该线的镜像平面与用户坐标系统的 *XY* 平面垂直，即镜像操作工作在与用户坐标系统的 *XY* 平面平行的平面上。

5.3.4 实例——绘制二极管

绘制图 5-15 所示的二极管。

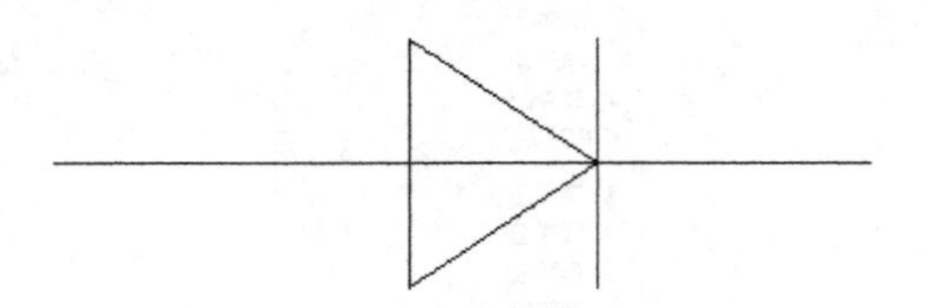

图 5-15 二极管

操作步骤

❶ 单击“绘图”工具栏中的“直线”按钮╱，结合“对象捕捉”功能和“正交”功能，绘制初步图形，如图 5-16 所示。

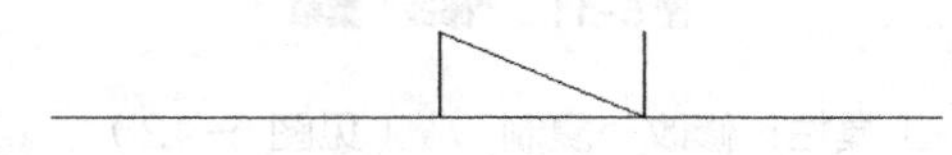

图 5-16 绘制初步图形

❷ 单击“修改”工具栏中的“镜像”按钮，以水平线为对称轴镜像刚刚绘制的图形，命令行提示与操作如下：

命令：mirror ↙
选择对象：（选择刚刚绘制的图形）
选择对象：↙
指定镜像线的第一点：（捕捉水平线上一点）
指定镜像线的第二点：（捕捉水平线上另一点）
要删除源对象吗？ [是（Y）/ 否（N）] <N>：↙

结果如图 5-15 所示。

5.3.5 偏移命令

偏移命令是指保持所选对象的形状，在不同的位置以不同的尺寸新建一个对象。

1. 执行方式

命令行：OFFSET

菜单：修改→偏移

工具栏：修改→偏移

2. 操作步骤

命令： OFFSET ↙
当前设置：删除源 = 否　图层 = 源　OFFSETGAPTYPE =0
指定偏移距离或 ［通过（T）/ 删除（E）/ 图层（L）］ < 通过 >：（指定距离值）
选择要偏移的对象，或 ［退出（E）/ 放弃（U）］ < 退出 >：（选择要偏移的对象。回车会结束操作）
指定要偏移的那一侧上的点，或［退出（E）/ 多个（M）/ 放弃（U）］ < 退出 >：（指定偏移方向）

3. 选项说明

（1）指定偏移距离：输入一个距离值，或直接回车使用当前的距离值，系统把该距离值作为偏移距离，如图 5-17 所示。

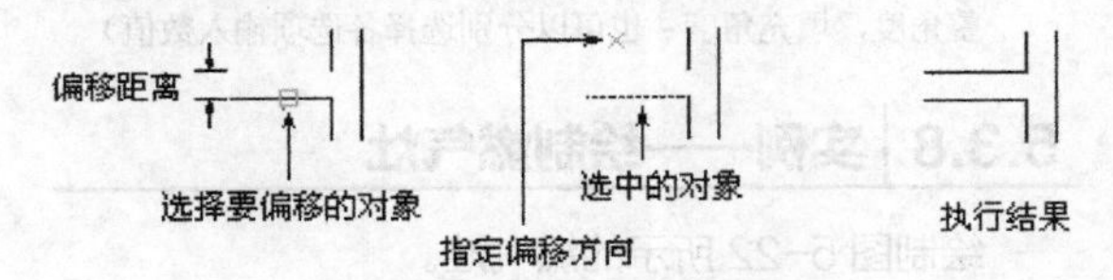

图 5-17　指定距离偏移对象

（2）通过（T）：指定偏移的通过点。选择该选项后出现如下提示：

选择要偏移的对象或 < 退出 >：（选择要偏移的对象。回车会结束操作）
指定通过点：（指定偏移对象的一个通过点）

操作完毕后系统会根据指定的通过点绘出偏移对象，如图 5-18 所示。

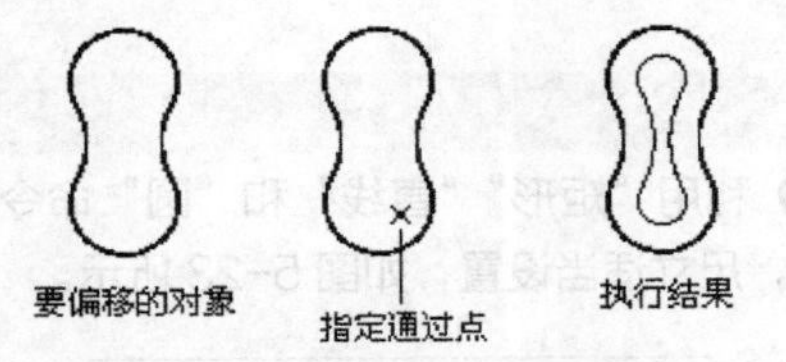

图 5-18　指定通过点偏移对象

（3）图层（L）：确定将偏移对象创建在当前图层上还是源对象所在的图层上。选择该选项后出现如下提示：

输入偏移对象的图层选项 ［当前（C）/ 源（S）］ < 源 >：

操作完毕后系统根据指定的图层绘制出偏移对象。

5.3.6 实例——绘制多级开关

绘制图 5-19 所示的多级开关。

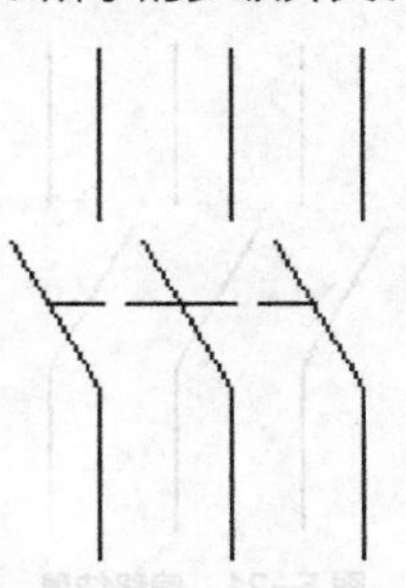

图 5-19　多级开关

操作步骤

❶ 设置图层。选择菜单栏中的“格式”→“图层”命令，设置两个图层。“细实线”图层：默认属性。“虚线”图层：线型为 ACAD_ISO02W100，其余属性默认。

❷ 设“细实线”图层为当前图层，单击“绘图”工具栏中的“直线”按钮，结合“对象追踪”功能，绘制单级开关，如图 5-20 所示。

图 5-20　单级开关

❸ 单击“修改”工具栏中的“偏移”按钮，偏移绘制的单级开关。命令行提示如下：

命令：_offset
当前设置：删除源 = 否　图层 = 源　OFFSETGAPTYPE=0
指定偏移距离或 ［通过（T）/ 删除（E）/ 图层（L）］ < 通过 >：（适当指定）
选择要偏移的对象，或 ［退出（E）/ 放弃（U）］ < 退出 >：（指定绘制的单级开关）
指定要偏移的那一侧上的点，或［退出（E）/ 多个（M）/ 放弃（U）］ < 退出 >：（指定右侧）
选择要偏移的对象，或 ［退出（E）/ 放弃（U）］ < 退出 >：（继续指定刚偏移生成的单级开关）

选择要偏移的对象，或 ［退出（E）/ 放弃（U）］<退出>：↙

结果如图 5-21 所示。

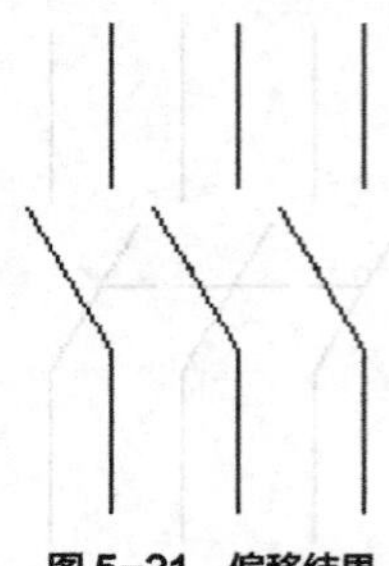

图 5-21　偏移结果

❹ 设置“虚线”图层为当前图层，单击“绘图”工具栏中的“直线”按钮，结合“对象捕捉”和“正交”功能，绘制虚线，最终结果如图 5-19 所示。

注意　本例也可以采用复制的方式实现。一般在绘制结构相同并且要求保持恒定的相对位置时，采用偏移命令实现。

5.3.7 阵列命令

建立阵列是指多重复制选择的对象并把这些副本按矩形、路径或环形排列。把副本按矩形排列称为建立矩形阵列，把副本按路径排列称为建立路径阵列，把副本按环形排列称为建立环形阵列。建立环形阵列时，应注意控制复制对象的次数和对象是否被旋转；建立矩形阵列时，应注意控制行和列的数量以及对象副本之间的距离。

1. 执行方式

命令行：ARRAY

菜单：修改→阵列→矩形阵列 / 路径阵列 / 环形阵列

工具栏：修改→阵列→矩形阵列 / 路径阵列 / 环形阵列

2. 操作步骤

命令：ARRAY↙

选择对象：（使用对象选择方法）

输入阵列类型［矩形（R）/ 路径（PA）/ 极轴（PO）］<矩形>：

3. 选项说明

（1）矩形（R）：将选择的对象的副本分布到行数、列数和层数的任意组合。选择该选项后出现如下提示：

选择夹点以编辑阵列或［关联（AS）/ 基点（B）/ 计数（COU）/ 间距（S）/ 列数（COL）/ 行数（R）/ 层数（L）/ 退出（X）］<退出>：（通过夹点，调整阵列间距、列数、行数和层数，也可以分别输入各选项数值）

（2）路径（PA）：沿路径或部分路径均匀分布选择的对象的副本。选择该选项后出现如下提示：

选择路径曲线：（选择一条曲线作为阵列路径）

选择夹点以编辑阵列或［关联（AS）/ 方法（M）/ 基点（B）/ 切向（T）/ 项目（I）/ 行（R）/ 层（L）/ 对齐项目（A）/Z 方向（Z）/ 退出（X）］<退出>：（通过夹点，调整阵行数和层数，也可以分别输入各选项数值）

（3）极轴（PO）：在绕中心点或旋转轴的环形阵列中均匀分布对象副本。选择该选项后出现如下提示：

指定阵列的中心点或 ［基点（B）/ 旋转轴（A）］：（选择中心点、基点或旋转轴）

选择夹点以编辑阵列或［关联（AS）/ 基点（B）/ 项目（I）/ 项目间角度（A）/ 填充角度（F）/ 行（ROW）/ 层（L）/ 旋转项目（ROT）/ 退出（X）］<退出>：（通过夹点，调整角度，填充角度；也可以分别选择各选项输入数值）

5.3.8 实例——绘制燃气灶

绘制图 5-22 所示的燃气灶。

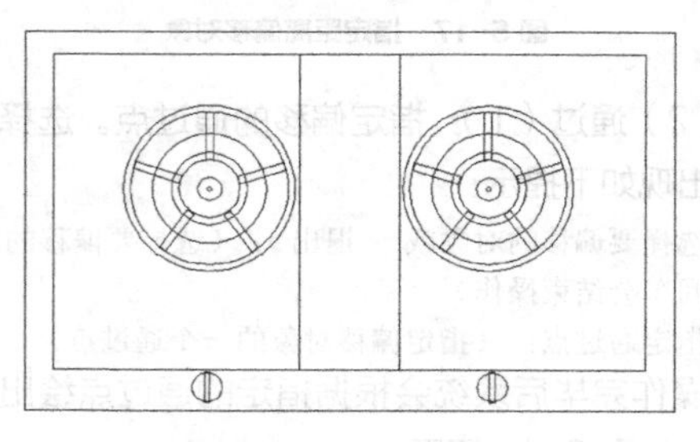

图 5-22　燃气灶

操作步骤

❶ 利用“矩形”“直线”和“圆”命令绘制初步图形，尺寸适当设置，如图 5-23 所示。

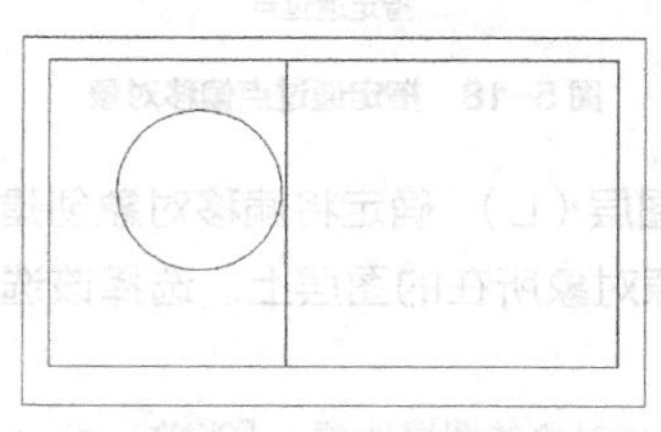

图 5-23　绘制初步图形

❷ 选择菜单栏中的“修改”→“偏移”命令，或者单击“修改”工具栏中的“偏移”按钮，

使用偏移功能得到多个不同大小的同心圆，如图 5-24 所示。

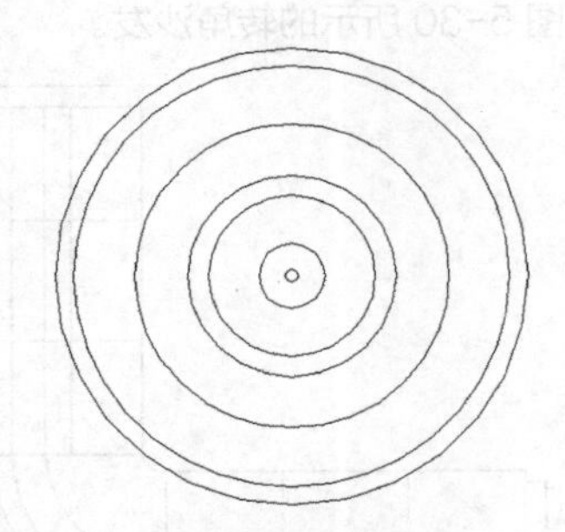

图 5-24 同心圆

❸ 选择菜单栏中的“绘图”→“矩形”命令，或者单击“绘图”工具栏中的“矩形”按钮▭，在同心圆上部绘制一个矩形作为支撑骨架，如图 5-25 所示。

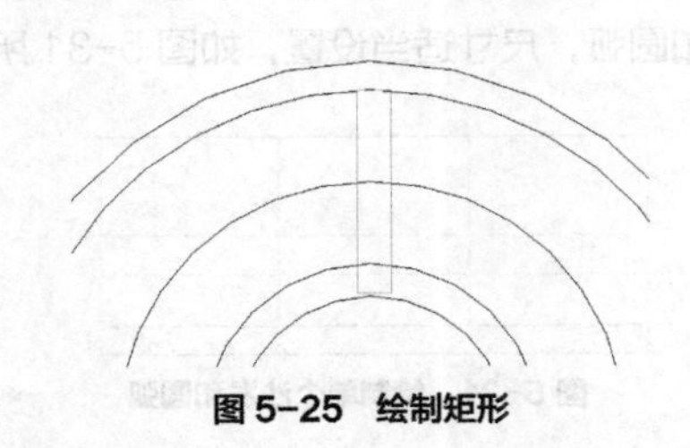

图 5-25 绘制矩形

❹ 单击“修改”工具栏中的“环形阵列”按钮，设置项目数为 5、填充角度为 360，选择支撑骨架为阵列对象，捕捉同心圆的圆心的阵列中心，命令行提示如下：

```
命令：_arraypolar
选择对象：（选择支撑骨架）
选择对象：
类型 = 极轴  关联 = 是
指定阵列的中心点或 [基点（B）/旋转轴（A）]：（捕捉同心圆的圆心）
选择夹点以编辑阵列或 [关联（AS）/基点（B）/项目（I）/项目间角度（A）/填充角度（F）/行（ROW）/层（L）/旋转项目（ROT）/退出（X）]<退出>：I↙
输入阵列中的项目数或 [表达式（E）] <5>：↙
选择夹点以编辑阵列或 [关联（AS）/基点（B）/项目（I）/项目间角度（A）/填充角度（F）/行（ROW）/层（L）/旋转项目（ROT）/退出（X）]<退出>：F↙
指定填充角度(+=逆时针、-=顺时针)或 [表达式(EX)]<360>：↙
选择夹点以编辑阵列或 [关联（AS）/基点（B）/项目（I）/项目间角度（A）/填充角度（F）/行（ROW）/层（L）/旋转项目（ROT）/退出（X）]<退出>：↙
```

阵列结果如图 5-26 所示。

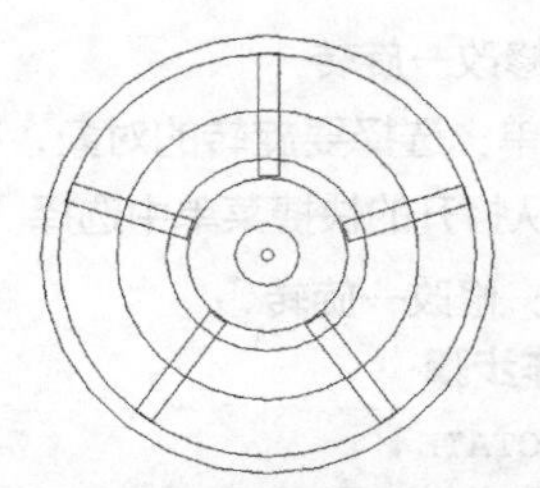

图5-26 阵列结果

❺ 利用“圆”和“矩形”命令，绘制点火旋钮，如图 5-27 所示。

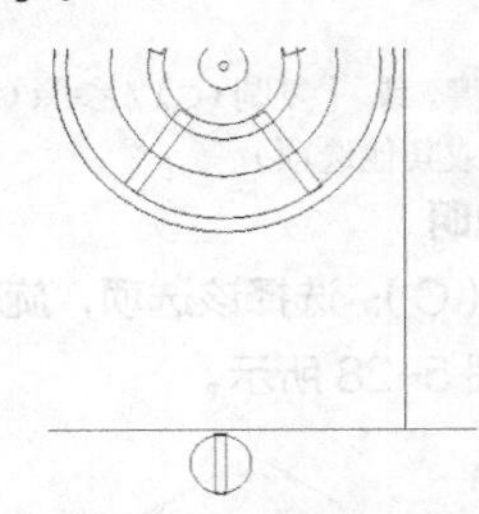

图 5-27 绘制点火旋钮

❻ 单击“修改”工具栏中的“镜像”按钮，将相关图形以外框矩形中心线为对称轴进行镜像处理，最终结果如图 5-22 所示。

5.3.9 移动命令

1. 执行方式

命令行：MOVE

菜单：修改→移动

快捷菜单：选择要复制的对象，在绘图区单击鼠标右键，从打开的快捷菜单中选择“移动”命令。

工具栏：修改→移动

2. 操作步骤

```
命令：MOVE↙
选择对象：（选择对象）
```

用前面介绍的对象选择方法选择要移动的对象，回车结束选择，系统继续提示：

```
指定基点或 [位移（D）] <位移>：（指定基点或移至点）
指定第二个点或 <使用第一个点作为位移>：
```

各选项的功能与 COPY 命令相关选项的功能相同。所不同的是对象被移动后，原位置处的对象消失。

5.3.10 旋转命令

1. 执行方式

命令行：ROTATE

菜单：修改→旋转

快捷菜单：选择要旋转的对象，在绘图区单击鼠标右键，从打开的快捷菜单中选择“旋转”命令。

工具栏：修改→旋转

2. 操作步骤

命令：ROTATE ↙
UCS 当前的正角方向：ANGDIR= 逆时针 ANGBASE=0
选择对象：（选择要旋转的对象）
指定基点：（指定旋转的基点。在对象内部指定一个坐标点）
指定旋转角度，或［复制（C）/ 参照（R）］<0>：（指定旋转角度或其他选项）

3. 选项说明

（1）复制（C）：选择该选项，旋转对象后，原对象保留，如图 5-28 所示。

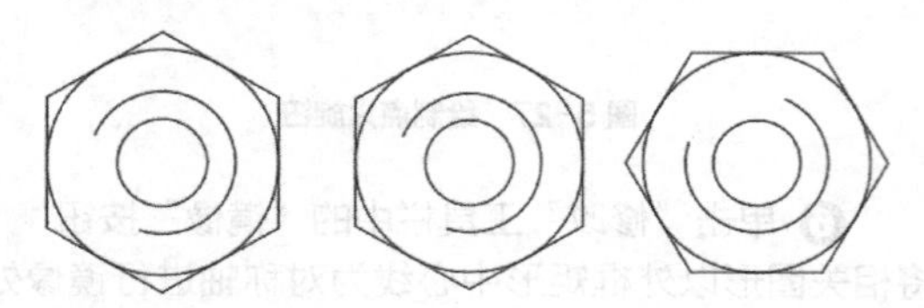

（a）旋转前　　（b）旋转后

图 5-28　复制旋转

（2）参照（R）：采用参照方式旋转对象时，系统将提示：

指定参照角 <0>：（指定要参考的角度，默认值为 0）
指定新角度：（输入旋转后的角度值）

完成上述操作后，对象将被旋转至指定的角度位置。

注意　还可以拖动鼠标来旋转对象。选中对象并指定基点后，从基点到当前十字光标位置会出现一条连线，移动鼠标的同时选中的对象会动态地随着该连线与水平方向的夹角的变化而旋转，回车确认，如图 5-29 所示。

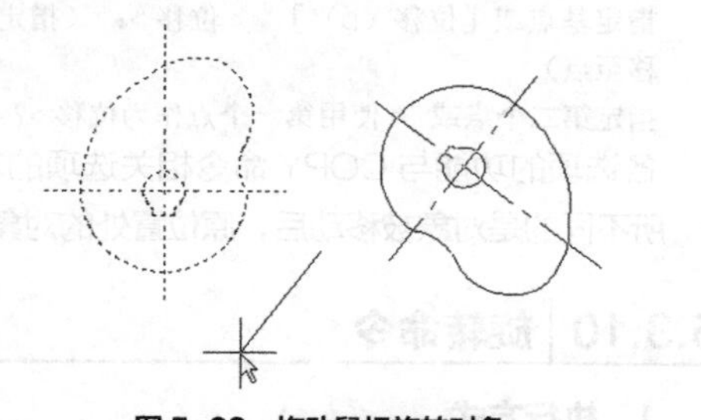

图 5-29　拖动鼠标旋转对象

5.3.11　实例——绘制转角沙发

绘制图 5-30 所示的转角沙发。

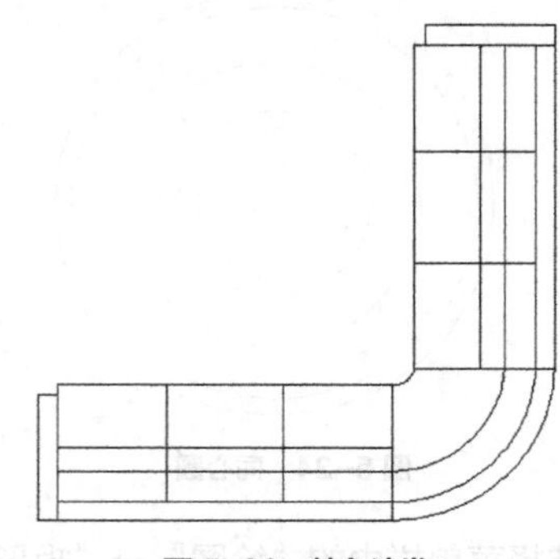

图 5-30　转角沙发

操作步骤

❶ 利用“矩形”“直线”“圆弧”命令绘制单个沙发和圆弧，尺寸适当设置，如图 5-31 所示。

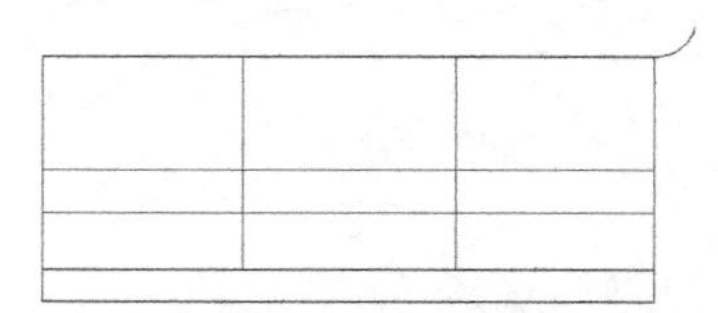

图 5-31　绘制单个沙发和圆弧

❷ 单击“修改”工具栏中的“复制”按钮，复制沙发到适当位置，如图 5-32 所示。

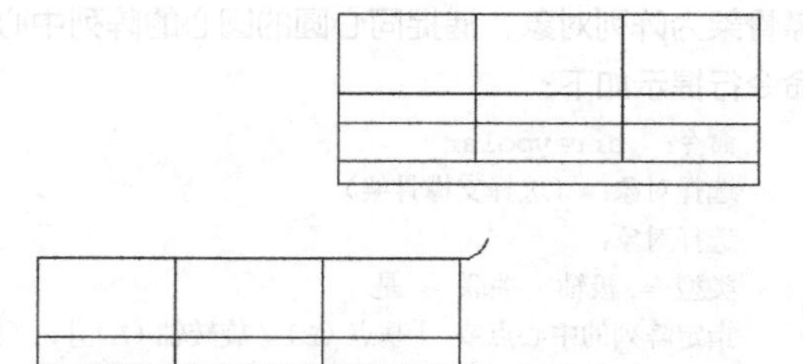

图 5-32　复制沙发

❸ 单击“修改”工具栏中的“旋转”按钮，将复制的图形进行旋转，命令行提示与操作如下：

命令：_rotate
UCS 当前的正角方向：ANGDIR= 逆时针 ANGBASE=0
选择对象：（选择沙发）
选择对象：↙
指定基点：（指定左下角点）
指定旋转角度，或［复制（C）/ 参照（R）］<90>：↙

结果如图 5-33 所示。

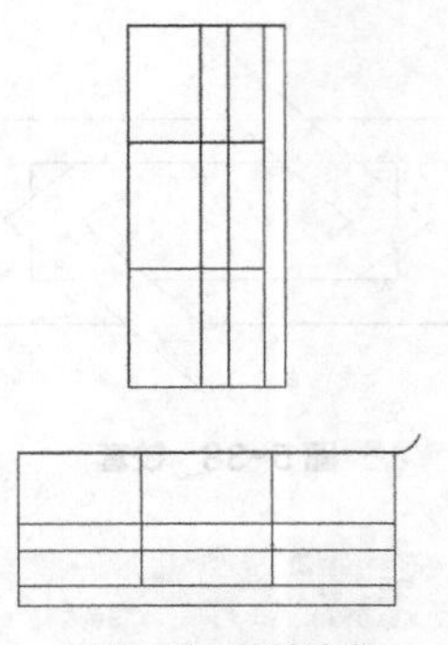

图 5-33 旋转沙发

❹ 单击"修改"工具栏中的"移动"按钮，命令行提示与操作如下：

```
命令：_move
选择对象：（选择刚刚旋转的沙发）
选择对象：↙
指定基点或 [位移（D）] <位移>：<打开对象捕捉>（捕捉刚刚旋转的沙发左下角点）
指定第二个点或 <使用第一个点作为位移>：（捕捉圆弧端点）
```

结果如图 5-34 所示。

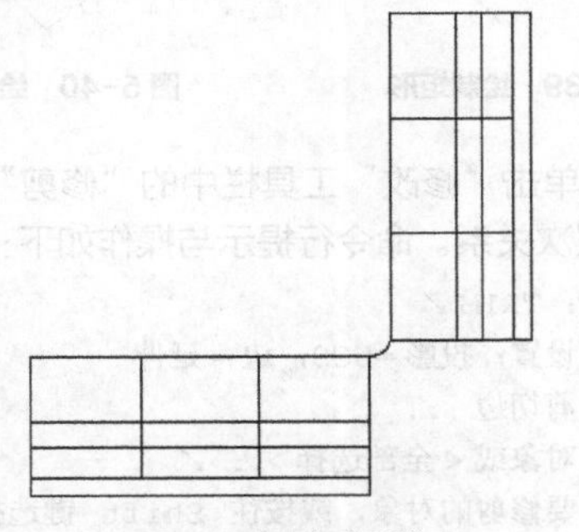

图 5-34 移动沙发

❺ 分别单击"绘图"工具栏中的"圆弧"按钮和"矩形"按钮，绘制连接圆弧和沙发扶手，最终结果如图 5-30 所示。

5.3.12 缩放命令

1. 执行方式

命令行：SCALE

菜单：修改→缩放

快捷菜单：选择要缩放的对象，在绘图区单击鼠标右键，从打开的快捷菜单中选择"Scale"命令。

工具栏：修改→缩放

2. 操作步骤

```
命令：SCALE ↙
选择对象：（选择要缩放的对象）
指定基点：（指定缩放操作的基点）
指定比例因子或 [复制（C）/参照（R）] <1.0000>:
```

3. 选项说明

（1）采用参考方向缩放对象时，系统提示：

```
指定参照长度 <1>：（指定参考长度值）
指定新的长度或[点(P)]<1.0000>：（指定新长度值）
```

若新长度值大于参考长度值，则放大对象，否则缩小对象。操作完毕后，系统以指定的基点按指定的比例因子缩放对象。如果选择"点"选项，则指定两点来定义新的长度。

（2）还可以通过拖动鼠标来缩放对象。选中对象并指定基点后，从基点到当前十字光标位置会出现一条连线，线段的长度即比例大小。移动鼠标的同时选中的对象会动态地随着该连线长度的变化而缩放，回车确认。

5.4 改变几何特性类命令

这类命令包括剪切、延伸、圆角、倒角、拉伸、拉长等命令。

5.4.1 剪切命令

1. 执行方式

命令行：TRIM

菜单：修改→修剪

工具栏：修改→修剪

2. 操作步骤

```
命令：TRIM ↙
当前设置：投影 =UCS，边 = 无
选择剪切边 ...
选择对象或<全部选择> ：（选择一个或多个对象并按 Enter键，或者直接按Enter键选择所有显示的对象）
```

回车结束对象选择，系统提示：

```
选择要修剪的对象，或按住Shift键选择要延伸的对象，或 [栏选（F）/窗交（C）/投影（P）/边（E）/删除（R）/放弃（U）]：
```

3. 选项说明

（1）在选择对象时，按住 Shift 键，系统就自动将“修剪”命令转换成“延伸”命令，“延伸”命令将在 5.4.3 小节介绍。

（2）选择“边”选项时，可以选择对象的修剪方式，分为以下两种。

- 延伸（E）：延伸边界进行修剪。在此方式下，如果剪切边没有与要修剪的对象相交，系统会自动延伸剪切边直至与其相交，然后再进行修剪，如图 5-35 所示。
- 不延伸（N）：不延伸边界进行修剪。只修剪与剪切边相交的对象。

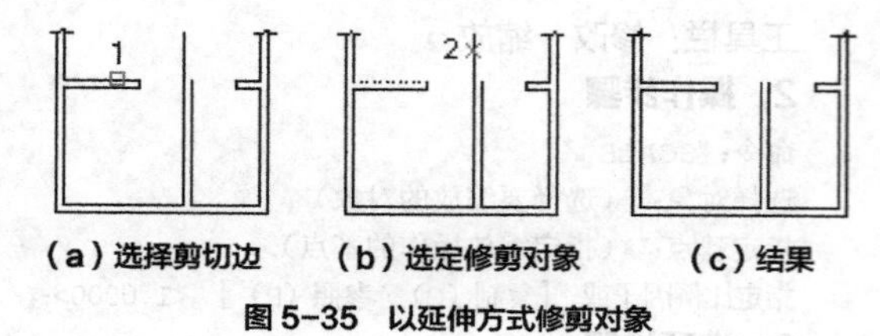
（a）选择剪切边　（b）选定修剪对象　（c）结果

图 5-35　以延伸方式修剪对象

（3）选择“栏选”选项时，系统将以栏选的方式选择被修剪对象，如图 5-36 所示。

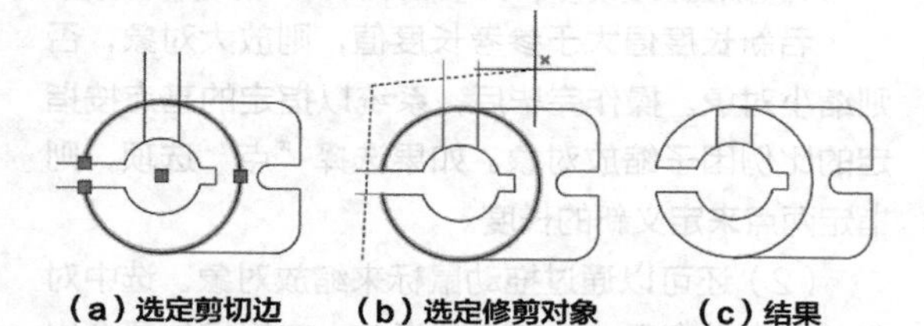
（a）选定剪切边　（b）选定修剪对象　（c）结果

图 5-36　以栏选方式修剪对象

（4）选择“窗交”选项时，系统以窗交的方式选择被修剪对象。如图 5-37 所示。

（5）被选择的对象可以互为边界和被修剪对象，系统会在被选择的对象中自动判断边界，如图 5-37 所示。

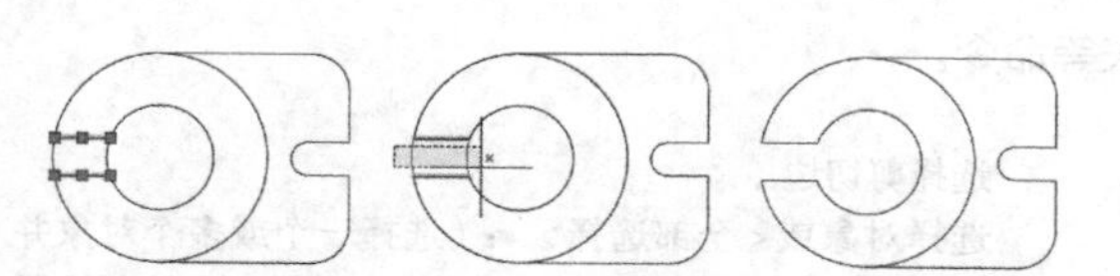
（a）选择剪切边　（b）选定修剪对象　（c）结果

图 5-37　以窗交方式修剪对象

5.4.2　实例——绘制铰套

绘制图 5-38 所示的铰套。

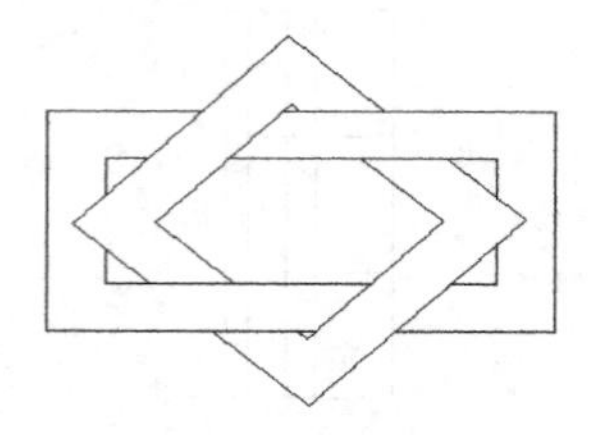
图 5-38　铰套

操作步骤

❶ 单击“绘图”工具栏中的“矩形”按钮▭，绘制两个矩形，如图 5-39 所示。

❷ 单击“修改”工具栏中的“偏移”按钮⊆，绘制铰套。指定适当值为偏移距离，分别选中两个矩形，向内偏移，结果如图 5-40 所示。

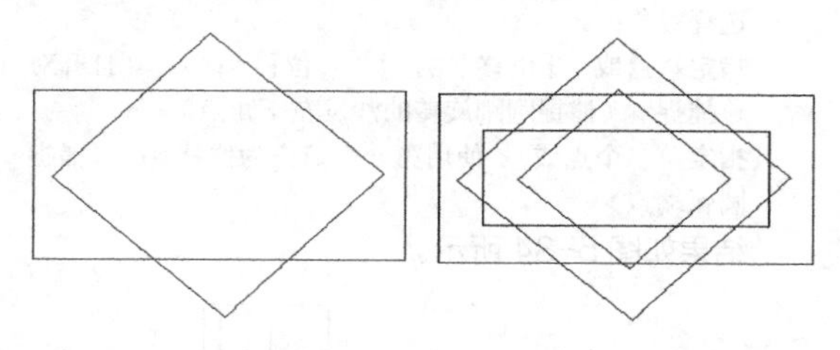
图 5-39　绘制矩形　　　图 5-40　绘制铰套

❸ 单击“修改”工具栏中的“修剪”按钮✂，剪切出层次关系。命令行提示与操作如下：

```
命令：TRIM↙
当前设置：投影 =UCS，边 = 延伸
选择剪切边 ...
选择对象或 < 全部选择 > ：↙
选择要修剪的对象，或按住 Shift 键选择要延伸的对象，或 [栏选（F）/ 窗交（C）/ 投影（P）/ 边（E）/ 删除（R）/ 放弃（U）]：(按层次关系依次选择要剪切掉的部分图线)
……
选择要修剪的对象，或按住 Shift 键选择要延伸的对象，或 [栏选（F）/ 窗交（C）/ 投影（P）/ 边（E）/ 删除（R）/ 放弃（U）]：↙
```

最终结果如图 5-38 所示。

5.4.3　延伸命令

延伸对象是指将一个对象延伸到另一个对象的边界线，如图 5-41 所示。

1. 执行方式

命令行：EXTEND

菜单：修改→延伸

工具栏：修改→延伸 ⇥

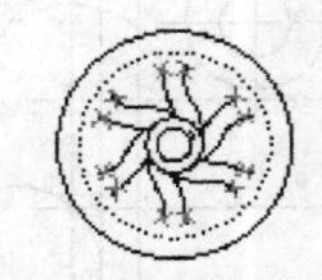
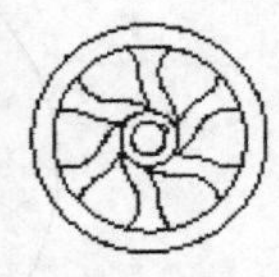

（a）选择边界 （b）选择要延伸的对象 （c）结果

图 5-41 延伸对象

2. 操作步骤

```
命令：EXTEND ↙
当前设置：投影 =UCS，边 = 无
选择边界的边 ...
选择对象或 < 全部选择 >：（选择边界对象）
```

此时要选择对象来定义边界。若直接回车，则选择所有对象作为可能的边界对象。

可以用作边界对象的对象有直线段、射线、双向无限长线、圆弧、圆、椭圆、二维和三维多义线、样条曲线、文本、浮动的视口、区域。如果选择二维多义线作为边界对象，系统会忽略其宽度直接把对象延伸至多义线的中心线。

选择边界对象后，系统继续提示：

```
选择要延伸对象，或按 Shift 键选择要修剪的对象，或 [栏选（F）/ 窗交（C）/ 投影（P）/ 边（E）/ 放弃（U）]：
```

3. 选项说明

（1）如果要延伸的对象是适配样条多段线，那么延伸之后会在多段线的控制框上增加新节点。如果要延伸的对象是锥形的多义线，系统会自动修正延伸端的宽度，使多义线能平滑地从起始端延伸至新终止端。如果延伸操作导致终止端的宽度可能为负值，则取宽度值为 0，如图 5-42 所示。

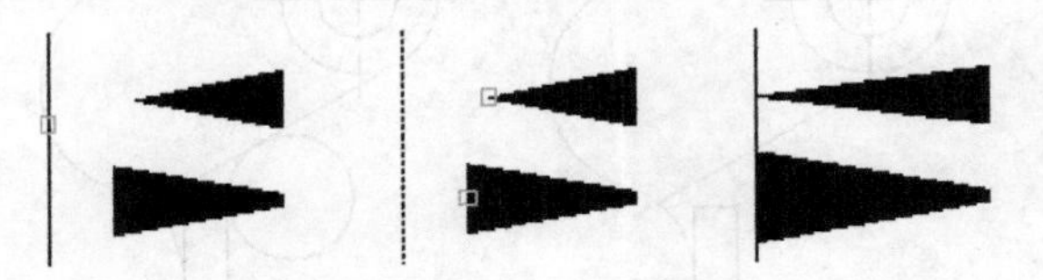

（a）选择边界对象 （b）选定要延伸的多义线 （c）结果

图 5-42 延伸对象

（2）选择对象时，按住 Shift 键，系统自动将“延伸”命令转换成“修剪”命令。

5.4.4 实例——绘制空间连杆

绘制图 5-43 所示的空间连杆。

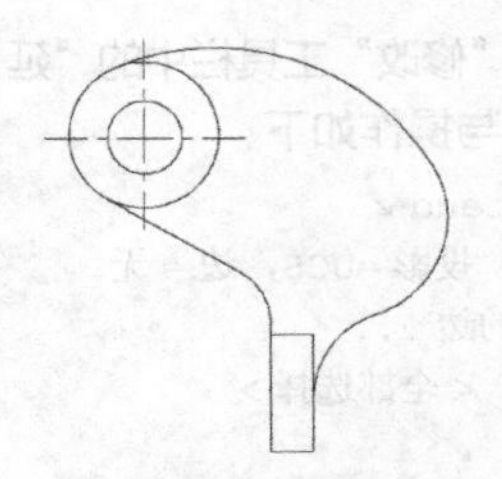

图 5-43 空间连杆

操作步骤

❶ 选择菜单栏中的“格式”→“图层”命令，设置两个新图层：第一个图层命名为“轮廓线”，设置线宽属性为 0.3mm，其余属性默认；第二个图层命名为“中心线”，设置颜色为红色，线型加载为 CENTER，其余属性默认。

❷ 将“中心线”图层设置为当前图层。利用“直线”命令绘制两条互相垂直的中心线，结果如图 5-44 所示。

❸ 将“轮廓线”图层设置为当前图层。单击“绘图”工具栏中的“圆”按钮，选取两条中心线的交点为圆心，分别绘制半径为 12.5 和 25 的同心圆，结果如图 5-45 所示。

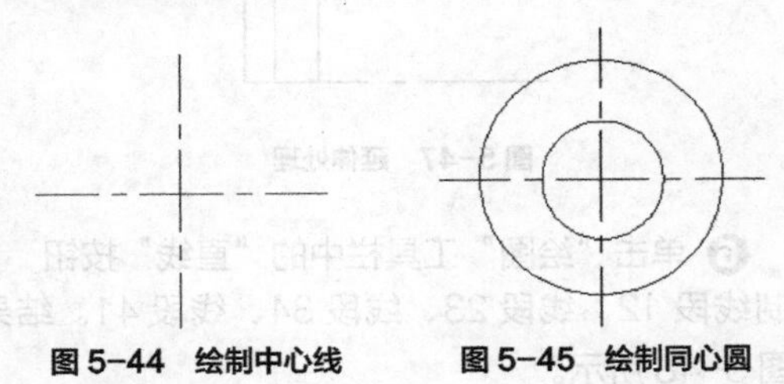

图 5-44 绘制中心线 图 5-45 绘制同心圆

❹ 单击“修改”工具栏中的“偏移”按钮，将刚刚绘制的竖直中心线分别向右偏移 42、56 和 66，将刚刚绘制的水平中心线分别向下偏移 28、68 和 108，如图 5-46 所示。

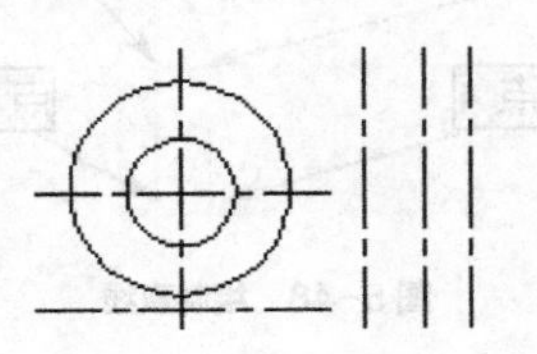

图 5-46 偏移处理

❺ 单击“修改”工具栏中的“延伸”按钮 ，命令行，提示与操作如下：

```
命令：extend↙
当前设置：投影 =UCS，边 = 无
选择边界的边 ...
选择对象：< 全部选择 >
选择对象：↙
选择要延伸的对象，或按住 <Shift >键选择要修剪的对象，或 [栏选（F）/ 窗交（C）/ 投影（P）/ 边（E）/ 放弃（U）]：E↙
输入隐含边延伸模式 [延伸（E）/ 不延伸（N）] < 不延伸 >：E↙
选择要延伸的对象，或按住 Shift 键选择要修剪的对象，或 [栏选（F）/ 窗交（C）/ 投影（P）/ 边（E）/ 放弃（U）]：(选择要延伸的线)
……
```

结果如图 5-47 所示。

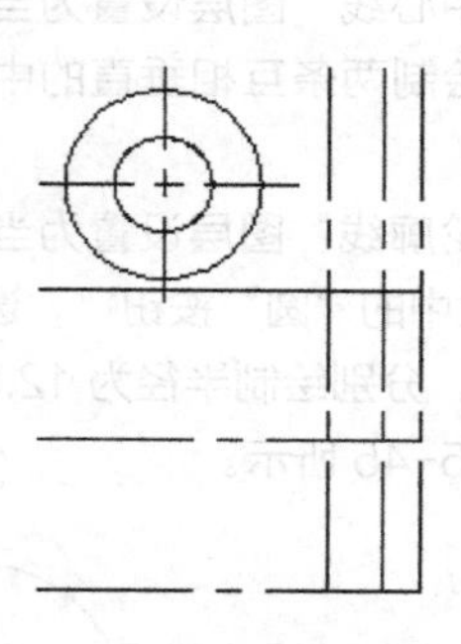

图 5-47 延伸处理

❻ 单击“绘图”工具栏中的“直线”按钮 ，绘制线段 12、线段 23、线段 34、线段 41。结果如图 5-48 所示。

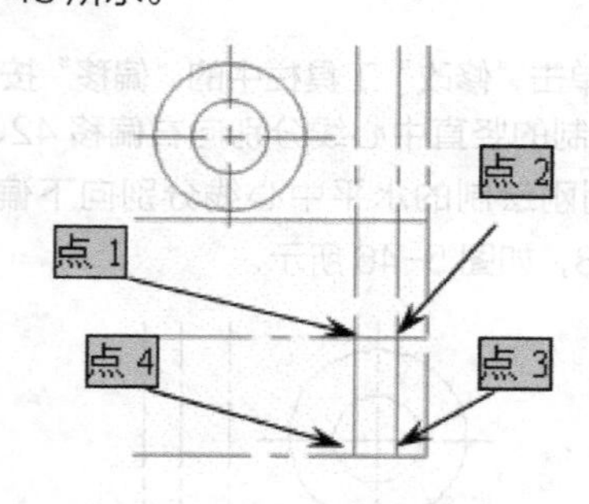

图 5-48 绘制直线

❼ 单击“绘图”工具栏中的“圆”按钮 ，绘制以点 5 为圆心绘制半径为 35 的圆，绘制半径为 30 且与半径为 35 的圆和线段 23 相切的圆，绘制半径为 85 且与半径为 35 的圆和半径为 25 的圆相切的圆，结果如图 5-49 所示。

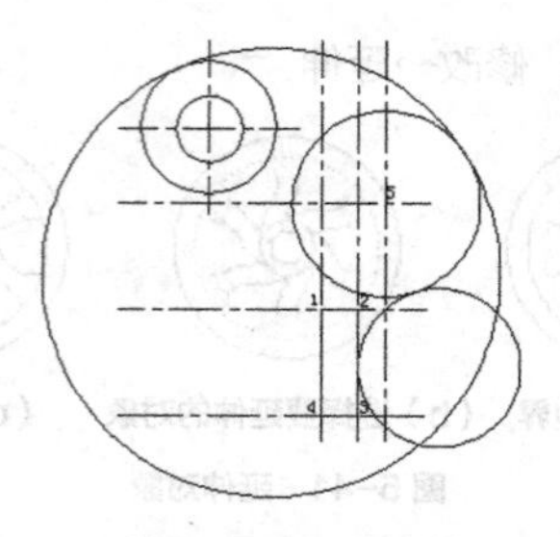

图 5-49 绘制圆

❽ 单击“修改”工具栏中的“删除”按钮 ，将多余线段删除，结果如图 5-50 所示。

❾ 单击“修改”工具栏中的“修剪”按钮 ，修剪相关图线，结果如图 5-51 所示。

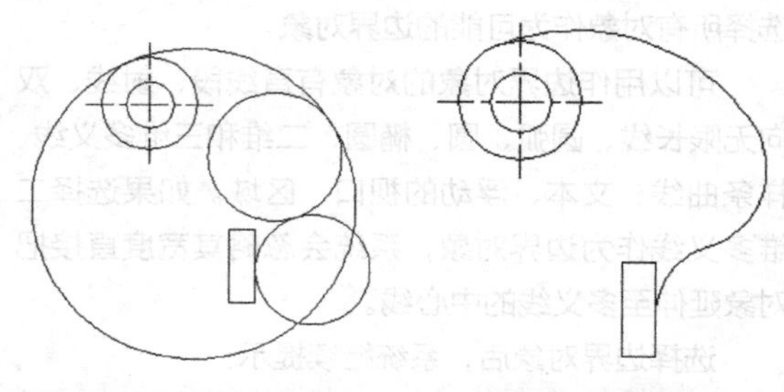

图 5-50 删除结果　　图 5-51 修剪处理

❿ 单击“绘图”工具栏中的“直线”按钮 ，绘制与半径为 25 的圆相切且与水平轴正向成 -30° 的直线，结果如图 5-52 所示。

⓫ 单击“绘图”工具栏中的“圆”按钮 ，绘制与第 10 步得到的直线和线段 14 相切、半径为 20 的圆，结果如图 5-53 所示。

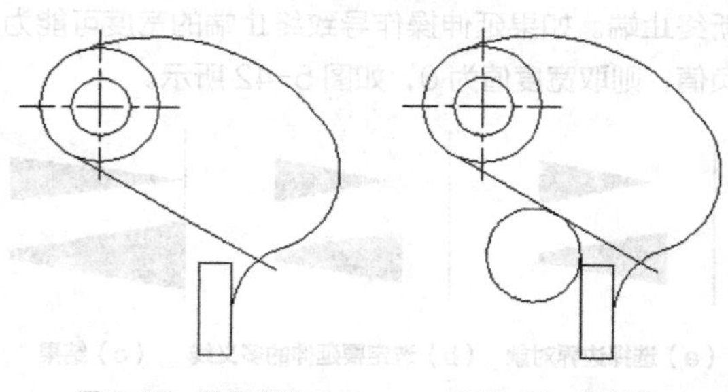

图 5-52 绘制直线　　图 5-53 绘制圆

⓬ 单击“修改”工具栏中的“修剪”按钮 ，修剪相关图线，最终结果如图 5-43 所示。

5.4.5 圆角命令

圆角是指用一段平滑的圆弧连接两个对象。可以圆滑连接一对直线段、非圆弧的多义线段、样条曲线、双向无限长线、射线、圆、圆弧和椭圆。可以在任何时刻圆滑连接多义线的每个节点。

1. 执行方式

命令行：FILLET

菜单：修改→圆角

工具栏：修改→圆角

2. 操作步骤

```
命令：FILLET↙
当前设置：模式 = 修剪，半径 = 0.0000
选择第一个对象或 [放弃（U）/多段线（P）/半径（R）/修剪（T）/多个（M）]：(选择第一个对象或别的选项)
选择第二个对象，或按住 Shift 键选择对象以应用角点或 [半径（R）]：（选择第二个对象）
```

3. 选项说明

（1）多段线（P）：选择该选项后系统会根据指定的圆弧的半径把多段线各顶点用圆滑的弧连接起来。

（2）修剪（T）：决定圆滑连接两条边时，是否修剪这两条边，如图 5-54 所示。

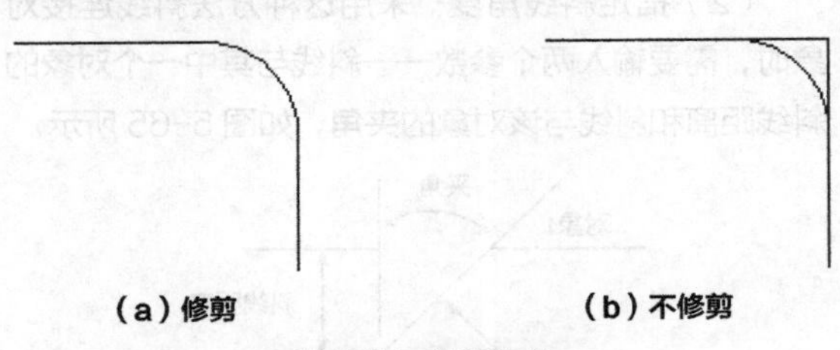

图 5-54 修剪方式

（3）多个（M）：同时对多个对象进行圆滑连接。

（4）快速创建零距离倒角或零半径圆角：按住 Shift 键并选择两条直线，可以快速创建零距离倒角或零半径圆角。

5.4.6 实例——绘制吊钩

绘制图 5-55 所示的吊钩。

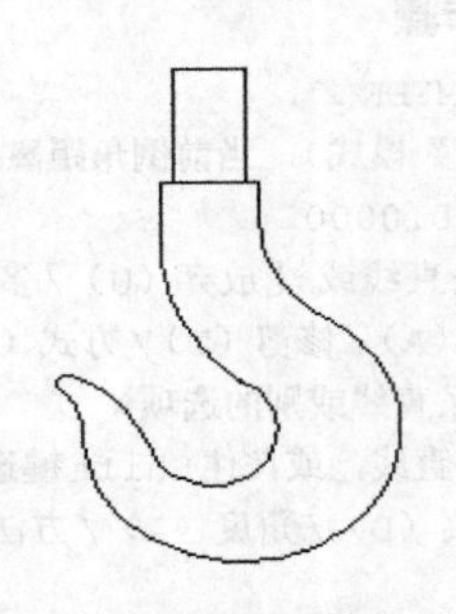

图 5-55 吊钩

操作步骤

❶ 设置图层。选择菜单栏中的“格式”→“图层”命令，新建两个图层。将第一个图层命名为“轮廓线”，设置线宽属性为 0.3mm，其余属性默认；第二个图层命名为“辅助线”，设置颜色为红色，线型加载为 CENTER，其余属性默认。

❷ 绘制定位辅助线。将“辅助线”图层设置为当前图层。单击“绘图”工具栏中的“直线”按钮，绘制两条互相垂直的辅助线，结果如图 5-56 所示。

❸ 偏移处理。单击“修改”工具栏中的“偏移”按钮，将竖直直线分别向右偏移 142、160，将水平直线分别向下偏移 180、210，结果如图 5-57 所示。

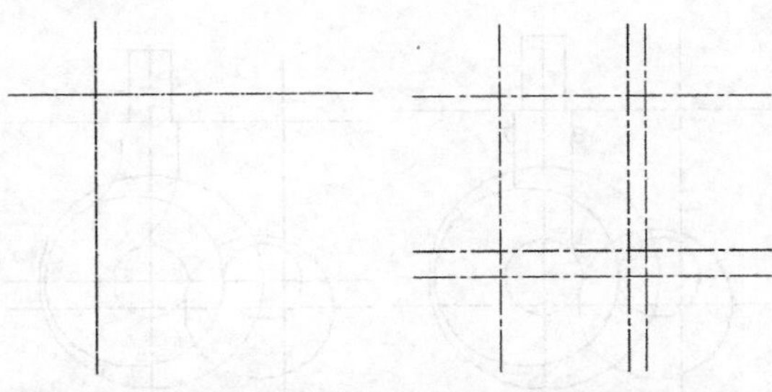

图 5-56 绘制定位辅助线　　图 5-57 偏移处理（1）

❹ 将“轮廓线”图层设置为当前图层。单击“绘图”工具栏中的“圆”按钮，以图 5-58 中的点 1 为圆心、120 为半径绘制圆。

重复上述命令，绘制半径为 40 的同心圆，再以点 2 为圆心绘制半径为 96 的圆，以点 3 为圆心绘制半径为 80 的圆，以点 4 为圆心绘制半径为 42 的圆，结果如图 5-58 所示。

❺ 偏移处理。单击“修改”工具栏中的“偏移”按钮，将线段 5 分别向两侧偏移 22.5 和 30，将线段 6 向上偏移 80，结果如图 5-59 所示。

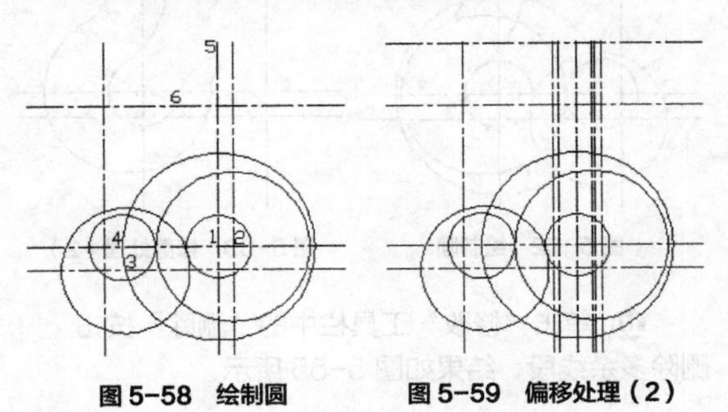

图 5-58 绘制圆　　图 5-59 偏移处理（2）

❻ 修剪处理。单击“修改”工具栏中的“修剪”按钮，将图 5-59 修剪成图 5-60 所示的图形。

❼ 单击“绘图”工具栏中的“圆角”按钮，进行圆角处理。命令行提示与操作如下：

```
命令：fillet↙
当前设置：模式 = 修剪，半径 = 0.0000
选择第一个对象或 [放弃(U)/多段线(P)/半径(R)/修剪 (T) / 多个 (M) ]：R
指定圆角半径 <1.0000>：80
选择第一个对象或 [放弃(U)/多段线(P)/半径(R)/修剪 (T) / 多个 (M) ]：（选择线段 7）
选择第二个对象，或按住 Shift 键选择对象以应用角点或 [半径 (R) ]：（选择半径为 96 的圆）
```

重复上述命令选择线段 8 和半径为 40 的圆，进行圆角处理，半径为 120。

结果如图 5-61 所示。

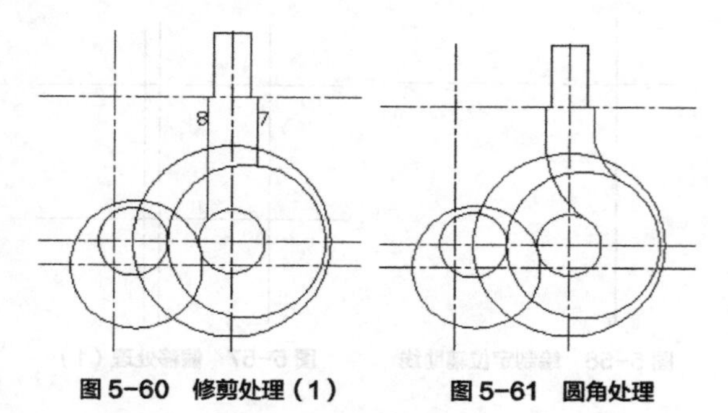

图 5-60　修剪处理（1）　　图 5-61　圆角处理

❽ 选择“绘图”菜单中的“圆”→“相切、相切、相切”命令，分别捕捉半径为 42、80、96 的 3 个圆上的切点绘制圆，结果如图 5-62 所示。

❾ 修剪处理。单击“修改”工具栏中的“修剪”按钮，将多余线段进行修剪，结果如图 5-63 所示。

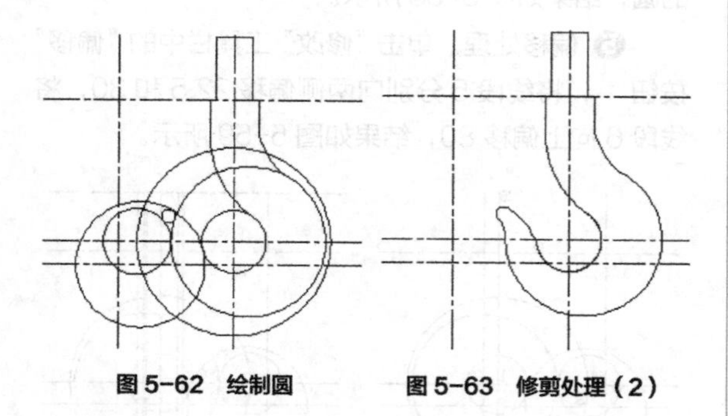

图 5-62　绘制圆　　图 5-63　修剪处理（2）

❿ 单击“修改”工具栏中的“删除”按钮，删除多余线段，结果如图 5-55 所示。

5.4.7 倒角命令

倒角是指用斜线连接两个不平行的线型对象，如直线段、双向无限长线、射线和多义线等。

可以采用指定斜线距离和指定斜线角度两种方法确定连接两个线型对象的斜线。下面分别介绍这两种方法。

（1）指定斜线距离：斜线距离是指从被连接的对象与斜线的交点到被连接的两对象的可能的交点之间的距离，如图 5-64 所示。

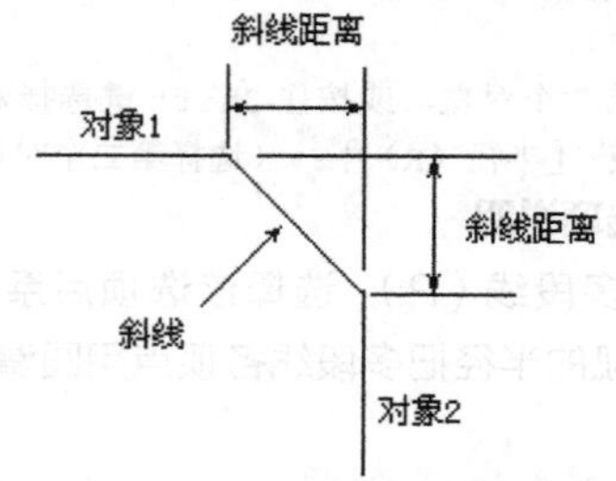

图 5-64　指定斜线距离

（2）指定斜线角度：采用这种方法斜线连接对象时，需要输入两个参数——斜线与其中一个对象的斜线距离和斜线与该对象的夹角，如图 5-65 所示。

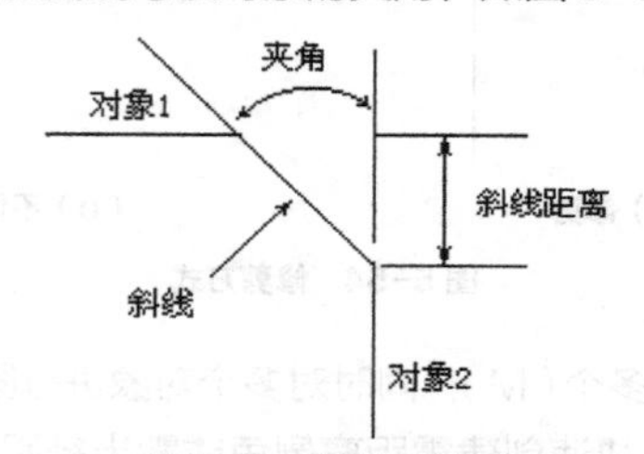

图 5-65　指定斜线角度

1. 执行方式

命令行：CHAMFER

菜单：修改→倒角

工具栏：修改→倒角

2. 操作步骤

```
命令：CHAMFER↙
（“不修剪”模式） 当前倒角距离 1 = 0.0000，距离 2 = 0.0000
选择第一条直线或 [放弃 (U) / 多段线 (P) / 距离(D) / 角度 (A) / 修剪 (T) / 方式 (E) / 多个 (M)]：（选择第一条直线或别的选项）
选择第二条直线，或按住 Shift 键选择直线以应用角点或 [距离 (D) / 角度 (A) / 方法 (M)]：（选择第二条直线）
```

> **注意** 有时执行圆角和倒角命令，会发现命令不执行或执行后没什么变化，那是因为如果不事先设定圆角半径或斜角距离，系统就以默认值（0）执行命令，所以看起来好像没有区别。

3. 选项说明

（1）多段线（P）：对多段线的各个交叉点倒斜角。为了得到最好的连接效果，一般将斜线距离设置成相等的值。系统根据指定的斜线距离把多段线的每个交叉点都作斜线连接，连接的斜线成为多段线新添加的构成部分，如图 5-66 所示。

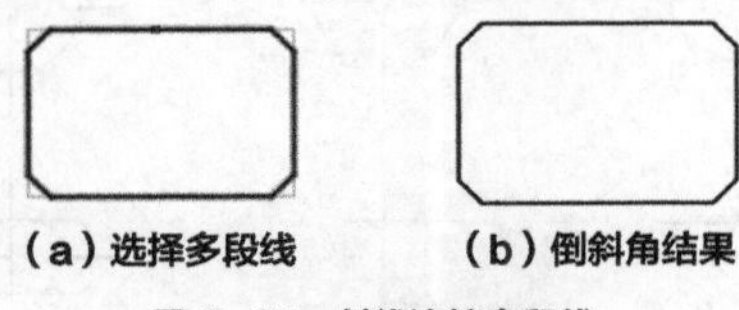

（a）选择多段线　（b）倒斜角结果

图 5-66　斜线连接多段线

（2）距离（D）：选择倒角的两个斜线距离。这两个斜线距离可以相同也可以不同，若二者均为 0，则系统不绘制连接的斜线，而是把两个对象延伸至相交并修剪超出的部分。

（3）角度（A）：选择第一条直线的斜线距离和倒角角度。

（4）修剪（T）：与圆角连接命令 FILLET 相同，该选项决定连接对象后是否剪切原对象。

（5）方式（E）：决定是采用“距离”方式还是“角度”方式来倒斜角。

（6）多个（M）：同时对多个对象进行倒斜角。

5.4.8 实例——绘制 M10 螺母

绘制图 5-67 所示的 M10 螺母。

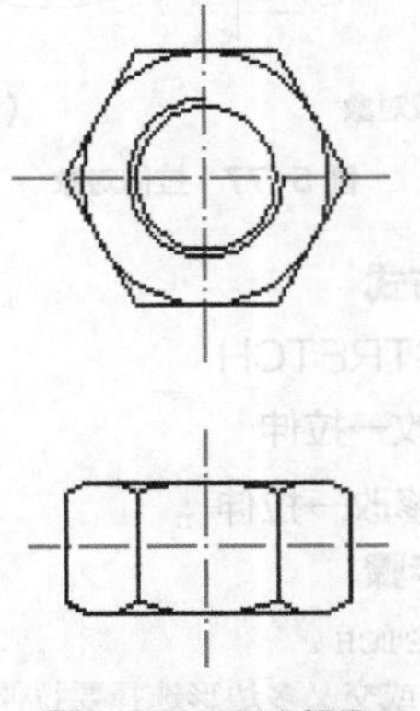

图 5-67　M10 螺母

操作步骤

❶ 单击“图层”工具栏中的“图层特性管理器”按钮，创建“CSX”图层、“XSX”图层及“XDHX”图层。其中“CSX”图层的线型为实线，线宽为 0.30mm，其他属性默认；“XDHX”图层的线型为CENTER，线宽为0.09mm，其他属性默认。

❷ 将“XDHX”图层设置为当前图层，单击“绘图”工具栏中的“直线”按钮，绘制主视图中心线，直线{（100，200），（250，200）}和直线{（173，100），（173，250）}。再利用偏移命令，将水平中心线向下偏移 30，绘制俯视图中心线。

❸ 将“CSX”图层设置为当前图层，绘制螺母主视图。

（1）绘制内外圆环。单击“绘图”工具栏中的“圆”按钮，在绘图窗口中绘制两个同心圆，圆心为（173，200），半径分别为 4.5 和 8。

（2）绘制正六边形。单击“绘图”工具栏中的“正多边形”按钮，以（173，200）为中心点，绘制外切于半径为 8 的圆的正六边形，结果如图 5-68 所示。

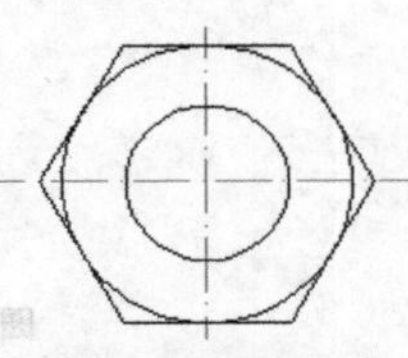

图 5-68　绘制主视图

❹ 绘制螺母俯视图。

（1）绘制竖直参考线。单击“绘图”工具栏中的“直线”按钮，如图 5-69 所示，分别过点 1、2、3、4 绘制竖直参考线。

（2）绘制螺母顶面线。单击“绘图”工具栏中的“直线”按钮，绘制直线{（160，172.2），（180，172.2）}，结果如图 5-70 所示。

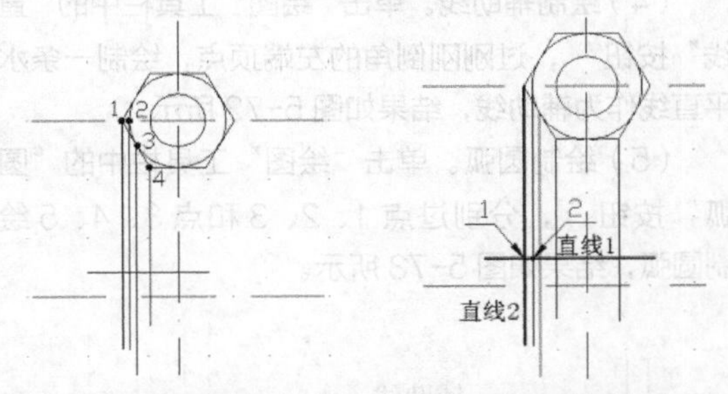

图 5-69　绘制竖直参考线　　图 5-70　绘制螺母顶面线

（3）倒角处理。单击“修改”工具栏中的“倒角”按钮，选择直线 1 和直线 2 进行倒角处理，倒角距离为点 1 到点 2 的距离，角度为 30°，命令行中出现如下提示：

命令：CHAMFER ↙
（“修剪”模式） 当前倒角距离 1 = 0.0000，距离 2 = 0.0000
选择第一条直线或 ［放弃（U）/ 多段线（P）/ 距离（D）/ 角度（A）/ 修剪（T）/ 方式（E）/ 多个（M）］：A ↙
指定第一条直线的倒角长度 <0.0000>：（捕捉点1）
指定第二点：（捕捉点2）（点1 和点2 之间的距离作为直线的倒角长度）
指定第一条直线的倒角角度 <0>：30 ↙
选择第一条直线或 ［放弃（U）/ 多段线（P）/ 距离（D）/ 角度（A）/ 修剪（T）/ 方式（E）/ 多个（M）］：（直线1）
选择第二条直线，或按住 Shift 键选择要应用角点的直线：（直线2）

结果如图 5-71 所示。

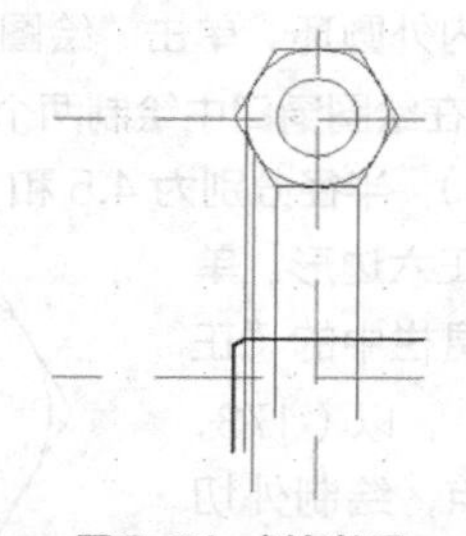

图 5-71　倒角处理

注意 对于在长度和角度模式下的“倒角”操作，在“指定倒角长度”时，不仅可以直接输入数值，还可以利用“对象捕捉”捕捉两个点指定这两点之间的距离为倒角长度，例如上例中捕捉点 1 和点 2 指定点 1 与点 2 之间的距离为倒角长度，这种方法往往对某些不可测量或事先不知道倒角距离的情况特别适用。

（4）绘制辅助线。单击“绘图”工具栏中的“直线”按钮，过刚刚倒角的左端顶点，绘制一条水平直线作为辅助线，结果如图 5-72 所示。

（5）绘制圆弧。单击“绘图”工具栏中的“圆弧”按钮，分别过点 1、2、3 和点 3、4、5 绘制圆弧，结果如图 5-73 所示。

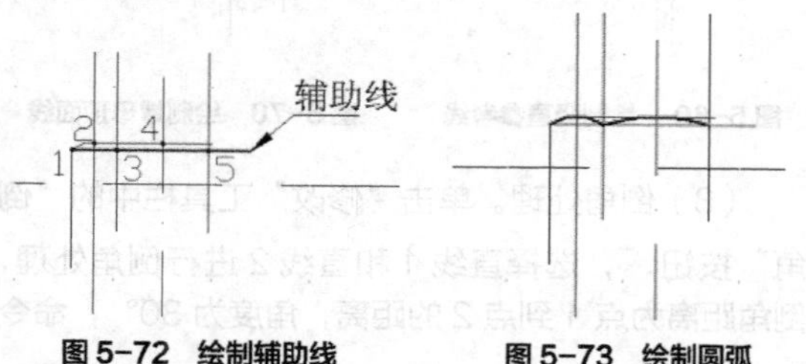

图 5-72　绘制辅助线　　图 5-73　绘制圆弧

（6）修剪处理。单击“修改”工具栏中的“修剪”按钮，修剪图形中多余的线段，结果如图 5-74 所示。

（7）删除辅助线。单击“修改”工具栏中的“删除”按钮，删除多余辅助线，结果如图 5-75 所示。

（8）镜像处理。单击“修改”工具栏中的“镜像”按钮，分别以俯视图中的竖直和水平中心线为对称轴，选择相应对象进行两次镜像处理，结果如图 5-76 所示。

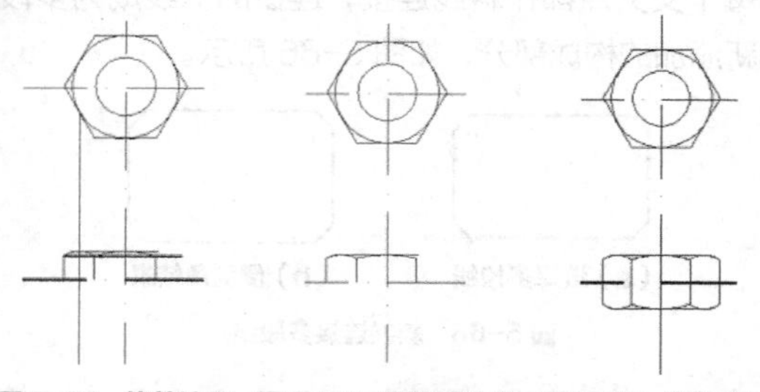

图 5-74　修剪处理　图 5-75　删除辅助线　图 5-76　镜像处理

（9）绘制内螺纹线：将“XSX”图层设为当前图层，单击“绘图”工具栏中的“圆弧”按钮，绘制圆弧，圆弧 3 点坐标分别为（173，205）、（173，200）和（179，200）。结果如图 5-67 所示。

5.4.9　拉伸命令

拉伸对象是指拖拉选中的对象，使对象的形状发生改变，如图 5-77 所示。拉伸对象时应指定拉伸的基点和移置点，利用一些辅助工具（如捕捉、钳夹及相对坐标等）可以提高拉伸的精度。

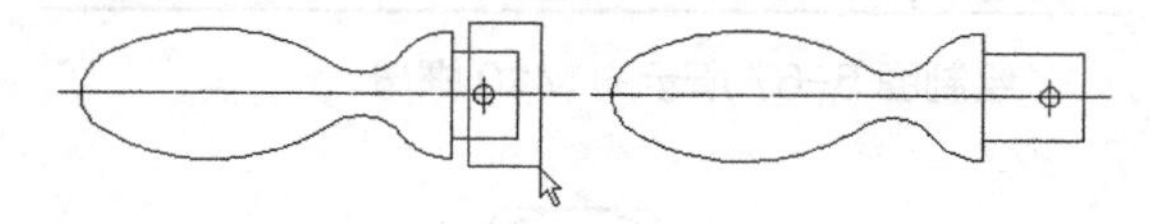

（a）选取对象　　（b）拉伸后

图 5-77　拉伸对象

1. 执行方式

命令行：STRETCH

菜单：修改→拉伸

工具栏：修改→拉伸

2. 操作步骤

命令：STRETCH ↙
以交叉窗口或交叉多边形选择要拉伸的对象 ...
选择对象：C ↙

指定第一个角点：指定对角点：找到 2 个（采用交叉窗口的方式选择要拉伸的对象）
指定基点或[位移（D）]<位移>：（指定拉伸的基点）
指定第二个点或 <使用第一个点作为位移>：（指定拉伸的移至点）

若指定第二个点，系统将根据这两点决定矢量拉伸的对象。若直接回车，系统会把第一个点的坐标值作为 X 轴和 Y 轴的分量值。

注意 用交叉窗口选择拉伸对象后，落在交叉窗口内的端点将被拉伸，落在窗口外的端点保持不变。

5.4.10 实例——绘制手柄

绘制图 5-78 所示的手柄。

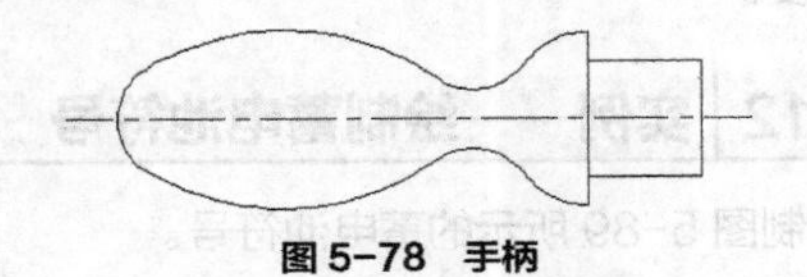

图 5-78 手柄

操作步骤

❶ 设置图层。选择菜单栏中的“格式”→“图层”命令。新建两个图层，第一个图层命名为“轮廓线”，设置其线宽属性为 0.3mm，其余属性默认；另一个图层命名为“中心线”，设置其颜色设为红色，线型加载为 CENTER，其余属性默认。

❷ 将“中心线”图层设置为当前图层。单击“绘图”工具栏中的“直线”按钮，绘制一条端点坐标分别为（150，150）、（@100，0）的直线，结果如图 5-79 所示。

图 5-79 绘制直线（1）

❸ 将“轮廓线”图层设置为当前图层。单击“绘图”工具栏中的“圆”按钮，绘制以（160，150）为圆心、半径为 10 和以（235，150）为圆心、半径为 15 的圆。再绘制一个半径为 50 的圆与前两个圆相切，结果如图 5-80 所示。

❹ 绘制直线。单击“绘图”工具栏中的“直线”按钮，绘制直线，各端点坐标为（250，150）、（@10，<90）和（@15<180），重复操作，绘制从点（235，165）到点（235，150）的直线，结果如图 5-81 所示。

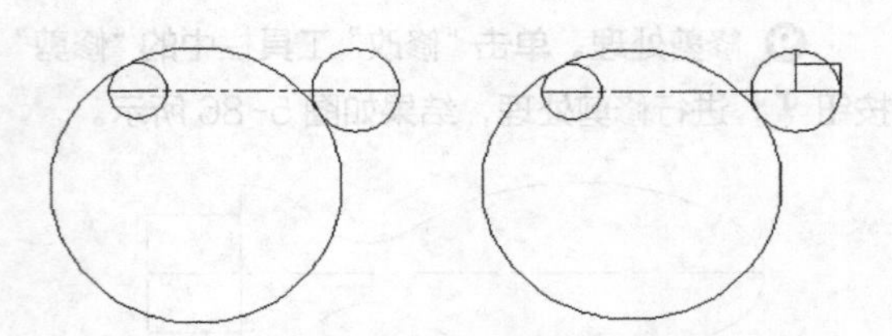

图 5-80 绘制圆（1） 图 5-81 绘制直线（2）

❺ 修剪处理。单击“修改”工具栏中的“修剪”按钮，将图形修剪成图 5-82 所示的图形。

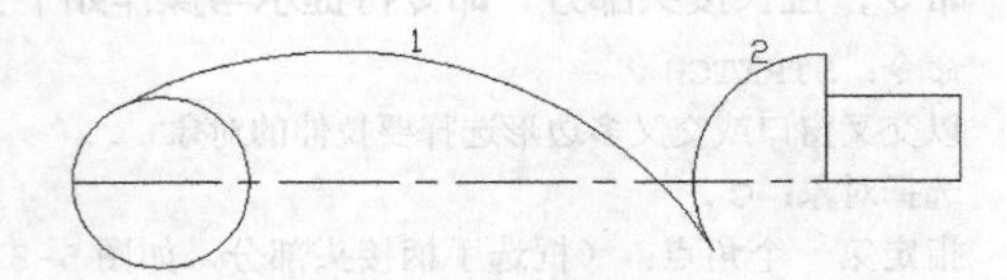

图 5-82 修剪处理（1）

❻ 绘制圆。单击“绘图”工具栏中的“圆”按钮，绘制与圆弧 1 和圆弧 2 相切、半径为 12 的圆，结果如图 5-83 所示。

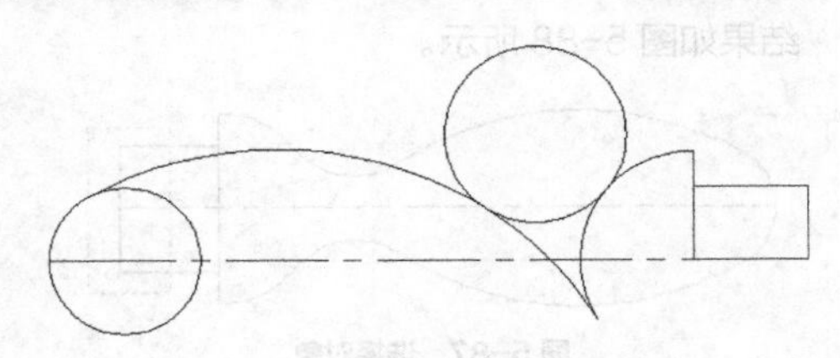

图 5-83 绘制圆（2）

❼ 修剪处理。单击“修改”工具栏中的“修剪”按钮，将多余的圆弧修剪掉，结果如图 5-84 所示。

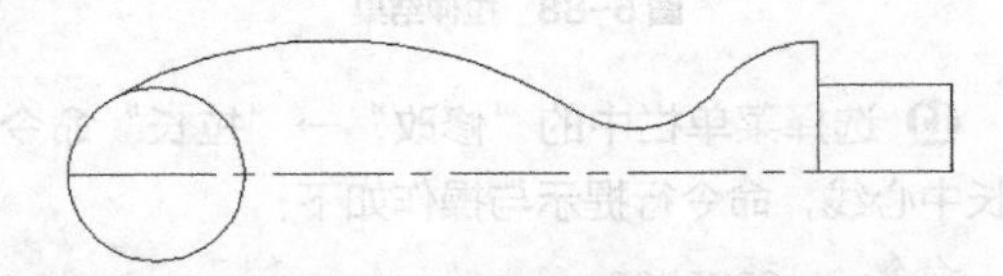

图 5-84 修剪处理（2）

❽ 镜像处理。单击“修改”工具栏中的“镜像”按钮，以中心线为对称轴，不删除原对象，将中心线上半部的对象进行镜像处理，结果如图 5-85 所示。

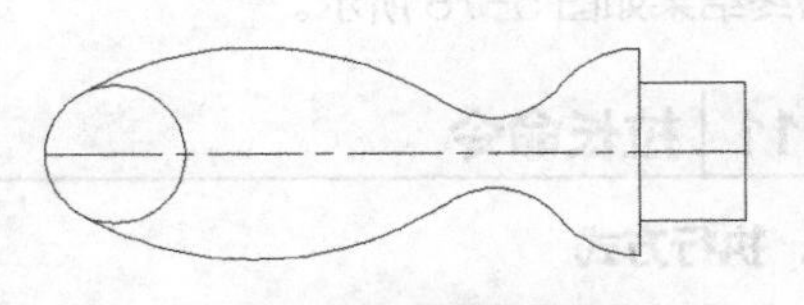

图 5-85 镜像处理

❾ 修剪处理。单击“修改”工具栏中的“修剪”按钮，进行修剪处理，结果如图 5-86 所示。

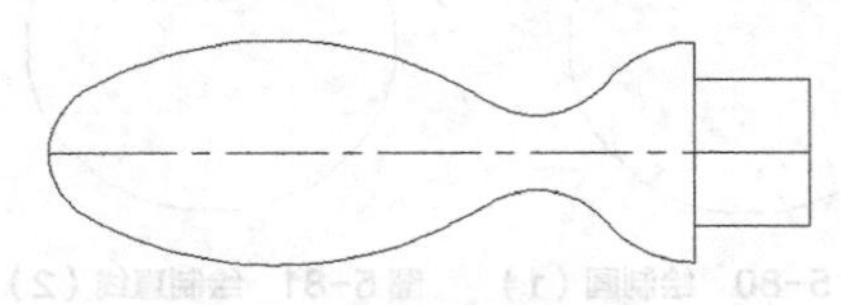

图 5-86 修剪结果

❿ 拉长接头。选择菜单栏中的“修改”→“拉伸”命令，拉长接头部分，命令行提示与操作如下：

```
命令：STRETCH↙
以交叉窗口或交叉多边形选择要拉伸的对象...
选择对象：C↙
指定第一个角点：（框选手柄接头部分，如图 5-87 所示）
指定对角点：找到 6 个
选择对象：↙
指定基点或 [位移（D）] <位移>：100，100↙
指定位移的第二个点或 <用第一个点作位移>：105，100↙
```

结果如图 5-88 所示。

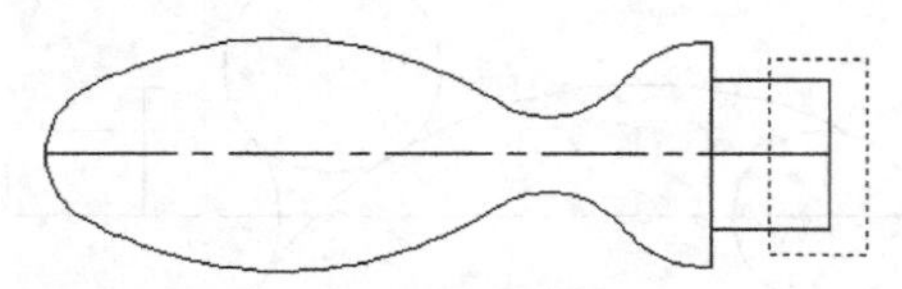

图 5-87 选择对象

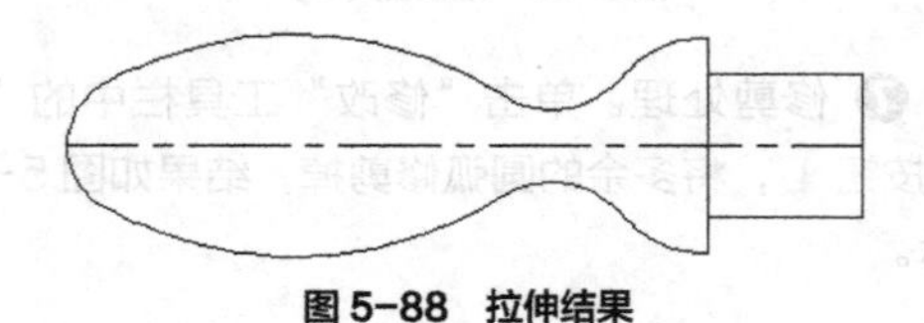

图 5-88 拉伸结果

⓫ 选择菜单栏中的“修改”→“拉长”命令，拉长中心线，命令行提示与操作如下：

```
命令：_lengthen
选择对象或 [增量（DE）/百分数（P）/全部（T）/动态（DY）]：DE↙
输入长度增量或 [角度（A）] <0.0000>：4↙
选择要修改的对象或 [放弃(U)]：（选择中心线右端）
选择要修改的对象或 [放弃(U)]：（选择中心线左端）
选择要修改的对象或 [放弃（U）]：↙
```

最终结果如图 5-78 所示。

5.4.11 拉长命令

1. 执行方式

命令行：LENGTHEN

菜单：修改→拉长

2. 操作步骤

```
命令：LENGTHEN↙
选择对象或 [增量（DE）/百分数（P）/全部（T）/动态（DY）]：（选定对象）
```

3. 选项说明

（1）增量（DE）：用指定增加量的方法改变对象的长度或角度。

（2）百分数（P）：用指定占总长度的百分比的方法改变圆弧或直线段的长度。

（3）全部（T）：用指定新的总长度或总角度值的方法来改变对象的长度或角度。

（4）动态（DY）：打开动态拖拉模式。在这种模式下，可以通过拖动鼠标来动态地改变对象的长度或角度。

5.4.12 实例——绘制蓄电池符号

绘制图 5-89 所示的蓄电池符号。

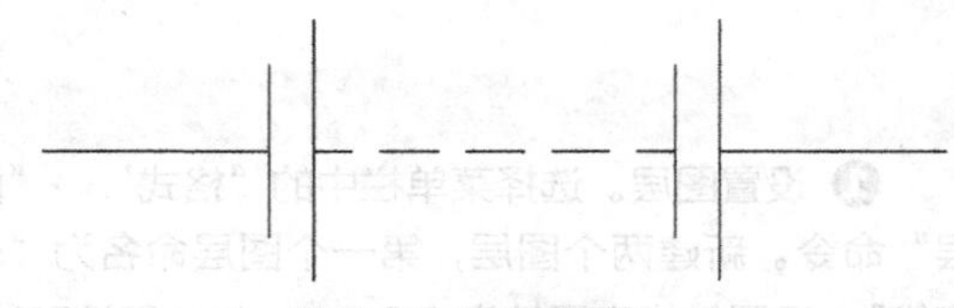

图 5-89 蓄电池符号

操作步骤

❶ 绘制直线。

（1）绘制直线。单击“绘图”工具栏中的“直线”按钮，绘制水平直线{（100，0），（400，0）}。

（2）调用“缩放”和“平移”命令将视图调整到易于观察的状态。

（3）绘制竖直直线。单击“绘图”工具栏中的“直线”按钮，绘制竖直直线{（125，0），（125，10）}。

（4）偏移竖直直线。单击“修改”工具栏中的“偏移”按钮，将绘制的竖直直线依次向右偏移，5mm、45mm 和 50mm，如图 5-90 所示。

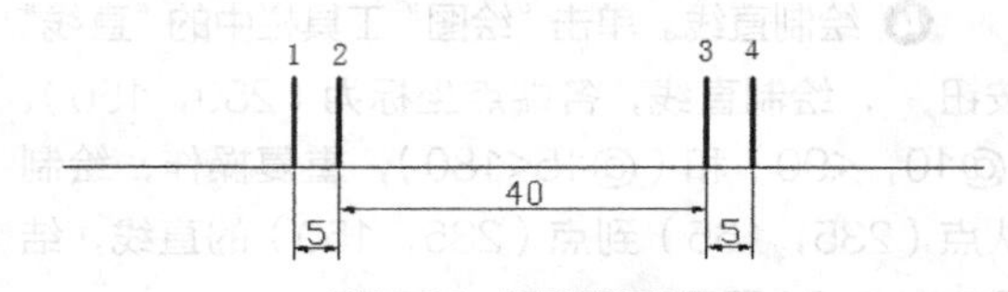

图 5-90 偏移竖直直线

❷ 拉长并修剪直线。

（1）拉长直线。单击“修改”工具栏中的“拉长”按钮，将直线 2 和直线 4 分别向上拉长 5mm，如图 5-91 所示。

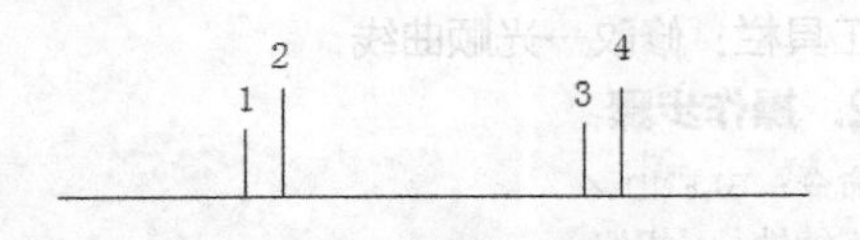

图 5-91　拉长直线

命令行提示与操作如下：

命令：LENGTHEN ↙
选择对象或 ［增量（DE）/ 百分数（P）/ 全部（T）/ 动态（DY）］：de ↙
输入长度增量或 ［角度（A）］ <0.0000>：5 ↙
选择要修改的对象或 ［放弃（U）］：（选择直线 2）
选择要修改的对象或 ［放弃（U）］：（选择直线 4）
选择要修改的对象或 ［放弃（U）］：↙

（2）修剪直线。单击“修改”工具栏中的“修剪”按钮，以 4 条竖直直线为剪切边，对水平直线进行修剪，结果如图 5-92 所示。

图 5-92　修剪水平直线

❸ 更改图形对象的图层属性。

新建一个名为“虚线层”的图层，设置线型为虚线。选中直线 2 和直线 3 中间一段水平直线，单击“图层”工具栏中的下拉按钮，在弹出的下拉列表中选择“虚线层”选项，将其图层属性设置为“虚线层”，更改后的效果如图 5-93 所示。

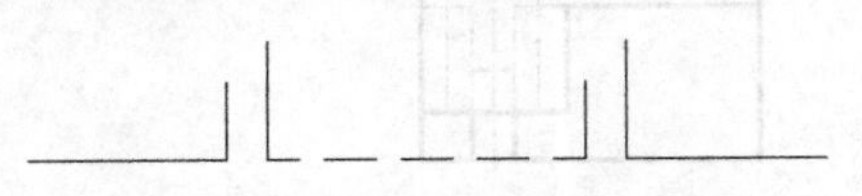

图 5-93　更改图层属性

❹ 镜像处理。

单击“修改”工具栏中的“镜像”按钮，选择竖直直线为镜像对象，以水平直线为对称轴进行镜像处理，最终结果如图 5-89 所示。

5.4.13 打断命令

1. 执行方式

命令行：BREAK

菜单：修改→打断

工具栏：修改→打断

2. 操作步骤

命令：BREAK ↙
选择对象：（选择要打断的对象）
指定第二个打断点或 ［第一点（F）］：（指定第二个断开点或键入 F）

3. 选项说明

如果选择“第一点”选项，系统将丢弃第一个选择点，提示用户重新指定两个断开点。

5.4.14 打断于点命令

打断于点是指在对象上指定一点从而把该对象在此点拆分成两部分。打断于点命令与打断命令类似。

1. 执行方式

工具栏：修改→打断于点

2. 操作步骤

输入此命令后，命令行提示如下：

选择对象：（选择要打断的对象）
指定第二个打断点或［第一点（F）］：_f（系统自动执行“第一点”选项）
指定第一个打断点：（选择打断点）
指定第二个打断点：@（系统自动忽略此提示）

5.4.15 分解命令

1. 执行方式

命令行：EXPLODE

菜单：修改→分解

工具栏：修改→分解

2. 操作步骤

命令：EXPLODE ↙
选择对象：（选择要分解的对象）

选择一个对象后，该对象会被分解。系统将继续提示，允许分解多个对象。

3. 选项说明

选择的对象不同，分解的结果就不同。下面列出了几种对象的分解结果。

（1）二维多段线：放弃所有关联的宽度或切线信息。对于宽多段线，将沿多段线中心放置结果直线和圆弧。

（2）三维多段线：分解成直线段。为三维多段线指定的线型将应用到每一个得到的线段。

（3）三维实体：将平整面分解成面域，将非平整面分解成曲面。

（4）注释性对象：分解一个包含属性的块、删除属性值并重新显示属性定义，无法分解使用 MINSERT 命令和外部参照插入的块及其依赖块。

（5）体：分解成一个单一表面的体（非平面表面）、面域或曲线。

（6）圆：如果位于非一致比例的块内，则分解成椭圆。

（7）引线：根据引线的不同，可分解成直线、样条曲线、实体（箭头）、块插入（箭头、注释块）、多行文字或公差对象。

（8）网格对象：将每个面分解成独立的三维面对象，将保留指定的颜色和材质。

（9）多行文字：分解成文字对象。

（10）多行：分解成直线和圆弧。

（11）多面网格：单顶点网格分解成点对象，双顶点网格分解成直线，三顶点网格分解成三维面。

（12）面域：分解成直线、圆弧或样条曲线。

5.4.16 合并

该命令可以将直线、圆、椭圆和样条曲线等独立的线段合并成一个对象，如图 5-94 所示。

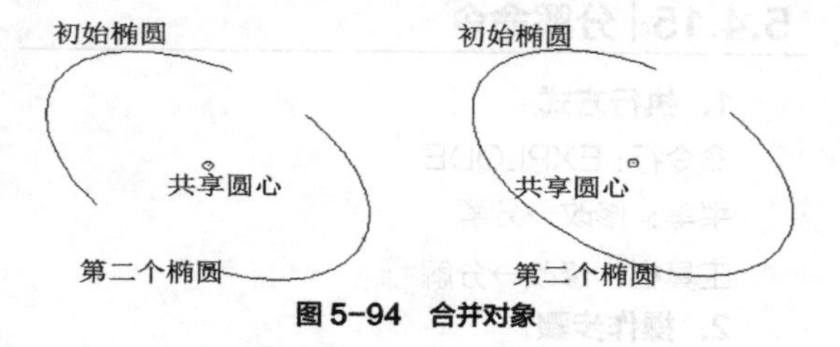

图 5-94 合并对象

1. 执行方式

命令行：JOIN

2. 操作步骤

```
命令：JOIN↙
选择源对象或要一次合并的多个对象：（选择一个对象）
找到 1 个
选择要合并的对象：（选择另一个对象）
找到 1 个，总计 2 个
选择要合并的对象：↙
2 条直线已合并为 1 条直线
```

5.4.17 光顺曲线

在两条开放曲线的端点之间创建相切或平滑的样条曲线。

1. 执行方式

命令行：BLEND

菜单：修改→光顺曲线

工具栏：修改→光顺曲线

2. 操作步骤

```
命令：BLEND↙
连续性 = 相切
选择第一个对象或 [连续性（CON）]：con
输入连续性 [相切（T）/平滑（S）] <相切>：
选择第一个对象或 [连续性（CON）]：
选择第二个点：
```

3. 选项说明

（1）连续性（CON）：在相切和平滑两种过渡类型中指定一种。

（2）相切（T）：创建一条 3 阶样条曲线，在选定对象的端点处具有相切（G1）连续性。

（3）平滑（S）：创建一条 5 阶样条曲线，在选定对象的端点处具有曲率（G2）连续性。

如果选择“平滑”选项，请勿将控制点切换为拟合点，此操作将样条曲线更改为 3 阶，这会改变样条曲线的形状。

5.4.18 实例——绘制轴承座

绘制图 5-95 所示的轴承座。

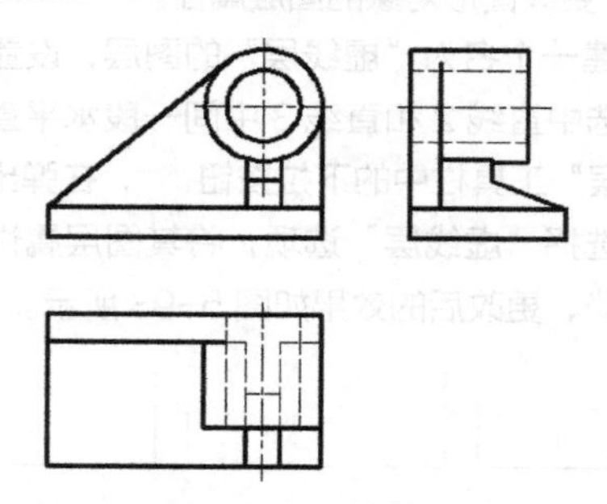

图 5-95 轴承座

操作步骤

❶ 设置图层。单击“图层”工具栏中的“图层特性管理器”按钮，新建 4 个图层。

第 1 个图层命名为“轮廓线”，设置其线宽属性为 0.3mm，其余属性默认。

第 2 个图层命名为“中心线”，设置其颜色为红色，线型加载为 CENTER，其余属性默认。

第 3 个图层命名为“虚线”，设置其颜色设为蓝色，线型加载为 dashed，其余属性默认。

第 4 个图层命名为“细实线”，其余属性默认。

❷ 绘制轴承座主视图。将“轮廓线”图层设置为当前图层。单击状态栏中的“线宽”按钮，显示线宽。

❸ 单击“绘图”工具栏中的“矩形”按钮▭，在绘图窗口中任取一点，确定矩形的左下角点，输入坐标（@140，15）指定矩形右上角点，绘制轴承座底板。单击“绘图”工具栏中的“直线”按钮╱，打开对象捕捉功能，捕捉矩形右上角点，绘制到（@0，55）的直线。

❹ 单击“绘图”工具栏中的“圆”按钮⊙，以直线端点为圆心，绘制半径为 30 的圆，命令行提示与操作如下：

命令：circle ↙
指定圆的圆心或 ［三点（3p）/ 两点（2p）/ 相切、相切、半径（t）］：_from 基点：（捕捉直线端点）
< 偏移 >：@30，0 ↙
指定圆的半径或 ［直径（d）］：（捕捉直线端点，绘制半径为 30 的圆）

回车，捕捉半径为 30 的圆的圆心，绘制直径为 38 的同心圆。

❺ 单击“绘图”工具栏中的“直线”按钮╱，捕捉矩形左上角点，绘制到半径为 30 的圆切点的直线。单击“修改”工具栏中的“偏移”按钮⊆，选取右边竖直线，将其分别向左偏移 21、39，结果如图 5-96 所示。

❻ 单击“修改”工具栏中的“修剪”按钮✂，对偏移的直线进行修剪，如图 5-97 所示。

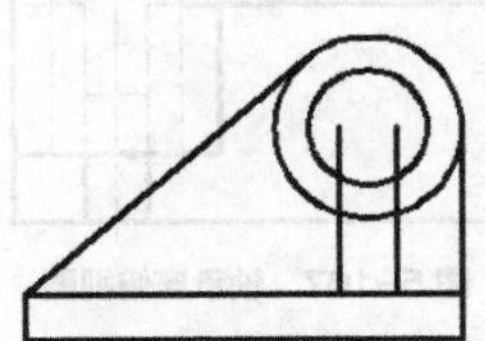

图 5-96 偏移直线

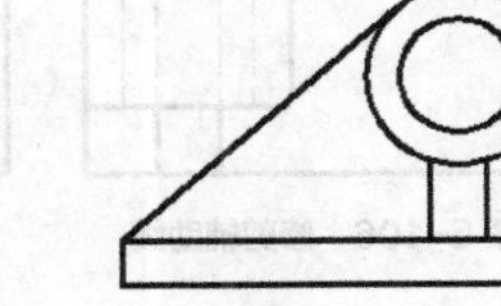

图 5-97 修剪直线

❼ 单击“绘图”工具栏中的“直线”按钮╱，绘制一条水平直线，命令行提示与操作如下：

命令：line ↙
指定第一点：_from 基点：（捕捉直线端点 1，如图 5-98 所示）
< 偏移 >：@0，15 ↙
指定下一点或 ［放弃（u）］：（捕捉垂足点 2，如图 5-98 所示）
指定下一点或 ［放弃（u）］：↙

结果如图 5-98 所示。

❽ 将“中心线”图层设置为当前图层，单击“绘图”工具栏中的“直线”按钮╱，绘制轴承座主视图的中心线。

命令行提示与操作如下：

命令：line ↙
指定第一点：_from 基点：（捕捉半径为 30 的圆心）
< 偏移 >：@35，0 ↙
指定下一点或 ［放弃（u）］：@70，0 ↙（绘制水平中心线）
指定下一点或 ［闭合（c）/ 放弃（u）］：↙

使用相同的方法再绘制一条竖直中心线，结果如图 5-99 所示。

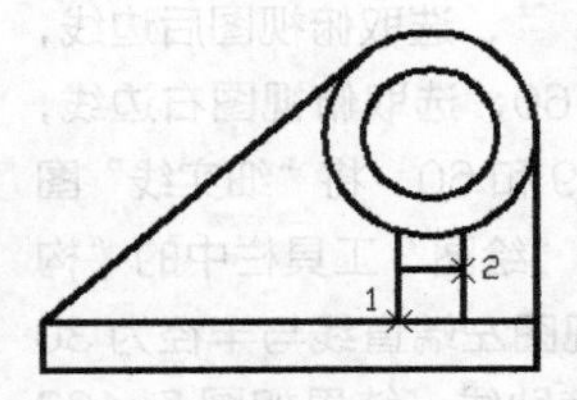

图 5-98 绘制水平直线

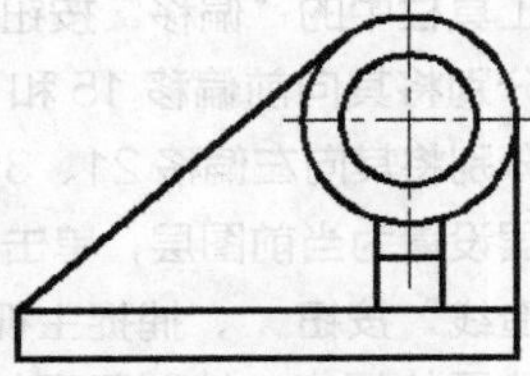

图 5-99 轴承座主视图

❾ 将“轮廓线”图层设置为当前图层，单击“绘图”工具栏中的“直线”按钮╱，绘制轴承座俯视图底板的外轮廓线。

命令行提示与操作如下：

命令：line ↙
指定第一点：< 正交 开 > < 对象捕捉追踪 开 >（打开正交及对象追踪功能，捕捉主视图矩形左下角点，利用对象追踪，确定俯视图上的点，如图 5-100 所示）
指定下一点或［放弃（u）］：（向右拖动鼠标，利用对象捕捉功能，捕捉主视图矩形右下角点，确定俯视图上的点 2，如图 5-101 所示）
指定下一点或［闭合（c）/ 放弃（u）］：@0，80 ↙
指定下一点或［闭合（c）/ 放弃（u）］：（方法同前，确定点 3，如图 5-102 所示）
指定下一点或［闭合（c）/ 放弃（u）］：c ↙

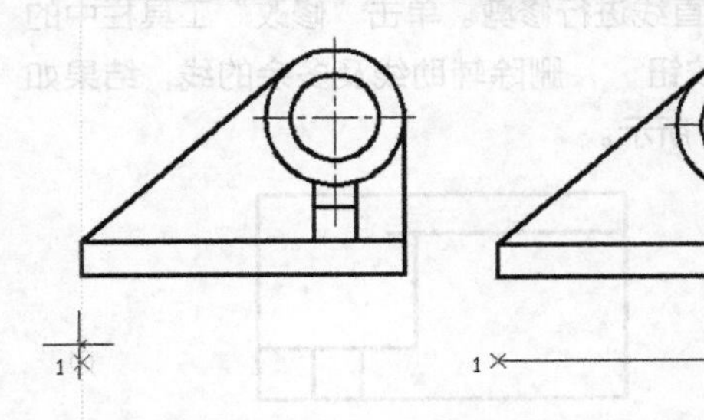

图 5-100 确定点 1　　图 5-101 确定点 2

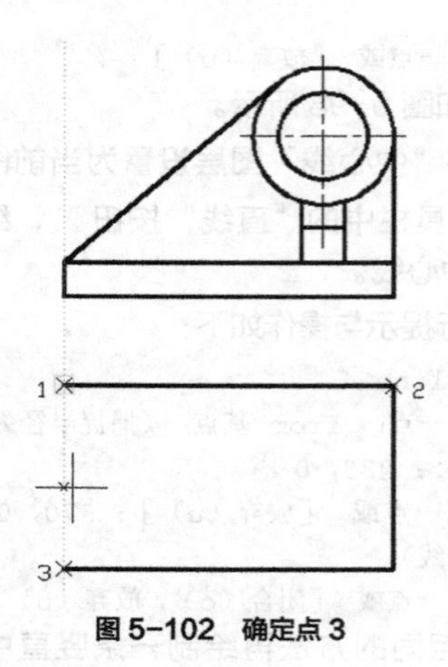

图 5-102 确定点 3

⑩ 绘制俯视图其余外轮廓线。单击“修改”工具栏中的“偏移”按钮，选取俯视图后边线，分别将其向前偏移 15 和 60；选取俯视图右边线，分别将其向左偏移 21、39 和 60。将“细实线”图层设置为当前图层，单击“绘图”工具栏中的“构造线”按钮，捕捉主视图左端直线与半径为 30 的圆的切点，绘制竖直辅助线，结果如图 5-103 所示。

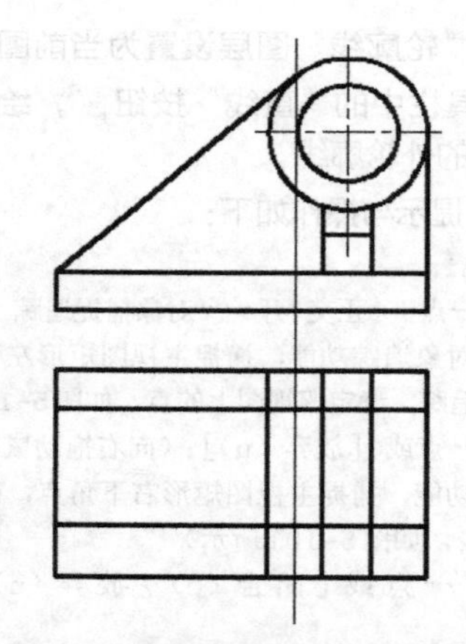
图 5-103 偏移直线及绘制竖直辅助线

⑪ 单击“修改”工具栏中的“修剪”按钮，对偏移的直线进行修剪。单击“修改”工具栏中的“删除”按钮，删除辅助线及多余的线，结果如图 5-104 所示。

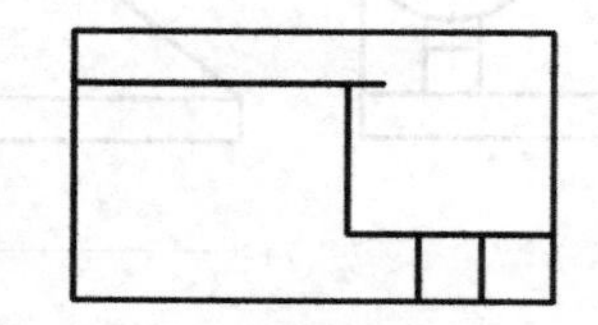
图 5-104 俯视图外轮廓线

⑫ 绘制俯视图内轮廓线，将“虚线”图层设置为当前图层。单击“绘图”工具栏中的“构造线”按钮，分别捕捉主视图直径为 38 的圆的左象限点及右象限点，绘制竖直辅助线。单击“绘图”工具栏中的“直线”按钮，捕捉俯视图直线端点 1，到垂足点 2，绘制竖直辅助线。使用相同的方法绘制另外两条竖直辅助线，结果如图 5-105 所示。

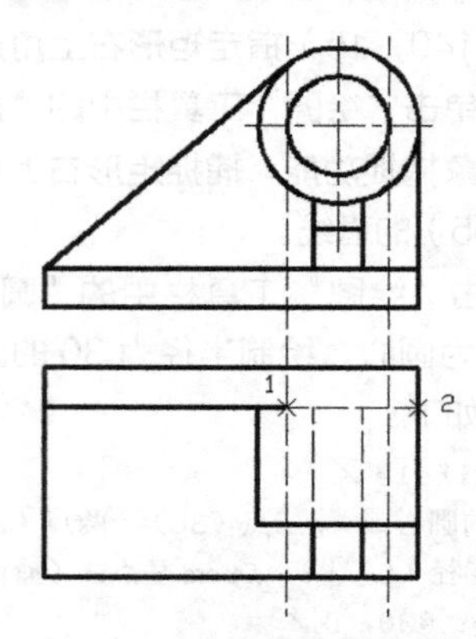

图 5-105 绘制竖直辅助线

⑬ 单击“修改”工具栏中的“修剪”按钮，对辅助线进行修剪。单击“修改”工具栏中的“打断”按钮，如图 5-106 所示。

⑭ 水平辅助线在点 1 及点 2 处被打断。单击“修改”工具栏中的“移动”按钮，选取虚线 12，将其向前移动 27。将“中心线”图层设置为当前图层，利用对象追踪功能，绘制俯视图中心线，结果如图 5-107 所示。

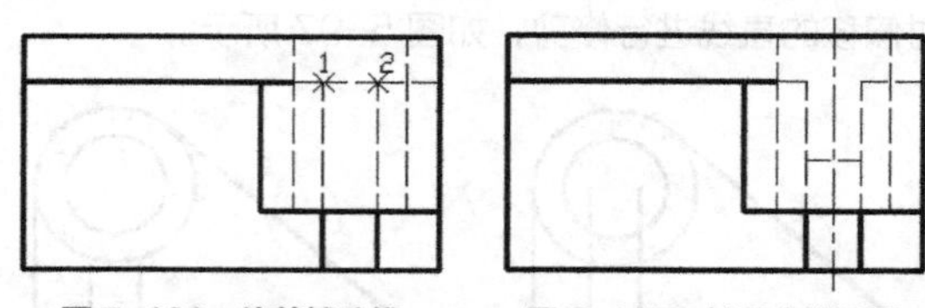

图 5-106 修剪辅助线　　图 5-107 轴承座俯视图

⑮ 绘制轴承座左视图外轮廓线，将“轮廓线”图层设置为当前图层。单击“绘图”工具栏中的“矩形”按钮，利用对象追踪功能，捕捉主视图矩形右下角点，向右拖动鼠标，确定矩形的左下角点，输入坐标（@80，15）指定矩形右上角点，绘制轴承座底板。

⑯ 单击“绘图”工具栏中的“直线”按钮，绘制从点 1（矩形左上角点）→点 2（利用对象追踪功能，捕捉主视图半径为 30 的圆的上象限点，确

定点 2，如图 5-108 所示）→（@60，0）→点 3（利用对象追踪功能，捕捉主视图半径为 30 的圆的下象限点，确定点 3）→点 4（捕捉垂足点）的直线，结果如图 5-109 所示。

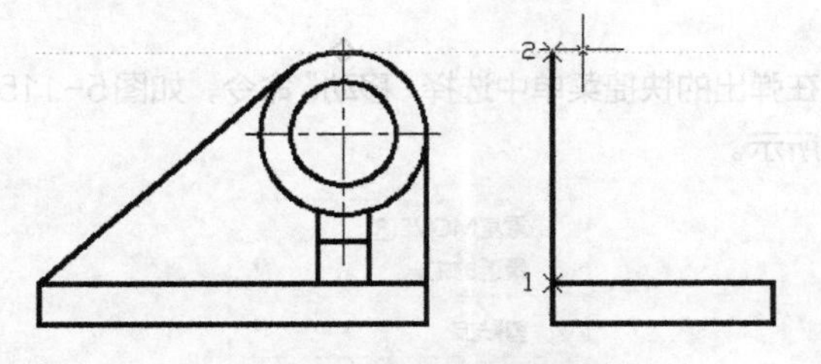

图 5-108　利用对象追踪确定点 2

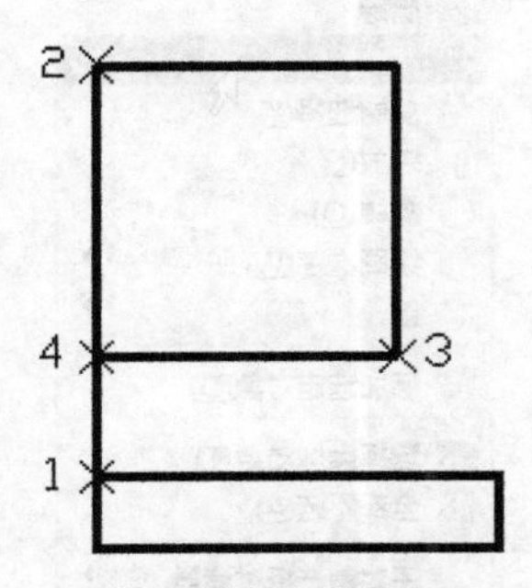

图 5-109　绘制直线

⑰ 单击“修改”工具栏中的“偏移”按钮，选取左视图左边线，分别将其向右偏移 15、42。单击“绘图”工具栏中的“构造线”按钮，捕捉主视图半径为 30 的圆的左端切点 1、直线端点 2 及直线端点 3，分别绘制水平辅助线，如图 5-110 所示。

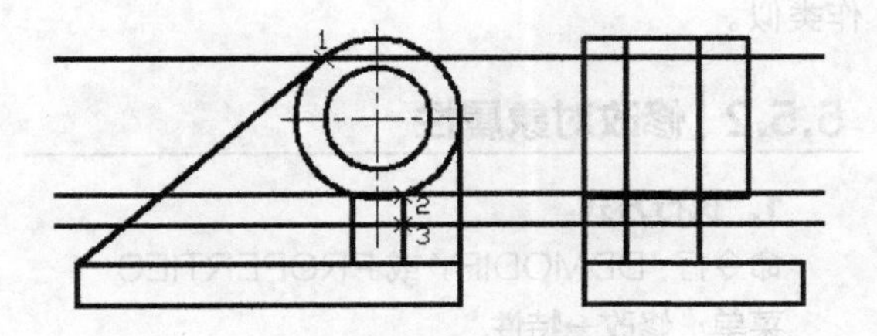

图 5-110　绘制水平辅助线

⑱ 单击“修改”工具栏中的“修剪”按钮，对直线进行修剪；单击“修改”工具栏中的“删除”按钮，删除辅助线及多余的线，结果如图 5-111 所示。

⑲ 单击“绘图”工具栏中的“直线”按钮，关闭正交功能，捕捉直线端点和矩形右上角点，绘制直线，结果如图 5-112 所示。

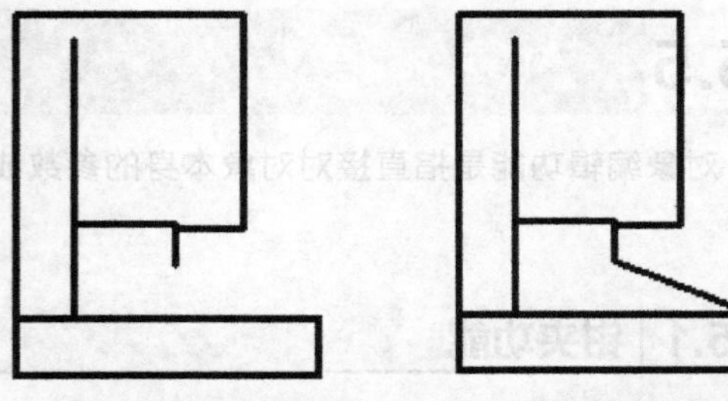

图 5-111　修剪及删除辅助线　图 5-112　左视图外轮廓线

⑳ 完成左视图的绘制，单击“修改”工具栏中的“复制”按钮，选取俯视图中的虚线、粗实线及中心线，将其复制到俯视图右边。单击“修改”工具栏中的“旋转”按钮，选取复制的对象，将其逆时针旋转 90°，结果如图 5-113 所示。

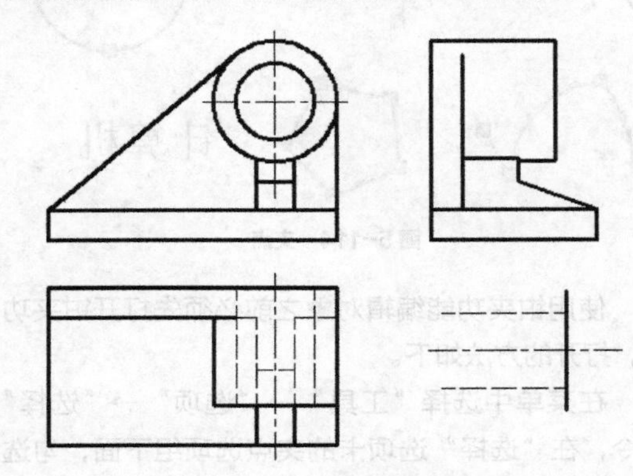

图 5-113　复制并旋转图形

㉑ 单击“修改”工具栏中的“移动”按钮，选取旋转图形，以中心线与右边线的交点为基点，将其移动到左视图上端右边线的中点处。单击“修改”工具栏中的“删除”按钮，删除多余的右边线，结果如图 5-95 所示。

（1）主视图：一般应以零件的工作位置或加工位置作为表达方案中主视图的方位，在此基础上选择最能表达零件结构特征的方向作为主视图的投影方向。

（2）其他视图：

a. 尽量选用基本视图，按正确、完整、清晰、简洁的原则，优先选用左视图和俯视图，再根据需要选择其他视图（如剖视图、断面图等）；

b. 尺寸较小的结构，采用局部放大图；

c. 合理运用简化画法；

d. 减少虚线。

5.5 对象编辑

对象编辑功能是指直接对对象本身的参数或图形要素进行编辑，包括钳夹功能、对象属性和特征匹配等。

5.5.1 钳夹功能

AutoCAD 在图形对象上定义了一些特殊点（称为夹点），利用夹持点可以灵活地控制对象，如图 5-114 所示。

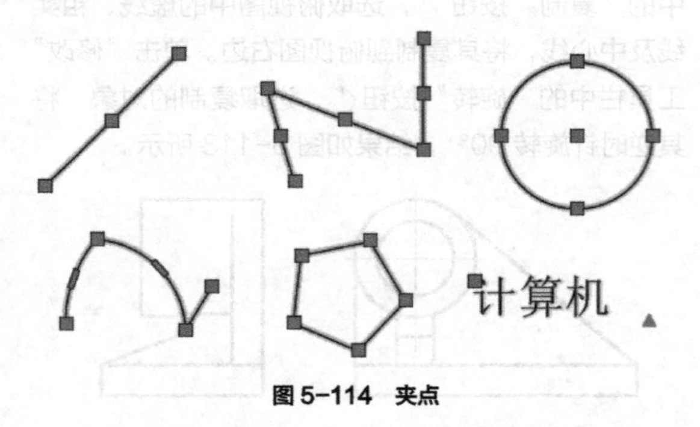

图 5-114　夹点

使用钳夹功能编辑对象之前必须先打开钳夹功能，打开的方法如下。

在菜单中选择“工具”→“选项”→“选择”命令，在“选择”选项卡的夹点选项组下面，勾选“显示夹点”复选框。在该页面中还可以设置代表夹持点的小方格的尺寸和颜色。

也可以通过 GRIPS 系统变量控制是否打开钳夹功能，1 代表打开，0 代表关闭。

使用夹点编辑对象，首先要选择一个夹点作为基点，这个点被称为基准夹点。然后，选择一种编辑操作：删除、移动、复制选择、拉伸或缩放。可以用空格键、Enter 键或快捷键循环选择这些功能。

下面以其中的拉伸对象操作为例进行讲述。

在图形上拾取一个夹点，该夹点马上改变颜色，此点使为夹点编辑的基准点，这时命令行提示：

```
** 拉伸 **
指定拉伸点或 [基点（B）/复制（C）/放弃（U）/退出（X）]：
```

在上述提示下输入移动命令或单击鼠标右键并在弹出的快捷菜单中选择“移动”命令，如图5-115 所示。

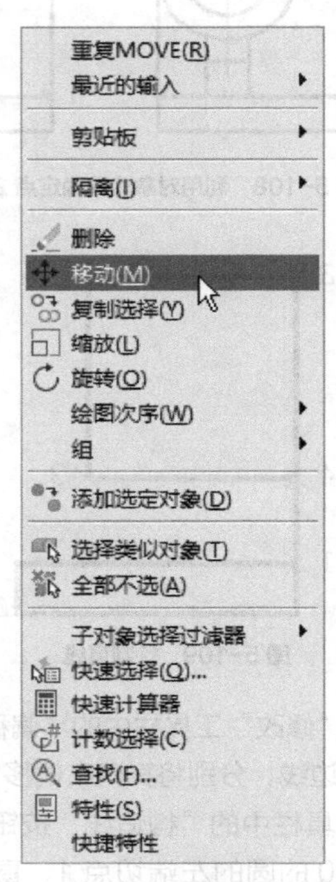

图 5-115　快捷菜单

系统就会自动转换为“移动”操作，其他操作类似。

5.5.2 修改对象属性

1. 执行方式

命令行：DDMODIFY 或 PROPERTIES

菜单：修改→特性

2. 操作步骤

```
命令：DDMODIFY ↙
```

打开特性工具板，如图 5-116 所示。在此可以方便地设置或修改对象的各种属性，不同的对象属性种类和值不同。

图 5-116　特性工具板

5.5.3 特性匹配

利用此功能可将目标对象的属性与源对象的属性进行匹配，使目标对象的属性与源对象的属性相同。

1. 执行方式

命令行：MATCHPROP

菜单：修改→特性匹配

2. 操作步骤

```
命令：MATCHPROP ↙
选择源对象：（选择源对象）
选择目标对象或［设置（S）］：（选择目标对象）
```

图 5-117（a）所示为两个不同属性的对象，以左边的圆为源对象，对右边的矩形进行特性匹配，结果如图 5-117（b）所示。

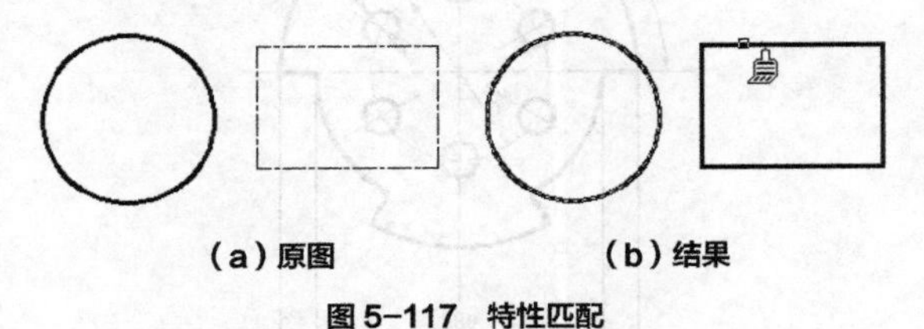

（a）原图　　（b）结果

图 5-117　特性匹配

5.5.4 实例——绘制吧椅

绘制图 5-118 所示的吧椅。

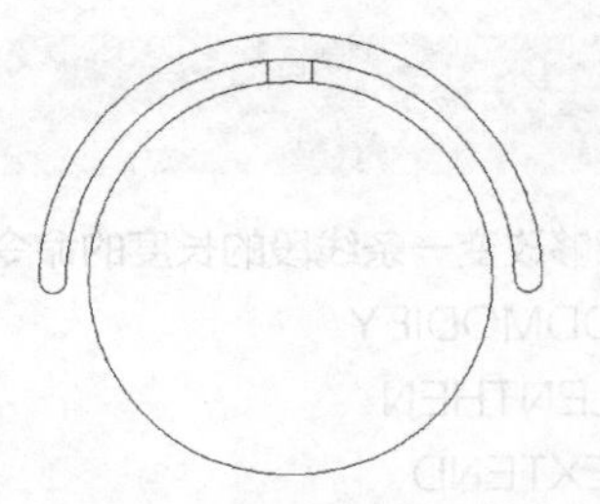

图 5-118　吧椅

操作步骤

❶ 利用“圆”“圆弧”“直线”命令绘制初步图形，其中圆弧和圆使用同一个圆心，大约左右对称，如图 5-119 所示。

❷ 利用“偏移”命令向上偏移刚绘制的圆弧，如图 5-120 所示。

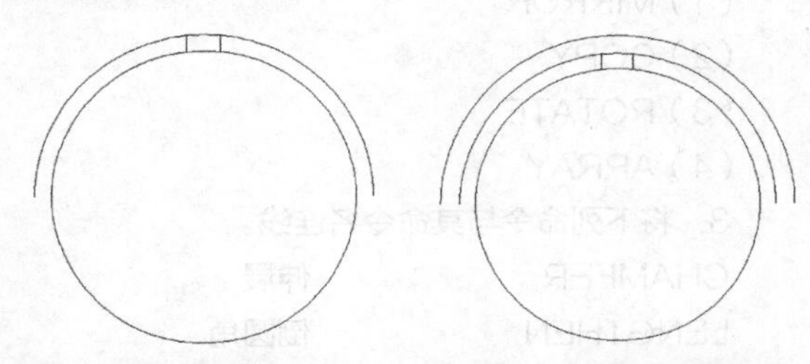

图 5-119　绘制初步图形　　图 5-120　向上偏移圆弧

❸ 利用“圆弧”命令绘制扶手末端，采用“起点 / 端点 / 圆心”的形式，使造型光滑过渡，如图 5-121 所示。

❹ 在绘制扶手末端圆弧的过程中，由于采用的是粗略的绘制方法，放大局部后，可能会出现图线不闭合的情况。这时，双击鼠标左键，选择对象图线，会显示钳夹编辑点，移动相应编辑点到需要闭合连接的相邻图线端点处，如图 5-122 所示。

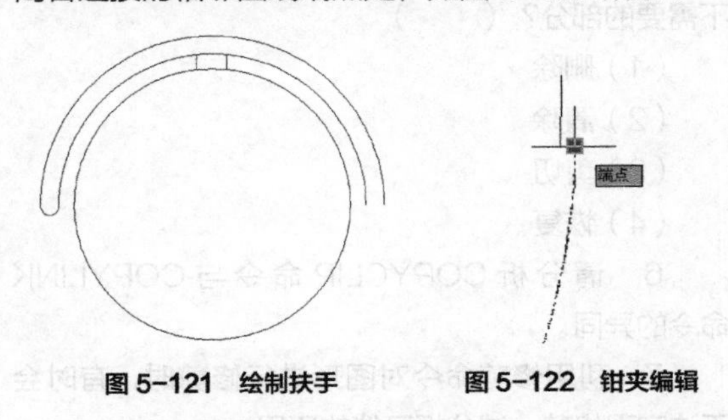

图 5-121　绘制扶手　　图 5-122　钳夹编辑

❺ 使用相同的方法绘制扶手另一端的圆弧造型，结果如图 5-118 所示。

5.6 练习

1. 能够改变一条线段的长度的命令有（　　）。

（1）DDMODIFY

（2）LENTHEN

（3）EXTEND

（4）TRIM

（5）STRETCH

（6）SCALE

（7）BREAK

（8）MOVE

2. 能够将物体的某部分进行大小不变的复制的命令有（　　）。

（1）MIRROR

（2）COPY

（3）ROTATE

（4）ARRAY

3. 将下列命令与其命令名连线。

CHAMFER	伸展
LENGTHEN	倒圆角
FILLET	加长
STRETCH	倒斜角

4. 下面命令中哪个命令在选择物体时必须采取交叉窗口或交叉多边形窗口进行选择？（　　）

（1）LENTHEN

（2）STRETCH

（3）ARRAY

（4）MIRROR

5. 下列命令中哪些功能可以用来去掉图形中不需要的部分？（　　）

（1）删除

（2）清除

（3）剪切

（4）恢复

6. 请分析 COPYCLIP 命令与 COPYLINK 命令的异同。

7. 利用修剪命令对图形进行修剪时，有时会无法实现修剪，试分析可能的原因。

8. 绘制图 5-123 所示的沙发图形。

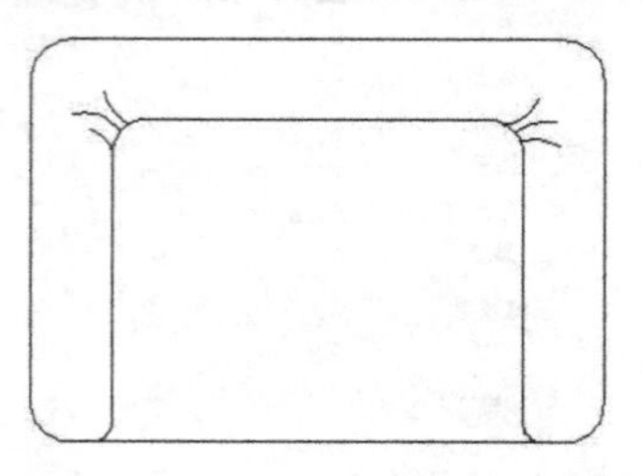

图 5-123　沙发图形

9. 绘制图 5-124 所示的厨房洗菜盆。

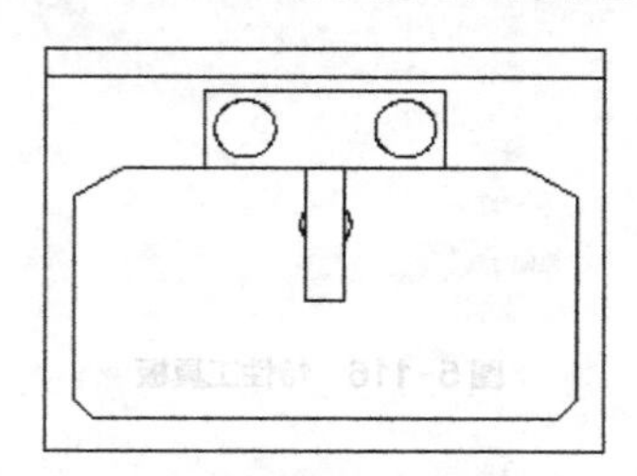

图 5-124　厨房洗菜盆

10. 绘制图 5-125 所示的圆头平键。

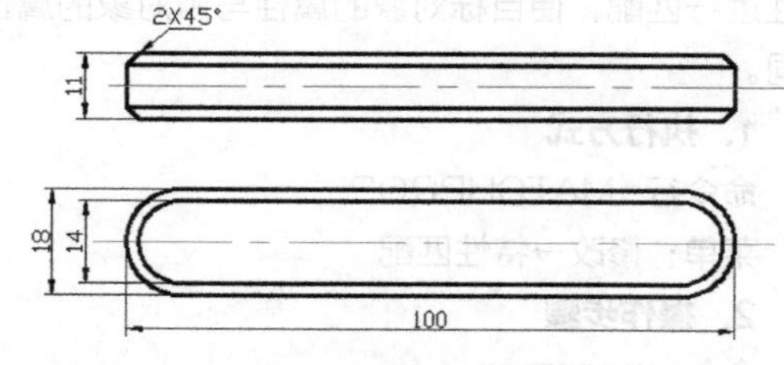

图 5-125　圆头平键

11. 绘制图 5-126 所示的均布结构图形。

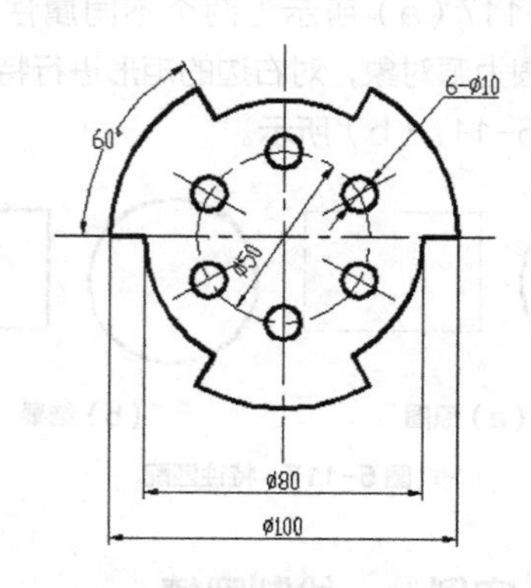

图 5-126　均布结构图形

12. 绘制图 5-127 所示的紫荆花。

图 5-127 紫荆花

13. 绘制图 5-128 所示的餐厅桌椅。

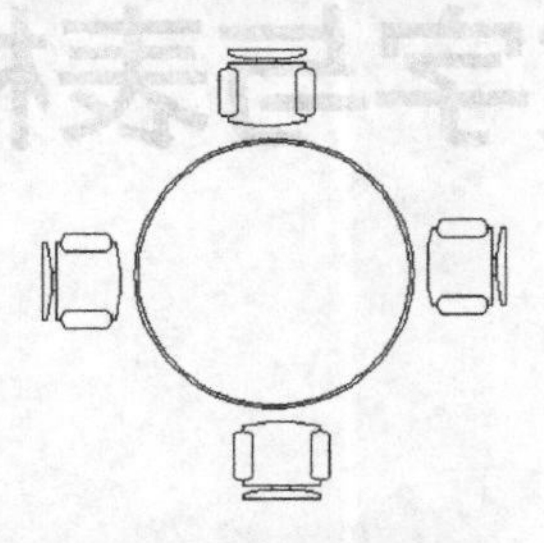

图 5-128 餐厅桌椅

14. 绘制图 5-129 所示的轴承座。

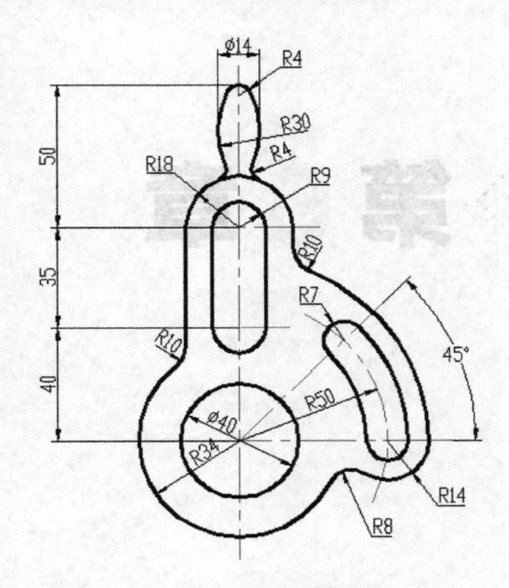

图 5-129 轴承座

第6章 文字与表格

文字注释是图形中很重要的部分，进行各种设计时，通常不仅要绘出图形，还要在图形中标注一些文字，如技术要求、注释说明等，对图形加以解释。本章将介绍文本的注释和编辑功能。另外，图表功能在 AutoCAD 中也有大量的应用，如明细表、参数表和标题栏等，能使绘制图表变得方便、快捷。

重点与难点

- 文本样式
- 文本标注
- 文本编辑
- 表格

6.1 文本样式

文本样式是用来控制文字基本形式的一组设置。AutoCAD 提供了“文字样式”对话框，在这个对话框中可方便、直观地定制需要的文本样式，或是对已有样式进行修改。

AutoCAD 中所有图形中的文字都存在着和其相对应的文本样式。模板文件 ACAD.DWT 和 ACADISO.DWT 中定义了名为 STANDARD 的默认文本样式。

1. 执行方式

命令行：STYLE 或 DDSTYLE

菜单：格式→文字样式

工具栏：文字→文字样式

2. 操作步骤

在命令行输入 STYLE 或 DDSTYLE 后回车，或在“格式”菜单中选择“文字样式”命令，弹出“文字样式”对话框，如图 6-1 所示。

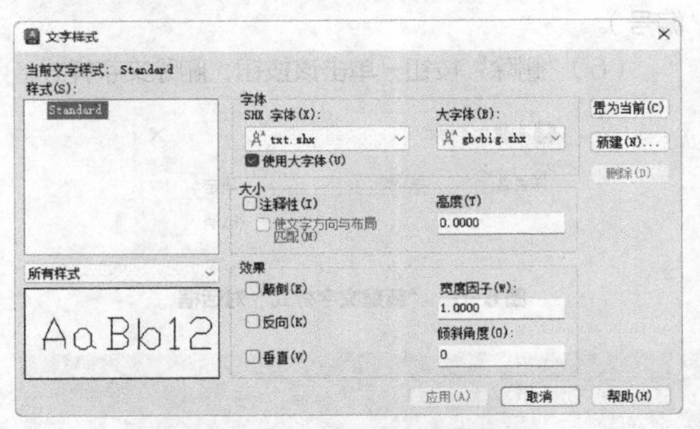

图 6-1 “文字样式”对话框

3. 选项说明

（1）“字体”选项组：确定字体样式。在 AutoCAD 中，除了可使用固有的 SHX 字体，还可以使用 TrueType 字体（如宋体、楷体、italley 等）。一种字体可以设置成多种不同的效果，例如图 6-2 所示就是同一种字体（宋体）的不同样式。

机械设计基础机械设计

机械设计基础机械设计

机械设计基础机械设计

机械设计基础

机械设计基础机械设计

图 6-2 同一种字体的不同样式

（2）“大小”选项组。

①“注释性”复选框：勾选该复选框，指定文字为注释性文字。

AutoCAD 2024 可以将文字、尺寸、形位公差等指定为注释性对象。

当绘制各种工程图时，经常需要采用不同的比例绘制，如 1 ：2、1 ：4、2 ：1 等。当在图纸上手动绘制有不同比例要求的图形时，需先按照比例要求换算图形的尺寸，然后再按换算后的尺寸绘制图形。用计算机绘制有比例要求的图形时也可以采用这样的方法，但基于软件的特点，用户可以直接按 1 ：1 比例绘制图形，通过打印机或绘图仪将图形输出到图纸时，再设置输出比例。这样，绘制图形时就不需要考虑尺寸的换算问题，而且同一幅图形可以按不同的比例多次输出。但采用这种方法时会存在一个问题：当以不同的比例输出图形时，图形按比例缩小或放大，这是我们所需要的；但其他内容，如文字、尺寸文字和尺寸箭头的大小等也按比例缩小或放大时，就不能满足绘图标准的要求。利用注释性对象功能，可以解决此问题。例如，当希望以 1 ：2 比例输出图形时，先将图形按 1 ：1 比例绘制，通过设置，使注释性对象（如文字等）按 2 ：1 比例标注或绘制，这样，当按 1 ：2 比例通过打印机或绘图仪将图形输出到图纸时，图形按比例缩小，但其他相关注释性对象（如文字等）按比例缩小后，正好满足标准要求。

②“使文字方向与布局匹配”复选框：勾选该复选框，指定图纸空间视口中的文字方向与布局方向匹配。如果未勾选“注释性”复选框，则该复选框不可用。

③“高度”文本框：设置文字高度。如果输入 0.0，则每次用该样式输入文字时，默认文字高度为 0.2。

（3）“效果”选项组：此选项组中的各项用于设置字体的特殊效果。

①“颠倒”复选框：勾选此复选框，表示将文

配套资源验证码 232849

字颠倒标注，如图 6-3（a）所示。

②“反向”复选框：确定是否将文本文字反向标注，图 6-3（b）给出了这种标注效果。

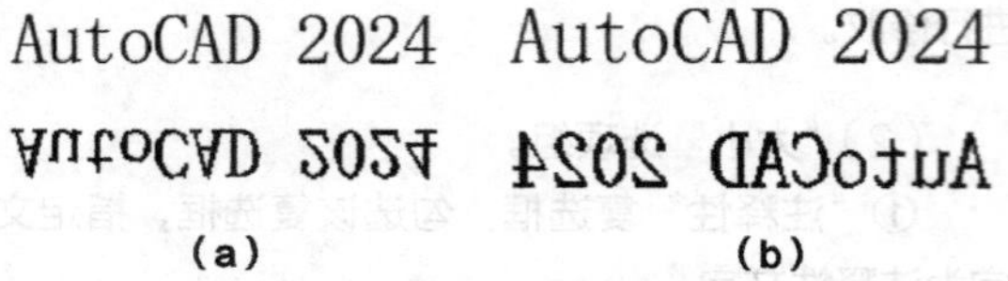

AutoCAD 2024　AutoCAD 2024

（a）　（b）

图 6-3　文字颠倒标注与反向标注

③“垂直”复选框：确定文本是水平标注还是垂直标注。

勾选此复选框时为垂直标注，效果如图 6-4 所示。

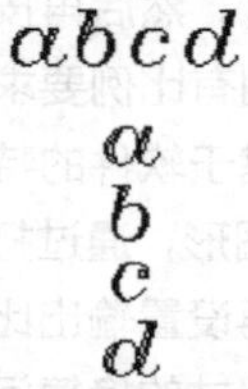

abcd

a
b
c
d

图 6-4　文字垂直标注

本复选框只有在 SHX 字体下才可用。

④“宽度因子”文本框：设置宽度系数，确定文本字符的宽高比。当宽度系数为 1 时表示将按字体文件中定义的宽高比标注文字；当此系数小于 1 时字体会变窄，反之变宽，图 6-5（a）给出了不同宽度系数下的文本标注。

⑤“倾斜角度”文本框：用于确定文字的倾斜角度。角度为 0° 时不倾斜，为正时向右倾斜，为负时向左倾斜，如图 6-5（b）所示。

AutoCAD 2024　AutoCAD 2024
AutoCAD 2024　AutoCAD 2024
AutoCAD 2024　AutoCAD 2024

（a）　（b）

图 6-5　不同宽度系数与不同倾斜角度的文字标注

（4）“置为当前”按钮：单击该按钮，将选定的样式设置为当前样式。

（5）“新建”按钮：单击此按钮，弹出图 6-6 所示的“新建文字样式”对话框，并自动为当前样式设置名称“样式 n”（其中 n 为新建样式的编号）。

（6）“删除”按钮：单击该按钮，删除文字样式。

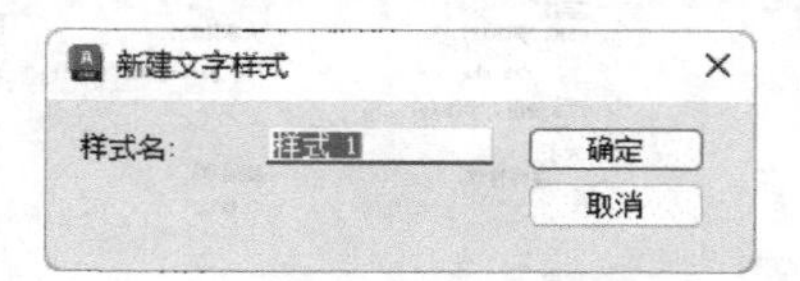

图 6-6　“新建文字样式”对话框

6.2　文本标注

当需要标注的文本不太长时，可以用 TEXT 命令创建单行文本；当需要标注很长、很复杂的文本时，可以用 MTEXT 命令创建多行文本。

6.2.1　单行文本标注

1. 执行方式

命令行：TEXT

菜单：绘图→文字→单行文字

工具栏：文字→单行文字 A

2. 操作步骤

```
命令：TEXT ↙
当前文字样式：Standard　当前文字高度：0.2000
注释性：否　对正：　左
指定文字的起点或　[对正（J）/ 样式（S）]：
```

3. 选项说明

（1）指定文字的起点：在此提示下直接在屏幕上拾取一点作为文本的起始点，命令行提示如下。

```
指定高度　<0.2000>：（确定字符的高度）
指定文字的旋转角度　<0>：（确定文本行的倾斜角度）
输入文字：（输入文本）
```

在此提示下输入一行文本后回车，命令行继续显示“输入文字：”提示，可继续输入文本，待全部输入完后直接回车，退出 TEXT 命令。可见，TEXT 命令也可创建多行文本，只是这种多行文本每一行都是一个单独的对象。

（2）对正（J）：在上面的提示下键入 J，用来确定文本的对齐方式，决定文本的哪一部分与所选的插入点对齐。执行此选项，命令行提示：

输入选项 [左（L）/居中（C）/右（R）/对齐（A）/中间（M）/布满（F）/左上（TL）/中上（TC）/右上（TR）/左中（ML）/正中（MC）/右中（MR）/左下（BL）/中下（BC）/右下（BR）]:

> **注意** 只有当前文本样式中设置的字符高度为 0 时，在使用 TEXT 命令时命令行才会出现要求用户确定字符高度的提示。AutoCAD 允许将文本行倾斜排列，图 6-7 所示为倾斜角度分别是 0°、45° 和 – 45° 时的排列效果。在“指定文字的旋转角度 <0>:”提示下输入文本行的倾斜角度或在屏幕上拉出一条直线来指定倾斜角度均可，但这与图 6-5 文字倾斜标注不同。
>
> 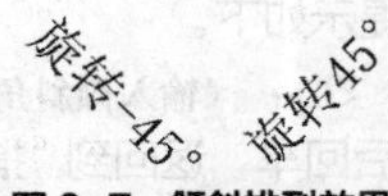
>
>
> 图 6-7 倾斜排列效果

在此提示下选择一个选项作为文本的对齐方式。当文本串水平排列时，AutoCAD 为标注文本串定义了图 6-8 所示的顶线、中线、基线和底线，各种对齐方式如图 6-9 所示，图中大写字母对应上述提示中的各选项。

图 6-8 底线、基线、中线和顶线

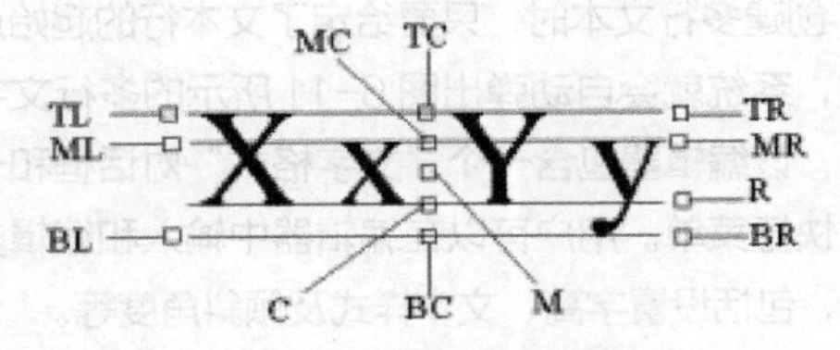

图 6-9 文本的对齐方式

下面以“对齐”为例进行简要说明。

对齐（A）：选择此选项，要求用户指定文本行基线起始点与终止点的位置，命令行提示如下。

指定文字基线的第一个端点：（指定文本行基线的起点位置）
指定文字基线的第二个端点：（指定文本行基线的终点位置）
输入文字：（输入一行文本后回车）
输入文字：（继续输入文本或直接回车结束命令）

执行结果：所输入的文本字符均匀地分布于指定的两点之间，如果两点间的连线不在同一水平线上，则文本行倾斜放置，倾斜角度由两点间的连线与 *X* 轴正向的夹角确定；字高、字宽根据两点间的距离、文本字符的多少以及文本样式中设置的宽度系数自动确定。指定两点之后，每行输入的文本字符越多，字宽和字高越小。

其他选项与“对齐”类似，不再赘述。

实际绘图时，有时需要标注一些特殊字符，例如直径符号、上划线或下划线、温度符号等，这些符号不能直接从键盘上输入，AutoCAD 提供了一些控制码，用来实现这些要求。控制码用两个百分号（%%）加一个字符构成，常用的控制码如表 6-1 所示。

表 6-1 常用的控制码

符号	说明	符号	说明
%% O	上划线	\u+E101	流线
%% U	下划线	\u+2261	标识
%% D	“度”符号	\u+E102	界碑线
%% P	正负符号	\u+2260	不相等
%% C	直径符号	\u+2126	欧姆
%%%	百分号%	\u+03A9	欧米加
\u+2248	几乎相等	\u+214A	低界线
\u+2220	角度	\u+2082	下标 2
\u+E100	边界线	\u+00B2	上标 2
\u+2104	中心线	\u+0278	电相位
\u+0394	差值		

表 6-1 中，%% O 和 %% U 分别是上划线和下划线的开关，第一次出现此符号开始画上划线和下划线，第二次出现此符号上划线和下划线终止。例如在“Text：”提示后输入“I want to %% U go to Beijing%%U.”，则得到图 6-10 上行所示的文本行；输入“50%% D+%%C75%%P12”，则得到图 6-10 下行所示的文本行。

I want to go to Beijing.

50°+Ø75±12

图 6-10 文本行

用 TEXT 命令可以创建一个或若干个单行文本，也就是此命令可以标注多行文本。在“输入文本：”提示下输入一行文本后回车，AutoCAD 继续提示“输入文本：”，用户可输入第二行文本，依次类推，直到文本全部输完，回车，结束文本输入命令。每一次回车就结束一个单行文本的输入，每一个单行文本都是一个对象，可以单独修改其文本样式、字高、倾斜角度和对齐方式等。

用 TEXT 命令创建文本，在命令行输入的文字同时显示在屏幕上，创建过程中可以随时改变文本的位置，只要将鼠标指针移到新的位置单击鼠标左键，则当前行结束，随后输入的文本将在新的位置出现。用这种方法可以把多行文本标注到屏幕的任何地方。

6.2.2 多行文本标注

1. 执行方式

命令行：MTEXT

菜单：绘图→文字→多行文字

工具栏：绘图→多行文字A或文字→多行文字A

2. 操作步骤

```
命令：MTEXT↙
当前文字样式：“Standard”  当前文字高度：1.9122  注释性：否
指定第一角点：（指定矩形框的第一个角点）
指定对角点或 [高度(H)/对正(J)/行距(L)/旋转(R)/样式(S)/宽度(W)/栏(C)]：
```

3. 选项说明

（1）指定对角点：直接在屏幕上拾取一个点作为矩形框的第二个角点，以这两个点为对角点绘成一个矩形区域，其宽度为将来要标注的多行文本的宽度，且第一个点作为第一行文本顶线的起点。系统响应后弹出图 6-11 所示的多行文字编辑器，可利用此编辑器输入多行文本并对其格式进行设置。关于编辑器中各项的含义与功能，稍后再详细介绍。

（2）对正（J）：确定所标注文本的对齐方式。选择此选项，命令行提示如下。

```
输入对正方式 [左上(TL)/中上(TC)/右上(TR)/左中(ML)/正中(MC)/右中(MR)/左下(BL)/中下(BC)/右下(BR)] <左上(TL)>：
```

这些对齐方式与 TEXT 命令中的各对齐方式相同，不再重复介绍。选择一种对齐方式后回车，回到上一级提示。

（3）行距（L）：确定多行文本的行间距，这里所说的行间距是指相邻两个文本行的基线之间的垂直距离。选择此选项，命令行提示如下。

```
输入行距类型 [至少(A)/精确(E)] <至少(A)>：
```

此提示下有两种方式确定行间距，“至少”方式和“精确”方式。“至少”方式下系统将根据每行文本中最大的字符自动调整行间距；“精确”方式下系统直接给多行文本赋予一个固定的行间距，可以直接输入一个确切的间距值，也可以输入“nx”的形式，其中，“n”是一个具体数，表示将行间距设置为单行文本高度的 *n* 倍，而单行文本高度是本行文本字符高度的 1.66 倍。

（4）旋转（R）：确定文本行的倾斜角度。选择此选项，命令行提示如下。

```
指定旋转角度 <0>：（输入倾斜角度）
```

输入角度值后回车，返回到“指定对角点或 [高度（H）/ 对正（J）/ 行距（L）/ 旋转（R）/ 样式（S）/ 宽度（W）/ 栏（C）]：”提示。

（5）样式（S）：确定当前的文本样式。

（6）宽度（W）：指定多行文本的宽度。可在屏幕上拾取一点与前面确定的第一个角点组成的矩形框的宽作为多行文本的宽度，也可以输入一个数值，精确设置多行文本的宽度。

（7）栏（C）：可以将多行文字对象的格式设置为多栏。可以指定栏和栏之间的宽度、高度及栏数，还可以使用夹点编辑栏宽和栏高。其中提供了 3 个栏选项：“不分栏”“静态栏”和“动态栏”。

创建多行文本时，只要给定了文本行的起始点和宽度，系统就会自动弹出图 6-11 所示的多行文字编辑器，该编辑器包含一个“文字格式”对话框和一个右键快捷菜单。用户可以在编辑器中输入和编辑多行文本，包括设置字高、文本样式及倾斜角度等。

该编辑器与 Microsoft 的 Word 编辑器界面类似，事实上该编辑器与 Word 编辑器在某些功能上趋于一致。

（1）“文字格式”对话框：用来控制文本的显示特性。可以在输入文本之前设置文本的特性，也可以改变已输入文本的特性。要改变已有文本的显示特性，首先应选中要修改的文本，选中文本有以下 3 种方法。

①将光标定位到文本开始处，按住鼠标左键不放，将光标拖到文本末尾。

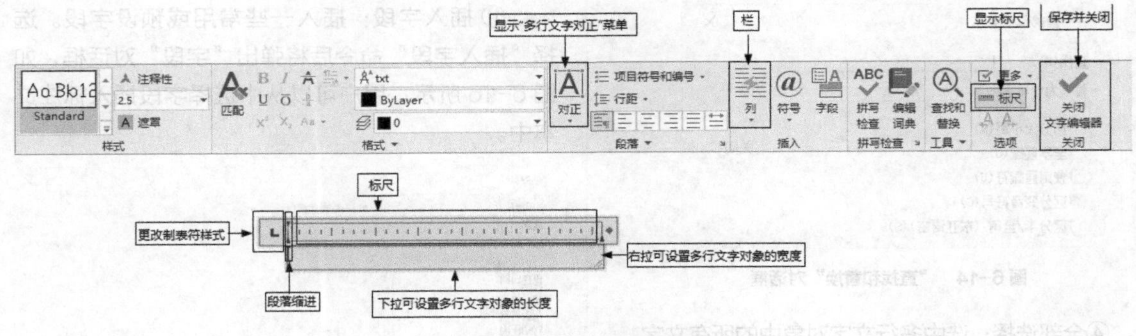

图 6-11 多行文字编辑器

②单击某一个字，则该字被选中。

③三击鼠标则选全部内容。

编辑器中部分选项的功能如下。

①“高度”下拉列表框：用来确定文本字符的高度，可在文本编辑框中直接输入新的字符高度值，也可从下拉列表中选择已设定过的高度值。

②“B”和“I”按钮：分别用来设置粗体和斜体效果，只对 TrueType 字体有效。

③“下划线”U 与“上划线”O 按钮：用于设置或取消上（下）划线。

④“堆叠”按钮：该按钮为层叠 / 非层叠文本按钮，用于层叠所选的文本，也就是创建分数形式。当文本中某处出现“/”、“^”或“#”这 3 种层叠符号之一时可层叠文本，方法是选中需层叠的文字，单击此按钮，创建分数，符号左边文字作为分子，符号右边文字作为分母。AutoCAD2024 提供了 3 种分数形式，如选中“abcd/efgh”后单击此按钮，得到图 6-12（a）所示的分数形式；如果选中“abcd^efgh”后单击此按钮，则得到图 6-12（b）所示的形式，此形式多用于标注极限偏差；如果选中“abcd # efgh”后单击此按钮，则创建斜排的分数形式，如图 6-12（c）所示。如果选中已经层叠的文本对象后再单击此按钮，则恢复到非层叠形式。

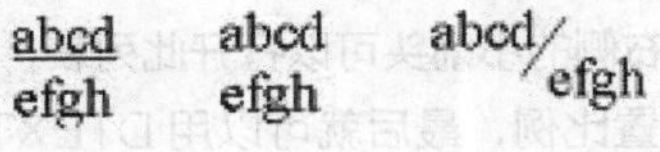

abcd/efgh　　abcd efgh　　abcd/efgh

（a）　　（b）　　（c）

图 6-12 文本层叠

（2）右键快捷菜单。

①在多行文字绘制区域，单击鼠标右键，弹出右键快捷菜单，如图 6-13 所示。

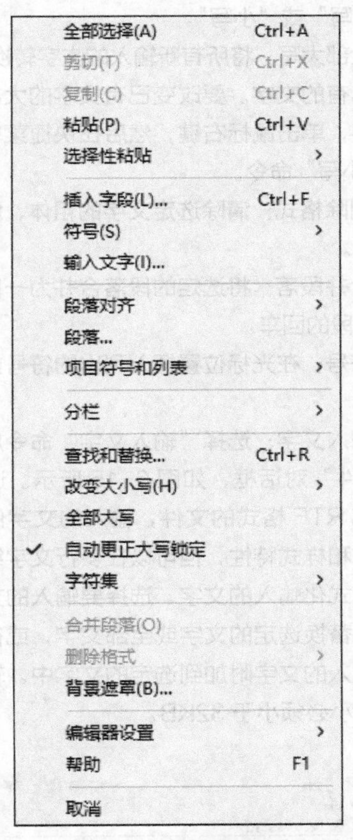

图 6-13 右键快捷菜单

②提供标准编辑命令和多行文字特有的命令。在多行文字编辑器中单击鼠标右键以显示快捷菜单。菜单顶层的命令是基本编辑命令：剪切、复制和粘贴。后面的命令是多行文字编辑器特有的命令。

③查找和替换：选择“查找和替换”命令后将弹出“查找和替换”对话框，如图 6-14 所示。在该对话框中可以进行查找和替换操作，操作方式与 Word 编辑器中操作类似，不再赘述。

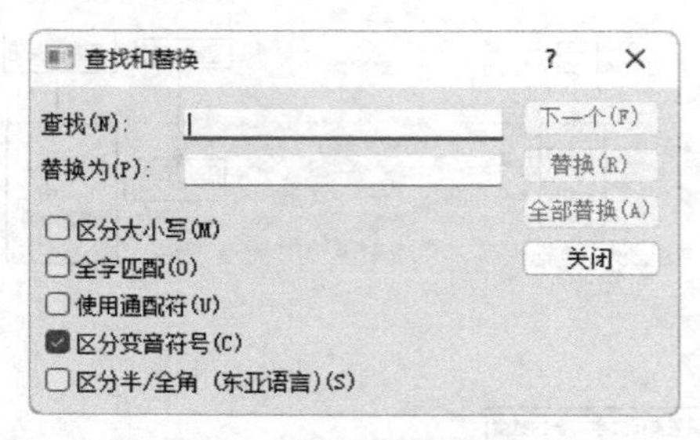

图 6-14 “查找和替换”对话框

④全部选择：选中多行文字对象中的所有文字。

⑤改变大小写：改变选定文字的大小写。可以选择“大写”或“小写”。

⑥全部大写：将所有新输入的文字转换成大写，不影响已有的文字。要改变已有文字的大小写，请选中文字，单击鼠标右键，然后在快捷菜单上选择“改变大小写”命令。

⑦删除格式：清除选定文字的粗体、斜体或下划线格式。

⑧合并段落：将选定的段落合并为一段并用空格替换每段的回车。

⑨符号：在光标位置插入列出的符号或不间断空格。

⑩输入文字：选择“输入文字”命令后将弹出“选择文件”对话框，如图 6-15 所示。选择任意 ASCII 或 RTF 格式的文件，输入的文字保留原始字符格式和样式特性，但可以在多行文字编辑器中编辑和格式化输入的文字。选择要输入的文本文件后，可以替换选定的文字或全部文字，或在文字边界内将插入的文字附加到选定的文字中。输入文字的文件大小必须小于 32KB。

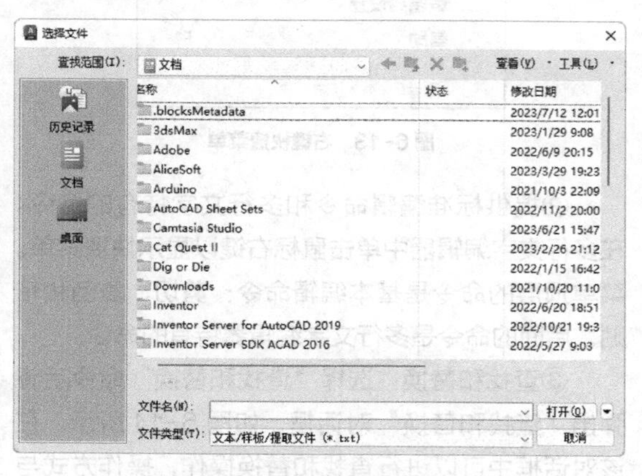

图 6-15 “选择文件”对话框

⑪ 插入字段：插入一些常用或预设字段。选择“插入字段”命令后将弹出“字段”对话框，如图 6-16 所示，用户可以从中选择字段插入标注文本中。

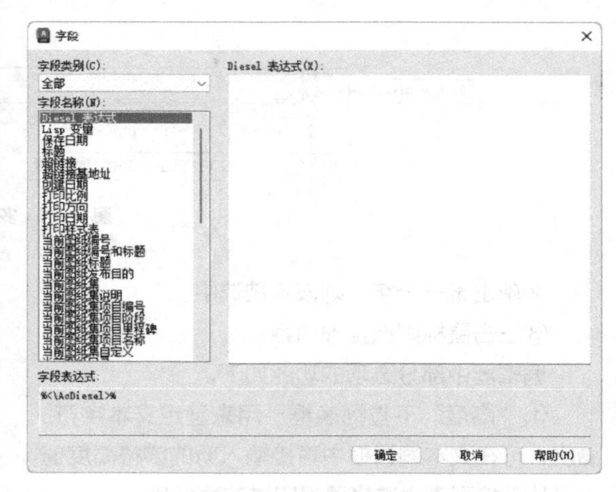

图 6-16 “字段”对话框

⑫ 背景遮罩：用设定的背景对标注的文字进行遮罩。选择“背景遮罩”命令后将弹出“背景遮罩”对话框，如图 6-17 所示。

图 6-17 “背景遮罩”对话框

⑬ 字符集：可以从其子菜单中打开某个字符集，插入字符。

6.2.3 标注注释性文字

使用 DTEXT 命令标注注释性文字时，应首先将对应的注释性文字样式设为当前样式，然后利用状态栏上的“注释比例”列表（单击状态栏上“注释比例”右侧的小箭头可以打开此列表，如图 6-18 所示）设置比例，最后就可以用 DTEXT 命令标注文字了。

例如，如果通过列表将注释比例设为 1 ：2，那么按注释性文字样式用 DTEXT 命令标注后，文字的实际高度是设置高度的 2 倍。

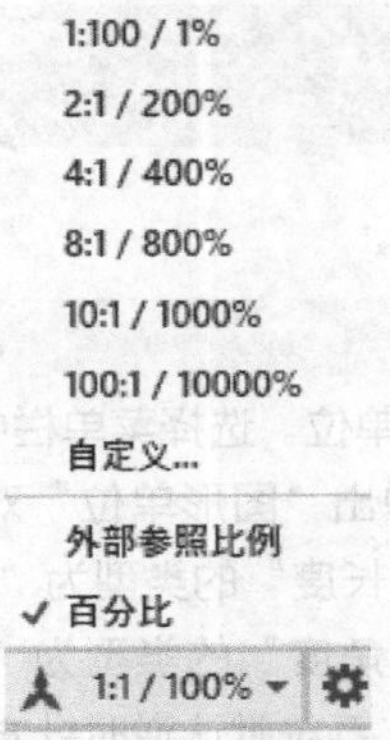

1:100 / 1%
2:1 / 200%
4:1 / 400%
8:1 / 800%
10:1 / 1000%
100:1 / 10000%
自定义...
外部参照比例
✓ 百分比
1:1 / 100%

图 6-18 “注释比例”列表（部分）

使用 MTEXT 命令标注注释性文字时，可以通过“文字格式”工具栏上的注释性按钮确定标注的文字是否为注释性文字。

对于已标注的非注释性文字（或对象），可以通过特性窗口将其设置为注释性文字（对象）。选中该文字，在特性窗口中将“注释性”设为“是”，通过“注释性比例”设置比例，如图 6-19 所示。

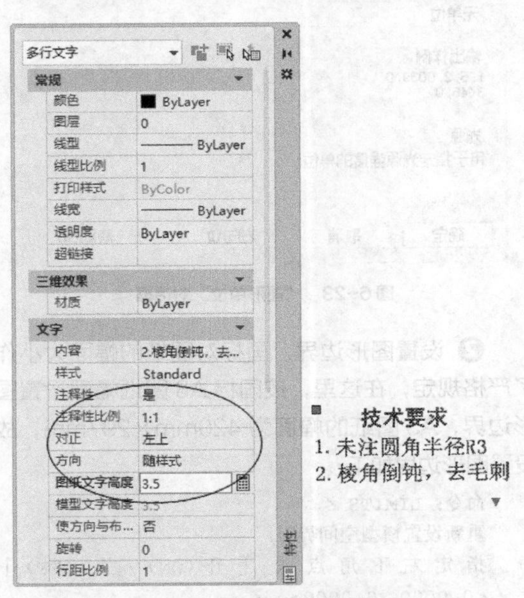

图 6-19 设置文字的注释性

6.2.4 实例——插入符号

标注文字时，插入符号“!”。

操作步骤

❶ 在“文字格式”工具栏上选择“符号”下拉列表中的“其他”选项，如图 6-20 所示，弹出“字符映射表”对话框，如图 6-21 所示，其中包含当前字体的整个字符集。

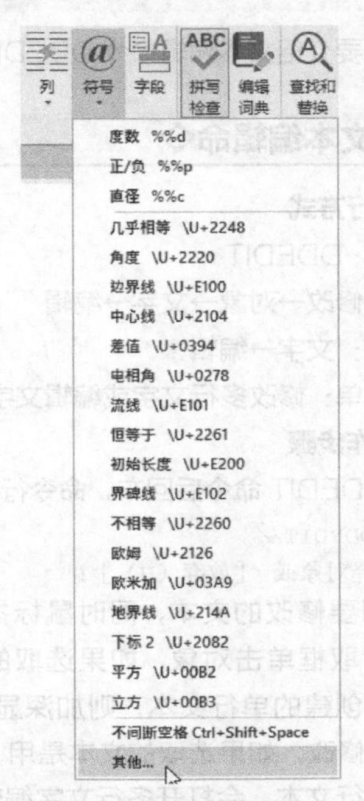

图 6-20 “符号”下拉列表

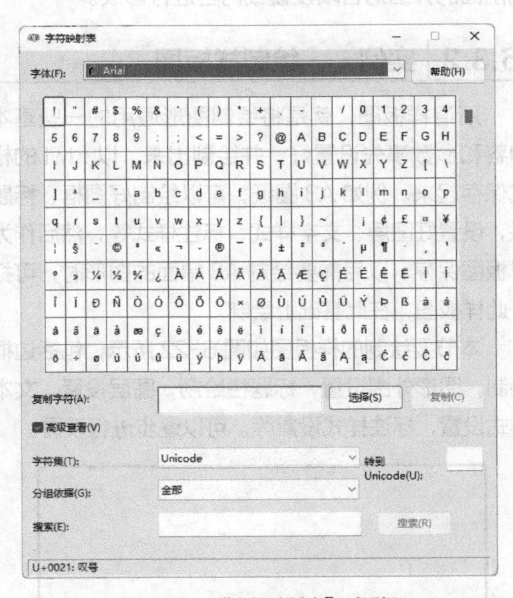

图 6-21 “字符映射表”对话框

❷ 选中要插入的字符，然后单击“选择”按钮。

❸ 选择要使用的所有字符，然后单击“复制”按钮。

❹ 在多行文字编辑器中单击鼠标右键，然后在快捷菜单中选择“粘贴”命令。

6.3 文本编辑

本节主要介绍文本编辑命令 DDEDIT。

6.3.1 文本编辑命令

1. 执行方式

命令行：DDEDIT

菜单：修改→对象→文字→编辑

工具栏：文字→编辑

快捷菜单：修改多行文字或编辑文字

2. 操作步骤

输入 DDEDIT 命令后回车，命令行提示：

```
命令：DDEDIT↙
选择注释对象或 ［放弃（U）］：
```

选择想要修改的文本，同时鼠标指针变为拾取框。用拾取框单击对象，如果选取的文本是用 TEXT 命令创建的单行文本，则加深显示该文本，可对其进行修改；如果选取的文本是用 MTEXT 命令创建的多行文本，会打开多行文字编辑器，可根据前面的介绍对各项设置或内容进行修改。

6.3.2 实例——绘制样板图

所谓样板图，就是将绘制图形通用的一些基本内容和参数事先设置好，并绘制出来，以 .dwt 的格式保存起来。例如 A3 图纸，可以绘制好图框、标题栏，设置好图层、文字样式、标注样式等，然后作为样板图保存。以后需要绘制 A3 幅面的图形时，可打开此样板图，在此基础上绘制。

本节要绘制的样板图如图 6-22 所示，包括边框绘制，图形外围设置，标题栏绘制，图层设置，文本样式设置，标注样式设置等。可以逐步进行设置。

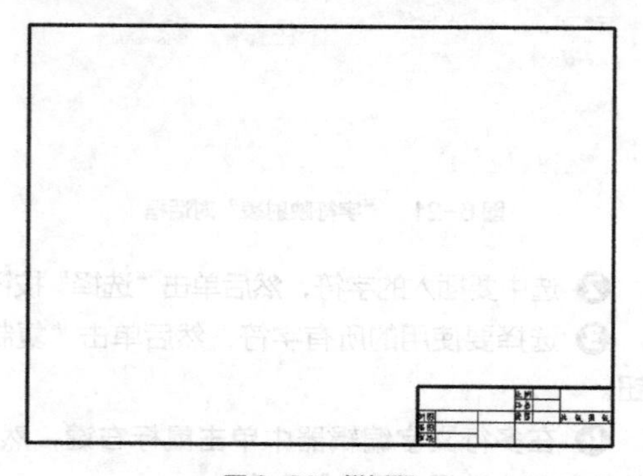

图 6-22 样板图

操作步骤

❶ 设置单位。选择菜单栏中的“格式”→“单位”命令，弹出“图形单位”对话框，如图 6-23 所示。设置“长度”的类型为“小数”，其“精度”为 0.0000；“角度”的类型为“十进制度数”，其“精度”为 0。系统默认逆时针方向为正，插入时的缩放单位设置为“无单位”。

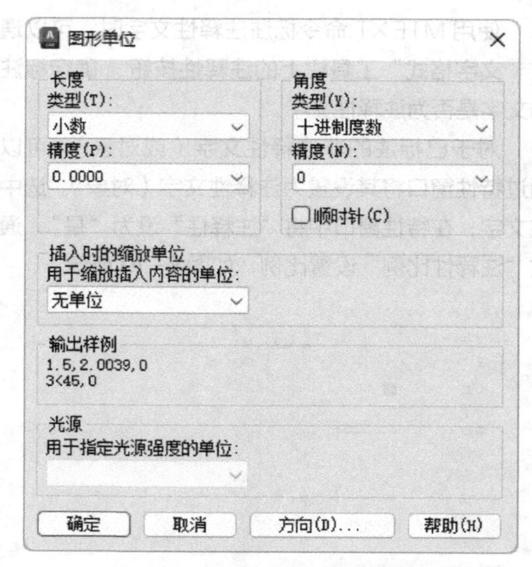

图 6-23 “图形单位”对话框

❷ 设置图形边界。国标对图纸的幅面大小作了严格规定，在这里，按国标 A3 图纸幅面设置图形边界，A3 图纸的幅面为 420mm×297mm，故设置图形边界如下：

```
命令：LIMITS↙
重新设置模型空间界限：
指定左下角点或 ［开（ON）/ 关（OFF）］ <0.0000，0.0000>：↙
指定右上角点 <12.0000，9.0000>：420，297↙
```

❸ 设置图层。图层约定如表 6-2 所示。

表 6-2 图层约定

图层名	颜色	线型	线宽	用途
0	7（黑色）	CONTINUOUS	b	默认
实体层	1（黑色）	CENTER	1/2b	可见轮廓线

续表

图层名	颜色	线型	线宽	用途
细实线层	2（黑色）	HIDDEN	1/2b	细实线隐藏线
中心线层	7（黑色）	CONTINUOUS	b	中心线
尺寸标注层	6（绿色）	CONTINUOUS	b	尺寸标注
波浪线层	4（青色）	CONTINUOUS	1/2b	一般注释
剖面层	1（品红）	CONTINUOUS	1/2b	填充剖面线
图框层	5（黑色）	CONTINUOUS	1/2b	图框线
标题拦层	3（黑色）	CONTINUOUS	1/2b	标题栏零件名
备层	2（白色）	CONTINUOUS	1/2b	

❹ 设置图层名称。选择菜单栏中的“格式”→“图层”命令，弹出“图层特性管理器”对话框，如图 6-24 所示。在该对话框中单击“新建图层”按钮，建立不同名称的新图层，分别用来存放不同的图线或图形。

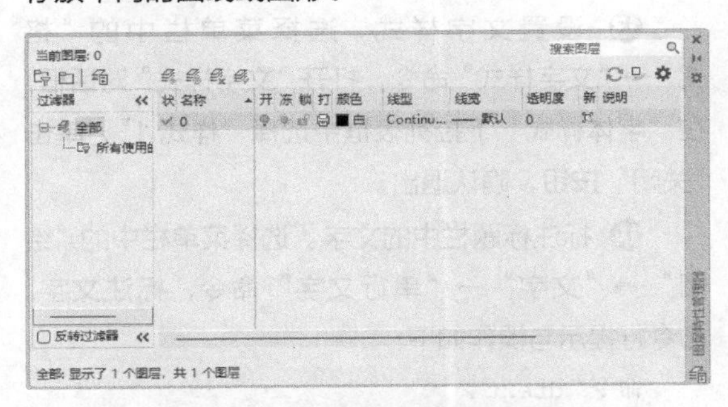

图 6-24 “图层特性管理器”对话框

❺ 设置图层颜色。为了区分不同的图层上的图线，增加图形不同部分的对比性，可以在“图层特性管理器”对话框中单击对应图层的“颜色”项，打开“选择颜色”对话框，如图 6-25 所示，在该对话框中选择不同的颜色。

❻ 设置线型。在常用的工程图纸中，通常要用到不同的线型，这是因为不同的线型表示不同的含义。在“图层特性管理器”对话框中单击“线型”项，弹出“选择线型”对话框，如图 6-26 所示。在该对话框中选择需要的线型，如果在“已加载的线型”列表框中没有需要的线型，可以单击“加载”按钮，打开“加载或重载线型”对话框加载线型，如图 6-27 所示。

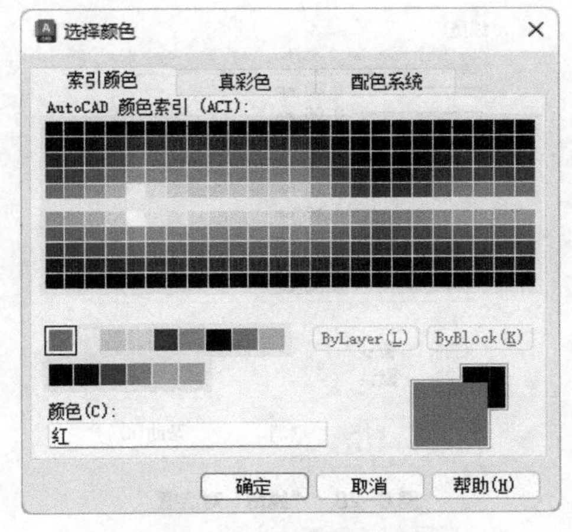

图 6-25 “选择颜色”对话框

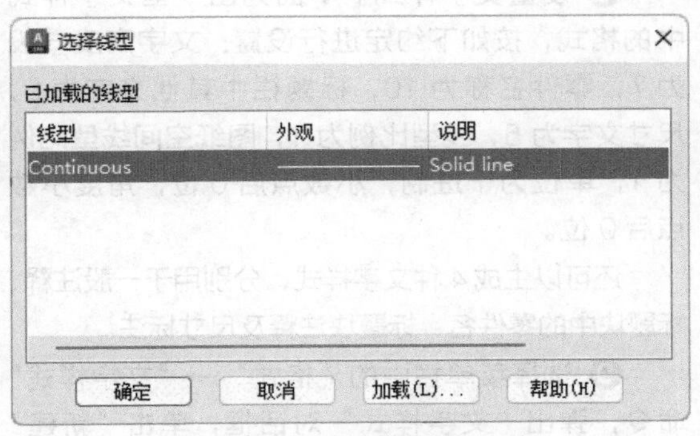

图 6-26 “选择线型”对话框

图 6-27 “加载或重载线型”对话框

❼ 设置线宽。在工程图纸中，不同的线宽也表示不同的含义，因此也要对不同图层的线宽进行设置，单击“图层特性管理器”对话框中的“线宽”项，打开“线宽”对话框，如图 6-28 所示，在该对话框中选择适当的线宽。需要注意的是，应尽量保持细线与粗线之间的宽度比大约为 1 ：2。

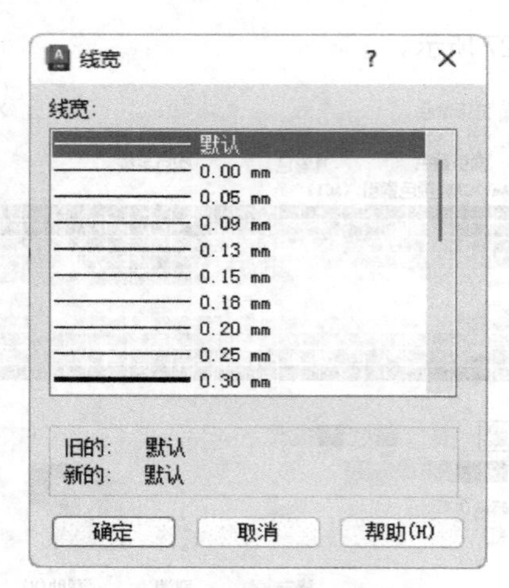

图 6-28 “线宽”对话框

❽ 设置文字样式。下面列出一些文字样式中的格式，按如下约定进行设置：文字高度一般为 7，零件名称为 10，标题栏中其他文字为 5，尺寸文字为 5，线型比例为 1，图纸空间线型比例为 1，单位为十进制，小数点后 0 位，角度小数点后 0 位。

还可以生成 4 种文字样式，分别用于一般注释、标题块中的零件名、标题块注释及尺寸标注。

❾ 选择菜单栏中的“格式”→“文字样式”命令，弹出“文字样式”对话框，单击“新建”按钮，弹出“新建文字样式”对话框，如图 6-29 所示。使用默认的“样式 1”文字样式名，单击“确定”按钮。

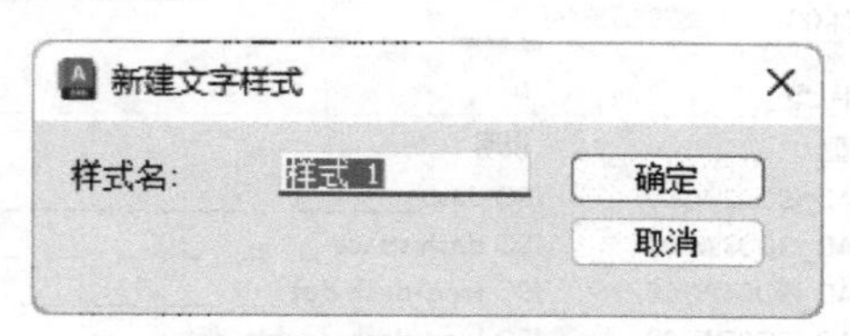

图 6-29 “新建文字样式”对话框

❿ 回到“文字样式”对话框。在“字体名”下拉列表框中选择“宋体”选项，在“宽度因子”文本框中将宽度因子设置为 1，将文字高度设置为 3，如图 6-30 所示。单击“应用”按钮，然后再单击“关闭”按钮。其他文字样式设置方法类似。

⓫ 绘制图框线。将当前图层设置为“0”图层。利用“直线”命令在该图层绘制图框线，依次输入（25，5）、（415，5）、（415，292）、（25，292）和 C。

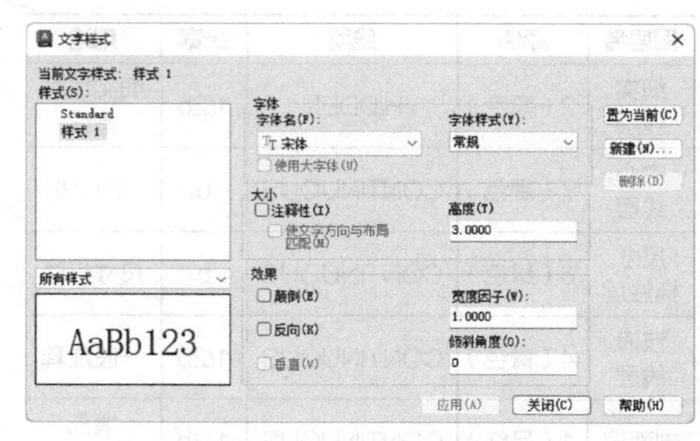

图 6-30 “文字样式”对话框

⓬ 绘制标题栏图框。按照有关标准或规范设定尺寸，利用直线命令和相关编辑命令绘制标题栏图框，如图 6-31 所示。

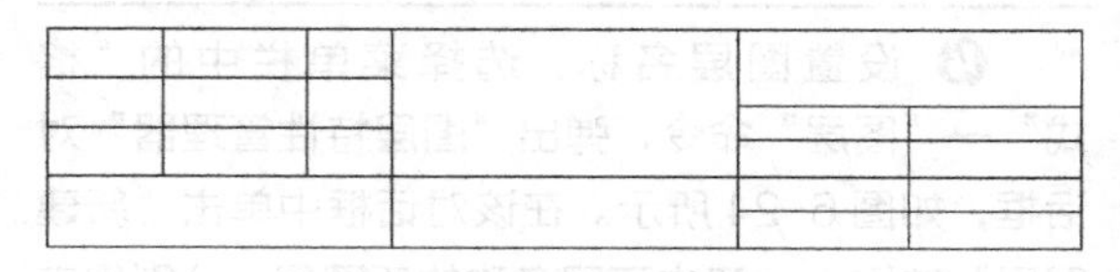

图 6-31 绘制标题栏图框

⓭ 设置文字样式。选择菜单栏中的“格式”→“文字样式”命令，打开“文字样式”对话框，在“字体样式”下拉列表框中选择“样式 1”，单击“关闭”按钮，确认退出。

⓮ 标注标题栏中的文字。选择菜单栏中的“绘图”→“文字”→“单行文字”命令，标注文字。命令行提示与操作如下：

```
命令：dtext ↙
当前文字样式：样式1　文字高度：3.0000　注释性：否　对正：左
指定文字的起点或 [对正（J）/样式（S）]：（指定文字输入的起点）
指定文字的旋转角度 <0>：↙
输入文字：制图↙
```

使用“移动”命令，将文字移动到合适位置，结果如图 6-32 所示。

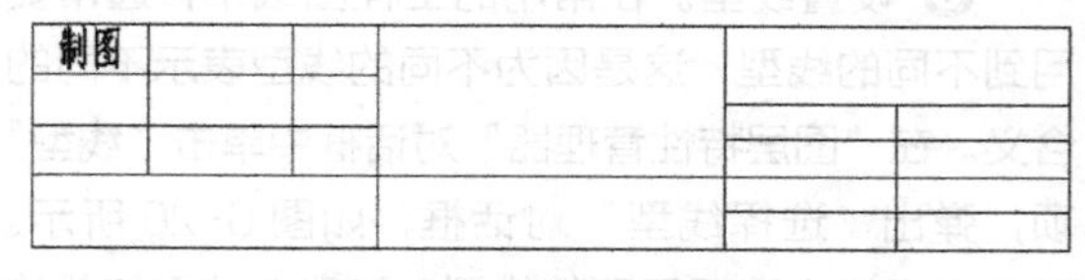

图 6-32 标注和移动文字

⓯ 单击“修改”工具栏中的“复制”按钮 ，

将文字复制到图框中其他需要的位置。结果如图 6-33 所示。

制图					
制图				制图	制图
制图					
				制图	制图
				制图	

图 6-33　复制文字

⑯ 修改文字。选择复制的文字，单击将其高亮显示，在夹点编辑标志点上单击鼠标右键，打开快捷菜单，选择“特性”选项，如图 6-34 所示。系统打开特性工具板，如图 6-35 所示。选择“文字”选项组中的“内容”选项，单击后面的 ▣ 按钮，打开多行文字编辑器，如图 6-36 所示。在编辑器中将“制图”改为“校核”。用同样方法修改其他文字，结果如图 6-37 所示。

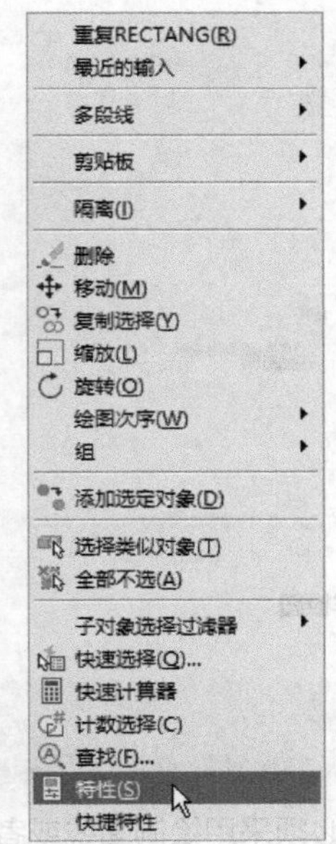

图 6-34　右键快捷菜单

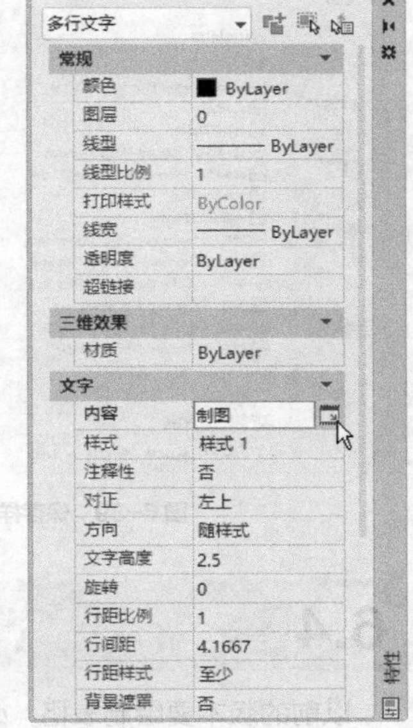

图 6-35　特性工具板

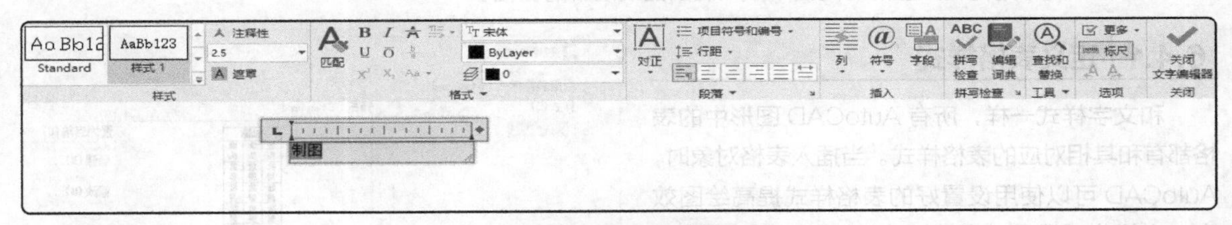

图 6-36　多行文字编辑器

制图					
校核				材料	比例
审定					
				共　张	第　张
				日　期	

图 6-37　修改文字

绘制标题栏后的样板图如图 6-38 所示。

⑰ 设置尺寸标注样式。有关尺寸标注内容下一章将详细介绍，此处略。

⑱ 保存成样板图文件。样板图及其环境设置完成后，可以将其保存成样板图文件。在“文件”菜单中选择“保存”或“另存为”命令，打开“保存”或“图形另存为”对话框，如图 6-39 所示。在“文件类型”下拉列表框中选择“AutoCAD 图形样板(*.dwt)”选项，输入文件名“机械”，单击“保存”按钮，保存文件。系统打开“样板选项”对话框，如图 6-40 所示，单击“确定”按钮，保存文件。下次绘图时，可以打开该样板图文件，在此基础上绘图。

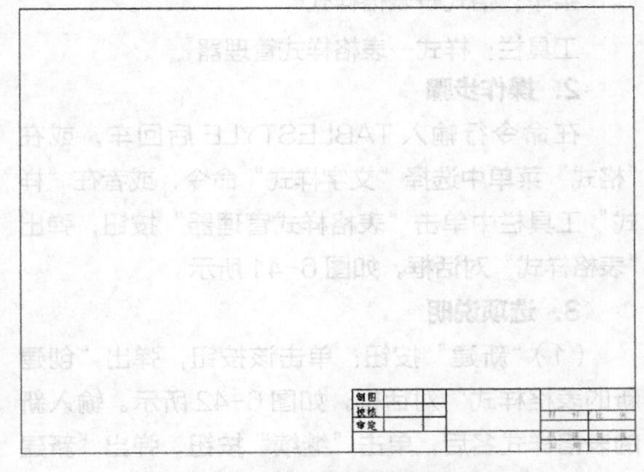

图 6-38　绘制标题栏后的样板图

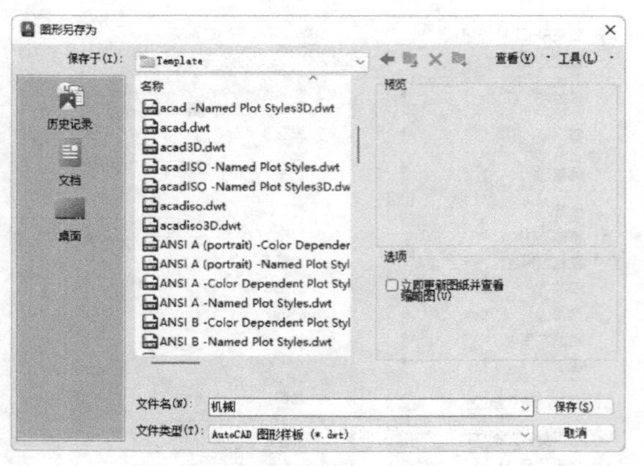

图 6-39　保存样板图

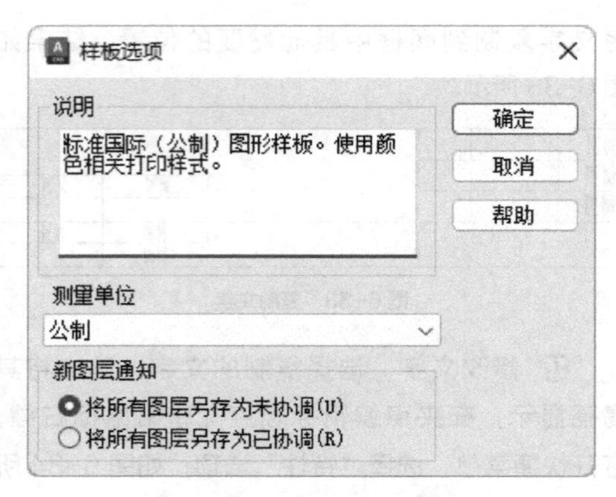

图 6-40　“样板选项”对话框

6.4　表格

以前的版本要绘制表格，必须采用绘制图线或者图线结合偏移、复制等编辑命令来完成，这样的操作既烦琐又复杂，绘图效率低。AutoCAD 2024 提供的表格功能使创建表格变得非常容易，用户可以直接插入设置好的表格，而不用再花大量的时间去单独绘制由图线组成的栅格。

6.4.1　定义表格样式

和文字样式一样，所有 AutoCAD 图形中的表格都有和其相对应的表格样式。当插入表格对象时，AutoCAD 可以使用设置好的表格样式提高绘图效率。表格样式是用来控制表格基本形状和间距的一组设置。模板文件 ACAD.DWT 和 ACADISO.DWT 中定义了名为 STANDARD 的默认表格样式。

1. 执行方式

命令行：TABLESTYLE

菜单：格式→表格样式

工具栏：样式→表格样式管理器

2. 操作步骤

在命令行输入 TABLESTYLE 后回车，或在“格式”菜单中选择“文字样式”命令，或者在“样式”工具栏中单击“表格样式管理器”按钮，弹出“表格样式”对话框，如图 6-41 所示。

3. 选项说明

（1）“新建”按钮：单击该按钮，弹出“创建新的表格样式”对话框，如图 6-42 所示。输入新的表格样式名后，单击“继续”按钮，弹出“新建表格样式”对话框，如图 6-43 所示。从中可以定义新的表格样式。

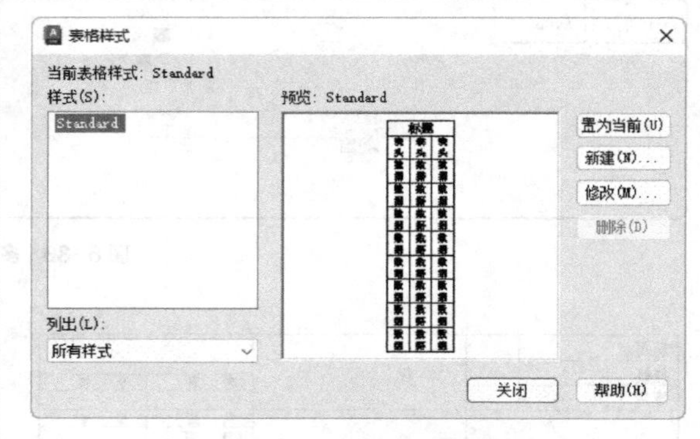

图 6-41　“表格样式”对话框

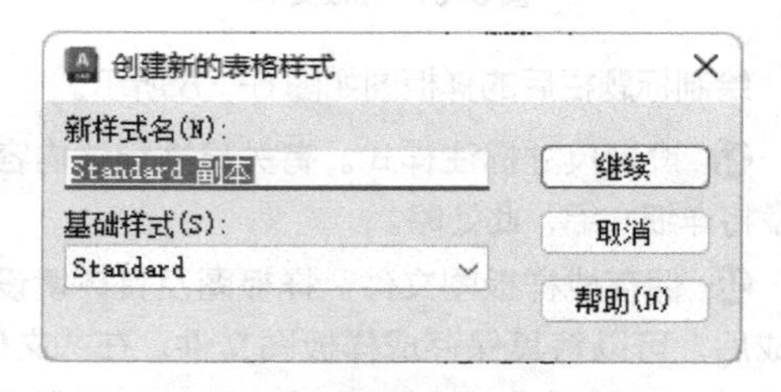

图 6-42　“创建新的表格样式”对话框

“新建表格样式”对话框的“单元样式”下拉列表框中有 3 个重要的选项——以“数据”“表头”“标题”，分别用于控制表格中数据、列标题和总标题的有关参数，如图 6-44 所示。“新建表格样式”对话框有 3 个重要的选项卡，其介绍如下。

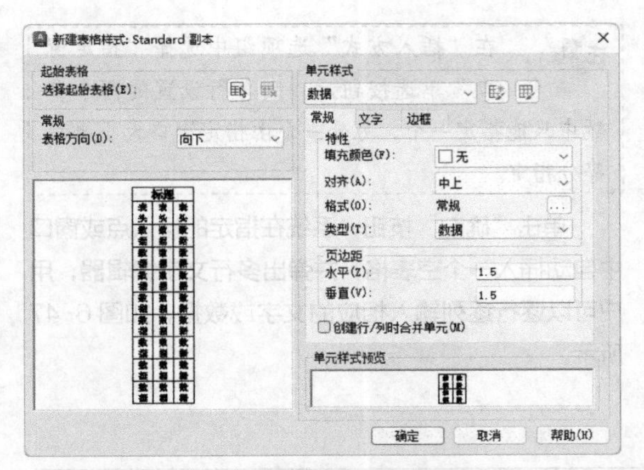

图 6-43 “新建表格样式”对话框

标题		
表头	表头	表头
数据	数据	数据
数据	数据	数据
数据	数据	数据
数据	数据	数据
数据	数据	数据
数据	数据	数据
数据	数据	数据
数据	数据	数据

图 6-44 表格样式

①“常规”选项卡：用于控制数据栏表格与标题栏表格的上下位置关系。

②“文字”选项卡：用于设置文字属性。选择此选项卡，在“文字样式”下拉列表框中可以选择并应用已定义的文字样式，也可以单击右侧的 ... 按钮重新定义文字样式。其中，“文字高度”“文字颜色”“文字角度”各选项可以设定的相应参数格式以供用户选择。

③“边框”选项卡：用于设置表格的边框属性。下面的边框线按钮控制数据边框线的各种绘制形式，如绘制所有数据边框线、只绘制数据边框外部边框线、只绘制数据边框内部边框线、无边框线、只绘制底部边框线等。选项卡中的“线宽”“线型”“颜色”下拉列表框则分别控制边框线的线宽、线型和颜色，选项卡中的“间距”文本框用于控制单元格边框和内容之间的间距。

图 6-45 所示为数据文字样式为 standard、文字高度为 4.5、文字颜色为红色、对齐方式为右下，标题文字样式为 Standard、文字高度为 6、文字颜色为蓝色、对齐方式为正中、表格方向为上、水平单元边距和垂直单元边距都为 1.5 的表格样式。

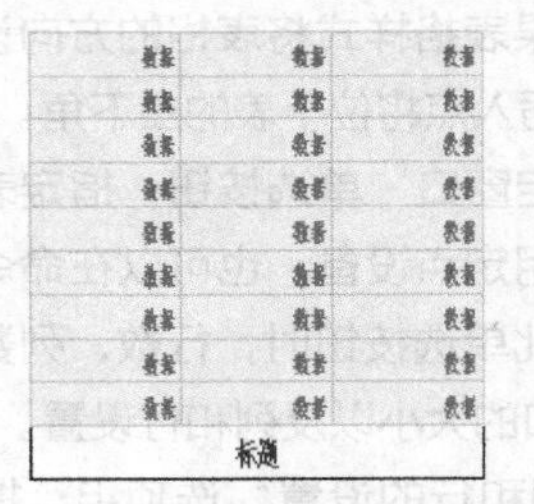

图 6-45 表格示例

（2）“修改”按钮：单击该按钮对当前选中的表格样式进行修改，方式与新建表格样式相同。

6.4.2 创建表格

设置好表格样式后，用户可以利用 TABLE 命令创建表格。

1. 执行方式

命令行：TABLE

菜单：绘图→表格

工具栏：绘图→表格

2. 操作步骤

在命令行输入 TABLE 后回车，或在“绘图”菜单中选择“表格”命令，或者在“绘图”工具栏中单击“表格”按钮，弹出“插入表格”对话框，如图 6-46 所示。

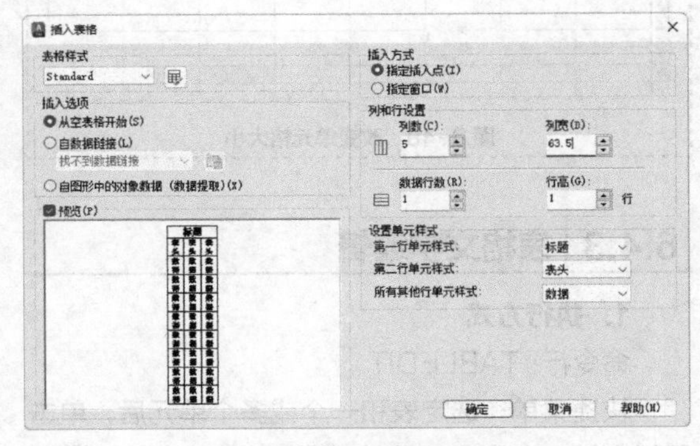

图 6-46 “插入表格”对话框

3. 选项说明

（1）“表格样式”选项组：可以在“表格样式”下拉列表框中选择一种并应用已设定的表格样式，也可以单击后面的“...”按钮新建或修改表格样式。

（2）“插入方式”选项组。

①“指定插入点”单选按钮：指定表左上角的

位置。可以使用定点设备，也可以在命令行中输入坐标值。如果表格样式将表格的方向设置为由下而上读取，则插入点将位于表的左下角。

②“指定窗口”单选按钮：指定表的大小和位置。可以使用定点设备，也可以在命令行中输入坐标值。选择此单选按钮时，行数、列数、列宽和行高取决于窗口的大小以及列和行设置。

（3）“列和行的设置”选项组：指定列和行的数目以及列宽与行高。

> 注意　在“插入方式”选项组中选择“指定窗口”单选按钮后，列与行设置的两个参数中只能指定一个，另外一个由指定窗口大小自动等分指定。

单击“确定”按钮，系统在指定的插入点或窗口中自动插入一个空表格，并弹出多行文字编辑器，用户可以逐行逐列输入相应的文字或数据，如图 6-47 所示。

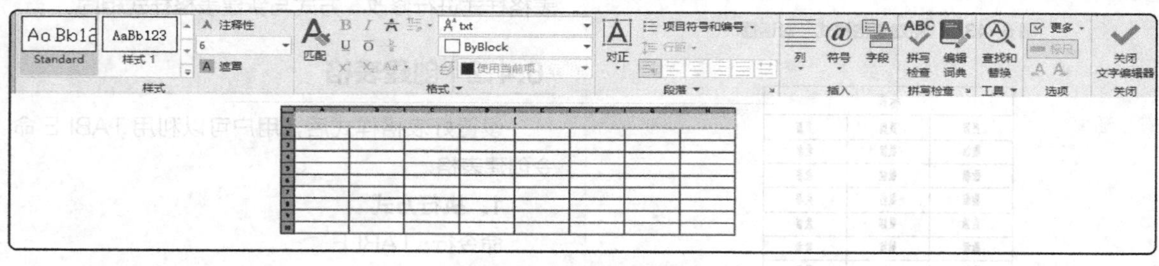

图 6-47　多行文字编辑器

> 注意　在插入后的表格中选中某一个单元格，出现钳夹点，通过移动钳夹点可以改变单元格的大小，如图 6-48 所示。

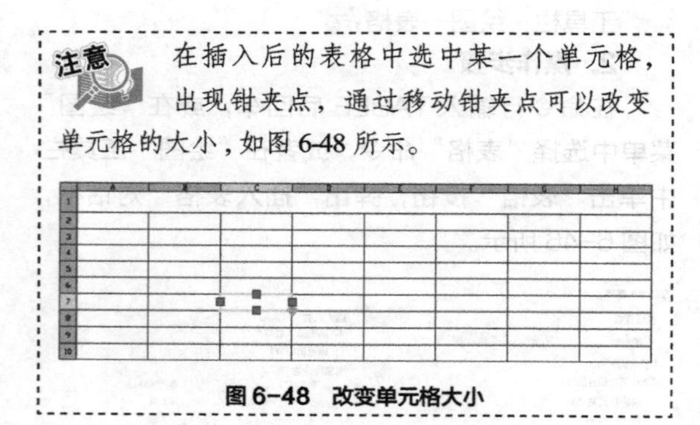

图 6-48　改变单元格大小

6.4.3 表格文字编辑

1. 执行方式

命令行：TABLEDIT

快捷菜单：选定表和一个或多个单元后，单击鼠标右键，在弹出的快捷菜单上选择“编辑文字”选项，如图 6-49 所示。

定点设备：在表单元内双击

2. 操作步骤

命令：TABLEDIT↙

系统打开图 6-47 所示的多行文字编辑器，用户可以对指定表格单元的文字或数据进行编辑。

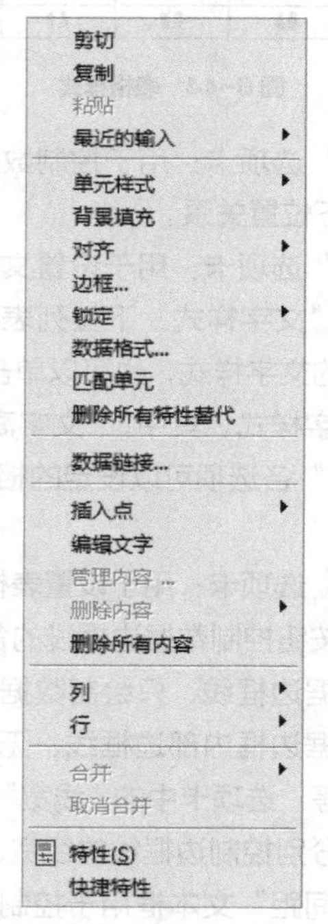

图 6-49　快捷菜单

6.4.4 实例——绘制种植表

绘制图 6-50 所示的种植表。

苗木名称	数量	规格	苗木名称	数量	规格	苗木名称	数量	规格
落叶松	32	10cm	红叶	3	15cm	金叶女贞		20棵/m2丛植H=500
银杏	44	15cm	法国梧桐	10	20cm	紫叶小柒		20棵/m2丛植H=500
元宝枫	5	6m(冠径)	油松	4	8cm	草坪		2-3个品种混播
樱花	3	10cm	三角枫	26	10cm			
合欢	8	12cm	睡莲	20				
玉兰	27	15cm						
龙爪槐	30	8cm						

图 6-50 种植表

操作步骤

❶ 选择菜单栏中的"格式"→"表格样式"命令，弹出"表格样式"对话框，如图 6-51 所示。

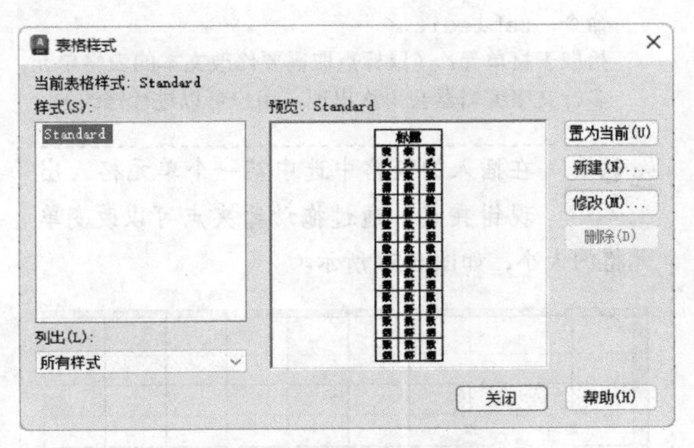

图 6-51 "表格样式"对话框

❷ 单击"新建"按钮，弹出"创建新的表格样式"对话框，如图 6-52 所示。输入新的表格名称后，单击"继续"按钮，弹出"新建表格样式对话框"，"常规"选项卡的内容按图 6-53 设置；"边框"选项卡的内容按图 6-54 所示设置。创建好表格样式后，单击"确定"按钮，退出"新建表格样式"对话框。

❸ 单击"绘图"工具栏中的"表格"按钮，弹出"插入表格"的对话框，按照图 6-55 所示的内容设置。

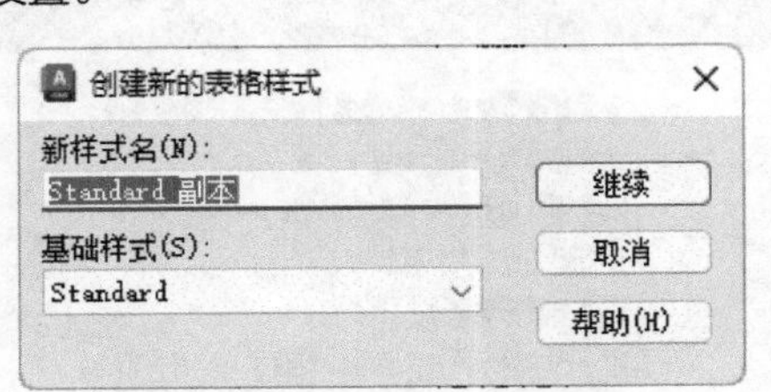

图 6-52 "创建新的表格样式"对话框

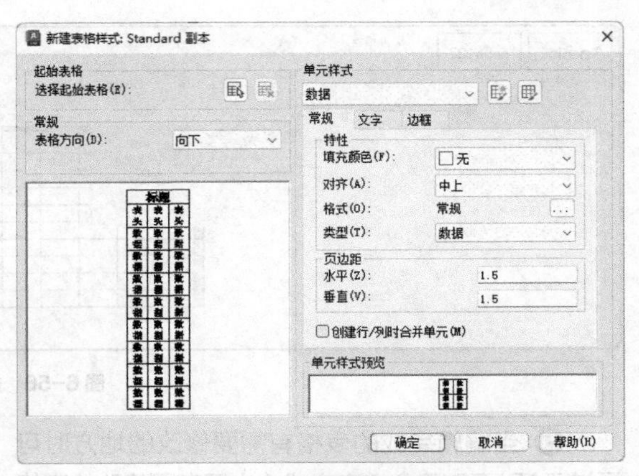

图 6-53 "新建表格样式"对话框

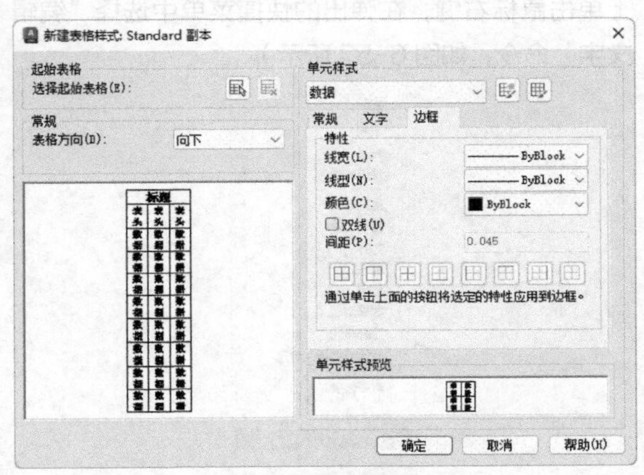

图 6-54 "边框"选项卡设置

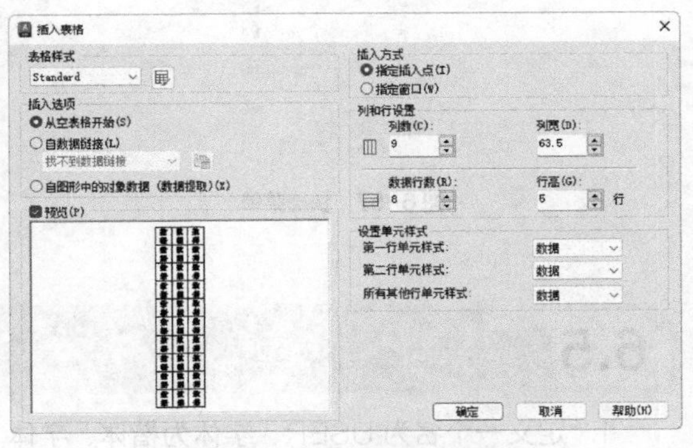

图 6-55 "插入表格"对话框

❹ 单击"确定"按钮，系统在指定的插入点或窗口中自动插入一个空表格，并弹出多行文字编辑器，用户可以逐行逐列输入相应的文字或数据，如图 6-56 所示。

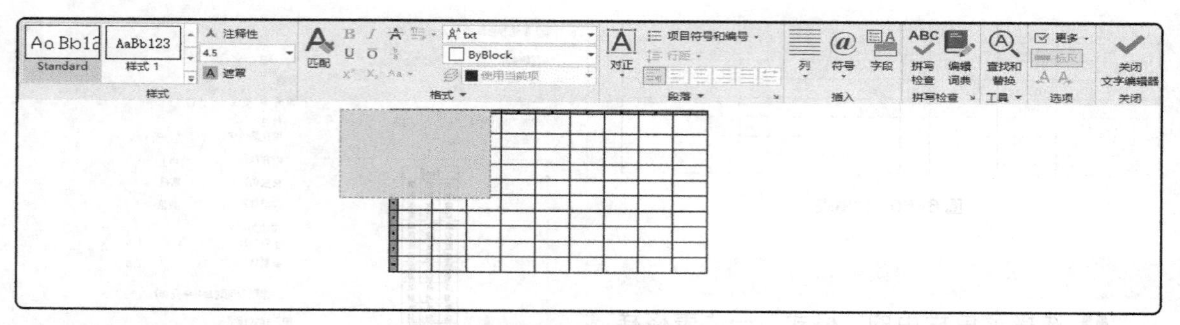

图 6-56 多行文字编辑器

❺ 当编辑完成的表格有需要修改的地方时可通过 TABLEDIT 命令来完成（也可在要修改的表格上单击鼠标右键，在弹出的快捷菜单中选择“编辑文字”命令，如图 6-57 所示）。

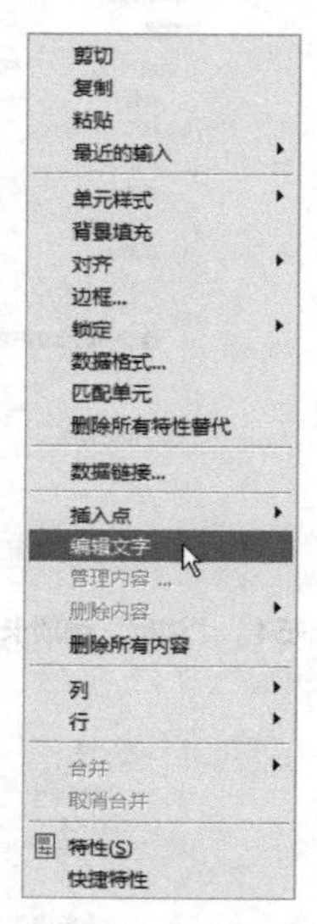

图 6-57 快捷菜单

命令行提示如下：

命令：tableedit ↙
拾取表格单元：（鼠标点取需要修改文本的表格单元。多行文字编辑器会再次出现，用户可以进行修改）

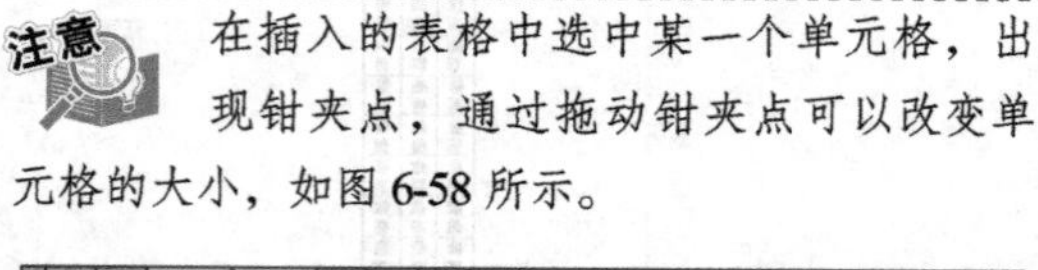

注意 在插入的表格中选中某一个单元格，出现钳夹点，通过拖动钳夹点可以改变单元格的大小，如图 6-58 所示。

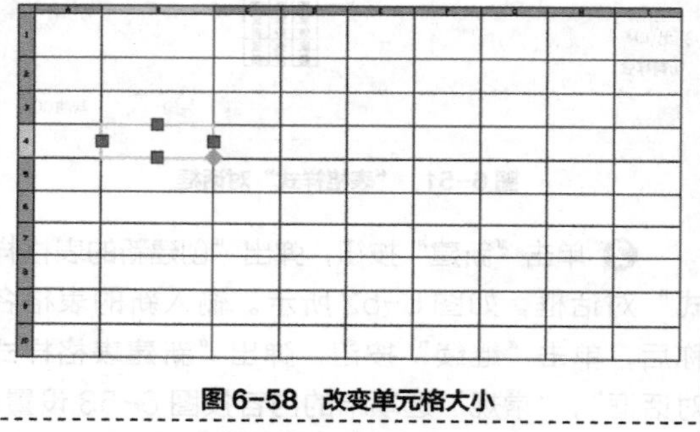

图 6-58 改变单元格大小

最后完成的种植表如图 6-50 所示。

6.5 练习

1. 定义一个名为 USER、字体为楷体、字体高度为 5、倾斜角度为 15° 的文本样式，并在矩形内输入图 6-59 所示的文本。

欢迎使用AutoCAD 2024中文版

图 6-59

2. 用 MTEXT 命令输入图 6-60 所示的技术要求。

1. 当无标准齿轮时，允许检查下列三项代替检查径向综合公差和一齿径向综合公差
   a. 齿圈径向跳动公差Fr为0.056
   b. 齿形公差ff为0.016
   c. 基节极限偏差±f_{pb}为0.018
2. 用带凸角的刀具加工齿轮，但齿根不允许有凸台，允许下凹，下凹深度不大于0.2
3. 未注倒角1x45°
4. 尺寸为$\varnothing 30^{+0.05}_{-0.06}$的孔抛光处理。

图 6-60 技术要求

3. 用 DTEXT 命令输入如图 6-61 所示的文本。

用特殊字符输入下划线
字体倾斜角度为15°

图 6-61 DTEXT 命令练习

4. 用“编辑”命令修改练习 1 中的文本。
5. 用“特性”选项板修改练习 3 中的文本。
6. 绘制图 6-62 所示的明细表。

11	hu11	橡胶密封圈	1	
10	hu10	橡胶密封圈	1	
9	hu9	卡环	1	
8	hu8	卡环	1	
7	hu7	离合器压板	1	
6	hu6	外齿摩擦片	7	
5	hu5	弹簧	20	
4	hu4	离合器活塞	1	
3	hu3	CNL离合器缸体	1	
2	hu2	弹簧座总成	1	
1	hu1	内齿摩擦片总成	7	
序号	代　号	名　称	数量	备注

图 6-62 明细表

7. 绘制图 6-63 所示的标题栏。

<table>
<tr><td colspan="3" rowspan="2">阀体</td><td>比例</td><td></td><td rowspan="2"></td></tr>
<tr><td>件数</td><td></td></tr>
<tr><td>制图</td><td></td><td></td><td>重量</td><td></td><td>共 张 第 张</td></tr>
<tr><td>描图</td><td></td><td></td><td colspan="3" rowspan="2">AutoCAD 2024</td></tr>
<tr><td>审核</td><td></td><td></td></tr>
</table>

图 6-63 标题栏

第7章

图案填充、块与属性

在图形绘制过程中，经常会碰到重复的图形对象，比如，机械或建筑图形中的剖面图案、机械图形中的粗糙度符号、建筑图形中的标高符号等，为了绘制的速度和效率，AutoCAD 提供了图案填充、块以及属性功能。

重点与难点

- 图案填充
- 图块操作
- 图块的属性

7.1 图案填充

当用户需要用一个重复的图案填充一个区域时，可以使用 BHATCH 命令建立一个相关联的填充阴影对象，即所谓的图案填充。

7.1.1 基本概念

1. 图案边界

进行图案填充时，首先要确定填充图案的边界。定义边界的对象只能是直线、双向射线、单向射线、多线、样条曲线、圆弧、圆、椭圆、椭圆弧、面域等对象或用这些对象定义的块，而且作为边界的对象在当前屏幕上必须全部可见。

2. 孤岛

进行图案填充时，我们把位于总填充域内的封闭区域称为孤岛，如图 7-1 所示。使用 BHATCH 命令填充时，AutoCAD 允许用户以点取点的方式确定填充边界，即用鼠标在希望填充的区域内任意点取一点，AutoCAD 会自动确定填充边界，同时也确定该边界内的孤岛。如果用户是以选对象的方式确定填充边界，则必须确切地选这些岛，有关知识将在下一节中介绍。

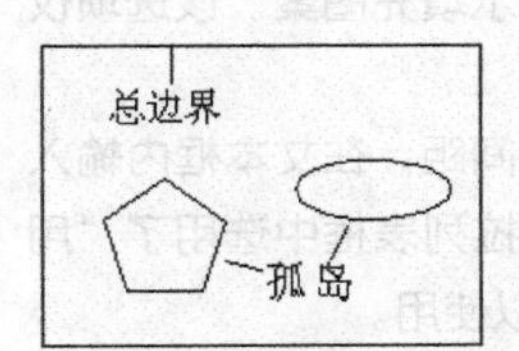

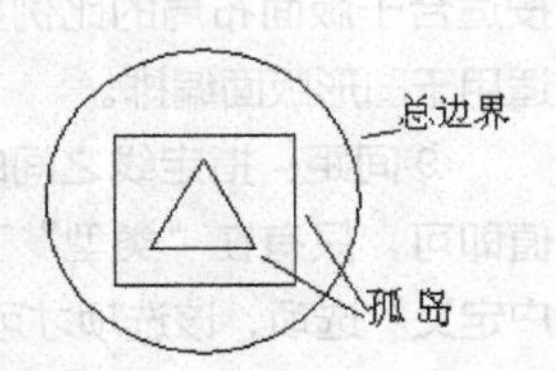

图 7-1 孤岛

3. 填充方式

在进行图案填充时，需要控制填充的范围，AutoCAD 为用户设置了以下 3 种方式实现对填充范围的控制。

（1）普通方式：该方式由每条填充线或每个填充符号的两端开始向里画，与内部对象相交时，填充线或符号断开，直到下一次相交时再继续画，如图 7-2（a）所示。采用这种方式时，要避免填充线或符号与内部对象的相交次数为奇数。该方式为系统默认的填充方式。

（2）最外层方式：该方式从边界向里画，只要在边界内部与对象相交，填充符号由此断开，不再继续画，如图 7-2（b）所示。

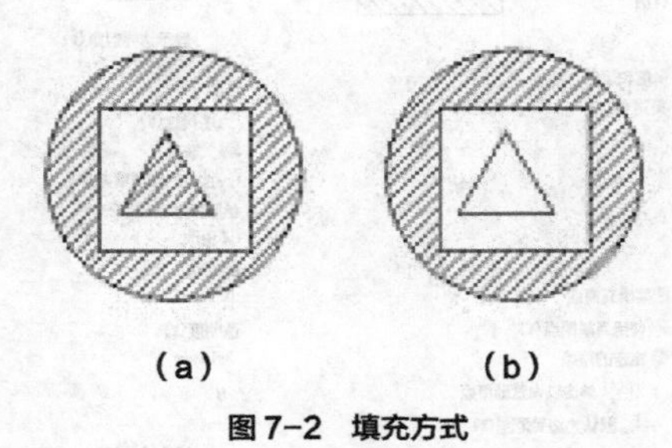

图 7-2 填充方式

（3）忽略方式：该方式忽略边界内的对象，所有内部结构都被填充符号覆盖，如图 7-3 所示。

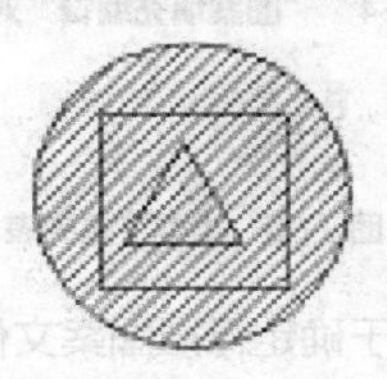

图 7-3 忽略方式

7.1.2 图案填充的操作

1. 执行方式

命令行：BHATCH

菜单：绘图→图案填充→

工具条：绘图→图案填充→ 或绘图→渐变色→

2. 操作步骤

执行上述命令后系统打开图 7-4 所示的“图案填充编辑”对话框。

（1）“图案填充”选项卡：此选项卡下的各选项用来确定图案及其参数。

①类型：用于确定填充图案的类型。单击后面的小箭头，弹出一个下拉列表（见图 7-5），在该列表中，“用户定义”选项表示要用户临时定义填充图案，与在命令行中选择“U”选项作用一样；“自定义”选项表示选用 ACAD.PAT 图案文件或其他图案文件（.PAT 文件）中的图案填充；“预定义”选项表示用 AutoCAD 标准图案文件（ACAD.PAT 文件）中的图案填充。

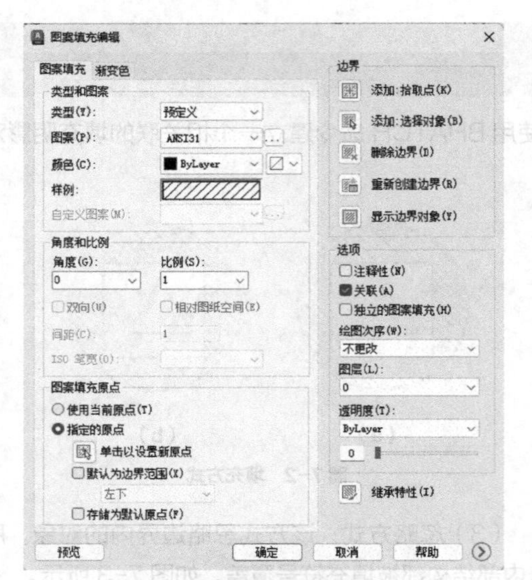

图 7-4 “图案填充编辑”对话框

图 7-5 类型下拉列表

②图案：用于确定标准图案文件中的填充图案。单击后面的小箭头，在弹出的下拉列表中。选取所需要的填充图案后，“样例”的图像框内会显示该图案。只有用户在“类型”中选择了“预定义”选项，此选项才以正常亮度显示，即允许用户从自己定义的图案文件中选取填充图案。

如果选择的图案类型是“预定义”，单击“图案”下拉列表框右边的...按钮，弹出图 7-6 所示的“填充图案选项板”对话框，该对话框中将显示所选类型所具有的所有图案，用户可从中选择所需要的图案。

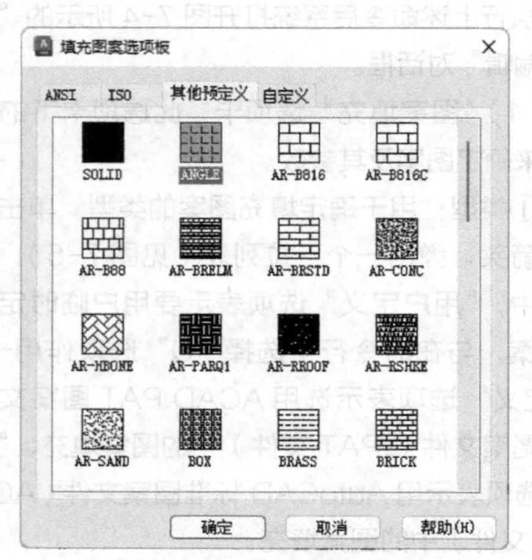

图 7-6 “填充图案选项板”对话框

③样例：用来给出一个样本图案。在其右面有一方形图像框，会显示当前用户所选用的填充图案。用户可以单击该图像迅速查看或选取已有的填充图案。

④自定义图案：用于选择用户定义的填充图案。只有在“类型”下拉列表框中选用“自定义”选项后，该选项才以正常亮度显示，即允许用户从自己定义的图案文件中选取填充图案。

⑤角度：用于确定填充图案时的旋转角度。每种图案在定义时的旋转角度为 0°，用户可在“角度”编辑框内输入所希望的旋转角度。

⑥比例：用于确定填充图案的比例值。每种图案在定义时的初始比例为 1，用户可以根据需要放大或缩小，方法是在“比例”文本框内输入相应的比例值。

⑦双向：用于确定用户临时定义的填充线是一组平行线，还是相互垂直的线。只有在“类型”下拉列表框中选用了“用户定义”选项，该选项才可以使用。

⑧相对图纸空间：用于确定是否相对于图纸空间单位确定填充图案的比例值。选择此选项，可以按适合于版面布局的比例显示填充图案。该选项仅适用于图形版面编排。

⑨间距：指定线之间的间距，在文本框内输入值即可。只有在“类型”下拉列表框中选用了“用户定义”选项，该选项才可以使用。

⑩ ISO 笔宽：告诉用户根据所选择的笔宽确定与 ISO 有关的图案比例。只有选择了已定义的 ISO 填充图案后，才可确定它的内容。

⑪ 图案填充原点：用于控制填充图案生成的起始位置。某些图案（如砖块图案）的原点需要与图案填充边界上的点对齐。默认情况下，所有图案填充原点都对应于当前的 UCS 原点。也可以选择“指定的原点”及下面一级的选项重新指定原点。

（2）“渐变色”选项卡：渐变色是指从一种颜色到另一种颜色的平滑过渡，可为图形添加视觉效果。选择该选项卡，弹出图 7-7 所示的对话框。

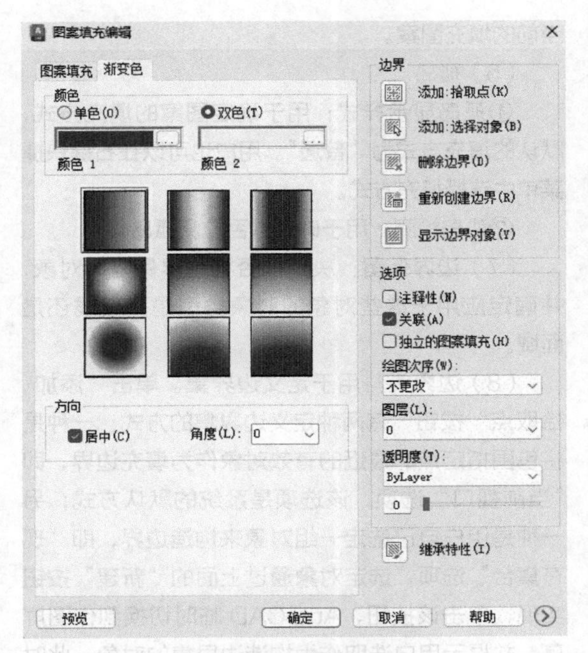

图 7-7 “渐变色”选项卡

①“单色”单选按钮：应用单色对所选择的对象进行渐变色填充。其下方的显示框显示用户所选择的真彩色，单击左边的小方钮，系统打开“选择颜色”对话框，如图 7-8 所示。该对话框已在第 4 章详细介绍，这里不再赘述。

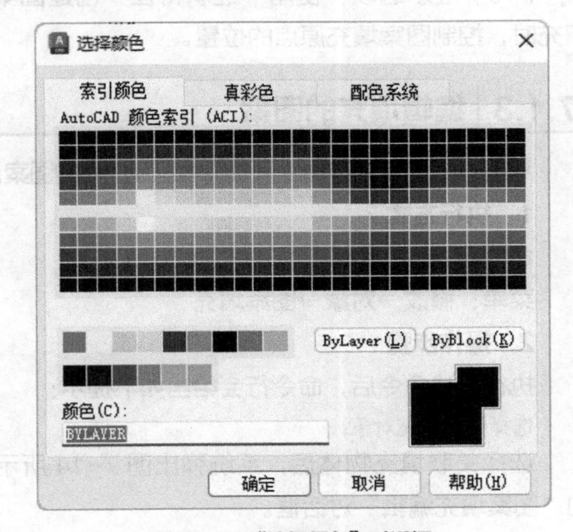

图 7-8 “选择颜色”对话框

②“双色”单选按钮：应用双色对所选择的对象进行渐变色填充。填充颜色将从颜色 1 渐变到颜色 2，颜色 1 和颜色 2 的选取与单色选取类似。

③“渐变方式”样板：在“渐变色”选项卡的中间有 9 个“渐变方式”样板，分别表示不同的渐变方式，包括线形、球形和抛物线形等。

④“居中”复选框：决定渐变填充是否居中。

⑤“角度”下拉列表框：在该下拉列表框中选择角度，此角度为渐变色倾斜的角度。不同倾斜角度的渐变色填充如图 7-9 所示。

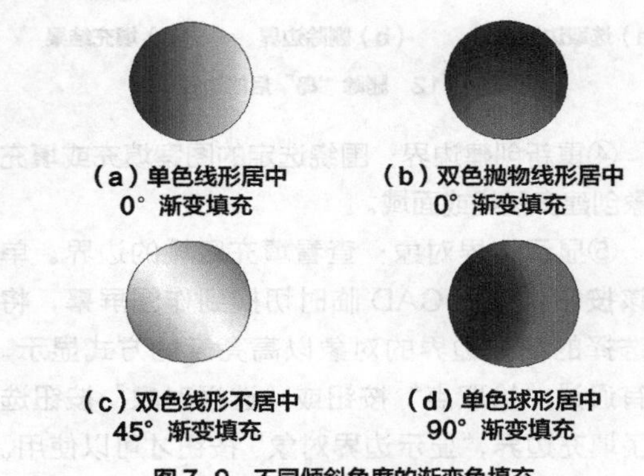

图 7-9 不同倾斜角度的渐变色填充

（3）边界。

①添加：拾取点：以点取点的形式自动确定填充区域的边界。在填充的区域内任意点取一点，系统会自动确定包围该点的封闭填充边界，并且高亮显示，如图 7-10 所示。

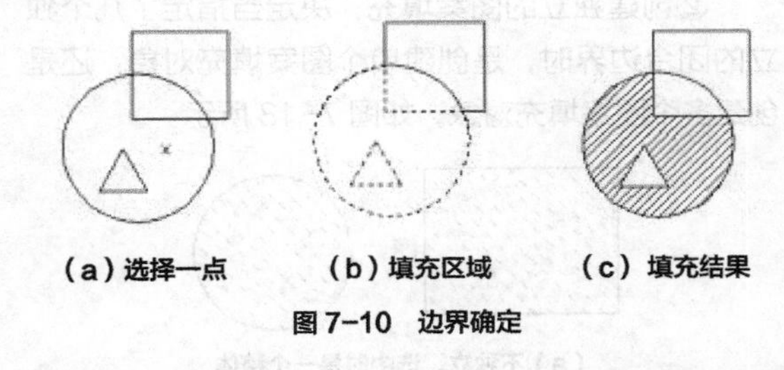

图 7-10 边界确定

②添加：选择对象：以选择对象的方式确定填充区域的边界。同样，被选择的边界也会高亮显示，如图 7-11 所示。

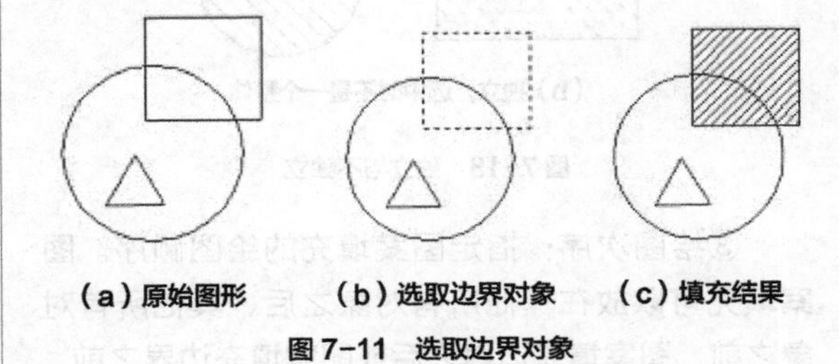

图 7-11 选取边界对象

③删除边界：从边界定义中删除之前添加的任何对象，如图 7-12 所示。

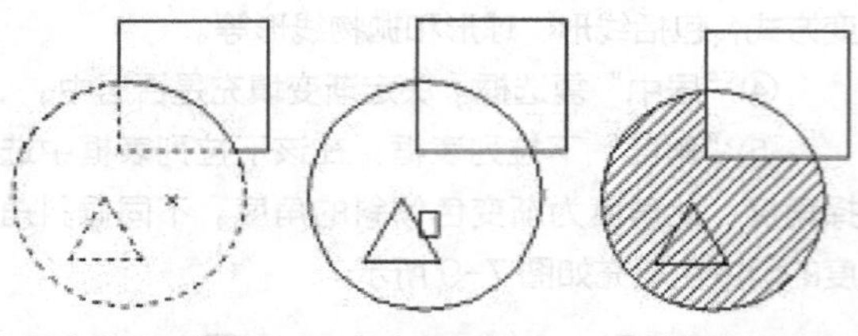

（a）选取边界对象　（b）删除边界　（c）填充结果

图 7-12　删除“岛”后的边界

④重新创建边界：围绕选定的图案填充或填充对象创建多段线或面域。

⑤显示边界对象：查看填充区域的边界。单击该按钮，AutoCAD 临时切换到作图屏幕，将所选择的填充边界的对象以高亮度的方式显示。只有通过“拾取点”按钮或“选择对象”按钮选取了填充边界，“显示边界对象”按钮才可以使用。

（4）选项。

①关联：用于确定填充图案与边界的关系。若选择此选项，那么填充的图案与填充边界保持着关联，即图案填充后，用钳夹功能对边界进行拉伸等编辑操作时，AutoCAD 会根据边界的新位置重新生成填充图案。

②创建独立的图案填充：决定当指定了几个独立的闭合边界时，是创建单个图案填充对象，还是创建多个图案填充对象，如图 7-13 所示。

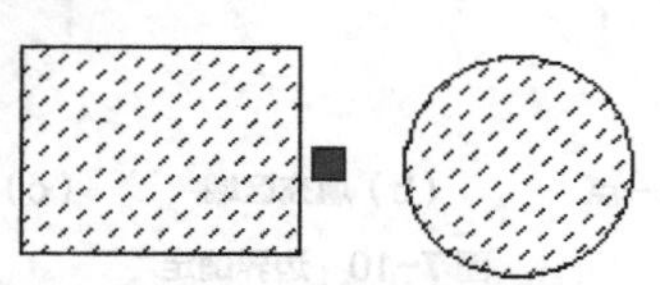

（a）不独立，选中时是一个整体

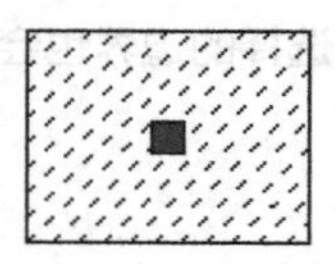

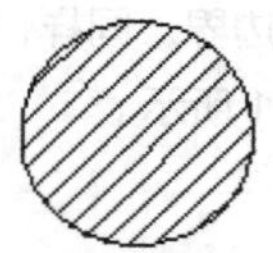

（b）独立，选中时不是一个整体

图 7-13　独立与不独立

③绘图次序：指定图案填充的绘图顺序。图案填充可以放在其他所有对象之后、其他所有对象之前、图案填充边界之后或图案填充边界之前。

（5）继承特性：选用图中已有的填充图案作为当前的填充图案。

（6）孤岛。

①孤岛显示样式：用于确定图案的填充方式，默认的填充方式为“普通”。用户也可以在右键快捷菜单中选择填充方式。

②孤岛检测：用于确定是否检测孤岛。

（7）边界保留：决定是否将边界保留为对象，并确定应用于这些对象的对象类型是多段线还是面域。

（8）边界集：用于定义边界集。单击“添加：拾取点”按钮，有两种定义边界集的方式：一种是将包围指定点的最近的有效对象作为填充边界，即“当前视口”选项，该选项是系统的默认方式；另一种是用户自己选定一组对象来构造边界，即“现有集合”选项，选定对象通过上面的“新建”按钮实现，单击该按钮，AutoCAD 临时切换到作图屏幕，并提示用户选取作为构造边界集的对象。此时若选择“现有集合”选项，AutoCAD 会根据用户指定的边界集中的对象来构造封闭边界。

（9）允许的间隙：用于设置将对象用作图案填充边界时可以忽略的最大间隙。默认值为 0，此值指定对象必须为封闭区域而没有间隙。

（10）继承选项：使用“继承特性”创建图案填充时，控制图案填充原点的位置。

7.1.3 编辑填充的图案

利用HATCHEDIT命令可以编辑已经填充的图案。

1．执行方式

命令行：HATCHEDIT

菜单：修改→对象→图案填充

2．操作步骤

执行上述命令后，命令行会给出如下提示：

```
选择图案填充对象：
```

选择关联填充物体后，系统弹出图 7-14 所示的“图案填充编辑”对话框。

该对话框中各选项的含义与图 7-4 所示的“图案填充编辑”对话框中各选项的含义相同。利用该对话框，可以对已填充的图案进行一系列的编辑修改。

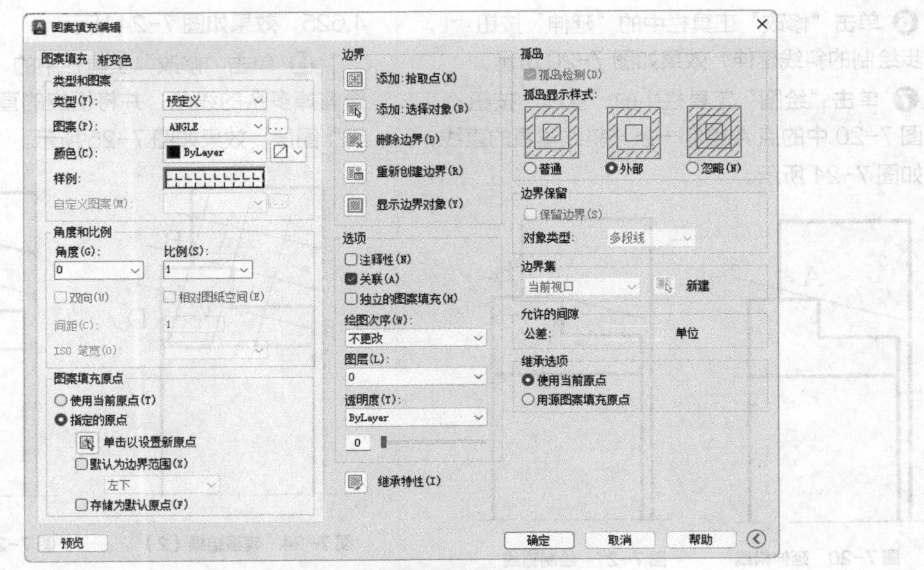

图 7-14 “图案填充编辑”对话框

7.1.4 实例——绘制圆锥滚子轴承

绘制图 7-15 所示的圆锥滚子轴承。

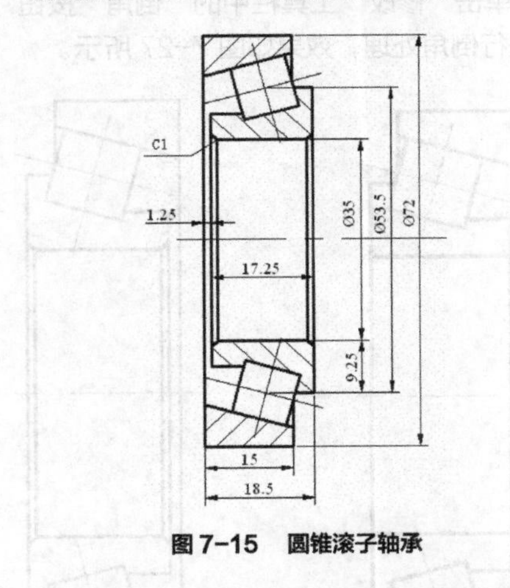

图 7-15 圆锥滚子轴承

操作步骤

❶ 单击“图层”工具栏中的“图层特性管理器”按钮，弹出“图层特性管理器”对话框，在该对话框中依次创建“轮廓线”“点划线”和“剖面线”3个图层，并设置“轮廓线”图层的线宽为 0.5mm，设置“点划线”图层的线型为 CENTER2。

❷ 将“点划线”图层设置为当前图层，选择菜单栏中的“绘图”→“直线”命令，沿水平方向绘制一条中心线，然后将“轮廓线”图层设置为当前图层，调用“直线”命令，绘制一条竖直线，效果如图 7-16 所示。

❸ 单击“修改”工具栏中的“偏移”按钮，将水平中心线分别向上偏移 17.5、22.125、26.75、36，并将偏移的直线转换到“轮廓线”图层，同理将竖直线分别向右偏移 1.25、10.375、15、18.25，效果如图 7-17 所示。

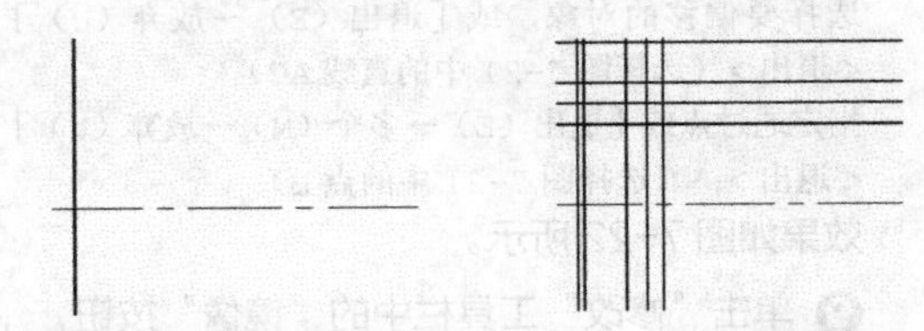

图 7-16 绘制中心线和竖直线　　图 7-17 偏移直线

❹ 单击“修改”工具栏中的“修剪”按钮，修剪掉多余的线条，效果如图 7-18 所示。

❺ 将“点划线”图层设置为当前图层，单击“绘图”工具栏中的“直线”按钮，以图 7-18 中 A 点为起点绘制一条倾斜角度为 15° 的斜线，效果如图 7-19 所示。

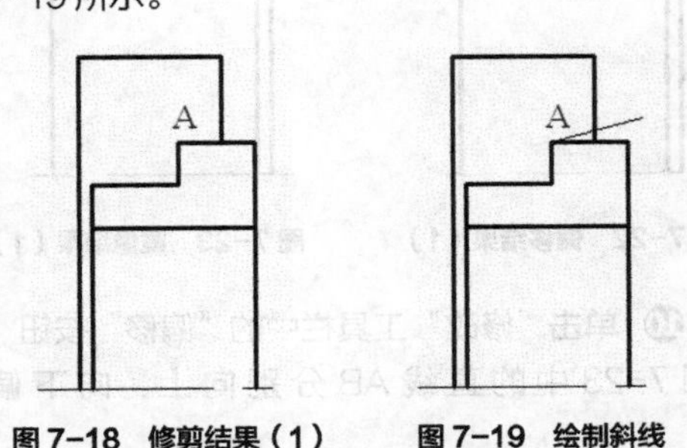

图 7-18 修剪结果（1）　　图 7-19 绘制斜线

❻ 单击“修改”工具栏中的“延伸”按钮，将上步绘制的斜线延伸，效果如图 7-20 所示。

❼ 单击“绘图”工具栏中的“直线”按钮，通过图 7-20 中的点 A 绘制一条与斜线垂直的直线，效果如图 7-21 所示。

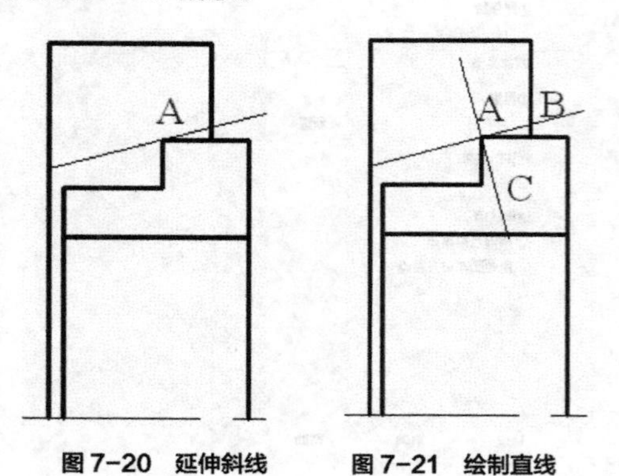

图 7-20 延伸斜线　　图 7-21 绘制直线

❽ 单击“修改”工具栏中的“偏移”按钮，将图 7-21 中直线 AC 向右偏移，命令行提示与操作如下：

```
命令：_offset
当前设置：删除源 = 否图层 = 源 OFFSETGAPTYPE=0
指定偏移距离或 [通过（T）→删除（E）→图层（L）]
<10.3750>：t↙
选择要偏移的对象，或 [退出（E）→放弃（U）]
<退出>（选择图 7-21 中的直线 AC）
指定通过点或 [退出（E）→多个（M）→放弃（U）]
<退出>：（选择图 7-21 中的点 B）
```

效果如图 7-22 所示。

❾ 单击“修改”工具栏中的“镜像”按钮，以图 7-22 中的直线 AC 为对称轴，将直线 BD 进行镜像处理，结果如图 7-23 所示。

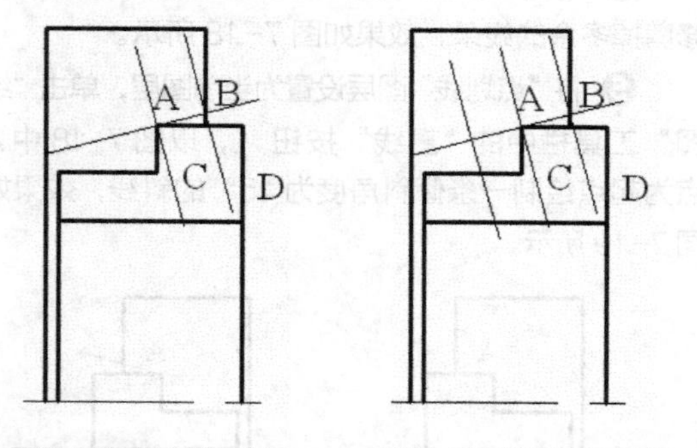

图 7-22 偏移结果（1）　　图 7-23 镜像结果（1）

❿ 单击“修改”工具栏中的“偏移”按钮，将图 7-23 中的直线 AB 分别向上、向下偏移 4.625，效果如图 7-24 所示。

⓫ 单击“修改”工具栏中的“修剪”按钮，修剪掉多余的线条，并将相应的直线转换到“轮廓线”图层，效果如图 7-25 所示。

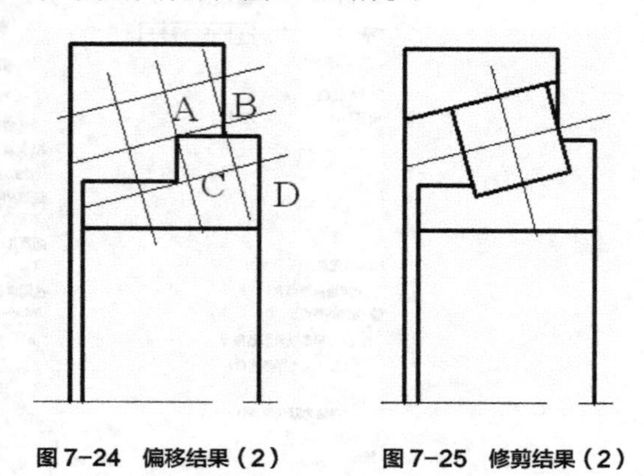

图 7-24 偏移结果（2）　　图 7-25 修剪结果（2）

⓬ 单击“修改”工具栏中的“镜像”按钮，以图 7-25 中的中心线为对称轴，对中心线上半部分进行镜像处理，效果如图 7-26 所示。

⓭ 单击“修改”工具栏中的“倒角”按钮，对轴承进行倒角处理，效果如图 7-27 所示。

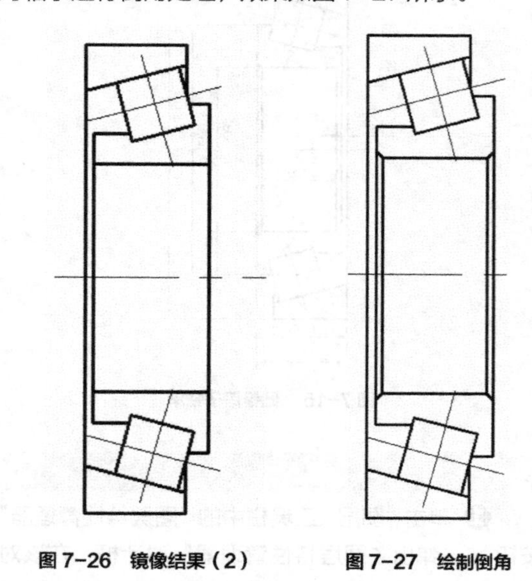

图 7-26 镜像结果（2）　　图 7-27 绘制倒角

⓮ 将“剖面线”图层设置为当前图层，单击“绘图”工具栏中的“图案填充”按钮，然后再单击右下角的，弹出“图案填充和渐变色”对话框，按照图 7-28 所示内容进行设置，单击“添加：拾取点”按钮，用鼠标在轴承外圈所在两个独

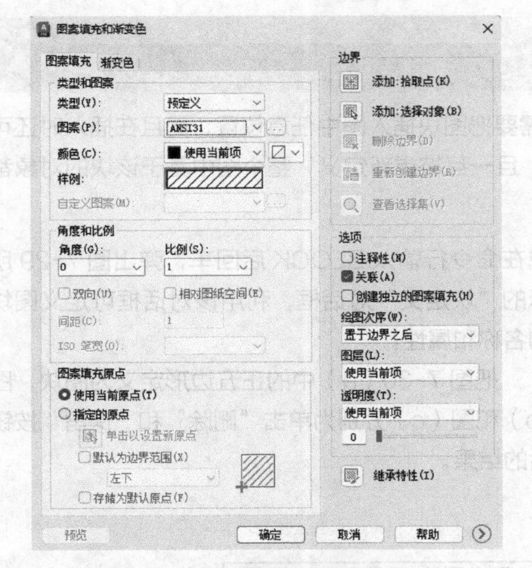

图 7-28　“图案填充和渐变色”对话框

立的区域内各拾取一点，返回“图案填充和渐变色”对话框，单击“确定”按钮，系统以选定的图案填充轴承外圈。使用同样方法填充轴承内圈，最终结果如图 7-15 所示。

> **注意**　在剖视图中，被剖切面剖切到的部分称为剖面。为了在剖视图上区分剖面和其他表面，应在剖面上画出剖面符号（也称剖面线）。机件的材料不同，采用的剖面符号也不相同。各种材料的剖面符号，如表 7-1 所示。本例中圆锥滚子轴承的内圈和外圈属于两个不同的零件，可以通过更改剖面线倾斜方向（45° 或 135°）或者调节剖面线间距来进行区分。

表 7-1　各种材料的剖面符号

材料名称	剖面符号	材料名称	剖面符号
金属材料（已有规定剖面符号者除外）		木质胶合板（不分层数）	
非金属材料（已有规定剖面符号者除外）		基础周围的泥土	
转子、电枢、变压器和电抗器等的叠钢片		混凝土	
线圈绕组元件		钢筋混凝土	
型砂、填砂、粉末冶金、砂轮、陶瓷刀片、硬质合金、刀片等		砖	
玻璃及供观察用的其他透明材料		格网（筛网、过滤网等）	
木材　纵断面		液体	
木材　横断面			

7.2 图块操作

把图块作为编辑对象进行修改等操作时，用户可根据需要把图块插入图中任意位置，而且在插入时还可以指定不同的缩放比例和旋转角度。图块还可以重新定义，且一旦被重新定义，整个图中基于该块的对象都将随之改变。

7.2.1 定义图块

1. 执行方式

命令行：BLOCK

菜单：绘图→块→创建

工具栏：绘图→创建块

2. 操作步骤

选择相应的菜单命令或单击相应的工具栏图标，或在命令行输入 BLOCK 后回车，弹出图 7-29 所示的“块定义”对话框，利用该对话框可定义图块的名称和属性。

把图 7-30（a）中的正五边形定义为图块，图（b）和图（c）分别为单击“删除”和“保留”按钮后的结果。

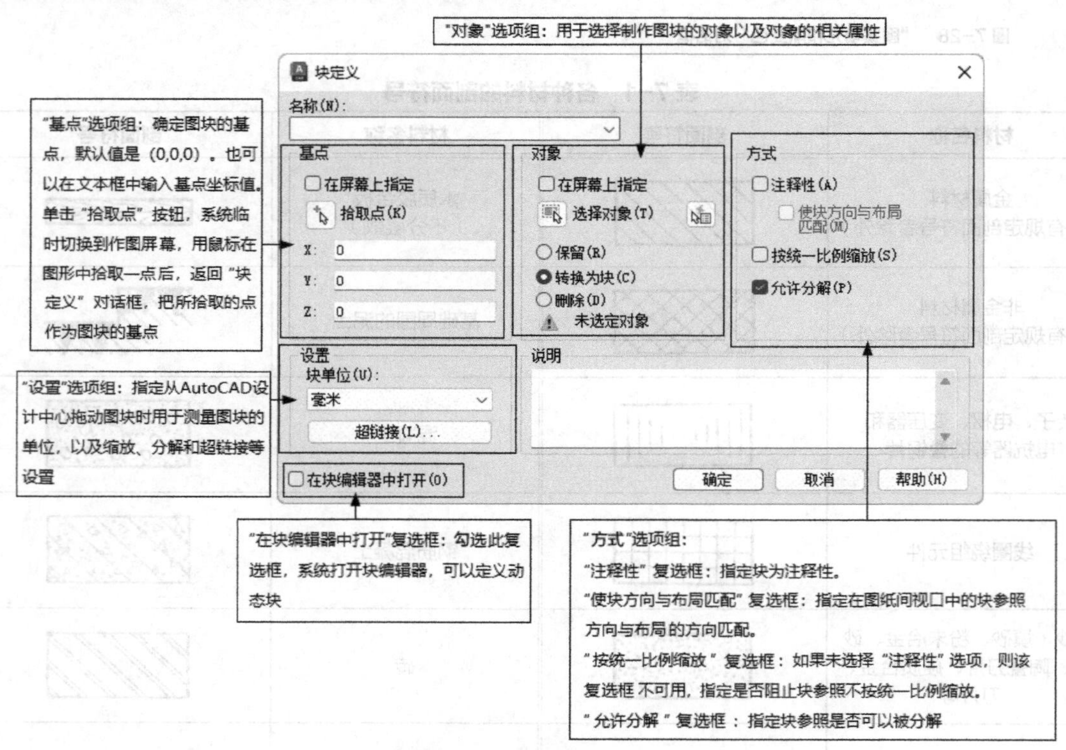

图 7-29 “块定义”对话框

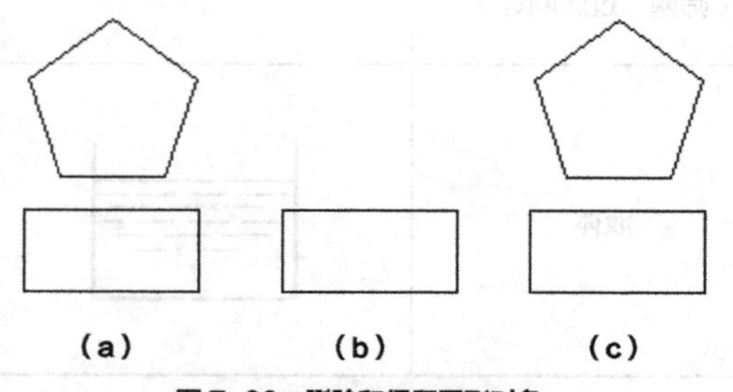

图 7-30 删除和保留图形对象

7.2.2 图块的存盘

用 BLOCK 命令定义的图块保存在其所属的图形当中，该图块只能在该图中插入，而不能插入其图中。但是有些图块在许多图中要经常用到，这时可以用 WBLOCK 命令把图块以图形文件的形式（后缀为 .dwg）存入磁盘，该图形文件可以在任意图形中通过 INSERT 命令插入。

1. 执行方式

命令行：WBLOCK

2. 操作步骤

在命令行输入 WBLOCK 后回车，弹出“写块”对话框，如图 7-31 所示，利用此对话框可把图形对象或图块保存为图形文件。

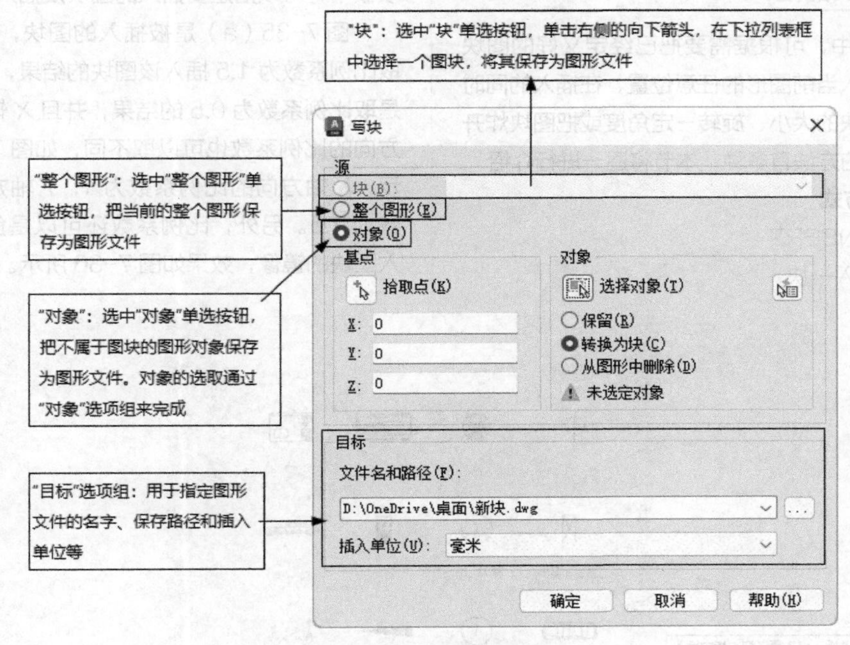

图 7-31 “写块”对话框

7.2.3 实例——定义组合沙发图块

本实例定义一个组合沙发图块，如图 7-32 所示。

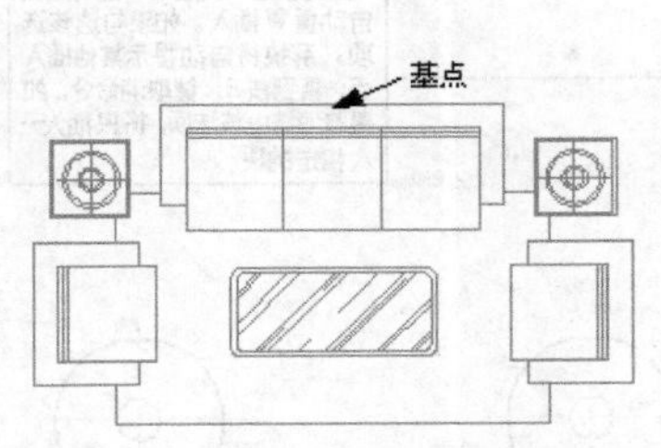

图 7-32 组合沙发图块

操作步骤

❶ 打开随书网盘中的“源文件 / 建筑基本图元 .dwg”文件。

❷ 单击“绘图”工具栏中的“创建块”按钮，弹出“块定义”对话框。

❸ 单击“对象”选项组中的“选择对象”按钮，框选组合沙发，单击鼠标右键回到对话框。

❹ 单击“基点”选项组中的“拾取点”按钮，用鼠标捕捉沙发靠背中点作为基点，单击鼠标右键返回对话框。

❺ 在“名称”栏输入名称“组合沙发”，单击“确定”按钮，如图 7-33 所示。

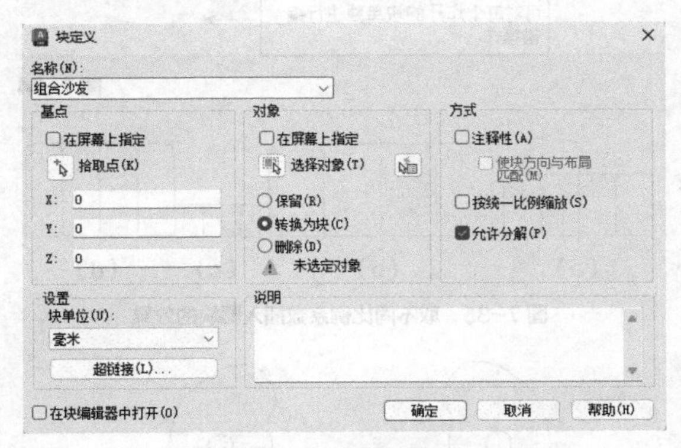

图 7-33 块定义对话框

完成后，松散的沙发图形就成为一个单独的对象。此时，该图块保存在“建筑基本图元 .dwg”文件中，随文件的保存而保存。

也可以利用 WBLOCK 命令定义图块并单独保存成一个文件，这时图块就可以被别的图形文件所共用。

7.2.4 图块的插入

绘图过程中，可根据需要把已经定义好的图块或图形文件插入当前图形的任意位置，在插入的同时还可以改变图块的大小、旋转一定角度或把图块炸开等。插入图块的方法有多种，本节将逐一进行介绍。

1. 执行方式

命令行：INSERT

菜单：插入→块

工具栏：插入→插入块 或绘图→插入块

2. 操作步骤

命令：INSERT↙

打开“块”选项板，如图 7-34 所示，在该选项板中，可以指定要插入的图块及插入位置。

图 7-35（a）是被插入的图块，图 7-35（b）取比例系数为 1.5 插入该图块的结果，图 7-35（c）是取比例系数为 0.5 的结果，并且 X 轴方向和 Y 轴方向的比例系数也可以取不同，如图 7-35（d）所示，X 轴方向的比例系数为 1，Y 轴方向的比例系数为 1.5。另外，比例系数还可以是负数，表示插入图块的镜像，效果如图 7-36 所示。

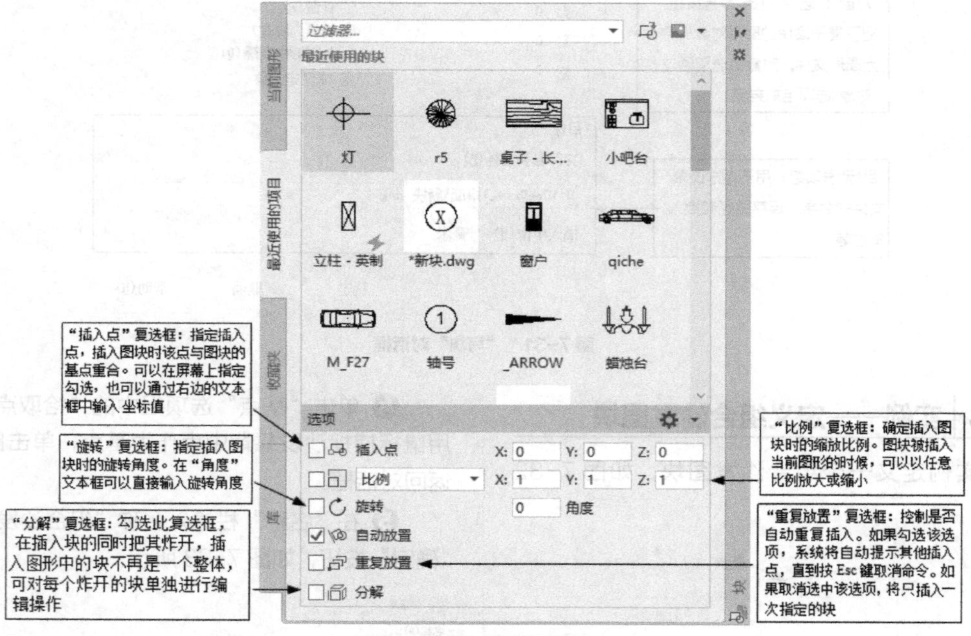

图 7-34 “块”选项板

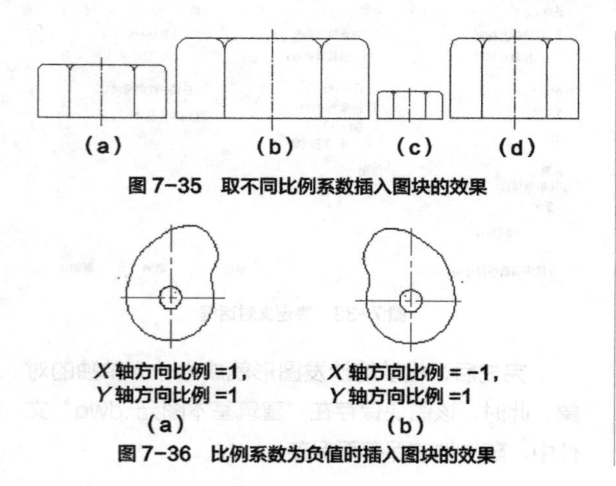

图 7-35 取不同比例系数插入图块的效果

图 7-36 比例系数为负值时插入图块的效果

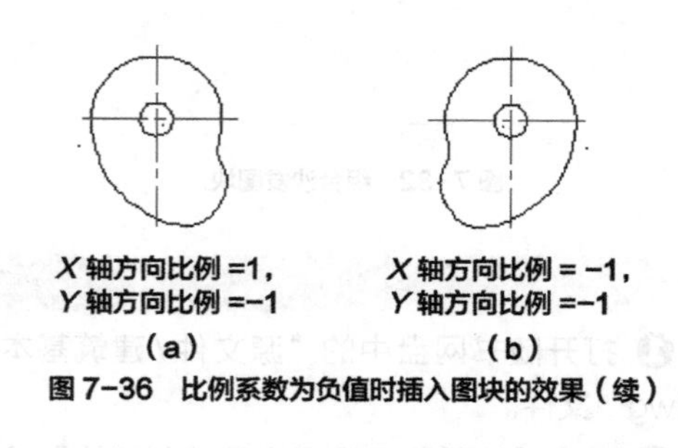

图 7-36 比例系数为负值时插入图块的效果（续）

图 7-37（b）是图 7-37（a）所示的图块旋转 30° 插入的效果，图 7-37（c）是旋转 −30° 插入的效果。

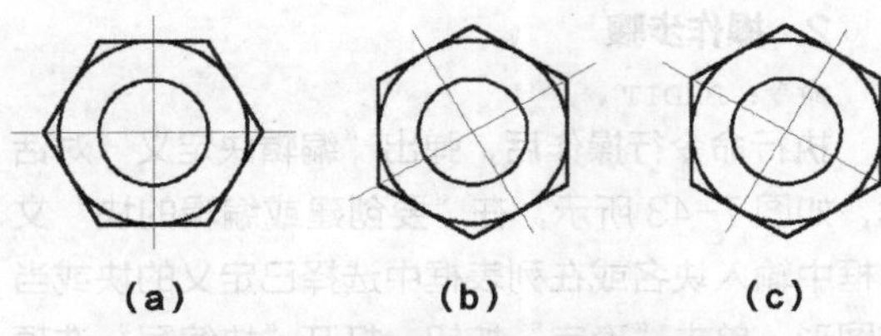

图 7-37 以不同旋转角度插入图块的效果

7.2.5 实例——标注阀盖表面粗糙度

标注图 7-38 所示图形中的表面粗糙度。

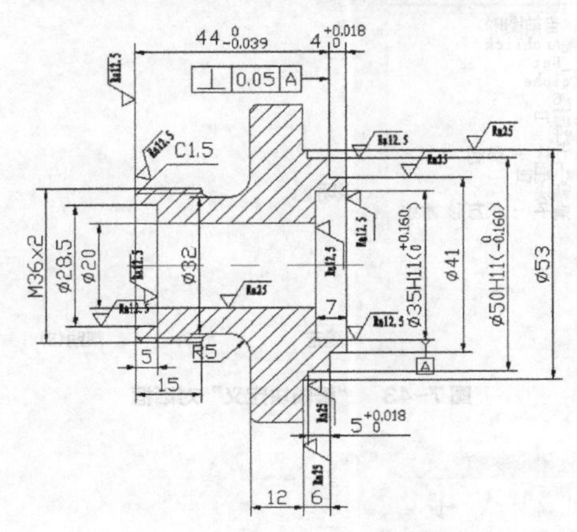

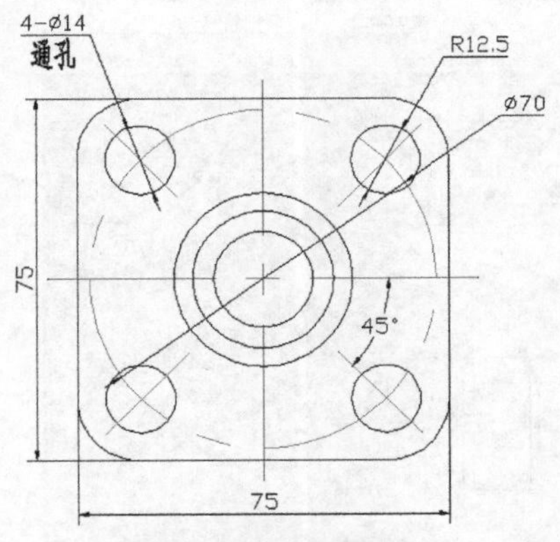

图 7-38 标注表面粗糙度

操作步骤

❶ 打开网盘中的“阀盖”文件。单击“绘图”工具栏中的“直线”按钮，绘制图 7-39 所示的粗糙度符号。

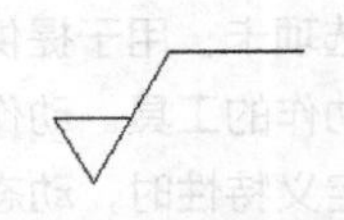

图 7-39 粗糙度符号

❷ 在命令行内输入“WBLOCK”命令后回车，弹出“写块”对话框，拾取表面粗糙度符号图形下尖点为基点，以表面粗糙度符号图形为对象，输入图块名称并指定路径，确认退出。

❸ 单击“绘图”工具栏中的“插入块”按钮，弹出“块”选项板，找到刚才保存的图块，在屏幕上指定插入点、比例和旋转角度，选择适当的插入点、比例和旋转角度，将该图块插入图 7-38 所示的图形中。

❹ 选择菜单栏中的“绘图”→“文字”→“单行文字”命令，标注文字，标注时注意对文字进行旋转。

❺ 使用同样的方法标注其他表面的粗糙度。

7.2.6 动态块

动态块具有灵活性和智能性。可以通过自定义钳夹点或自定义特性来操作动态块参照中的几何图形。这使得用户可以根据需要调整块，而不用搜索另一个块以插入或重定义现有的块。

例如，如果在图形中插入一个门块参照，编辑图形时可能需要更改门的大小。如果该块是动态的，并且定义为可调整大小，那么只需拖动自定义钳夹点或在“特性”选项板中指定不同的大小就可以修改门的大小，如图 7-40 所示。用户可能还需要修改门的打开角度，如图 7-41 所示。该门块还可能会包含对齐钳夹点，使用对钳齐夹点功能可以轻松地将门块参照与图形中的其他几何图形对齐，如图 7-42 所示。

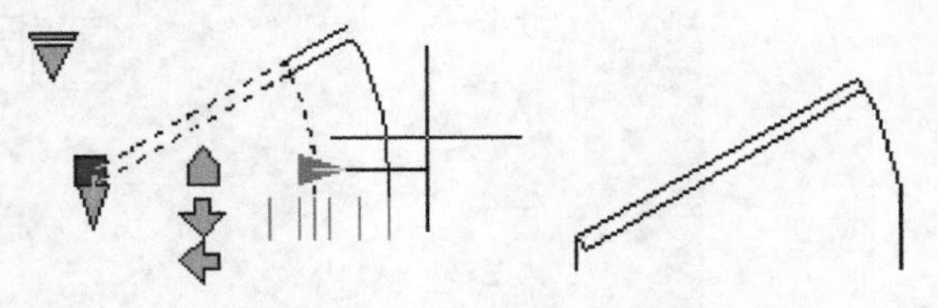

图 7-40 改变大小

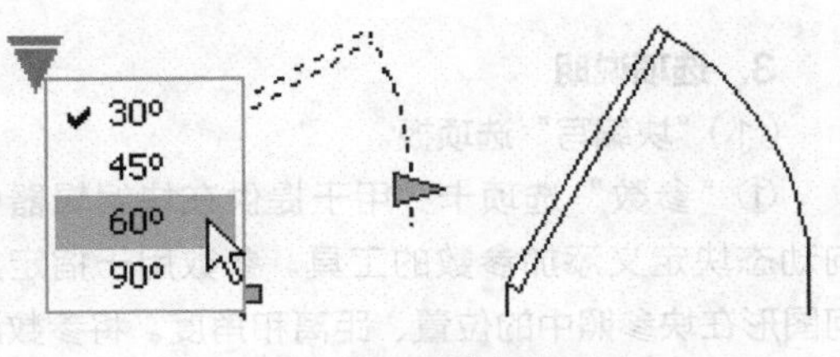

图 7-41 改变角度

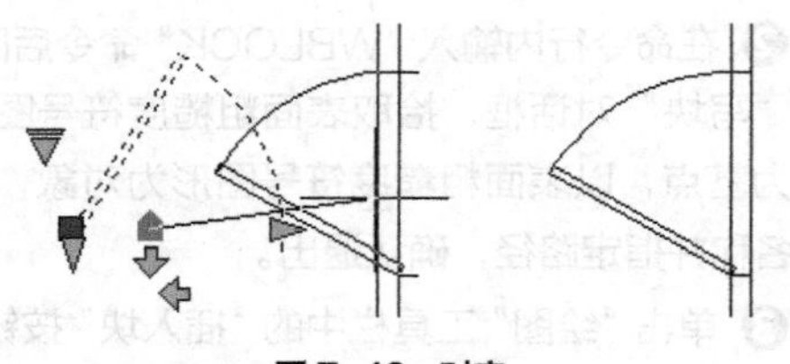

图 7-42 对齐

可以使用块编辑器创建动态块。块编辑器是一个专门的编写区域，用于添加能够使块成为动态块的元素。用户可以创建新的块，也可以向现有的块定义中添加动态行为。还可以像在绘图区域中一样创建几何图形。

1. 执行方式

命令行：BEDIT

菜单：工具→块编辑器

工具栏：标准→块编辑器

快捷菜单：选择一个块参照，在绘图区单击鼠标右键，在弹出的快捷菜单中选择“块编辑器”命令。

2. 操作步骤

命令：BEDIT↙

执行命令行操作后，弹出“编辑块定义”对话框，如图 7-43 所示，在“要创建或编辑的块”文本框中输入块名或在列表框中选择已定义的块或当前图形。单击“确定”按钮，打开“块编写”选项板和“块编辑器”工具栏，如图 7-44 所示。

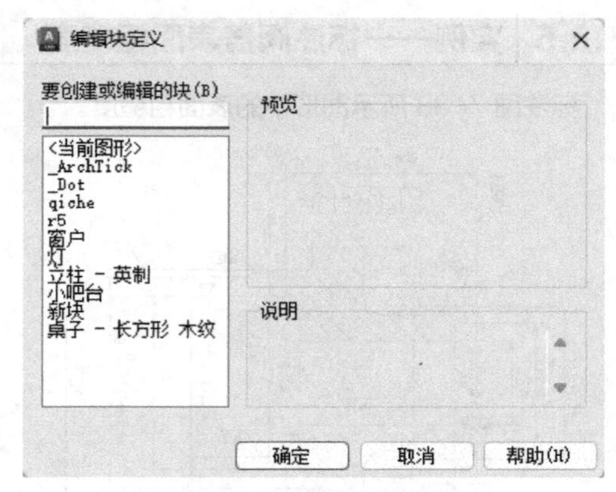

图 7-43 “编辑块定义”对话框

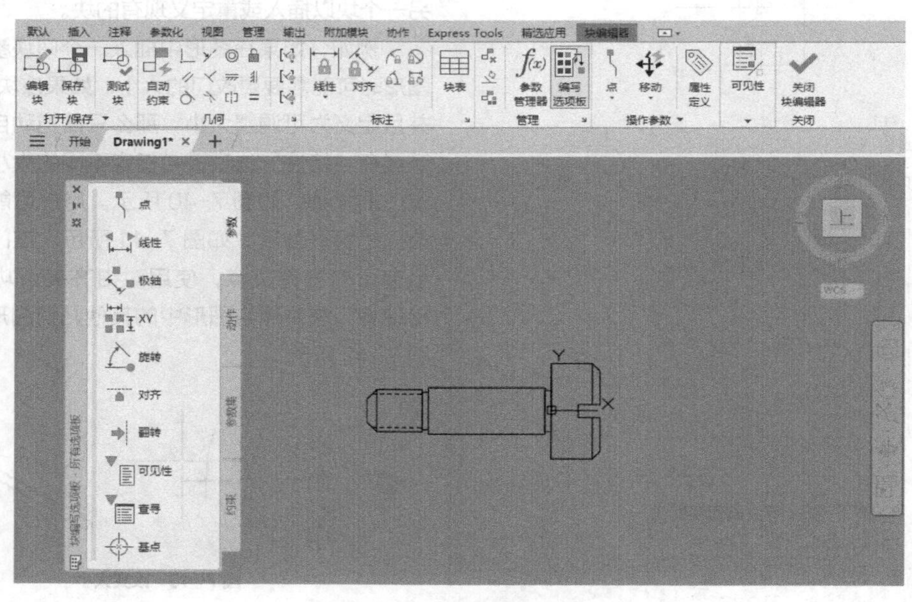

图 7-44 块编辑状态绘图平面

3. 选项说明

（1）“块编写”选项板。

①“参数”选项卡：用于提供在块编辑器中向动态块定义添加参数的工具。参数用于指定几何图形在块参照中的位置、距离和角度。将参数添加到动态块定义中时，该参数将定义动态块的一个或多个自定义特性。此选项卡也可以通过命令BPARAMETER来打开。

②“动作”选项卡：用于提供在块编辑器中向动态块定义添加动作的工具。动作定义了在图形中操作块参照的自定义特性时，动态块参照的几何图形将如何移动或变化，应将动作与参数关联。此选

项卡也可以通过 BACTIONTOOL 命令来打开。

③“参数集”选项卡：用于提供在块编辑器中向动态块定义添加一个参数和至少一个动作的工具。将参数集添加到动态块中时，动作将自动与参数关联。将参数集添加到动态块中后，双击黄色警示图标（或使用 BACTIONSET 命令），按照命令行上的提示将动作与几何图形选择集关联。此选项卡也可以通过 BPARAMETER 命令来打开。

④“约束”选项卡：用于提供将几何约束和约束参数应用于对象的工具。将几何约束应用于两个对象时，选择对象的顺序以及选择每个对象的点可能会影响相对于彼此的放置方式。

（2）“块编辑器”工具栏：该工具栏提供了块编辑器中使用、创建动态块以及设置可见性状态的工具。

7.2.7 实例——利用动态块功能标注阀盖的表面粗糙度

利用动态块功能标注图 7-38 所示阀盖图形中的表面粗糙度。

操作步骤

❶ 单击“绘图”工具栏中的“直线”按钮，绘制如图 7-39 所示的粗糙度符号。

❷ 在命令行内输入 WBLOCK 命令后回车，打开“写块”对话框，拾取上面图形的下尖点为基点，以上面图形为对象，输入图块名称并指定路径，单击“确定”按钮，返回绘图区。

❸ 单击“绘图”工具栏中的“插入块”按钮，选择“块”选项板，设置插入点和比例，旋转角度为固定的任意值，找到刚才保存的图块并单击，设置插入点和比例，将该图块插入图 7-38 所示的图形中，结果如图 7-45 所示。

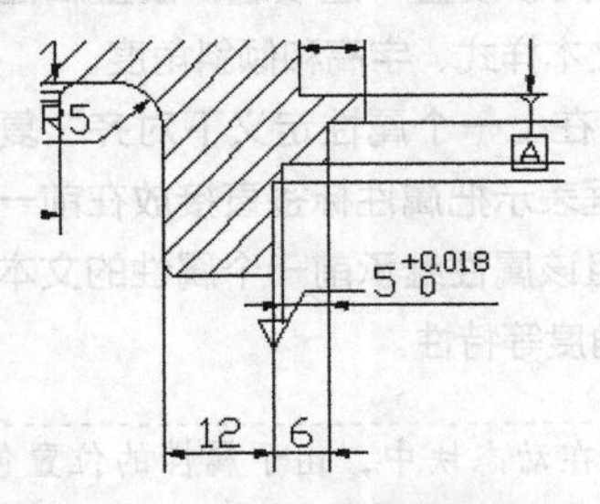

图 7-45 插入“表面粗糙度”图块

❹ 选择菜单栏中的“工具”→“块编辑器”命令，选择刚才保存的块，打开块编辑界面和“块编写”选项板，在“块编写”选项板的“参数”选项卡中选择“旋转”项，命令行提示与操作如下：

```
命令：_BParameter 旋转
指定基点或 [名称（N）/标签（L）/链（C）/说明（D）/选项板（P）/值集（V）]：(指定“表面粗糙度”图块下角点为基点)
指定参数半径：（指定适当半径）
指定默认旋转角度或 [基准角度（B）] <0>：0↙（指定适当角度）
指定标签位置：（指定适当夹点数）
```

在“块编写”选项板的“动作”选项卡中选择“旋转”选项，命令行提示与操作如下：

```
命令：_BActionTool 旋转
选择参数：（选择刚设置的旋转参数）
指定动作的选择集
选择对象：（选择“表面粗糙度”图块）
```

❺ 关闭块编辑器。

❻ 在当前图形中选择刚才标注的图块，系统显示图块的动态旋转标记，选中该标记，按住鼠标拖动，如图 7-46 所示。直到图块旋转到满意的位置为止，如图 7-47 所示。

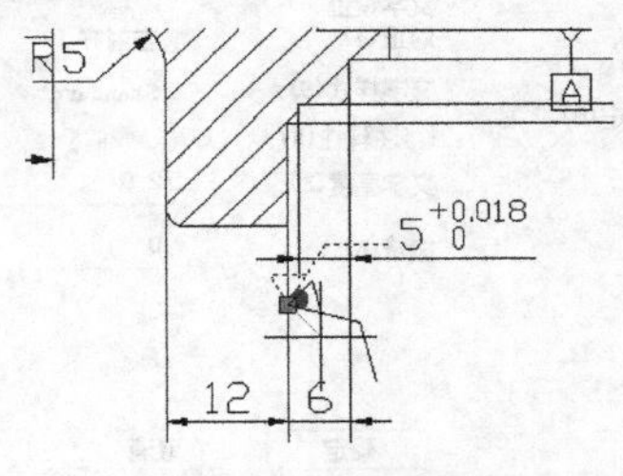

图 7-46 动态旋转

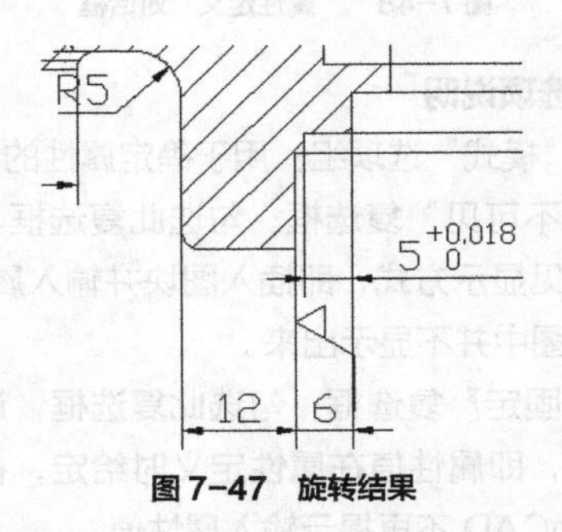

图 7-47 旋转结果

❼ 选择菜单栏中的“绘图”→“文字”→“单行文字”命令，标注文字，标注时注意对文字进行旋转。

❽ 使用相同的方法标注其他的表面粗糙度。

7.3 图块的属性

图块除了包含图形对象以外，还可以具有非图形对象。例如，把一个椅子图形定义为图块后，还可把椅子的号码、材料、重量、价格以及说明等文本信息一并加入图块当中。这些非图形信息，叫作图块的属性，它是图块的一个组成部分，与图形对象一起构成一个整体，插入图块时 AutoCAD 会把图形对象连同属性一起插入图形中。

7.3.1 定义图块属性

1. 执行方式

命令行：ATTDEF

菜单：绘图→块→定义属性

2. 操作步骤

选取相应的菜单项或在命令行输入 ATTDEF 后回车，打开“属性定义”对话框，如图 7-48 所示。

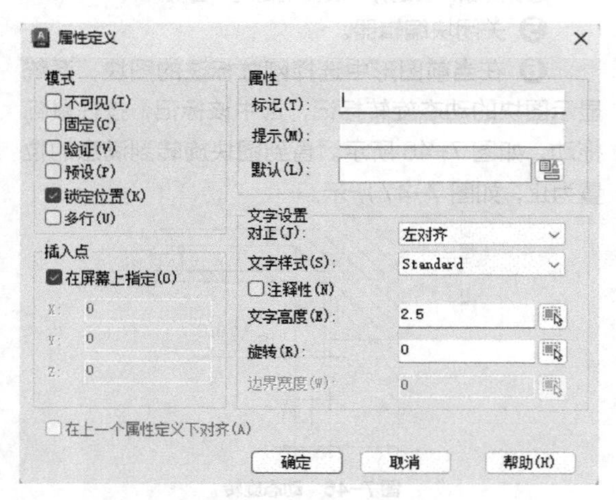

图 7-48 “属性定义”对话框

3. 选项说明

（1）“模式”选项组：用于确定属性的模式。

①“不可见”复选框：勾选此复选框，设置属性为不可见显示方式，即插入图块并输入属性值后，属性值在图中并不显示出来。

②“固定”复选框：勾选此复选框，设置属性值为常量，即属性值在属性定义时给定，在插入图块时 AutoCAD 不再提示输入属性值。

③“验证”复选框：勾选此复选框，当插入图块时 AutoCAD 将重新显示属性值让用户验证该值是否正确。

④“预设”复选框：勾选此复选框，当插入图块时 AutoCAD 自动把事先设置好的默认值赋予属性，而不再提示输入属性值。

⑤“锁定位置”复选框：勾选此复选框，锁定块参照中属性的位置。取消勾选后，属性可以相对于使用夹点编辑的块的其他部分移动，并且可以调整多行文字属性的大小。

⑥“多行”复选框：指定属性值可以包含多行文字，勾选此复选框可以指定属性的边界宽度。

（2）“属性”选项组：用于设置属性值。在每个文本框中允许输入不超过 256 个字符。

①“标记”文本框：输入属性标签。属性标签可由除空格和感叹号以外的所有字符组成，AutoCAD 会自动把小写字母改为大写字母。

②“提示”文本框：输入属性提示。属性提示是插入图块时 AutoCAD 要求输入属性值的提示，如果不在此文本框内输入文本，则以属性标签的内容作为提示。如果在“模式”选项组勾选了“固定”复选框，即设置属性为常量，则不需设置属性提示。

③“默认”文本框：设置默认的属性值。可把使用次数较多的属性值设为默认值，也可不设默认值。

（3）“插入点”选项组：确定属性文本的位置。可以在插入时由用户直接在图形中确定属性文本的位置，也可在 *X*、*Y*、*Z* 文本框中直接输入属性文本的坐标。

（4）“文字设置”选项组：设置属性文本的对齐方式、文本样式、字高和倾斜角度。

（5）“在上一个属性定义下对齐”复选框：勾选此复选框表示把属性标签直接放在前一个属性的下面，而且该属性继承前一个属性的文本样式、字高和倾斜角度等特性。

在动态块中，由于属性的位置包括在动作的选择集中，因此必须将其锁定。

7.3.2 修改属性的定义

在定义图块之前，可以对属性的定义加以修改，不仅可以修改属性标签，还可以修改属性提示和属性默认值。

1. 执行方式

命令行：DDEDIT

菜单：修改→对象→文字→编辑

2. 操作步骤

```
命令：DDEDIT ↙
选择注释对象或 ［放弃（U）］：
```

在此提示下选择要修改的属性定义，打开“编辑属性定义”对话框，如图 7-49 所示，可在各文本框中对各项值进行修改。

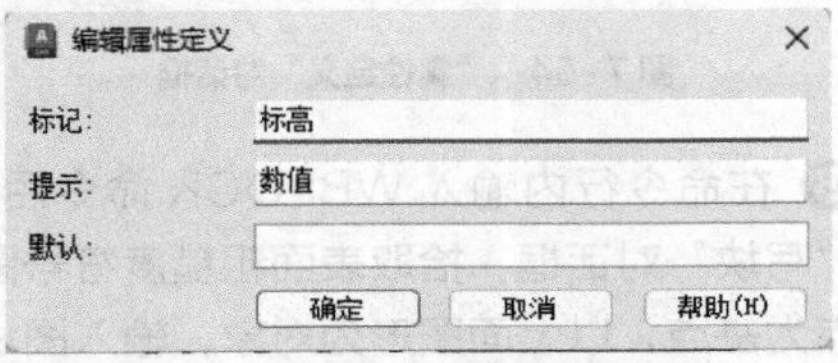

图 7-49 “编辑属性定义”对话框

7.3.3 图块属性编辑

当属性被定义到图块中，甚至被插入图形中之后，用户还是可以对属性进行编辑。利用ATTEDIT命令通过对话框对指定图块的属性值进行修改，不仅可以修改属性值，而且可以对属性的位置、文本等其他信息进行编辑。

1. 执行方式

命令行：ATTEDIT

菜单：修改→对象→属性→单个

工具栏：修改 II→编辑属性

2. 操作步骤

```
命令：ATTEDIT ↙
选择块参照：
```

执行上述操作，十字光标变为拾取框，拾取要修改属性的图块，弹出图 7-50 所示的“编辑属性”对话框，对话框中显示出所选图块中包含的前 8 个属性的值，用户可对这些属性值进行修改。如果该图块中还有其他的属性，可单击“上一个”和“下一个”按钮对它们进行查看和修改。

当用户通过菜单或工具栏执行上述命令时，系统会打开“增强属性编辑器”对话框，如图 7-51 所示。该对话框不仅可以编辑属性值，还可以编辑属性的文字选项和图层、线型、颜色等特性值。

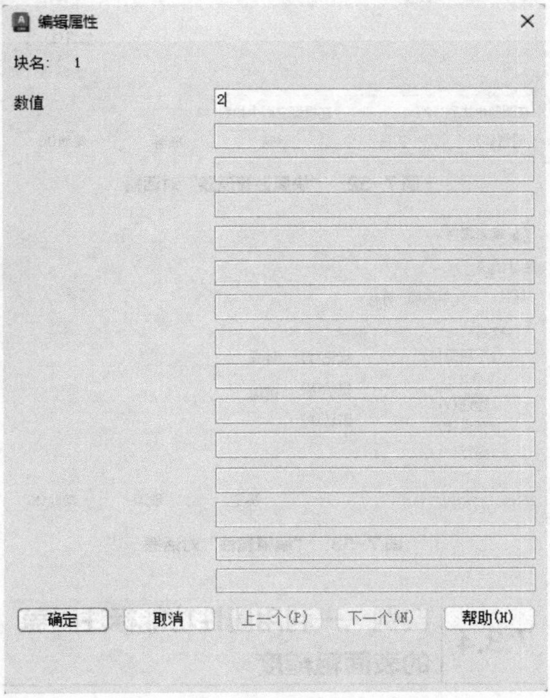

图 7-50 “编辑属性”对话框

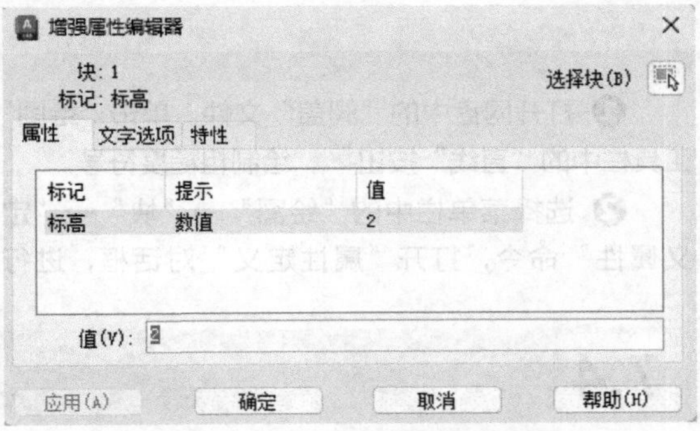

图 7-51 “增强属性编辑器”对话框

另外，还可以通过“块属性管理器”对话框来编辑属性，方法是“工具栏：修改 II→块属性管理器”。执行此命令后，系统打开“块属性管理器”对话框，如图 7-52 所示。单击“编辑”按钮，打开“编辑属性”对话框，如图 7-53 所示，通过该对话框编辑属性。

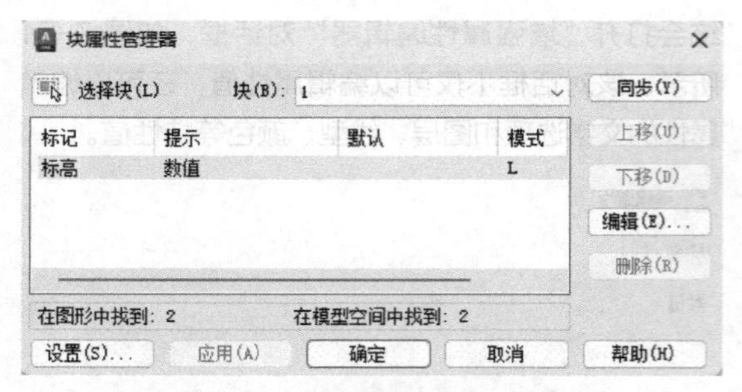

图 7-52 “块属性管理器”对话框

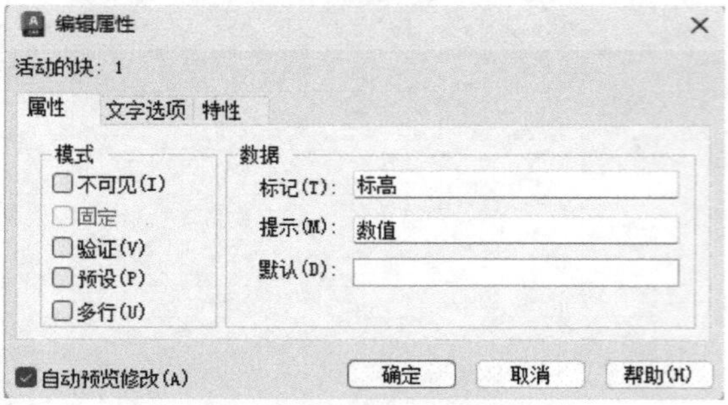

图 7-53 “编辑属性”对话框

7.3.4 实例——利用属性功能标注阀盖的表面粗糙度

将 7.2.5 小节中的表面粗糙度数值设置成图块属性，并重新标注。

操作步骤

❶ 打开网盘中的“阀盖”文件。单击“绘图”工具栏中的“直线”按钮，绘制粗糙度符号。

❷ 选择菜单栏中的“绘图”→“块”→“定义属性”命令，打开“属性定义”对话框，进行图 7-54 所示的设置，其中插入点为表面粗糙度符号水平线中点，单击“确定”按钮，返回绘图区。

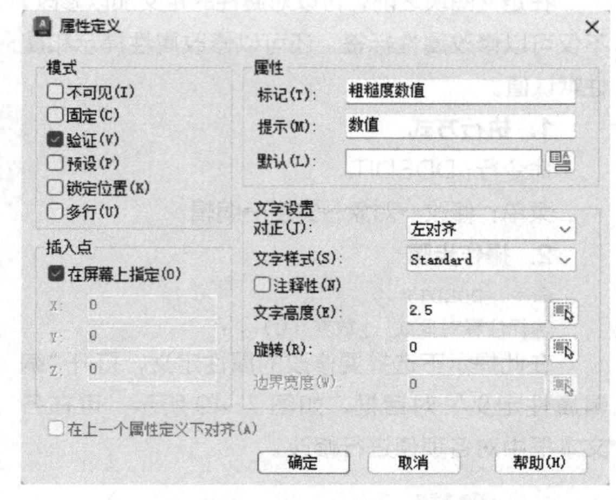

图 7-54 “属性定义”对话框

❸ 在命令行内输入 WBLOCK 命令后回车，打开“写块”对话框，拾取表面粗糙度符号图形的下尖点为基点，以上面图形为对象，输入图块名称并指定路径，单击“确定”按钮，返回绘图区。

❹ 单击“绘图”工具栏中的“插入块”按钮，打开“块”选项板，找到刚才保存的图块，设置插入点、比例和旋转角度，将该图块插入阀盖图形中，这时，命令行会提示输入属性，并要求验证属性值，设置表面粗糙度数值为 1.6，就完成了一个表面粗糙度的标注。

❺ 插入“表面粗糙度”图块，输入不同属性值作为表面粗糙度数值，直到完成所有表面粗糙度标注。

7.4 练习

1. 动手试操作一下，进行图案填充时，下面图案类型中需要同时指定角度和比例的有（　　）。

a. 预先定义　b. 用户定义　c. 自定义

2. 绘制图 7-55 所示的足球。

图 7-55 足球

3. 绘制图 7-56 所示的小房子。

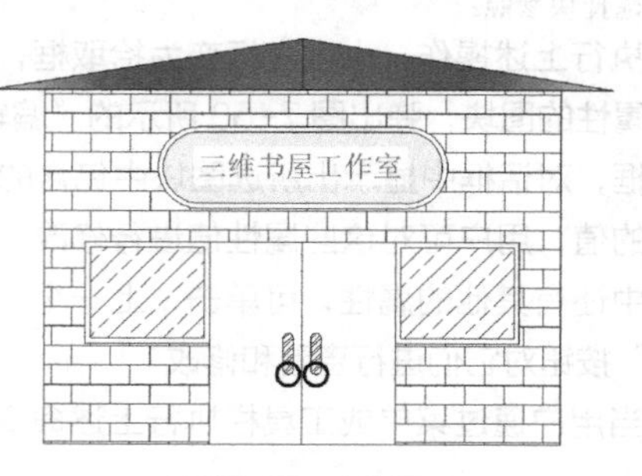

图 7-56 小房子

4. 绘制图 7-57 所示的油杯。

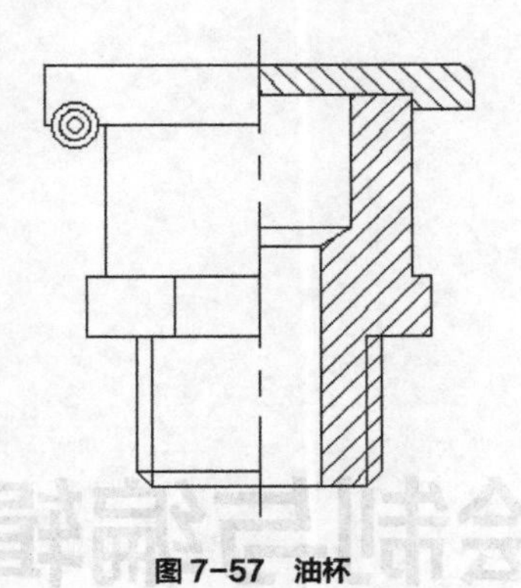

图 7-57 油杯

5. 绘制图 7-58 所示的深沟球轴承。

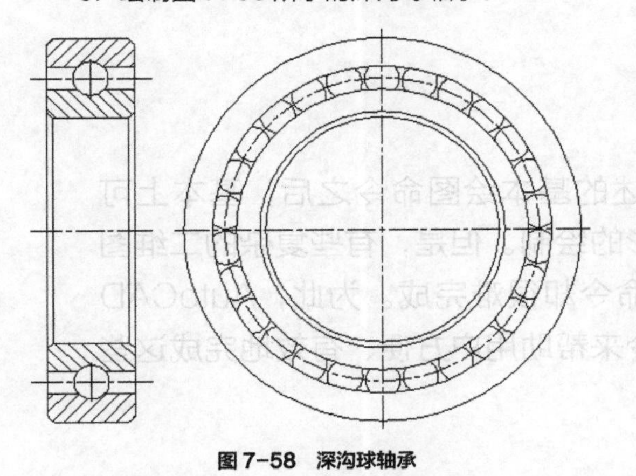

图 7-58 深沟球轴承

6. 绘制图 7-59 所示的曲柄。

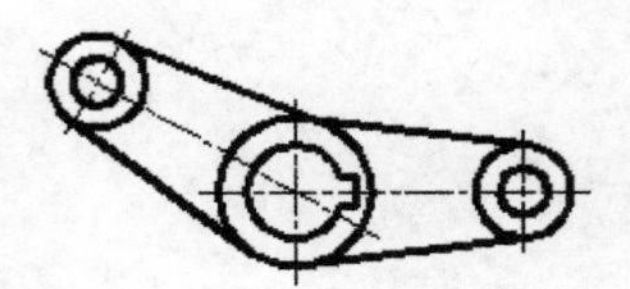

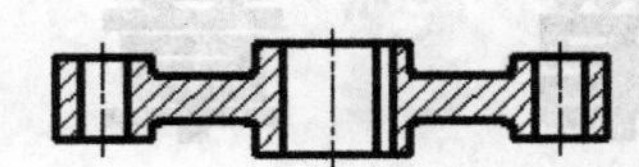

图 7-59 曲柄

7. 定义图 7-60 所示的“螺母”图块。

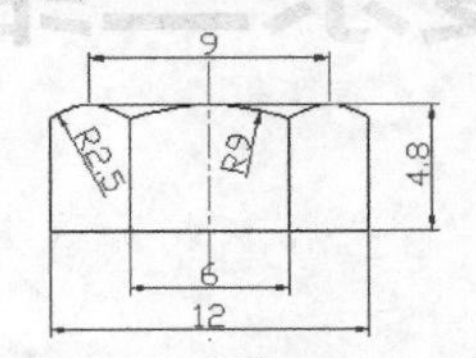

图 7-60 “螺母”图块

8. 绘制一张教室的平面图，如图 7-61 所示，教室内布置着若干形状相同的课桌，每一张课桌都对应着学生的学号、姓名、性别和年龄。

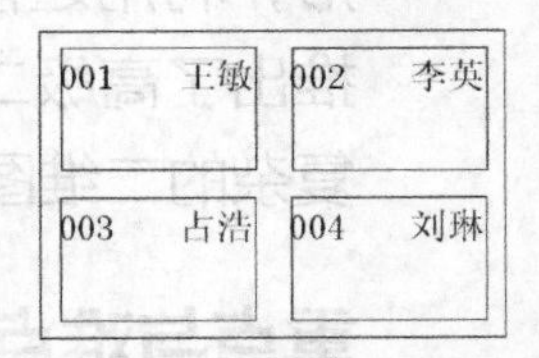

图 7-61 教室的平面图

第 8 章

复杂二维图形的绘制与编辑

学习了第 2 章中讲述的基本绘图命令之后，基本上可以完成一些简单二维图形的绘制。但是，有些复杂的二维图形，利用之前学的这些命令却很难完成。为此，AutoCAD 推出了高级二维绘图命令来帮助用户方便、有效地完成这些复杂的二维图形的绘制。

重点与难点

- 多段线
- 样条曲线
- 多线
- 面域

8.1 多段线

多段线是一种由线段和圆弧组合而成、有着不同线宽的多线。由于其组合形式多样，线宽变化，弥补了直线和圆弧的不足，适合绘制各种复杂的图形轮廓，因而得到广泛的应用。

8.1.1 绘制多段线

1. 执行方式

命令行：PLINE（缩写：PL）

菜单：绘图→多段线

工具栏：绘图→多段线

2. 操作步骤

```
命令：PLINE↙
指定起点：（指定多段线的起点）
当前线宽为 0.0000
指定下一个点或 [圆弧（A）/半宽（H）/长度（L）/放弃（U）/宽度（W）]：（指定多段线的下一点）
```

3. 选项说明

多段线主要由连续的不同宽度的线段和圆弧组成，如果在上述提示中选择“圆弧”选项，则命令行提示：

```
指定圆弧的端点（按住 Ctrl 键以切换方向）或
[角度（A）/圆心（CE）/闭合（CL）/方向（D）/半宽（H）/直线（L）/半径（R）/第二个点（S）/放弃（U）/宽度（W）]：
```

8.1.2 编辑多段线

1. 执行方式

命令行：PEDIT（缩写：PE）

菜单：修改→对象→多段线

工具栏：修改 II→编辑多段线

快捷菜单：选择要编辑的多段线对象，在绘图区单击鼠标右键，从打开的快捷菜单中选择“多段线”→“编辑多段线”命令。

2. 操作步骤

```
命令：PEDIT↙
选择多段线或 [多条（M）]：（选择一条要编辑的多段线）
输入选项 [闭合（C）/合并（J）/宽度（W）/编辑顶点（E）/拟合（F）/样条曲线（S）/非曲线化（D）/线型生成（L）/反转（R）/放弃（U）]：
```

3. 选项说明

（1）合并（J）：以选中的多段线为主体，合并其他直线段、圆弧和多段线，使其成为一条多段线。能合并的条件是各段端点首尾相连，如图 8-1 所示。

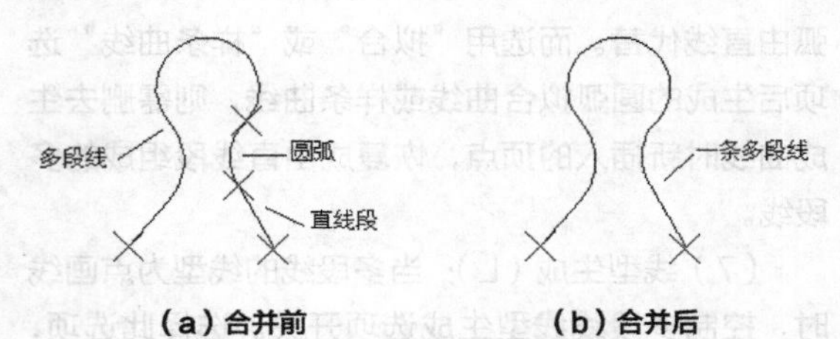

图 8-1 合并多段线

（2）宽度（W）：修改整条多段线的线宽，使其具有同一线宽，如图 8-2 所示。

图 8-2 修改整条多段线的线宽

（3）编辑顶点（E）：选择该选项后，多段线起点处会出现一个“×”，它为当前顶点的标记，并在命令行出现如下提示。

```
[下一个（N）/上一个（P）/打断（B）/插入（I）/移动（M）/重生成（R）/拉直（S）/切向（T）/宽度（W）/退出（X）] <N>：
```

这些选项允许用户进行移动、插入顶点和修改任意两点间的线宽等操作。

（4）拟合（F）：将指定的多段线生成由光滑圆弧连接的圆弧拟合曲线，该曲线经过多段线的各顶点，如图 8-3 所示。

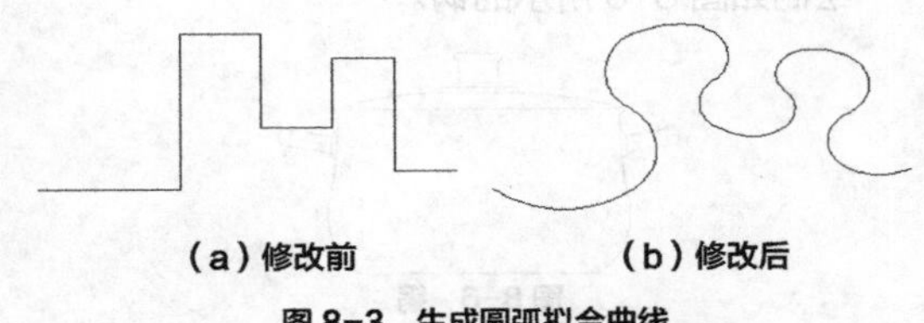

图 8-3 生成圆弧拟合曲线

（5）样条曲线（S）：将指定的多段线以各顶点为控制点生成 B 样条曲线，如图 8-4 所示。

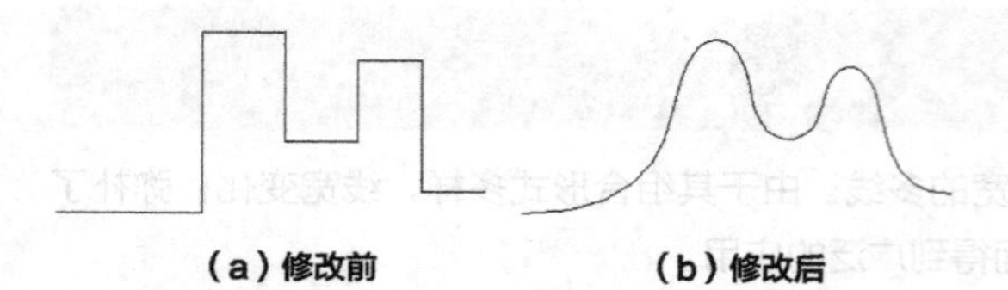

图 8-4 生成 B 样条曲线

（6）非曲线化（D）：将指定的多段线中的圆弧由直线代替。而选用“拟合”或“样条曲线”选项后生成的圆弧拟合曲线或样条曲线，则需删去生成曲线时新插入的顶点，恢复成由直线段组成的多段线。

（7）线型生成（L）：当多段线的线型为点画线时，控制多段线线型生成选项开关。选择此选项，命令行提示：

```
输入多段线线型生成选项 [开（ON）/关（OFF）]<关>：
```

选择“ON”选项时，每个顶点处将允许以短画开始和结束生成线型；选择“OFF”选项时，每个顶点处将以长画开始和结束生成线型。“线型生成”选项不能用于带变宽线段的多段线，如图 8-5 所示。

（8）反转（R）：反转多段线顶点的顺序。使用此选项可反转使用包含文字线型对象的方向。例如，根据多段线的创建方向，线型中的文字可能会倒置显示。

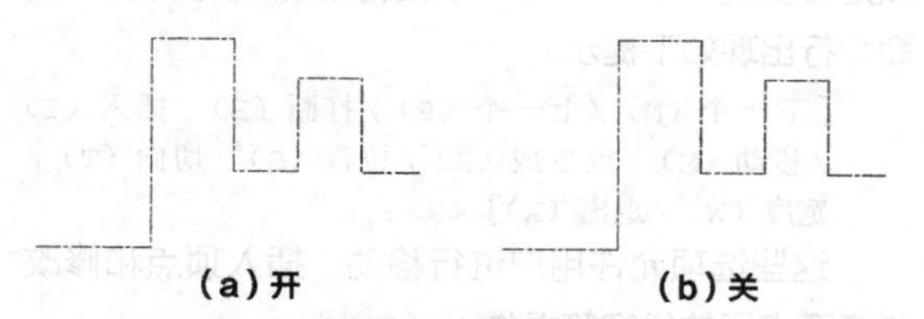

图 8-5 控制多段线的线型生成（线型为点画线时）

8.1.3 实例——绘制锅

绘制如图 8-6 所示的锅。

图 8-6 锅

操作步骤

❶ 绘制轮廓线。选择菜单栏中的“绘图”→“多段线”命令，或者单击“绘图”工具栏中的“多段线”按钮，绘制锅的轮廓线。命令行提示与操作如下：

```
命令：_pline↙
指定起点：0，0
当前线宽为 0.0000
指定下一个点或 [圆弧（A）/半宽（H）/长度（L）/放弃（U）/宽度（W）]：157.5，0↙
指定下一点或 [圆弧（A）/闭合（C）/半宽（H）/长度（L）/放弃（U）/宽度（W）]：a↙
指定圆弧的端点或[角度（A）/圆心（CE）/闭合（CL）/方向（D）/半宽（H）/直线（L）/半径（R）/第二个点（S）/放弃（U）/宽度（W）]：s↙
指定圆弧上的第二个点：196.4，49.2↙
指定圆弧的端点：201.5，94.4↙
指定圆弧的端点或[角度（A）/圆心（CE）/闭合（CL）/方向（D）/半宽（H）/直线（L）/半径（R）/第二个点（S）/放弃（U）/宽度（W）]：s↙
指定圆弧上的第二个点：191，155.6↙
指定圆弧的端点：187.5，217.5↙
指定圆弧的端点或[角度（A）/圆心（CE）/闭合（CL）/方向（D）/半宽（H）/直线（L）/半径（R）/第二个点（S）/放弃（U）/宽度（W）]：s↙
指定圆弧上的第二个点：192.3，220.2↙
指定圆弧的端点：195，225↙
指定圆弧的端点或[角度（A）/圆心（CE）/闭合（CL）/方向（D）/半宽（H）/直线（L）/半径（R）/第二个点（S）/放弃（U）/宽度（W）]：l↙
指定下一点或 [圆弧（A）/闭合（C）/半宽（H）/长度（L）/放弃（U）/宽度（W）]：0，225↙
指定下一点或 [圆弧（A）/闭合（C）/半宽（H）/长度（L）/放弃（U）/宽度（W）]：↙
```

❷ 绘制直线。选择菜单栏中的“绘图”→“直线”命令，或者单击“绘图”工具栏中的“直线”按钮，绘制坐标为{（0，10.5），（172.5，10.5）}和{（0，217.5），（187.5，217.5）}的两条直线。绘制结果如图 8-7 所示。

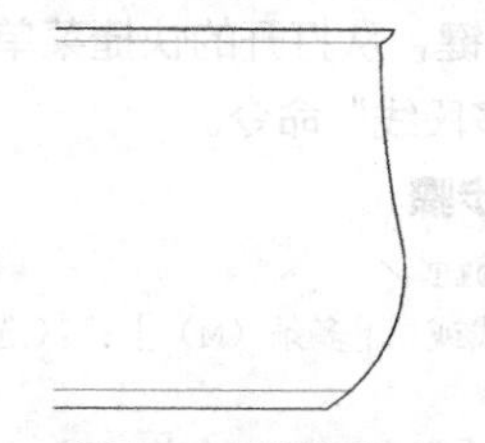
图 8-7 绘制直线

❸ 绘制扶手。单击“绘图”工具栏中的“多段线”按钮，绘制扶手。在命令行提示下依次输入（188，194.6）、A、S、（195.6，192.7）、（196.7，187.7）、L、（197.9，165）、A、S、

（195.4，160.5）、（190.8，158），最后回车确定。继续执行“多段线”命令，在命令行提示下依次输入（196.7，187.7）、（259.2，198.7）、A、S、（267.3，188.9）、（265.8，176.7）、L、（197.9，165），最后回车确定，绘制结果如图 8-8 所示。

❹ 绘制圆弧。选择菜单栏中的“绘图”→“圆弧”命令，或者单击“绘图”工具栏“圆弧”按钮，以（195，225）为起点，第二点为（124.5，214.3），端点为（52.5，247.5）绘制圆弧。

❺ 绘制矩形。选择菜单栏中的“绘图”→“矩形”命令，或者单击“绘图”工具栏中的“矩形”按钮，分别以{（52.5，247.5），(-52.5，255）}和{（31.4，255），（@-62.8，6）}为角点绘制矩形。

❻ 绘制锅盖。执行“多段线”命令，在命令行提示下依次输入（26.3，261）、（@0，30）、A、S、（31.5，296.3）、（26.3，301.5）、L、（0，301.5），最后回车确定。

❼ 绘制直线。单击“绘图”工具栏中的“直线”按钮，绘制坐标点为{（25.3，291），(@0，291）}的直线段。绘制结果如图 8-9 所示。

❽ 镜像处理。单击“修改”工具栏中的“镜像”按钮，将整个对象以端点坐标为（0，0）和（0，10）的直线段为对称线做镜像处理，最终绘制结果如图 8-6 所示。

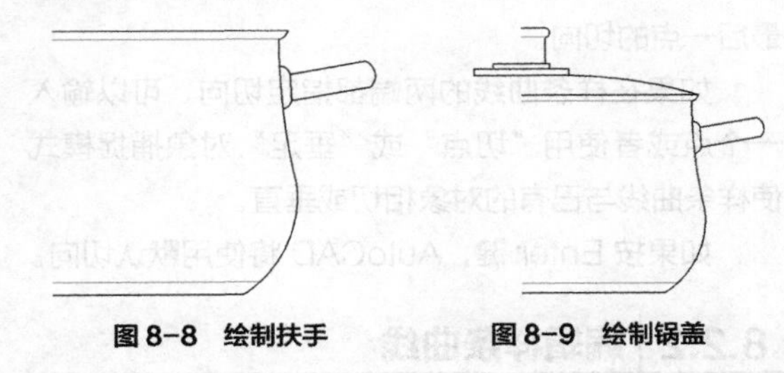

图 8-8 绘制扶手　　图 8-9 绘制锅盖

8.2 样条曲线

样条曲线可用于创建形状不规则的曲线，例如为地理信息系统（Geographic Information System，GIS）应用或汽车设计绘制轮廓线。

AutoCAD 使用一种称为非均匀有理 B 样条（Non-Uniform Rational B-Spline，NURBS）曲线的特殊样条曲线类型。NURBS 曲线在控制点之间产生一条光滑的曲线，如图 8-10 所示。

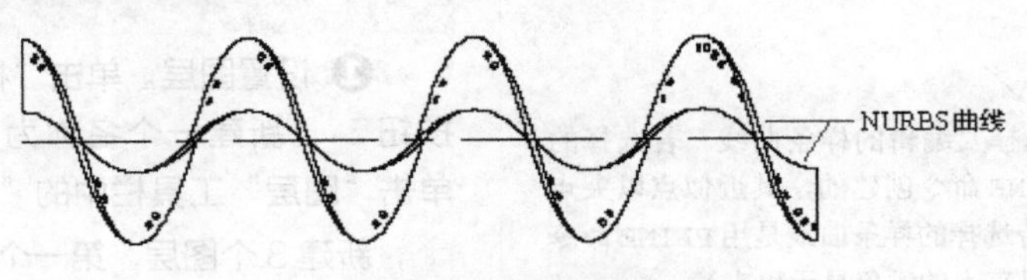

图 8-10 NURBS 曲线

8.2.1 绘制样条曲线

1. 执行方式

命令行：SPLINE

菜单：绘图→样条曲线

工具栏：绘图→样条曲线

2. 操作步骤

```
命令：SPLINE↙
当前设置：方式 = 拟合　　节点 = 弦
指定第一个点或 [方式(M)/节点(K)/对象(O)]：(指定一点或选择“对象（O）”选项)
输入下一个点或 [起点切向（T）/公差（L）]：
输入下一个点或 [端点相切（T）/公差（L）/放弃（U）]：
输入下一个点或 [端点相切（T）/公差（L）/放弃（U）/闭合（C）]：c
```

3. 选项说明

（1）对象（O）：将二维或三维的二次或三次样条曲线拟合多段线转换为等价的样条曲线，然后（根据 DELOBJ 系统变量的设置）删除该多段线。

（2）闭合（C）：将最后一点定义为与第一点一致，并使它们在连接处相切，这样可以闭合样条曲线。选择该项，命令行继续提示：

```
指定切向：（指定点或按 Enter 键）
```

用户可以指定一点来定义切向矢量，或者使用“切点”或“垂足”对象捕捉模式使样条曲线与选中的对象相切或垂直。

（3）拟合公差（L）：修改当前样条曲线的拟合公差，根据新公差以现有点重新定义样条曲线。公差表示样条曲线拟合所指定的拟合点集时的拟合精度。公差越小，样条曲线与拟合点越接近；公差为0，样条曲线将通过该点。输入大于0的公差将使样条曲线在指定的公差范围内通过拟合点。绘制样条曲线时，可以通过改变样条曲线拟合公差以查看效果。

（4）起点切向（T）：定义样条曲线的第一点和最后一点的切向。

如果在样条曲线的两端都指定切向，可以输入一个点或者使用“切点”或“垂足”对象捕捉模式使样条曲线与已有的对象相切或垂直。

如果按 Enter 键，AutoCAD 将使用默认切向。

8.2.2 编辑样条曲线

1. 执行方式

命令行：SPLINEDIT

菜单：修改→对象→样条曲线

快捷菜单：选择要编辑的样条曲线，在绘图区单击鼠标右键，从打开的快捷菜单上选择“样条曲线”命令

工具栏：修改 II→编辑样条曲线

2. 操作步骤

```
命令：SPLINEDIT↙
选择样条曲线：(选择要编辑的样条曲线。若选择的样条曲线是用SPLINE命令创建的，其近似点以夹点的颜色显示出来；若选择的样条曲线是用PLINE命令创建的，其控制点以夹点的颜色显示出来)
输入选项 [闭合(C)/合并(J)/拟合数据(F)/编辑顶点(E)/转换为多段线(P)/反转(R)/放弃(U)/退出(X)]<退出>:
```

3. 选项说明

（1）闭合（C）：在“闭合”和“开放”之间切换，具体取决于选定的样条曲线是否为闭合状态。

（2）合并（J）：将选定的样条曲线、直线和圆弧在重合端点处合并到现有样条曲线，合并点处将具有一个折点。

（3）拟合数据（F）：编辑近似数据。选择该选项后，创建该样条曲线时指定的各点将以小方格的形式显示出来。

（4）编辑顶点（E）：精密调整样条曲线的定义。

（5）转换为多段线（P）：将样条曲线转换为多段线。精度值决定结果多段线与源样条曲线拟合的精确程度。有效值为 0 ~ 99 的任意整数。

（6）反转（R）：翻转样条曲线的方向。该项操作主要用于应用程序。

（7）放弃（U）：取消上一个编辑操作。

8.2.3 实例——绘制泵轴

绘制图 8-11 所示的泵轴。

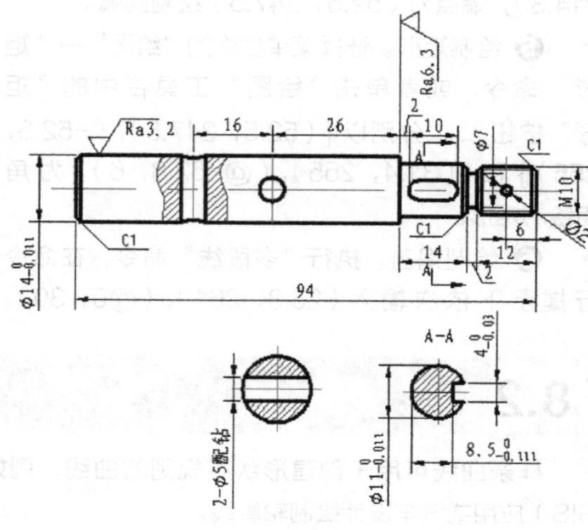

图 8-11 泵轴

操作步骤

❶ 设置图层。单击“标准”工具栏中“新建”按钮，新建一个名称为“泵轴.dwg”的文件。单击“图层”工具栏中的“图层特性管理器”按钮，新建 3 个图层。第一个图层命名为“轮廓线”，设置线宽属性为 0.3mm，其余属性默认；第二个图层命名为“中心线”，设置颜色为红色，线型加载为 CENTER，其余属性默认；第三个图层命名为“细实线”，设置颜色为蓝色，其余属性默认。

❷ 绘制泵轴直径为 14 的轴段，将“轮廓线”图层设置为当前图层。单击状态栏中的“线宽”按钮，显示线宽。单击“绘图”工具栏中的“直线”按钮，绘制 3 条线段，长度分别为 7、66、7。结果如图 8-12 所示。

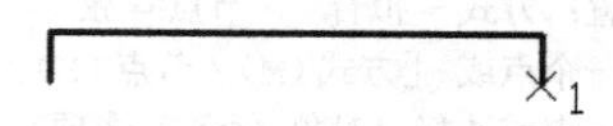

图 8-12 捕捉自直线端点 1

❸ 单击“绘图”工具栏中的“直线”按钮，

绘制泵轴直径为 11 的轴段，命令行提示与操作如下：

```
命令：line↙
指定第一点：<对象捕捉 开>（单击状态栏中的“对象捕捉”按钮，打开对象捕捉功能）
_from 基点：（如图 8-12 所示，捕捉直线端点 1）
<偏移>：@0，5.5↙
指定下一点或 [放弃（u）]：@14，0↙
指定下一点或 [放弃（u）]：@0，-5.5↙
指定下一点或 [闭合（c）/放弃（u）]：↙
```

❹ 绘制泵轴直径为的 7 轴段，继续使用“对象捕捉”和“直线”命令绘制长度分别为 3.5、2、3.5 的线段。

❺ 绘制泵轴直径为 10 的轴段，继续“使用直线”命令绘制长度分别为 5、21、5 的线段。

❻ 将“中心线”图层设置为当前图层，单击“绘图”工具栏中的“直线”按钮，绘制泵轴轴线，命令行提示与操作如下：

```
命令：line↙
指定第一点：_from 基点：（如图 8-13 所示，捕捉泵轴左端点 1）
<偏移>：@-5，0↙
指定下一点或 [放弃(u)]：_from 基点：（如图 8-13 所示，捕捉泵轴右端点 2）
<偏移>：@5，0↙
指定下一点或 [闭合（c）/放弃（u）]：↙
```

结果如图 8-13 所示。

图 8-13 绘制轴线

❼ 绘制 M10 螺纹小径。在命令行输入 OFFSET 后回车，或者单击“修改”工具栏中的“偏移”按钮，选取 M10 轴段上边线，将其向下偏移 0.73。结果如图 8-14 所示。

图 8-14 偏移直线

选取偏移得到的直线，将其所在图层修改为“0”图层。结果如图 8-15 所示。

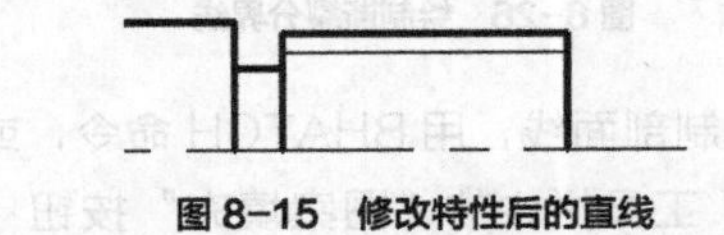
图 8-15 修改特性后的直线

❽ 绘制倒角及直线。单击“修改”工具栏中的“倒角”按钮，对泵轴进行倒角操作，倒角距离为 1。将“轮廓线”图层设置为当前图层，结果如图 8-16 所示。

图 8-16 倒角操作

利用“直线”命令绘制倒角线，结果如图 8-17 所示。

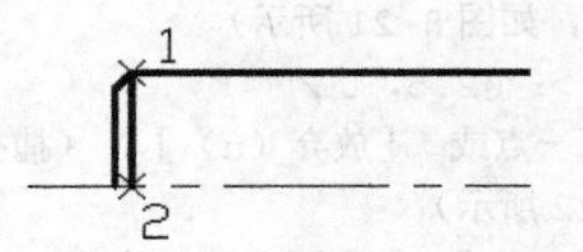

图 8-17 绘制倒角线

❾ 修剪螺纹小径。用 TRIM 命令，或者单击“修改”工具栏中的“修剪”按钮，对 M10 螺纹小径的细实线进行修剪，结果如图 8-18 所示。

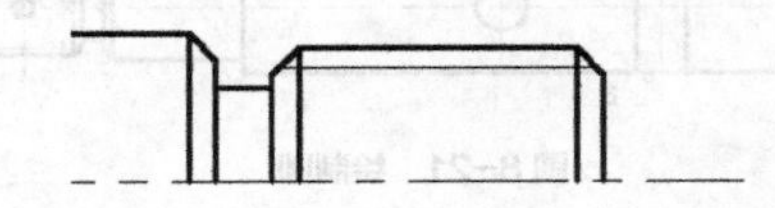
图 8-18 修剪细实线

❿ 利用“镜像”命令绘制对称泵轴外轮廓线，结果如图 8-19 所示。

图 8-19 镜像操作后的图形

⓫ 将“中心线”图层设置为当前图层。单击“绘图”工具栏中的“直线”按钮，绘制中心线，命令行提示与操作如下：

```
命令：line↙
指定第一点：_from 基点：（如图 8-20 所示，捕捉端点 1）
<偏移>：@-26，0↙
指定下一点或 [放弃（u）]：（如图 8-20 所示，捕捉垂足点 2）
指定下一点或 [闭合（c）/放弃（u）]：↙
```

单击“修改”工具栏中的“偏移”按钮，选取绘制的中心线，分别将其向右偏移 48，向左偏移 16，结果如图 8-20 所示。

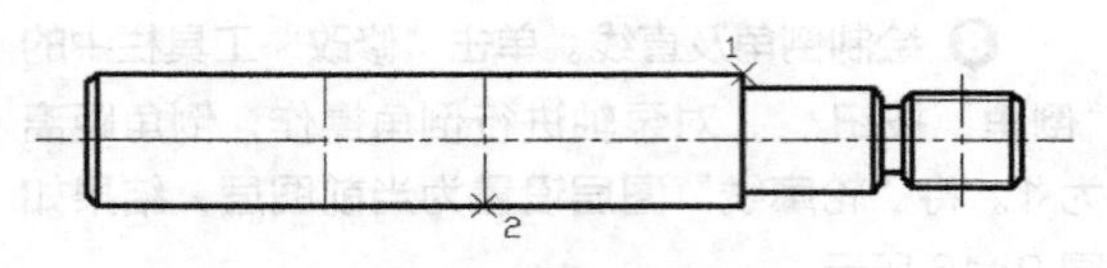

图 8-20 偏移中心线

⑫ 将“轮廓线”图层设置为当前图层，单击“绘图”工具栏中的“直线”按钮，绘制直线，命令行提示与操作如下：

命令：line ↙
指定第一点：_from 基点：（捕捉中心线与直线的交点 1，如图 8-21 所示）
< 偏移 >：@2.5，0 ↙
指定下一点或 ［放弃（u）］：（捕捉垂足点 2，如图 8-22 所示）
指定下一点或 ［闭合（c）/ 放弃（u）］：↙

⑬ 单击“绘图”工具栏中的“圆”按钮，分别捕捉两中心线与轴线的交点，绘制直径为 2 和 5 的圆。结果如图 8-21 所示。

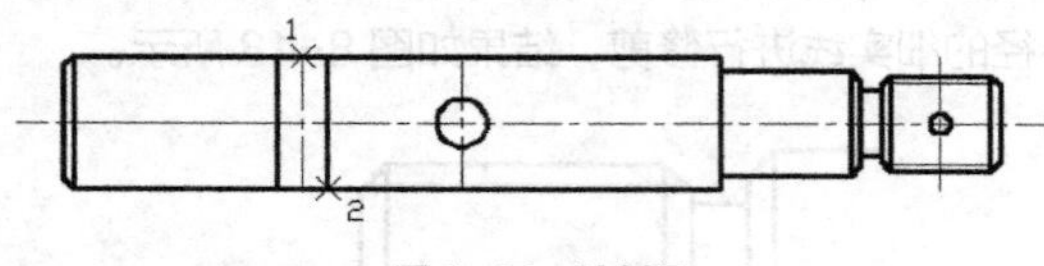

图 8-21 绘制圆

⑭ 单击“修改”工具栏中的“偏移”按钮，选取绘制的直线，将其向左偏移 5。单击“修改”工具栏中的“修剪”按钮，对直线进行修剪。结果如图 8-22 所示。

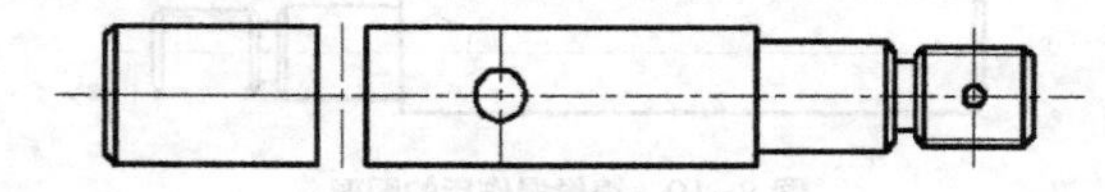
图 8-22 修剪直线

⑮ 单击“绘图”工具栏“圆弧”按钮，绘制圆弧连接点 1 和点 2，其半径为 7，如图 8-23 所示。

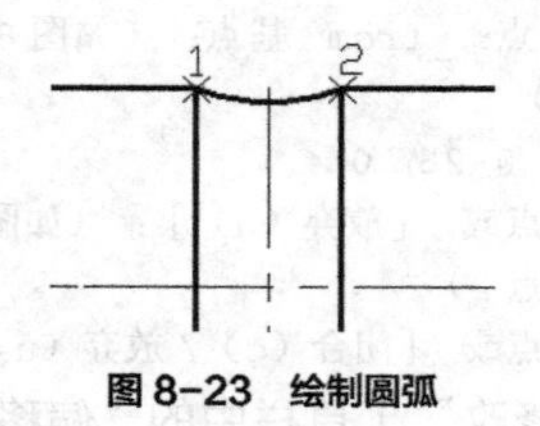

图 8-23 绘制圆弧

⑯ 单击“修改”工具栏中的“镜像”按钮，选取绘制的圆弧，以轴线为镜像线，对其进行镜像处理。

⑰ 单击“绘图”工具栏中的“直线”按钮，绘制键槽。命令行提示与操作如下：

命令：line ↙
指定第一点：_from 基点：（捕捉中心线与直线的交点 1，如图 8-24 所示）
< 偏移 >：@4，2 ↙
指定下一点或 ［放弃（u）］：@6，0 ↙
指定下一点或 ［闭合（c）/ 放弃（u）］：↙

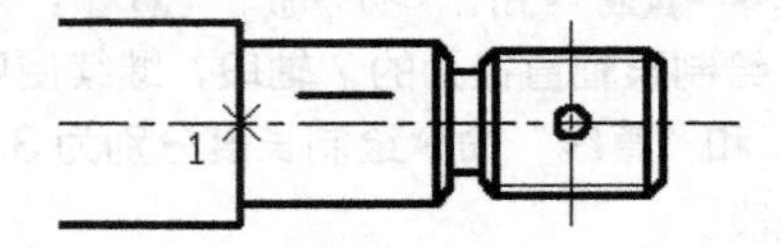

图8-24 捕捉交点1

⑱ 单击“修改”工具栏中的“偏移”按钮，选取绘制的直线，将其向下偏移 4。单击“修改”工具栏中的“圆角”按钮，对偏移后的直线进行圆角操作，结果如图 8-25 所示。

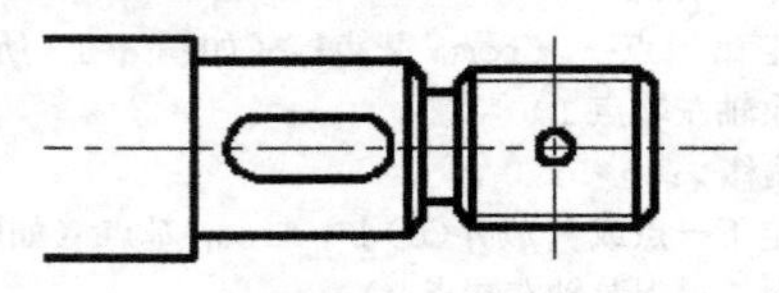
图 8-25 圆角操作

⑲ 绘制样条曲线，将“细实线”图层设置为当前图层。用 SPLINE 命令，或者单击“绘图”工具栏中的“样条曲线”按钮，绘制样条曲线。命令行提示与操作如下：

命令：SPLINE ↙
指定第一个点或 ［方式（M）/ 节点（K）/ 对象（O）］：（捕捉上面水平线上一点）
输入下一个点或 ［起点切向（T）/ 公差（L）］：（适当指定一点）
输入下一个点或 ［端点相切（T）/ 公差（L）/ 放弃（U）/ 闭合（C）］：（适当指定一点）
输入下一个点或 ［端点相切（T）/ 公差（L）/ 放弃（U）/ 闭合（C）］：（捕捉下面水平线上的一点）

使用同样的方法绘制另一条断裂分界线，结果如图 8-26 所示。

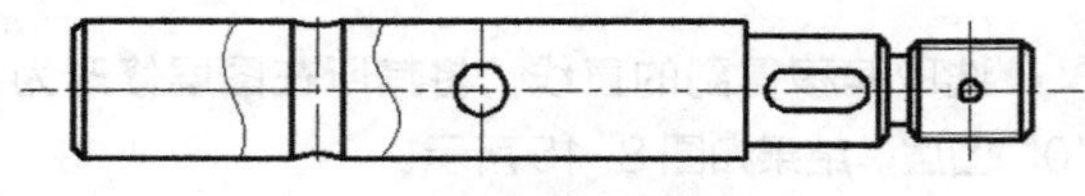
图 8-26 绘制断裂分界线

⑳ 绘制剖面线，用 BHATCH 命令，或者单击“绘图”工具栏中的“图案填充”按钮，在

打开的“图案填充创建”对话框中进行设置，单击“拾取点”按钮，填充剖面线，结果如图 8-27 所示。

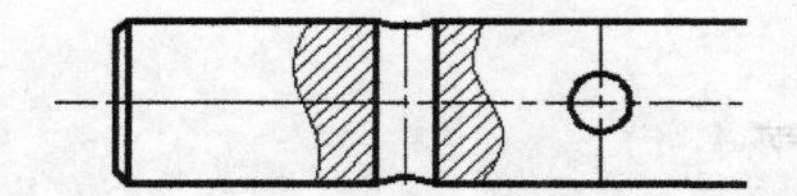

图 8-27 填充剖面线

㉑ 将“中心线”图层设置为当前图层。单击“绘图”工具栏中的“直线”按钮╱，绘制圆孔剖面图的中心线。命令行提示与操作如下：

```
命令：line↙
指定第一点：<对象捕捉追踪 开>（单击状态栏中的“对象追踪”按钮，打开对象追踪功能。此时将十字光标移动到直径为5圆的圆心处，向下拖动鼠标，出现一条虚线，如图8-28所示，在适当位置处单击）
```

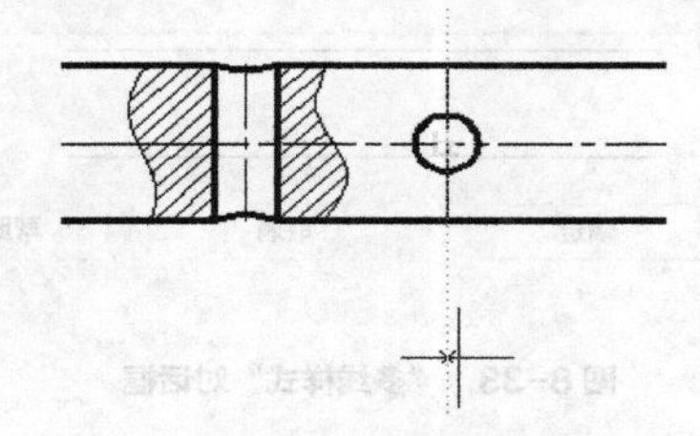

图 8-28 对象捕捉

```
指定下一点或 [放弃（u）]：@0，-18↙
指定下一点或 [闭合（c）/放弃（u）]：↙
命令：↙
指定第一点：_from 基点：（捕捉刚刚绘制的中心线的中点）
<偏移>：@-9，0↙
指定下一点或 [放弃（u）]：@18，0↙
指定下一点或 [闭合（c）/放弃（u）]：↙
```

㉒ 绘制圆孔剖面图。将“轮廓线”图层设置为当前图层。单击“绘图”工具栏中的“圆”按钮 ，捕捉水平与竖直中心线的交点为圆心，绘制直径为 14 的圆。单击“绘图”工具栏中的“构造线”按钮 ，绘制两条水平构造线，命令行提示与操作如下：

```
命令：xline↙
指定点或 [水平（H）/垂直（V）/角度（A）/二等分（B）/偏移（O）]：<正交 开>（单击状态栏中的“正交”按钮，打开正交功能）
_from 基点：（捕捉直径为14的圆的圆心）
<偏移>：@0，2.5↙
指定通过点：（单击一点，绘制一条水平线）
```

㉓ 单击“修改”工具栏中的“偏移”按钮 ，选取刚才绘制的构造线，将其向下偏移 5，如图 8-29 所示。

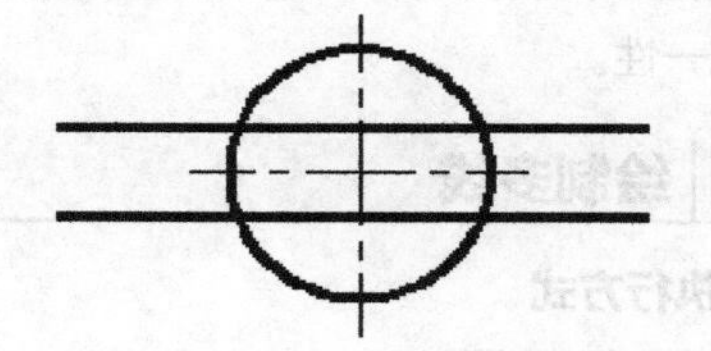

图8-29 向下偏移构造线

㉔ 单击“修改”工具栏中的“修剪”按钮 ，如图 8-30 所示，对直线进行修剪。将“细实线”图层设置为当前图层。单击“绘图”工具栏中的“图案填充”按钮 ，绘制剖面线，结果如图 8-30 所示。

㉕ 利用绘制圆命令、构造线命令及修剪命令，绘制键槽剖面图轮廓线，并利用填充命令，绘制剖面线，如图 8-31 所示。

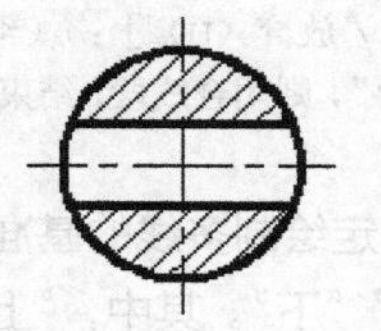

图 8-30 圆孔剖面图

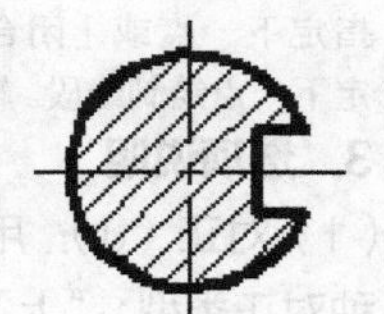

图 8-31 键槽剖面图

㉖ 选择菜单栏中“修改”→“拉长”命令，调整中心线。命令行提示与操作如下：

```
命令：lengthen↙
选择对象或 [增量（DE）/百分数（P）/全部（T）/动态（DY）]：dy↙
选择要修改的对象或 [放弃（U）]：<对象捕捉 关>（单击状态栏中的“对象捕捉”按钮，或者按f3键，关闭对象捕捉功能，选取要调整长度的中心线，适当调整其长度）
```

结果如图 8-32 所示。

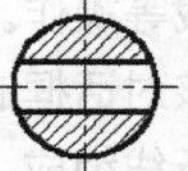

图 8-32 调整中心线

8.3 多线

多线是一种复合线，由连续的直线段复合组成。这种线的一个突出优点是能够提高绘图效率，保证图线之间的统一性。

8.3.1 绘制多线

1. 执行方式

命令行：MLINE

菜单：绘图→多线

2. 操作步骤

命令：MLINE↙

当前设置：对正 = 上，比例 = 20.00，样式 = STANDARD

指定起点或 [对正（J）/ 比例（S）/ 样式（ST）]：（指定起点）

指定下一点：（指定下一点）

指定下一点或 [放弃（U）]：（继续指定下一点绘制线段。输入“U”则放弃前一段的绘制；单击鼠标右键或按Enter键，结束命令）

指定下一点或 [闭合（C）/ 放弃（U）]：（继续指定下一点绘制线段。输入“C”，则闭合线段，结束命令）

3. 选项说明

（1）对正（J）：用于给定绘制多线的基准。共有 3 种对正类型：“上”“无”“下”。其中，“上”表示以多线上侧的线为基准，依此类推。

（2）比例（S）：选择该选项，系统要求用户设置平行线的间距。输入值为 0 时，平行线重合；输入值为负时多线的排列倒置。

（3）样式（ST）：用于设置当前使用的多线样式。

8.3.2 定义多线样式

1. 执行方式

命令行：MLSTYLE

2. 操作步骤

命令：MLSTYLE↙

执行该命令，系统打开图 8-33 所示的“多线样式”对话框。在该对话框中，用户可以对多线样式进行定义、保存和加载等操作。下面通过定义一个新的多线样式来介绍该对话框的使用方法。欲定义的多线样式由 3 条平行线组成，中心轴线为紫色实线，其余两条平行线为黑色实线，相对于中心轴线上、下各偏移 0.5，步骤如下。

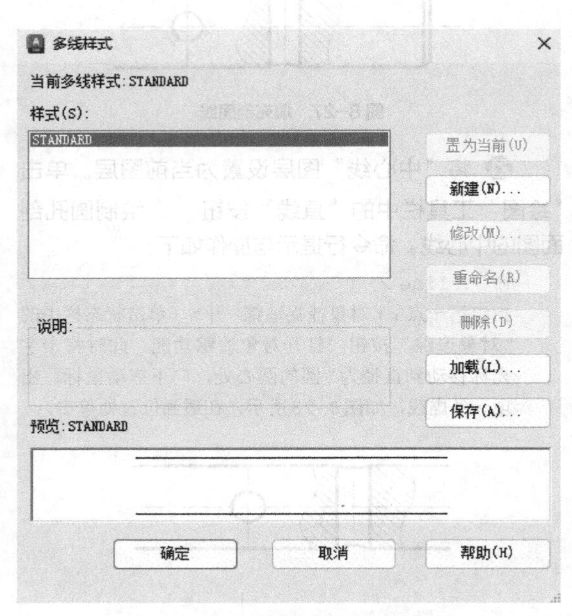

图 8-33 “多线样式”对话框

（1）在“多线样式”对话框中单击“新建”按钮，弹出“创建新的多线样式”对话框，如图 8-34 所示。

创建新的多线样式

新样式名(N)：THREE

基础样式(S)：STANDARD

继续　取消　帮助(H)

图 8-34 “创建新的多线样式”对话框

（2）在“创建新的多线样式”对话框的“新样式名”文本框中键入样式名“THREE”，单击“继续”按钮。

（3）弹出“新建多线样式”对话框，如图 8-35 所示。

（4）在“封口”选项组中可以设置多线起点和端点的特性。

（5）在“填充颜色”下拉列表框中可以选择多线填充的颜色。

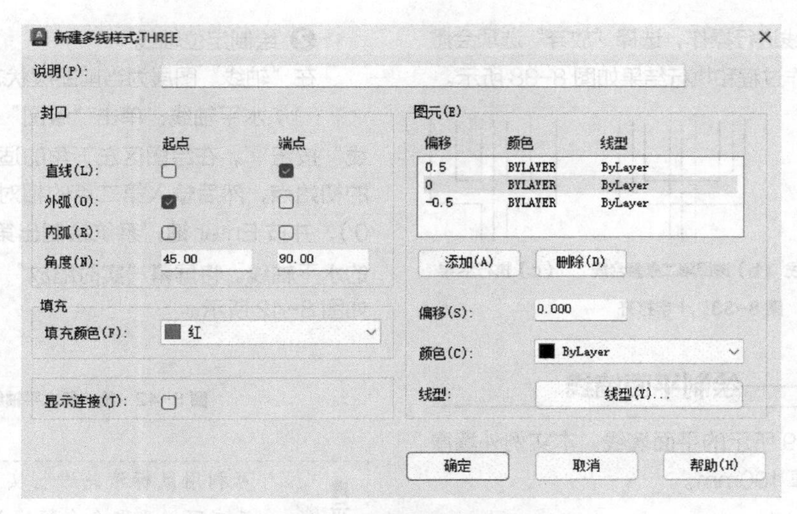

图 8-35 “新建多线样式”对话框

（6）在“图元”选项组中可以设置组成多线的元素的特性。单击“添加”按钮，为多线添加元素；单击“删除”按钮，为多线删除元素。在“偏移”文本框中可以设置选中的元素的位置偏移值。在“颜色”下拉列表框中可以为选中的元素选择颜色。单击“线型”按钮，可以为选中的元素设置线型。

（7）设置完毕后，单击“确定”按钮，返回到“多线样式”对话框，“样式”列表框中会显示刚才设置的多线样式名，选择该样式；单击“置为当前”按钮，则将刚设置的多线样式设置为当前样式。下面的预览框中会显示当前多线样式。

（8）单击“确定”按钮，完成多线样式设置。图 8-36 所示为按图 8-35 所示内容设置的多线样式绘制的多线。

图 8-36 绘制的多线

8.3.3 编辑多线

1. 执行方式

命令行：MLEDIT

菜单：修改→对象→多线

2. 操作步骤

调用该命令后，弹出“多线编辑工具”对话框，如图 8-37 所示。

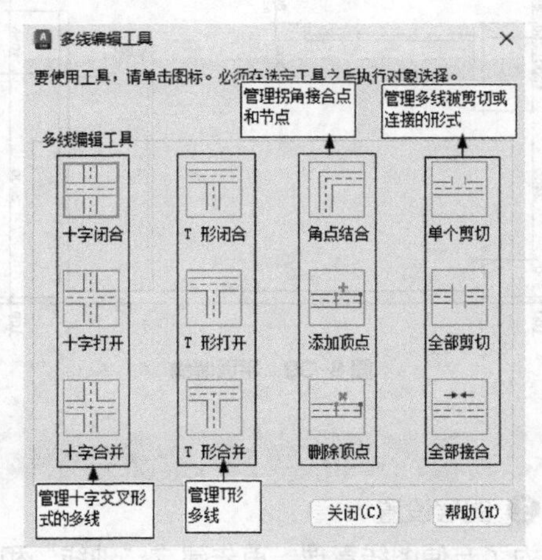

图 8-37 “多线编辑工具”对话框

利用该对话框，可以创建或修改多线的模式。单击“多线编辑工具”对话框中的某个示例图形，就可以调用该项编辑功能。

下面以“十字打开”示例图形为例介绍多线编辑的方法。把选择的两条多线进行十字打开，选择该选项后，出现如下提示：

```
选择第一条多线：（选择第一条多线）
选择第二条多线：（选择第二条多线）
```

选择完毕后，第二条多线被第一条多线横断交叉。系统继续提示：

```
选择第一条多线：
```

继续选择多线进行操作，选择“放弃”选项会撤销前次操作。操作过程和执行结果如图 8-38 所示。

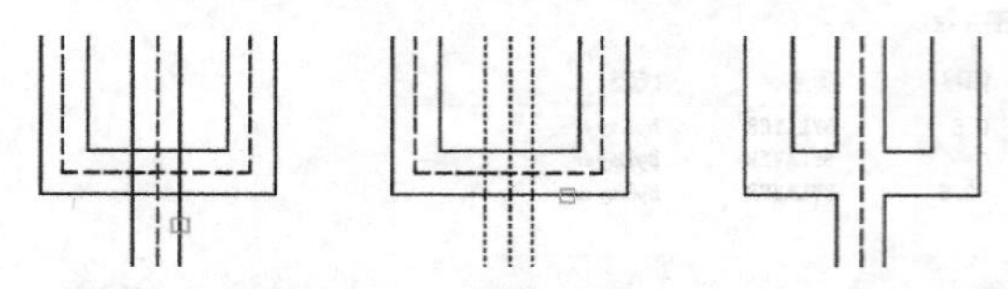

(a) 选择第一条复合线 (b) 选择第二条复合线 (c) 执行结果

图 8-38 十字打开

8.3.4 实例——绘制平面墙线

绘制图 8-39 所示的平面墙线。本实例外墙厚 200mm，内墙厚 100mm。

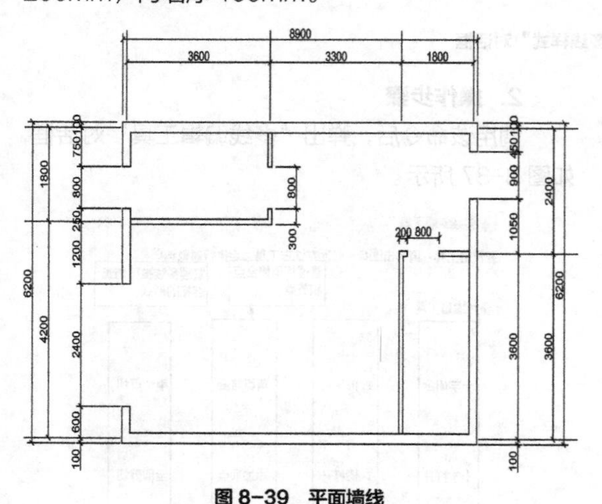

图 8-39 平面墙线

操作步骤

❶ 图层设置

为了方便图线管理，首先建立“轴线”和“墙线”两个图层。单击“图层”工具栏中的“图层特性管理器”按钮，打开“图层特性管理器”对话框，建立一个新图层，命名为“轴线”，颜色选取红色，线型设置为 CENTER，其余属性为默认，并将其设置为当前图层（见图 8-40）。

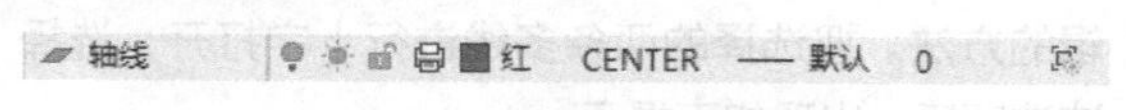

图 8-40 “轴线”图层参数

使用同样的方法建立“墙线”图层，参数如图 8-41 所示。

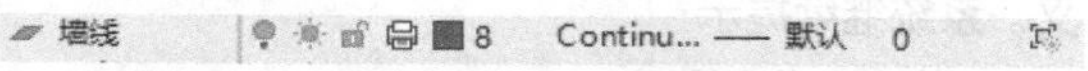

墙线 8 Continu... —— 默认 0

图 8-41 “墙线”图层参数

❷ 绘制定位轴线

在“轴线”图层为当前图层状态下绘制。

（1）水平轴线：单击“绘图”工具栏中的“直线”按钮，在绘图区左下角的适当位置选取直线的初始点，然后输入第二点的相对坐标（@8700，0），并按 Enter 键，系统绘制出第一条长为 8700 的水平轴线。将屏幕“实时缩放”处理后的效果如图 8-42 所示。

图 8-42 第一条水平轴线

> **提示** 可利用鼠标滚轮进行实时缩放。此外，读者可以采取命令行输入命令的方式来绘图，熟练后速度会比较快。最好养成左手操作键盘，右手操作鼠标的习惯，这样有利于以后绘制大量图形。

单击“修改”工具栏中的“偏移”按钮，向上偏移水平轴线，偏移量依次为 3600、600、1800。结果如图 8-43 所示。

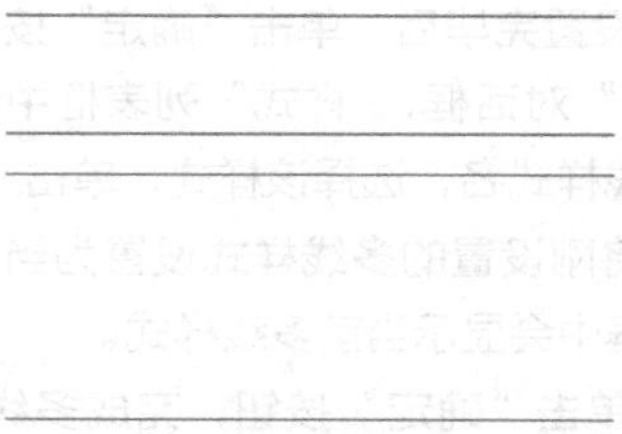

图 8-43 偏移后的水平轴线

（2）竖向轴线：单击“绘图”工具栏中的“直线”按钮，拾取第一条水平轴线的左端点作为第一条竖向轴线的起点（见图 8-44），拾取最后一条水平轴线左端点作为终点（见图 8-45），并按 Enter 键。单击“修改”工具栏中的“偏移”按钮，向右偏移竖直轴线，偏移量依次为 3600、3300、1800，如图 8-46 所示。

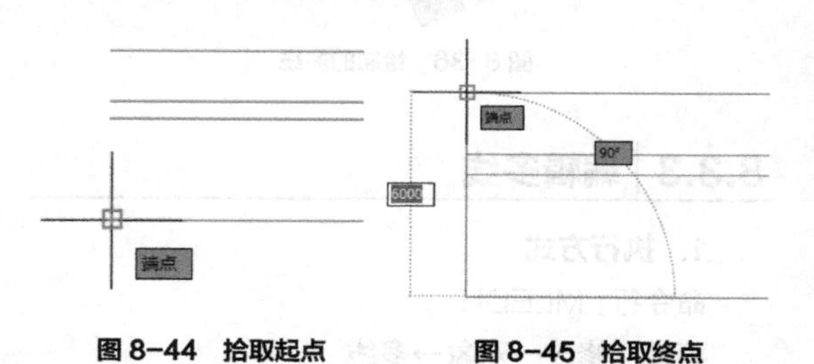

图 8-44 拾取起点　　图 8-45 拾取终点

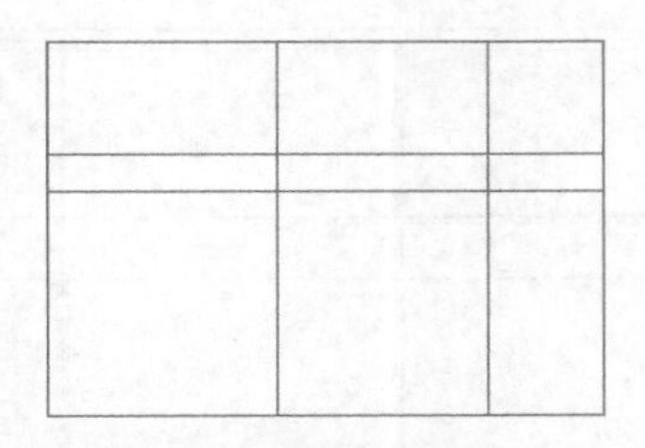

图 8-46 完成轴线

❸ 绘制墙线

（1）打开“图层”工具栏中的“图层控制”下拉列表（见图 8-47），将“墙线”图层置为当前图层，如图 8-48 所示。

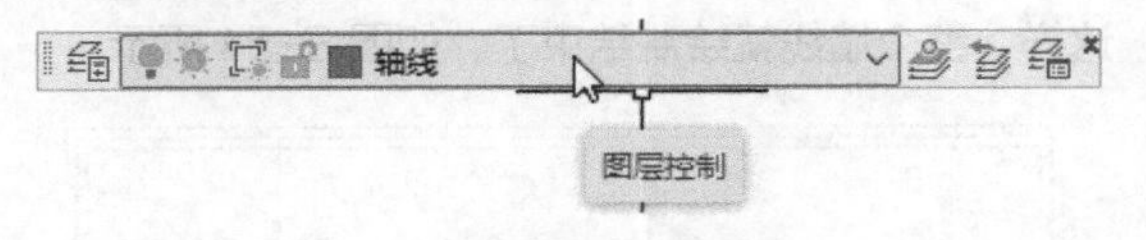

图 8-47 图层控制

图 8-48 将“墙线”图层置为当前图层

（2）设置“多线”的参数。选择菜单栏中“绘图”→“多线”命令，命令行提示与操作如下：

```
命令：_mline ↙
当前设置：对正 = 上，比例 = 20.00，样式 = STANDARD （初始参数）
指定起点或 [对正(J)/比例(S)/样式(ST)]：j ↙ （选择“对正”选项）
输入对正类型 [上(T)/无(Z)/下(B)] <上>：z ↙（选择两线之间的中点作为控制点）
当前设置：对正 = 无，比例 = 20.00，样式 = STANDARD
指定起点或 [对正(J)/比例(S)/样式(ST)]：s ↙（选择“比例”选项）
输入多线比例 <20.00>： 200 ↙ （输入墙厚）
当前设置：对正 = 无，比例 = 200.00，样式 = STANDARD
指定起点或 [对正(J)/比例(S)/样式(ST)]：↙ （回车完成设置）
```

提示 这里采用的是标准多线样式，其默认的墙厚是 20，将比例设置成 200 就相当于把墙厚变成为 200。

（3）重复“多线”命令，当命令行提示“指定起点或[对正（J）/比例（S）/样式（ST）]：”时，拾取左下角的轴线交点为多线起点，参照图 8-49 所示的内容画出周边墙线。

（4）重复“多线”命令，仿照前面“多线”参数的设置方法将墙体的厚度定义为 100，也就是将多线的比例设为 100。然后绘出剩下的墙线，结果如图 8-50 所示。

图 8-49 200 厚周边墙线

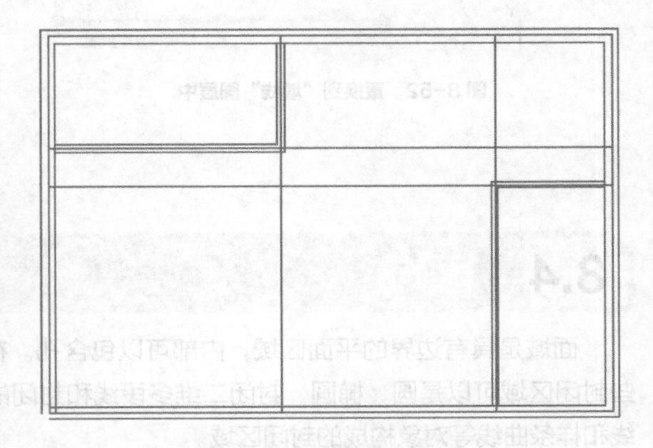

图 8-50 100 厚内部墙线

（5）执行 MLEDIT 命令，弹出“多线编辑工具”对话框，如图 8-37 所示，利用“角点结合”工具和“T 形打开”工具对多线的连接处进行编辑。

（6）参照图 8-39 所示的门洞位置及尺寸绘制门洞的边界线。

操作方法是：由轴线偏移和延伸出门洞的边界线（见图 8-51）；然后将这些线条全部选中，置换到“墙线”图层中（见图 8-52），按 Esc 键退出；使用“修剪”命令将多余的线条修剪掉，结果如图 8-53 所示。

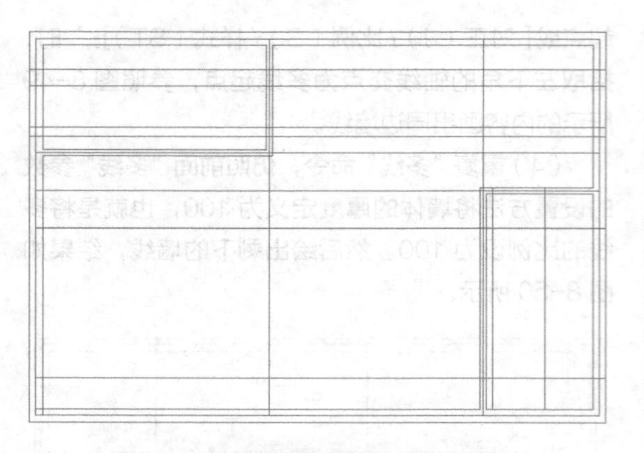

图 8-51　由轴线偏移和延伸出门洞的边界线

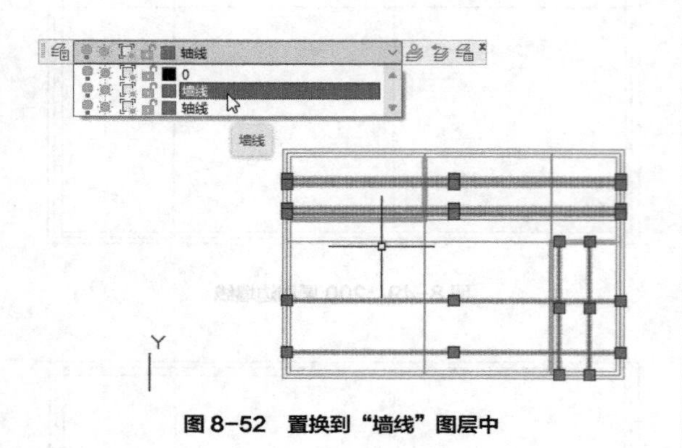

图 8-52　置换到"墙线"图层中

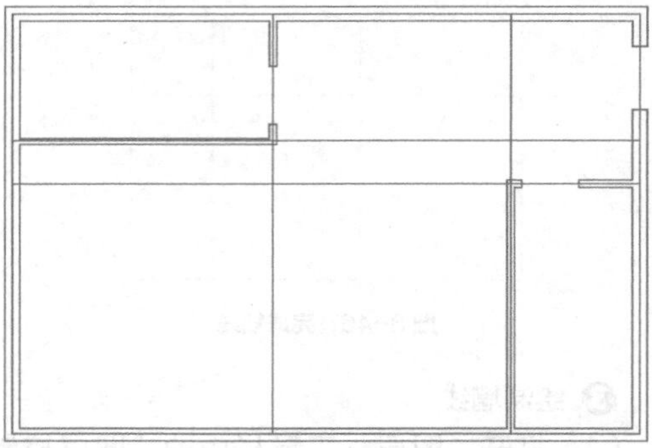

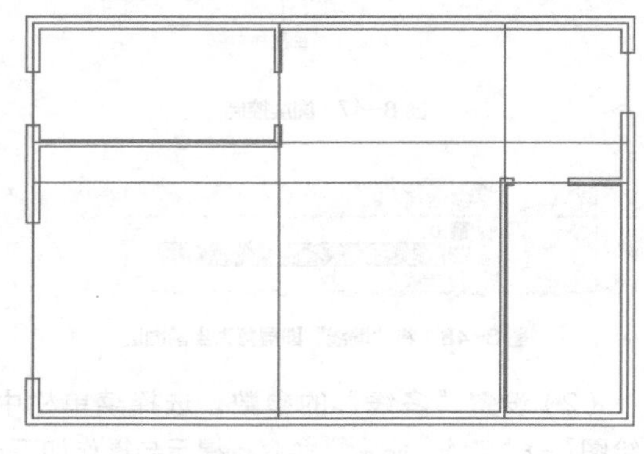

图 8-53　完成门洞

采用同样的方法，在左侧墙线上绘制出窗洞。这样，整个墙线就绘制结束了，如图 8-54 所示。

图 8-54　完成墙线

8.4 面域

面域是具有边界的平面区域，内部可以包含孔。在 AutoCAD 中，用户可以将封闭区域转变为面域，这些封闭区域可以是圆、椭圆、封闭二维多段线和封闭的样条曲线等对象，也可以是由圆弧、直线、二维多段线和样条曲线等对象构成的封闭区域。

8.4.1 创建面域

1. 执行方式

命令行：REGION

菜单：绘图→面域

工具栏：绘图→面域

2. 操作步骤

```
命令：REGION↙
选择对象：
```

选择对象后，系统自动将所选择的对象转换成面域。

8.4.2 面域的布尔运算

布尔运算是数学上的一种逻辑运算，用在 AutoCAD 绘图中，能够极大地提高绘图的效率。

需要注意的是，布尔运算的对象只包括实体和共面的面域，普通的线条图形是无法使用布尔运算的。布尔运算包括并集、交集和差集 3 种，其操作方法类似，下面一并介绍。

1. 执行方式

命令行：UNION（并集）或 INTERSECT（交集）或 SUBTRACT（差集）

菜单：修改→实体编辑→并集（交集或差集）

工具栏：实体编辑→并集（“交集”或“差集”）

2. 操作步骤

```
命令：UNION（INTERSECT）↙
选择对象：
```

选择对象后，系统对所选择的面域做并集（交集）计算。

```
命令：SUBTRACT↙
选择对象：（选择差集运算的主体对象）
选择对象：（单击鼠标右键结束）
选择对象：（选择差集运算的参照体对象）
选择对象：（单击鼠标右键结束）
```

选择对象后，系统对所选择的面域做差集计算。运算逻辑是主体对象减去与参照体对象重叠的部分。布尔运算的结果如图 8-55 所示。

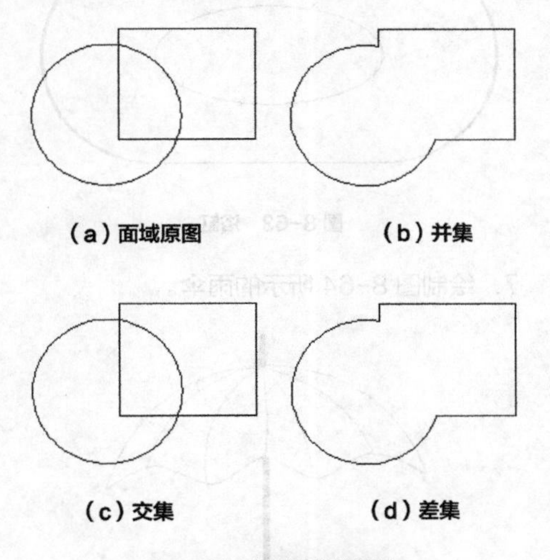
（a）面域原图　（b）并集

（c）交集　（d）差集

图 8-55　布尔运算的结果

8.4.3 实例——绘制法兰盘

利用布尔运算绘制图 8-56 所示的法兰盘。

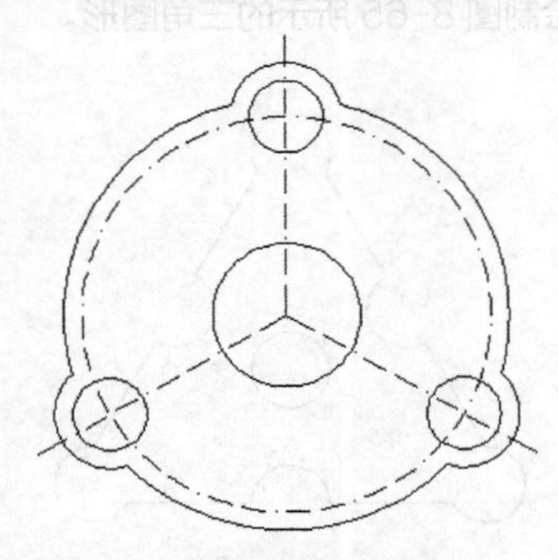
图 8-56　法兰盘

操作步骤

❶ 设置图层。选择菜单栏中的“格式”→“图层”命令或者单击“图层”工具栏中的“图层特性管理器”按钮，新建两个图层。

（1）第一个图层命名为“粗实线”，设置线宽属性为 0.3mm，其余属性默认。

（2）第二个图层命名为“中心线”，设置颜色为红色，线型加载为 CENTER，其余属性默认。

❷ 将“粗实线”图层设置为当前图层，绘制半径为 60 的圆。捕捉上一圆的圆心为圆心，指定半径为 20 绘制圆。结果如图 8-57 所示。

❸ 将“中心线”图层设置为当前图层，绘制圆。单击“绘图”工具栏中的“圆”按钮，捕捉上一圆的圆心为圆心，指定半径为 55 绘制圆。

❹ 绘制中心线。单击“绘图”工具栏中的“直线”按钮，以大圆的圆心为起点，终点坐标为（@0，75）。结果如图 8-58 所示。

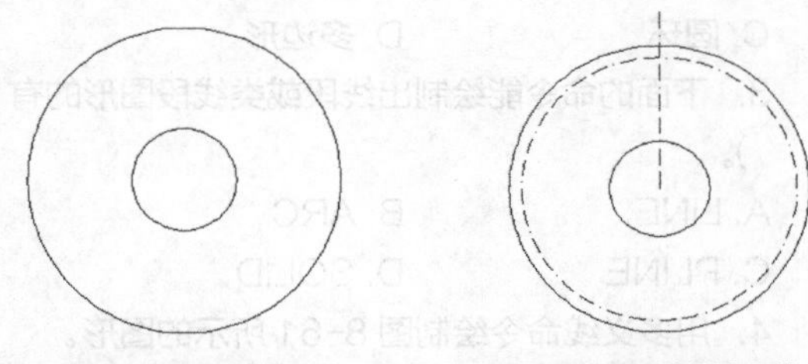
图 8-57　绘制圆　　图 8-58　绘制中心线

❺ 将“粗实线”图层设置为当前图层，绘制圆。单击“绘图”工具栏中的“圆”按钮，以圆和中心线的交点为圆心，分别绘制半径为 15 和 10 的圆，结果如图 8-59 所示。

❻ 单击“修改”工具栏中的“环形阵列”按钮，将图中边缘的两个圆和中心线进行项目数为 3 的圆周阵列，结果如图 8-60 所示。

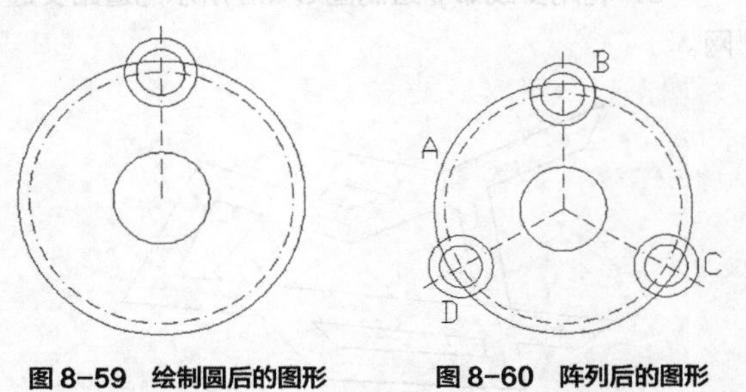

图 8-59　绘制圆后的图形　　图 8-60　阵列后的图形

❼ 单击“修改”工具栏中的“分解”按钮，

将阵列后的图形分解。

❽ 选择菜单栏中的“绘图”→“面域”命令或者单击“绘图”工具栏中的“面域”按钮，进行面域处理。命令行提示与操作如下：

```
命令：REGION ↙
选择对象：（依次选择图 8-60 中的圆 A、B、C 和 D）
选择对象：↙
已提取 4 个环。
已创建 4 个面域。
```

❾ 选择菜单栏中的“修改”→“实体编辑”→“并集”命令，或者单击“实体编辑”工具栏中的“并集”按钮，进行并集处理。命令行提示与操作如下：

```
命令：UNION ↙
选择对象：（依次选择图 8-60 中的圆 A、B、C 和 D）
选择对象：↙
```

最终结果如图 8-56 所示。

8.5 练习

1. 可以有宽度的线有（　　）。
   A. 构造线　　B. 多段线
   C. 样条曲线　　D. 射线
2. 可以用 FILL 命令进行填充的图形有（　　）。
   A. 区域填充　　B. 多段线
   C. 圆环　　D. 多边形
3. 下面的命令能绘制出线段或类线段图形的有（　　）。
   A. LINE　　B. ARC
   C. PLINE　　D. SOLID
4. 用多义线命令绘制图 8-61 所示的图形。

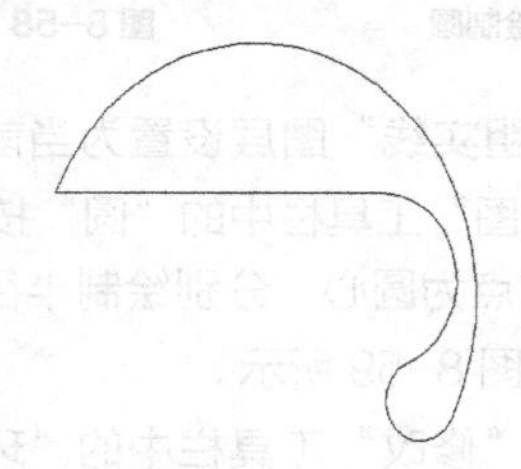

图 8-61　图形

5. 利用多线命令绘制图 8-62 所示的道路交通网。

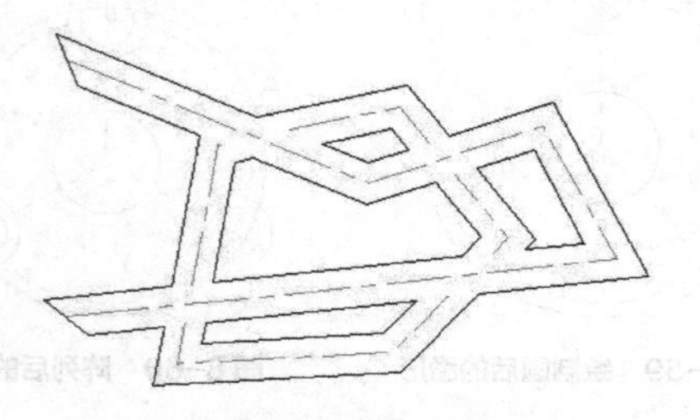

图 8-62　道路交通网

6. 绘制图 8-63 所示的浴缸。

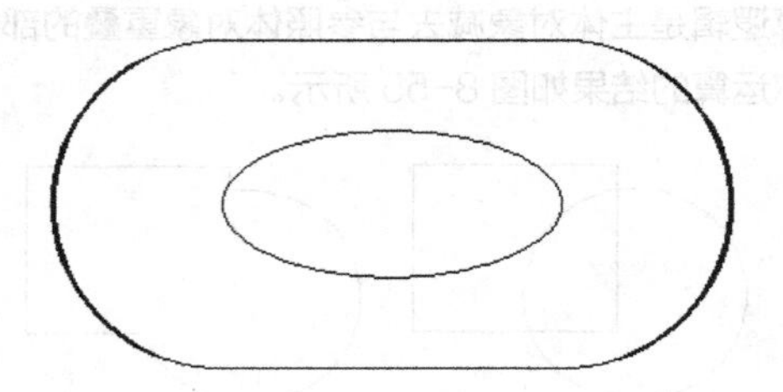

图 8-63　浴缸

7. 绘制图 8-64 所示的雨伞。

图 8-64　雨伞

8. 绘制图 8-65 所示的三角图形。

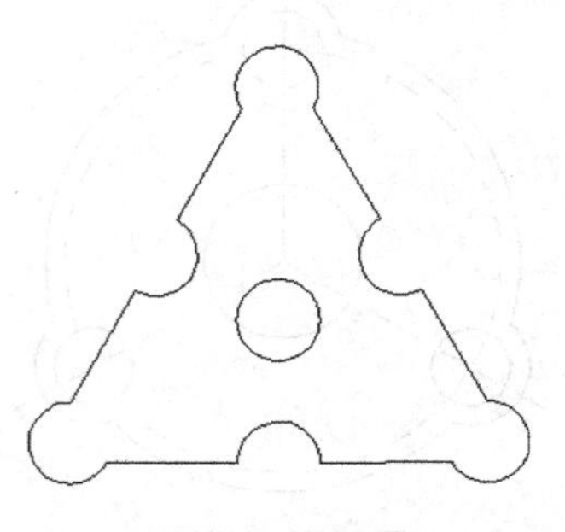

图 8-65　三角图形

第 9 章

尺寸标注

尺寸标注是绘图设计过程当中相当重要的一个环节。因为图形的主要作用是展示物体的形状，而物体实际大小和各部分之间的确切位置必须通过尺寸标注来表达。因此，没有正确的尺寸标注，绘制出的图样对加工制造没什么意义。AutoCAD 提供了方便、准确的尺寸标注功能。

重点与难点

- 尺寸样式
- 标注尺寸
- 引线标注
- 几何公差
- 编辑尺寸标注

9.1 尺寸样式

在进行尺寸标注之前，要建立尺寸标注的样式。如果不建立尺寸样式而直接进行标注，系统使用默认的名称为 STANDARD 的样式。用户如果认为使用的标注样式某些设置不合适，也可以修改标注样式。

1. 执行方式

命令行：DIMSTYLE

菜单：格式→标注样式或标注→标注样式（见图 9-1）

工具栏：标注→标注样式（见图 9-2）

2. 操作步骤

在命令行执行 DIMSTYLE 命令或选择相应的菜单项或工具图标，弹出“标注样式管理器”对话框，如图 9-3 所示。在此对话框中用户可以方便、直观地定制和浏览尺寸标注样式，包括新建标注样式、修改已存在的样式、设置当前尺寸标注样式、样式重命名以及删除一个已有样式等。

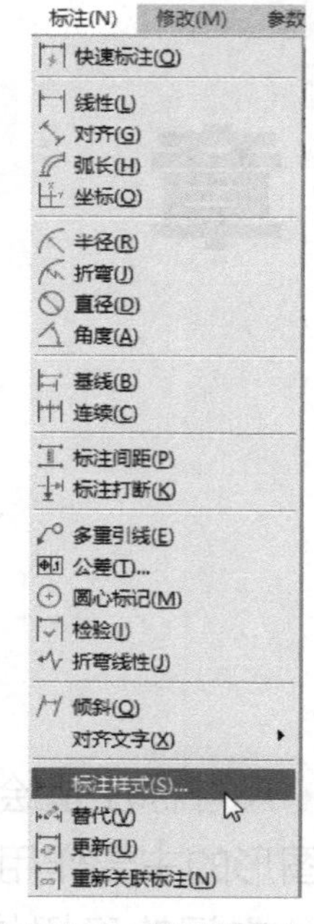

图 9-1 “标注”菜单

图 9-2 “标注”工具栏

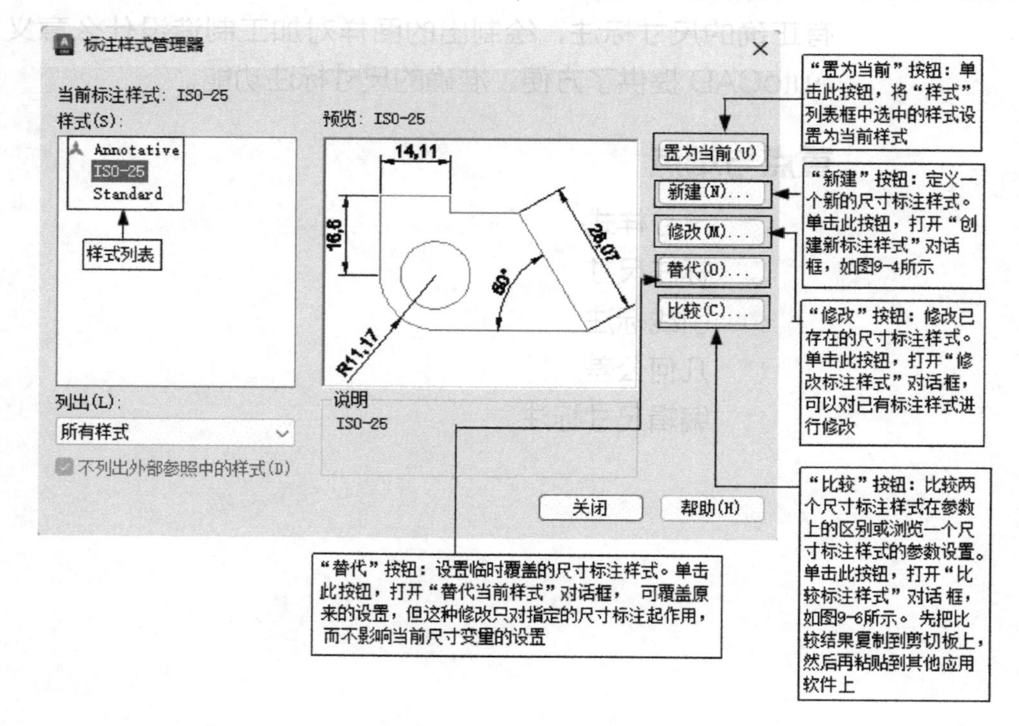

图 9-3 “标注样式管理器”对话框

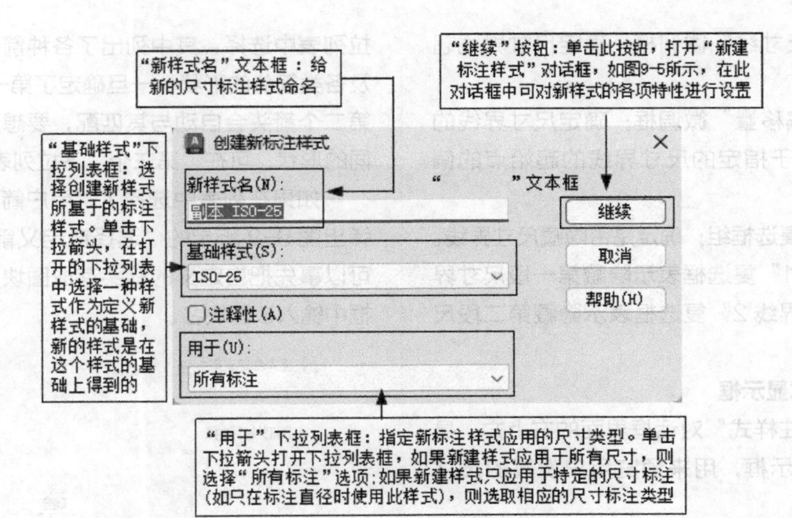

图 9-4 "创建新标注样式"对话框

9.1.1 直线

在"新建标注样式"对话框中，第一个选项卡就是"线"选项卡，如图 9-5 所示。该选项卡用于设置尺寸线、尺寸界线的形式和特性，现分别进行说明。

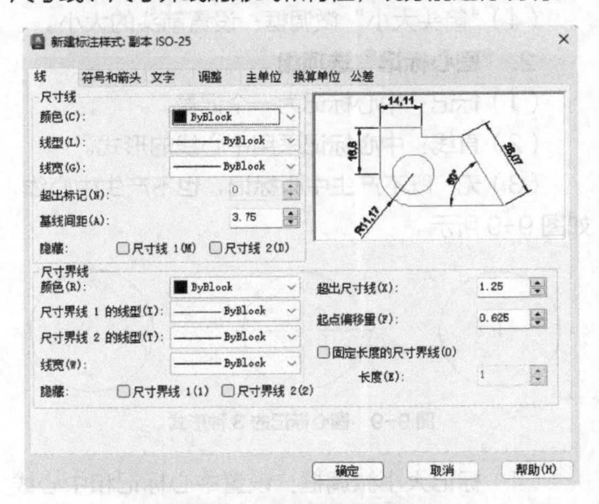

图 9-5 "新建标注样式"对话框

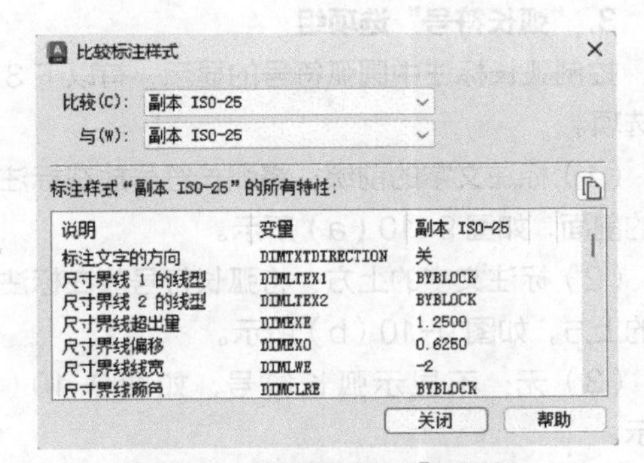

图 9-6 "比较标注样式"对话框

1. "尺寸线"选项组

设置尺寸线的特性，其中选项的含义如下。

（1）"颜色"下拉列表框：设置尺寸线的颜色。可直接输入颜色名字，也可从下拉列表中选择，如果选择"选择颜色"选项，将会弹出"选择颜色"对话框，供用户选择其他颜色。

（2）"线型"下拉列表框：设置尺寸线的线型。下拉列表中列出了几种线型的名字，如果选取"其他"，系统打开"选择线型"对话框，继续单击"加载"按钮，系统打开"加载或重载线型"对话框，用户可以选择其他线型。

（3）"线宽"下拉列表框：设置尺寸线的线宽，下拉列表中列出了各种线宽的名字和宽度。

（4）"超出标记"微调框：当尺寸箭头为短斜线、短波浪线等，或尺寸线上无箭头时，可利用此微调框设置尺寸线超出尺寸界线的距离。

（5）"基线间距"微调框：设置以基线方式标注尺寸时，相邻两尺寸线之间的距离。

（6）"隐藏"复选框组：确定是否隐藏尺寸线及相应的箭头。勾选"尺寸线 1"复选框表示隐藏第一段尺寸线，勾选"尺寸线 2"复选框表示隐藏第二段尺寸线。

2. "尺寸界线"选项组

该选项组用于确定尺寸界线的形式，其中选项的含义如下。

（1）"颜色"下拉列表框：设置尺寸界线的颜色。

（2）"线宽"下拉列表框：设置尺寸界线的线宽。

（3）“超出尺寸线”微调框：确定尺寸界线超出尺寸线的距离。

（4）“起点偏移量”微调框：确定尺寸界线的实际起始点相对于指定的尺寸界线的起始点的偏移量。

（5）“隐藏”复选框组：确定是否隐藏尺寸界线。勾选“尺寸界线 1”复选框表示隐藏第一段尺寸界线，勾选“尺寸界线 2”复选框表示隐藏第二段尺寸界线。

3. 尺寸样式显示框

在“新建标注样式”对话框界面的右上方，是一个尺寸样式显示框，用来预览用户设置的尺寸样式。

9.1.2 符号和箭头

在“新建标注样式”对话框中，第二个选项卡是“符号和箭头”选项卡，如图 9-7 所示。该选项卡用于设置箭头、圆心标记、弧长符号和半径折弯标注的形式和特性。

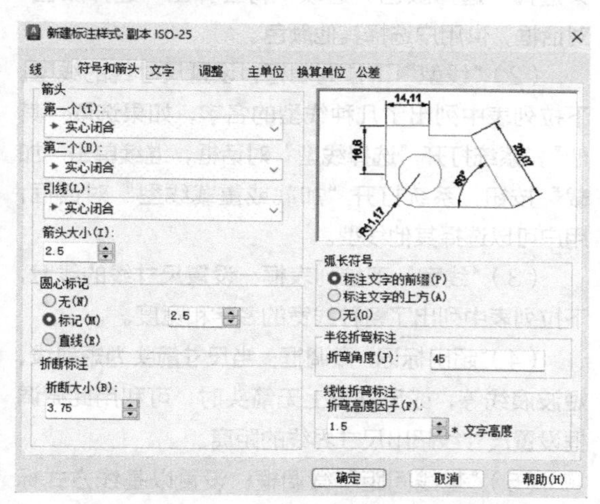

图 9-7 “符号和箭头”选项卡

1.“箭头”选项组

设置尺寸箭头的形式，AutoCAD 提供了多种多样的箭头形状，列在“第一个”和“第二个”下拉列表框中。另外，还允许采用用户自定义的箭头形状。两个尺寸箭头可以采用相同的形式，也可采用不同的形式。

（1）“第一个”下拉列表框：用于设置第一个尺寸箭头的形式。单击右侧的下拉箭头从打开的下拉列表中选择，其中列出了各种箭头形式的名字以及各类箭头的形状。一旦确定了第一个箭头的类型，第二个箭头会自动与其匹配，要想第二个箭头取不同的形状，可在“第二个”下拉列表框中自行选择。

如果在列表中选择了“用户箭头”选项，则会弹出图 9-8 所示的“选择自定义箭头块”对话框。可以事先把自定义的箭头存成图块，然后在此对话框中输入该图块名。

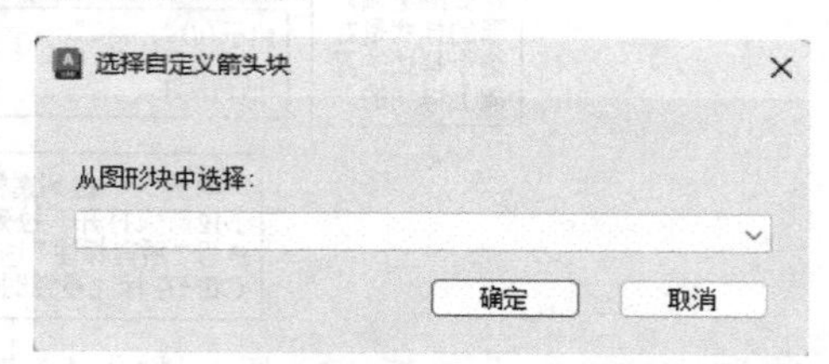

图 9-8 “选择自定义箭头块”对话框

（2）“第二个”下拉列表框：确定第二个尺寸箭头的形式，可与第一个箭头不同。

（3）“引线”下拉列表框：确定引线箭头的形式，与“第一个”下拉列表框设置类似。

（4）“箭头大小”微调框：设置箭头的大小。

2.“圆心标记”选项组

（1）标记：中心标记为一个记号。

（2）直线：中心标记采用中心线的形式。

（3）无：既不产生中心标记，也不产生中心线，如图 9-9 所示。

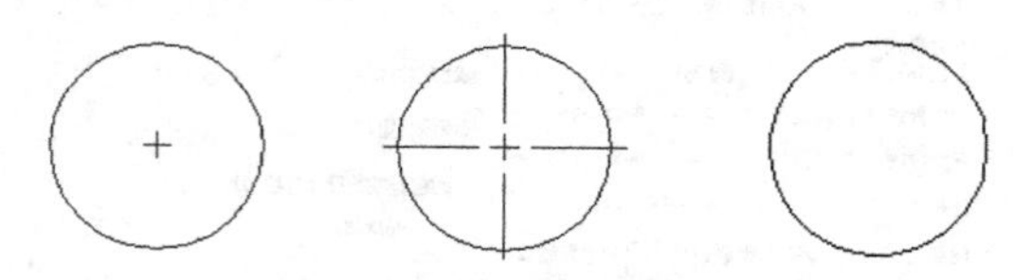

图 9-9 圆心标记的 3 种形式

（4）标记大小微调框：设置中心标记和中心线的大小和粗细。

3.“弧长符号”选项组

控制弧长标注中圆弧符号的显示，有以下 3 个单选项。

（1）标注文字的前缀：将弧长符号放在标注文字的前面，如图 9-10（a）所示。

（2）标注文字的上方：将弧长符号放在标注文字的上方，如图 9-10（b）所示。

（3）无：不显示弧长符号，如图 9-10（c）所示。

图 9-10 弧长符号

4.“半径标注折弯”选项组

控制折弯（Z 字型）半径标注的显示，通常在中心点位于页面外部时创建。在“折弯角度”文本框中可以输入连接半径标注的尺寸界线和尺寸线横向直线的角度，如图 9-11 所示。

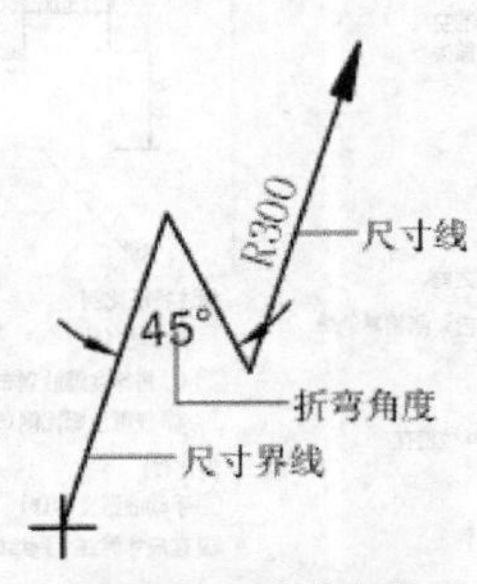

图 9-11 折弯角度

9.1.3 尺寸文本

在“新建标注样式”对话框中，第三个选项卡是“文字”选项卡，如图 9-12 所示。该选项卡用于设置尺寸文本的外观、位置和对齐方式等。

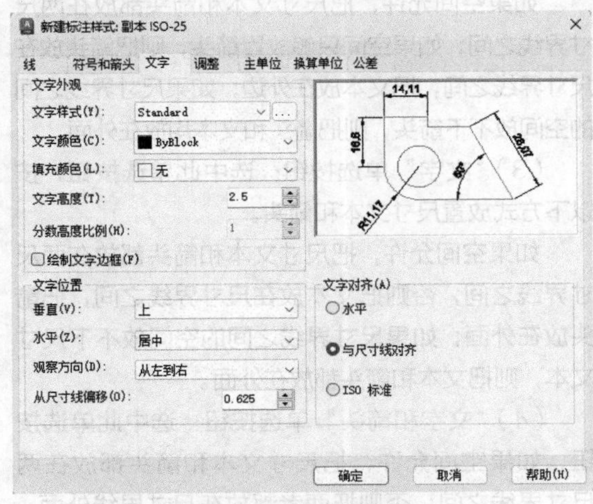

图 9-12 “文字”选项卡

1.“文字外观”选项组

（1）“文字样式”下拉列表框：选择当前尺寸文本采用的文本样式。单击下拉箭头，在打开的下拉列表中选取一个样式，也可单击右侧的…按钮，打开“文字样式”对话框以创建新的文本样式或对文本样式进行修改。

（2）“文字颜色”下拉列表框：设置尺寸文本的颜色，其操作方法与设置尺寸线颜色的方法相同。

（3）“文字高度”微调框：设置尺寸文本的字高。如果选用的文本样式中已设置了具体的字高（不为 0），此处的设置无效。

（4）“分数高度比例”微调框：确定尺寸文本的比例系数。

（5）“绘制文字边框”复选框：勾选此复选框，系统将在尺寸文本周围加上边框。

2.“文字位置”选项组

（1）“垂直”下拉列表框：确定尺寸文本相对于尺寸线和尺寸界线在垂直方向的对齐方式。单击右侧的下拉箭头，在打开的下拉列表中，可选择的对齐方式有以下 5 种。

①居中：将尺寸文本放在尺寸线的中间，如图 9-13（a）所示。

②上：将尺寸文本放在尺寸线的上方，如图 9-13（b）所示。

③外部：将尺寸文本放在远离第一条尺寸界线起点的位置，即和所标注的对象分列于尺寸线的两侧，如图 9-13（c）所示。

④ JIS：使尺寸文本的放置符合 JIS（日本工业标准）规则，如图 9-13（d）所示。

⑤下：将尺寸文本放在尺寸线的下方。

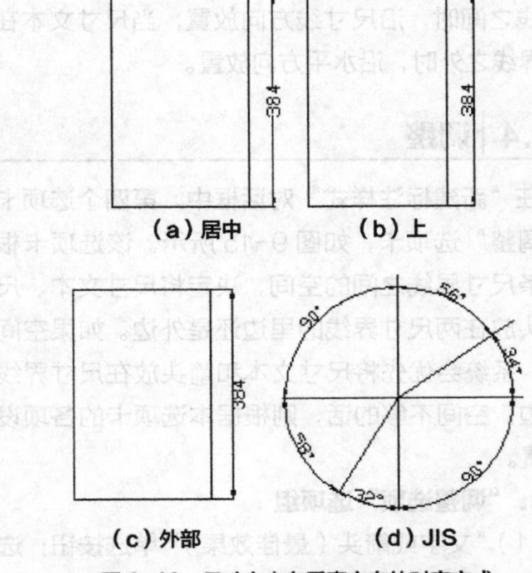

图 9-13 尺寸文本在垂直方向的对齐方式

（2）“水平”下拉列表框：确定尺寸文本相对于尺寸线和尺寸界线在水平方向的对齐方式。单击右侧的下拉箭头，在打开的下拉列表中，可选择的对齐方式有 5 种，分别是居中、第一条尺寸界线、第二条尺寸界线、第一条尺寸界线上方、第二条尺寸界线上方，效果如图 9-14（a）~（e）所示。

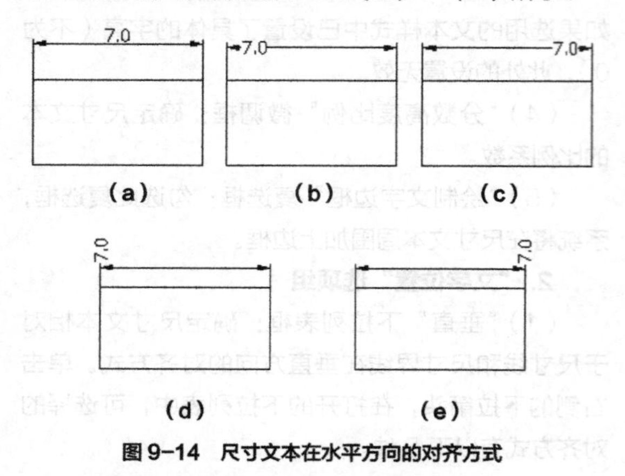

图 9-14　尺寸文本在水平方向的对齐方式

（3）“从尺寸线偏移”微调框：当尺寸文本放在断开的尺寸线中间时，此微调框用来设置尺寸文本与尺寸线之间的距离（尺寸文本间隙）。

3.“文字对齐”选项组

该选项组用来控制尺寸文本排列的方向。

（1）“水平”单选按钮：尺寸文本沿水平方向放置。不论标注什么方向的尺寸，尺寸文本总保持水平。

（2）“与尺寸线对齐”单选按钮：尺寸文本沿尺寸线方向放置。

（3）“ISO 标准”单选按钮：当尺寸文本在尺寸界线之间时，沿尺寸线方向放置；当尺寸文本在尺寸界线之外时，沿水平方向放置。

9.1.4 调整

在“新建标注样式”对话框中，第四个选项卡是“调整”选项卡，如图 9-15 所示。该选项卡根据两条尺寸界线之间的空间，决定将尺寸文本、尺寸箭头放在两尺寸界线的里边还是外边。如果空间允许，系统会优先将尺寸文本和箭头放在尺寸界线的里边，空间不够的话，则根据本选项卡的各项设置放置。

1.“调整选项”选项组

（1）“文字或箭头（最佳效果）”单选按钮：选中此单选按钮，系统将按以下方式放置尺寸文本和箭头。

如果空间允许，把尺寸文本和箭头都放在两尺寸界线之间；如果两尺寸界线之间只够放置尺寸文本，则把文本放在尺寸界线之间，而把箭头放在尺寸界线的外边；如果只够放置箭头，则把箭头放在里边，把文本放在外边；如果两尺寸界线之间既放不下文本，也放不下箭头，则把两者均放在外边。

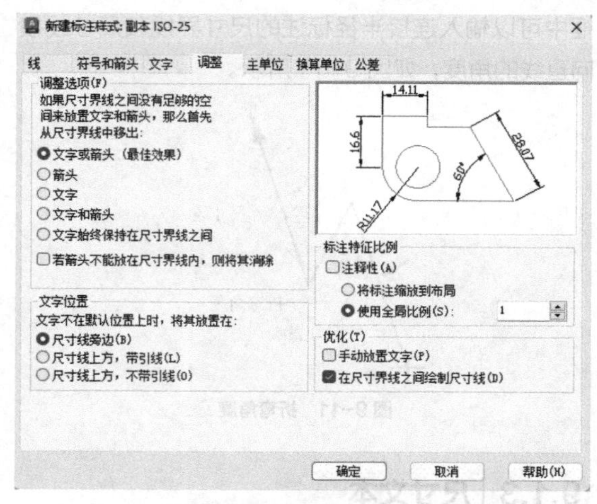

图 9-15　“调整”选项卡

（2）“箭头”单选按钮：选中此单选按钮，按以下方式放置尺寸文本和箭头。

如果空间允许，把尺寸文本和箭头都放在两尺寸界线之间；如果空间只够放置箭头，则把箭头放在尺寸界线之间，把文本放在外边；如果尺寸界线之间的空间放不下箭头，则把箭头和文本均放在外面。

（3）“文字”单选按钮：选中此单选按钮，按以下方式放置尺寸文本和箭头。

如果空间允许，把尺寸文本和箭头都放在两尺寸界线之间；否则把文本放在尺寸界线之间，把箭头放在外面；如果尺寸界线之间的空间放不下尺寸文本，则把文本和箭头都放在外面。

（4）“文字和箭头”单选按钮：选中此单选按钮，如果空间允许，把尺寸文本和箭头都放在两尺寸界线之间；否则把两者都放在尺寸界线外面。

（5）“文字始终保持在尺寸界线之间”单选按钮：选中此单选按钮，系统总是把尺寸文本放在两条尺寸界线之间。

（6）“若箭头不能放在尺寸界线内，则将其消除”复选框：勾选此复选框，则两尺寸界线之间的空间不够时省略尺寸箭头。

2.“文字位置”选项组

该选项组用来设置尺寸文本的位置，其中 3 个单选按钮的含义如下。

（1）“尺寸线旁边”单选按钮：选中此单选按钮，尺寸文本总是放在尺寸线的旁边，如图 9-16（a）所示。

（2）“尺寸线上方，带引线”单选按钮：选中此单选按钮，尺寸文本总是放在尺寸线的上方，并用引线与尺寸线相连，如图 9-16（b）所示。

（3）“尺寸线上方，不带引线”单选按钮：选中此单选按钮，尺寸文本总是放在尺寸线的上方，中间无引线，如图 9-16（c）所示。

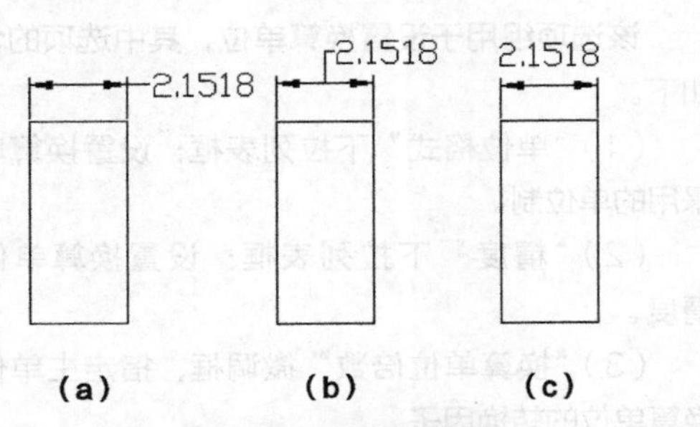

图 9-16　尺寸文本的位置

3.“标注特征比例”选项组

（1）“注释性”复选框：勾选此复选框，则指定标注为注释性标注。

（2）“将标注缩放到布局”单选按钮：用来确定图纸空间内的尺寸比例系数，默认系数值为 1。

（3）“使用全局比例”单选按钮：用来确定尺寸的整体比例系数。其后面的比例值微调框可以用来设置需要的比例。

4.“优化”选项组

设置附加的尺寸文本布置选项，包含两个选项。

（1）“手动放置文字”复选框：勾选此复选框，标注尺寸时将由用户确定尺寸文本的放置位置，忽略对齐设置。

（2）“在尺寸界线之间绘制尺寸线”复选框：勾选此复选框，不论尺寸文本在尺寸界线内部还是外面，系统均在两尺寸界线之间绘出一尺寸线；否则当尺寸界线内放不下尺寸文本而将其放在外面时，尺寸界线之间将无尺寸线。

9.1.5 主单位

“新建标注样式”对话框中，第五个选项卡是“主单位”选项卡，如图 9-17 所示。该选项卡用来设置尺寸标注的主单位和精度，以及给尺寸文本添加固定的前缀或后缀等操作。本选项卡含两个选项组，分别用于对长度型标注和角度型标注进行设置。

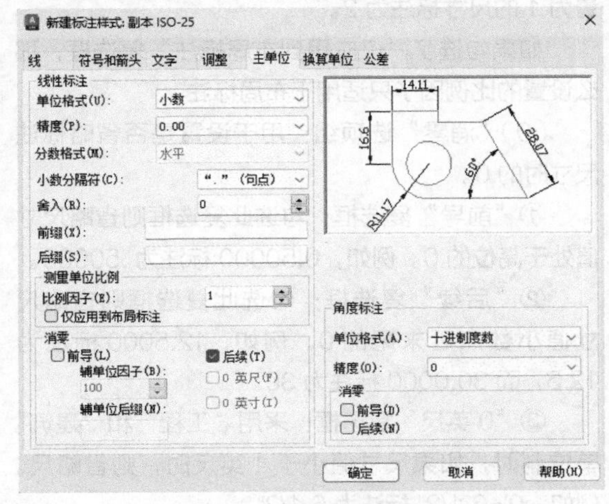

图 9-17　“主单位”选项卡

1.“线性标注”选项组

该选项组用来设置标注长度型尺寸时采用的单位和精度。

（1）“单位格式”下拉列表框：确定标注尺寸时使用的单位制（角度型尺寸除外），其下拉列表中，共有“科学”“小数”“工程”“建筑”“分数”“Windows 桌面”6 种单位制，可根据需要选择。

（2）“精度”下拉列表框：显示和设定标注文字中的小数位数。

（3）“分数格式”下拉列表框：设置分数的形式，其下拉列表中，共有“水平”“对角”和“非堆叠”3 种形式供用户选用。

（4）“小数分隔符”下拉列表框：确定十进制单位的分隔符，其下拉列表中，共有 3 种形式——“.”“、”和空格。

（5）“舍入”微调框：设置除角度之外的标注测量的最近舍入值。在文本框中输入一个值，如果输入 1.25，则所有测量值均舍入到最接近的整数。

（6）“前缀”文本框：设置固定前缀。可以在文本框中输入文本，也可以用控制符产生特殊字符，这些文本或字符将被加在所有尺寸文本之前。

（7）“后缀”文本框：给尺寸标注设置固定后缀。

（8）“测量单位比例”选项组：确定自动测量尺寸时的比例因子。其中“比例因子”微调框用来设置除角度之外所有尺寸测量的比例因子。例如，如果用户确定比例因子为 2，AutoCAD 则把实际测量为 1 的尺寸标注为 2。

如果勾选了“仅应用到布局标注”复选框，那么设置的比例因子只适用于布局标注。

（9）“消零”选项组：用于设置是否省略标注尺寸时的 0。

①“前导”复选框：勾选此复选框则省略尺寸值处于高位的 0。例如，0.50000 标注为 .50000。

②“后续”复选框：勾选此复选框则省略尺寸值小数点后末尾的 0。例如，12.5000 标注为 12.5，而 30.0000 标注为 30。

③“0 英尺”复选框：采用“工程”和“建筑”单位制时，如果尺寸值小于 1 英尺时，则省略尺。例如，0'-6 1/2" 标注为 6 1/2"。

④“0 英寸”复选框：采用“工程”和“建筑”单位制时，如果尺寸值是整数尺时，则省略寸。例如，1'-0" 标注为 1'。

2. “角度标注”选项组

该选项组用来设置标注角度时采用的角度单位。

（1）“单位格式”下拉列表框：设置角度单位制，在其下拉列表框中提供了“十进制度数”“度 / 分 / 秒”“百分度”“弧度”4 种角度单位。

（2）“精度”下拉列表框：设置角度型尺寸标注的精度。

（3）“消零”选项组：设置是否省略标注角度时的 0。

9.1.6 换算单位

在“新建标注样式”对话框中，第六个选项卡是“换算单位”选项卡，如图 9-18 所示，该选项卡用于设置换算单位。

1. “显示换算单位”复选框

勾选此复选框，则换算单位的尺寸值也同时显示在尺寸文本上。

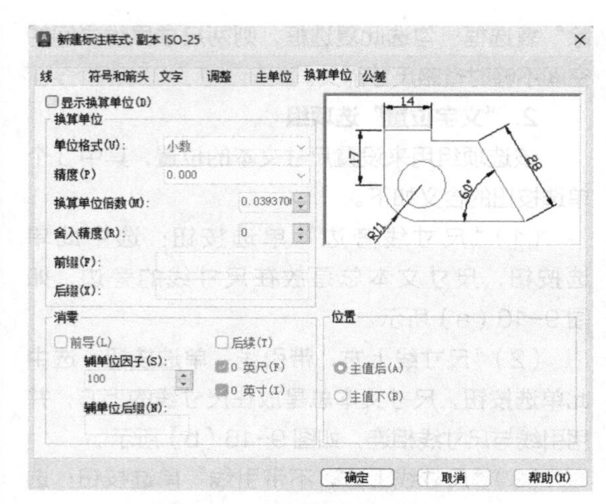

图 9-18 “换算单位”选项卡

2. “换算单位”选项组

该选项组用于设置换算单位，其中选项的含义如下。

（1）“单位格式”下拉列表框：设置换算单位采用的单位制。

（2）“精度”下拉列表框：设置换算单位的精度。

（3）“换算单位倍数”微调框：指定主单位和换算单位的转换因子。

（4）“舍入精度”微调框：设定换算单位的圆整规则。

（5）“前缀”文本框：设置换算单位文本的固定前缀。

（6）“后缀”文本框：设置换算单位文本的固定后缀。

3. “消零”选项组

该选项组用于设置是否省略尺寸标注中的 0。

4. “位置”选项组

该选项组用于设置换算单位尺寸标注的位置。

（1）“主值后”单选按钮：把换算单位尺寸标注放在主单位标注的后边。

（2）“主值下”单选按钮：把换算单位尺寸标注放在主单位标注的下边。

9.1.7 公差

在“新建标注样式”对话框中，第七个选项卡是“公差”选项卡，如图 9-19 所示，该选项卡用来确定标注公差的方式。

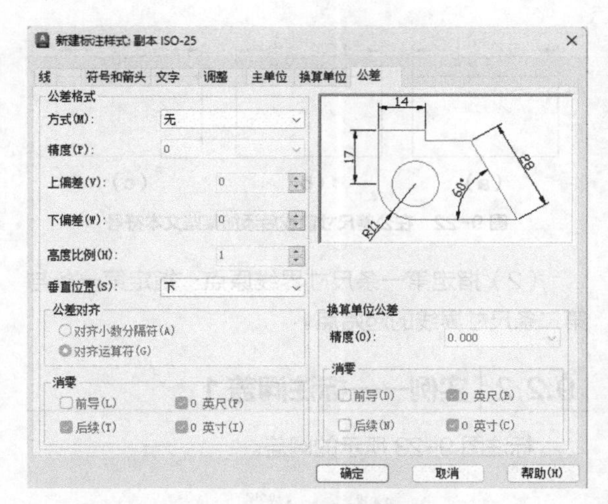

图 9-19 “公差”选项卡

1. “公差格式”选项组

该选项组用于设置公差的标注方式。

（1）“方式”下拉列表框：设置以何种形式标注公差。单击右侧的下拉箭头，在弹出的下拉列表中，列出了 5 种标注公差的形式，供用户选择。这 5 种形式分别是“无”“对称”“极限偏差”“极限尺寸”“基本尺寸”，其中“无”表示不标注公差，其余 4 种标注情况如图 9-20 所示。

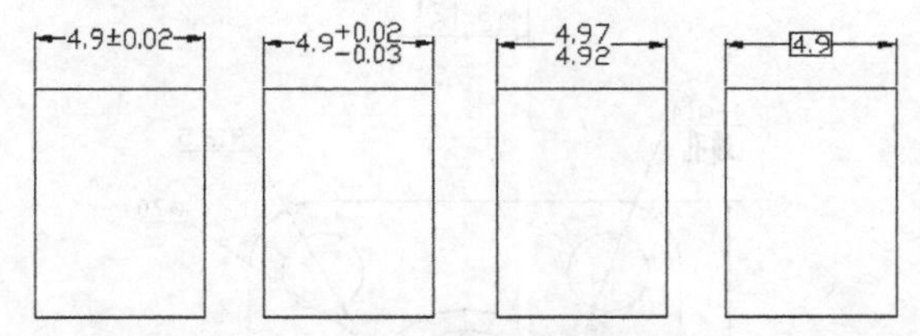

（a）对称 （b）极限偏差 （c）极限尺寸 （d）基本尺寸

图 9-20 公差标注的形式

（2）“精度”下拉列表框：确定公差标注的精度。

（3）“上偏差”微调框：设置尺寸的上偏差。

（4）“下偏差”微调框：设置尺寸的下偏差。

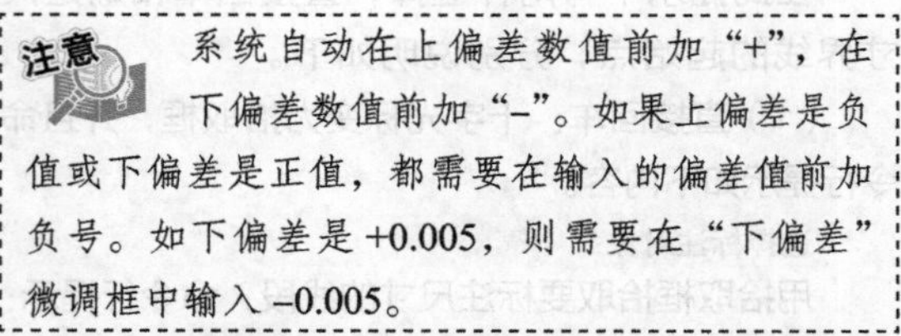

注意 系统自动在上偏差数值前加“+”，在下偏差数值前加“-”。如果上偏差是负值或下偏差是正值，都需要在输入的偏差值前加负号。如下偏差是+0.005，则需要在“下偏差”微调框中输入-0.005。

（5）“高度比例”微调框：设置公差文本的高度比例，即公差文本的高度与一般尺寸文本的高度之比。

（6）“垂直位置”下拉列表框：设置“对称”和“极限偏差”形式的公差标注文本的对齐方式。

①上：公差文本的顶部与一般尺寸文本的顶部对齐。

②中：公差文本的中线与一般尺寸文本的中线对齐。

③下：公差文本的底线与一般尺寸文本的底线对齐。

这 3 种对齐方式如图 9-21 所示。

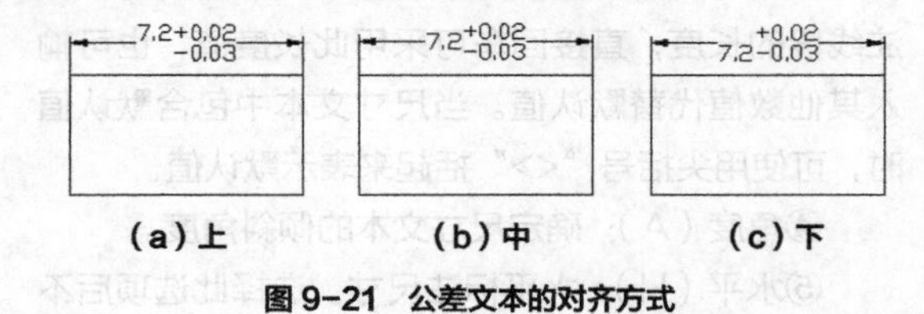

（a）上 （b）中 （c）下

图 9-21 公差文本的对齐方式

（7）“消零”选项组：设置是否省略公差标注中的 0。

2. “换算单位公差”选项组

该选项组用于对形位公差标注的换算单位进行设置，其中选项的设置方法与 9.1.5 小节相同。

9.2 标注尺寸

正确地进行尺寸标注是设计绘图工作中非常重要的一个环节，AutoCAD 提供了方便、快捷的尺寸标注方法，可通过命令行执行命令实现，也可利用菜单或工具栏实现。本节重点介绍如何对各种类型的尺寸进行标注。

9.2.1 长度型尺寸标注

1. 执行方式

命令行：DIMLINEAR（缩写：DIMLIN）

菜单：标注→线性

工具栏：标注→线性标注

2. 操作步骤

选择相应的菜单项或工具图标，或在命令行输入 DIMLIN 后回车，命令行提示：

指定第一个尺寸界线原点或 <选择对象>:

3. 选项说明

在此提示下有两种选择，直接回车和确定尺寸界线的起始点，分别说明如下。

（1）直接回车：十字光标变为拾取框，并且命令行提示如下内容。

选择标注对象:

用拾取框拾取要标注尺寸的线段，命令行提示：

指定尺寸线位置或[多行文字(M)/文字(T)/角度(A)/水平(H)/垂直(V)/旋转(R)]:

其中各选项的含义如下。

①指定尺寸线位置：确定尺寸线的位置。用户可移动鼠标指针选择合适的尺寸线位置，回车或单击鼠标左键，AutoCAD 自动测量所标注线段的长度并标注出相应的尺寸。

②多行文字（M）：用多行文本编辑器确定尺寸文本。

③文字（T）：在命令行提示下输入或编辑尺寸文本。选择此选项后，命令行提示：

输入标注文字 <默认值>:

其中的“默认值”是系统自动测量得到的被标注线段的长度，直接回车可采用此长度值，也可输入其他数值代替默认值。当尺寸文本中包含默认值时，可使用尖括号“<>”括起来表示默认值。

④角度（A）：确定尺寸文本的倾斜角度。

⑤水平（H）：水平标注尺寸。选择此选项后不论标注什么方向的线段，尺寸线均水平放置。

⑥垂直（V）：垂直标注尺寸。选择此选项后不论被标注线段沿什么方向，尺寸线总保持垂直。

注意 要在公差尺寸前或后添加某些文本符号，必须输入尖括号“<>”表示默认值。比如，要将图 9-22（a）所示原始尺寸改为图 9-22（b）所示尺寸，执行 M 或 T 命令后，在“输入标注文字 <默认值>:”提示下应该这样输入：%%c<>。如果要将图 9-22（a）的尺寸文本改为图 9-22（c）所示的文本则比较麻烦，因为后面的公差是堆叠文本，这时可以执行 M 命令，在多行文字编辑器中输入“5.8+0.1^-0.2”，然后堆叠处理一下。

⑦旋转（R）：输入尺寸线旋转的角度值，旋转标注尺寸。

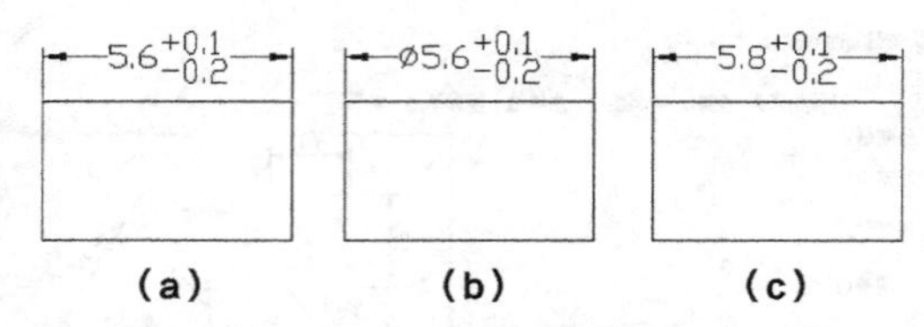

图 9-22　在公差尺寸前或后添加某些文本符号

（2）指定第一条尺寸界线原点：指定第一条与第二条尺寸界线的起始点。

9.2.2 实例——标注阀盖 1

标注图 9-23 所示的阀盖。

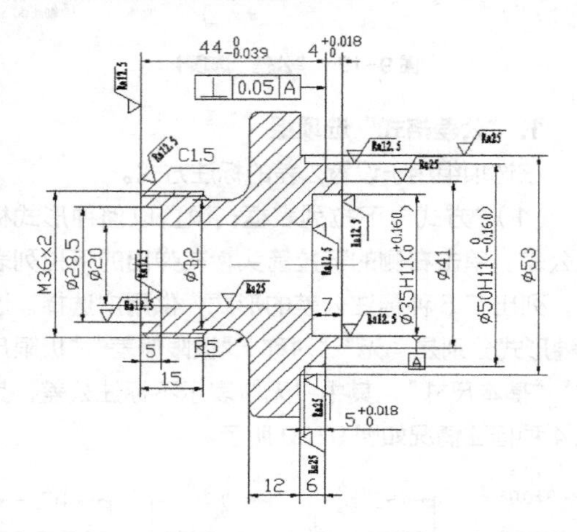

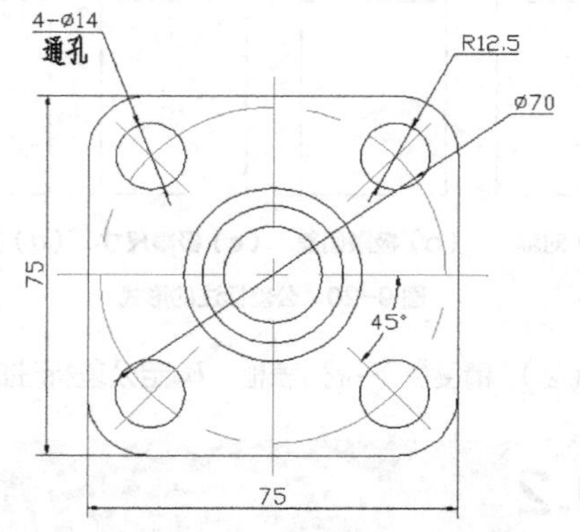

图 9-23　阀盖

操作步骤

❶ 在 AutoCAD 中打开保存的图形文件“阀盖.dwg”，单击“快速访问工具栏”工具栏中的“新建”按钮，在弹出的“选择文件”对话框中，选择前面保存的图形文件“泵轴.dwg”，单击“确定”按钮，该图形显示在绘图窗口中，如图 9-24 所示。

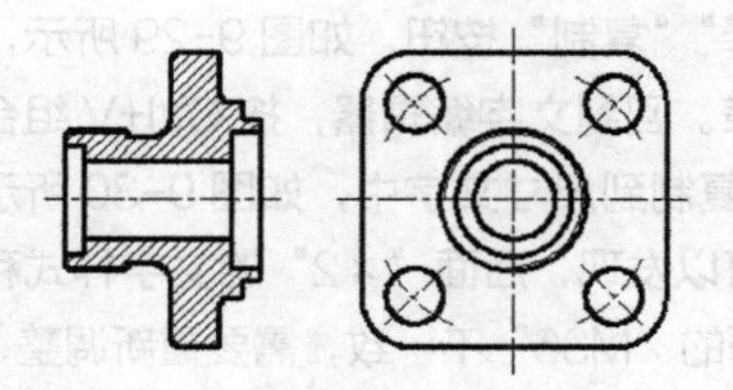

图 9-24 阀盖

❷ 创建一个新图层“bz”用于尺寸标注。单击“图层”工具栏中的“图层特性管理器”按钮，打开“图层特性管理器”对话框，方法同前，创建一个新图层“bz”，设置线宽为 0.09mm，其他属性不变，并将其设置为当前图层。

❸ 设置文字样式“sz”。选择菜单栏中的“格式”→“文字样式”命令，弹出“文字样式”对话框，方法同前，创建一个新的文字样式“sz”。

❹ 选择菜单栏中的“标注”→“标注样式”命令，设置标注样式。命令行提示与操作如下：

命令：DIMSTYLE↙

弹出“标注样式管理器”对话框，如图 9-25 所示。也可选择“格式”菜单下的“标注样式”命令，或者选择“标注”菜单下的“标注样式”命令，调出该对话框。单击“新建”按钮，弹出“创建新标注样式”对话框，如图 9-26 所示，单击“用于”下拉列表框后的下拉箭头，在打开的下拉列表中选择“线性标注”，然后单击“继续”按钮，弹出“新建标注样式”对话框，选择“文字”选项卡，在“文字对齐”选项组中选择“与尺寸线对齐”选项；选择“主单位”选项卡，在“线性标注”选项组中，将“精度”设置为 0，将“小数分隔符”设置为句点，如图 9-27 所示，设置完成后，单击“确定”按钮，回到“标注样式管理器”对话框。

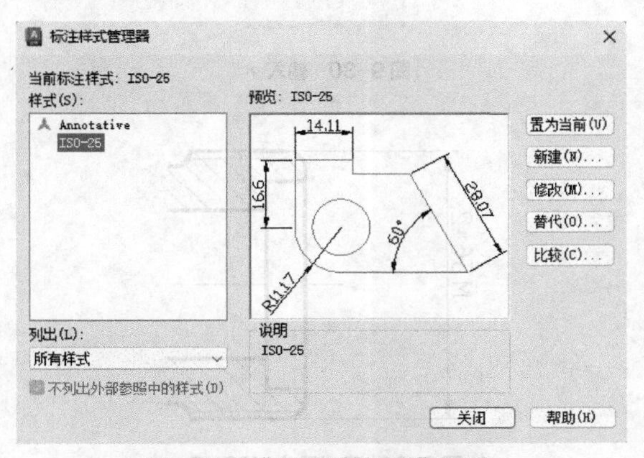

图 9-25 “标注样式管理器”对话框

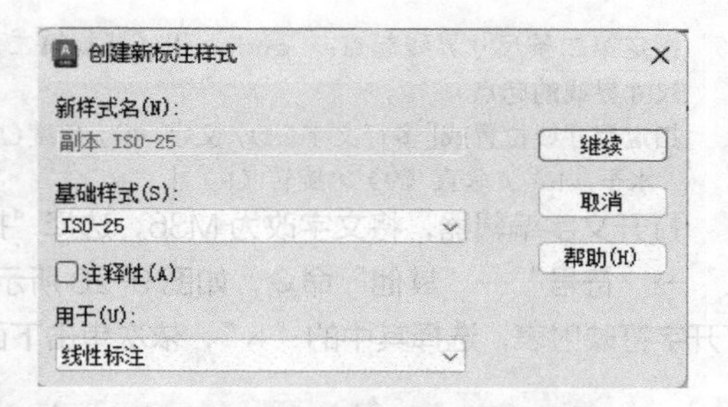

图 9-26 “创建新标注样式”对话框

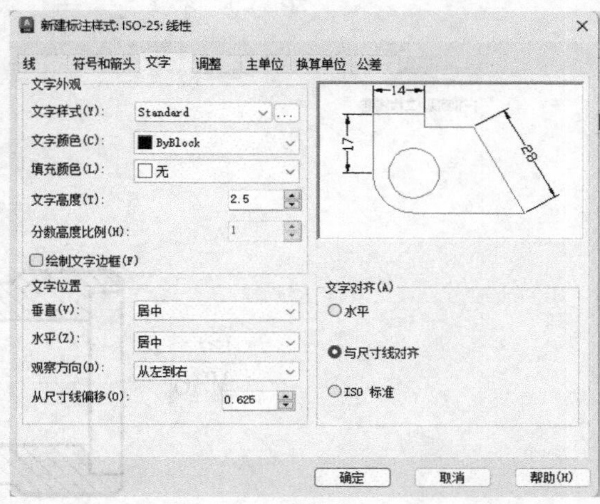

(a)

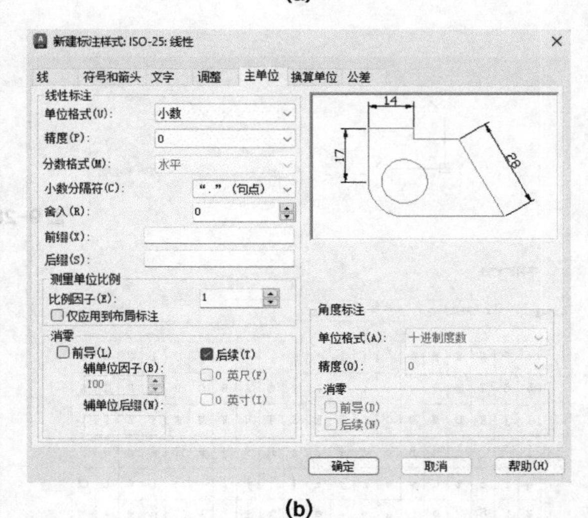

(b)

图 9-27 “新建标注样式”对话框

❺ 单击“关闭”按钮，返回绘图区。单击“标注”工具栏中的“线性标注”按钮，标注尺寸 M36×2。命令行提示与操作如下：

命令：DIMLINEAR↙

指定第一条尺寸界线起点或 <选择对象>：_endp 于（捕捉第一条尺寸界线的起点）

```
指定第二条尺寸界线起点：_endp 于（捕捉第二条尺寸界线的起点）
指定尺寸线位置或[多行文字(M)/文字(T)/角度(A)/水平(H)/垂直(V)/旋转(R)]：M↙
```

打开文字编辑器，将文字改为M36，选择“插入”→“符号”→“其他”命令，如图9-28所示，打开字符映射表，选择其中的“×”，依次单击下面的“选择”“复制”按钮，如图9-29所示，关闭字符映射表。回到文字编辑器，按Ctrl+V组合键，将“×”号复制到尺寸文字中，如图9-30所示，但这里读者可以发现，后面“×2”的文字样式和文字高度和前面的“M36”不一致，需要重新调整，结果如图9-31所示。

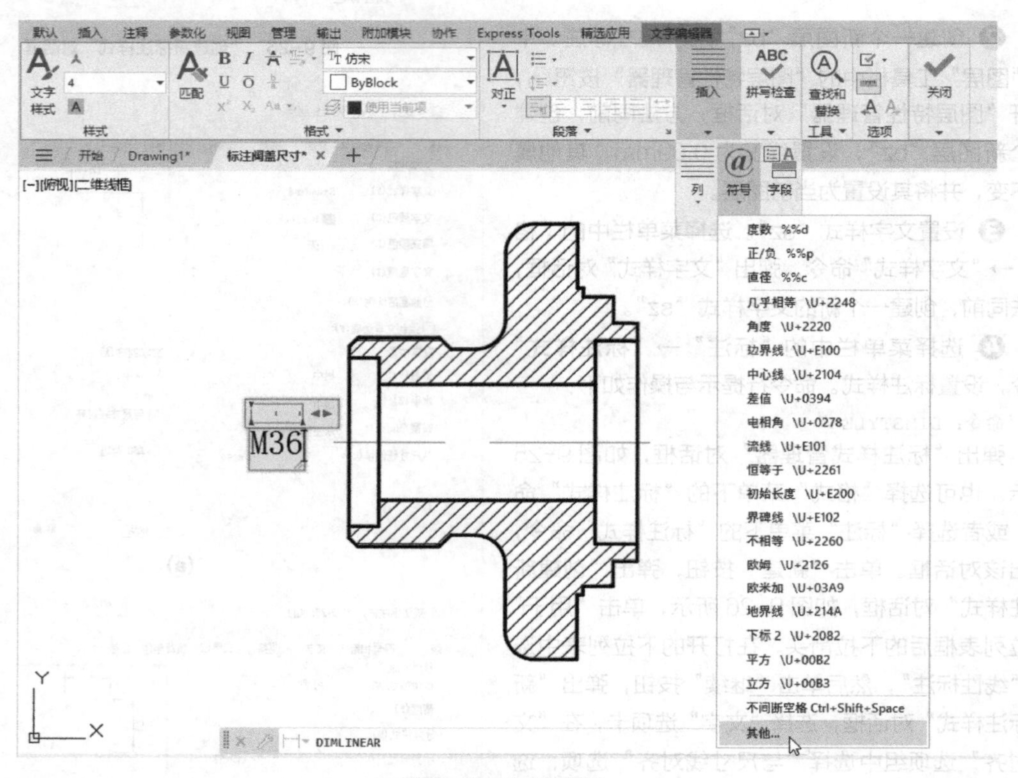

图9-28 文字编辑器

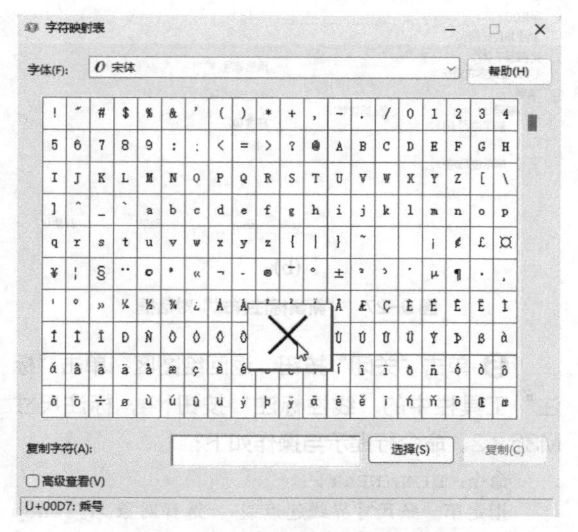

图9-29 字符映射表

图9-30 输入×

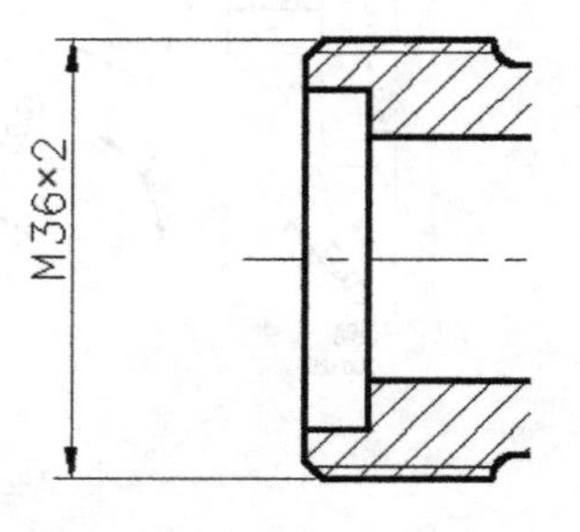

图9-31 完成尺寸M36×2

❻ 单击“标注”工具栏中的“线性标注”按钮，方法同前，从左至右，依次标注阀盖主视图中的竖直线性尺寸“ø28.5”“ø 20”“ø 32”“ø 35”“ø 41”“ø 50”“ø 53”，以及左视图中的线性尺寸“75”。在标注尺寸“ø 35”时，需要输入标注文字“%% c35h11 ({\h0.7x;\s+0.160^0;})”；在标注尺寸“ø 50”时，需要输入标注文字“%% c50h11 ({\h0.7x;\ s0^0.160;})”，结果如图 9-32 所示。

注意

1．%%c 表示的就是直径符号 Ø。

2．“%%c35h11 ({\h0.7x;\s+0.160^0;})”是对既有公差代号又有公差数字的尺寸的一种快速简便的 Autolisp 程序语言标注方法，请读者务必严格按照上面的格式操作，否则标注出来的就是错误的结果。

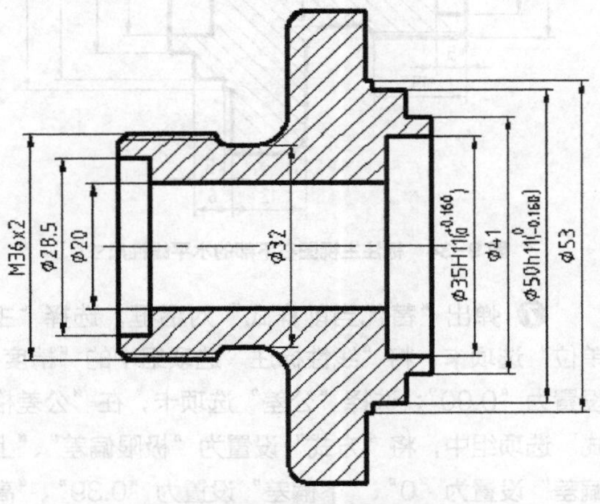

图 9-32 标注主视图竖直线性尺寸

9.2.3 对齐标注

1．执行方式

命令行：DIMALIGNED

菜单：标注→对齐

工具栏：标注→对齐标注

2．操作步骤

```
命令：DIMALIGNED ↙
指定第一个尺寸界线原点或 <选择对象>：
```

执行该命令后，标注的尺寸线与所标注轮廓线平行，标注的是起始点到终点之间的距离尺寸。

9.2.4 基线标注

基线标注用于生成一系列基于同一条尺寸界线的尺寸标注，适用于长度尺寸标注、角度标注和坐标标注等。在使用基线标注方式之前，应该先标注出一个相关的尺寸。

1．执行方式

命令行：DIMBASELINE

菜单：标注→基线

工具栏：标注→基线标注

2．操作步骤

```
命令：DIMBASELINE ↙
指定第二条尺寸界线原点或 [放弃(U)/选择(S)]
<选择>：
```

3．选项说明

（1）指定第二条尺寸界线原点：直接确定另一个尺寸的第二条尺寸界线的起点，以上次标注的尺寸为基准标注，标注出相应尺寸。

（2）<选择>：在上述提示下直接回车，命令行提示：

```
选择基准标注：（选取作为基准的尺寸标注）
```

9.2.5 连续标注

连续标注又叫尺寸链标注，用于生成一系列连续的尺寸标注。其中，后一个尺寸标注把前一个标注的第二条尺寸界线作为它的第一条尺寸界线，适用于长度型尺寸标注、角度型标注和坐标标注等。在使用连续标注方式之前，应该先标注出一个相关的尺寸。

1．执行方式

命令行：DIMCONTINUE

菜单：标注→连续

工具栏：标注→连续标注

2．操作步骤

```
命令：DIMCONTINUE ↙
选择连续标注：
指定第二条尺寸界线原点或 [放弃(U)/选择(S)]
<选择>：
```

此提示下的各选项含义与基线标注中完全相同，不再叙述。

9.2.6 实例——标注阀盖 2

继续标注图 9-23 所示的阀盖尺寸。

操作步骤

❶ 接前面实例，单击“标注”工具栏中的“线

性标注”按钮，标注阀盖主视图上部的线性尺寸“44”；单击“标注”工具栏中的“连续标注”按钮，标注连续尺寸“4”，命令行提示与操作如下：

命令：DIMCONTINUE ↙（连续标注命令，标注图中的连续尺寸 4）
指定第二条尺寸界线原点或 [放弃（U）/ 选择（S）] <选择>：（捕捉尺寸界线原点）
指定第二条尺寸界线原点或 [放弃（U）/ 选择（S）] <选择>：↙

❷ 单击“标注”工具栏中的“线性标注”按钮，标注阀盖主视图中部的线性尺寸“7”。

❸ 单击“标注”工具栏中的“线性标注”按钮，标注阀盖主视图左下部的线性尺寸“5”。

❹ 单击“标注”工具栏中的“基线标注”按钮，标注基线尺寸“15”，命令行提示与操作如下：

命令：_dimbaseline
指定第二条尺寸界线原点或 [放弃（U）/ 选择（S）] <选择>：（捕捉尺寸 15 的第二条尺寸界线原点）
标注文字 =15
指定第二条尺寸界线原点或 [放弃（U）/ 选择（S）] <选择>：↙

注意 这里系统自动按尺寸样式设置的基线间距布置基线尺寸，要改变基线间距，可以在“修改尺寸样式”对话框“线”选项卡“尺寸线”选项组中修改“基线间距”微调框中的值，如图 9-33 所示。

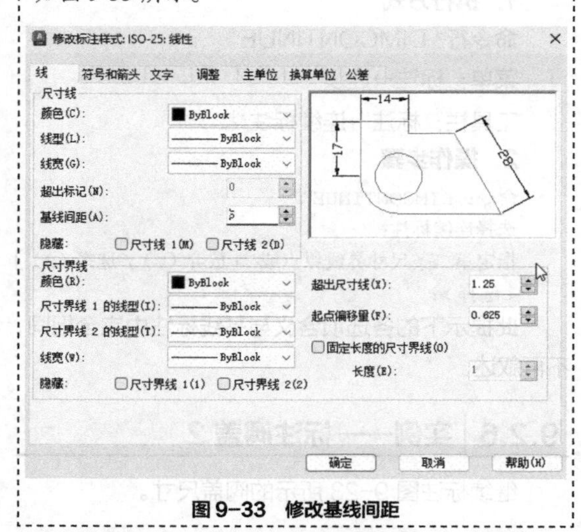

图 9-33　修改基线间距

❺ 单击“标注”工具栏中的“线性标注”按钮，标注阀盖主视图右下部的线性尺寸“5”，结果如图 9-34 所示。

❻ 单击“标注”工具栏中的“标注样式”按钮，在弹出的“标注样式管理器”对话框的样式列表中选择“ISO-25”选项，单击“替代”按钮。

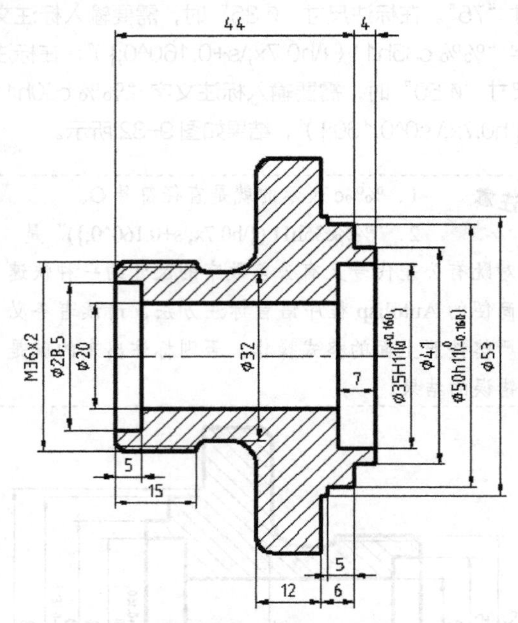

图 9-34　标注主视图右下部的水平线性尺寸

❼ 弹出“替代当前样式”对话框，选择“主单位”选项卡，将“线性标注”选项组中的“精度”设置为“0.00”；选择“公差”选项卡，在“公差格式”选项组中，将“方式”设置为“极限偏差”、“上偏差”设置为“0”、“下偏差”设置为“0.39”、“高度比例”设置为“0.7”，如图 9-35 所示，设置完成后单击“确定”按钮。

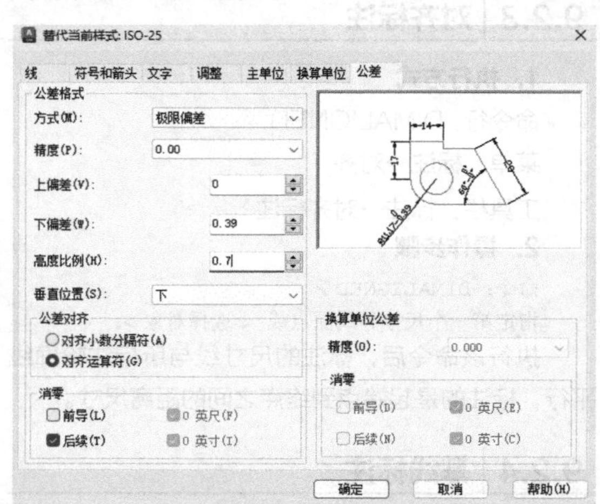

图 9-35　设置尺寸公差

❽ 单击“标注”工具栏中的“标注更新”按钮，标注阀盖主视图上部的线性尺寸“44”，为该尺寸添加尺寸偏差。

❾ 方法同前，分别为主视图中的线性尺寸“4”“7”“5”标注尺寸偏差，结果如图 9-36 所示。

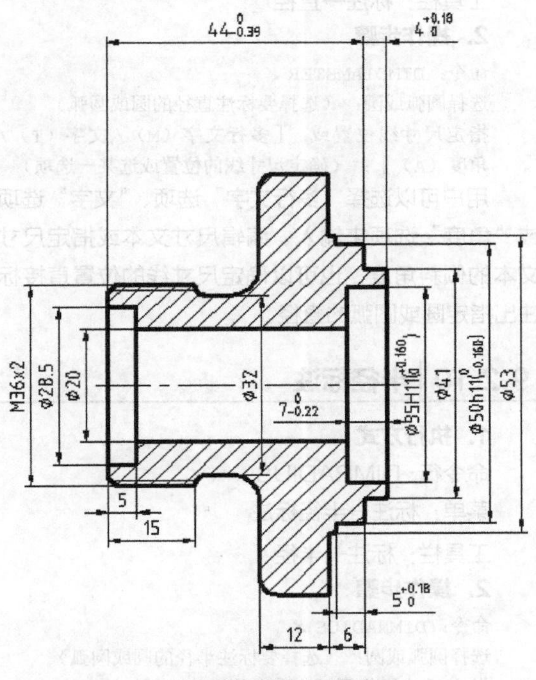

图 9-36　标注尺寸偏差

9.2.7 坐标尺寸标注

1. 执行方式

命令行：DIMORDINATE

菜单：标注→坐标

工具栏：标注→坐标

2. 操作步骤

命令：DIMORDINATE↙

指定点坐标：

点取或捕捉要标注坐标尺寸的点，系统把这个点作为指引线的起点，并在命令行提示：

指定引线端点或 [X 基准 (X) /Y 基准 (Y) / 多行文字 (M) / 文字 (T) / 角度 (A)]：

3. 选项说明

（1）指定引线端点：确定另外一点，根据这两点之间的坐标差大小决定是生成 *X* 坐标尺寸还是 *Y* 坐标尺寸。如果这两点的 *Y* 坐标之差比较大，则生成 *X* 坐标；如果这两点的 *X* 坐标之差比较大，生成 *Y* 坐标。

（2）X（Y）基准：生成该点的 *X*（*Y*）坐标。

9.2.8 角度尺寸标注

1. 执行方式

命令行：DIMANGULAR

菜单：标注→角度

工具栏：标注→角度

2. 操作步骤

命令：DIMANGULAR↙

选择圆弧、圆、直线或 <指定顶点>：

3. 选项说明

（1）选择圆弧（标注圆弧的中心角）：当用户选取一段圆弧后，命令行提示如下。

指定标注弧线位置或 [多行文字 (M) / 文字 (T) / 角度 (A) / 象限点 (Q)]：(确定尺寸线的位置或选择某个选项)

在此提示下确定尺寸线的位置，系统按自动测量得到的值标注出相应的角度，在此之前用户可以选择“多行文字”选项、“文字”选项、“角度”选项或“象限点”选项通过多行文本编辑器或命令行来输入或定制尺寸文本以及指定尺寸文本的倾斜角度。

（2）选择一个圆（标注圆上某段弧的中心角）：当用户选择该圆后，命令行提示如下。

指定角的第二个端点：(选取另一点，该点可在圆上，也可不在圆上)

指定标注弧线位置或 [多行文字 (M) / 文字 (T) / 角度 (A) / 象限点 (Q)]：

确定尺寸线的位置，系统标出一个角度值，该角度以圆心为顶点，两条尺寸界线通过所选取的两点，第二点可以不必在圆周上。用户还可以选择“多行文字”选项、“文字”选项、“角度”选项或“象限点”选项来编辑尺寸文本、指定尺寸文本的倾斜角度，如图 9-37 所示。

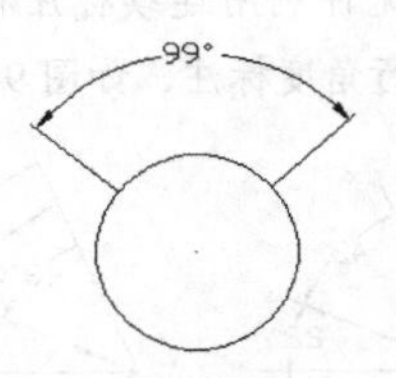

图 9-37　标注角度

（3）选择一条直线（标注两条直线间的夹角）：

当用户选取一条直线后，命令行提示如下。

```
选择第二条直线：（选取另外一条直线）
指定标注弧线位置或 [多行文字（M）/文字（T）/角度（A）/象限点（Q）]：
```

在此提示下确定尺寸线的位置，系统标注出这两条直线之间的夹角。该角以两条直线的交点为顶点、两条直线为尺寸界线，所标注角度取决于尺寸界线的位置，如图 9-38 所示。用户还可以选择“多行文字”选项、“文字”选项、“角度”选项或“象限点”选项来编辑尺寸文本和指定尺寸文本的倾斜角度。

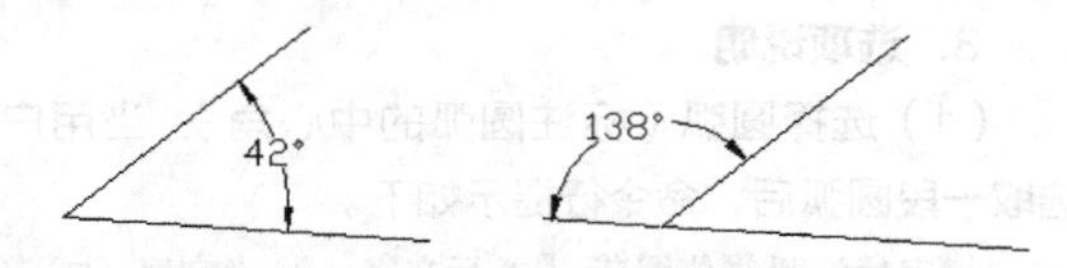

图 9-38 用 DIMANGULAR 命令标注两直线的夹角

（4）<指定顶点>：直接回车，命令行提示如下。

```
指定角的顶点：（指定顶点）
指定角的第一个端点：（输入角的第一个端点）
指定角的第二个端点：（输入角的第二个端点）
创建了无关联的标注。
指定标注弧线位置或 [多行文字（M）/文字（T）/角度（A）/象限点（Q）]：（输入一点作为角的顶点）
```

在此提示下给定尺寸线的位置，系统根据给定的 3 点标注出角度，如图 9-39 所示。另外，用户还可以用“多行文字”选项、“文字”选项、“角度”选项或“象限点”选项来编辑尺寸文本和指定尺寸文本的倾斜角度。

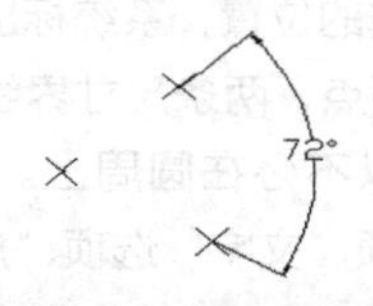

图 9-39 用 DIMANGULAR 命令标注 3 点确定的角度

注意 系统允许利用连续标注和基线标注的方式进行角度标注，如图 9-40 所示。

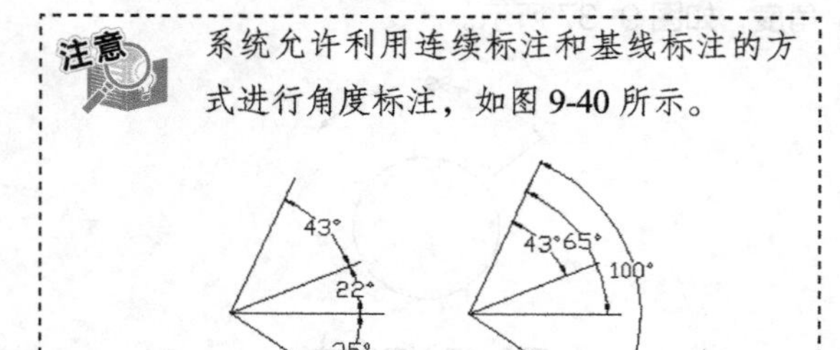

图 9-40 连续型和基线型角度标注

9.2.9 直径标注

1. 执行方式

命令行：DIMDIAMETER

菜单：标注→直径

工具栏：标注→直径

2. 操作步骤

```
命令：DIMDIAMETER↙
选择圆弧或圆：（选择要标注直径的圆或圆弧）
指定尺寸线位置或 [多行文字（M）/文字（T）/角度（A）]：（确定尺寸线的位置或选某一选项）
```

用户可以选择“多行文字”选项、“文字”选项或“角度”选项来输入、编辑尺寸文本或指定尺寸文本的倾斜角度，也可以确定尺寸线的位置直接标注出指定圆或圆弧的直径。

9.2.10 半径标注

1. 执行方式

命令行：DIMRADIUS

菜单：标注→半径标注

工具栏：标注→半径

2. 操作步骤

```
命令：DIMRADIUS↙
选择圆弧或圆：（选择要标注半径的圆或圆弧）
指定尺寸线位置或 [多行文字（M）/文字（T）/角度（A）]：（确定尺寸线的位置或选择某一选项）
```

用户可以选择“多行文字”选项、“文字”选项或“角度”选项来输入、编辑尺寸文本或指定尺寸文本的倾斜角度，也可以确定尺寸线的位置直接标注出指定圆或圆弧的半径。

9.2.11 实例——标注阀盖 3

继续标注图 9-23 所示的阀盖尺寸。

操作步骤

❶ 按例 9.2.2 小节的方法新建一个标注样式，用于半径标注，选择“文字”选项卡，在“文字对齐”选项组中选择“ISO 标准”选项，如图 9-41 所示。

❷ 单击“标注”工具栏中的“半径”按钮，标注阀盖主视图中的半径尺寸 R5，命令行提示与操作如下：

```
命令：_dimradius
选择圆弧或圆：（选择圆弧）
```

标注文字 = 5
指定尺寸线位置或 [多行文字（M）/ 文字（T）/ 角度（A）]：（适当指定位置放置尺寸数字）

使用同样的方法标注阀盖左视图中的半径尺寸 R12.5。

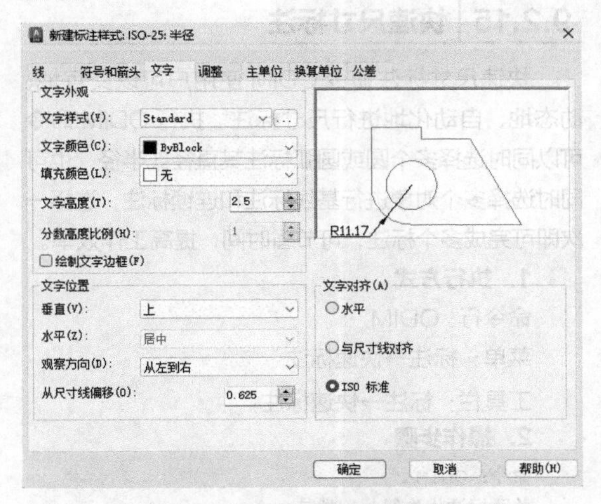

图 9-41 设置半径标注尺寸样式

❸ 设置用于直径标注的尺寸样式，其样式与半径标注的一样，单击“标注”工具栏中的“直径标注”按钮⃠，标注阀盖左视图中的“4-Ø14”，命令行提示与操作如下：

命令：_dimdiameter
选择圆弧或圆：（选择 4 个对称圆中的一个）
标注文字 = 14
指定尺寸线位置或 [多行文字（M）/ 文字（T）/ 角度（A）]：t↙
输入标注文字 <105.13>：4-<>↙
指定尺寸线位置或 [多行文字（M）/ 文字（T）/ 角度（A）]：（适当指定位置）

使用同样的方法，标注直径尺寸“Ø 70”。

❹ 选择菜单栏中的“格式”→“文字样式”命令，创建新文字样式“hz”，用于书写汉字。设置该标注样式的“字体名”为“仿宋 _gb2312”，宽度比例为“0.7”。

❺ 在命令行输入 text 后回车，设置文字样式为“hz”，在尺寸“4-Ø14”的引线下部输入文字“通孔”。

❻ 使用同样的方法，设置用于角度标注的尺寸样式，在“文字对齐”选项组中选择“水平”选项，如图 9-42 所示。

单击“标注”工具栏中的“角度”按钮△，标注阀盖左视图中的角度尺寸“45°”，命令行提示与操作如下：

命令：_dimangular
选择圆弧、圆、直线或 <指定顶点>：（选择左视图水平中心线）
选择第二条直线：（选择左视图 45° 中心线）
指定标注弧线位置或 [多行文字（M）/ 文字（T）/ 角度（A）/ 象限点（Q）]：（适当指定位置）
标注文字 =45

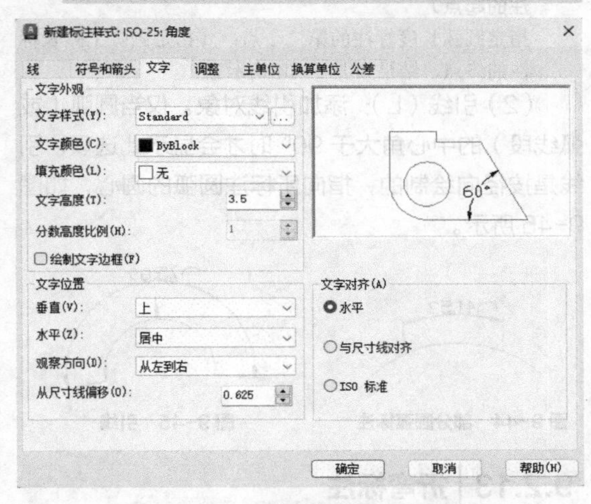

图 9-42 设置角度标注尺寸样式

结果如图 9-43 所示。

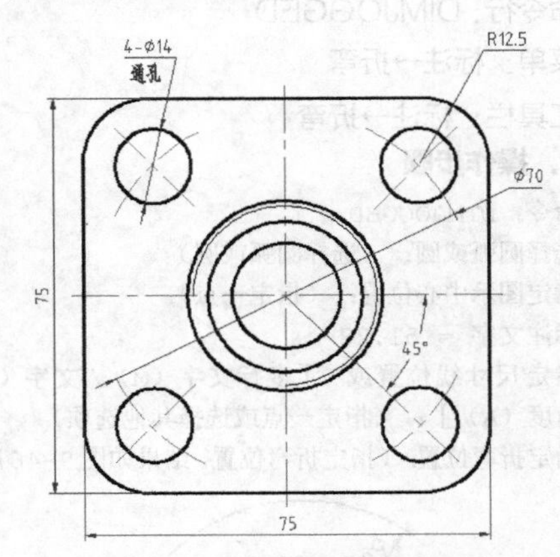

图 9-43 标注直径、半径和角度尺寸

9.2.12 弧长标注

1. 执行方式

命令行：DIMARC

菜单：标注→弧长

工具栏：标注→弧长

2. 操作步骤

命令：DIMARC↙

```
选择弧线段或多段线弧线段：（选择圆弧）
指定弧长标注位置或 ［多行文字（M）/ 文字（T）/ 角度（A）/ 部分（P）/ 引线（L）］：
```

3. 选项说明

（1）部分（P）：缩短弧长标注的长度，命令行提示如下。

```
指定圆弧长度标注的第一个点：（指定圆弧上弧长标注的起点）
指定圆弧长度标注的第二个点：（指定圆弧上弧长标注的终点，结果如图 9-44 所示）
```

（2）引线（L）：添加引线对象。仅当圆弧（或弧线段）的中心角大于 90° 时才会显示此选项。引线是按径向绘制的，指向所标注圆弧的圆心，如图 9-45 所示。

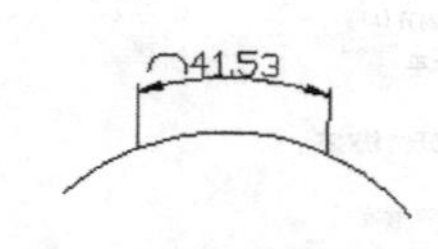

图 9-44 部分圆弧标注

图 9-45 引线

9.2.13 折弯标注

1. 执行方式

命令行：DIMJOGGED

菜单：标注→折弯

工具栏：标注→折弯

2. 操作步骤

```
命令：DIMJOGGED↙
选择圆弧或圆：（选择圆弧或圆）
指定图示中心位置：（指定一点）
标注文字 = 51.28
指定尺寸线位置或 ［多行文字（M）/ 文字（T）/ 角度（A）］：（指定一点或选择其他选项）
指定折弯位置：（指定折弯位置，结果如图 9-46 所示）
```

图 9-46 折弯标注

9.2.14 圆心标记和中心线标注

1. 执行方式

命令行：DIMCENTER

菜单：标注→圆心标记

工具栏：标注→圆心标记

2. 操作步骤

```
命令：DIMCENTER↙
选择圆弧或圆：（选择要标注圆心或中心线的圆或圆弧）
```

9.2.15 快速尺寸标注

快速尺寸标注命令 QDIM 使用户可以交互地、动态地、自动化地进行尺寸标注。执行 QDIM 命令可以同时选择多个圆或圆弧标注其直径或半径，也可同时选择多个对象进行基线标注和连续标注，选择一次即可完成多个标注，可节省时间，提高工作效率。

1. 执行方式

命令行：QDIM

菜单：标注→快速标注

工具栏：标注→快速标注

2. 操作步骤

```
命令：QDIM↙
关联标注优先级 = 端点
选择要标注的几何图形：（选择要标注尺寸的多个对象后回车）
指定尺寸线位置或［连续（C）/并列（S）/基线（B）/坐标（O）/半径（R）/直径（D）/基准点（P）/编辑（E）/设置（T）]<连续>：
```

3. 选项说明

（1）指定尺寸线位置：直接确定尺寸线的位置，在该位置按默认的尺寸标注类型标注出相应的尺寸。

（2）连续（C）：生成一系列连续标注的尺寸。键入 C，系统提示用户选择要进行标注的对象，选择完后回车，返回上面的提示，继续给定尺寸线位置，则完成连续尺寸标注。

（3）并列（S）：生成一系列交错的尺寸标注，如图 9-47 所示。

（4）基线（B）：生成一系列基线标注尺寸。后面的“坐标（O）”“半径（R）”“直径（D）”含义与此类同。

（5）基准点（P）：为基线标注和连续标注指定一个新的基准点。

（6）编辑（E）：对多个尺寸标注进行编辑。AutoCAD 允许对已存在的尺寸标注添加或删除尺寸点。选择此选项，命令行提示：

```
指定要删除的标注点或 ［添加（A）/ 退出（X）］<退出>：
```

在此提示下确定要删除的点之后按 Enter 键，

系统对尺寸标注进行更新。图 9-48 所示为删除图 9-47 中间 4 个标注点后的尺寸标注。

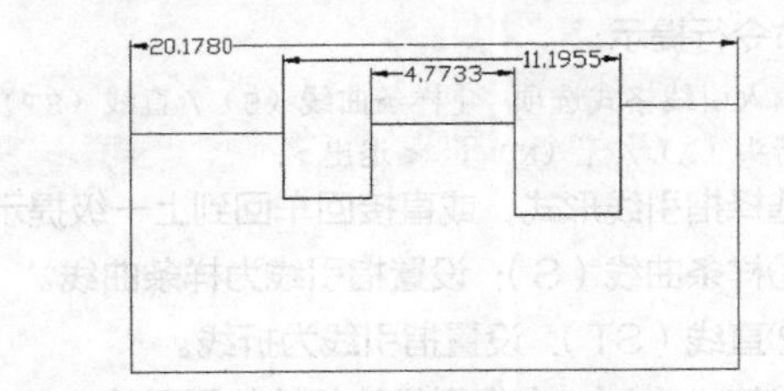

图 9-47 交错尺寸标注

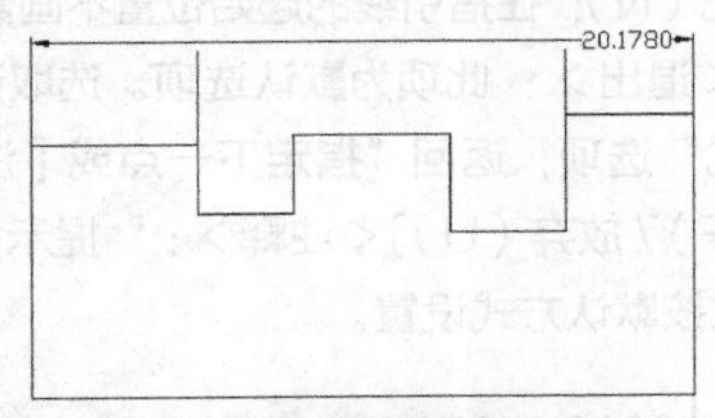

图 9-48 更新

9.2.16 等距标注

1. 执行方式

命令行：DIMSPACE

菜单：标注→标注间距

工具栏：标注→等距标注

2. 操作步骤

命令：DIMSPACE ↙
选择基准标注：（选择平行线性标注或角度标注）
选择要产生间距的标注：（选择平行线性标注或角度标注以从基准标注均匀隔开，并按 Enter 键）
输入值或 ［自动（A）］ ＜自动＞：（指定间距或按 Enter 键）

3. 选项说明

（1）输入值：指定从基准标注均匀隔开选定标注的间距值。

（2）自动（A）：基于选定基准标注的标注样式指定的文字高度自动计算间距，所得的间距值是标注文字高度的两倍。

9.2.17 折断标注

1. 执行方式

命令行：DIMBREAK

菜单：标注→标注打断

工具栏：标注→折断标注

2. 操作步骤

选择要添加 / 删除折断的标注或 ［多个（M）］：（选择标注，或输入 m 并按 Enter 键）
选择要折断标注的对象或［自动（A）/ 手动（M）/ 删除（R）］ ＜自动＞：（选择与选定的标注或与选定标注的尺寸界线相交的对象，选择选项，或按 Enter 键）
选择要折断标注的对象：（选择通过标注的对象或按 Enter 键以结束命令）

3. 选项说明

（1）多个（M）：指定要向其中添加打断或要从中删除打断的多个标注。

选择标注：（使用对象选择方法，并按 Enter 键）
输入选项 ［打断（B）/ 恢复（R）］ ＜打断＞：（选择选项或按 Enter 键）

（2）自动（A）：自动将折断标注放置在与选定标注相交的对象的所有交点处。修改标注或相交对象时，会自动更新使用此选项创建的所有折断标注。

（3）删除（R）：从选定的标注中删除所有折断标注。

（4）手动（M）：手动放置折断标注，为打断位置指定标注或尺寸界线上的两点。如果修改标注或相交对象，则不会更新使用此选项创建的任何折断标注。使用此选项，一次仅可以放置一个手动折断标注。

指定第一个打断点：（指定点）
指定第二个打断点：（指定点）

9.3 引线标注

AutoCAD 提供了引线标注功能，利用该功能不仅可以标注特定的尺寸，如圆角、倒角等，还可以在图中添加多行旁注、说明。引线标注中的指引线可以是折线，也可以是曲线，指引线端部可以有箭头，也可以没有箭头。

9.3.1 一般引线标注

利用 LEADER 命令可以创建灵活多样的引线标注形式，可根据需要把指引线设置为折线或曲线，指引线可带箭头，也可不带箭头，注释文本可以是多行文本，也可以是形位公差，可以从图形其他部位复制，还可以是一个图块。

1. 执行方式

命令行：LEADER

2. 操作步骤

命令：LEADER↙
指定引线起点：（输入指引线的起始点）
指定下一点：（输入指引线的另一点）

由上面两点画出指引线并继续提示：

指定下一点或 ［注释（A）/ 格式（F）/ 放弃（U）］<注释>：

3. 选项说明

（1）指定下一点：直接输入一点，系统根据前面的点画出折线作为指引线。

（2）<注释>：输入注释文本，为默认项。在上面的提示下直接回车，命令行提示：

输入注释文字的第一行或 <选项>：

①输入注释文本：在此提示下输入第一行文本后回车，继续输入第二行文本，如此反复执行，直到输入全部注释文本，然后直接回车，系统会在指引线终端标注出所输入的多行文本，并结束LEADER命令。

②直接回车：如果在上面的提示下直接回车，命令行提示如下。

输入注释选项 ［公差（T）/ 副本（C）/ 块（B）/ 无（N）/ 多行文字（M）］ <多行文字>：

在此提示下选择一个注释选项或直接回车选择“多行文字”选项。其中选项含义如下。

a. 公差（T）：标注形位公差。形位公差的标注见8.4节。

b. 副本（C）：把已由LEADER命令创建的注释文本复制到当前指引线的末端。选择该选项，命令行提示：

选择要复制的对象：

在此提示下选择一个已创建的注释文本，系统把它复制到当前指引线的末端。

c. 块（B）：插入块，把已经定义好的图块插入指引线末端。选择该选项，命令行提示：

输入块名或 ［?］：

在此提示下输入一个已定义好的图块名，系统把该图块插入指引线的末端。或键入“?”列出当前已有图块，用户可从中选择。

d. 无（N）：不进行注释，没有注释文本。

e. <多行文字>：用多行文本编辑器标注注释文本并定制文本格式，为默认选项。

（3）格式（F）：确定指引线的形式。选择该选项，命令行提示：

输入引线格式选项 ［样条曲线（S）/ 直线（ST）/ 箭头（A）/ 无（N）］ <退出>：

选择指引线形式，或直接回车回到上一级提示。

①样条曲线（S）：设置指引线为样条曲线。

②直线（ST）：设置指引线为折线。

③箭头（A）：在指引线的起始位置画箭头。

④无（N）：在指引线的起始位置不画箭头。

⑤<退出>：此项为默认选项。选取该选项退出“格式”选项，返回“指定下一点或［注释（A）/ 格式（F）/ 放弃（U）］<注释>：”提示，并且指引线形式按默认方式设置。

9.3.2 快速引线标注

利用QLEADER命令可快速生成指引线及注释，而且可以通过命令行优化对话框进行用户自定义，由此可以减少不必要的命令行提示，取得更高的工作效率。

1. 执行方式

命令行：QLEADER

2. 操作步骤

命令：QLEADER↙
指定第一个引线点或 ［设置（S）］ <设置>：

3. 选项说明

（1）指定第一个引线点：在上面的提示下确定一点作为指引线的第一点，命令行提示如下。

指定下一点：（输入指引线的第二点）
指定下一点：（输入指引线的第三点）

命令行提示用户输入的点的数目由“引线设置”对话框确定，输入完指引线的点后命令行提示：

指定文字宽度 <0.0000>：（输入的多行文本的宽度）
输入注释文字的第一行 <多行文字（M）>：

此时，有两种命令输入选择，含义如下。

①输入注释文字的第一行：在命令行输入第一行文本，命令行继续提示如下。

输入注释文字的下一行：（输入另一行文本）
输入注释文字的下一行：（输入另一行文本或回车）

②<多行文字（M）>：打开多行文字编辑器，输入编辑多行文字。

输入完全部注释文本后，在提示下直接回车，结束 QLEADER 命令并把多行文本标注在指引线的末端附近。

（2）< 设置 >：在上面的提示下直接回车或键入 S，打开“引线设置”对话框，对引线标注进行设置。该对话框包含“注释”“引线和箭头”“附着”3 个选项卡，下面分别进行介绍。

①“注释”选项卡（见图 9-49）：用于设置引线标注中注释文本的类型、多行文本的格式并确定注释文本是否重复使用。

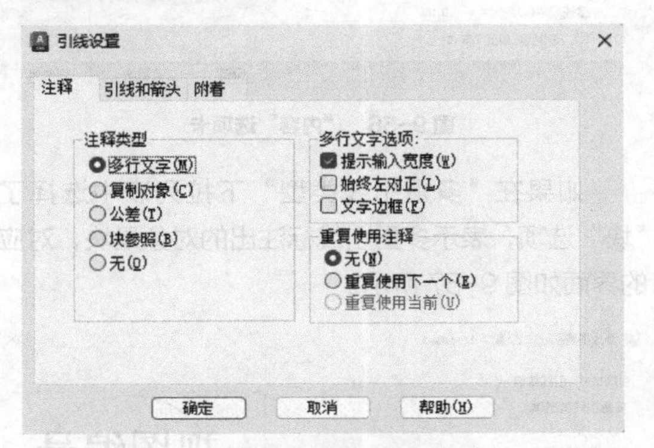

图 9-49 “引线设置”对话框的“注释”选项卡

②“引线和箭头”选项卡（见图 9-50）：用来设置引线标注中指引线和箭头的形式。其中“点数”选项组设置执行 QLEADER 命令时，AutoCAD 提示用户输入的点的数目。例如，设置点数为 3，执行 QLEADER 命令时当用户在提示下指定 3 个点后，AutoCAD 自动提示用户输入注释文本。注意设置的点数要比用户希望的指引线的段数多 1。可利用微调框进行设置，如果勾选“无限制”复选框，AutoCAD 会一直提示用户输入点直到连续回车两次为止。“角度约束”选项组用来设置第一段和第二段指引线的角度约束。

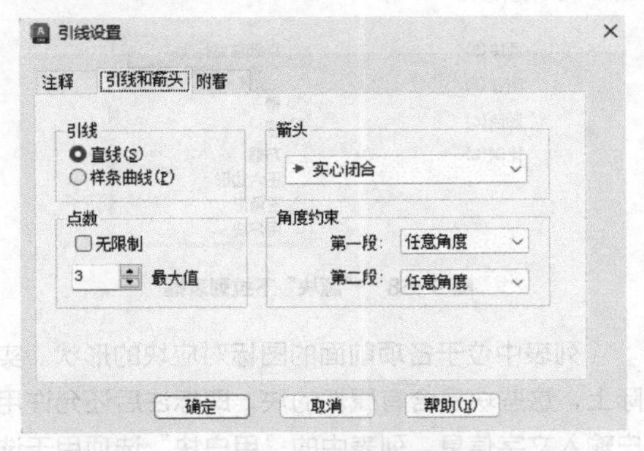

图 9-50 “引线设置”对话框的“引线和箭头”选项卡

③“附着”选项卡（见图 9-51）：设置注释文本和指引线的相对位置。如果最后一段指引线指向右边，AutoCAD 自动把注释文本放在右侧；如果最后一段指引线指向左边，AutoCAD 自动把注释文本放在左侧。利用本页左侧和右侧的单选按钮分别设置位于左侧和右侧的注释文本与最后一段指引线的相对位置，二者可相同也可不相同。

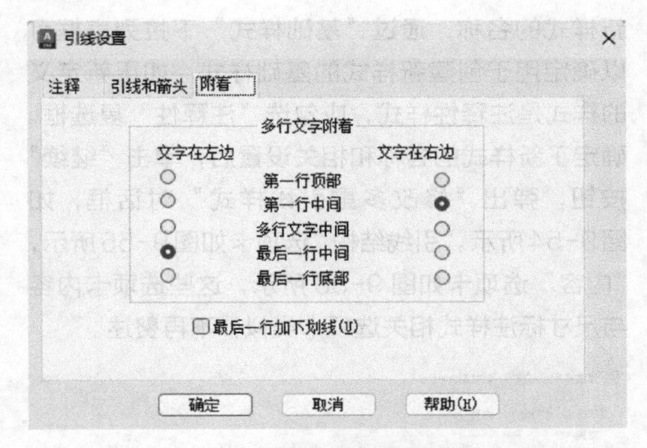

图 9-51 “引线设置”对话框的“附着”选项卡

9.3.3 多重引线样式

1. 执行方式

命令行：MLEADERSTYLE

菜单：格式→多重引线样式

工具栏：多重引线→多重引线样式

2. 操作步骤

执行 MLEADERSTYLE 命令，弹出“多重引线样式管理器”对话框，如图 9-52 所示。单击“新建”按钮，打开图 9-53 所示的“创建新多重引线样式”对话框。

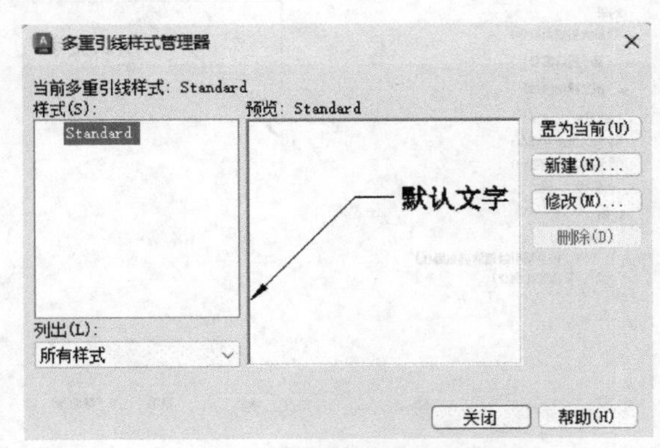

图 9-52 “多重引线样式管理器”对话框

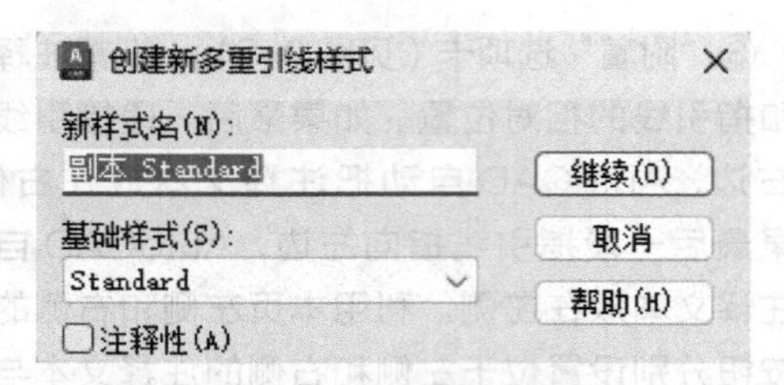

图 9-53 “创建新多重引线样式”对话框

可以通过对话框中的“新样式名”文本框指定新样式的名称，通过“基础样式”下拉列表框可以确定用于创建新样式的基础样式。如果新定义的样式是注释性样式，应勾选“注释性”复选框。确定了新样式的名称和相关设置后，单击“继续”按钮，弹出“修改多重引线样式”对话框，如图9-54所示。“引线结构”选项卡如图9-55所示，“内容”选项卡如图 9-56 所示，这些选项卡内容与尺寸标注样式相关选项卡类似，不再赘述。

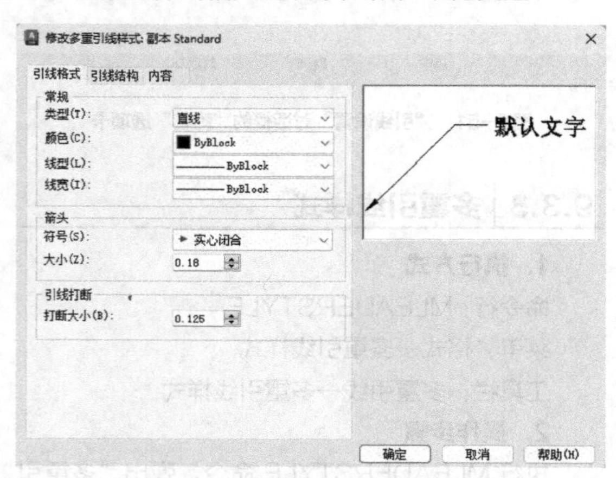

图 9-54 “修改多重引线样式”对话框

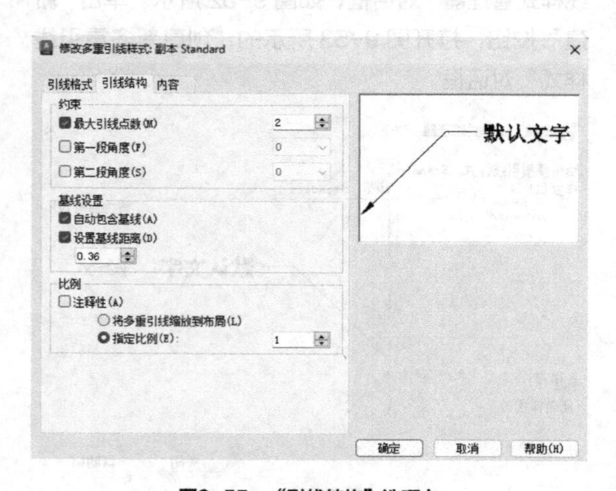

图9-55 “引线结构”选项卡

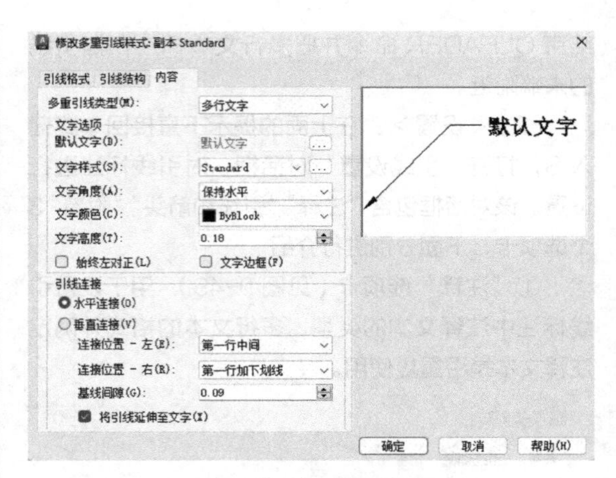

图 9-56 “内容”选项卡

如果在“多重引线类型”下拉列表中选择了“块”选项，表示多重引线标注出的对象是块，对应的界面如图 9-57 所示。

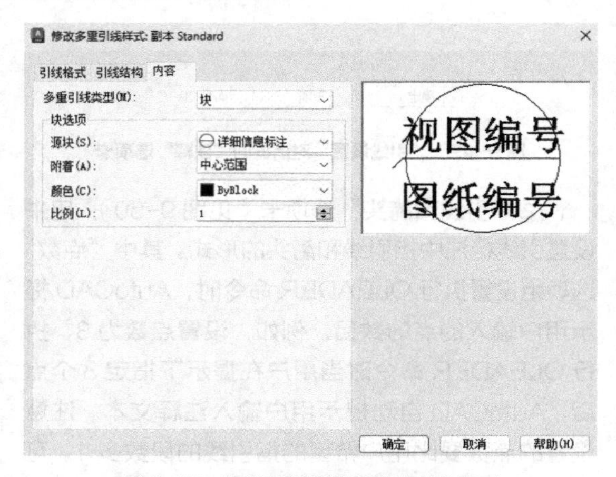

图 9-57 将多重引线类型设为块后的界面

对话框中的“块选项”选项组中，“源块”下拉列表框用于确定多重引线标注使用的块对象，如图 9-58 所示。

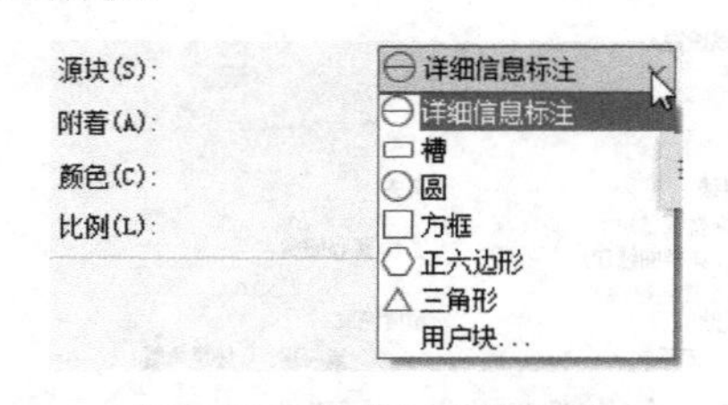

图 9-58 “源块”下拉列表框

列表中位于各项前面的图标对应块的形状。实际上，这些块是含有属性的块，即标注后还允许用户输入文字信息。列表中的“用户块”选项用于选择用户自己定义的块。

“附着”下拉列表框用于指定块与引线的关系。

9.3.4 多重引线标注

多重引线可设置为箭头优先、引线基线优先或内容优先。

1. 执行方式

命令行：MLEADER

菜单栏：“标注”→“多重引线”

工具栏：“多重引线”→“多重引线”

2. 操作步骤

命令行提示如下：

```
命令：MLEADER ↙
指定引线箭头的位置或 [引线基线优先（L）/ 内容优先（C）/ 选项（O）] <选项>:
```

3. 选项说明

（1）指定引线箭头位置：指定多重引线对象箭头的位置。

（2）引线基线优先（L）：指定多重引线对象的基线的位置。如果先前绘制的多重引线对象是基线优先，则后续绘制的多重引线也将优先创建基线（除非另外指定）。

（3）内容优先（C）：指定与多重引线对象相关联的文字或块的位置。如果先前绘制的多重引线对象是内容优先，则后续绘制的多重引线对象也将优先创建内容（除非另外指定）。

（4）选项（O）：指定用于放置多重引线对象的选项。

```
输入选项 [引线类型（L）/ 引线基线（A）/ 内容类型（C）/ 最大节点数（M）/ 第一个角度（F）/ 第二个角度（S）/ 退出选项（X）]:
```

①引线类型（L）：指定要使用的引线类型。

```
选择引线类型 [直线（S）/ 样条曲线（P）/ 无（N）]:
```

②内容类型（C）：指定要使用的内容类型。

```
选择内容类型 [块（B）/ 多行文字（M）/ 无（N）] <多行文字>:
```

块（B）：指定图形中的块，与新的多重引线相关联。

```
输入块名称:
```

无（N）：指定“无”内容类型。

③最大节点数（M）：指定新引线的最大节点数。

```
输入引线的最大节点数或 <无>:
```

④第一个角度（F）：约束新引线中的第一个点的角度。

```
输入第一个角度约束或 <无>:
```

⑤第二个角度（S）：约束新引线中的第二个点的角度。

```
输入第二个角度约束或 <无>:
```

⑥退出选项（X）：返回到第一个 MLEADER 命令提示。

9.3.5 实例——标注阀盖 4

继续标注图 9-23 所示的阀盖尺寸。

操作步骤

用一般引线标注阀盖主视图右端的倒角尺寸，命令行提示与操作如下：

```
命令：Leader ↙（引线标注）
指定引线起点：_nea 到（捕捉阀盖主视图倒角上一点）
指定下一点：（拖动鼠标，在适当位置单击）
指定下一点或 [注释（A）/ 格式（F）/ 放弃（U）] <注释>: f ↙
输入引线格式选项 [样条曲线（S）/ 直线（ST）/ 箭头（A）/ 无（N）] <退出>: n ↙
指定下一点或 [注释（A）/ 格式（F）/ 放弃（U）] <注释>: <正交 开>（打开正交功能，向右拖动鼠标指针，在适当位置单击）
指定下一点或 [注释（A）/ 格式（F）/ 放弃（U）] <注释>: ↙
输入注释文字的第一行或 <选项>: C1.5 ↙
输入注释文字的下一行: ↙
```

结果如图 9-59 所示。

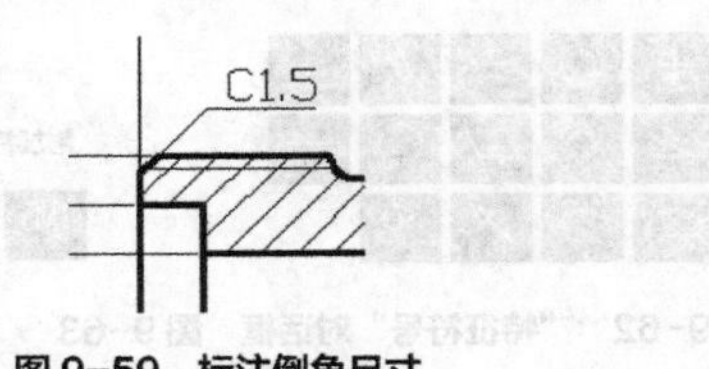

图 9-59 标注倒角尺寸

9.4 几何公差

为方便机械设计，AutoCAD 提供了标注几何公差的功能，包括指引线、特征符号、公差值、附加符号以及基准代号及其附加符号。

几何公差的标注如图 9-60 所示。

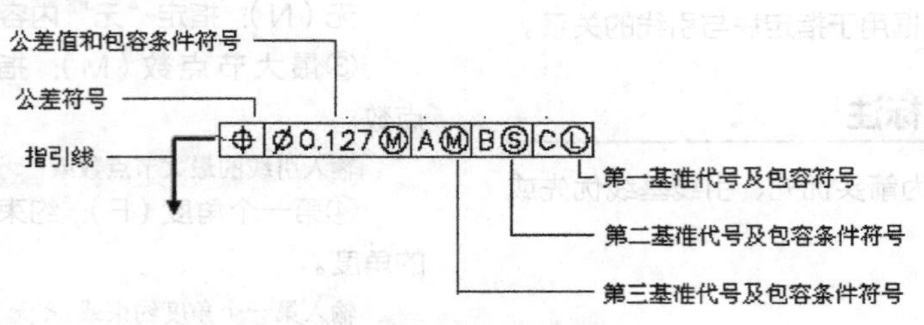

图 9-60 几何公差的标注

9.4.1 几何公差标注

1. 执行方式

命令行：TOLERANCE

菜单：标注→公差

工具栏：标注→公差

2. 操作步骤

在命令行中输入 TOLERANCE 命令，或选择相应的菜单项或工具栏图标，打开图 9-61 所示的“形位公差”对话框，可通过此对话框对几何公差标注进行设置。

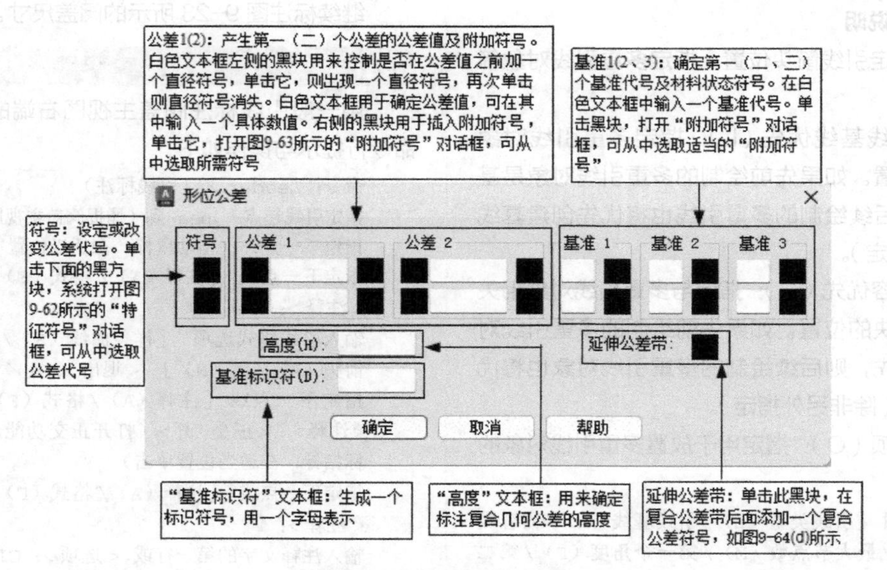

图 9-61 “形位公差”对话框

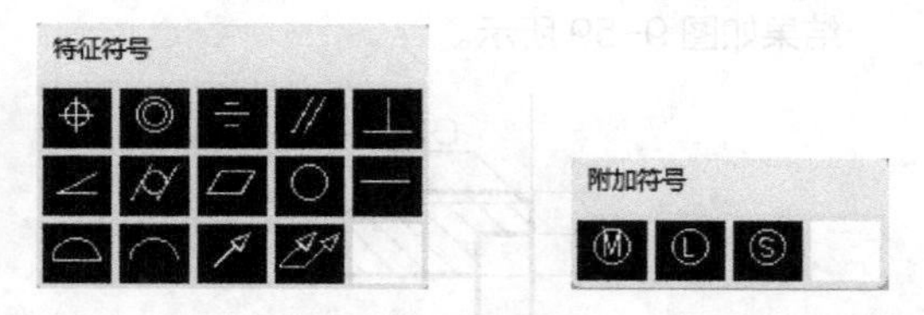

图 9-62 “特征符号”对话框 图 9-63 “附加符号”对话框

> **注意** 在“形位公差”对话框中有两行，可实现复合形位公差的标注。如果两行中输入的公差代号相同，则得到图 9-64（e）所示的形式。

图 9-64 所示是几个利用 TOLERANCE 命令标注的形位公差。

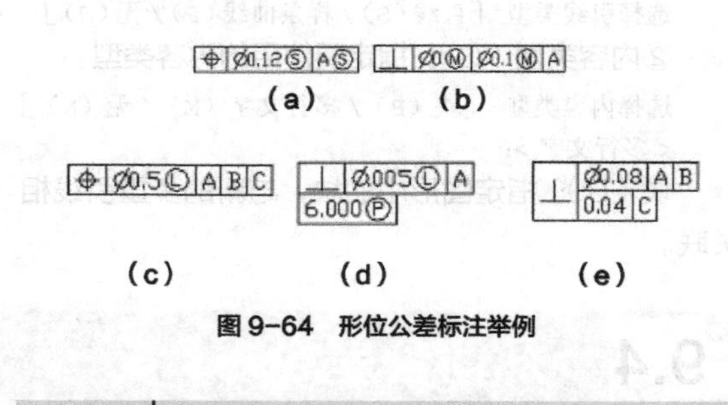

图 9-64 形位公差标注举例

9.4.2 实例——标注阀盖 5

继续标注图 9-23 所示的阀盖尺寸。

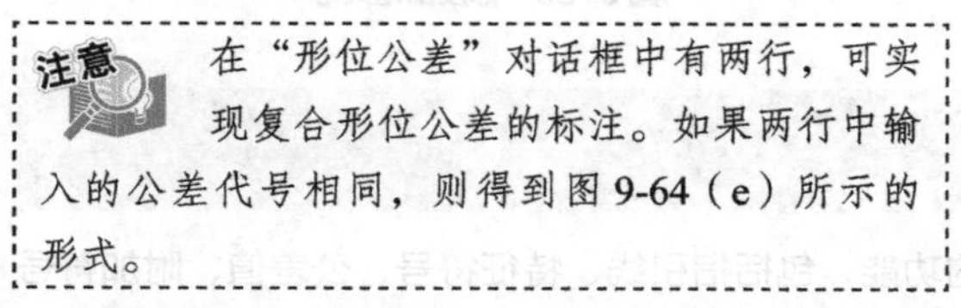

操作步骤

❶ 绘制“去除材料”粗糙度图形符号（见图9-65）和“基准符号”图形符号（见图9-66），设置属性，保存成图块。

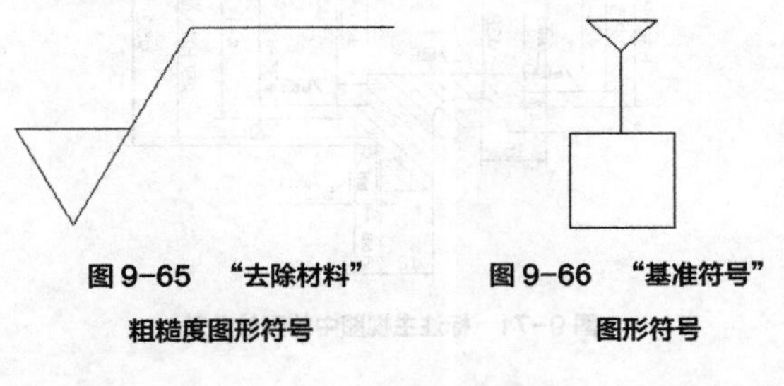

图9-65 “去除材料”粗糙度图形符号　　图9-66 “基准符号”图形符号

❷ 单击“绘图”工具栏中的“插入块”按钮，在弹出的“块”选项板中，选取前面保存的块图形文件“去除材料”；在“比例”选项组中选择“统一比例”，设置缩放比例为“0.5”，插入“去除材料”图块。

指定插入点或 [基点(B)/比例(S)/旋转(R)]：(捕捉尺寸“ø 53”上端尺寸界线的最近点，作为插入点)
输入属性值
请输入表面粗糙度值 <1.6>：25↙（输入表面粗糙度的值25）

❸ 单击“绘图”工具栏中的“插入块”按钮，在尺寸“44”左端尺寸界线插入“去除材料”图块，设置均同前，输入属性值为25。

❹ 单击“修改”工具栏中的“旋转”按钮，选择插入的图块，将其旋转90°。

❺ 方法同前，插入“去除材料”图块，借助二维编辑命令，标注阀盖主视图中的其他表面粗糙度。

结果如图9-67所示。

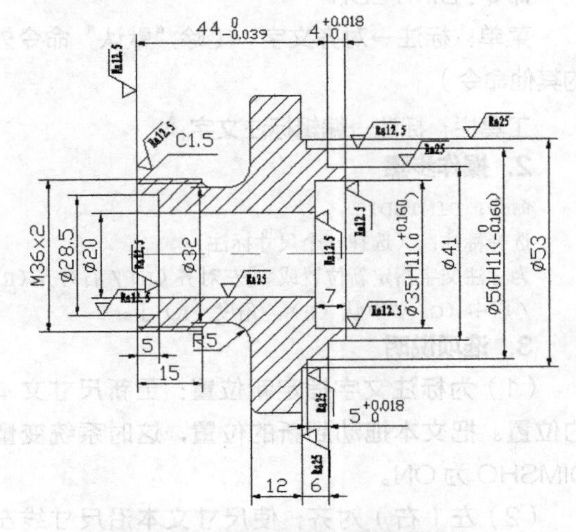

图9-67 标注主视图中的表面粗糙度

❻ 标注阀盖主视图中的形位公差，命令行提示如下：

命令：qleader↙（利用快速引线命令，标注形位公差）
指定第一个引线点或 [设置(s)] <设置>：↙（回车，在弹出的“引线设置”对话框中，按照图9-68、图9-69所示的内容设置选项卡，设置完成后，单击“确定”按钮）

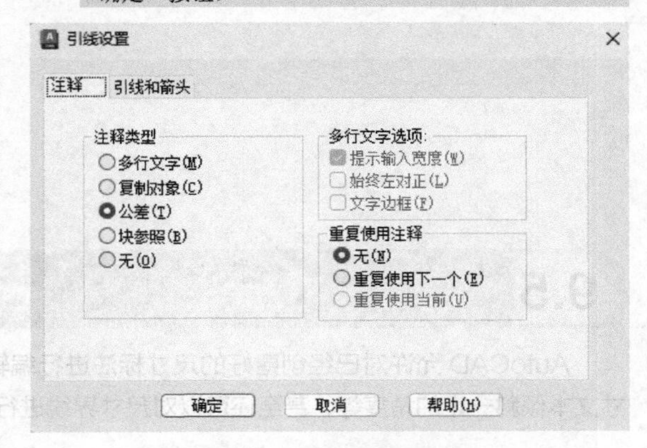

图9-68 “注释”选项卡

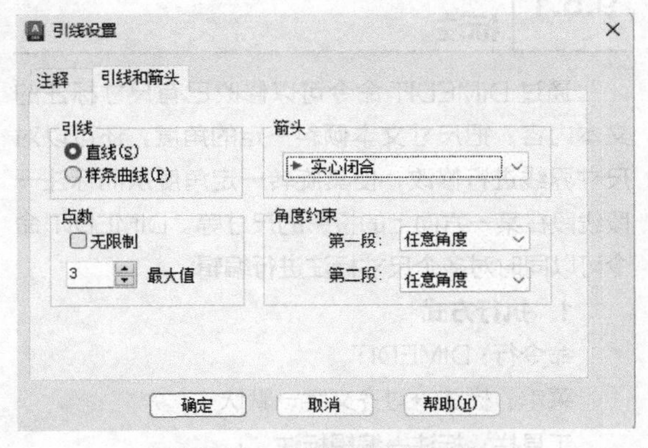

图9-69 “引线和箭头”选项卡

指定第一个引线点或 [设置(s)] <设置>：(捕捉阀盖主视图尺寸“44”右端尺寸界线上的最近点)
指定下一点：(向左拖动鼠标指针，在适当位置单击，弹出“形位公差”对话框，如图9-70所示，对其进行设置，设置完成后，单击“确定”按钮)

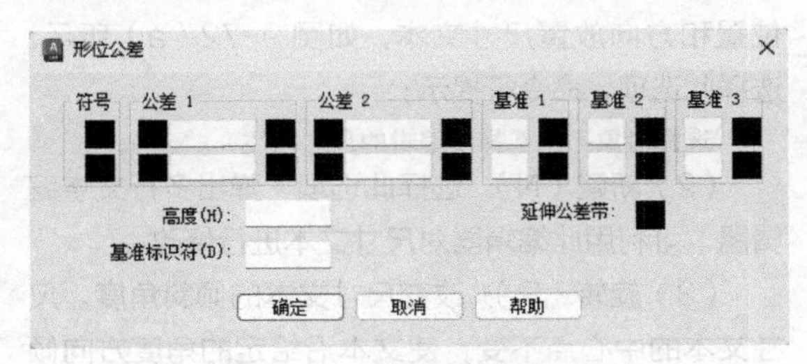

图9-70 “形位公差”对话框

❼ 单击“绘图”工具栏中的“插入块”按钮，在尺寸“ø 35”下边尺寸界线下适当位置，插入前面保存过的“基准符号”图块，设置均同前，属性值为 A，结果如图 9-71 所示。

最终的标注结果如图 9-23 所示。

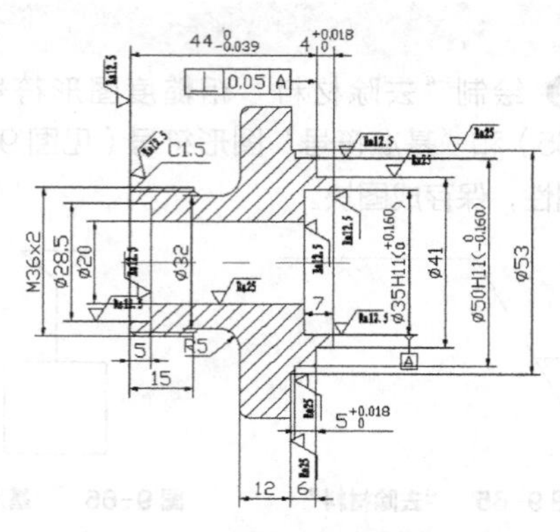

图 9-71　标注主视图中的形位公差

9.5 编辑尺寸标注

AutoCAD 允许对已经创建好的尺寸标注进行编辑修改，包括修改尺寸文本的内容、改变其位置、使尺寸文本倾斜一定的角度等，甚至还可以对尺寸界线进行编辑。

9.5.1 利用 DIMEDIT 命令编辑尺寸标注

通过 DIMEDIT 命令可以修改已有尺寸标注的文本内容、把尺寸文本倾斜一定的角度，还可以对尺寸界线进行修改，使其旋转一定角度从而标注一段线段在某一方向上的投影的尺寸等。DIMEDIT 命令可以同时对多个尺寸标注进行编辑。

1. 执行方式

命令行：DIMEDIT

菜单：标注→对齐文字→默认

工具栏：标注→编辑标注

2. 操作步骤

```
命令：DIMEDIT ↙
输入标注编辑类型 ［默认（H）/ 新建（N）/ 旋转（R）/ 倾斜（O）］ <默认>：
```

3. 选项说明

（1）<默认>：按尺寸标注样式中设置的默认位置和方向放置尺寸文本，如图 9-72（a）所示。选择此选项，命令行提示：

```
选择对象：（选择要编辑的尺寸标注）
```

（2）新建（N）：选择此选项，弹出多行文字编辑器，可利用此编辑器对尺寸文本进行修改。

（3）旋转（R）：改变尺寸文本的倾斜角度。尺寸文本的中心点不变，使文本沿给定的角度方向倾斜排列，如图 9-72（b）所示。若角度设为 0 则按“新建标注样式”对话框的“文字”选项卡中设置的默认方向排列。

（4）倾斜（O）：修改长度型尺寸标注尺寸界线，使其倾斜一定角度，与尺寸线不垂直，如图 9-72（c）所示。

9.5.2 利用 DIMTEDIT 命令编辑尺寸标注

通过 DIMTEDIT 命令可以改变尺寸文本的位置，而且可使文本倾斜一定的角度。

1. 执行方式

命令：DIMTEDIT

菜单：标注→对齐文字→（除“默认”命令外的其他命令）

工具栏：标注→编辑标注文字

2. 操作步骤

```
命令：DIMTEDIT ↙
选择标注：（选择一个尺寸标注）
为标注文字指定新位置或 ［左对齐（L）/ 右对齐（R）/ 居中（C）/ 默认（H）/ 角度（A）］：
```

3. 选项说明

（1）为标注文字指定新位置：更新尺寸文本的位置。把文本拖动到新的位置，这时系统变量 DIMSHO 为 ON。

（2）左（右）对齐：使尺寸文本沿尺寸线左

（右）对齐，如图 9-72（d）、图 9-72（e）所示。此选项只对长度型、半径型、直径型尺寸标注起作用。

（3）居中（C）：把尺寸文本放在尺寸线的中间位置，如图 9-72（a）所示。

（4）默认（H）：把尺寸文本按默认位置放置。

（5）角度（A）：改变尺寸文本行的倾斜角度。

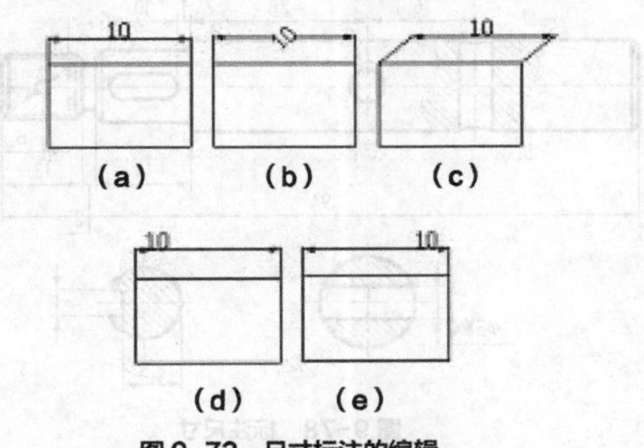

图 9-72 尺寸标注的编辑

9.5.3 实例——标注泵轴

标注图 9-73 所示的泵轴。

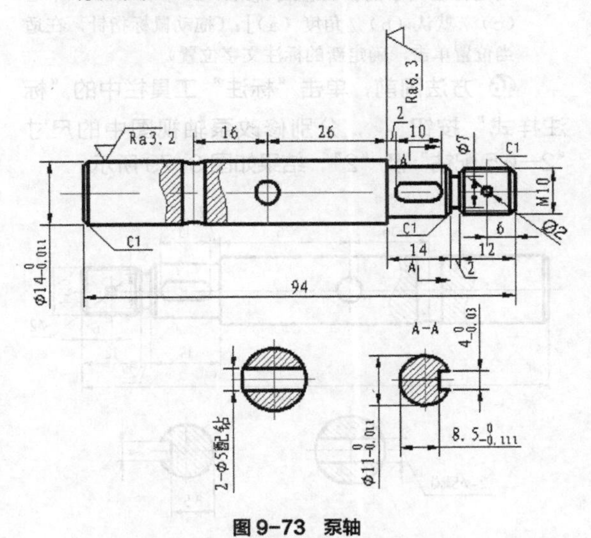

图 9-73 泵轴

操作步骤

❶ 打开保存的图形文件“泵轴 .dwg”。单击“标准”工具栏中的“打开”按钮，在弹出的“选择文件”对话框中，选择前面保存的图形文件“泵轴 .dwg”，单击“确定”按钮，该图形显示在绘图窗口中，如图 9-74 所示。

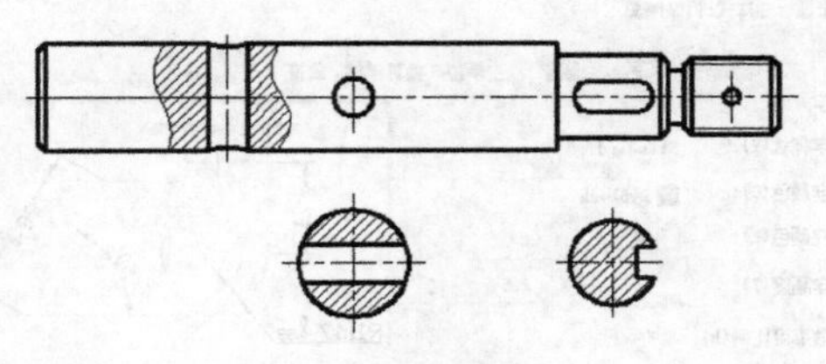

图 9-74 泵轴

❷ 创建一个新层“BZ”用于尺寸标注。单击“图层”工具栏中的“图层特性管理器”按钮，打开“图层特性管理器”对话框。创建一个新图层“BZ”，设置线宽为 0.09mm，其他属性为默认值，并将其设置为当前图层。

❸ 设置文字样式“SZ”。选择菜单栏中的“格式”→“文字样式”命令，弹出“文字样式”对话框，方法同前，创建一个新的文字样式“SZ”。

❹ 设置尺寸标注样式。单击“标注”工具栏中的“标注样式”按钮，设置尺寸标注样式。在“标注样式管理器”对话框中，单击“新建”按钮，创建新的标注样式“机械制图”，用于标注图样中的尺寸。

❺ 单击“继续”按钮，对弹出的“新建标注样式：机械制图”对话框中的选项卡进行设置，如图 9-75、图 9-76、图 9-77 所示。不再设置其他标注样式。

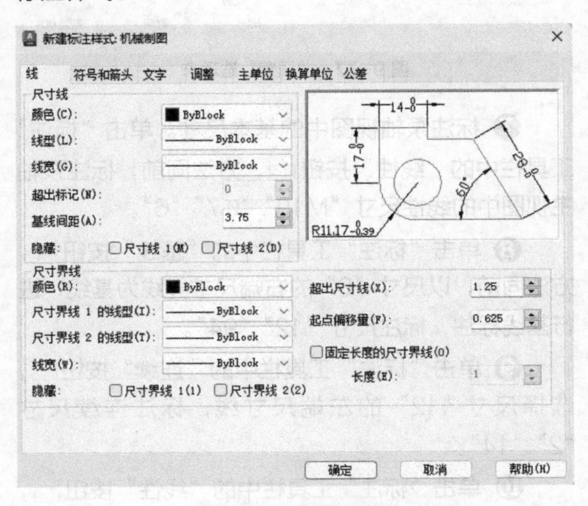

图 9-75 “线”选项卡

❻ 在“标注样式管理器”对话框中，选择“机械制图”标注样式，单击“置为当前”按钮，将其设置为当前标注样式。

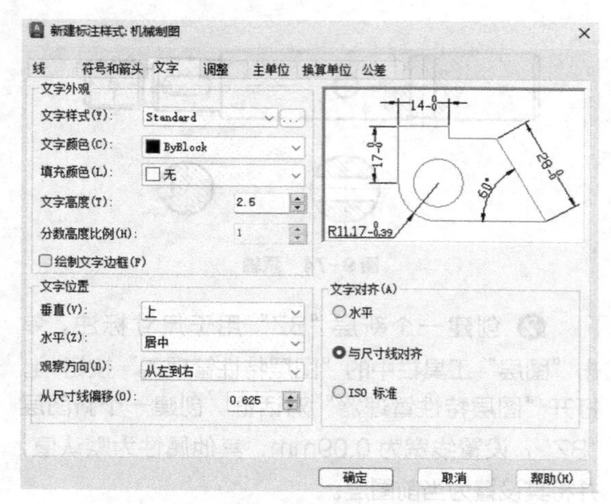

图 9-76 “文字”选项卡

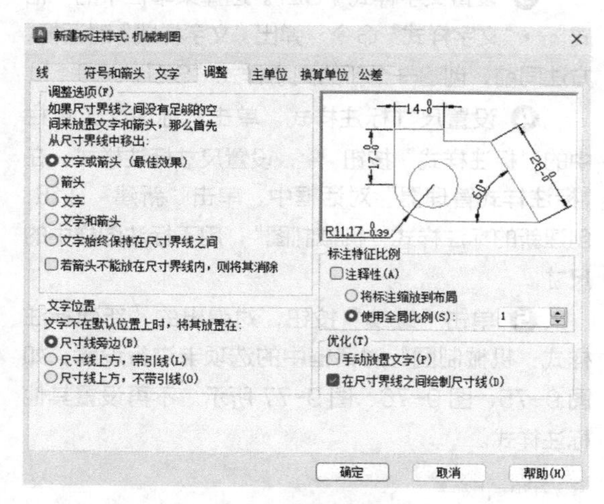

图 9-77 “调整”选项卡

❼ 标注泵轴视图中的基本尺寸。单击“标注”工具栏中的“线性”按钮，方法同前，标注泵轴主视图中的线性尺寸“M10”“ø7”“6”。

❽ 单击“标注”工具栏中的“基线”按钮，方法同前，以尺寸“6”的右端尺寸界线为基线，进行基线标注，标注尺寸“12”“94”。

❾ 单击“标注”工具栏中的“连续”按钮，选择尺寸“12”的左端尺寸线，标注连续尺寸“2”“14”。

❿ 单击“标注”工具栏中的“线性”按钮，标注泵轴主视图中的线性尺寸“16”。

⓫ 单击“标注”工具栏中的“连续”按钮，标注连续尺寸“26”“2”“10”。

⓬ 单击“标注”工具栏中的“直径”按钮，标注泵轴主视图中的直径尺寸“ø2”。

⓭ 单击“标注”工具栏中的“线性”按钮，标注泵轴剖面图中的线性尺寸“2—ø5 配钻”，此时应输入标注文字“2—%% c5 配钻”。

⓮ 单击“标注”工具栏中的“线性”按钮，标注泵轴剖面图中的线性尺寸“8.5”和“4”，结果如图 9-78 所示。

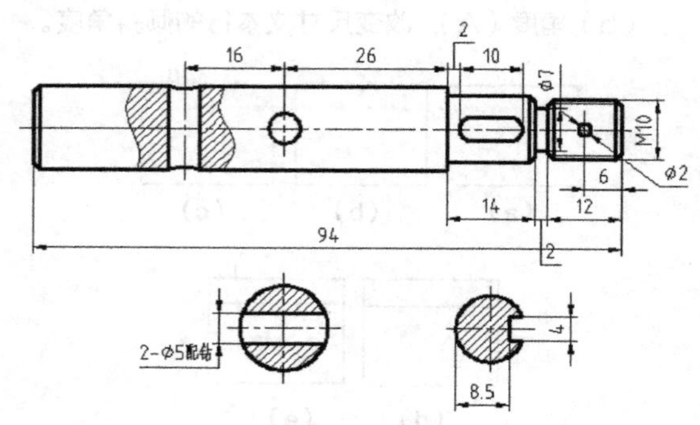

图 9-78 标注尺寸

⓯ 修改泵轴视图中的基本尺寸。

```
命令：dimtedit↙
选择标注：（选择主视图中的尺寸“2”）
指定标注文字的新位置或 [左（l）/右（r）/中心（c）/默认（h）/角度（a）]:（拖动鼠标指针，在适当位置单击，确定新的标注文字位置）
```

⓰ 方法同前，单击“标注”工具栏中的“标注样式”按钮，分别修改泵轴视图中的尺寸“2—ø5 配钻”及“2”，结果如图 9-79 所示。

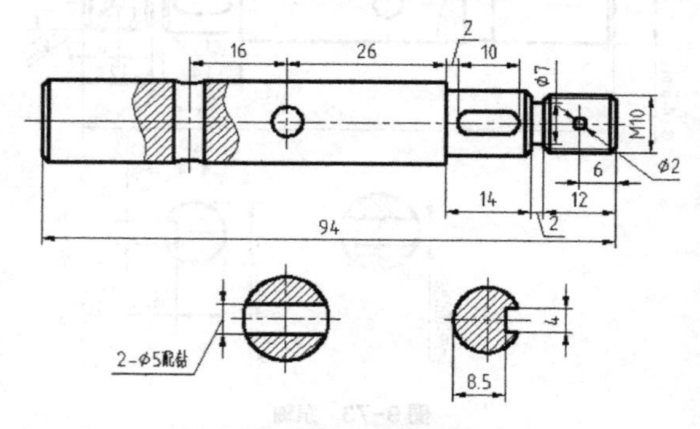

图 9-79 修改视图中的标注文字

⓱ 修改泵轴王视图中带尺寸偏差的线性尺寸。

```
命令：dimlinear↙
指定第一条尺寸界线原点或 <选择对象>：（捕捉泵轴主视图左轴段的左上角点）
指定第二条尺寸界线原点：（捕捉泵轴主视图左轴段的左下角点）
指定尺寸线位置或[多行文字(M)/文字(T)/角度(A)/水平（H）/垂直（V）/旋转（R）]：t
```

输入标注 <14>:%% c14\H0.7X;\S 0^-0.011 ↙
指定尺寸线位置或 [多行文字 (M) / 文字 (T) / 角度 (A) / 水平 (H) / 垂直 (V) / 旋转 (R)]:(拖动鼠标，在适当位置处单击)
标注文字 =14

⑱ 方法同前，标注泵轴剖面图中的尺寸“Ø 11”，输入标注文字“%% c11\H0.7X;\S 0^-0.011”，结果如图 9-80 所示。

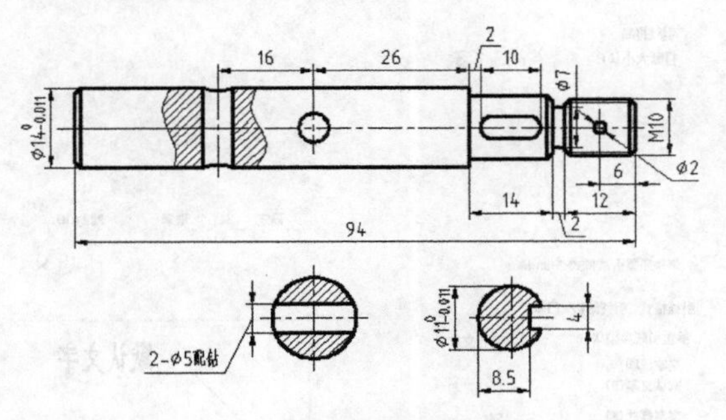

图 9-80 标注尺寸“Ø 11”

⑲ 为泵轴剖面图中的线性尺寸添加尺寸偏差。单击“标注”工具栏中的“标注样式”按钮，在弹出的“标注样式管理器”对话框的样式列表中选择“机械制图”选项，单击“替代”按钮。弹出“替代当前样式”对话框，选择“主单位”选项卡，将“线性标注”选项组中的“精度”设置为 0.000；选择“公差”选项卡，在“公差格式”选项组中，将“方式”设置为“极限偏差”，设置“上偏差”为 0、“下偏差”为 0.111、“高度比例”为 0.7，设置完成后单击“确定”按钮。

⑳ 单击“标注”工具栏中的“标注更新”按钮，选择剖面图中的线性尺寸“8.5”，即可为该尺寸添加尺寸偏差。

㉑ 继续设置替代样式。设置“公差”选项组中的“上偏差”为“0”、下偏差为“0.030”。单击“标注”工具栏中的“标注更新”按钮，选择线性尺寸“4”，即可为该尺寸添加尺寸偏差，结果如图 9-81 所示。

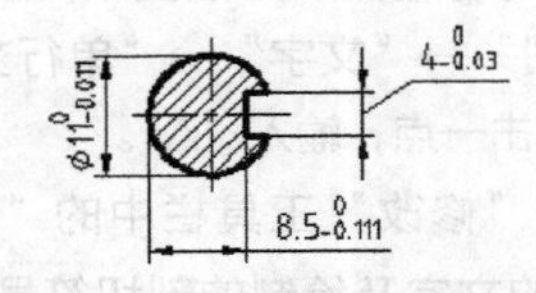

图 9-81 替代剖面图中的线性尺寸

㉒ 用 LEADER 命令标注泵轴主视图中右端的倒角尺寸 C1。继续用快速引线标注泵轴主视图左端的倒角，命令行提示与操作如下：

命令：Qleader ↙
指定第一个引线点或 [设置 (S)] <设置>：↙ (回车，弹出“引线设置”对话框，设置“引线和箭头”“附着”选项卡，如图 9-82、图 9-83 所示，设置完成后，单击“确定”按钮)
指定第一个引线点或 [设置 (S)] <设置>：(捕捉泵轴主视图中左端倒角的端点)
指定下一点：(拖动鼠标，在适当位置单击)
指定下一点：(拖动鼠标，在适当位置单击)
指定文字宽度 <0>：↙
输入注释文字的第一行 <多行文字 (M)>：C1 ↙
输入注释文字的下一行：↙

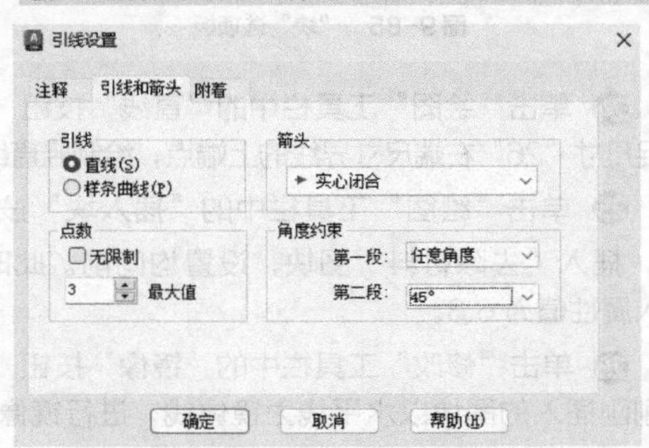

图 9-82 “引线设置”对话框

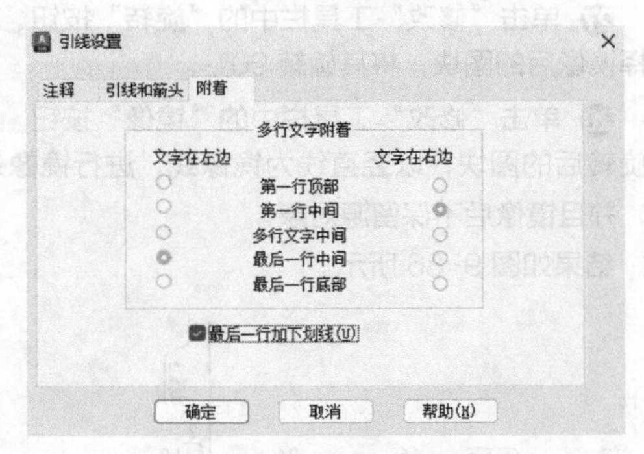

图 9-83 “附着”选项卡

结果如图 9-84 所示。

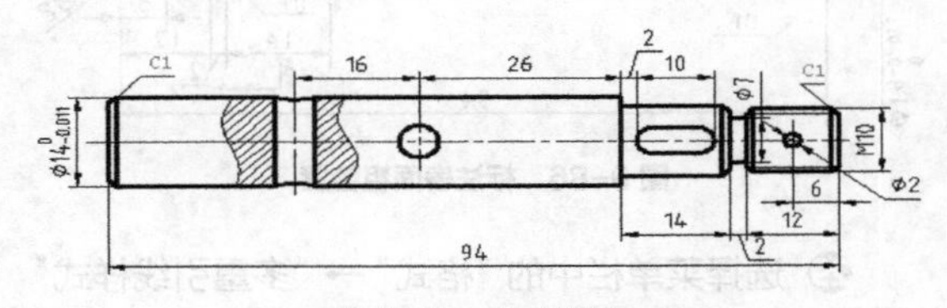

图 9-84 标注倒角

㉓ 单击“绘图”工具栏中的“插入块”按钮，打开“块”选项板，选择前面保存的块图形文件“去除材料”，在“比例”选项区中，勾选“统一

比例”复选框，设置缩放比例为“0.5”，如图 9-85 所示。命令行提示：

> 指定插入点或 ［基点（B）/ 比例（S）/ 旋转（R）］：（捕捉ø 14尺寸上端尺寸界线的最近点作为插入点）
> 输入属性值
> 请输入表面粗糙度值 <1.6>：3.2 ↙（输入表面粗糙度的值 3.2，结果如图 9-86 所示）

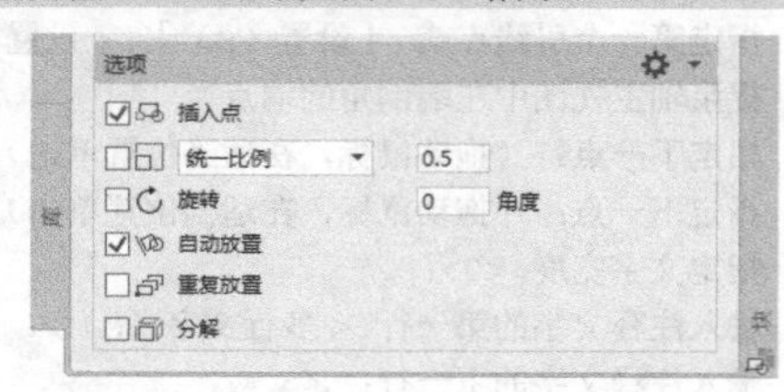

图 9-85 “块”选项板

㉔ 单击“绘图”工具栏中的“直线”按钮╱，捕捉尺寸“26”右端尺寸界线的上端点，绘制竖直线。

㉕ 单击“绘图”工具栏中的“插入块”按钮，插入“去除材料”图块，设置均同前。此时，输入属性值为 6.3。

㉖ 单击“修改”工具栏中的“镜像”按钮，将刚刚插入的图块以水平线为镜像线，进行镜像处理，并且镜像后不保留源对象。

㉗ 单击“修改”工具栏中的“旋转”按钮，选择镜像后的图块，将其旋转 90°。

㉘ 单击“修改”工具栏中的“镜像”按钮，将旋转后的图块，以竖直线为镜像线，进行镜像处理，并且镜像后不保留源对象。

结果如图 9-86 所示。

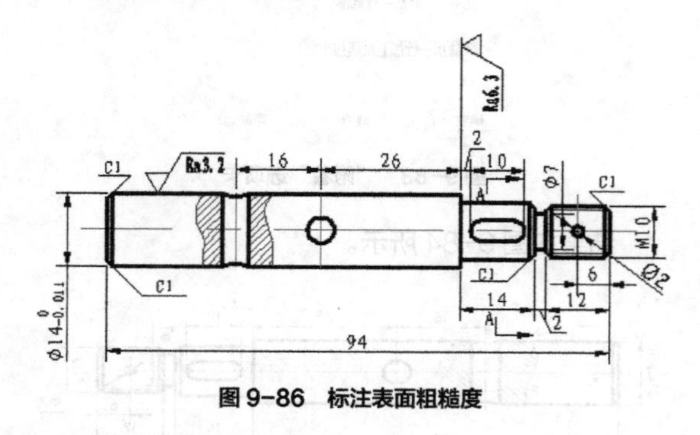

图 9-86 标注表面粗糙度

㉙ 选择菜单栏中的“格式”→“多重引线样式”命令，打开“多重引线样式管理器”对话框，单击“修改”按钮，打开“修改多重引线样式”对话框，分别在“引线格式”选项卡和“内容”选项卡中将箭头“大小”和“文字高度”改为 2.5，如图 9-87 所示。

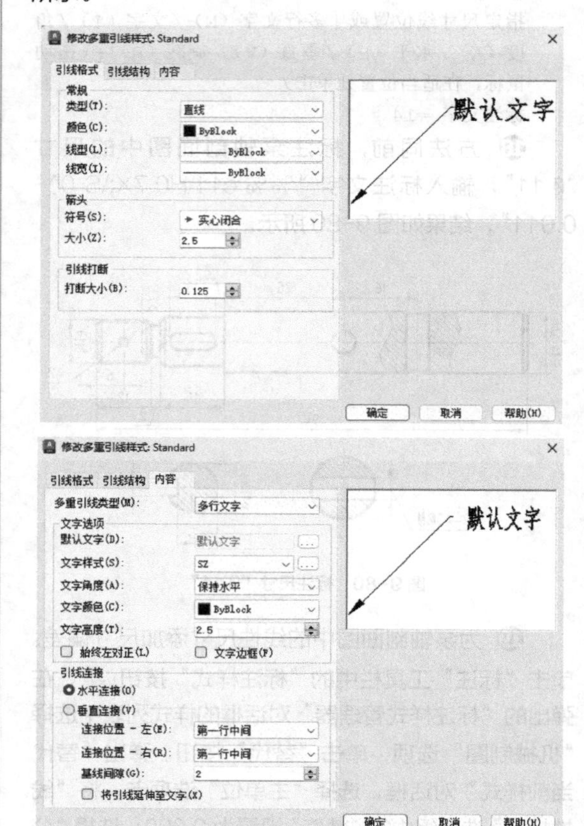

图 9-87 设置多重引线样式

选择菜单栏中的“标注”→“多重引线”命令，从右向左绘制剖切符号中的箭头，命令行提示与操作如下：

> 指定引线箭头的位置或 ［引线基线优先（L）/ 内容优先（C）/ 选项（O）］ <选项>：（指定一点）
> 指定引线基线的位置：（向左指定一点）

打开文字编辑器，输入“A”。如图 9-88 所示，使用同样方法绘制下面的剖切指引线。

㉚ 将“轮廓线”图层设置为当前图层，单击“绘图”工具栏中的“直线”按钮╱，捕捉带箭头的引线的左端点，向下绘制一小段竖直线。

㉛ 在命令行输入 text 后回车，或者选择菜单栏中的“绘图”→“文字”→“单行文字”命令，在适当位置单击一点，输入“A”。

㉜ 单击“修改”工具栏中的“镜像”按钮，将输入的文字及绘制的剖切符号，以水平中心线为镜像线，进行镜像处理。在泵轴剖面图上方输入“A-A”。最终结果如图 9-73 所示。

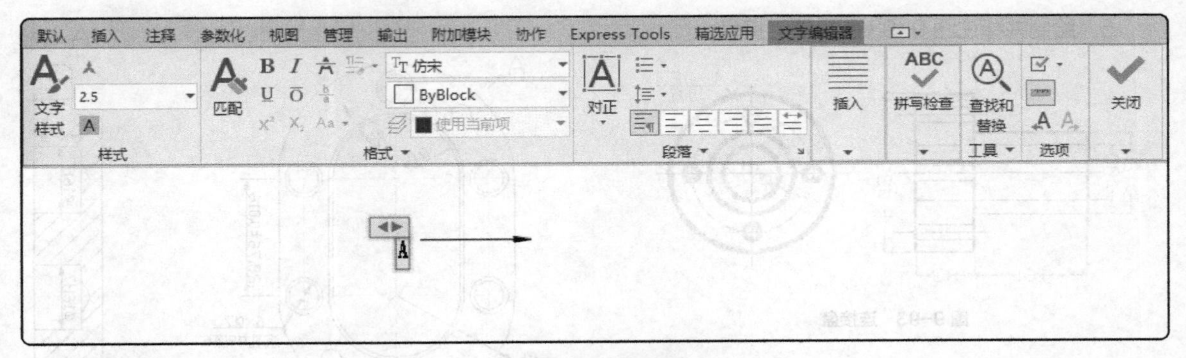

图 9-88 文字编辑器

9.6 练习

1. 绘制并标注图 9-89 所示的图形。

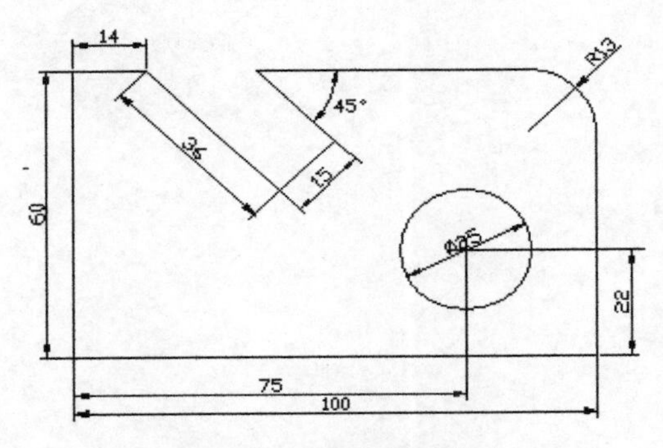

图 9-89 尺寸标注练习（1）

2. 绘制并标注图 9-90 所示的图形。

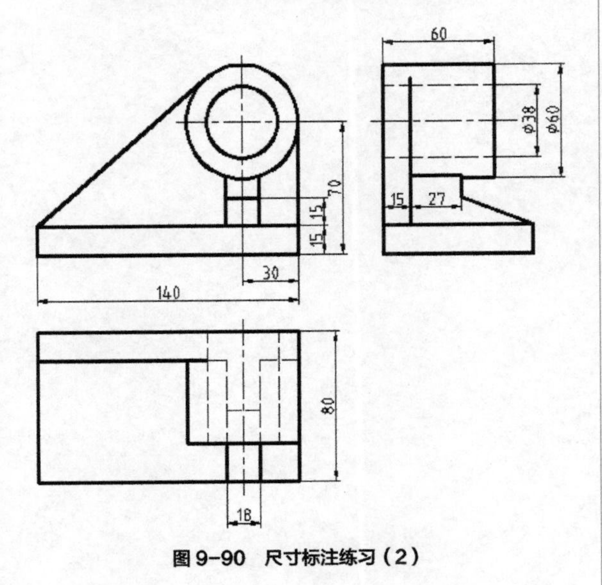

图 9-90 尺寸标注练习（2）

3. 绘制并标注图 9-91 所示的垫片。

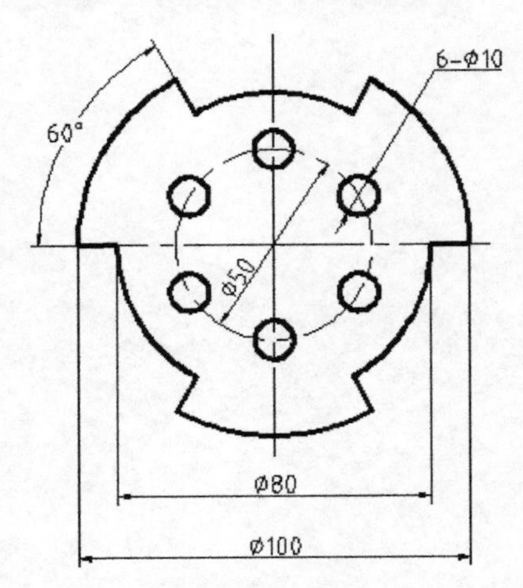

图 9-91 垫片

4. 绘制并标注图 9-92 所示的轴。

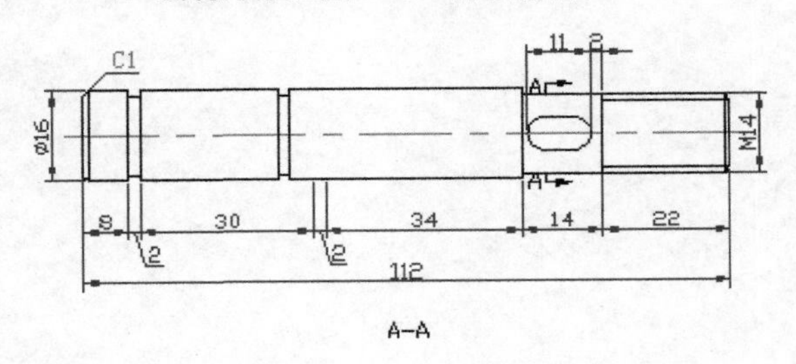

A-A

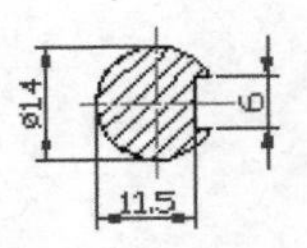

图 9-92 轴

5. 绘制并标注图 9-93 所示的连接盘。

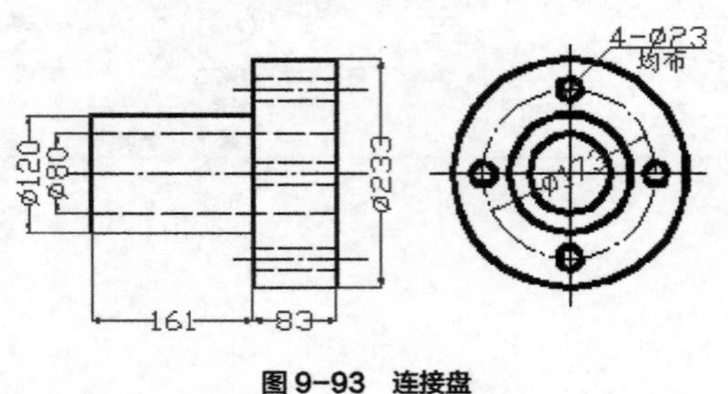

图 9-93　连接盘

6. 绘制并标注图 9-94 所示的齿轮泵前盖。

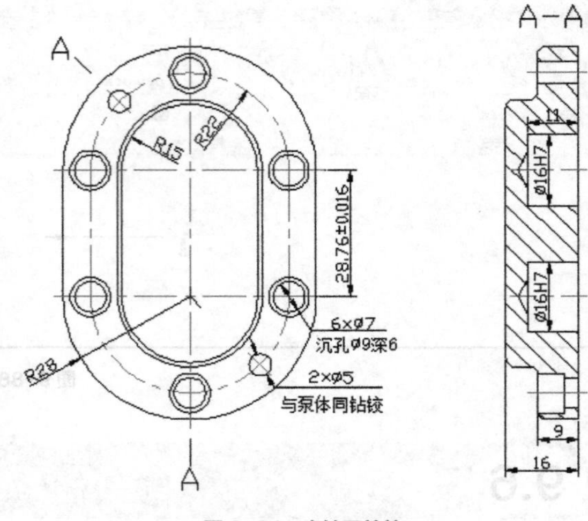

图 9-94　齿轮泵前盖

第 10 章

快捷绘图工具

为了提高系统整体的图形设计效率，并有效地管理整个系统的所有图形设计文件，AutoCAD 经过不断地探索和完善，推出了大量的协同绘图工具，包括查询工具、设计中心、工具选项板、CAD 标准、图纸集管理器和标记集管理器等。利用设计中心和工具选项板，用户可以建立自己的个性化图库，也可以利用别人提供的强大的资源快速、准确地进行图形设计。

重点与难点

- 设计中心
- 工具选项板
- 参数化绘图

10.1 设计中心

可以使用 AutoCAD 2024 设计中心的内容显示区来观察用设计中心的资源管理器所浏览资源的细目，如图 10-1 所示。在设计中心中，左边方框为 AutoCAD 2024 设计中心的资源管理器，右边方框为 AutoCAD 2024 设计中心的内容显示区。在内容显示区中，上面窗口为文件显示框，中间窗口为图形预览显示框，下面窗口为说明文本显示框。

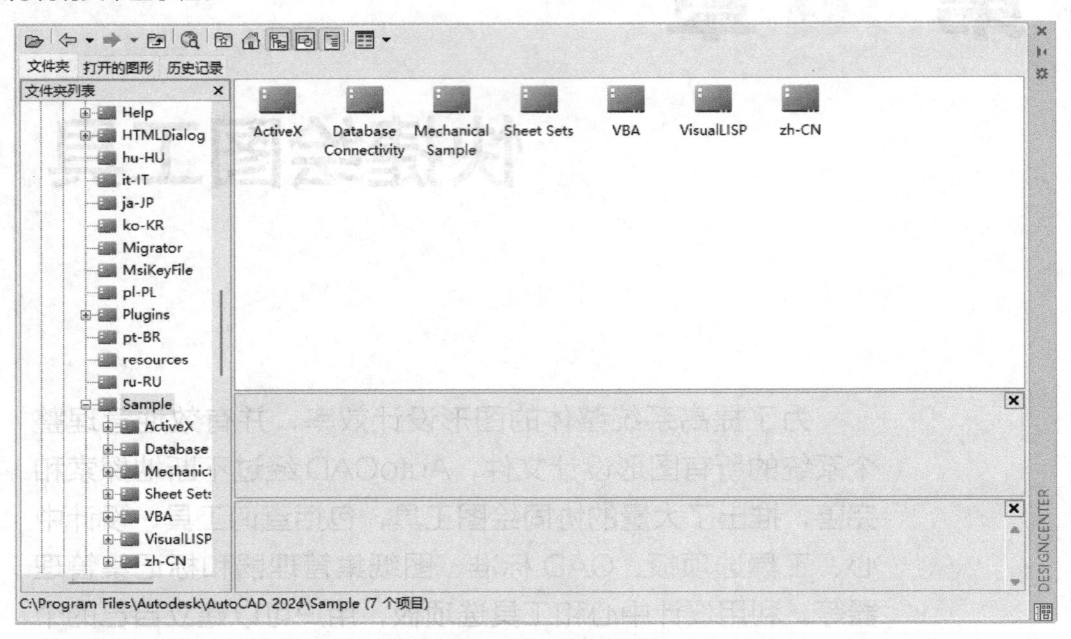

图 10-1　AutoCAD 2024 设计中心的资源管理器和内容显示区

10.1.1 启动设计中心

1. 执行方式

命令行：ADCENTER

菜单：工具→选项板→设计中心

工具栏：标准→设计中心

快捷键：Ctrl+2

2. 操作步骤

命令：ADCENTER ↙

执行该命令后，打开设计中心。第一次启动设计中心时，默认打开的为“文件夹”选项卡。内容显示区采用大图标显示，左边的资源管理器采用树形结构显示系统，浏览资源的同时，内容显示区显示所浏览资源的有关细目或内容。

可以按住鼠标左键拖动边框来改变设计中心资源管理器、内容显示区以及绘图区的大小，但内容显示区的最小尺寸应能显示两列大图标。

如果要改变设计中心的位置，可在设计中心工具条的上部按住鼠标左键拖动它到合适位置，松开后，设计中心便处于当前位置。到新位置后，仍可以用鼠标改变各窗口的大小。也可以通过设计中心边框右上方的“自动隐藏”按钮自动隐藏设计中心。

10.1.2 插入图块

当将一个图块插入图形当中的时候，块定义就被复制到图形数据库中了。如果原来的图块信息被修改，则插入图形当中的图块也随之改变。

当其他命令正在执行时，不能将图块插入图形中。例如，如果在插入块时，在提示行正在执行别的命令，此时鼠标指针会变成一个带斜线的圆，提示操作无效。另外，一次只能插入一个图块。 设计中心提供了两种插入图块的方法：“利用鼠标指定比例和旋转角度”和“精确指定坐标、比例和旋转角度”。

1. 利用鼠标指定比例和旋转角度

采用此方法时，AutoCAD 根据鼠标拉出的线段的长度与角度确定比例与旋转角度。

插入图块的步骤如下。

（1）从文件夹列表或查找结果列表中选择要插入的图块，按住鼠标左键，将其拖动到打开的图形中。

松开鼠标左键，此时，被选择的对象被插入当前被打开的图形当中。利用当前设置的捕捉方式，可以将该对象插入任何存在的图形当中。

（2）按下鼠标左键，指定一点作为插入点，移动鼠标，鼠标位置点与插入点之间的距离为缩放比例。按下鼠标左键确定比例。使用同样方法移动鼠标，鼠标位置点与插入点的连线与水平线的角度为旋转角度。被选择的对象就根据鼠标指定的比例和角度插入图形当中。

2. 精确指定的坐标、比例和旋转角度

利用该方法可以设置插入图块具体的参数，方法如下。

（1）从文件夹列表或查找结果列表框中选择要插入的对象，按住鼠标左键，拖动其到打开的图形中。

（2）松开鼠标，在命令行提示下输入比例和旋转角度等数值。

被选择的对象根据指定的参数插入图形中。

10.1.3 图形复制

1. 在图形之间复制图块

利用设计中心可以浏览和装载需要复制的图块，然后将图块复制到剪贴板，利用剪贴板将图块粘贴到图形当中。具体方法如下。

（1）在控制板中选择需要复制的图块，右击打开快捷菜单，选择“复制”命令将图块复制到剪贴板上。

（2）使用“粘贴”命令将图块粘贴到当前图形上。

2. 在图形之间复制图层

利用设计中心可以复制任何一个图形的图层到其他图形。例如，如果已经绘制了一个包括设计所需的所有图层的图形，在绘制新的图形的时候，可以新建一个图形，并将已有的图层复制到新的图形中，这样可以节省时间。具体方法如下。

（1）拖动图层到已打开的图形。确认要复制的图层的目标图形文件被打开，并且是当前的图形文件。在控制板或查找结果列表框选择要复制的一个或多个图层，按住鼠标左键，拖动图层到打开的图形文件。松开鼠标后被选择的图层被复制到打开的图形中。

（2）复制粘贴图层到打开的图形。确认要复制的图层的图形文件被打开，并且是当前的图形文件。在控制板或查找结果列表框选择要复制的一个或多个图层，右击打开快捷菜单，选择“复制到粘贴板”命令。如果要粘贴图层，先确认粘贴的目标图形文件被打开，并为当前文件。右击打开快捷菜单，选择“粘贴”命令。

10.1.4 实例——给房子图形插入窗户图块

将图 10-2（a）中已有的图块插入该图形，完成后的效果如图 10-2（b）所示。

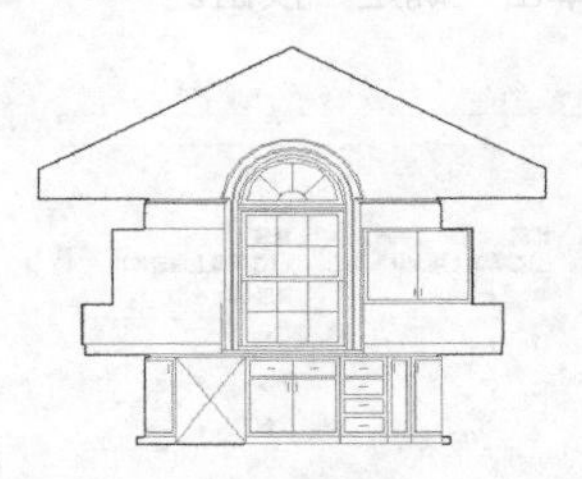

（a）原图形

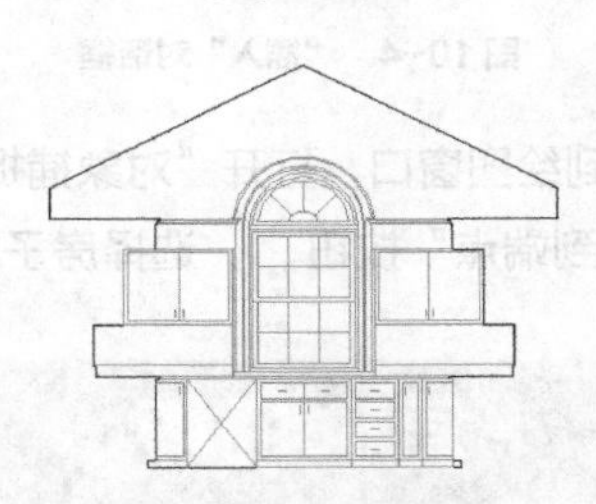

（b）插入图块后的图形

图 10-2　插入图块

操作步骤

❶ 单击“标准”工具栏中的“设计中心”按钮，打开设计中心。

❷ 选择“打开的图形”选项卡，在打开的列表框中选择图块项目，然后选择图块，在内容显示区中显示的图块上单击鼠标右键，选择“插入块”命令，如图 10-3 所示。

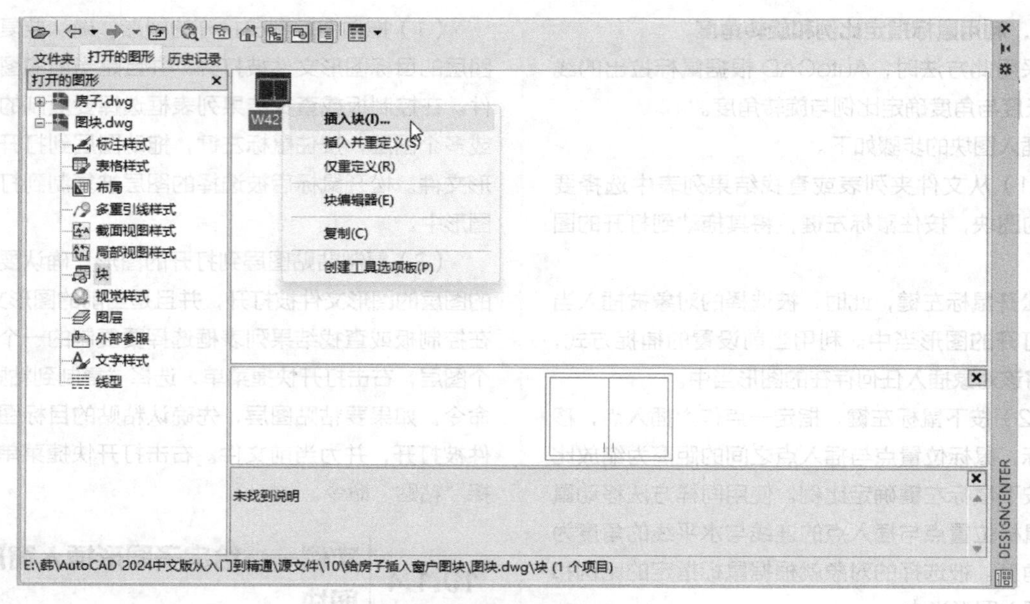

图 10-3　打开设计中心并插入块

❸ 弹出“插入”对话框，如图 10-4 所示，设置完毕后，单击“确定”按钮。

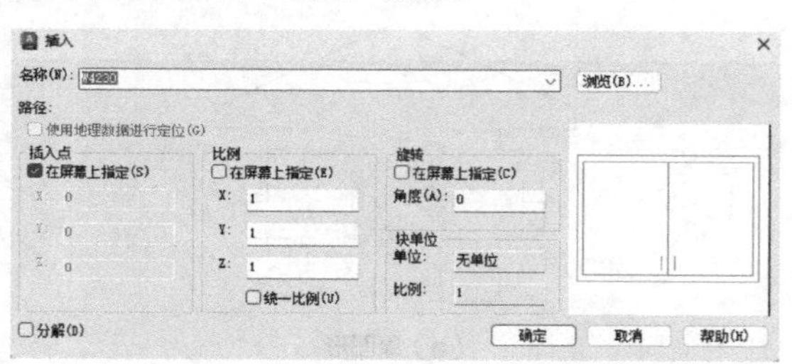

图 10-4　“插入”对话框

❹ 回到绘图窗口，打开“对象捕捉”工具栏，单击“捕捉到端点”按钮，选择房子左侧的一个端点为图块放置位置，如图 10-5 所示，最终结果如图 10-2（b）所示。

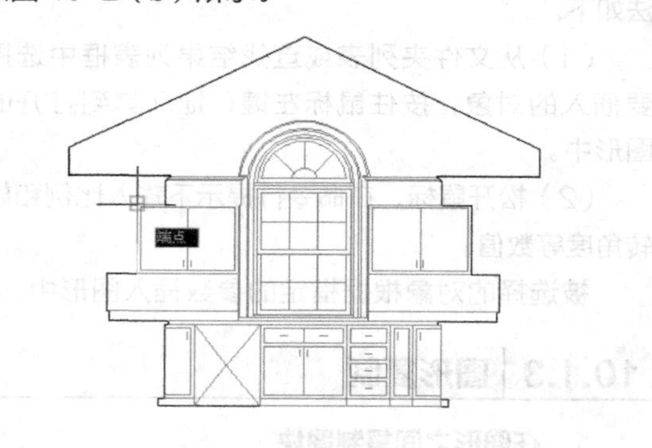

图 10-5　捕捉插入点

10.2　工具选项板

工具选项板提供了组织、共享和放置块及填充图案的有效方法。工具选项板还可以包含由第三方开发人员提供的自定义工具。

10.2.1　打开工具选项板

1. 执行方式

命令行：TOOLPALETTES

菜单：工具→选项板→工具选项板

工具栏：标准→工具选项板窗口

快捷键：Ctrl+3

2. 操作步骤

命令：TOOLPALETTES↙

系统自动打开工具选项板，如图 10-6 所示。

3. 选项说明

在工具选项板中，系统设置了一些常用的图形选项卡，可以方便用户绘图。

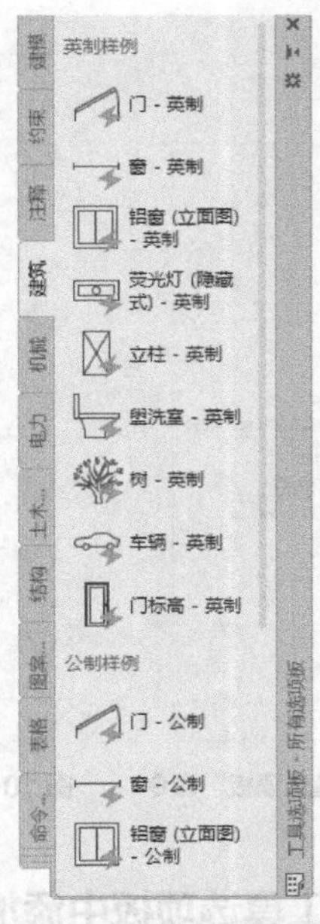

图 10-6 工具选项板

10.2.2 工具选项板的显示控制

1. 移动和缩放工具选项板

在工具选项板深色边框上按住鼠标左键，拖动鼠标，即可移动工具选项板。将鼠标指向工具选项板边缘，会出现双向伸缩箭头，按住鼠标左键拖动即可缩放工具选项板。

2. 自动隐藏

在工具选项板的深色边框上单击“自动隐藏”按钮，可自动隐藏工具选项板，再次单击该按钮，则自动打开工具选项板。

3. “透明度”控制

在工具选项板的深色边框上单击鼠标右键，打开快捷菜单，如图 10-7 所示，选择“透明度”命令，打开“透明度”对话框，如图 10-8 所示。

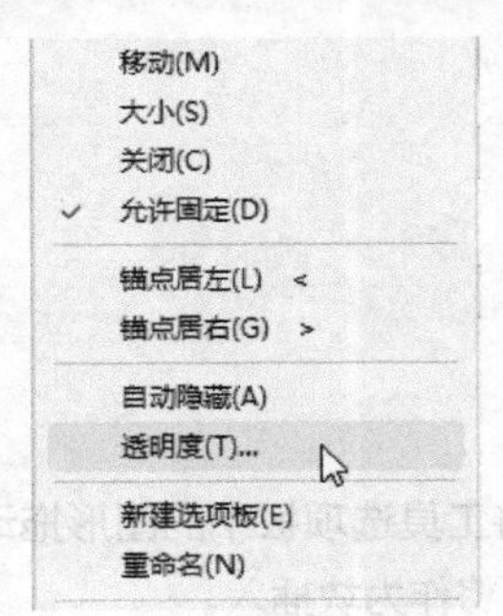

图 10-7 快捷菜单

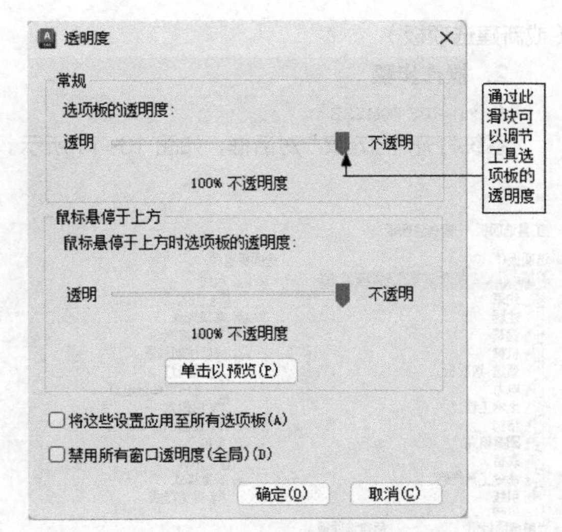

图 10-8 “透明度”对话框

4. “视图”控制

将鼠标指针放在工具选项板的空白处，单击鼠标右键，打开快捷菜单，选择其中的“视图选项”命令，如图 10-9 所示，打开“视图选项”对话框，如图 10-10 所示。

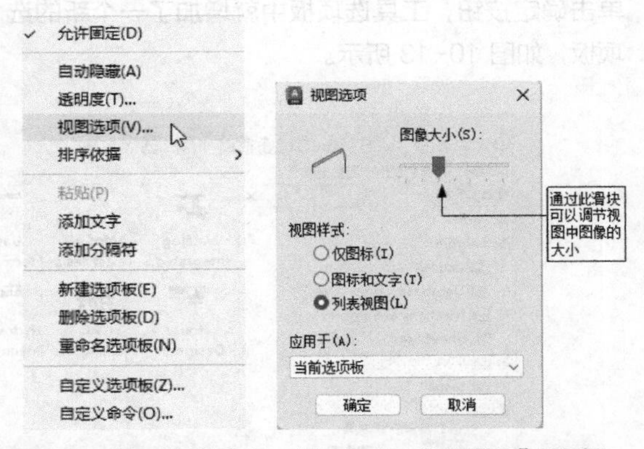

图 10-9 “视图选项”命令　图 10-10 “视图选项”对话框

10.2.3 新建工具选项板

用户可以建立新工具选项板，这样有利于个性化作图，也能够满足特殊作图需要。

1. 执行方式

命令行：CUSTOMIZE

菜单：工具→自定义→工具选项板

快捷菜单：在工具选项板空白处单击鼠标右键，在弹出的快捷菜单中选择“新建选项板”命令

工具选项板：“特性”按钮→自定义选项板

（或新建选项板）

2. 操作步骤

命令：CUSTOMIZE↙

系统打开“自定义”对话框，如图 10-11 所示。

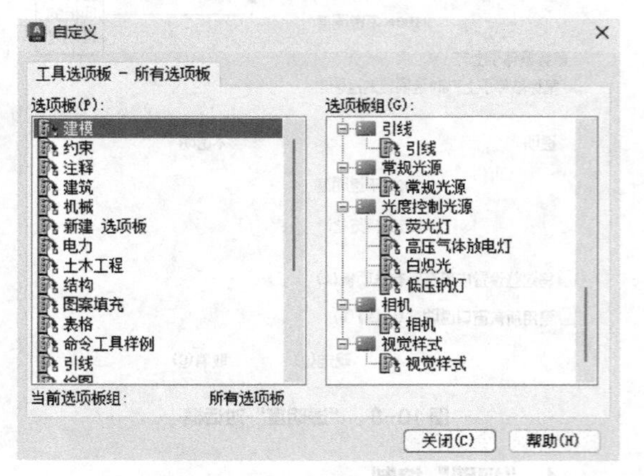

图 10-11 “自定义”对话框

在图中任意选项板名称上单击鼠标右键，打开快捷菜单，选择“新建选项板”命令，如图 10-12 所示，在弹出的文本框为新建的工具选项板命名，单击确定按钮，工具选项板中就增加了一个新的选项板，如图 10-13 所示。

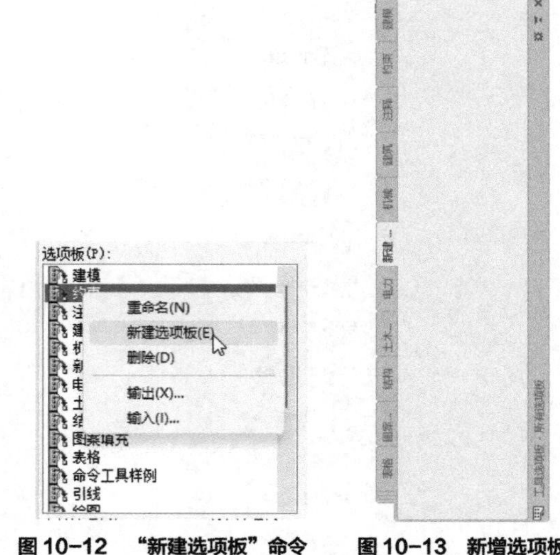

图 10-12 “新建选项板”命令　　图 10-13 新增选项板

10.2.4 向工具选项板中添加内容

（1）将图形、块和图案填充从设计中心拖动到工具选项板上。

例如，在“Designcenter”文件夹上单击鼠标右键，打开快捷菜单，选择“创建块的工具选项板”命令，如图 10-14 所示。设计中心中储存的图元就出现在工具选项板中新建的“Designcenter”选项卡上，如图 10-15 所示。这样就可以将设计中心与工具选项板结合起来，建立一个快捷方便的工具选项板。将工具选项板中的图形拖动到另一个图形中时，图形将作为块插入。

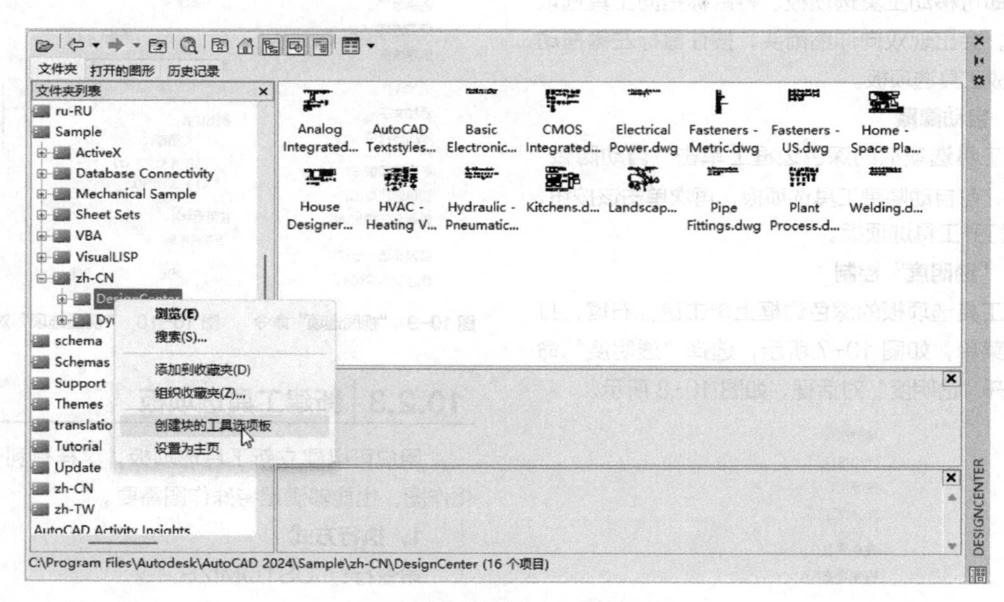

图 10-14 “创建块的工具选项板”命令

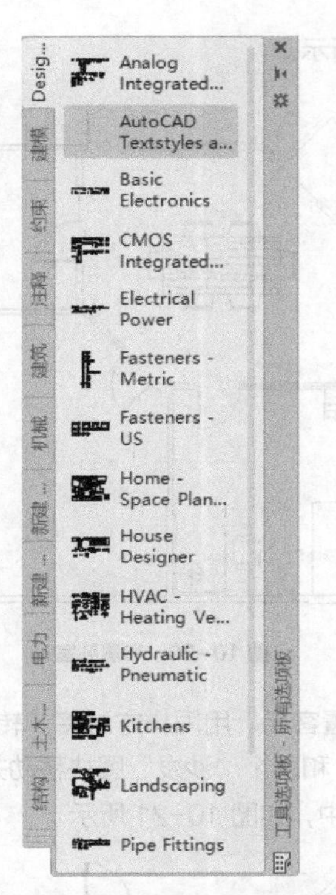

图 10-15 “Designcenter”选项卡

（2）使用“剪切”“复制”“粘贴”命令将一个工具选项板中的工具移动或复制到另一个工具选项板中。

10.2.5 实例——绘制居室布置平面图

在设计中心中绘制图 10-16 所示的居室布置平面图。

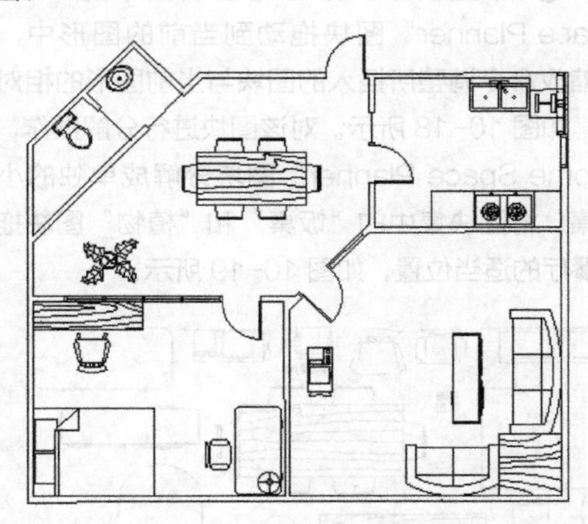

图 10-16 居室布置平面图

操作步骤

❶ 打开住房结构截面图。其中进门为餐厅，餐厅两边为厨房和卫生间，客厅旁边为卧室。

❷ 单击“标准”工具栏中的“工具选项板窗口”按钮▦，打开工具选项板。在工具选项板右键快捷菜单中选择“新建选项板”命令，建立新的工具选项板选项卡设置名称为“住房”，新建“住房”工具选项板选项卡。

❸ 单击“标准”工具栏的“设计中心”按钮，打开设计中心，将设计中心中的“Kitchens”“House”“Designer”“Home Space Planner”图块拖动到工具选项板的“住房”选项卡中，如图 10-17 所示。

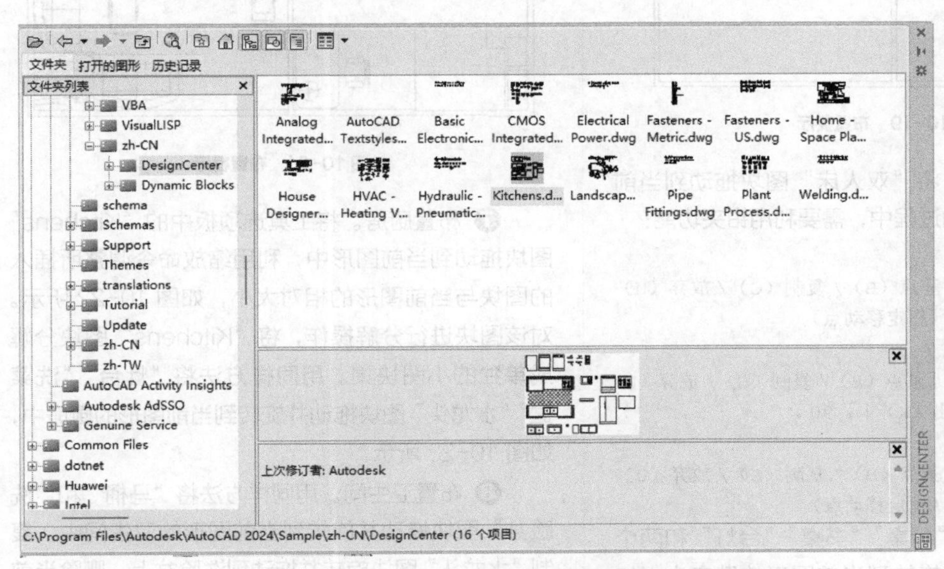

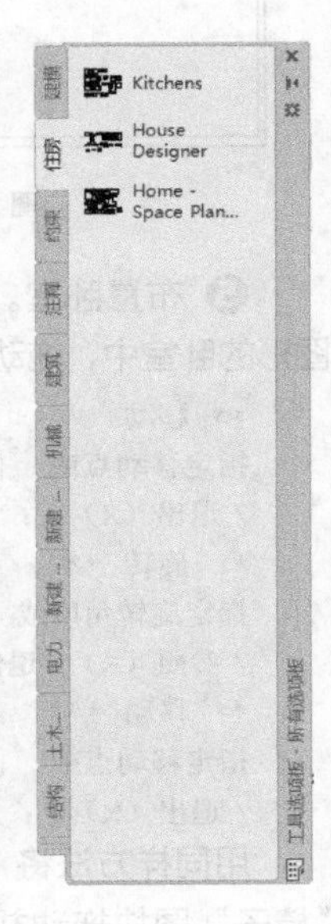

图 10-17 向工具选项板插入设计中心的图块

❹ 布置餐厅。将工具选项板中的“Home Space Planner”图块拖动到当前的图形中，利用缩放命令调整所插入的图块与当前图形的相对大小，如图 10-18 所示。对该图块进行分解操作，将“Home Space Planner”图块分解成单独的小图块集。将图块集中的“饭桌”和“植物”图块拖动到餐厅的适当位置，如图 10-19 所示。

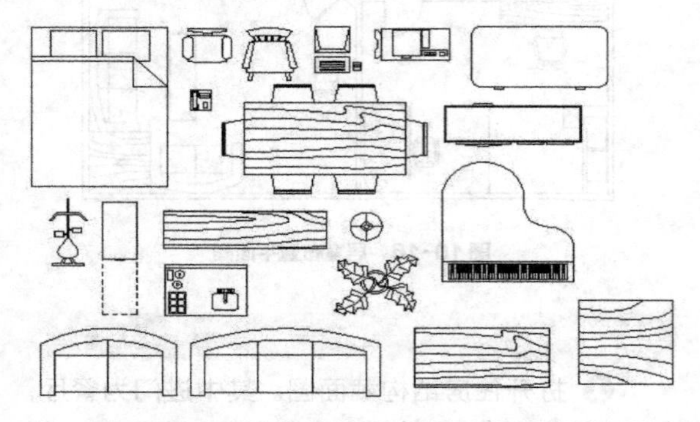

图 10-18 插入“Home Space Planner”图块

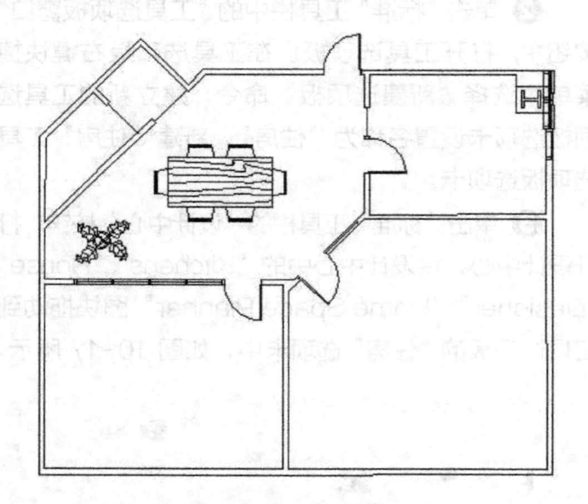

图 10-19 布置餐厅

❺ 布置卧室。将“双人床”图块拖动到当前图形的卧室中，拖动过程中，需要利用钳夹功能：

```
** 移动 **
指定移动点或 [基点（B）/ 复制（C）/ 放弃（U）/ 退出（X）]：（指定移动点）
** 旋转 **
指定旋转角度或 [基点（B）/ 复制（C）/ 放弃（U）/ 参照（R）/ 退出（X）]：90 ↙
** 移动 **
指定移动点或 [基点（B）/ 复制（C）/ 放弃（U）/ 退出（X）]：（指定移动点）
```

用同样方法将“琴桌”“书桌”“台灯”和两个“椅子”图块拖动并旋转到当前图形的卧室中，如图 10-20 所示。

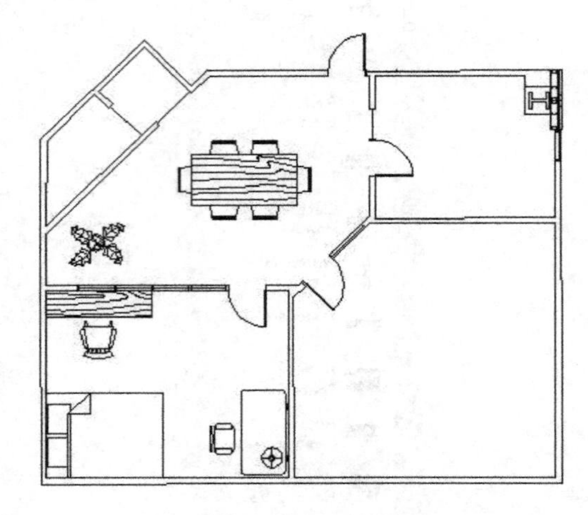

图 10-20 布置卧室

❻ 布置客厅。用同样方法将“转角桌”“电视机”“茶几”和两个“沙发”图块移动并旋转到当前图形的客厅中，如图 10-21 所示。

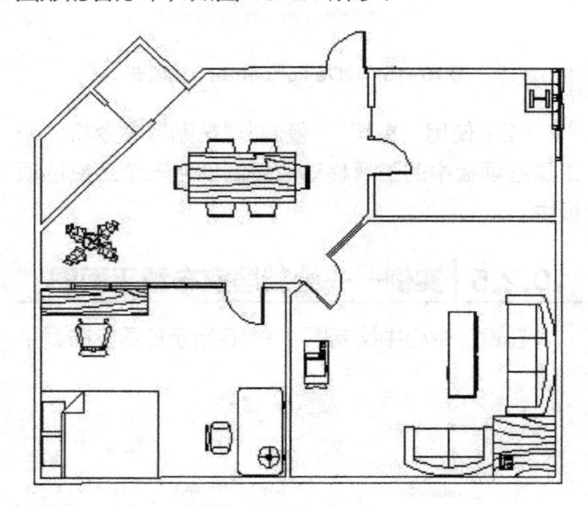

图 10-21 布置客厅

❼ 布置厨房。将工具选项板中的“Kitchens”图块拖动到当前图形中，利用缩放命令调整所插入的图块与当前图形的相对大小，如图 10-22 所示。对该图块进行分解操作，将“Kitchens”图块分解成单独的小图块集。用同样方法将“灶台”“洗菜盆”“水龙头”图块拖动并旋转到当前图形的厨房中，如图 10-23 所示。

❽ 布置卫生间。用同样方法将“马桶”和“洗脸盆”图块拖动并旋转到当前图形的卫生间中，复制“水龙头”图块旋转并拖动到洗脸盆上。删除当前

图形中其他没有用处的图块，最终绘制出的图形如图 10-16 所示。

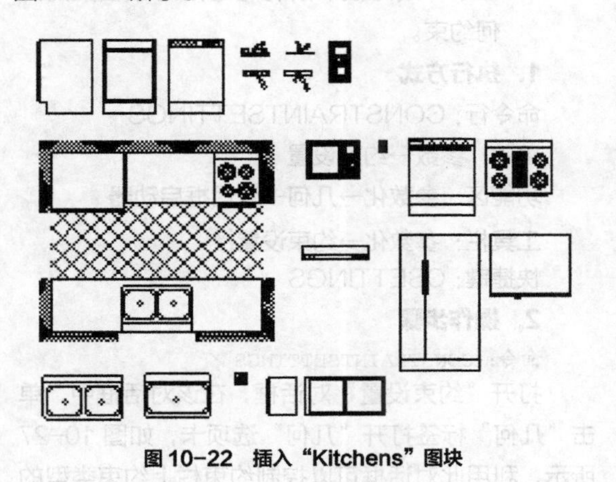

图 10-22　插入“Kitchens”图块

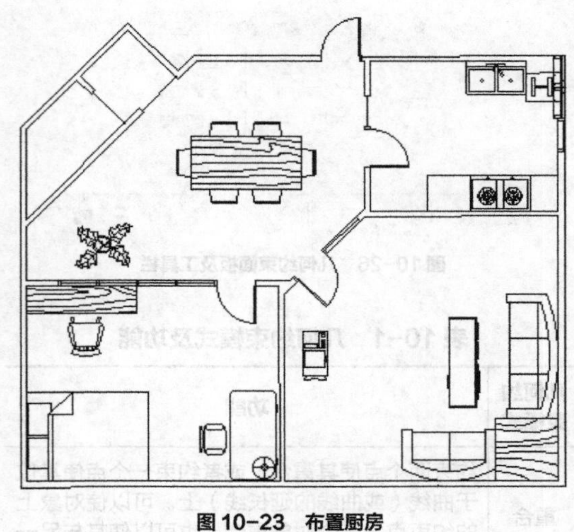

图 10-23　布置厨房

10.3 参数化绘图

AutoCAD 通过约束工具来进行参数化绘图。约束工具能够精确地控制草图中的对象。草图约束有两种类型：尺寸约束和几何约束。

几何约束用来建立草图对象的几何特性（如要求某直线具有固定长度）或是两个或更多草图对象的关系类型（如要求两条直线垂直或平行，或是几个圆弧具有相同的半径）。在图形区用户可以使用“参数化”选项卡内的“全部显示”“全部隐藏”“显示”功能来显示有关信息，以及代表这些约束的直观标记，图 10-24 所示为水平标记和共线标记。

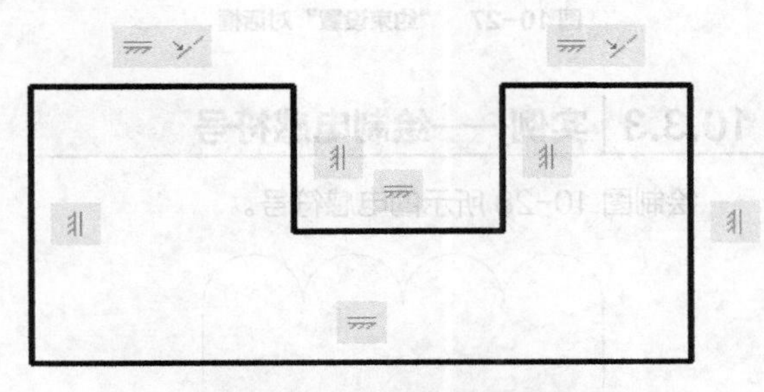

图 10-24　“几何约束”示意图

尺寸约束用来建立草图对象的大小（如某直线的长度、圆弧的半径等）或是两个对象之间的关系（如两点之间的距离），图 10-25 所示为带有尺寸约束的示例。

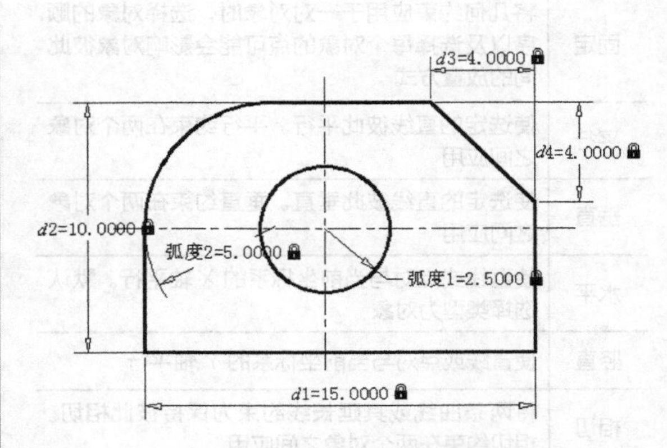

图 10-25　“尺寸约束”示意图

10.3.1 建立几何约束

使用几何约束，可以指定草图对象必须遵守的条件，或是草图对象之间必须维持的关系。几何约束面板（在“参数化”标签内的“几何”面板中）及工具栏如图 10-26 所示，主要几何约束模式及功能如表 10-1 所示。

绘图时可指定二维对象或对象上的点之间的几何约束。之后再编辑受约束的几何图形时，将保留约束。因此，通过使用几何约束，可以在图形中包括设计要求。

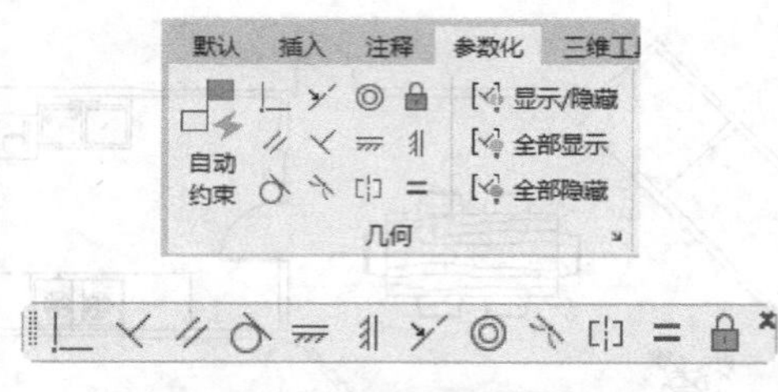

图 10-26 几何约束面板及工具栏

表 10-1 几何约束模式及功能

几何约束模式	功能
重合	约束两个点使其重合，或者约束一个点使其位于曲线（或曲线的延长线）上。可以使对象上的约束点与某个对象重合，也可以使其与另一对象上的约束点重合
共线	使两条或多条直线段沿同一直线方向
同心	将两个圆弧、圆或椭圆约束到同一个中心点。结果与将重合约束应用于曲线的中心点所产生的结果相同
固定	将几何约束应用于一对对象时，选择对象的顺序以及选择每个对象的点可能会影响对象彼此间的放置方式
平行	使选定的直线彼此平行。平行约束在两个对象之间应用
垂直	使选定的直线彼此垂直。垂直约束在两个对象之间应用
水平	使直线或点对与当前坐标系的 *X* 轴平行。默认选择类型为对象
竖直	使直线或点对与当前坐标系的 *Y* 轴平行
相切	将两条曲线或其延长线约束为保持彼此相切。相切约束在两个对象之间应用
平滑	将样条曲线约束为连续，并与其他样条曲线、直线、圆弧或多段线保持 G2 连续性
对称	使选定对象受对称约束，相对于选定直线对称
相等	将选定圆弧和圆重新调整为半径相同，或将选定直线重新调整为长度相同

10.3.2 几何约束设置

使用“约束设置”对话框，可以控制约束栏的显示，如图 10-27 所示，可控制在约束栏上显示或隐藏的几何约束类型。可单独或全局显示 / 隐藏几何约束和约束栏。可执行以下操作：

- 显示（或隐藏）所有的几何约束；
- 显示（或隐藏）指定类型的几何约束；
- 显示（或隐藏）所有与选定对象相关的几何约束。

1. 执行方式

命令行：CONSTRAINTSETTINGS

菜单：参数→约束设置

功能区：参数化→几何→对话框启动器

工具栏：参数化→约束设置

快捷键：CSETTINGS

2. 操作步骤

命令：CONSTRAINTSETTINGS ↙

打开“约束设置”对话框，在该对话框中，单击“几何”标签打开“几何”选项卡，如图 10-27 所示，利用此对话框可以控制约束栏上约束类型的显示。

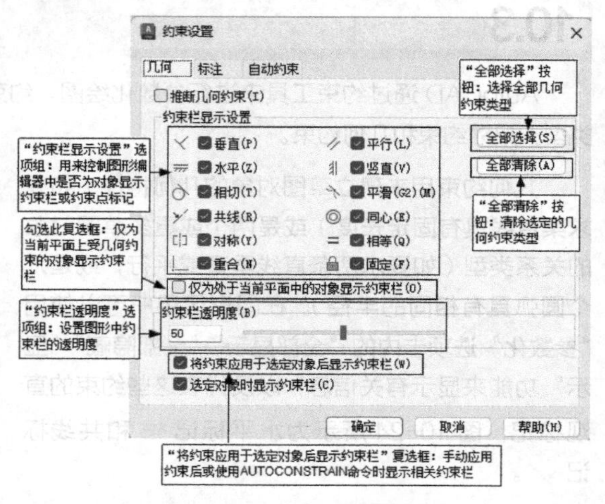

图 10-27 “约束设置”对话框

10.3.3 实例——绘制电感符号

绘制图 10-28 所示的电感符号。

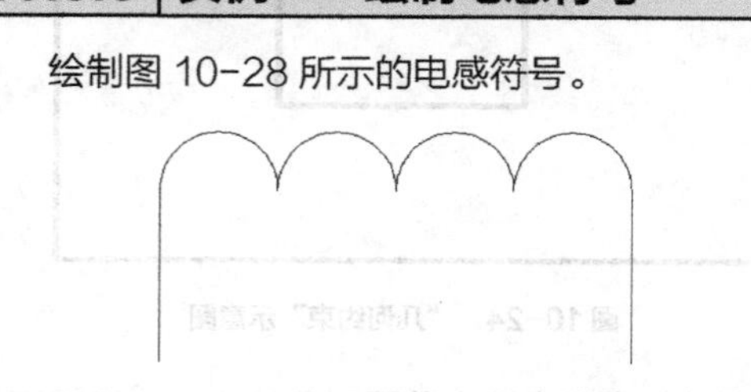

图 10-28 电感符号

操作步骤

❶ 绘制绕线组。单击“绘图”工具栏中的“圆弧”按钮，绘制半径为 10mm 的半圆弧；单击

"修改"工具栏中的"复制"按钮，将圆弧进行复制，复制 3 次，如图 10-29 所示。

图 10-29　复制圆弧

❷ 绘制引线。单击状态栏中的"正交模式"按钮，然后再单击"绘图"工具栏中的"直线"按钮，绘制竖直的电感两端引线，如图 10-30 所示。

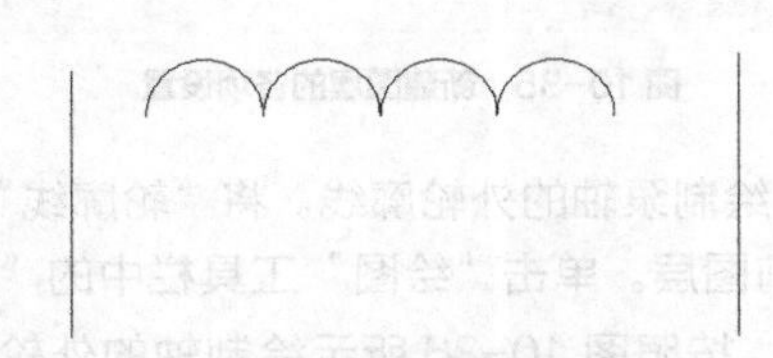

图 10-30　绘制引线

❸ 绘制相切对象。单击"几何约束"工具栏中的"相切"按钮，选择需要约束的对象，使直线与圆弧相切，命令行中的提示与操作如下。

```
命令：_GeomConstraint
输入约束类型
[水平（H）/竖直（V）/垂直（P）/平行（PA）/相切（T）/平滑（SM）/重合（C）/同心（CON）/共线（COL）/对称（S）/相等（E）/固定（F）]<相切>：_Tangent
选择第一个对象：（选择最左端圆弧）
选择第二个对象：（选择左侧竖直直线）
```

采用同样的方式建立右侧直线和圆弧的相切关系。单击"修改"工具栏中的"修剪"按钮，将多余的线条修剪掉，最终结果如图 10-28 所示。

10.3.4 建立尺寸约束

建立尺寸约束是限制图形几何对象的大小，与在草图上标注尺寸相似，不同的是可以在后续的编辑工作中实现尺寸的参数化驱动。标注约束面板（在"参数化"标签内的"标注"面板中）及工具栏如图 10-31 所示。

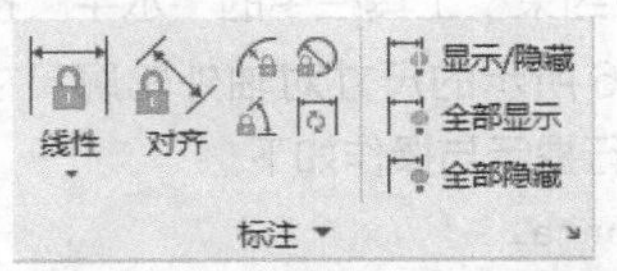

图 10-31　标注约束面板及工具栏

生成尺寸约束时，用户可以选择草图曲线、边、基准平面或基准轴上的点，以生成水平、竖直、平行、垂直和角度尺寸的对象。

生成尺寸约束时，系统会自动生成一个表达式，其名称和值显示在一文本框中，如图 10-32 所示，用户可以接着编辑该表达式的名和值。

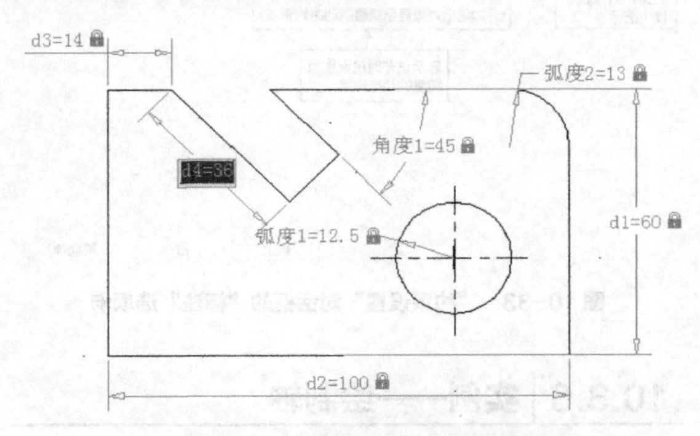

图 10-32　"尺寸约束编辑"示意图

生成尺寸约束时，只要选中了几何体，其尺寸及其延伸线和箭头就会全部显示出来。将尺寸拖动到位，然后单击鼠标左键，完成尺寸约束。用户还可以随时更改尺寸约束，只需在图形区选中该值后双击，就可以使用生成过程中所采用的同一种方式，编辑其名称、值或位置了。

10.3.5 尺寸约束设置

使用"约束设置"对话框内的"标注"选项卡，可控制显示标注约束时的系统配置。标注约束控制设计的大小和比例，可以约束以下内容：

- 对象之间或对象上的点之间的距离；
- 对象之间或对象上的点之间的角度。

1. 执行方式

命令行：CONSTRAINTSETTINGS
菜单：参数→约束设置
功能区：参数化→标注→对话框启动器
工具栏：参数化→约束设置
快捷键：CSETTINGS

2. 操作步骤

```
命令：CONSTRAINTSETTINGS ↙
```

打开"约束设置"对话框，在该对话框中，单击"标注"标签打开"标注"选项卡，如图 10-33 所示，在此可以控制约束栏上约束类型的显示。

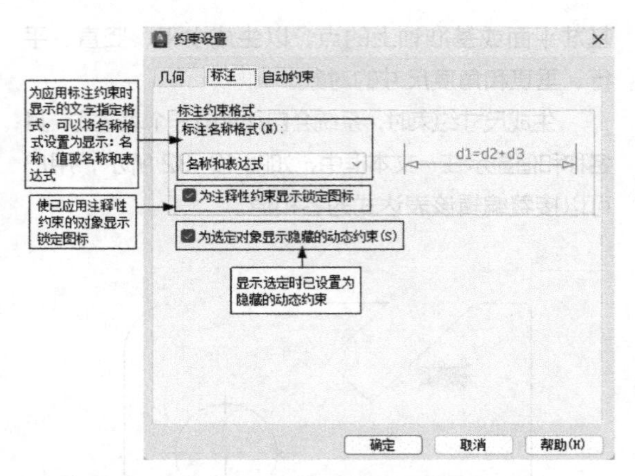

图 10-33 “约束设置”对话框的“标注”选项卡

10.3.6 实例——绘制轴

利用尺寸驱动绘制图 10-34 所示的轴。

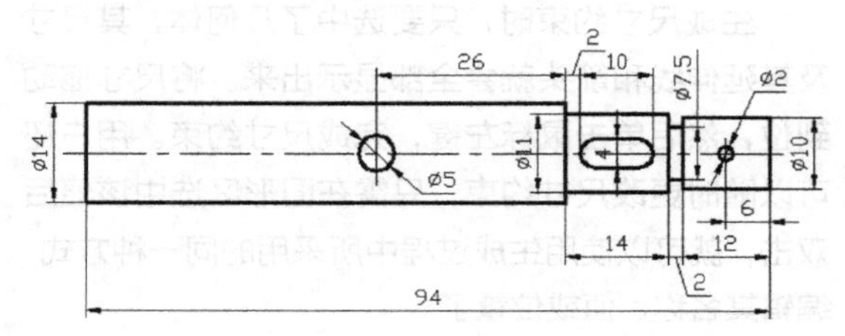

图 10-34 轴

操作步骤

❶ 图层设置。

单击“图层”工具栏中的“图层特性管理器”按钮，新建 3 个如下图层。

（1）“轮廓线”图层，设置线宽属性为 0.3mm，其余属性默认。

（2）“中心线”图层，设置颜色为红色，线型为 CENTER2，线宽为 0.09mm，其余属性默认。

（3）“尺寸线”图层，设置颜色为蓝色，线型为 Continuous，线宽为 0.09mm，其余属性默认。

设置完成后，使 3 个图层均处于打开、解冻和解锁状态，各项设置如图 10-35 所示。

❷ 绘制中心线。将“中心线”图层置为当前图层，单击“绘图”工具栏中的“直线”按钮，绘制两端点坐标为（65，130）和（170，130）的泵轴中心线。

单击“绘图”工具栏中的“直线”按钮，绘制 Φ5 圆与 Φ2 圆的竖直中心线，端点坐标分别为{（110，135），（110，125）}和{（158，133），（158，127）}。

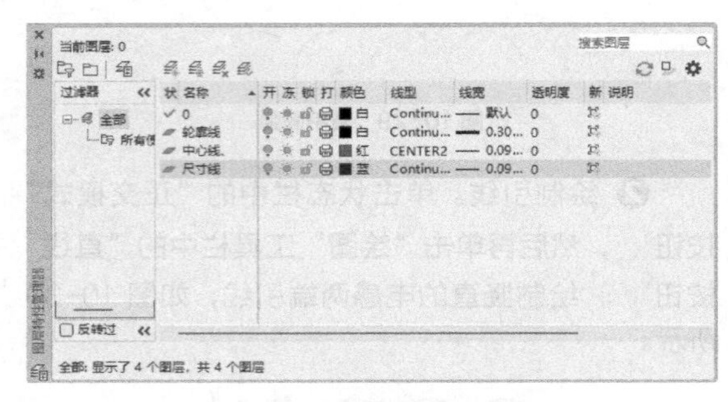

图 10-35 新建图层的各项设置

❸ 绘制泵轴的外轮廓线。将“轮廓线”图层置为当前图层。单击“绘图”工具栏中的“直线”按钮，按照图 10-36 所示绘制轴的外轮廓线，尺寸不需精确。

❹ 几何约束。

（1）单击“几何约束”工具栏中的“平行”按钮，给水平方向上的各直线建立水平的几何约束。按照图 10-36 所示采用相同的方法创建其他的几何约束。

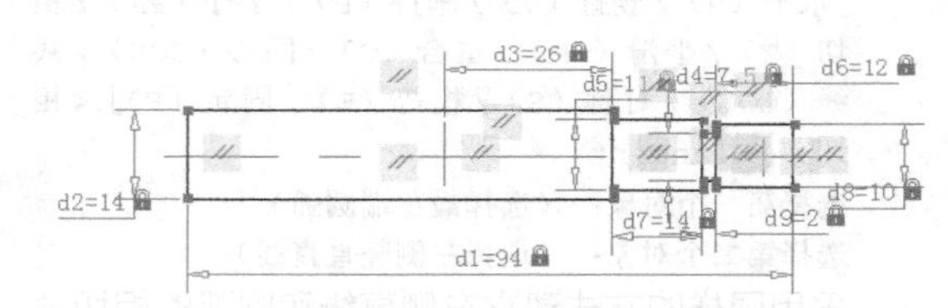

图 10-36 轴的外轮廓线

（2）单击“标注约束”工具栏中的“竖直”按钮，按照图 10-36 所示的尺寸对轴外轮廓尺寸进行约束设置，命令行提示与操作如下：

```
命令：_DcVertical
指定第一个约束点或 [对象 (O)] <对象>：(指定第一个约束点)
指定第二个约束点：（指定第二个约束点）
指定尺寸线位置：（指定尺寸线的位置）
标注文字 = 7.5
```

（3）单击“标注约束”工具栏中的“水平”按钮，按照图 10-36 所示的尺寸对轴外轮廓尺寸进行约束设置，命令行提示与操作如下：

```
命令：_DcHorizontal
指定第一个约束点或 [对象 (O)] <对象>：(指定第一个约束点)
指定第二个约束点：（指定第二个约束点）
指定尺寸线位置：（指定尺寸线的位置）
```

```
标注文字 = 12
```

执行上述命令后，系统将自动调整长度，绘制结果如图 10-36 所示。

❺ 绘制泵轴的键槽。单击“绘图”工具栏中的“多段线”按钮，绘制多段线，命令行提示与操作如下：

```
命令：_pline
指定起点：140，132↙
当前线宽为 0.0000
指定下一个点或 [圆弧（A）/半宽（H）/长度（L）/放弃（U）/宽度（W）]：@6，0↙
指定下一点或 [圆弧（A）/闭合（C）/半宽（H）/长度（L）/放弃（U）/宽度（W）]：A↙（绘制圆弧）
指定圆弧的端点或 [角度（A）/圆心（CE）/闭合（CL）/方向（D）/半宽（H）/直线（L）/半径（R）/第二个点（S）/放弃（U）/宽度（W）]：@0，-4↙
指定圆弧的端点或 [角度（A）/圆心（CE）/闭合（CL）/方向（D）/半宽（H）/直线（L）/半径（R）/第二个点（S）/放弃（U）/宽度（W）]：L↙
指定下一点或 [圆弧（A）/闭合（C）/半宽（H）/长度（L）/放弃（U）/宽度（W）]：@-6，0↙
指定下一点或 [圆弧（A）/闭合（C）/半宽（H）/长度（L）/放弃（U）/宽度（W）]：（单击“对象捕捉”工具栏中的“捕捉到端点”按钮）A↙
指定圆弧的端点或 [角度（A）/圆心（CE）/闭合（CL）/方向（D）/半宽（H）/直线（L）/半径（R）/第二个点（S）/放弃（U）/宽度（W）]：_endp 于：选择绘制的上面直线段的左端点，绘制左端的圆弧（）
指定圆弧的端点或 [角度（A）/圆心（CE）/闭合（CL）/方向（D）/半宽（H）/直线（L）/半径（R）/第二个点（S）/放弃（U）/宽度（W）]：↙
```

❻ 绘制孔。单击“绘图”工具栏中的“圆”按钮，以中心线左端的交点为圆心，以任意直径长度绘制圆。

❼ 采用相同的方法，单击“绘图”工具栏中的“圆”按钮，以中心线右端的交点为圆心，以任意直径长度绘制圆。

❽ 单击“标注约束”工具栏中的“直径”按钮，更改左端圆的直径为 5mm，右端圆的直径为 2mm。最终绘制结果如图 10-34 所示。

10.3.7 自动约束

利用“约束设置”对话框的“自动约束”选项卡，如图 10-37 所示，可将设定公差范围内的对象自动设置为相关约束。

1. 执行方式

命令行：CONSTRAINTSETTINGS

菜单：参数→约束设置

功能区：参数化→标注→对话框启动器

工具栏：参数化→约束设置

快捷键：CSETTINGS

2. 操作步骤

```
命令：CONSTRAINTSETTINGS↙
```

打开“约束设置”对话框，在该对话框中，单击“自动约束”标签打开“自动约束”选项卡，如图 10-37 所示。利用此对话框可以控制自动约束的相关参数。

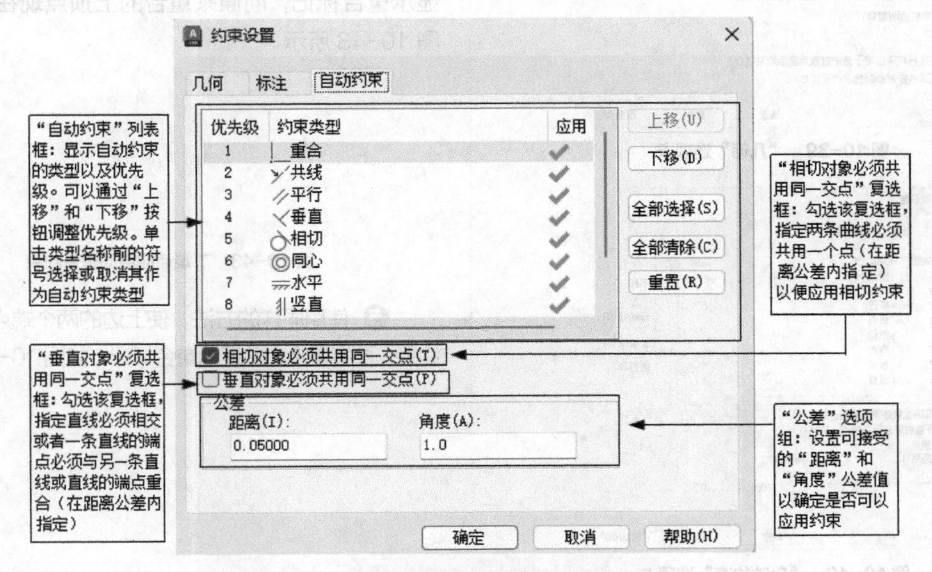

图 10-37 “约束设置”对话框的“自动约束”选项卡

10.3.8 实例——约束控制未封闭的三角形

对图 10-38 所示的未封闭的三角形进行约束控制。

图 10-38 未封闭的三角形

操作步骤

❶ 设置约束与自动约束。选择菜单栏中的“参数”→“约束设置”命令，打开“约束设置”对话框。打开“几何”选项卡，如图 10-39 所示，单击“全部选择”按钮，选择全部约束方式。再打开“自动约束”选项卡，将“距离”和“角度”公差值设置为 1，不勾选“相切对象必须共用同一交点”和“垂直对象必须共用同一交点”复选框，约束优先顺序按图 10-40 所示内容设置。

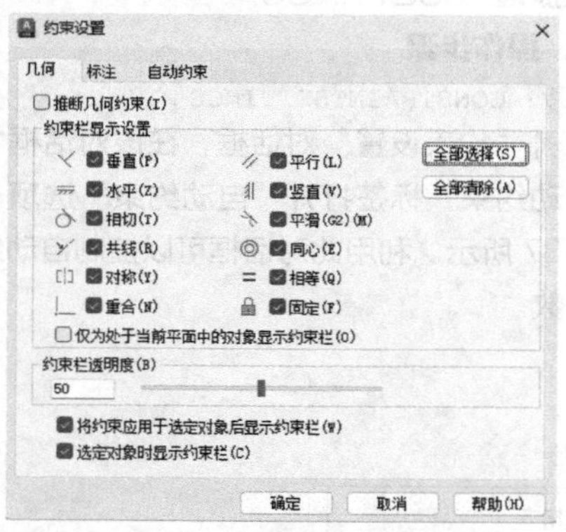

图 10-39 “几何”选项卡

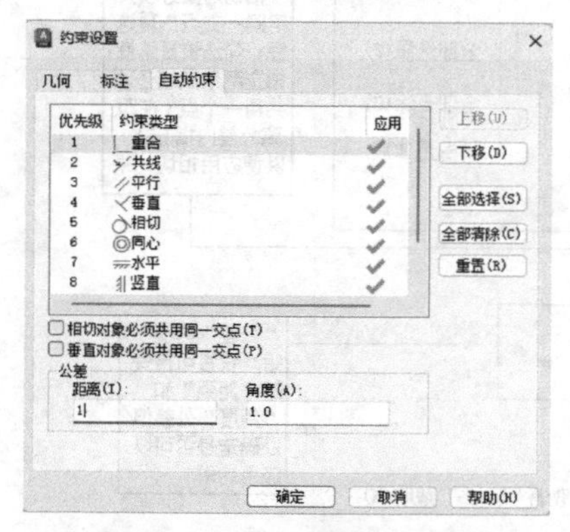

图 10-40 “自动约束”选项卡

❷ 打开“参数化”工具栏，如图 10-41 所示。

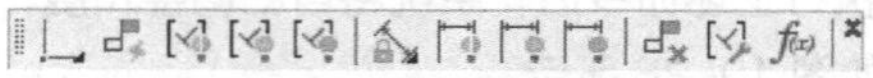

图 10-41 “参数化”工具栏

❸ 单击“参数化”工具栏上的“固定”按钮，命令行提示如下：

```
命令：_GeomConstraint
输入约束类型 [水平(H)/竖直(V)/垂直(P)/平行(PA)/相切(T)/平滑(SM)/重合(C)/同心(CON)/共线(COL)/对称(S)/相等(E)/固定(F)]<固定>:_Fix
选择点或 [对象(O)]<对象>:(选择三角形底边)
```

这时，底边被固定，并显示固定标记，如图 10-42 所示。

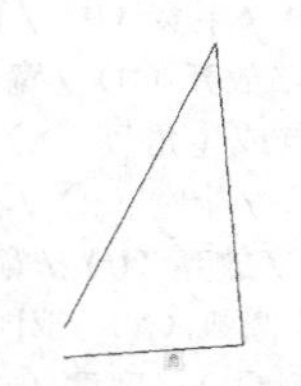

图 10-42 固定约束

❹ 单击“参数化”工具栏上的“自动约束”按钮，命令行提示如下：

```
命令：_AutoConstrain
选择对象或 [设置(S)]:(选择底边)
选择对象或 [设置(S)]:(选择左边，这里已知左边两个端点的距离为 0.7，在自动约束公差范围内)
选择对象或 [设置(S)]:↙
```

这时，左边下移，底边和左边的端点重合，并显示重合标记，而原来重合的上顶点现在分离，如图 10-43 所示。

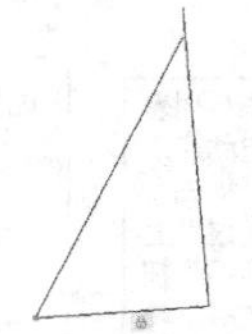

图 10-43 下端点的自动重合约束

❺ 使用同样的方法，使上边的两个端点进行自动约束，两者重合，并显示重合标记，如图 10-44 所示。

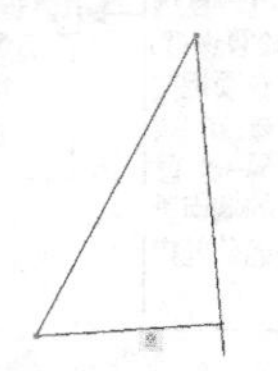

图 10-44 上顶点的自动重合约束

❻ 单击“参数化”工具栏上的“自动约束”按钮，选择底边和右边为自动约束对象（这里已知底边与右边的原始夹角为 89°），可以发现，底边与右边自动保持重合与垂直关系，如图 10-45 所示（注意：这里右边必然要缩短）。

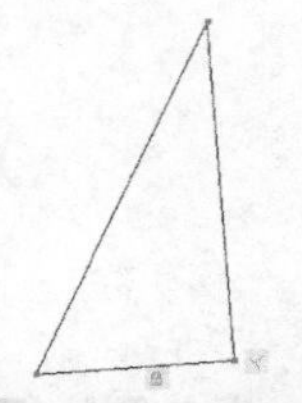

图 10-45 底边与右边的自动重合与自动垂直约束

10.4 练习

1. 什么是设计中心？设计中心有什么功能？

2. 什么是工具选项板？怎样利用工具选项板进行绘图？

3. 设计中心及工具选项板中的图形与普通图形有什么区别？与图块又有什么区别？

4. 在设计中心中查找 D 盘中文件名包含“HU”、大于 2KB 的图形文件。

5. 利用工具选项板绘制图 10-46 所示的轴承图形。

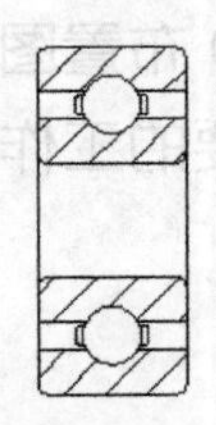

图 10-46 轴承图形

6. 打开随书网盘中的相关零件图，利用设计中心绘制图 10-47 所示的盘盖组装图。

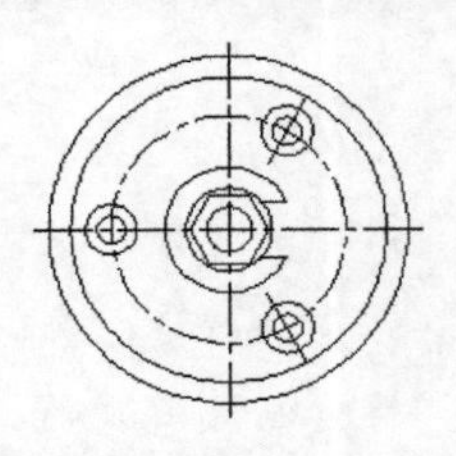

图 10-47 盘盖组装图

7. 利用参数化绘图功能绘制图 10-48 所示的压盖。

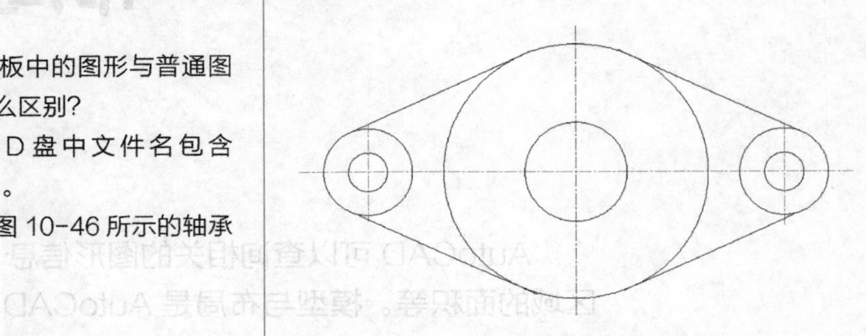

图 10-48 压盖

8. 利用尺寸约束功能更改前面实例中绘制的平键尺寸，如图 10-49 所示。

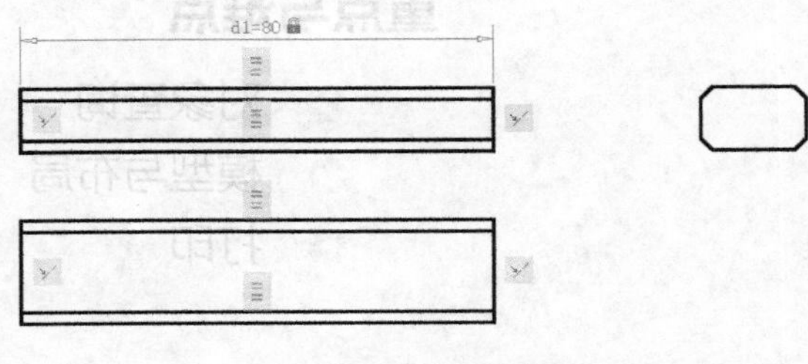

图 10-49 键 B18×80

第11章

布局与打印

AutoCAD 可以查询相关的图形信息，如两点间的距离、区域的面积等。模型与布局是 AutoCAD 布置图形的两种形式。当完成图形的绘制后，最后一项重要的工作就是将图形打印输出到图纸上。

重点与难点

- 对象查询
- 模型与布局
- 打印

11.1 对象查询

绘制或浏览图形时，可能会需要查询图形对象的相关数据，比如对象之间的距离、建筑平面图室内面积等。为了方便这些查询工作，AutoCAD 提供了相关的查询命令。

对象查询的菜单命令集中在“工具”→“查询”菜单中，如图 11-1 所示。而其工具栏命令则主要集中在“查询”工具栏中，如图 11-2 所示。

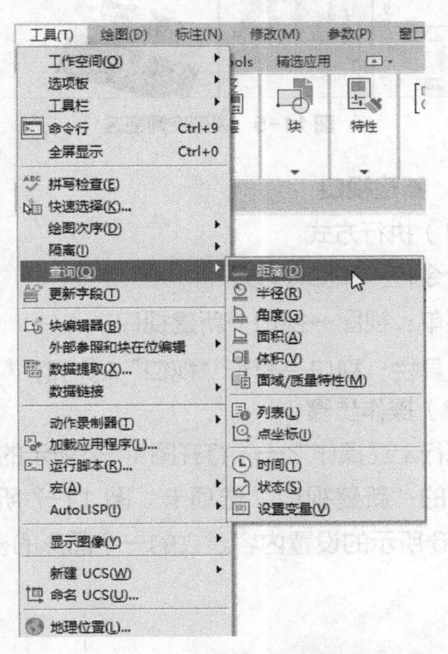

图 11-1 “工具”→“查询”菜单

图 11-2 “查询”工具栏

11.1.1 查询距离

1. 执行方式

命令行：DIST

菜单：工具→查询→距离

工具栏：查询→距离

2. 操作步骤

命令：DIST ↙

指定第一点：（指定第一点）

指定第二个点或 ［多个点（M）］：（指定第二个点）

距离 =5.2699，XY 平面中的倾角 =0，与 XY 平面的夹角 = 0

X 增量 =5.2699，Y 增量 =0.0000，Z 增量 =0.0000

面积、面域 / 质量特性的查询与距离查询类似，不再赘述。

11.1.2 查询对象状态

1. 执行方式

命令行：STATUS

菜单：工具→查询→状态

2. 操作步骤

命令：STATUS ↙

自动切换到文本显示窗口，显示当前文件的状态，包括文件的各种参数状态以及文件所在磁盘的使用状态，如图 11-3 所示。

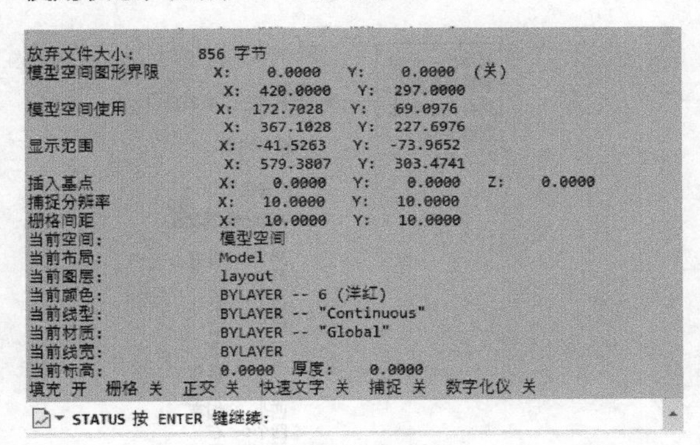

图 11-3 文本显示窗口

列表显示、点坐标、时间、系统变量等查询工具与查询对象状态方法和功能相似。

11.2 模型与布局

AutoCAD 提供了两个并行的工作环境，即“模型”选项卡和“布局”选项卡。

在“模型”选项卡上工作时，可以绘制模型的主题，我们通常称其为模型空间。在“布局”选项卡上，可以布置模型的多个“快照”，一个布局代表一张可以使用各种比例显示一个或多个模型视图的图样。通过单击“模型”选项卡或“布局”选项卡来实现模型空间和布局空间的转换。

无论是模型空间还是布局空间，都以各种视区来显示图形。视区是图形屏幕上用于显示图形的一个矩形区域，默认情况下，系统把整个作图区域看作一个单一的视区，可以在上面绘制和显示图形。此外，用户也可根据需要把作图屏幕分成多个视区，每个视区显示图形的不同部分，这样可以更清楚地显示图形的信息，但同一时间仅有一个能作为当前视区，这个当前视区便是工作区。工作区的边框比寻常边框要粗，以便区分。本节内容的菜单命令主要集中在“视图”菜单中，而本章内容的工具栏命令则主要集中在“视口”和“布局”两个工具栏中，如图 11-4 所示。

图 11-4 “视口”和“布局”工具栏

11.2.1 模型空间

在模型空间中，屏幕上的作图区域可以被划分为多个相邻的非重叠视区。用户可以用 VPORTS 或 VIEWPORTS 命令建立视区，每个视区又可以再分区。在每个视区中都可以进行平移和缩放操作，也可以进行三维视图设置与三维动态观察，如图 11-5 所示。

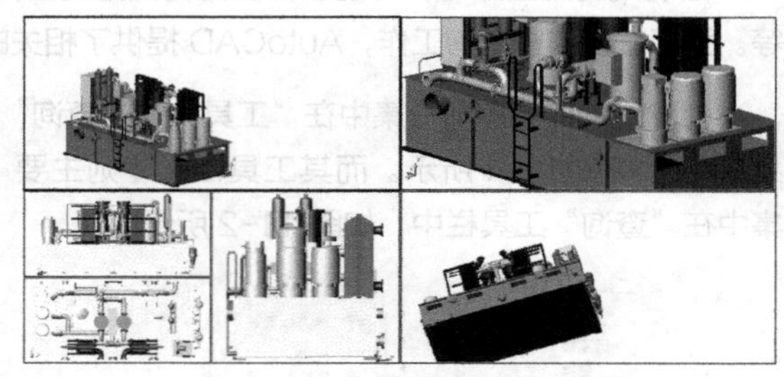

图 11-5 模型空间视区

1. 新建视口

（1）执行方式

命令行：VPORTS

菜单：视图→视口→新建视口

工具栏：视口→显示“视口”对话框

（2）操作步骤

执行上述操作之一，打开图 11-6 所示的“视口”对话框的“新建视口”选项卡。图 11-7 所示为按图 11-6 所示的设置内容建立的一个图形的视口。

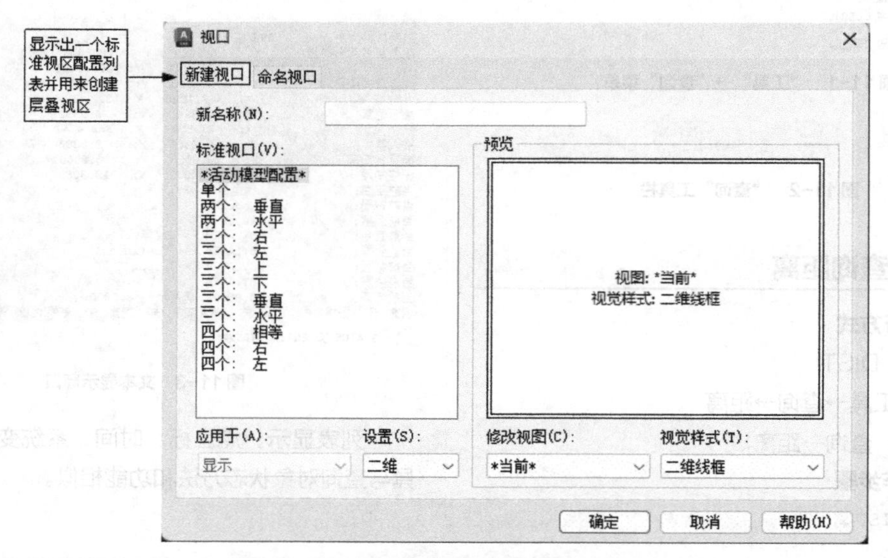

图 11-6 “视口”对话框的“新建视口”选项卡

2. 命名视口

（1）执行方式

命令行：VPORTS

菜单：视图→视口→命名视口

工具栏：视口→显示“视口”对话框

（2）操作步骤

执行上述操作之一，打开图 11-8 所示的“视口”对话框的“命名视口”选项卡，该选项卡用来显示保存在图形文件中的视区配置。

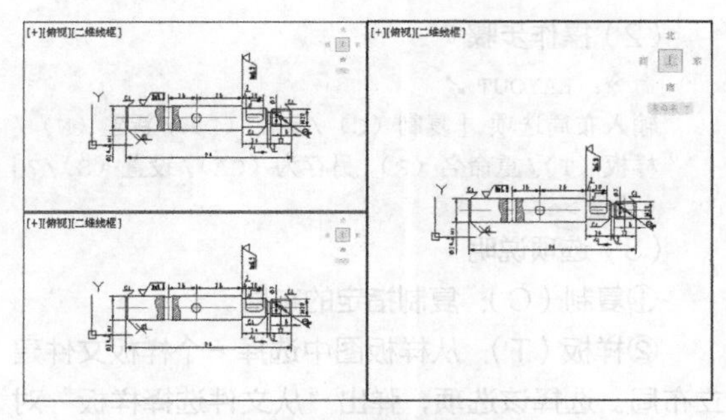

图 11-7　建立的视口

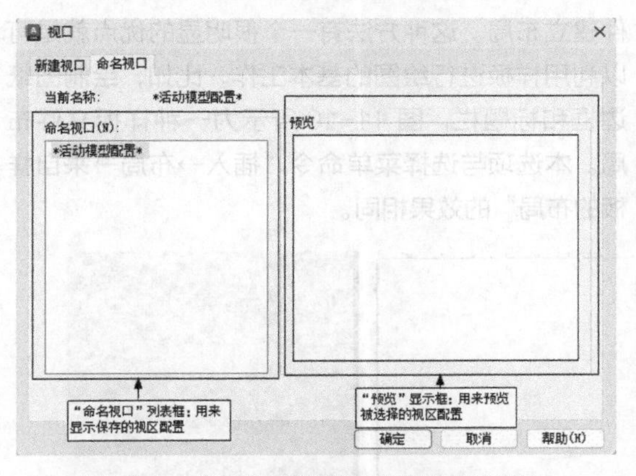

图 11-8　"视口"对话框的"命名视口"选项卡

11.2.2 图纸空间

布局中可以创建并放置视口，还可以添加标注、标题栏或其他几何图形。视口显示图形的模型空间对象，即在"模型"选项卡上创建的对象。每个视口都能以指定的比例显示模型空间对象，使用布局视口的好处之一就是可以有选择地冻结图层。因此，可以查看每个视口中的不同对象。在每个视口中不断平移和缩放，还可以显示视图的不同部分。

此时，各视区作为一个整体，用户可以对其执行 COPY、SCALE、ERASE 等编辑操作。此外，各视区间还可以相互邻接、重叠或分开。图 11-9 所示为将图 11-8 所示的视区转化成图纸空间中的视区，各视区间相互分开安排，上下视区大小不等。

在图形中创建多个布局，每个布局都可以包含不同的打印设置和图样尺寸。默认情况下，新图形最开始有两个布局选项卡——布局 1 和布局 2。如果使用的是样板图形，图形中的默认布局配置可能会有所不同。

创建和放置布局视口时，附着在布局上的所有打印样式表都将自动附着到用户创建的布局视口上。

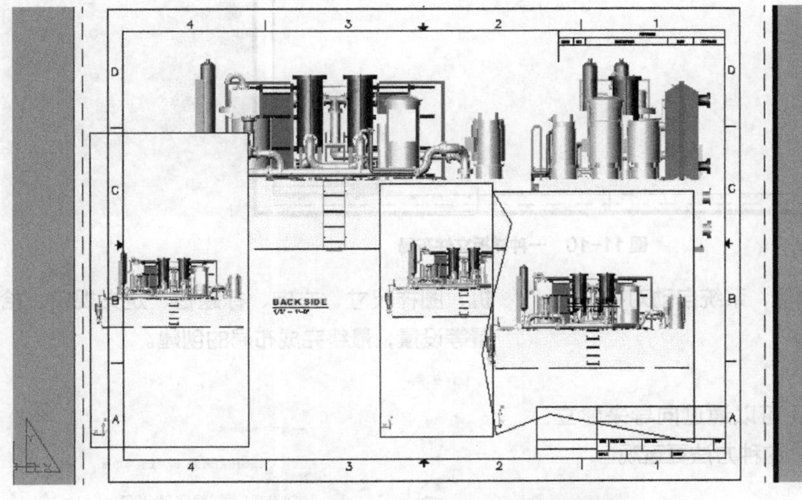

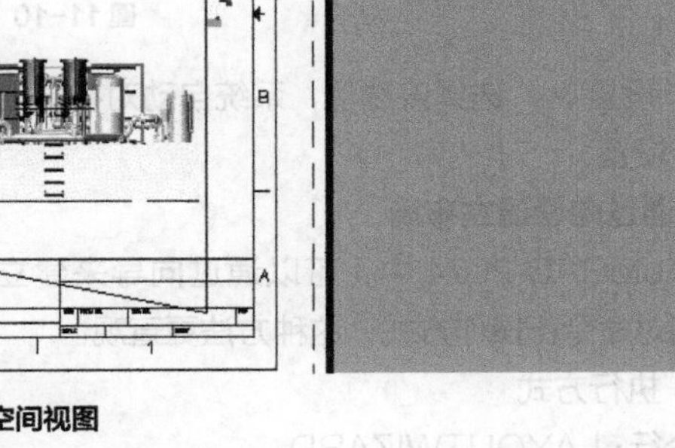

图 11-9　图纸空间视图

1．建立浮动视口

在布局空间中，可以使用 MVIEW 命令创建图纸空间浮动视口并打开现有的图纸空间浮动视口，在图纸空间中观察模型空间创建的实体。图纸空间浮动视口比一般视口具有更大的灵活性，它不仅可以自由移动并且可以重新规定尺寸甚至相互之间可以交叉层叠。在图纸空间中，可以根据需要创建任意多的视口，但只能查看其中的 15 个，这就需要使用 ON 和 OFF 选项来控制视口的显示了。

（1）执行方式

命令行：MVIEW

（2）操作步骤

```
命令：MVIEW↙
指定视口的角点或［开（ON）/关（OFF）/布满（F）/着色打印（S）/锁定（L）/ /新建（NE）/命名（NA） /对象（O）/多边形（P）/恢复（R）/图层（LA）/2/3/4］<布满>：
```

2. 布局操作

布局能模拟图样页面，并提供直观的打印设置。在布局中可以创建并放置视口对象，还可以添加标题栏和几何图形等其他对象。可以在图形中创建多个布局以显示不同视图，每个布局可以使用不同的打印比例和图样尺寸。

（1）执行方式

命令行：LAYOUT

菜单：插入→布局→新建布局（来自样板的布局）

（2）操作步骤

```
命令：LAYOUT↙
输入布局选项［复制（C）/删除（D）/新建（N）/样板（T）/重命名（R）/另存为（SA）/设置（S）/?］<设置>：
```

（3）选项说明

①复制（C）：复制指定的布局。

②样板（T）：从样板图中选择一个样板文件建立布局。选择该选项，弹出“从文件选择样板”对话框，选择需要的样板文件后，系统围绕该样板文件建立布局。这种方法有一个很明显的优点就是可以利用样板进行绘图的基本工作，比如，绘制图纸边框和标题栏，图 11-10 所示为一种样板文件布局。本选项与选择菜单命令“插入→布局→来自样板的布局”的效果相同。

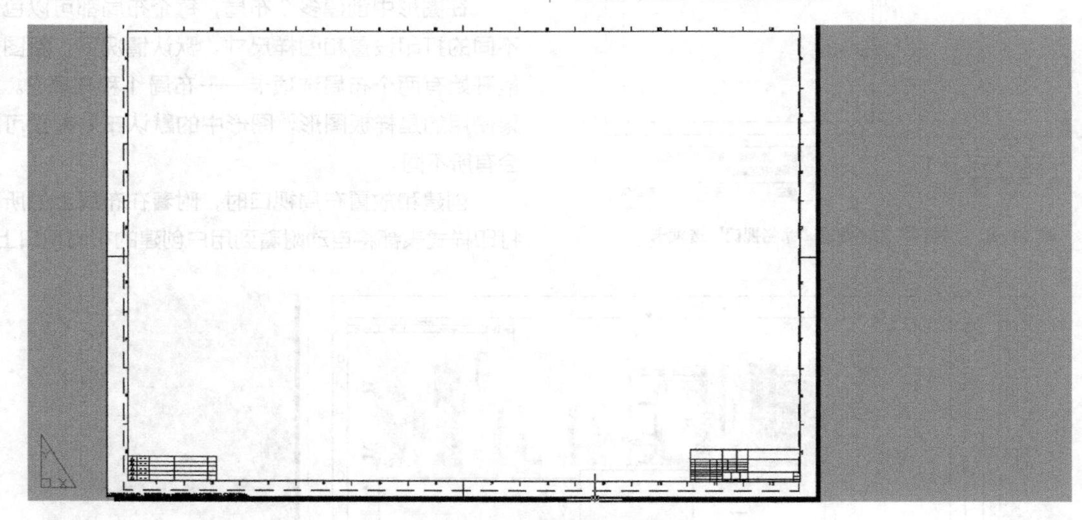

图 11-10　一种样板文件布局

③<设置>：选择该选项，系统自动对布局的页面进行设置。

3. 通过向导建立布局

在 AutoCAD 2024 中，可以通过向导来建立布局，相对命令行操作方式，这种方法更直观。

（1）执行方式

命令行：LAYOUTWIZARD

菜单：插入→布局→创建布局向导

（2）操作步骤

```
命令：LAYOUTWIZARD↙
```

弹出“创建布局 - 开始”向导对话框，如图 11-11 所示，输入新建的布局名，单击“下一页”按钮，然后按照对话框的提示逐步操作，包括打印机、图样尺寸、方向、标题栏、定义视口、拾取位置等设置，最终完成布局的创建。

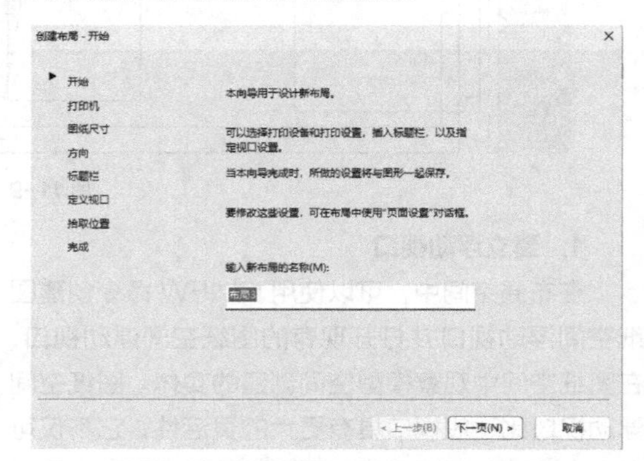

图 11-11　“创建布局 - 开始”向导对话框

11.3 打印

建立了图形文件后，通常还要进行绘图的最后一个环节，即输出图形。要想在图纸上得到一幅完整的图形，必须恰当地规划图形的布局，合适地安排图纸规格和尺寸，正确地选择打印设备及各种打印参数。

绘图输出时，将用到一个重要的命令——PLOT（打印），该命令将图形输出到绘图机、打印机或图形文件中。AutoCAD 支持所有标准的 Windows 输出设备。下面分别介绍 PLOT 命令的有关参数的设置。

1. 执行方式

命令行：PLOT

菜单：文件→打印

工具栏：标准→打印

快捷键：Ctrl+P

2. 操作步骤

执行上述操作后，弹出“打印”对话框，单击右下角的按钮，展开对话框，如图 11-12 所示。在“打印 - 模型”对话框中可设置打印设备参数、图纸尺寸、打印份数等。

完成上述绘图参数设置后，单击“确定”按钮进行打印输出。

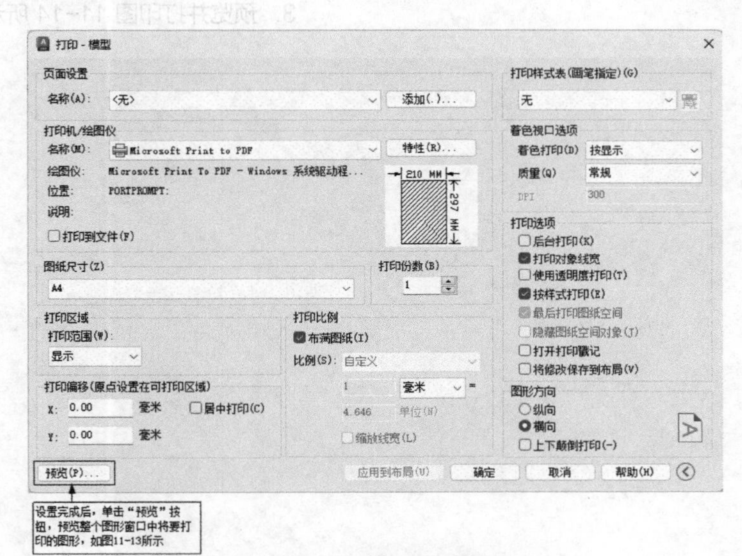

图 11-12 “打印 - 模型”对话框

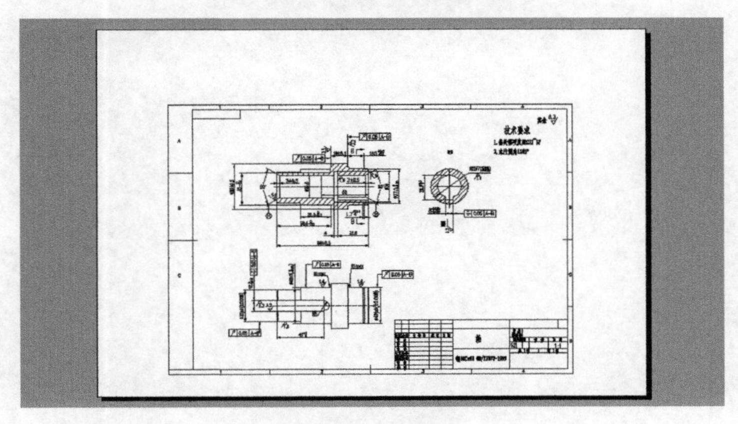

图 11-13 预览

11.4 练习

1. 利用向导建立图 11-14 所示的零件图布局。

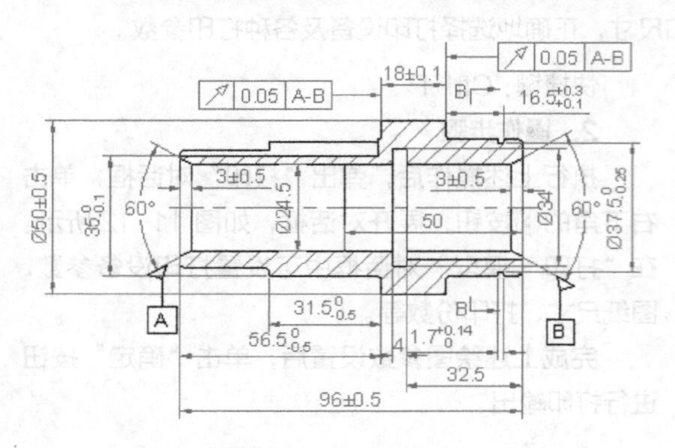

图 11-14 零件图

2. 建立图 11-15 所示的多窗口视口，并命名保存。

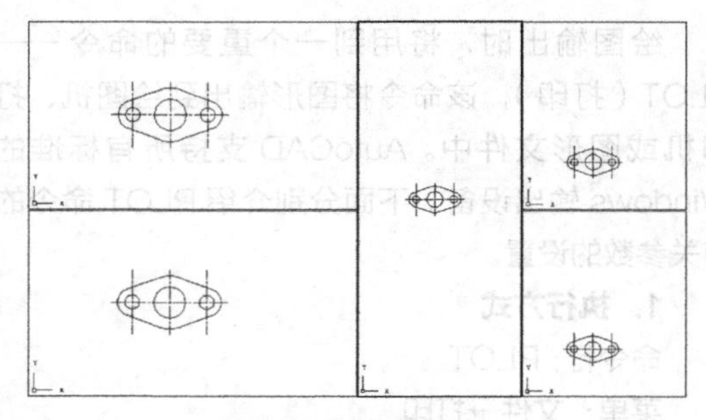

图 11-15 多窗口视口

3. 预览并打印图 11-14 所示的零件图。

第12章

三维绘图基础

本章介绍用 AutoCAD 2024 进行三维绘图时要用到的一些基础知识、基本操作，包括显示形式、三维坐标系统、观察模式、视点设置以及基本三维绘制等。

随着 CAD 技术的普及，越来越多的工程技术人员开始使用 AutoCAD 进行工程设计。虽然在工程设计中，通常都用二维图形来描述三维实体，但是由于三维图形的逼真效果，以及可以通过三维立体图得到透视图或平面效果图，计算机三维设计技术越来越受到工程技术人员的青睐。

重点与难点

- 显示形式
- 三维坐标系统
- 观察模式
- 视点设置
- 基本三维绘制

12.1 显示形式

AutoCAD 中，三维实体有多种显示形式，包括二维线框、三维线框、三维消隐、真实、概念、消隐等。

12.1.1 消隐

1. 执行方式

命令行：HIDE

菜单：视图→消隐

工具栏：渲染→隐藏

2. 操作步骤

命令行提示如下：

```
命令：HIDE ↙
```

执行上述命令后，系统将被其他对象挡住的图线隐藏起来，以增强三维视觉效果，如图 12-1 所示。

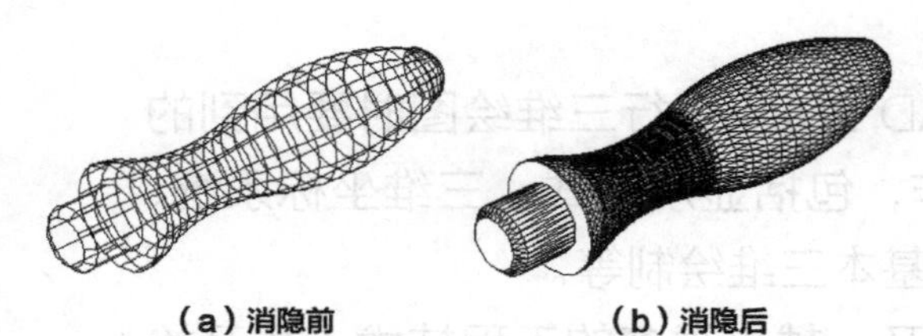

（a）消隐前　　（b）消隐后

图 12-1　消隐效果

12.1.2 视觉样式

1. 执行方式

命令行：VSCURRENT

菜单：视图→视觉样式→二维线框等

工具栏：视觉样式→二维线框等

2. 操作步骤

命令行提示如下：

```
命令：VSCURRENT ↙
输入选项 [二维线框（2）/线框（W）/隐藏（H）/真实（R）/概念（C）/着色（S）/带边缘着色（E）/灰度（G）/勾画（SK）/X 射线（X）/其他（O）]<二维线框>：
```

3. 选项说明

（1）二维线框（2）：用直线和曲线表示对象的边界。光栅和 OLE 对象、线型和线宽都是可见的，即使将系统变量 COMPASS 的值设置为 1，它也不会出现在二维线框视图中。

图 12-2 所示是 UCS 坐标和手柄的二维线框图。

（2）线框（W）：显示用直线和曲线表示边界的对象，显示着色的三维 UCS 图标。可将系统变量 COMPASS 的值设置为 1 来查看坐标球，图 12-3 所示是 UCS 坐标和手柄的三维线框图。

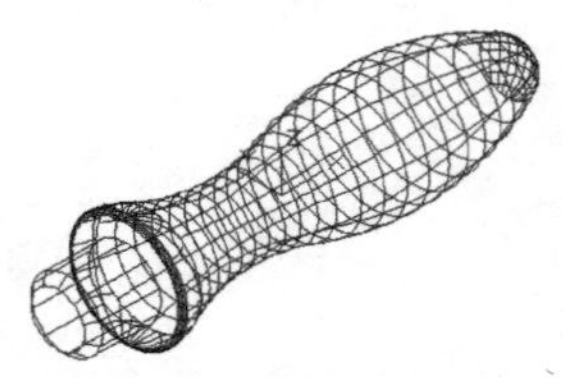

图 12-2　UCS 坐标和手柄的二维线框图　　图 12-3　UCS 坐标和手柄的三维线框图

（3）隐藏（H）：显示用线框表示的对象并隐藏表示后向面的直线。图 12-4 所示是 UCS 坐标和手柄的消隐图。

（4）真实（R）：着色多边形平面间的对象，并使对象的边平滑化。如果已为对象附着材质，则显示已附着到对象的材质，图 12-5 所示是 UCS 坐标和手柄的真实图。

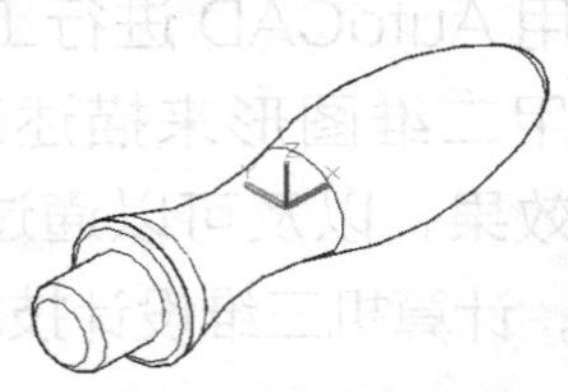

图 12-4　UCS 坐标和手柄的消隐图　　图 12-5　UCS 坐标和手柄的真实图

（5）概念（C）：着色多边形平面间的对象，并使对象的边平滑化。使用冷色和暖色之间的过渡色，效果缺乏真实感，但可以更方便地查看模型的细节。图 12-6 所示是 UCS 坐标和手柄的概念图。

（6）着色（S）：产生平滑的着色模型，图 12-7 所示是 UCS 坐标和手柄的着色图。

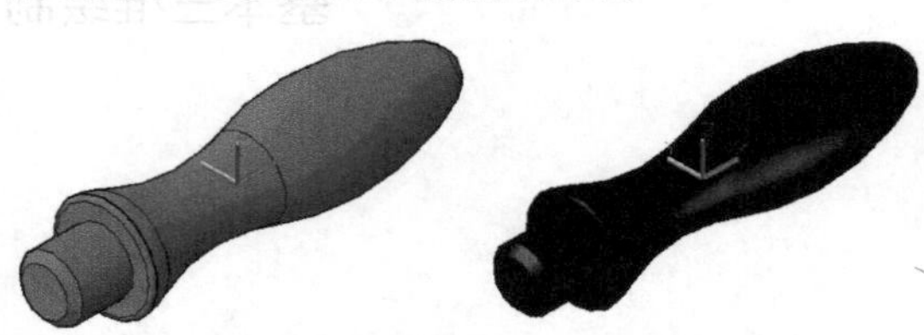

图 12-6　UCS 坐标和手柄的概念图　　图 12-7　UCS 坐标和手柄的着色图

（7）带边缘着色（E）：生成平滑、带有可见边的着色模型，图 12-8 所示是 UCS 坐标和手柄的带边缘着色图。

（8）灰度（G）：使用单色面颜色模式可以产生灰色效果，图 12-9 所示是 UCS 坐标和手柄的灰度图。

图 12-8 UCS 坐标和手柄的带边缘着色图　图 12-9 UCS 坐标和手柄的灰度图

（9）勾画（SK）：使用外伸和抖动产生手绘效果，图 12-10 所示是 UCS 坐标和手柄的勾画图。

（10）X 射线 (X)：更改不透明度使整个模型变成部分透明，图 12-11 所示是 UCS 坐标和手柄的 X 射线图。

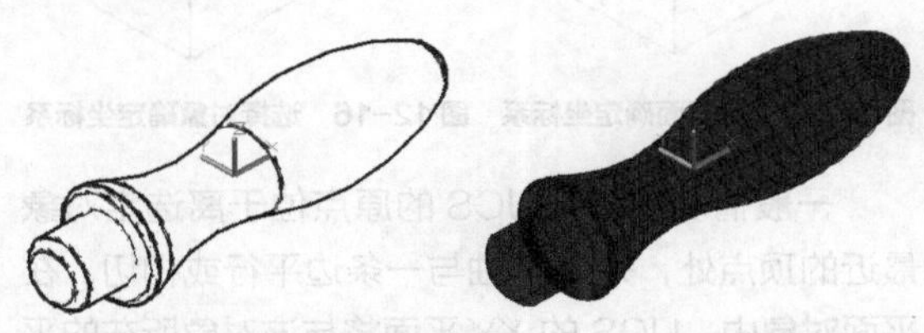

图 12-10 UCS 坐标和手柄的勾画图　图 12-11 UCS 坐标和手柄的 X 射线图

（11）其他（O）：输入视觉样式名称或 [？]：输入当前图形中的视觉样式的名称或输入“?”以显示名称列表。

12.1.3 视觉样式管理器

1. 执行方式

命令行：VISUALSTYLES

菜单：视图→视觉样式→视觉样式管理器或工具→选项板→视觉样式

工具栏：视觉样式→管理视觉样式

2. 操作步骤

命令行提示如下：

```
命令：VISUALSTYLES↙
```

执行该命令后，打开视觉样式管理器，可以对视觉样式的各参数进行设置，如图 12-12 所示。图 12-13 为按图 12-12 所示内容进行设置的概念图的显示结果。

图 12-12 视觉样式管理器

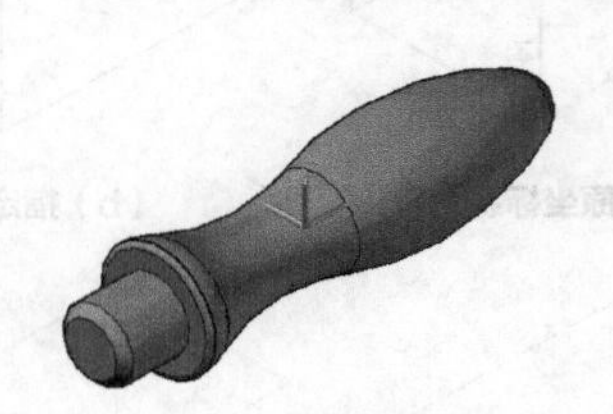

图 12-13 显示结果

12.2 三维坐标系统

AutoCAD 使用的是笛卡儿坐标系。AutoCAD 使用的直角坐标系有两种类型，一种是绘制二维图形时常用的坐标系，即世界坐标系（WCS），由系统默认提供。世界坐标系又称通用坐标系或绝对坐标系，对于二维绘图来说，世界坐标系足以满足要求。另一种是创建三维模型的用户根据自己的需要设定的坐标系，即用户坐标系（UCS）。

12.2.1 坐标系建立

1. 执行方式

命令行：UCS

菜单：工具→新建 UCS

工具栏：UCS → UCS

2. 操作步骤

命令：UCS↙
当前 UCS 名称：*世界*
指定 UCS 的原点或[面(F)/命名(NA)/对象(OB)/上一个(P)/视图(V)/世界(W)/X/Y/Z/Z轴(ZA)]<世界>:

3. 选项说明

（1）指定 UCS 的原点：使用一点、两点或三点定义一个新的 UCS。如果指定单个点 1，当前 UCS 的原点将会移动而不会更改 *X*、*Y* 和 *Z* 轴的方向。选择该选项，系统提示：

指定 X 轴上的点或<接受>：（继续指定 *X* 轴要通过的点 2 或直接回车接受原坐标系 *X* 轴为新坐标系的 *X* 轴）
指定XY平面上的点或<接受>：（继续指定 *XY* 平面要通过的点 3 以确定 *Y* 轴或直接回车接受原坐标系 *XY* 平面为新坐标系的 *XY* 平面，根据右手法则，相应的 *Z* 轴也同时确定）

指定原点示意图如图 12-14 所示。

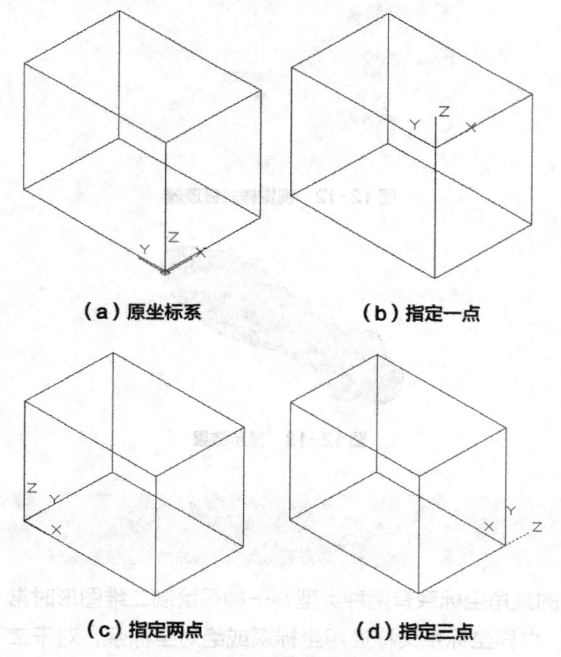

（a）原坐标系 （b）指定一点

（c）指定两点 （d）指定三点

图 12-14 指定原点示意图

（2）面（F）：将 UCS 与三维实体的选定面对齐。在要选择的面的边界内或边上单击，被选中的面将高亮显示，UCS 的 *X* 轴将与遇到的第一个面上的最近的边对齐。选择该选项，系统提示：

选择实体对象的面：（选择面，如图 12-15 所示）

如果选择“下一个”选项，系统将 UCS 定位于邻接的面或选定边的后向面。

（3）对象（OB）：根据选定的三维对象定义新的坐标系，如图 12-16 所示。保证新建 UCS 的拉伸方向（*Z* 轴正方向）与选定对象的拉伸方向相同。选择该选项，系统提示：

选择对齐 UCS 的对象：选择对象

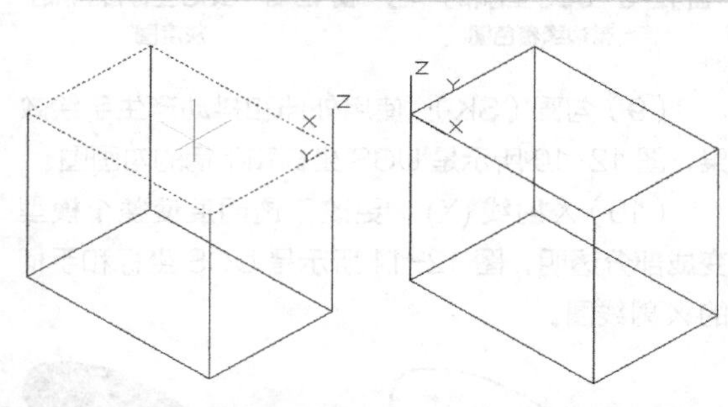

图 12-15 选择面确定坐标系 图 12-16 选择对象确定坐标系

一般情况下，新 UCS 的原点位于离选定对象最近的顶点处，并且 *X* 轴与一条边平行或相切。在平面对象中，UCS 的 *XY* 平面将与该对象所在的平面对齐。而对于复杂对象来说，系统将重新定位原点，但是轴的当前方向保持不变。

注意 该选项不能用于下列对象：三维多段线、三维网格和构造线。

（4）视图（V）：以垂直于观察方向（平行于屏幕）的平面为 *XY* 平面，建立新的坐标系，UCS 原点保持不变。

（5）世界（W）：将当前用户坐标系设置为世界坐标系。WCS 是所有用户坐标系基准，不能被重新定义。

（6）X/Y/Z：绕指定轴旋转当前 UCS。

（7）Z 轴（ZA）：用指定的 *Z* 轴正半轴定义 UCS。

12.2.2 动态 UCS

具体操作方法如下。

单击状态栏上的允许 / 禁止动态 UCS 按钮。可以使用动态 UCS 在三维实体的平整面上创建对象，而无须手动更改 UCS 方向。在执行命令的过程中，当将鼠标指针移动到面上方时，动态 UCS 会临时将 UCS 的 *XY* 平面与三维实体的平整面对齐，如图 12-17 所示。动态 UCS 激活后，指定的点和绘图工具（如极轴追踪和栅格）都将与动态 UCS 建立的临时 UCS 相关联。

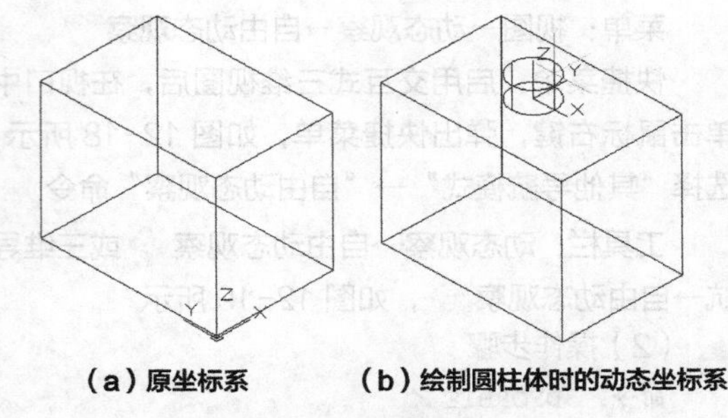

（a）原坐标系　**（b）绘制圆柱体时的动态坐标系**

图 12-17　动态 UCS

12.3　观察模式

AutoCAD 在增强原有的动态观察功能和相机功能的基础上又增加了漫游和飞行以及运动路径动画功能。

12.3.1　动态观察

AutoCAD 提供了具有交互控制功能的三维动态观测器，使用三维动态观测器可以实时地控制和改变当前视口中创建的三维视图。

1. 受约束的动态观察

（1）执行方式

命令行：3DORBIT

菜单：视图→动态观察→受约束的动态观察

快捷菜单：启用交互式三维视图后，在视口中单击鼠标右键，弹出快捷菜单，如图 12-18 所示，选择“其他导航模式”“受约束的动态观察”命令

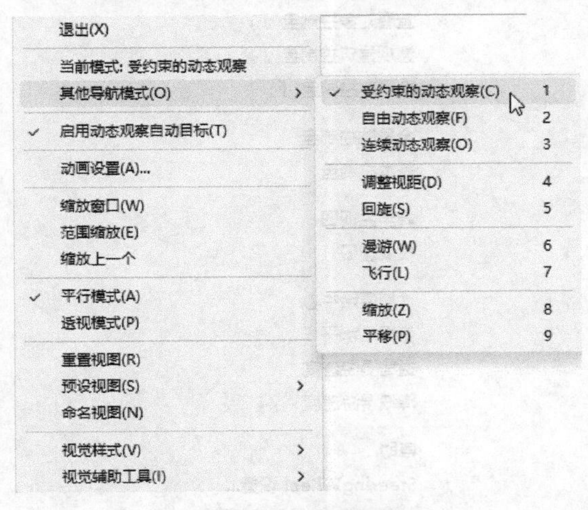

图 12-18　快捷菜单

工具栏：动态观察→受约束的动态观察 或三维导航→受约束的动态观察，如图 12-19 所示

图 12-19　“动态观察”和“三维导航”工具栏

（2）操作步骤

```
命令：3DORBIT↙
```

执行该命令后，目标保持静止，而视点将围绕目标移动。但是，从用户的视角来看就像三维模型正在随着鼠标指针的拖动而旋转，用户可以使用这种方法来查看模型的任意部分。

系统将显示三维动态观察光标。如果水平拖动鼠标，相机将平行于 WCS 的 *XY* 平面移动。如果垂直拖动鼠标，相机将沿 *Z* 轴方向移动，如图 12-20 所示。

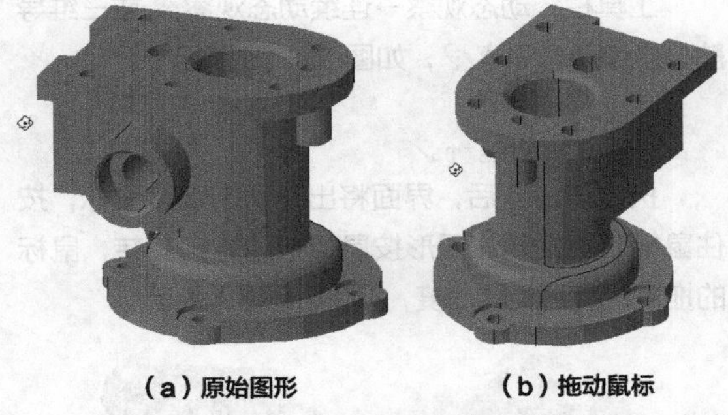

（a）原始图形　**（b）拖动鼠标**

图 12-20　受约束的三维动态观察

注意　3DORBIT 命令处于活动状态时，无法编辑对象。

2. 自由动态观察

（1）执行方式

命令行：3DFORBIT

菜单：视图→动态观察→自由动态观察

快捷菜单：启用交互式三维视图后，在视口中单击鼠标右键，弹出快捷菜单，如图 12-18 所示，选择“其他导航模式”→“自由动态观察”命令

工具栏：动态观察→自由动态观察或三维导航→自由动态观察，如图 12-19 所示

（2）操作步骤

```
命令：3DFORBIT↙
```

执行该命令后，当前视口出现一个绿色的大圆，大圆上有 4 个绿色的小圆，此时通过拖动鼠标就可以对视图进行旋转观测，如图 12-21 所示。

在三维动态观测器中，查看目标的点被固定，用户可以利用鼠标控制相机位置绕观察对象动态观测。当在绿色大圆的不同位置进行拖动鼠标时，其表现形式是不同的，视图的旋转方向也不同。视图的旋转由鼠标指针的表现形式和其位置决定，在不同位置的有、、、几种表现形式。

3. 连续动态观察

（1）执行方式

命令行：3DCORBIT

菜单：视图→动态观察→连续动态观察

快捷菜单：启用交互式三维视图后，在视口中单击鼠标右键，弹出快捷菜单，如图 12-18 所示，选择“其他导航模式”→“连续动态观察”命令

工具栏：动态观察→连续动态观察或三维导航→连续动态观察，如图 12-19 所示

（2）操作步骤

```
命令：3DCORBIT↙
```

执行该命令后，界面将出现动态观察图标，按住鼠标左键拖动，图形按鼠标拖动方向旋转，鼠标的拖动速度为旋转速度，如图 12-22 所示。

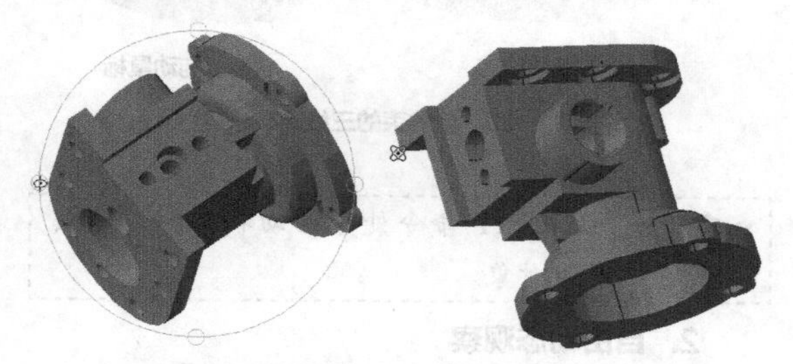

图 12-21　自由动态观察　　图 12-22　连续动态观察

12.3.2 控制盘

使用控制盘功能，可以更方便地观察图形对象。

1. 执行方式

命令行：NAVSWHEEL

菜单：视图→ Steeringwheels

2. 操作步骤

```
命令：NAVSWHEEL↙
```

执行该命令后，界面将显示控制盘，如图 12-23 所示，控制盘随着鼠标移动，在控制盘中选择某项显示命令，并按住鼠标左键，移动鼠标，图形对象进行相应的显示变化。单击控制盘上的按钮，打开图 12-24 所示的快捷菜单，可以进行相关操作。单击控制盘上的×按钮，可关闭控制盘。

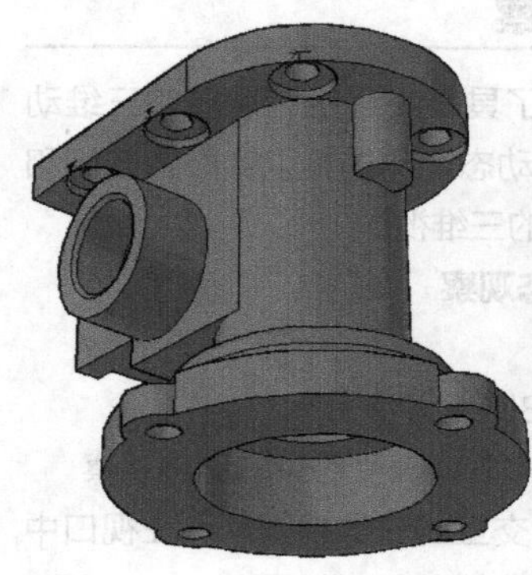

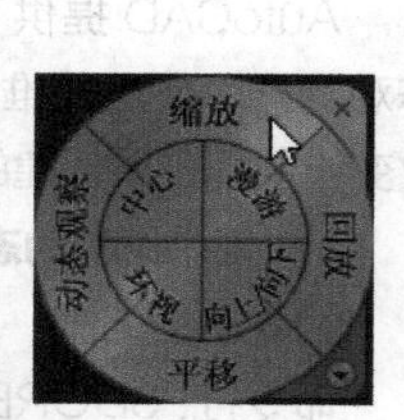

从单击位置进行缩放，按住 Ctrl 键以在动态观察轴心上进行缩放

图 12-23　控制盘

查看对象控制盘(小)
巡视建筑控制盘(小)
全导航控制盘(小)
全导航控制盘
基本控制盘 ›
转至主视图
布满窗口
恢复原始中心
使相机水平
提高漫游速度
降低漫游速度
帮助...
SteeringWheel 设置...
关闭控制盘

图 12-24　快捷菜单

12.4 视点设置

对三维模型而言，不同的角度、不同的视点观察的效果不同，所谓“横看成岭侧成峰”。为了以合适的角度观察物体，需要设置一个观察的视点。AutoCAD 为用户提供了相关的方法。

12.4.1 利用对话框设置视点

AutoCAD 提供了“视点预置”功能，帮助读者事先设置观察视点，具体操作方法如下。

1. 执行方式

命令行：DDVPOINT

菜单：视图→三维视图→视点预设

2. 操作步骤

```
命令：DDVPOINT ↙
```

执行 DDVPOINT 命令或选择相应的菜单后，弹出“视点预设”对话框，如图 12-25 所示。

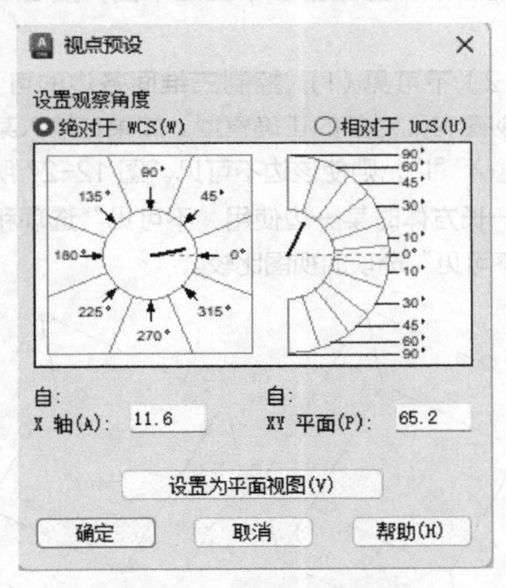

图 12-25 “视点预设”对话框

在“视点预置”对话框中，左侧的图形用于确定视点和原点的连线在 XY 平面的投影与 X 轴正方向的夹角；右侧的图形用于确定视点和原点的连线与其在 XY 平面上的投影的夹角。用户也可以在“自：X 轴”和“自：XY 平面”两个文本框内输入具体的角度值。单击“设置为平面视图”按钮，将三维视图设置为平面视图。设置好视点的角度后，单击“确定”按钮，系统按该点显示图形。

12.4.2 利用罗盘确定视点

在 AutoCAD 中，用户可以通过罗盘和三轴架确定视点。罗盘是以二维显示的地球仪，它的中心是北极（0，0，1），相当于视点位于 Z 轴的正方向；内部的圆环为赤道（n，n，0）；外部的圆环为南极（0，0，-1），相当于视点位于 Z 轴的负方向。

1. 执行方式

命令行：VPOINT

菜单：视图→三维视图→视点

2. 操作步骤

命令行提示与操作如下：

```
命令：vpoint
当前视图方向： VIEWDIR=0.0000，0.0000，1.0000
指定视点或 [旋转(R)] <显示指南针和三轴架>:
```

“显示指南针和三轴架”是系统默认的选项，直接按 Enter 键即可执行该命令，界面中将出现图 12-26 所示的罗盘和三轴架。

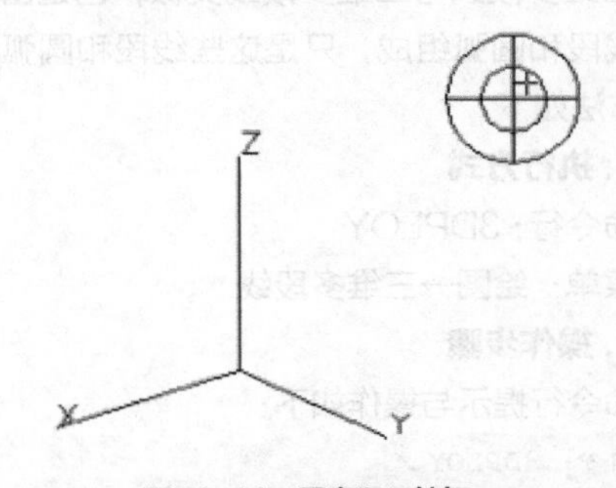

图 12-26 罗盘和三轴架

在图中，罗盘相当于球体的俯视图，十字光标表示视点的位置。确定视点时，拖动鼠标使十字光标在坐标球移动时，三轴架的 X、Y 轴也会绕 Z 轴转动。三轴架转动的角度与十字光标在坐标球上的位置相对应，十字光标位于坐标球的不同位置时，对应的视点位置也不相同。当十字光标位于内环内部时，相当于视点在球体的上半球；当十字光标位于内环与外环之间时，相当于视点在球体的下半球。用户根据需要确定好视点的位置后按 Enter 键，系统将按该视点显示三维模型。

12.5 基本三维绘制

在三维图形中，有一些最基本的图形元素，它们是组成三维图形的最基本要素。下面依次进行讲解。

12.5.1 绘制三维点

点是图形中最简单的单元。前面我们已经学过二维点的绘制方法，三维点的绘制方法与二维点类似，方法如下。

1. 执行方式

命令行：POINT

菜单：绘图→点→单点

工具栏：绘图→点

2. 操作步骤

命令行提示与操作如下：

```
命令：POINT ↙
指定点：
```

三维直线、三维构造线、三维样条曲线的具体绘制方法与二维相似，不再赘述。

12.5.2 绘制三维多段线

三维多段线与二维多段线类似，也是由具有宽度的线段和圆弧组成，只是这些线段和圆弧是三维的。方法如下。

1. 执行方式

命令行：3DPLOY

菜单：绘图→三维多段线

2. 操作步骤

命令行提示与操作如下：

```
命令：3DPLOY ↙
指定多段线的起点：（指定某一点或者输入坐标点）
指定直线的端点或 ［放弃（U）］：（指定下一点）
```

12.5.3 绘制三维面

可以通过任意指点 3 点或 4 点来绘制三维面，下面具体讲述其绘制方法。

1. 执行方式

命令行：3DFACE（快捷命令：3F）

菜单栏：绘图→建模→网格→三维面

2. 操作步骤

命令行提示与操作如下：

```
命令：3DFACE ↙
指定第一点或 ［不可见（I）］：（指定某一点或输入 I）
```

3. 选项说明

（1）指定第一点：输入某一点的坐标或直接用鼠标确定某一点，定义为三维面的起点。输入第一点后，可按顺时针或逆时针方向输入其余的点，以创建普通三维面。如果在输入 4 点后才按 Enter 键，则以指定的第 4 点生成一个空间的三维平面。如果在提示下继续输入第 2 个平面上的第 3 点和第 4 点坐标，则生成第 2 个平面。该平面以第 1 个平面的第 3 点和第 4 点作为第 2 个平面的第 1 点和的 2 点，创建第 2 个三维平面，按 Enter 键结束。

（2）不可见（I）：控制三维面各边的可见性，以便创建有孔对象的正确模型。如果在输入某一边之前输入“I”，则使该边不可见。图 12-27 所示为创建一长方体时某一边使用“不可见”选项和不使用“不可见”选项的视图比较。

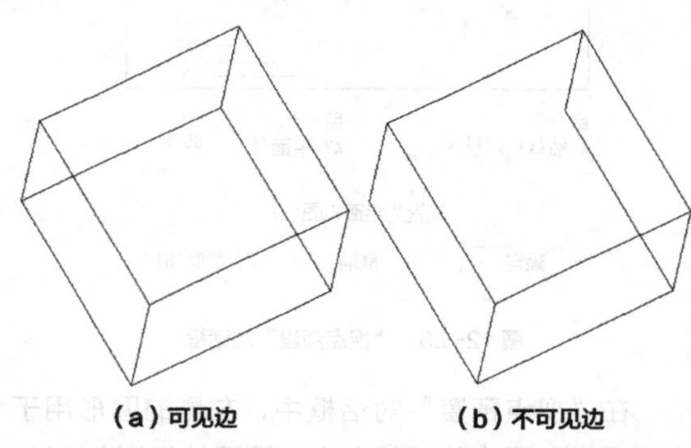

图 12-27 使用与不使用“不可见”选项的视图比较

12.5.4 绘制多边网格面

在 AutoCAD 中，可以指定多个点来组成空间平面，下面简要介绍其方法。

1. 执行方式

命令行：PFACE

2. 操作步骤

命令行提示与操作如下：

```
命令：PFACE ↙
指定顶点 1 的位置：（输入点 1 的坐标或指定一点）
```

```
指定顶点 2 的位置或 <定义面>:(输入点 2 的坐标或指定一点)
… …
指定顶点 n 的位置或 <定义面>:(输入点 n 的坐标或指定一点)
```

在输入最后一个顶点的坐标后，在提示下直接按 Enter 键，命令行提示与操作如下：

```
输入顶点编号或 [颜色(C)/图层(L)]:(输入顶点编号或输入选项)
```

输入顶点的编号后，根据指定的顶点序号，系统会自动生成一个平面。当确定了平面上的所有顶点之后，在提示状态下按 Enter 键，开始指定另外一个平面上的顶点。

12.5.5 绘制三维网格

在 AutoCAD 中，可以指定多个点来组成三维网格，这些点按指定的顺序来确定其空间位置。下面简要介绍其方法。

1. 执行方式

命令行：3DMESH

2. 操作步骤

命令行提示与操作如下：

```
命令：3DMESH↙
输入 M 方向上的网格数量: (输入 2～256 的值)
指定顶点(0, 0)的位置:(输入第 1 行第 1 列的顶点坐标)
指定顶点(0, 1)的位置:(输入第 1 行第 2 列的顶点坐标)
指定顶点(0, 2)的位置:(输入第 1 行第 3 列的顶点坐标)
… …
指定顶点(0, N-1)的位置:(输入第 1 行第 N 列的顶点坐标)
指定顶点(1, 0)的位置:(输入第 2 行第 1 列的顶点坐标)
指定顶点(1, 1)的位置:(输入第 2 行第 2 列的顶点坐标)
 … …
指定顶点(1, N-1)的位置:(输入第 2 行第 N 列的顶点坐标)
… …
指定顶点(M-1, N-1)的位置:(输入第 M 行第 N 列的顶点坐标)
```

图 12-28 所示为绘制的三维网格表面。

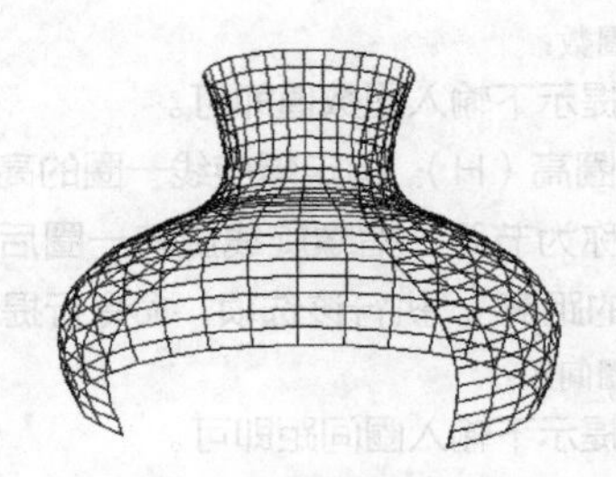

图 12-28 三维网格表面

12.5.6 绘制三维螺旋线

1. 执行方式

命令：HELIX

菜单：绘图→螺旋

工具栏：建模→螺旋

2. 操作步骤

命令行提示与操作如下：

```
命令：HELIX↙
圈数 = 3.000 0      扭曲 =CCW(螺旋线的当前设置)
指定底面的中心点:(指定螺旋线底面的中心点，该底面与当前 UCS 或动态 UCS 的 XY 面平行)
指定底面半径或 [直径(D)]:(输入螺旋线的底面半径或通过“直径(D)”选项直接输入直径)
指定顶面半径或 [直径(D)]:(输入螺旋线的顶面半径或通过“直径(D)”选项直接输入直径)
指定螺旋高度或 [轴端点(A)/圈数(T)/圈高(H)/扭曲(W)]:
```

3. 选项说明

（1）指定螺旋高度：指定螺旋线的高度。执行该选项，即输入高度值后按 Enter 键，可绘制出对应的螺旋线。

> 提示　可以通过拖曳的方式动态地确定螺旋线的各尺寸。

（2）轴端点（A）：确定螺旋线轴的另一端点位置。执行该选项，命令行提示：

```
指定轴端点:
```

在此提示下指定轴端点的位置。指定轴端点后，所绘螺旋线的轴线沿螺旋线底面的中心点与轴端点的连线方向，即螺旋线底面不再与 UCS 的 *XY* 面平行。

（3）圈数（T）：设置螺旋线的圈数（默认值为 3，最大值为 500）。执行该选项，命令行提示：

```
输入圈数：
```

在此提示下输入圈数值即可。

（4）圈高（H）：指定螺旋线一圈的高度（即圈间距，又称为节距，指螺旋线旋转一圈后，沿轴线方向移动的距离）。执行该选项，命令行提示：

```
指定圈间距：
```

在此提示下输入圈间距即可。

（5）扭曲（W）：确定螺旋线的旋转方向（旋向）。执行该选项，命令行提示：

```
输入螺旋的扭曲方向 [顺时针(CW)/逆时针(CCW)] <CCW>：
```

在此提示下选择方向即可。

图 12-29 所示为底面半径为 50、顶面半径为 30、高度为 60 的螺旋线。

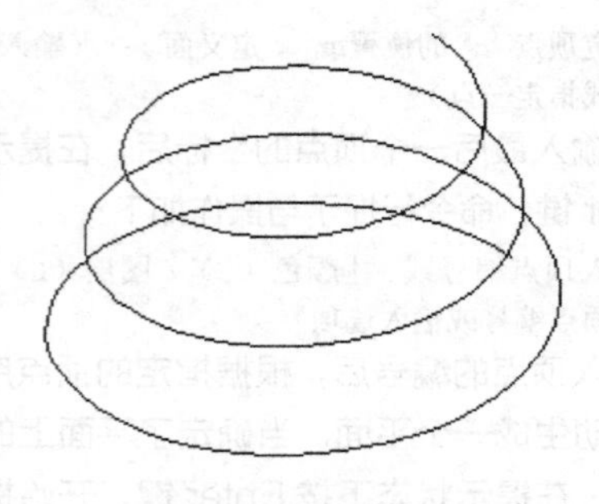

图 12-29　螺旋线

12.6 练习

1．建立一个 UCS 并命名保存。

2．利用动态观察器观察随书网盘文件“X：\program files\AutoCAD 2024\Sample\ Welding Fixture Model”中的图形。

3．利用罗盘确定随书网盘文件“X：\program files\AutoCAD 2024\Sample\ Welding Fixture Model”中图形视点位置。

第 13 章

绘制和编辑三维表面

在 AutoCAD 2024 中可以很方便地绘制各种表面模型。本章将介绍绘制表面模型的有关内容。包括绘制基本三维网格图元、绘制三维网格和曲面、编辑三维曲面等知识。

重点与难点

- 绘制基本三维网格图元
- 绘制三维网格
- 绘制三维曲面
- 编辑曲面
- 三维操作

13.1 绘制基本三维网格图元

三维基本图元与三维基本形体表面类似，有长方体表面、圆锥体表面、棱锥面、楔体表面、球面、圆锥面、圆环面等。

13.1.1 绘制网格长方体

1. 执行方式

命令行：MESH

菜单栏：绘图→建模→网格→图元→长方体

工具栏：平滑网格图元→网络长方体

2. 操作步骤

```
命令：MESH↙
当前平滑度设置为：0
输入选项［长方体（B）/圆锥体（C）/圆柱体（CY）/棱锥体（P）/球体（S）/楔体（W）/圆环体（T）/设置（SE）］<长方体>：_BOX
指定第一个角点或［中心（C）］：（给出长方体角点）
指定其他角点或［立方体（C）/长度（L）］：（给出长方体的其他角点）
指定高度或［两点（2P）］：（给出长方体的高度）
```

3. 选项说明

指定第一个角点：设置网格长方体的第一个角点。

（1）中心（C）：设置网格长方体的中心。

（2）立方体（C）：将网格长方体的所有边设置为长度相等。

（3）长度（L）：设置网格长方体沿 Y 轴的长度。

（4）指定高度：设置网格长方体沿 Z 轴的高度。

（5）两点（2P）：基于两点之间的距离设置高度：

13.1.2 绘制网格圆锥体

1. 执行方式

命令行：_.MESH

菜单栏：绘图→建模→网格→图元→圆锥体

工具栏：平滑网格图元→网络圆锥体

2. 操作步骤

```
命令：_.MESH↙
当前平滑度设置为：0
输入选项［长方体（B）/圆锥体（C）/圆柱体（CY）/棱锥体（P）/球体（S）/楔体（W）/圆环体（T）/设置（SE）］<长方体>：_CONE
指定底面的中心点或［三点（3P）/两点（2P）/切点、切点、半径（T）/椭圆（E）］：
指定底面半径或［直径（D）］：
指定高度或［两点（2P）/轴端点（A）/顶面半径（T）］<100.0000>：
```

3. 部分选项说明

（1）指定底面的中心点：设置网格圆锥体底面的中心点。

（2）三点（3P）：通过指定 3 点的方式来设置网格圆锥体的位置、大小和平面：

（3）两点（2P）：根据两点定义网格圆锥体的底面直径。

（4）切点、切点、半径（T）：定义具有指定半径，且半径与两个对象相切的网格圆锥体的底面。

（5）椭圆（E）：指定网格圆锥体的椭圆底面。

（6）指定底面半径：设置网格圆锥体底面的半径。

（7）直径（D）：设置圆锥体底面的直径。

（8）指定高度：设置网格圆锥体沿与底面所在平面垂直的轴的高度。

（9）两点（2P）：通过指定两点之间的距离来定义网格圆锥体的高度。

（10）轴端点（A）：设置圆锥体的顶点的位置，或圆锥体平截面顶面的中心位置。轴端点的方向可以为三维空间中的任意方向。

（11）顶面半径（T）：指定创建圆锥体平截面时圆锥体的顶面半径。

13.1.3 实例——绘制足球门

利用前面学过的三维网格绘制的基本知识，绘制图 13-1 所示的足球门。

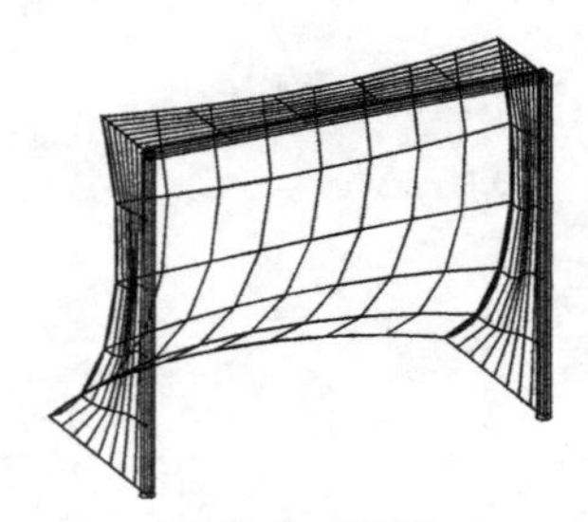

图 13-1　足球门

操作步骤

❶ 选择菜单栏中的“视图”→“三维视图”

→“视点”命令，对视点进行设置。命令行提示与操作如下：

```
命令：-VPOINT↙
当前视图方向： VIEWDIR=0.0000，0.0000，1.0000
指定视点或 [旋转（R）] <显示指南针和三轴架>：1,0.5,-0.5
```

❷ 单击“绘图”工具栏中的“直线”按钮，在命令行提示下依次输入{(150，0，0)，(@-150，0，0)，(@0，0，260)，(@0，300，0)，(@0，0，-260)，(@150，0，0)}，{(0，0，260)，(@70，0，0)}和{(0，300，260)，(@70，0，0)}，绘制结果如图 13-2 所示。

> 提示 也可以通过拖曳的方式动态确定螺旋线的尺寸

❸ 单击“绘图”工具栏中的“圆弧”按钮，使用三点法绘制两段圆弧，坐标值分别为{(150，0，0)，(200，150)，(150，300)}和{(70，0，260)，(50，150)，(70，300)}，绘制结果如图 13-3 所示。

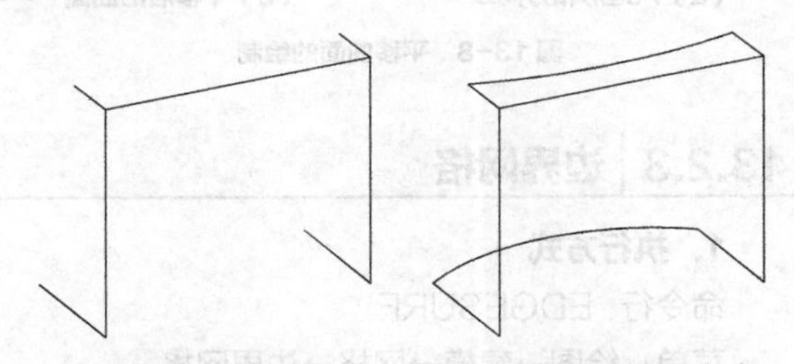

图 13-2　绘制直线　　图 13-3　绘制圆弧（1）

❹ 调整当前坐标系，选择菜单栏中的“工具”→“新建 UCS”→“x”命令，命令行提示与操作如下：

```
命令：_UCS↙
当前 UCS 名称：*世界*
输入选项 [新建（N）/移动（M）/正交（G）/上一个（P）/恢复（R）/保存（S）/删除（D）/应用（A）/?/世界（W）] <世界>：_x
指定绕 X 轴的旋转角度 <90>:
```

单击“绘图”工具栏中的“圆弧”按钮，使用三点法绘制两段圆弧，坐标值分别为{(150，0，0)，(50，130)，(70，260)}、{(150，0，-300)，(50，130)，(70，260)}，绘制结果如图 13-4 所示。

❺ 在命令行中输入 surftab1 和 surftab2，绘制边界曲面设置网格数。命令行提示与操作如下：

```
命令：surftab1↙
输入 SURFTAB1 的新值 <6>：8
命令：surftab2↙
输入 SURFTAB2 的新值 <6>：5
```

❻ 单击“绘图”→“建模”→“网格”→“边界网格”，命令行提示与操作如下：

```
命令：EDGESURF↙
当前线框密度：SURFTAB1=8 SURFTAB2=5
选择用作曲面边界的对象 1： （选择第一条边界线）
选择用作曲面边界的对象 2： （选择第二条边界线）
选择用作曲面边界的对象 3： （选择第三条边界线）
选择用作曲面边界的对象 4： （选择第四条边界线）
```

选择图 13-4 中最左边的 4 条边，绘制结果如图 13-5 所示。

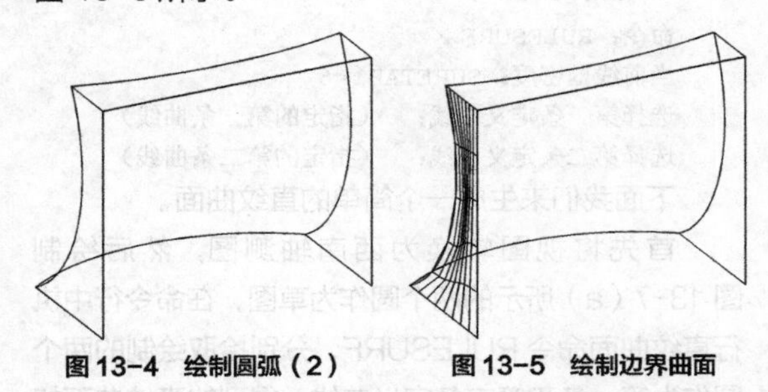

图 13-4　绘制圆弧（2）　　图 13-5　绘制边界曲面

❼ 重复上述命令，绘制其他边，填充效果如图 13-6 所示。

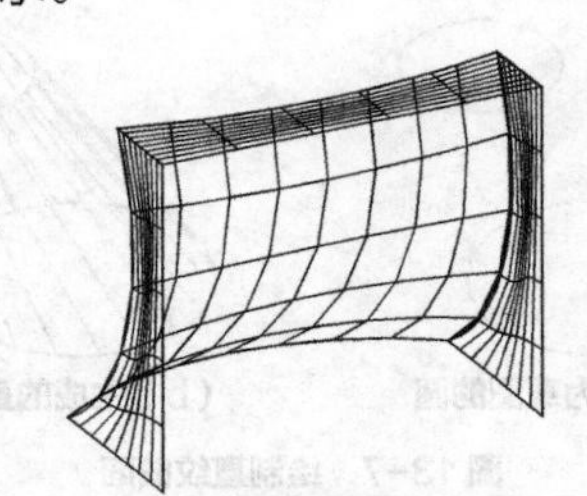

图 13-6　填充后的效果

❽ 选择菜单栏中的“绘图”→“建模”→“网格”→“图元”→“圆柱体”命令，绘制门柱，命令行提示与操作如下：

```
命令：mesh↙
当前平滑度设置为：0
输入选项 [长方体（B）/圆锥体（C）/圆柱体（CY）/棱锥体（P）/球体（S）/楔体（W）/圆环体（T）/设置（SE）] <圆柱体>：_CYLIND
指定底面的中心点或 [三点(3P)/两点(2P)/切点、切点、半径（T）/椭圆（E）]：0，0，0
指定底面半径或 [直径（D）]：5↙
指定高度或 [两点（2P）/轴端点（A）]：a↙
指定轴端点：0，260，0↙
```

使用同样方法，绘制另外两个圆柱体的网格图元，底面中心点分别为（0，0，-300）和（0，260，0）、底面半径都为 5、轴端点分别为（@0，260，0）和（@0，0，-300），最终效果如图 13-1 所示。

13.2 绘制三维网格

AutoCAD 提供了几个典型的三维曲面绘制工具用来帮助读者建立一些典型的三维曲面，这一节我们将重点进行介绍。

13.2.1 直纹网格

1. 执行方式

命令行：RULESURF

菜单：绘图→建模→网格→直纹网格

2. 操作步骤

```
命令：RULESURF↙
当前线框密度：SURFTAB1=6
选择第一条定义曲线：　（指定的第一条曲线）
选择第二条定义曲线：　（指定的第二条曲线）
```

下面我们来生成一个简单的直纹曲面。

首先将视图转换为西南轴测图，然后绘制图 13-7（a）所示的两个圆作为草图，在命令行中执行直纹曲面命令 RULESURF，分别拾取绘制的两个圆作为第一条和第二条定义曲线，得到的直纹曲面如图 13-7（b）所示。

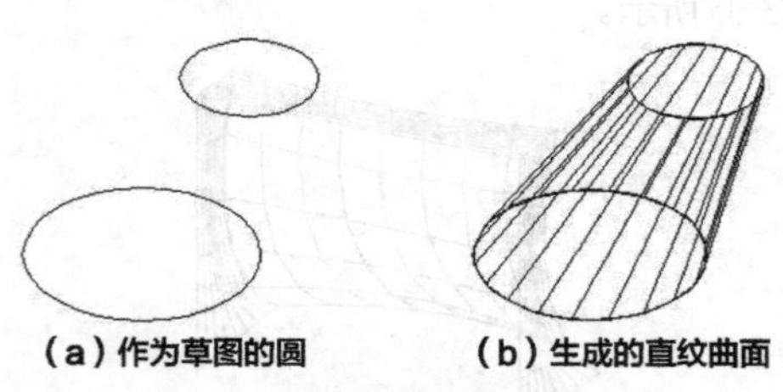

（a）作为草图的圆　（b）生成的直纹曲面

图 13-7　绘制直纹曲面

13.2.2 平移网格

1. 执行方式

命令行：TABSURF

菜单：绘图→建模→网格→平移网格

2. 操作步骤

```
命令：TABSURF↙
当前线框密度：SURFTAB1=6
选择用作轮廓曲线的对象：（选择一条已经存在的轮廓曲线）
选择用作方向矢量的对象：（选择一条方向线）
```

3. 选项说明

（1）轮廓曲线：可以是直线、圆弧、圆、椭圆、二维或三维多段线。系统从轮廓曲线上离选定点最近的点开始绘制曲面。

（2）方向矢量：方向矢量可以表示形状的拉伸方向和长度。多段线或直线上选定的端点决定拉伸的方向。

选择图 13-8（a）绘制的六边形为轮廓曲线对象，以图 13-8（a）所绘制的直线为方向矢量，平移直线绘制图形，如图 13-8（b）所示。

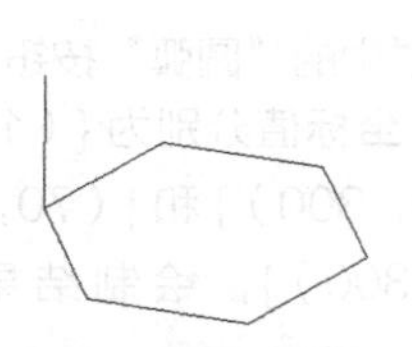

（a）六边形和方向线　（b）平移后的曲面

图 13-8　平移曲面的绘制

13.2.3 边界网格

1. 执行方式

命令行：EDGESURF

菜单：绘图→建模→网格→边界网格

2. 操作步骤

```
命令：EDGESURF↙
当前线框密度：SURFTAB1=6 SURFTAB2=6
选择用作曲面边界的对象 1：　（指定第一条边界线）
选择用作曲面边界的对象 2：　（指定第二条边界线）
选择用作曲面边界的对象 3：　（指定第三条边界线）
选择用作曲面边界的对象 4：　（指定第四条边界线）
```

3. 选项说明

系统变量 SURFTAB1 和 SURFTAB2 分别控制 M、N 方向上的网格分段数。在命令行中输入 SURFTAB1 改变 M 方向的默认值，在命令行中输入 SURFTAB2 改变 N 方向的默认值。

下面生成一个简单的边界曲面。首先将视图转换为西南轴测图，绘制 4 条首尾相连的边界，如图 13-9（a）所示。为了方便绘制，可以首先绘制一个立方体作为辅助体，在它上面绘制边界，然后再将多余的线条删除。执行边界曲面命令 EDGESURF，分别拾取绘制的 4 条边界，得到如图 13-9（b）所示的边界曲面。

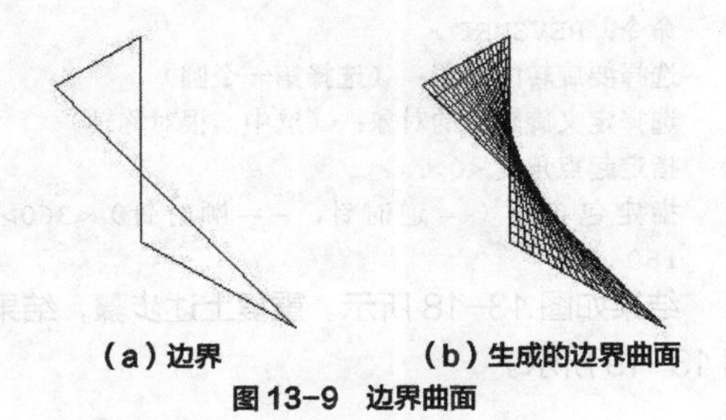

（a）边界　（b）生成的边界曲面

图 13-9　边界曲面

13.2.4 旋转网格

1. 执行方式

命令行：REVSURF

菜单：绘图→建模→网格→旋转网格

2. 操作步骤

```
命令：REVSURF ↙
当前线框密度：SURFTAB1=6  SURFTAB2=6
选择要旋转的对象：（指定已绘制好的直线、圆弧、圆或二维、三维多段线）
选择定义旋转轴的对象：（指定已绘制好的用作旋转轴的直线或是开放的二维、三维多段线）
指定起点角度 <0>：（输入值或按 Enter 键）
指定包含角度（+= 逆时针，-= 顺时针）<360>：（输入值或按 Enter 键）
```

3. 选项说明

（1）起点角度如果设置为非零值，平面将从生成路径曲线的某个偏移处开始旋转。

（2）包含角度用来指定绕旋转轴旋转的角度。

（3）系统变量 SURFTAB1 和 SURFTAB2 用来控制生成网格的密度。SURFTAB1 指定在旋转方向上绘制的网格线的数目。SURFTAB2 将绘制的网格线进行等分。

图 13-10 所示为利用 REVSURF 命令绘制的花瓶。

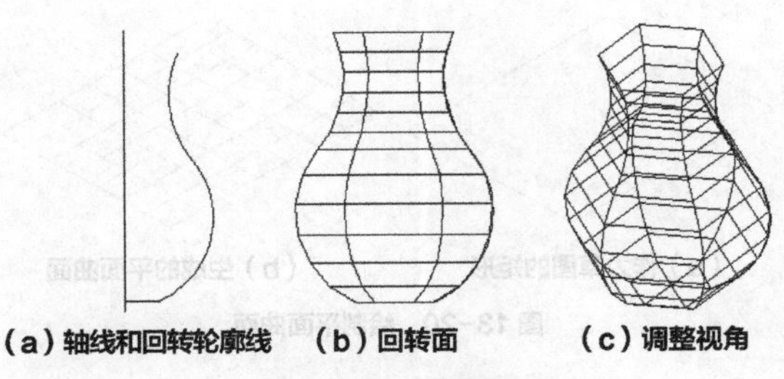

（a）轴线和回转轮廓线　（b）回转面　（c）调整视角

图 13-10　绘制花瓶

13.2.5 实例——绘制弹簧

用 REVSURF 命令绘制图 13-11 所示的弹簧。

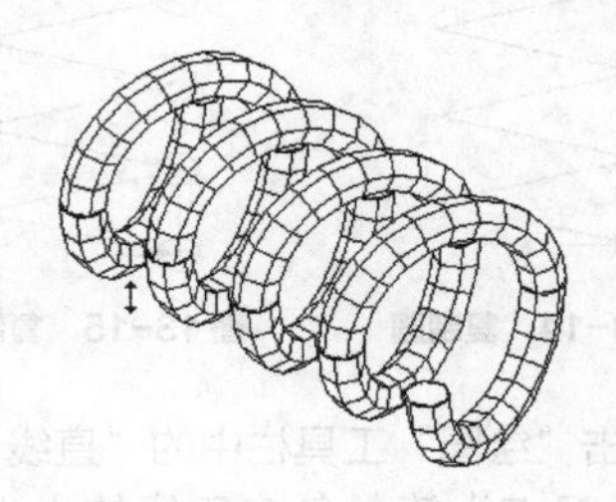

图 13-11　弹簧

操作步骤

❶ 利用 UCS 命令建立用户坐标系。

```
命令：UCS ↙
当前 UCS 名称：*世界*
指定 UCS 的原点或 [面（F）/命名（NA）/对象（OB）/上一个（P）/视图（V）/世界（W）/X/Y/Z/Z 轴（ZA）] <世界>：200，200，0 ↙
指定 X 轴上的点或 <接受>：↙
```

❷ 单击“绘图”工具栏中的“多段线”按钮 ，绘制多段线。命令行提示与操作如下：

```
命令：PLINE ↙
指定起点：0，0，0 ↙
当前线宽为 0.0000
指定下一个点或 [圆弧（A）/半宽（H）/长度（L）/放弃（U）/宽度（W）]：@200<15
指定下一个点或 [圆弧（A）/半宽（H）/长度（L）/放弃（U）/宽度（W）]：@200<165
```

重复上述步骤，结果如图 13-12 所示。

❸ 单击“绘图”工具栏中的“圆”按钮 ，以多段线的起点为圆心，画一个半径为 20 的圆，结果如图 13-13 所示。

❹ 单击“修改”工具栏中的“复制”按钮 ，复制圆，结果如图 13-14 所示。重复上述步骤，结果如图 13-15 所示。

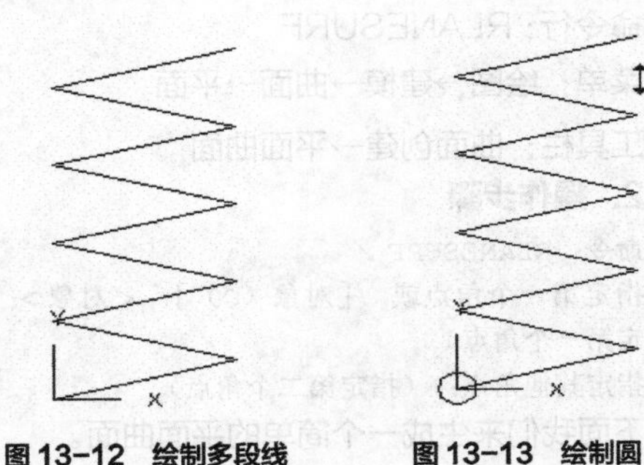

图 13-12　绘制多段线　图 13-13　绘制圆

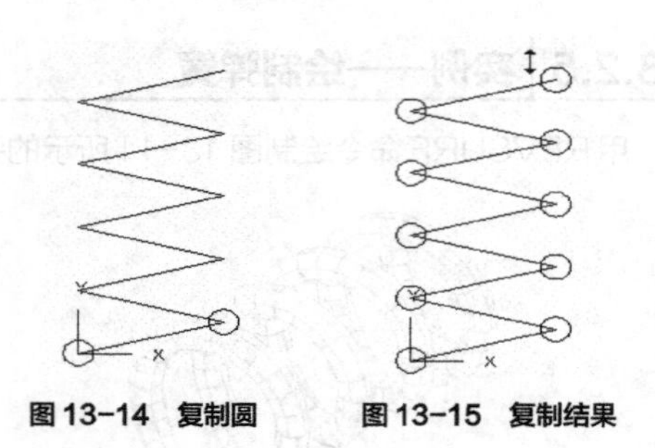

图 13-14　复制圆　　图 13-15　复制结果

❺ 单击“绘图”工具栏中的“直线”按钮，绘制线段，起点为第一条多段线的中点，终点的坐标为（@50<105），重复上述步骤，结果如图 13-16 所示。

❻ 同样作线段。以直线的起点为第一条多段线的中点，终点的坐标为（@50<75），重复上述步骤，结果如图 13-17 所示。

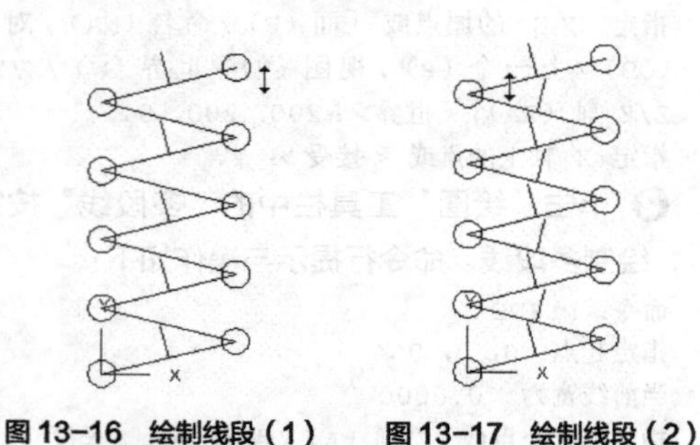

图 13-16　绘制线段（1）　图 13-17　绘制线段（2）

❼ 利用 SURFTAB1 和 SURFTAB2 命令修改线条密度为 12。

❽ 选择菜单栏中的“绘图”→“建模”→“网格”→“旋转网格”命令，旋转上述圆。命令行提示与操作如下：

```
命令：REVSURF ↙
选择要旋转的对象：（选择第一个圆）
选择定义旋转轴的对象：（选中一根对称轴）
指定起点角度 <0>：↙
指定包含角（+= 逆时针，- = 顺时针）<360>：-180 ↙
```

结果如图 13-18 所示。重复上述步骤，结果如图 13-19 所示。

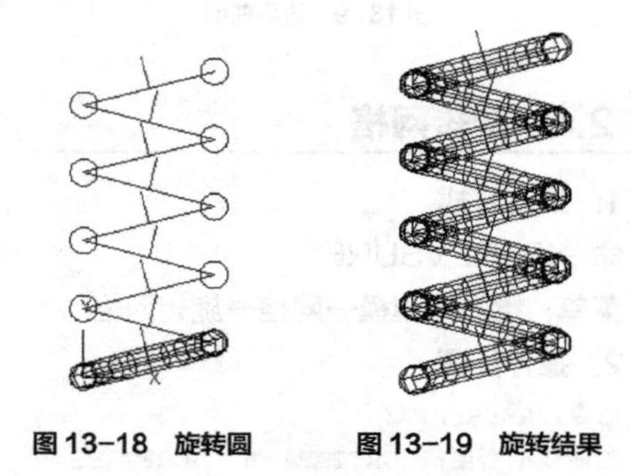

图 13-18　旋转圆　　图 13-19　旋转结果

❾ 选择菜单栏中的“视图”→“三维视图”→“东南等轴测”命令。

❿ 单击“修改”工具栏中的“删除”按钮，删去多余的线条。

⓫ 选择菜单栏中的“视图”→“消隐”命令，或在命令行输入 HIDE 后回车，对图形消隐，最终结果如图 13-11 所示。

13.3 绘制三维曲面

AutoCAD 2024 提供了创建和编辑曲面的命令，本节主要介绍几种绘制和编辑曲面的方法。

13.3.1 平面曲面

1. 执行方式

命令行：RLANESURF

菜单：绘图→建模→曲面→平面

工具栏：曲面创建→平面曲面

2. 操作步骤

```
命令：RLANESURF ↙
指定第一个角点或 ［对象（O）］ <对象>：（指定第一个角点）
指定其他角点：（指定第二个角点）
```

下面我们来生成一个简单的平面曲面。

首先将视图转换为西南轴测图，然后绘制图 13-20（a）所示的矩形作为草图，执行平面曲面命令 RLANESURF，拾取矩形为边界对象，最后得到的平面曲面如图 13-20（b）所示。

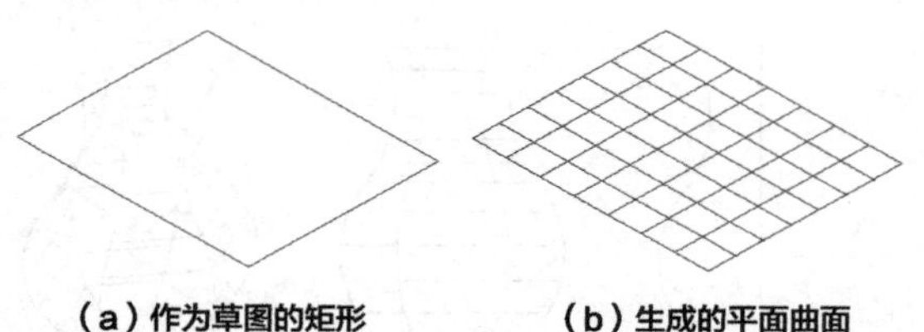

（a）作为草图的矩形　　（b）生成的平面曲面

图 13-20　绘制平面曲面

13.3.2 偏移曲面

1. 执行方式

命令行：SURFOFFSET

菜单：绘图→建模→曲面→偏移

工具栏：曲面创建→曲面偏移

2. 操作步骤

```
命令：SURFOFFSET↙
连接相邻边 = 否
选择要偏移的曲面或面域：（选择要偏移的曲面）
指定偏移距离或 [翻转方向（F）/两侧（B）/实体（S）/连接（C）/表达式（E）] <0.0000>：（输入偏移距离）
```

3. 选项说明

（1）指定偏移距离：指定偏移曲面和原始曲面之间的距离。

（2）翻转方向（F）：翻转箭头显示的方向。

（3）两侧（B）：沿两个方向偏移曲面。

（4）实体（S）：从偏移创建实体。

（5）连接（C）：如果原始曲面是相连的，那么多个偏移曲面也将被连接在一起。

图 13-21 所示为利用 SURFOFFSET 命令创建偏移曲面的过程。

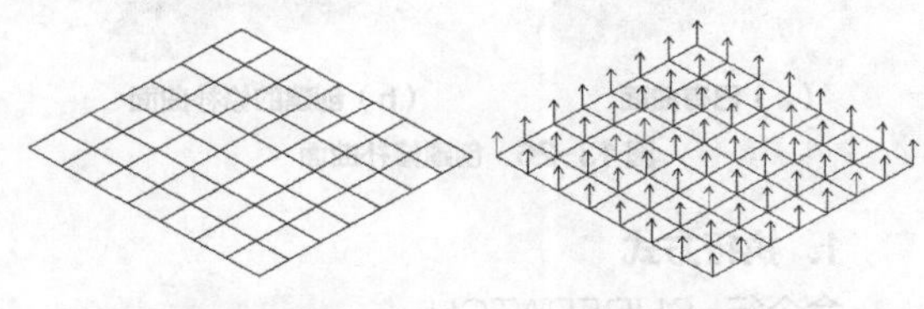

（a）原始曲面　（b）偏移方向

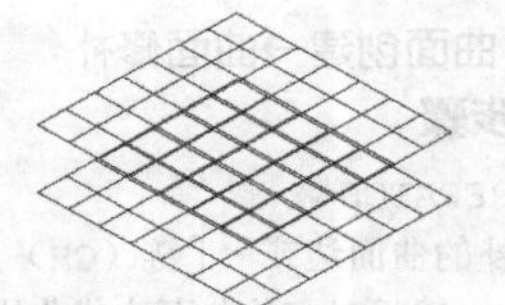

（c）偏移曲面

图 13-21　创建偏移曲面的过程

13.3.3 过渡曲面

1. 执行方式

命令行：SURFBLEND

菜单：绘图→建模→曲面→过渡

工具栏：曲面创建→曲面过渡

2. 操作步骤

```
命令：SURFBLEND↙
连续性 = G1 - 相切，凸度幅值 = 0.5
选择要过渡的第一个曲面的边或 [链（CH）]：（选择图 13-22 所示的边 1、边 2）
选择要过渡的第二个曲面的边或 [链（CH）]：（选择图 13-22 所示的边 3、边 4）
按 Enter 键接受过渡曲面或 [连续性（CON）/凸度幅值（B）]：（按Enter键确认，得到的结果如图13-23所示）
```

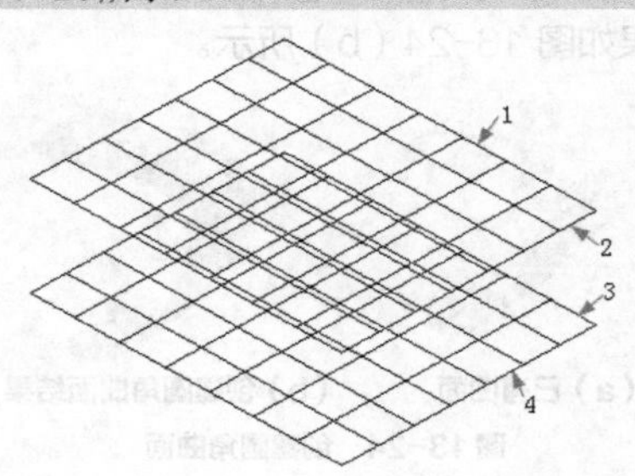

图 13-22　选择边

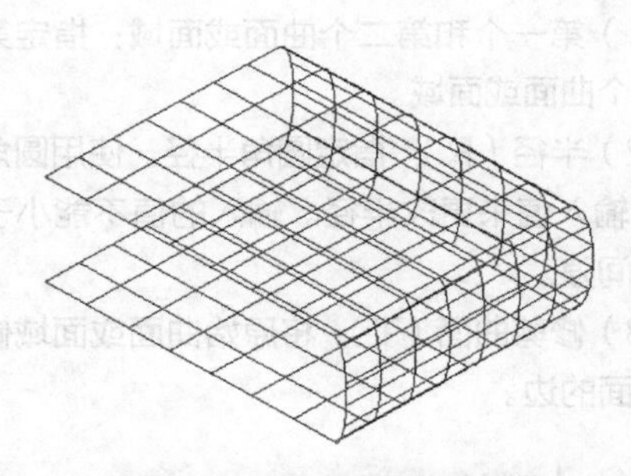

图 13-23　创建的过渡曲面

3. 选项说明

（1）选择曲面边：选择边对象、曲面或面域分别作为第一条边和第二条边。

（2）链（CH）：选择连续的连接边。

（3）连续性（CON）：测量曲面彼此融合的平滑程度，默认值为 G0，选择一个值或使用夹点来更改连续性

（4）凸度幅值（B）：设定过渡曲面边与其原始曲面相交处该过渡曲面边的凸度。

13.3.4 圆角曲面

1. 执行方式

命令行：SURFFILLET

菜单：绘图→建模→曲面→圆角

工具栏：曲面创建→曲面圆角

2. 操作步骤

```
命令：SURFFILLET↙
半径 =0.0000，修剪曲面 = 是
选择要圆角化的第一个曲面或面域或者 [半径（R）/修剪曲面（T）]：R↙
指定半径：（指定半径值）
选择要圆角化的第一个曲面或面域或者 [半径（R）/修剪曲面（T）]：（选择图13-24（a）中曲面1）
选择要圆角化的第二个曲面或面域或者 [半径（R）/修剪曲面（T）]：（选择图13-24（a）中曲面2）
```

结果如图 13-24（b）所示。

（a）已有曲面　（b）创建圆角曲面结果

图 13-24　创建圆角曲面

3. 选项说明

（1）第一个和第二个曲面或面域：指定第一个和第二个曲面或面域。

（2）半径（R）：指定圆角半径。使用圆角夹点或直接输入值来更改半径。输入的值不能小于曲面之间的间隙。

（3）修剪曲面（T）：将原始曲面或面域修剪到圆角曲面的边。

13.3.5 网络曲面

1. 执行方式

命令行：SURFFILLET

菜单：绘图→建模→曲面→网络

工具栏：曲面创建→曲面网络

2. 操作步骤

```
命令：SURFNETWORK↙
沿第一个方向选择曲线或曲面边：（选择图13-25（a）中的曲线1）
沿第一个方向选择曲线或曲面边：（选择图13-25（a）中的曲线2）
沿第一个方向选择曲线或曲面边：（选择图13-25（a）中的曲线3）
沿第一个方向选择曲线或曲面边：（选择图13-25（a）中的曲线4）
沿第一个方向选择曲线或曲面边：↙（也可以继续选择相应的对象）
沿第二个方向选择曲线或曲面边：（选择图13-25（a）中的曲线5）
沿第二个方向选择曲线或曲面边：（选择图13-25（a）中的曲线6）
沿第二个方向选择曲线或曲面边：（选择图13-25（a）中的曲线7）
沿第二个方向选择曲线或曲面边：↙（也可以继续选择相应的对象）
```

最后结果如图 13-25（b）所示。

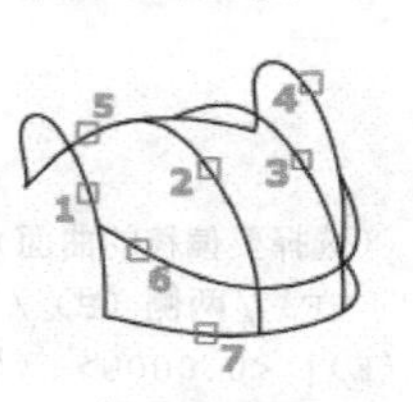

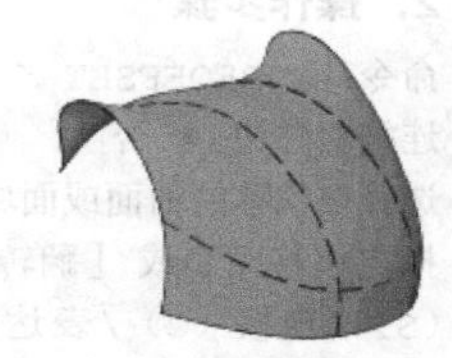
（a）已有曲面　（b）三维曲面

图 13-25　创建三维曲面

13.3.6 修补曲面

创建修补曲面是指在已有的封闭曲面边上创建一个新曲面，如图 13-26 所示，图 13-26（a）所示是已有曲面，图 13-26（b）所示是创建的修补曲面。

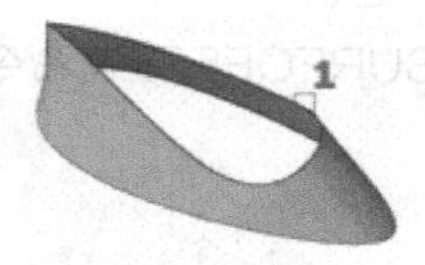

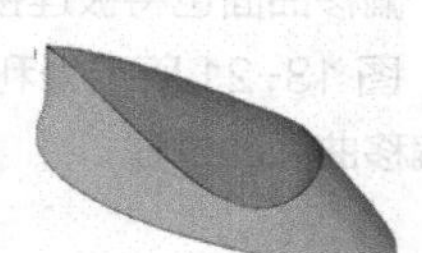
（a）已有曲面　（b）创建的修补曲面

图 13-26　创建修补曲面

1. 执行方式

命令行：SURFPATCH

菜单：绘图→建模→曲面→修补

工具栏：曲面创建→曲面修补

2. 操作步骤

```
命令：SURFPATCH↙
选择要修补的曲面边或 [链（CH）/曲线（CU）]<曲线>：（选择对应的曲面边或曲线）
选择要修补的曲面边或 [链（CH）/曲线（CU）]<曲线>：↙（也可以继续选择曲面边或曲线）
按 Enter 键接受修补曲面或 [连续性（CON）/凸度幅值（B）/约束几何图形（CONS）]：
```

3. 选项说明

（1）连续性（CON）：设置修补曲面的连续性。

（2）凸度幅值（B）：设置修补曲面边与原始曲面相交时的圆滑程度。

（3）约束几何图形（CONS）：选择附加的约束曲线来构成修补曲面。

13.4 编辑曲面

曲面绘制完成后，有时还需要进行修改或在此基础上绘制一个更复杂的图形，本节主要介绍如何修剪和延伸曲面。

13.4.1 修剪曲面

1. 执行方式

命令行：SURFTRIM

菜单：修改→曲面编辑→修剪

工具栏：曲面编辑→曲面修剪

2. 操作步骤

命令：SURFTRIM↙
延伸曲面 = 是，投影 = 自动
选择要修剪的曲面或面域或者 [延伸（E）/ 投影方向（PRO）]：（选择图 13-27 中的曲面）
选择剪切曲线、曲面或面域（选择图 13-27 中的曲线）
选择要修剪的区域 [放弃（U）]：（选择图 13-27 的区域，修剪结果如图 13-28 所示）

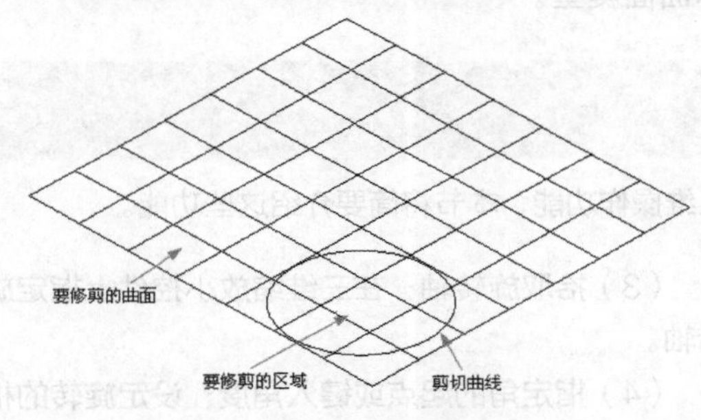

图 13-27 原始曲面

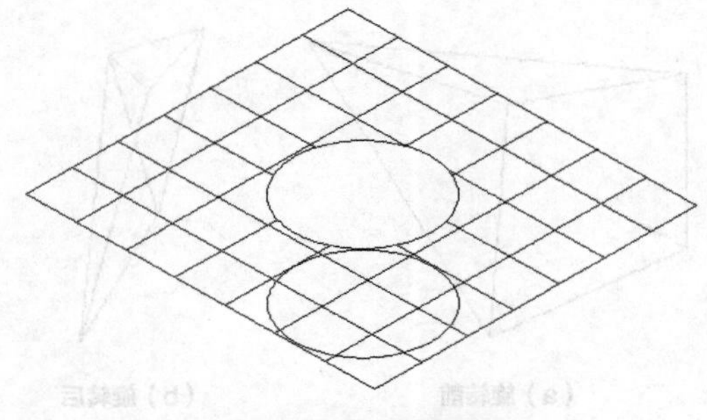

图 13-28 修剪结果

3. 选项说明

（1）要修剪的曲面或面域：选择要修剪的一个或多个曲面或面域。

（2）延伸（E）：控制是否修剪剪切曲面以与修剪曲面的边相交。选择此选项，命令行提示如下：

延伸修剪几何图形 [是（Y）/ 否（N）] <是>：

（3）投影方向（PRO）：使剪切的几何图形投影到曲面上。选择此选项，命令行提示如下：

指定投影方向 [自动（A）/ 视图（V）/UCS（U）/ 无（N）] <自动>：

①自动（A）：在平面平行视图中修剪曲面或面域时，剪切的几何图形将沿视图方向投影到曲面上；使用平面曲线在角度平行视图或透视视图中修剪曲面或面域时，剪切的几何图形将沿与曲线平面垂直的方向投影到曲面上；使用三维曲线在角度平行视图或透视视图中修剪曲面或面域时，剪切的几何图形将沿与当前 UCS 的 Z 轴平行的方向投影到曲面上。

②视图（V）：基于当前视图投影几何图形。

③ UCS（U）：沿当前 UCS 的 Z 轴方向投影几何图形。

④无（N）：只有当剪切曲线位于曲面上时，才会修剪曲面。

13.4.2 取消修剪曲面

1. 执行方式

命令行：SURFUNTRIM

菜单：修改→曲面编辑→取消修剪

工具栏：曲面编辑→曲面取消修剪

2. 操作步骤

命令行提示如下：

命令：SURFUNTRIM↙
选择要取消修剪的曲面边或 [曲面（SUR）]：（选择图 13-28 中的曲面，取消修剪的结果如图 13-27 所示）

13.4.3 延伸曲面

1. 执行方式

命令行：SURFEXTEND

菜单：修改→曲面编辑→延伸

工具栏：曲面编辑→曲面延伸

2. 操作步骤

命令行提示如下：

命令：SURFEXTEND↙

```
模式 = 延伸，创建 = 附加
选择要延伸的曲面边：（选择图 13-29 中的边）
指定延伸距离或 [模式(M)]：（直接输入延伸距离，或者利用鼠标将其拖曳到适当位置，如图 13-30 所示）
```

3. 选项说明

（1）指定延伸距离：指定延伸的长度。

（2）模式（M）：选择此选项，命令行提示如下。

```
延伸模式 [延伸（E）/拉伸（S）] <延伸>：S
创建类型 [合并（M）/附加（A）] <附加>：
```

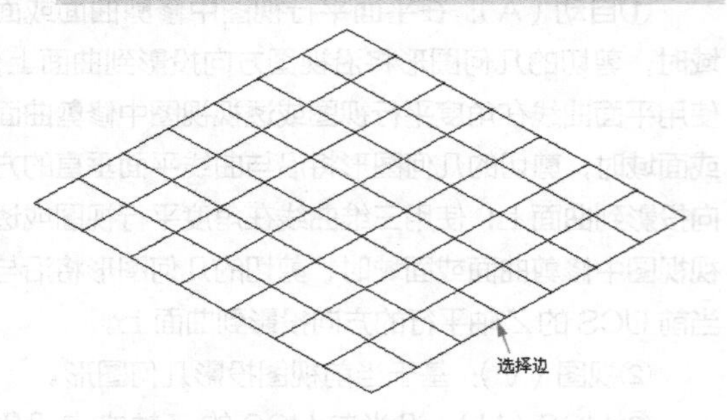

图 13-29 选择延伸边

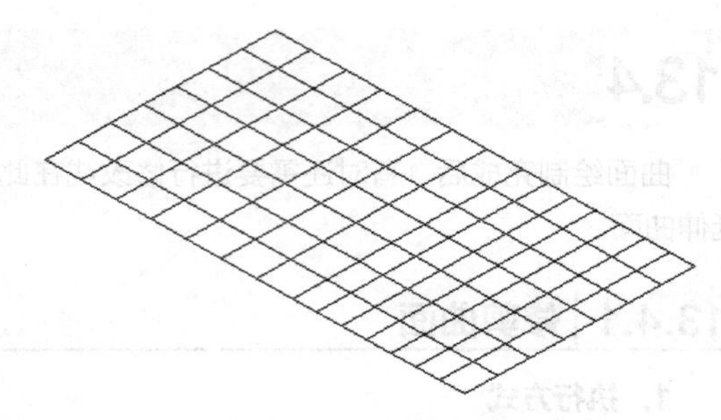

图 13-30 延伸曲面

①延伸（E）：以模仿并延续曲面形状的方式拉伸曲面。

②拉伸（S）：以不模仿并延续曲面形状的方式拉伸曲面。

③合并（M）：将曲面延伸指定的距离，而不创建新的曲面类型。如原始曲面为 NURBS 曲面，则延伸的曲面也为 NURBS 曲面。

④附加（A）：创建与原始曲面相邻的新延伸曲面类型。

13.5 三维操作

为了进一步生成复杂的三维造型，有时需要用到一些三维操作功能，本节将简要介绍这些功能。

13.5.1 三维旋转

1. 执行方式

命令行：3DROTATE

菜单：修改→三维操作→三维旋转

工具栏：建模→三维旋转

2. 操作步骤

```
命令：3DROTATE↙
UCS 当前的正角方向：ANGDIR= 逆时针  ANGBASE= 0
选择对象：（选择要旋转的对象）
选择对象：（选择要旋转的下一个对象或按 Enter 键）
指定基点：（指定旋转基点）
拾取旋转轴：（指定旋转轴）
指定角的起点或键入角度：（输入角度值）
```

3. 选项说明

（1）指定基点：指定旋转基点。图 13-31 表示一棱锥表面绕旋转轴顺时针旋转 30° 的情形。

（2）选择对象：选择已有的对象作为旋转的对象。

（3）拾取旋转轴：在三维缩放小控件上指定旋转轴。

（4）指定角的起点或键入角度：设定旋转的相对起点，也可以直接输入角度值。

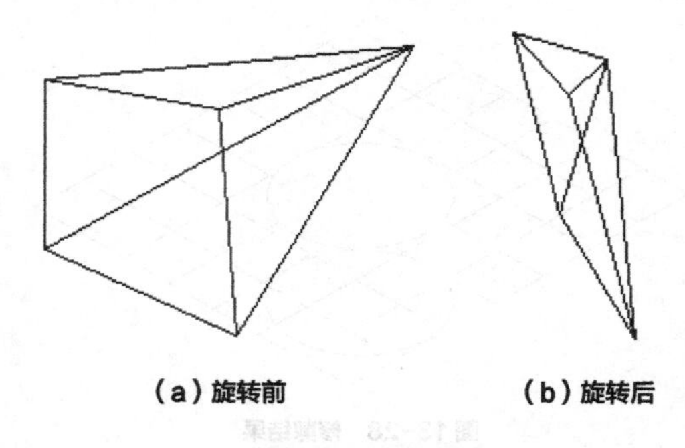

（a）旋转前　（b）旋转后

图 13-31 三维旋转

13.5.2 三维镜像

1. 执行方式

命令行：MIRROR3D

菜单：修改→三维操作→三维镜像

2. 操作步骤

命令：MIRROR3D ↙
选择对象：（选择镜像的对象）
选择对象：（选择镜像的下一个对象或按 Enter 键）
指定镜像平面（三点）的第一个点或 [对象（O）/ 最近的（L）/Z 轴（Z）/ 视图（V）/XY 平面（XY）/YZ 平面（YZ）/ZX 平面（ZX）/ 三点（3）] <三点>：

3. 选项说明

（1）指定镜像平面（三点）的第一个点：输入镜像平面上第一个点的坐标。该选项通过 3 个点确定镜像平面，是系统的默认选项。

（2）最近的（L）：用最近定义的镜像平面对选定的对象进行镜像处理。

（3）Z 轴（Z）：利用指定平面的 *Z* 轴作为镜像平面。选择该选项后，命令行出现如下提示：

在镜像平面上指定点：（输入镜像平面上第一个点的坐标）
在镜像平面的 Z 轴（法向）上指定点：（输入与镜像平面垂直的任意一条直线上任意一点的坐标）
是否删除源对象？[是（Y）/ 否（N）]：（确定是否删除源对象）

（4）视图（N）：指定一个平行于当前视图的平面作为镜像平面。

（5）XY（YZ、ZX）平面：指定一个平行于当前坐标系的 *XY*（*YZ*、*ZX*）平面作为镜像平面。

13.5.3 三维阵列

1. 执行方式

命令行：3DARRAY
菜单：修改→三维操作→三维阵列
工具栏：建模→三维阵列

2. 操作步骤

命令：3DARRAY ↙
选择对象：（选择要阵列的对象）
选择对象：（选择要阵列的下一个对象或按 Enter 键）
输入阵列类型 [矩形（R）/ 环形（P）] <矩形>：

3. 选项说明

（1）矩形（R）：系统的默认选项。选择该选项后，命令行出现如下提示：

输入行数（---）<1>：（输入行数）
输入列数（|||）<1>：（输入列数）
输入层数（…）<1>：（输入层数）
指定行间距（---）：（输入行间距）
指定列间距（|||）：（输入列间距）
指定层间距（…）：（输入层间距）

（2）环形（P）：选择该选项后，命令行出现如下提示：

输入阵列中的项目数目：（输入阵列的数目）
指定要填充的角度（+= 逆时针，–= 顺时针）<360>：（输入环形阵列的圆心角）
旋转阵列对象？[是（Y）/ 否（N）] <是>：（确定阵列上的每一个图形是否根据旋转轴的位置进行旋转）
指定阵列的中心点：（输入旋转轴上中心点的坐标）
指定旋转轴上的第二点：（输入旋转轴上另一点的坐标）

图 13-32 所示为 3 层 3 行 3 列间距分别为 300 的棱柱的矩形阵列；图 13-33 所示为棱柱的环形阵列。

图 13-32 三维图形的矩形阵列

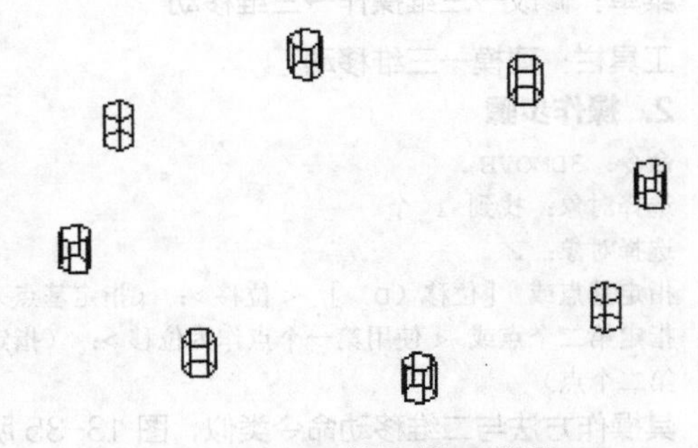

图 13-33 三维图形的环形阵列

13.5.4 三维对齐

1. 执行方式

命令行：3DALIGN
菜单：修改→三维操作→对齐
工具栏：建模→三维对齐

2. 操作步骤

命令：3DALIGN ↙
选择对象：（选择要对齐的对象）

```
选择对象：(选择要对齐的下一个对象或按 Enter 键)
指定源平面和方向 ...
指定基点或 [复制 (C)]：(指定点 2)
指定第二点或 [继续 (C)] <C>：（指定点 1)
指定第三个点或 [继续 (C)] <C>：
指定目标平面和方向 ...
指定第一个目标点：（指定点 2)
指定第二个目标点或 [退出 (X)] <X>：
指定第三个目标点或 [退出 (X)] <X>：↙
```

结果如图 13-34 所示。

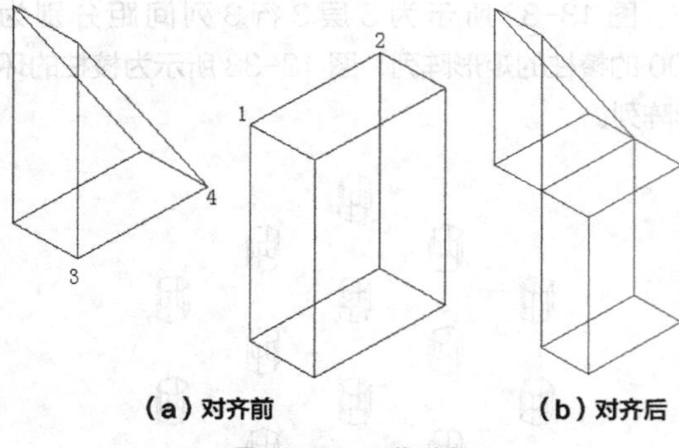

（a）对齐前　　（b）对齐后

图 13-34　三维对齐

13.5.5 三维移动

1. 执行方式

命令行：3DMOVE

菜单：修改→三维操作→三维移动

工具栏：建模→三维移动

2. 操作步骤

```
命令：3DMOVE ↙
选择对象：找到 1 个
选择对象：↙
指定基点或 [位移 (D)] <位移>：(指定基点)
指定第二个点或 <使用第一个点作为位移>：(指定第二个点)
```

其操作方法与二维移动命令类似，图 13-35 所示为将滚珠从轴承中移出的情形。

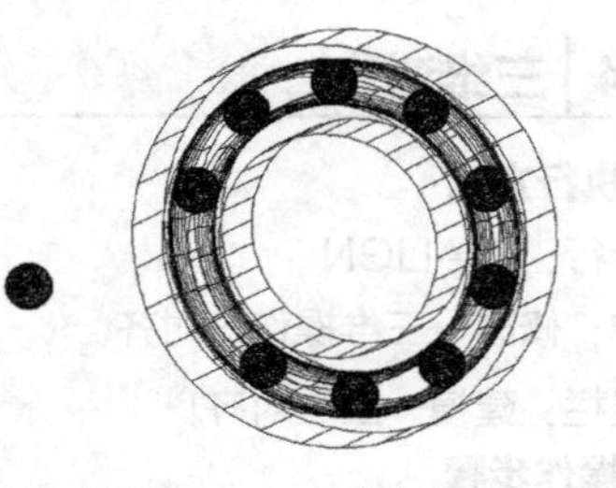

图 13-35　三维移动

13.5.6 实例——绘制花篮

本例绘制图 13-36 所示的花篮。

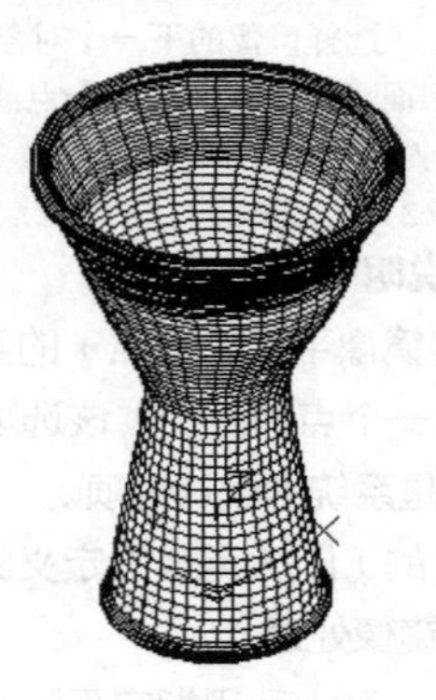

图 13-36　花篮

操作步骤

❶ 单击“绘图”工具栏中的“圆弧”按钮，用三点法绘制 4 段圆弧，坐标值分别为{(-6，0，0)，(0，-6)，(6，0)}、{(-4，0，15)，(0，-4)，(4，0)}、{(-8，0，25)，(0，-8)，(8，0)}和{(-10，0，30)，(0，-10)，(10，0)}，绘制结果如图 13-37 所示。

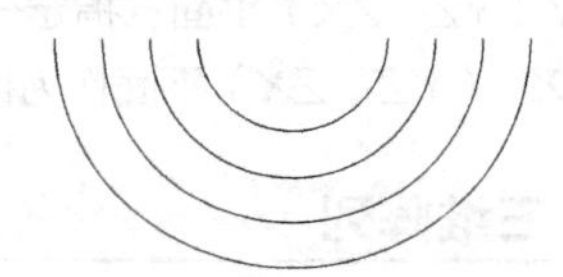

图 13-37　绘制的圆弧

❷ 单击“视图”工具栏中的“西南等轴测”按钮，将当前视图设为西南等轴测视图，结果如图 13-38 所示。

❸ 单击“绘图”工具栏中的“直线”按钮，指定坐标为{(-6，0，0)，(-4，0，15)，(-8，0，25)，(-10，0，30)}、{(6，0，0)，(4，0，15)，(8，0，25)，(10，0，30)}，绘制结果如图 13-39 所示。

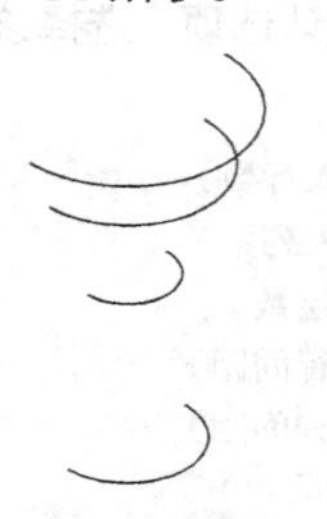

图 13-38　西南等轴测视图

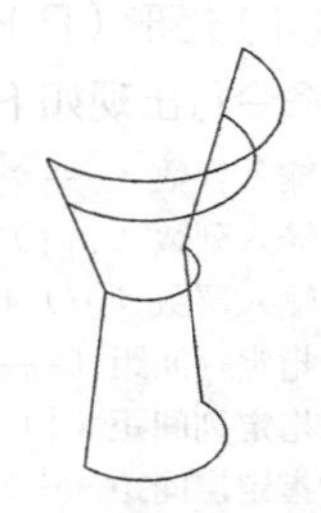

图 13-39　绘制直线

❹ 在命令行中输入 surftab1 和 surftab2，设置网格数为 20。

❺ 选择菜单栏中的“绘图”→“建模”→“网格”→“边界网格”命令，选中围成曲面的 4 条边，在曲面内部填充线条，效果如图 13-40 所示。

❻ 重复上述命令，将图形的边界曲面全部填充，结果如图 13-41 所示。

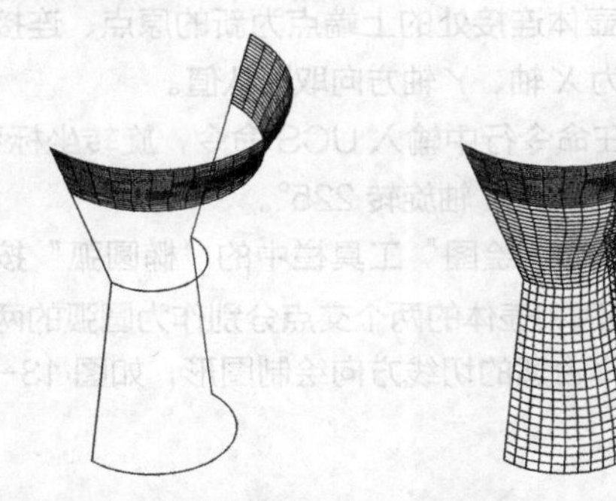

图 13-40 填充边界曲面　　图 13-41 填充结果

❼ 选择菜单栏中的“修改”→“三维操作”→“三维镜像”命令，命令行提示与操作如下：

```
命令：MIRROR3D↙
选择对象：（选择所有对象）
选择对象：
指定镜像平面（三点）的第一个点或[对象（O）/上一个（L）/Z 轴（Z）/视图（V）/XY平面（XY）/YZ 平面（YZ）/ZX 平面（ZX）/三点（3）]<三点>：（捕捉边界曲面上一点）
指定第二点：（捕捉边界曲面上一点）
指定端点：（捕捉边界曲面上另一点）
```

绘制结果如图 13-42 所示。

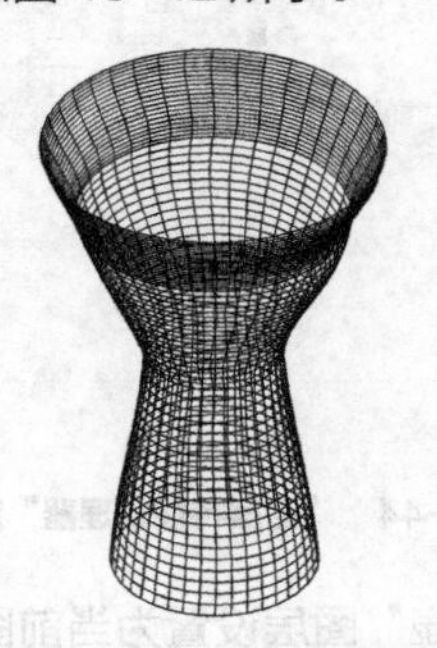

图 13-42 三维镜像处理

❽ 选择菜单栏中的“绘图”→“建模”→“网格”→“图元”→“圆环体”命令，绘制圆环体。命令行提示与操作如下：

```
命令：_MESH
当前平滑度设置为：0
输入选项[长方体（B）/圆锥体（C）/圆柱体（CY）/棱锥体（P）/球体（S）/楔体（W）/圆环体（T）/设置（SE）]<圆环体>：_TORUS
指定中心点或[三点（3P）/两点（2P）/切点、切点、半径（T）]：0，0，0
指定半径或[直径（D）]<177.2532>：6
指定圆管半径或[两点（2P）/直径（D）]：0.5
```

用同样方法绘制另一个圆环体网格图元，中心点坐标为（0，0，30），半径为 10，圆管半径为0.5。

❾ 单击“渲染”工具栏中的“隐藏”按钮，对实体进行消隐，消隐后的结果如图 13-36 所示。

13.6 综合实例——绘制茶壶

分析 13-43 所示的茶壶，壶嘴是一个需要特别注意的地方。如果使用三维实体建模工具，很难建立图示的实体模型，所以我们采用建立曲面的方法建立壶嘴的表面模型。壶把采用沿轨迹拉伸截面的方法生成，壶身则采用旋转曲面的方法生成。

图 13-43 茶壶

13.6.1 绘制茶壶拉伸截面

1. 选择菜单栏中的“格式”→“图层”命令，打开“图层特性管理器”对话框，如图 13-44 所示，创建“辅助线”图层和“茶壶”图层。

2. 单击“绘图”工具栏中的“直线”按钮，在“辅助线”图层上绘制一条竖直线段，作为旋转轴，如图 13-45 所示。然后单击“标准”工具栏上的“实时缩放”按钮，将直线所在区域放大。

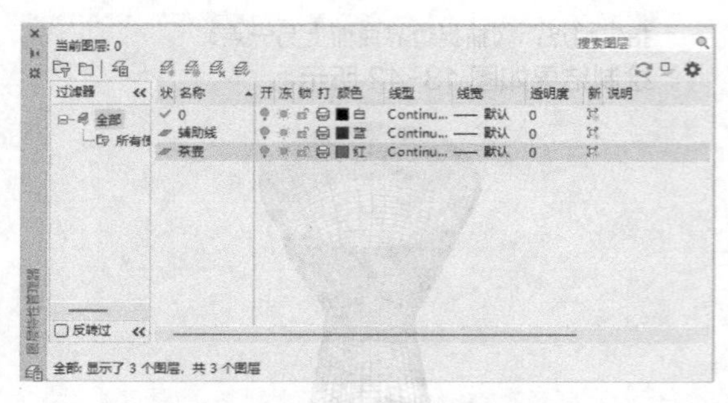

图 13-44 “图层特性管理器”对话框

3. 将“茶壶”图层设置为当前图层，单击“绘图”工具栏上的“多段线”按钮 ，绘制茶壶半轮廓线，如图 13-46 所示。

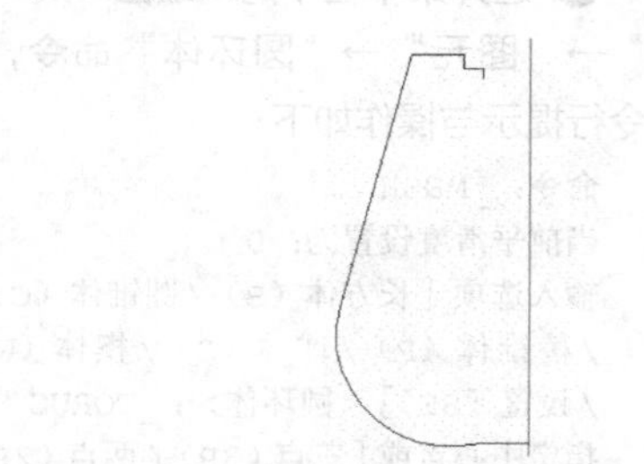

图 13-45 绘制旋转轴　　图 13-46 绘制茶壶半轮廓线

4. 单击“修改”工具栏上的“镜像”按钮 ，将茶壶半轮廓线以虚线辅助线为对称轴镜像处理。

5. 单击“绘图”工具栏上的“多段线”按钮 ，按照图 13-47 所示的样式绘制壶嘴和壶把轮廓线。

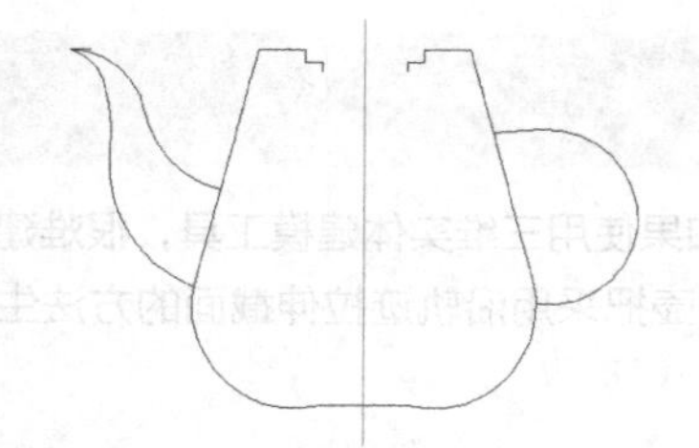

图 13-47 绘制壶嘴和壶把轮廓线

6. 选择菜单栏中的“视图”→“三维视图”→“西南等轴测”命令，将当前视图切换为西南等轴测视图，如图 13-48 所示。

7. 在命令行中输入 UCS 命令，新建图 13-49 所示的坐标系。

8. 在命令行输入 UCSICON 后回车，使 UCS 不在茶壶嘴上显示出来，根据命令行提示选择“非原点（n）”。

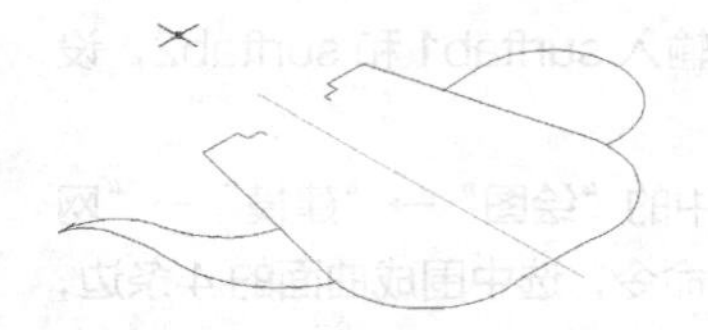

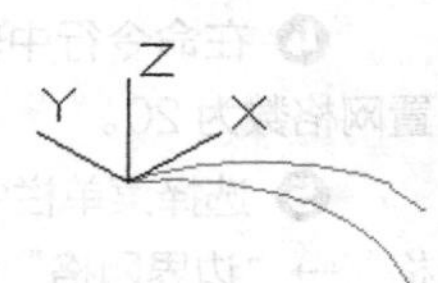

图 13-48 西南等轴测视图　　图 13-49 新建的坐标系

9. 在命令行中输入 UCS 命令，新建坐标系，以壶嘴与壶体连接处的上端点为新的原点、连接处的下端点为 X 轴、Y 轴方向取默认值。

10. 在命令行中输入 UCS 命令，旋转坐标系，使当前坐标系绕 X 轴旋转 225°。

11. 单击“绘图”工具栏中的“椭圆弧”按钮 ，以壶嘴和壶体的两个交点分别作为圆弧的两个端点，选择合适的切线方向绘制图形，如图 13-50 所示。

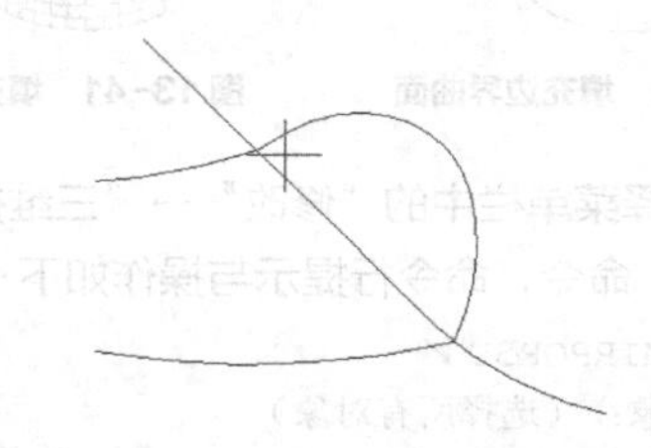

图 13-50 绘制壶嘴与壶身交接处的圆弧

13.6.2 拉伸茶壶截面

1. 在命令行中输入 surftab1 和 surftab2 命令，将系统变量的值设为 20。

2. 选择菜单栏中的“绘图”→“建模”→“网格”→“边界网格”命令，绘制壶嘴曲面。命令行提示与操作如下：

```
命令：EDGESURF ↙
当前线框密度：SURFTAB1=20 SURFTAB2=20
选择用作曲面边界的对象 1：（依次选择壶嘴的 4 条边界线）
选择用作曲面边界的对象 2：（依次选择壶嘴的 4 条边界线）
选择用作曲面边界的对象 3：（依次选择壶嘴的 4 条边界线）
选择用作曲面边界的对象 4：（依次选择壶嘴的 4 条边界线）
```

得到图 13-51 所示的壶嘴半曲面。

3. 选择菜单栏中的“修改”→“三维操作”→“三维镜像”命令，创建壶嘴的下半部分曲面，如图 13-52 所示。

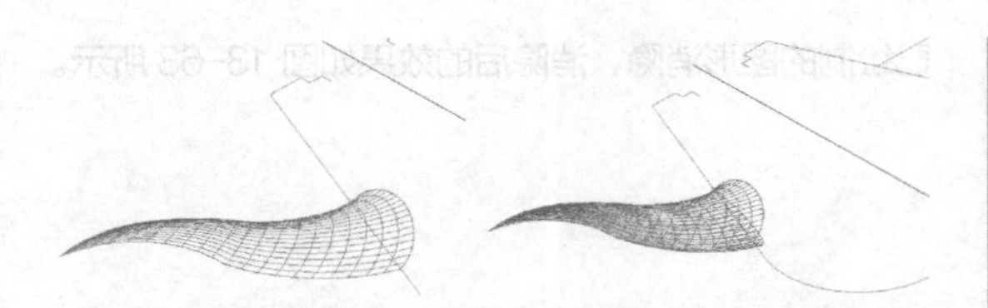

图 13-51　绘制壶嘴半曲面　　图 13-52　壶嘴下半部分曲面

4. 在命令行中输入 UCS 命令，新建坐标系。利用“捕捉到端点”的捕捉方式，以壶把与壶体的上部交点作为新的原点、壶把多义线的第一段直线的方向作为 *X* 轴正方向，*Y* 轴方向取默认值。

5. 在命令行中输入 UCS 命令，新建坐标系。将坐标系绕 *Y* 轴旋转 -90°，即沿顺时针方向旋转 90°，得到图 13-53 所示的新坐标系。

6. 单击“绘图”工具栏中的“椭圆”按钮，绘制壶把的椭圆截面，如图 13-54 所示。

图 13-53　新建的坐标系　　图 13-54　绘制壶把的椭圆截面

7. 单击“建模”工具栏上的“拉伸”按钮，将椭圆截面沿壶把轮廓线拉伸，创建壶把，如图 13-55 所示。

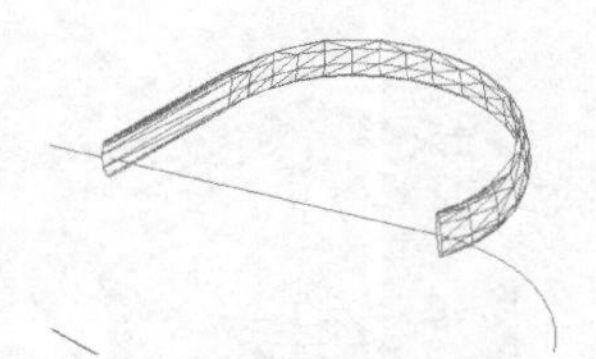

图 13-55　拉伸椭圆截面

8. 选择菜单命令“修改”→“对象”→“多段线”，将壶体轮廓线合并成一条多段线。

9. 选择菜单命令“绘图”→“建模”→“网格”→“旋转网格”，旋转壶体曲线，命令行提示与操作如下：

```
命令：REVSURF ↙
当前线框密度：SURFTAB1=20  SURFTAB2=20
选择要旋转的对象 1：（指定壶体轮廓线）
选择定义旋转轴的对象：（指定已绘制好的用作旋转轴的辅助线）
指定起点角度 <0>：↙
指定包含角度（+= 逆时针，- = 顺时针）<360>：↙
```

旋转结果如图 13-56 所示。

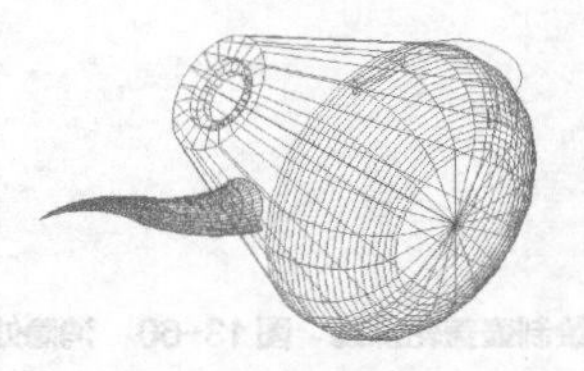

图 13-56　建立壶体表面

10. 在命令行输入 UCS 后回车，设置用户坐标系，返回世界坐标系，然后再次执行 UCS 命令将坐标系绕 *X* 轴旋转 -90°，如图 13-57 所示。

11. 选择菜单栏中的“修改”→“三维操作”→“三维旋转”命令，将茶壶图形顺时针向上旋转 90°，如图 13-57 所示。

12. 关闭“辅助线”图层。单击“渲染”工具栏中的“隐藏”按钮，对模型进行消隐处理，处理后的结果如图 13-58 所示。

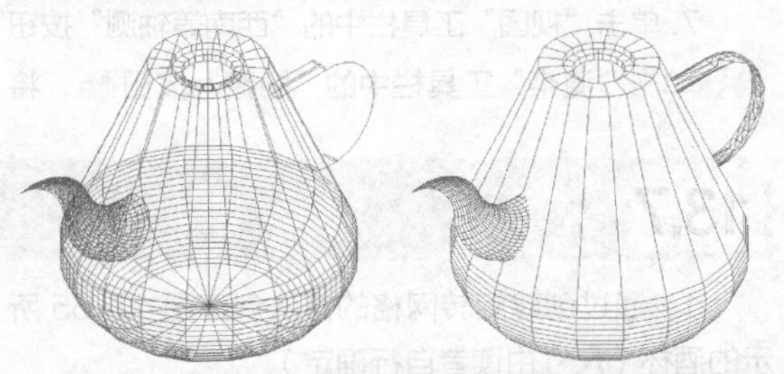

图 13-57　世界坐标系下的视图　图 13-58　消隐处理后的茶壶模型

13.6.3 绘制茶壶盖

1. 在命令行中输入 UCS 命令，新建坐标系，再切换到世界坐标系，并将坐标系放置在中心线端点。

2. 单击“视图”工具栏中的“前视”按钮，单击“绘图”工具栏中的“多段线”按钮，绘制壶盖轮廓线，如图 13-59 所示。

3. 选择菜单命令“绘图”→“建模”→“网格”→“旋转网格”，将上步绘制的轮廓线绕中心线旋转 360°。

4. 单击“视图”工具栏中的“西南等轴测”按钮，选择菜单命令“视图”→“消隐”，将已绘制的图形消隐，消隐后的效果如图 13-60 所示。

5. 单击“视图”工具栏中的“前视”按钮，单击“绘图”工具栏中的“多段线”按钮，绘制图 13-61 所示的壶盖上端多段线。

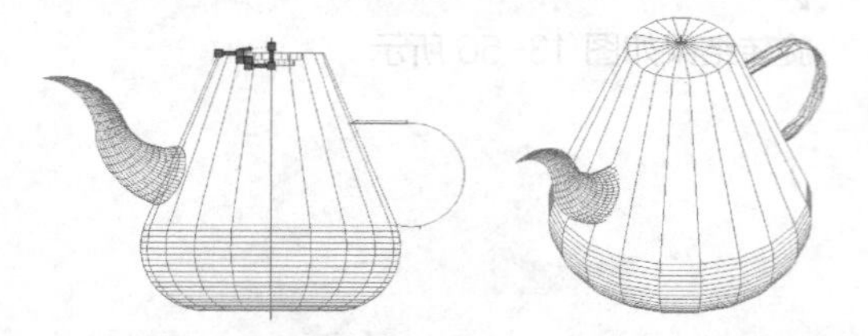

图 13-59 绘制壶盖轮廓线 图 13-60 消隐处理后的壶盖模型

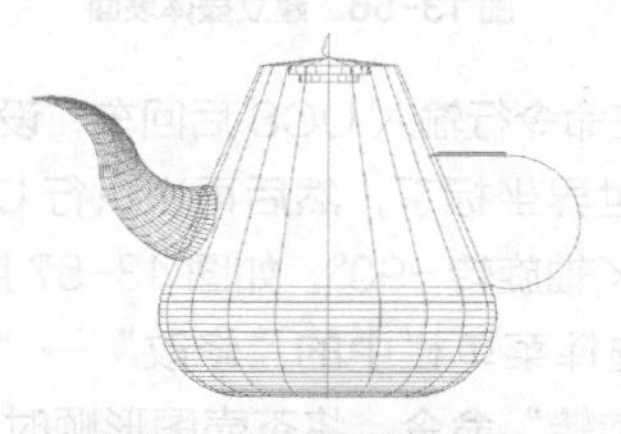

图 13-61 绘制壶盖上端

6. 选择菜单栏中的“绘图”→“建模”→“网格”→“旋转网格”命令，将绘制好的多段线绕多段线旋转 360°，如图 13-62 所示。

7. 单击“视图”工具栏中的“西南等轴测”按钮，单击“渲染”工具栏中的“隐藏”按钮，将已绘制的图形消隐，消隐后的效果如图 13-63 所示。

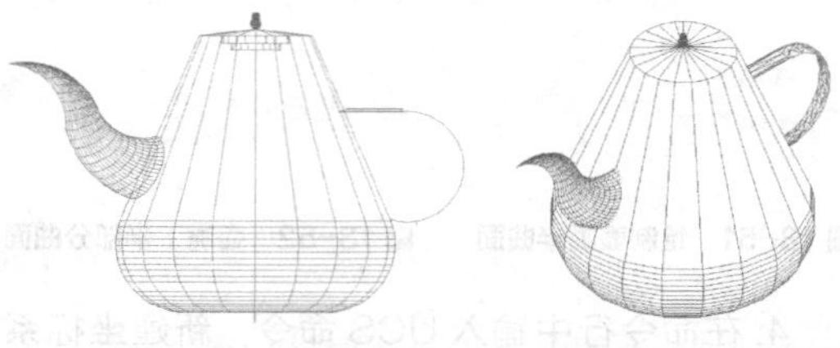

图 13-62 旋转网格 图 13-63 茶壶消隐后的结果

8. 单击“修改”工具栏中的“删除”按钮，删除视图中多余的线段。

9. 单击“修改”工具栏中的“移动”按钮，将壶盖向上移动，单击“渲染”工具栏中的“隐藏”按钮，对实体进行消隐。消隐后如图 13-64 所示。

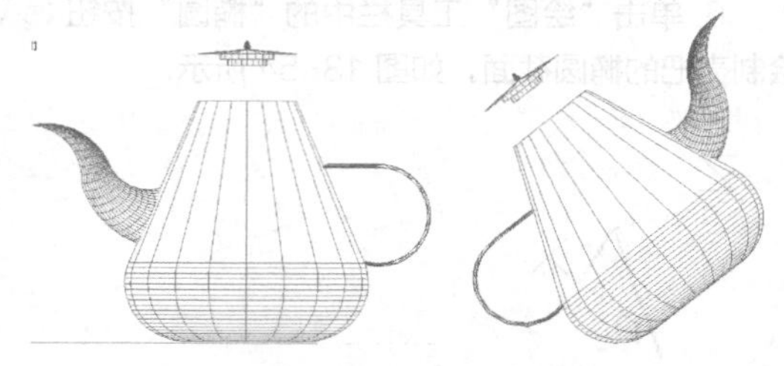

图 13-64 消隐效果

13.7 练习

1. 通过创建旋转网格的方法创建图 13-65 所示的酒杯（尺寸由读者自行确定）。

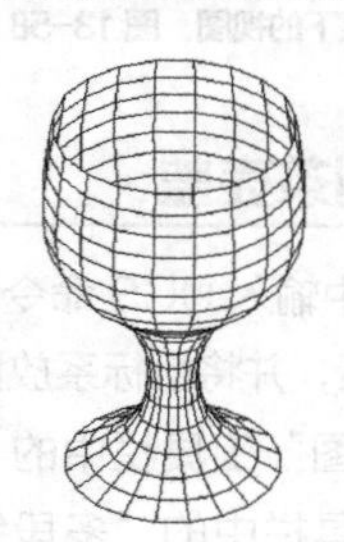

图 13-65 酒杯

2. 通过创建旋转网格的方法创建图 13-66 所示的灯罩（尺寸由读者自行确定）。

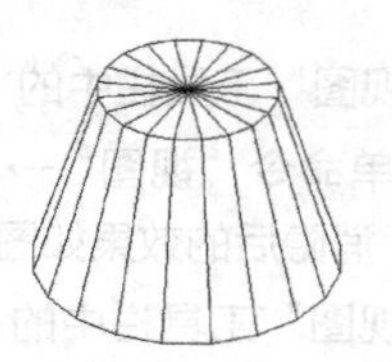

图 13-66 灯罩

3. 绘制图 13-67 所示的小凉亭（尺寸由读者自行确定）。

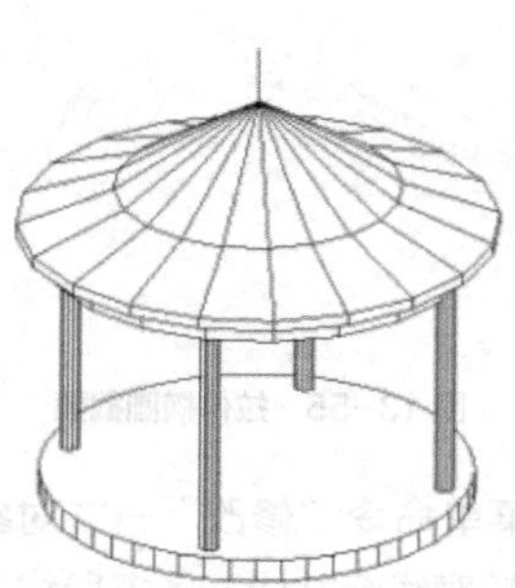

图 13-67 小凉亭

4. 绘制图 13-68 所示的子弹。

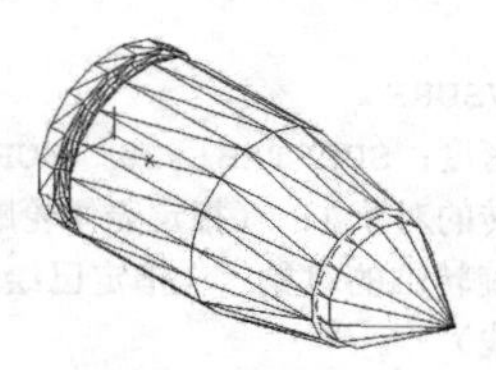

图 13-68 子弹

第 14 章

实体绘制

实体建模是 AutoCAD 三维建模中比较重要的一部分。实体模型能够完整描述对象的三维模型，比三维线框、三维曲面更能表达实物。利用三维实体，可以分析实体的特性，如体积、惯量、重心等。

重点与难点

- 绘制基本三维实体
- 特征操作
- 三维倒角与圆角
- 特殊视图

14.1 绘制基本三维实体

长方体、圆柱体等是构成三维实体最基本的单元，也是最容易绘制的三维实体，这一节我们先来学习这些基本三维实体的绘制方法。

14.1.1 长方体

1. 执行方式

命令行：BOX

菜单：绘图→建模→长方体

工具栏：建模→长方体

2. 操作步骤

```
命令：BOX↙
指定第一个角点或［中心（C）］：(指定第一个点或按Enter键表示原点是长方体的一个角点，或输入c代表中心点)
```

3. 选项说明

（1）指定第一个角点：确定长方体的一个顶点。选择该选项后，AutoCAD继续提示：

```
指定其他角点或 ［立方体（C）/长度（L）］：(指定第二点或输入选项)
```

①指定其他角点：输入另一顶点的数值，即可确定该长方体。如果输入的是正值，则沿着当前UCS的*X*、*Y*和*Z*轴的正向绘制；如果输入的是负值，则沿着*X*、*Y*和*Z*轴的负向绘制。图14-1所示为使用相对坐标绘制的长方体。

②立方体：创建一个长、宽、高相等的长方体。图14-2所示为使用“立方体”选项创建的长方体。

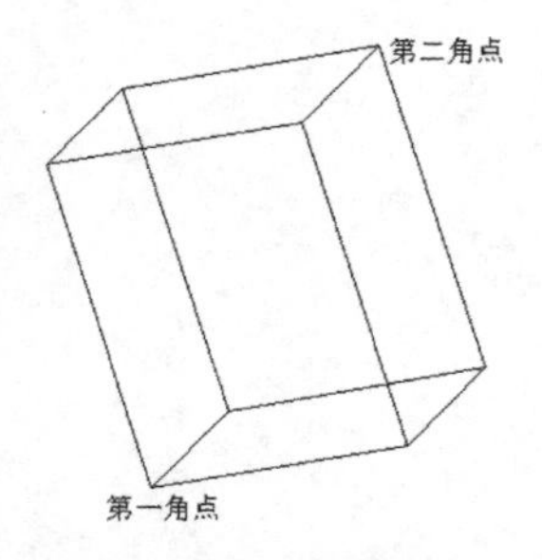

图14-1 使用相对坐标绘制的长方体

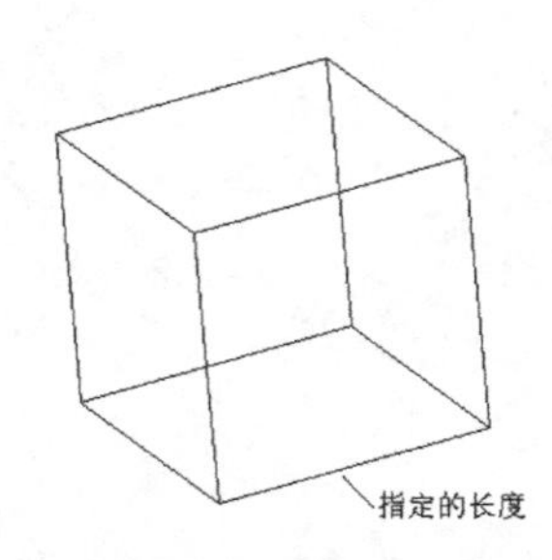

图14-2 使用“立方体”选项创建的长方体

③长度：要求输入长、宽、高的值。图14-3所示为使用“长度”选项创建的长方体。

（2）中心点：指定中心点创建长方体。图14-4所示为使用“中心点”选项创建的长方体。

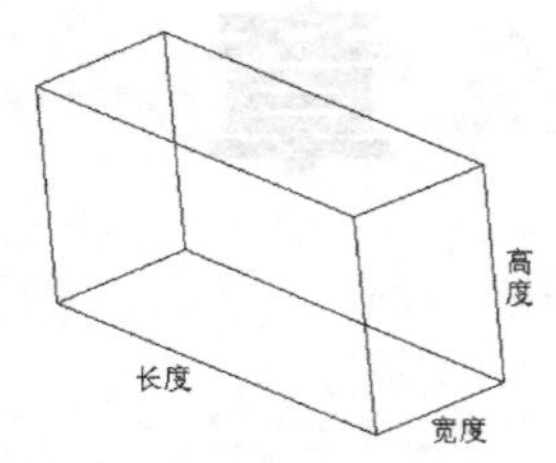

图14-3 使用“长度”选项创建的长方体

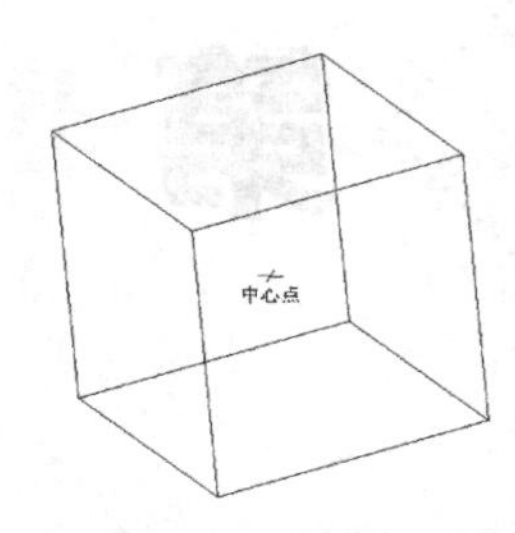

图14-4 使用“中心点”选项创建的长方体

14.1.2 圆柱体

1. 执行方式

命令行：CYLINDER

菜单：绘图→建模→圆柱体

工具条：建模→圆柱体

2. 操作步骤

```
命令：CYLINDER↙
指定底面的中心点或［三点(3P)/两点(2P)/切点、切点、半径（T）/椭圆（E）］：
```

3. 选项说明

（1）中心点：输入底面圆圆心的坐标，此选项为系统的默认选项。然后指定底面圆的半径及圆柱体高度，系统按指定的高度创建圆柱体，且圆柱体的中心线与当前坐标系的*Z*轴平行，如图14-5所示。也可以通过指定顶部和底面圆的圆心来确定圆柱体的高度。系统根据圆柱体两个端面的中心位置来创建圆柱体，该圆柱体的中心线就是两个端面与*Z*轴相互平行的连线，如图14-6所示。

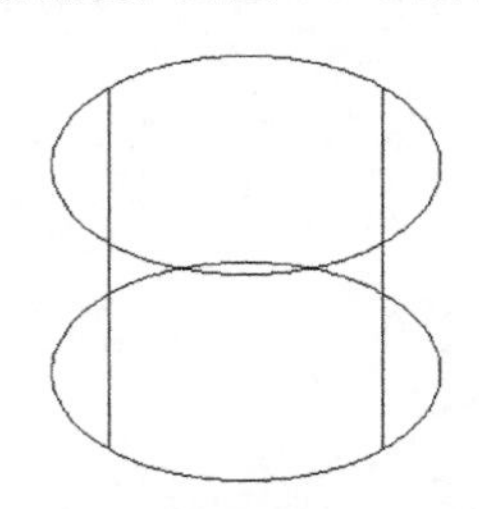

图14-5 按指定的高度创建圆柱体

（2）椭圆：绘制椭圆柱体。其中端面椭圆绘制方法与平面椭圆一样，结果如图 14-7 所示。

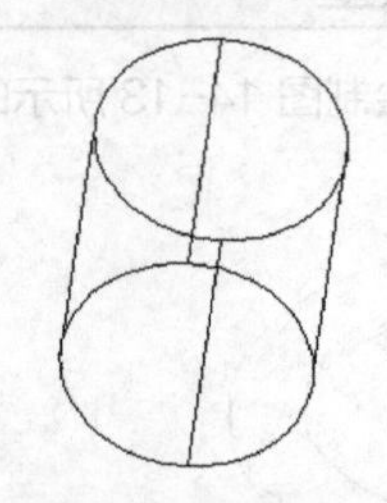

图 14-6 指定圆柱体另一个端面的中心位置

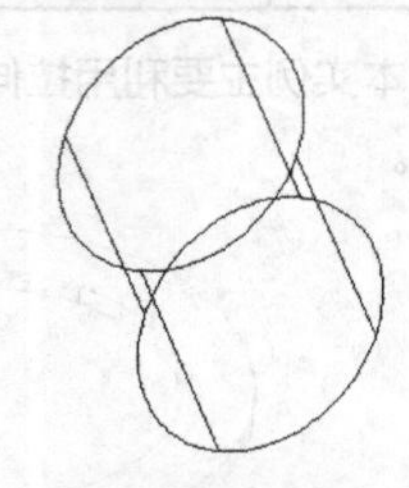

图 14-7 椭圆柱体

其他的基本实体，如楔体、圆锥体、球体、圆环体等的绘制方法与上面讲述的长方体和圆柱体类似，不再赘述。

14.1.3 实例——绘制石凳

绘制图 14-8 所示的石凳。

图 14-8 石凳

操作步骤

❶ 在命令行中输入 ISOLINES 后回车，设置线密度为 115。命令行提示与操作如下：

```
命令：ISOLINES ↙
输入 ISOLINES 的新值 <4>：115 ↙
```

❷ 用圆锥命令 CONE 绘制圆台面，命令行提示与操作如下：

```
命令：_CONE ↙
指定底面的中心点或［三点（3P）/ 两点（2P）/ 切点、切点、半径（T）/ 椭圆（E）］：0，0，0 ↙
指定底面半径或［直径（D）］：10 ↙
指定高度或［两点（2P）/ 轴端点（A）/ 顶面半径（T）]：T ↙
指定顶面半径：5 ↙
指定高度或［两点（2P）/ 轴端点（A）］：20 ↙
```

❸ 改变视图。选择菜单栏中的“视图”→“三维视图”→“西南等轴测”命令。结果如图 14-9 所示。

❹ 用圆锥命令 CONE，绘制以（0，0，20）为圆心、底面半径为 5、顶面半径为 10、高度为 20 的圆台，绘制结果如图 14-10 所示。

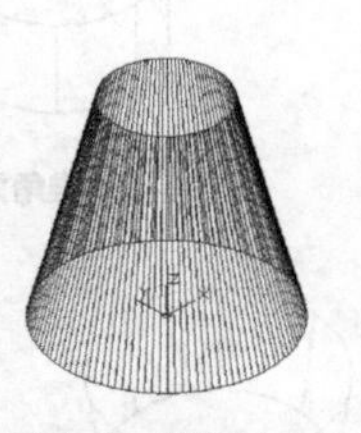

图 14-9 绘制圆台（1）

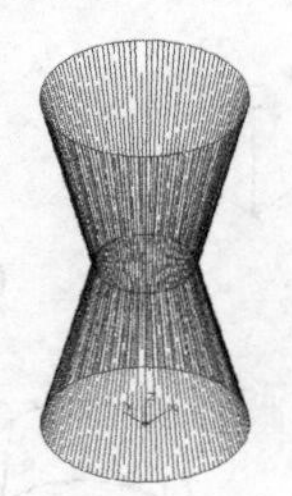

图 14-10 绘制圆台（2）

❺ 用圆柱体命令 CYLINDER，绘制以（0，0，40）为圆心、半径为 20、高度为 5 的圆柱，命令行提示与操作如下：

```
命令：_CYLINDER ↙
指定底面的中心点或 ［三点(3P)/ 两点(2P)/ 切点、切点、半径（T）/ 椭圆（E）］：0，0，40 ↙
指定底面半径或 ［直径（D）］ <30.0000>：20 ↙
指定高度或 ［两点(2P)/ 轴端点(A)］ <-50.0000>：5 ↙
```

绘制结果如图 14-8 所示。

14.2 特征操作

特征操作命令包括拉伸、旋转、扫掠、放样等，这类命令的一个基本思想是利用二维图形生成三维实体建模。

14.2.1 拉伸

1. 执行方式

命令行：EXTRUDE

菜单：绘图→建模→拉伸

工具栏：建模→拉伸

2. 操作步骤

```
命令：EXTRUDE ↙
当前线框密度：ISOLINES=4，闭合轮廓创建模式 = 实体
选择要拉伸的对象或（模式MO)：_MO 闭合轮廓创建模式 ［实体（SO）/ 曲面（SU)］<实体>：_SO ↙
选择要拉伸的对象或 ［模式（MO）］：（选择要拉伸的对象后按 Enter 键）
```

```
指定拉伸的高度或 [方向(D)/路径(P)/倾斜角(T)/表达式(E)]：P↙
选择拉伸路径或 [倾斜角(T)]：
```

3. 选项说明

（1）模式（MO）：指定要拉伸的对象是实体还是曲面。

（2）指定拉伸的高度：按指定的高度拉伸出三维实体或曲面对象。输入高度值后，根据实际需要，指定拉伸的倾斜角度。如果指定的角度为 0°，则把二维对象按指定的高度拉伸成柱体；如果输入角度值，拉伸后的实体截面沿拉伸方向按此角度变化，成为一个棱台或圆台体。图 14-11 所示为不同倾斜角度拉伸圆的结果。

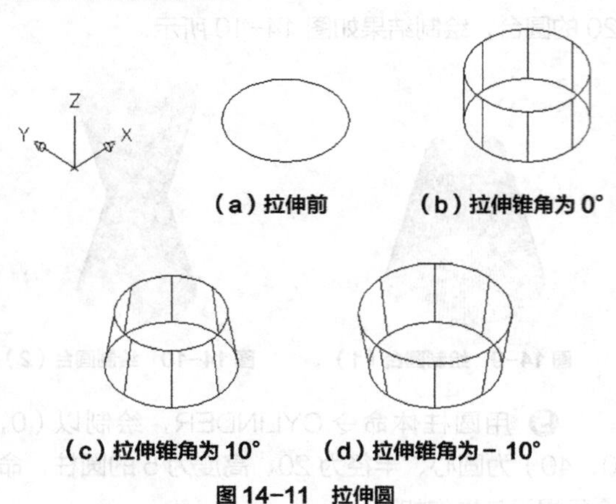

（a）拉伸前　（b）拉伸锥角为 0°

（c）拉伸锥角为 10°　（d）拉伸锥角为 – 10°

图 14-11　拉伸圆

（3）方向（D）：指定两点确定拉伸的长度和方向。

（4）路径（P）：拉伸现有图形对象创建三维实体或曲面对象，图 14-12 所示为沿圆弧曲线路径拉伸圆的结果。

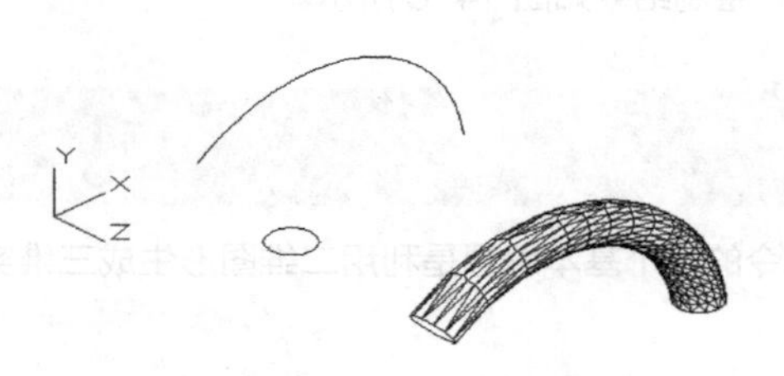

（a）拉伸前　（b）拉伸后

图 14-12　沿路径曲线拉伸

（5）倾斜角（T）：用于指定拉伸的倾斜角。

（6）表达式（E）：输入公式或方程式以指定拉伸高度。

14.2.2 实例——绘制胶垫

本实例主要利用拉伸命令绘制图 14-13 所示的胶垫。

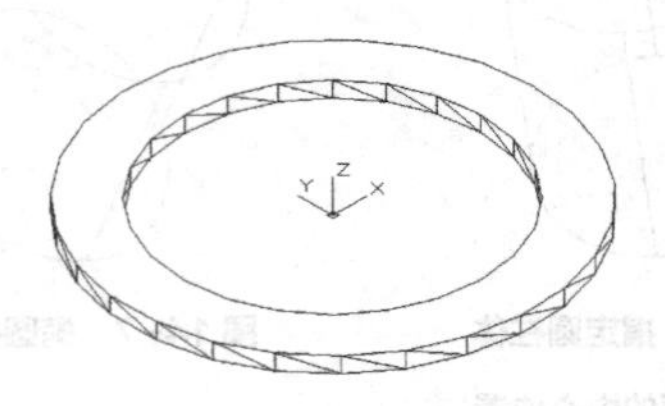

图 14-13　胶垫

操作步骤

❶ 设置线框密度，默认值是 4，更改为 10。

❷ 绘制图形。

（1）单击“绘图”工具栏中的“圆”按钮，以坐标原点为圆心，分别绘制半径为 25 和 18.5 的圆，如图 14-14 所示。

（2）将视图切换到西南等轴测，单击“建模”工具栏中的“拉伸”按钮，将两个圆向上拉伸 2，如图 14-15 所示。命令行提示与操作如下：

```
命令：EXTRUDE↙
当前线框密度： ISOLINES=10，闭合轮廓创建模式 = 实体
选择要拉伸的对象或 [模式(MO)]：_MO↙
闭合轮廓创建模式 [实体(SO)/曲面(SU)] <实体>：_SO↙
选择要拉伸的对象或 [模式(MO)]：(选取两个圆)
选择要拉伸的对象或 [模式(MO)]：
指定拉伸的高度或 [方向(D)/路径(P)/倾斜角(T)/表达式(E)]：2↙
```

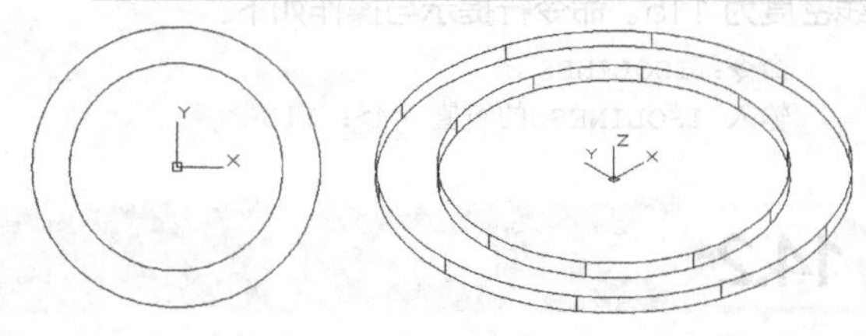

图 14-14　绘制轮廓线　图 14-15　拉伸实体

（3）单击“实体编辑”工具栏中的“差集”按钮，将拉伸后的大圆和小圆取差集，命令行提示与操作如下：

```
命令：SUBTRACT↙
选择要从中减去的实体、曲面和面域 ...
选择对象：(选取拉伸后的大圆柱体)
选择对象：
```

```
选择要减去的实体、曲面和面域 ...
选择对象：（选取拉伸后的小圆柱体）
选择对象：
```

结果如图 14-13 所示。

14.2.3 旋转

1. 执行方式

命令行：REVOLVE

菜单：绘图→建模→旋转

工具栏：建模→旋转

2. 操作步骤

```
命令：REVOLVE ↙
当前线框密度：ISOLINES=4，闭合轮廓创建模式 = 实体
选择要旋转的对象［模式（MO）］：_MO 闭合轮廓创建模式［实体（SO）/ 曲面（SU）］<实体>：_SO
选择要旋转的对象［模式（MO）］：（选择绘制好的二维对象）
选择要旋转的对象［模式（MO）］：（继续选择对象或按 Enter 键结束选择）
指定轴起点或根据以下选项之一定义轴 ［对象（O）/X/Y/Z］ <对象>：
```

3. 选项说明

（1）模式（MO）：指定要旋转的对象是实体还是曲面。

（2）指定轴起点：指定两个点来定义旋转轴，系统将按指定的倾斜角和旋转轴旋转二维对象。

（3）对象（O）：选择已经绘制好的直线或直线段为旋转轴。

（4）X/Y/Z：将二维对象绕当前坐标系（UCS）的 *X/Y/Z* 轴旋转，图 14-16 所示为矩形沿平行于 *X* 轴的轴线旋转的结果。

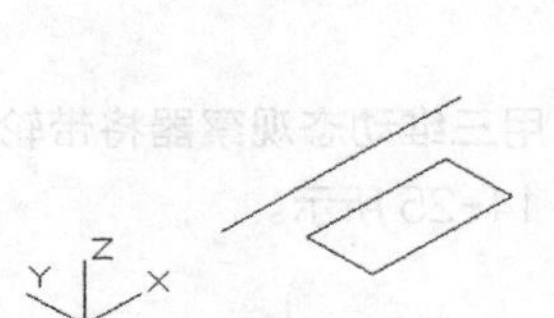

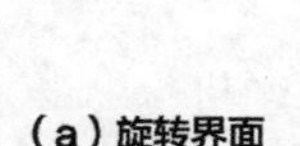

（a）旋转界面　　（b）旋转后的实体

图 14-16　旋转体

14.2.4 实例——绘制带轮

绘制图 14-17 所示的带轮。

操作步骤

❶ 绘制截面轮廓

（1）用多段线命令 PLINE 绘制带轮轮廓线，在命令行提示下依次输入坐标（0，0），（0，240），（250，240），（250，220），（210，207.5），（210，182.5），（250，170），（250，145），（210，132.5），（210，107.5），（250，95），（250，70），（210，57.5），（210，32.5），（250，20），（250，0）和 C，绘制结果如图 14-18 所示。

图 14-17　带轮　　图 14-18　带轮轮廓线

（2）用旋转命令 REVOLVE 绘制轮廓线。命令行提示与操作如下：

```
命令：REVOLVE ↙
当前线框密度：ISOLINES=4，闭合轮廓创建模式 = 实体
选择要旋转的对象或［模式（MO）］：（选择轮廓线）
选择要旋转的对象或［模式（MO）］：↙
指定轴起点或根据以下选项之一定义轴 ［对象（O）/X/Y/Z］ <对象>：0，0 ↙
指定轴端点：0，240 ↙
指定旋转角度或 ［起点角度（ST）］ <360>：↙
```

（3）改变视图方向。选择菜单栏中的“视图”→“三维视图”→“西南等轴测”命令。

（4）用消隐命令 HIDE 对实体进行消隐，结果如图 14-19 所示。

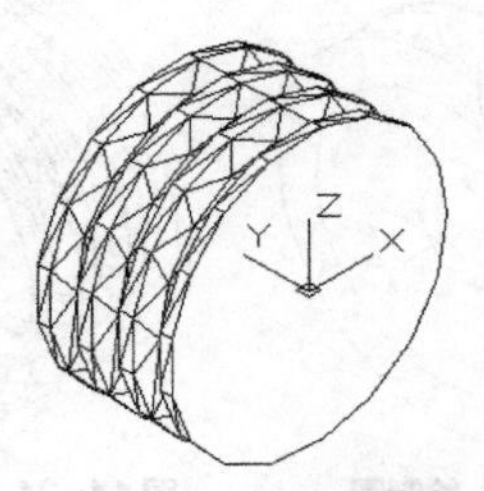

图 14-19　消隐后的带轮

❷ 绘制轮毂

（1）用设置坐标命令 UCS 建立新的用户坐标系。命令行提示与操作如下：

```
命令：UCS ↙
当前 UCS 名称：* 世界 *
```

```
指定 UCS 的原点或 [面(F)/命名(NA)/对象(OB)/上一个(P)/视图(V)/世界(W)/X/Y/Z/Z 轴(ZA)]<世界>: x↙
指定绕 X 轴的旋转角度 <90>: ↙
```

（2）用画圆命令 CIRCLE 画一个以圆点为圆心、半径为 190 的圆。

（3）用画圆命令 CIRCLE 画一个以（0，0，-250）为圆心、半径为 190 的圆。

（4）用画圆命令 CIRCLE 画一个以（0，0，-45）为圆心、半径为 50 的圆。

（5）用画圆命令 CIRCLE 画一个以（0，0，-45）为圆心、半径为 80 的圆，如图 14-20 所示。

（6）用拉伸命令 EXTRUDE 拉伸绘制好的圆。命令行提示与操作如下：

```
命令：EXTRUDE↙
当前线框密度： ISOLINES=4，闭合轮廓创建模式=实体
选择要拉伸的对象或 [模式(MO)]：（选择离原点较近的半径为 190 的圆）
选择要拉伸的对象或 [模式(MO)]：↙
指定拉伸的高度或 [方向(D)/路径(P)/倾斜角(T)/表达式(E)]：-85↙
```

将离原点较近的半径为 190 的圆拉伸，高度为 85。将半径为 50 和 80 的圆拉伸，高度均为 -160，图形如图 14-21 所示。

（7）利用差集命令 SUBTRACT 将带轮主体与半径为 190 拉伸的圆的实体取差集。利用并集 UNION 命令将带轮主体与半径为 80 拉伸的圆的实体取并集，利用差集命令 SUBTRACT 将带轮主体与半径为 50 拉伸的圆的实体取差集。

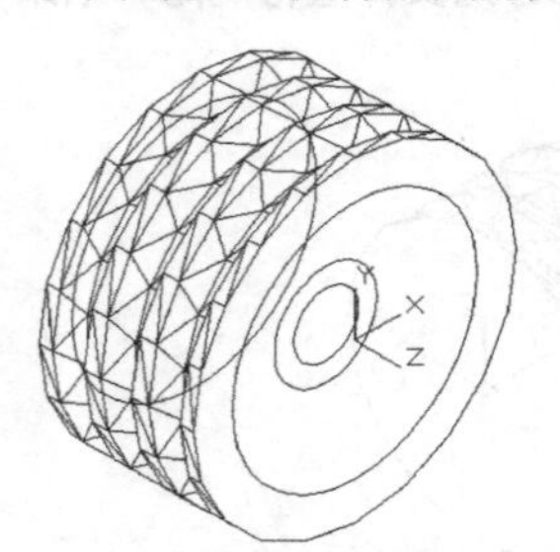

图 14-20 绘制圆

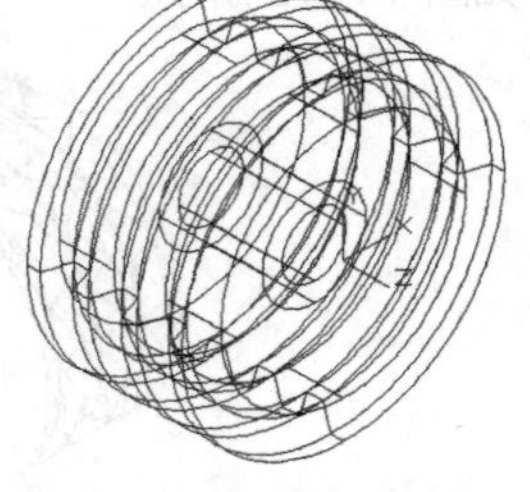

图 14-21 拉伸后的实体

❸ 绘制孔

（1）改变视图的观察方向。选择菜单栏中的“视图”→“三维视图”→“平面视图”→“当前 UCS”命令。

（2）用画圆命令 CIRCLE 画 3 个以原点为圆心，半径分别为 170、100 和 135 的圆。

（3）用画圆命令 CIRCLE 画一个以（135，0）为圆心、半径为 35 的圆。

（4）用复制命令 COPY 复制刚刚绘制的圆，并将其圆心放在原点。

（5）用移动命令 MOVE 移动半径为 35 的圆，移动位移 @135<60。

（6）用修剪命令 TRIM 修剪删除掉多余的线段，如图 14-22 所示。

（7）用编辑多段线命令 PEDIT 将弧形孔的边界编辑成一条封闭的多段线。

（8）用环形阵列命令 ARRAY 阵列弧形面。在命令行中输入 ARRAY 或直接单击阵列图标根据命令行提示设置环形阵列，中心点为（0，0），项目总数为 3，如图 14-23 所示。

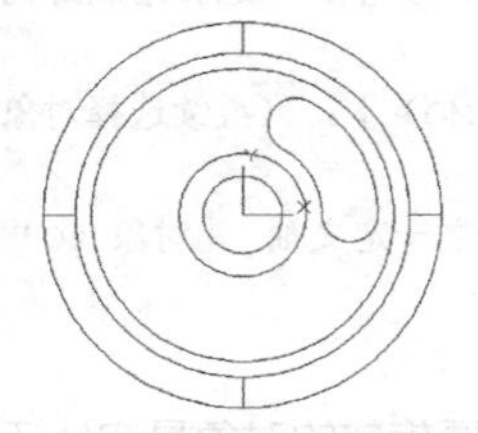

图 14-22 弧形的边界

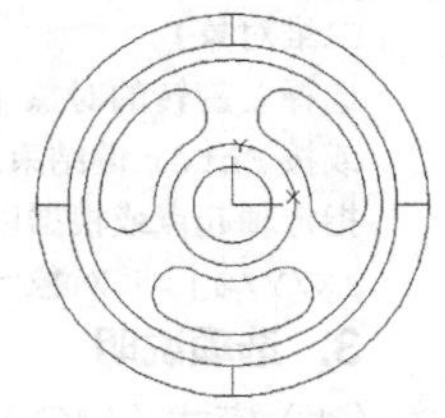

图 14-23 弧形面阵列图

（9）用拉伸命令 EXTRUDE 拉伸绘制的 3 个弧形面，拉伸高度均为 -240。

（10）改变视图的观察方向。选择菜单栏“视图”→“三维视图”→“西南等轴测”命令。

（11）对实体的边框进行着色。选择菜单栏“修改”→“实体编辑”→“着色面”命令，结果如图 14-24 所示。

（12）用差集命令 SUBTRACT 取 3 个弧形实体与带轮实体的差集。

（13）为便于观看，用三维动态观察器将带轮旋转一定角度，图形如图 14-25 所示。

图 14-24 弧形面拉伸后的图

图 14-25 求差集后的带轮

14.2.5 扫掠

1. 执行方式

命令行：SWEEP

菜单：绘图→建模→扫掠

工具栏：建模→扫掠

2. 操作步骤

命令：SWEEP↙
当前线框密度：ISOLINES=2000，闭合轮廓创建模式 = 实体
选择要扫掠的对象或 [模式（MO）]：_MO 闭合轮廓创建模式 [实体（SO）/曲面（SU）] <实体>：_SO
选择要扫掠的对象或 [模式（MO）]：（选择对象，如图 14-32（a）中圆）
选择要扫掠的对象或 [模式（MO）]：↙
选择扫掠路径或 [对齐（A）/基点（B）/比例（S）/扭曲（T）]：（选择对象，如图14-26(a) 中螺旋线）

扫掠结果如图 14-26（b）所示。

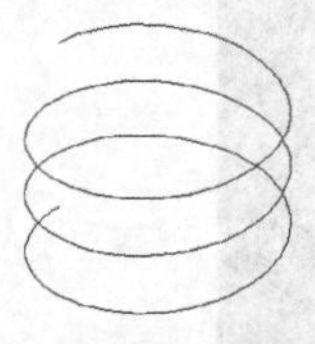

（a）对象和路径

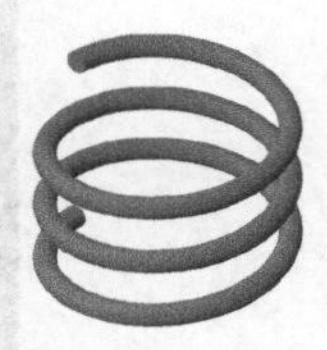

（b）结果

图 14-26 扫掠

3. 选项说明

（1）模式（MO）：指定扫掠对象为实体还是曲面。

（2）对齐（A）：指定是否对齐轮廓以使其作为扫掠路径切向的法向。默认情况下，轮廓是对齐的。选择该选项，命令行提示：

扫掠前对齐垂直于路径的扫掠对象 [是（Y）/否（N）] <是>：（输入N指定轮廓无须对齐或按 Enter 键指定轮廓将对齐）

注意 如果轮廓曲线不垂直于（法线指向）路径曲线起点的切向，轮廓曲线将自动对齐。出现对齐提示时应输入 N 以避免该情况的发生。

（3）基点（B）：指定要扫掠的对象的基点。如果指定的点不在选定对象所在的平面上，则该点将被投影到该平面上。选择该选项，命令行提示：

指定基点：（指定选择集的基点）

（4）比例（S）：指定比例因子以进行扫掠操作。从扫掠路径的开始到结束，比例因子将统一应用到扫掠的对象。选择该选项，命令行提示：

输入比例因子或 [参照（R）] <1.0000>：（指定比例因子、输入 r 调用参照选项或按 Enter 键指定默认值）

其中“参照（R）”选项表示通过拾取点或输入值来根据参照的长度缩放选定的对象。

（5）扭曲（T）：指定正被扫掠的对象的扭曲角度。扭曲角度指定了沿扫掠路径全部长度的旋转量。选择该选项，命令行提示：

（输入扭曲角度或允许非平面扫掠路径倾斜 [倾斜（B）] <n>：（指定小于 360 的角度值、输入 b 选择倾斜选项或按 Enter 键指定默认角度值）

“倾斜”（B）指定被扫掠的曲线是否沿三维扫掠路径（三维多线段、三维样条曲线或螺旋）自然倾斜（旋转）。图 14-27 所示为扭曲扫掠示意图。

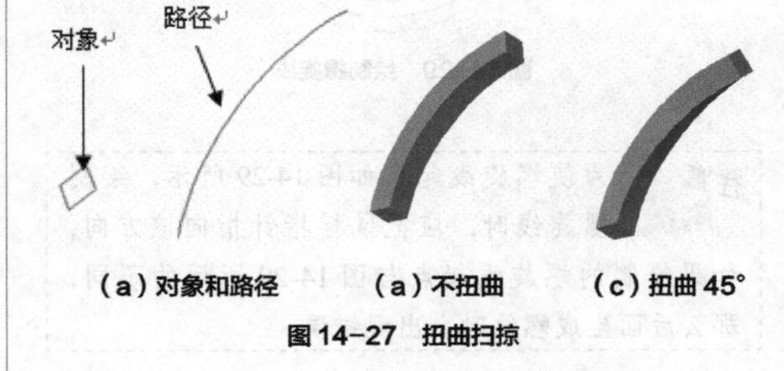

（a）对象和路径 （a）不扭曲 （c）扭曲 45°

图 14-27 扭曲扫掠

14.2.6 实例——绘制六角螺栓

绘制图 14-28 所示的六角螺栓。

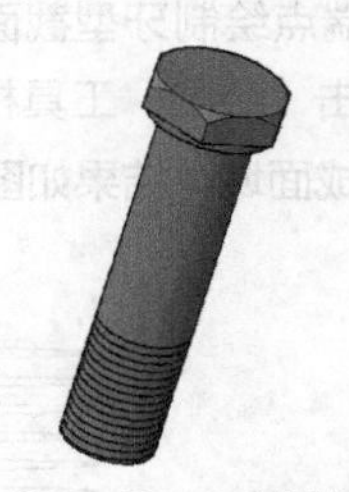

图 14-28 六角螺栓

操作步骤

❶ 设置线框密度为 10。

❷ 单击“视图”工具栏中的“西南等轴测”按钮，将当前视图方向设置为西南等轴测视图。

❸ 创建螺纹。

（1）单击“建模”工具栏中“螺旋”按钮，绘制螺纹轮廓，命令行提示与操作如下：

命令：HELIX
圈数 = 3.0000 扭曲 =CCW

```
指定底面的中心点：0，0，-1↙
指定底面半径或 [直径（D）] <1.0000>：5↙
指定顶面半径或 [直径（D）] <5.0000>：
指定螺旋高度或 [轴端点（A）/圈数（T）/圈高（H）/扭曲（W）] <1.0000>：t↙
输入圈数 <3.0000>：17↙
指定螺旋高度或 [轴端点（A）/圈数（T）/圈高（H）/扭曲（W）] <1.0000>：17↙
```

结果如图 14-29 所示。

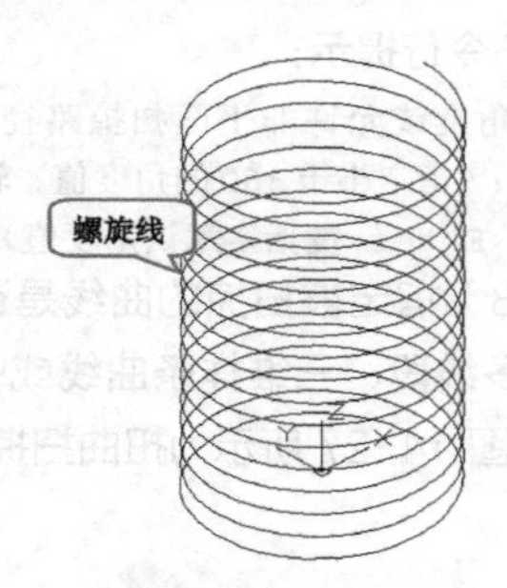

图 14-29 绘制螺旋线

注意 为使螺旋线起点如图 14-29 所示，绘制螺旋线时，应把鼠标指针指向该方向，如果绘制的螺旋线起点与图 14-29 所示的不同，那么后面生成螺纹时会出现错误。

（2）单击“视图”工具栏中的“前视”按钮，将视图切换到前视图。

（3）单击“绘图”工具栏中的“直线”按钮，捕捉螺旋线的上端点绘制牙型截面轮廓，尺寸如图 14-30 所示；单击“绘图”工具栏中的“面域”按钮，将其创建成面域，结果如图 14-31 所示。

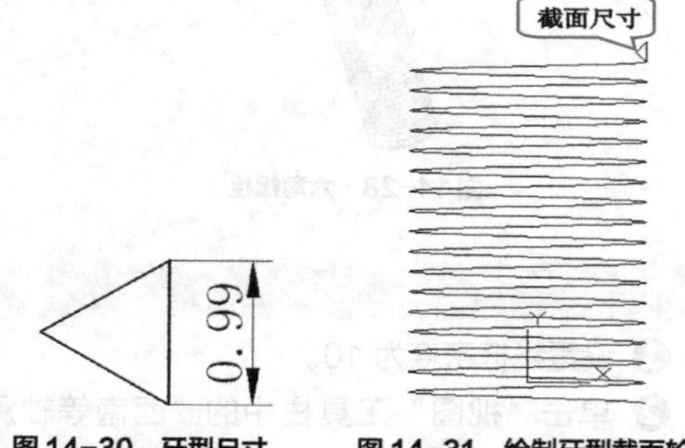

图 14-30 牙型尺寸　　图 14-31 绘制牙型截面轮廓

注意 理论上讲，螺旋线的圈高是 1，图 14-30 中的牙型尺寸可以设为 1，但由于存在计算机计算误差，如果牙型尺寸设置成 1，会导致螺纹无法生成。

（4）单击“视图”工具栏中的“西南等轴测”按钮，将视图切换到西南等轴测视图。

（5）单击“建模”工具栏中的“扫掠”按钮，命令行提示与操作如下：

```
命令：SWEEP↙
当前线框密度：ISOLINES=2000，闭合轮廓创建模式 = 实体
选择要扫掠的对象或 [模式（MO）]：_MO 闭合轮廓创建模式 [实体（SO）/曲面（SU）] <实体>：_SO
选择要扫掠的对象或 [模式（MO）]：（选择对象，如图 14-30 所示绘制的牙型）
选择要扫掠的对象或 [模式（MO）]：↙
选择扫掠路径或 [对齐（A）/基点（B）/比例（S）/扭曲（T）]：（选择对象，图 14-29 所示的螺旋线）
```

扫掠结果如图 14-32 所示。

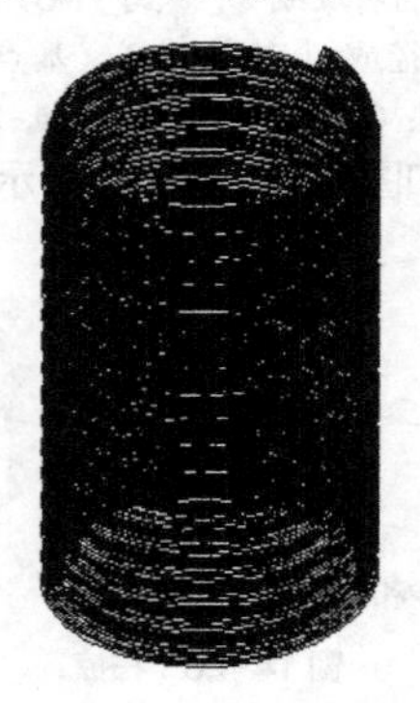

图 14-32 扫掠实体

注意 在进行这一步操作时，扫掠出的实体容易扭曲，无法形成螺纹，原因是没有严格按照前面讲述操作。

（6）创建圆柱体。单击“建模”工具栏中的“圆柱体”按钮，以坐标点（0，0，0）为底面中心点，创建半径为 5、轴端点为（@0，15，0）的圆柱体 1；以坐标点（0，0，0）为底面中心点，创建半径为 6、轴端点为（@0，-3，0）的圆柱体 2；以坐标点（0，15，0）为底面中心点创建半径为 6、轴端点为（@0，3，0）的圆柱体 3，如图 14-33 所示。

（7）布尔运算处理。单击“实体编辑”工具栏中的“差集”按钮，将半径为 5 的圆柱体 1 减去螺纹。

（8）单击“实体编辑”工具栏中的“差集”按钮，从主体中减去半径为 6 的圆柱体 2、3，消隐后结果如图 14-34 所示。

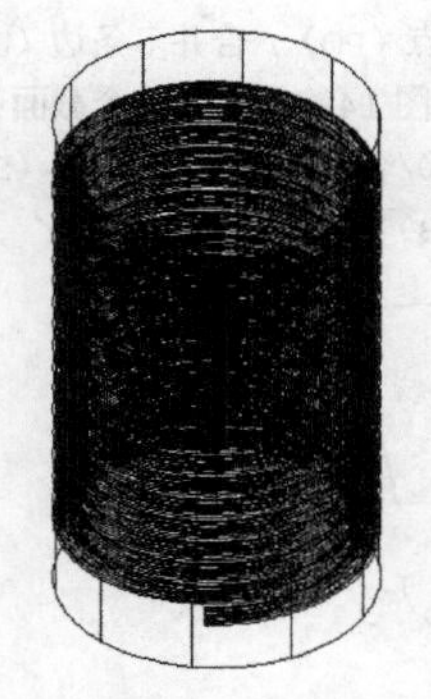

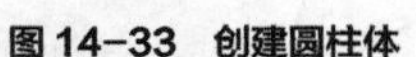

图 14-33 创建圆柱体

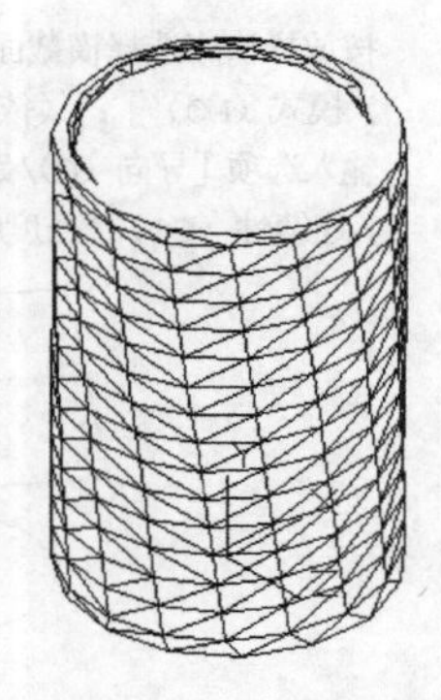

图 14-34 差集结果

❹ 绘制中间柱体。

单击“建模”工具栏中的“圆柱体”按钮，绘制底面中心点在（0，0，0）、半径为5、顶圆中心点为（@0，-25，0）的圆柱体4，消隐后结果如图14-35所示。

❺ 绘制螺栓头部。

（1）在命令行中输入UCS命令后回车，返回世界坐标系。

（2）单击“建模”工具栏中的“圆柱体”按钮，以坐标点（0，0，-26）为底面中心点，创建半径为7、高度为1的圆柱体5，消隐后结果如图14-36所示。

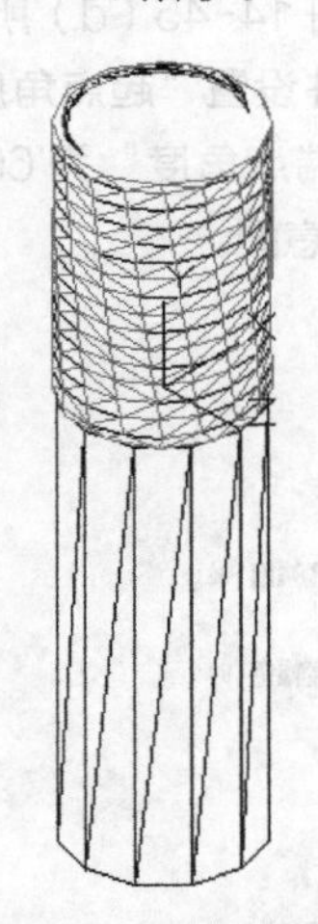

图 14-35 绘制圆柱体4

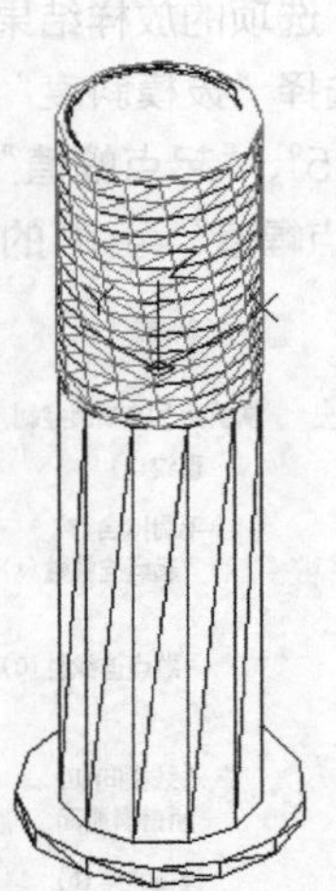

图 14-36 绘制圆柱体5

（3）单击“绘图”工具栏中的“多边形”按钮，以坐标点（0，0，-26）为中心点，创建内切圆半径为8的正六边形，如图14-37所示。

（4）单击“建模”工具栏中的“拉伸”按钮，向上拉伸上步绘制的六边形截面，高度为5，消隐结果如图14-38所示。

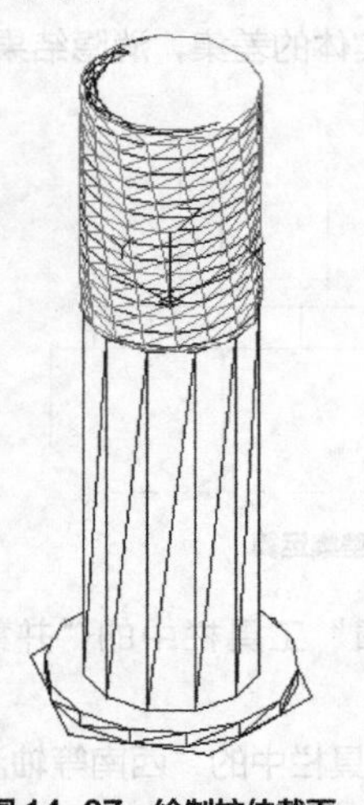

图 14-37 绘制拉伸截面

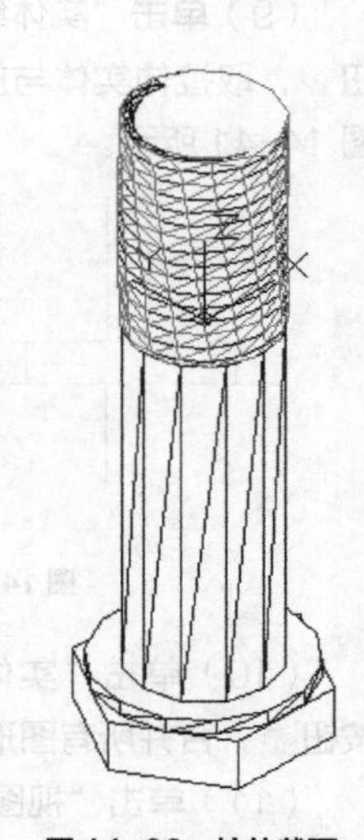

图 14-38 拉伸截面

（5）单击“视图”工具栏中的“前视”按钮，设置当前视图为前视图。

（6）单击“绘图”工具栏中的“直线”按钮，绘制直角边长为1的等腰直角三角形，结果如图14-39所示。

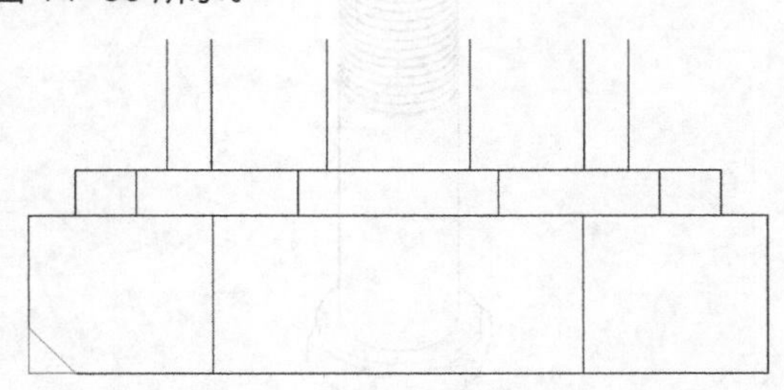

图 14-39 绘制旋转截面

（7）单击“绘图”工具栏中的“面域”按钮，将上步绘制的等腰直角三角形截面创建为面域。

（8）单击“建模”工具栏中的“旋转”按钮，选择上步绘制的等腰直角三角形，以*X*轴为旋转轴，旋转角度为360°，旋转该三角形，消隐结果如图14-40所示。

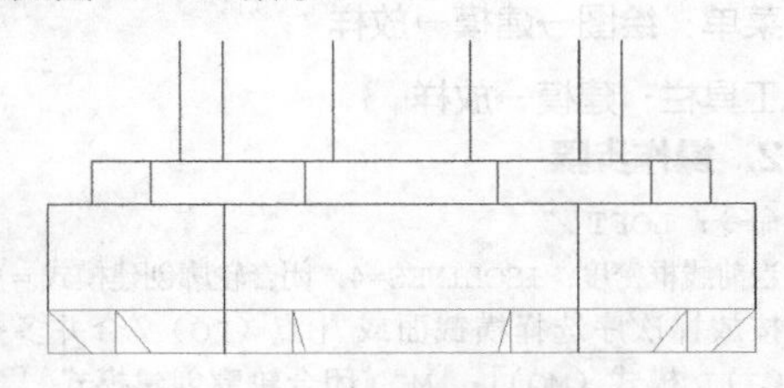

图 14-40 旋转截面

（9）单击“实体编辑”工具栏中的“差集”按钮，取拉伸实体与旋转实体的差集，消隐结果如图 14-41 所示。

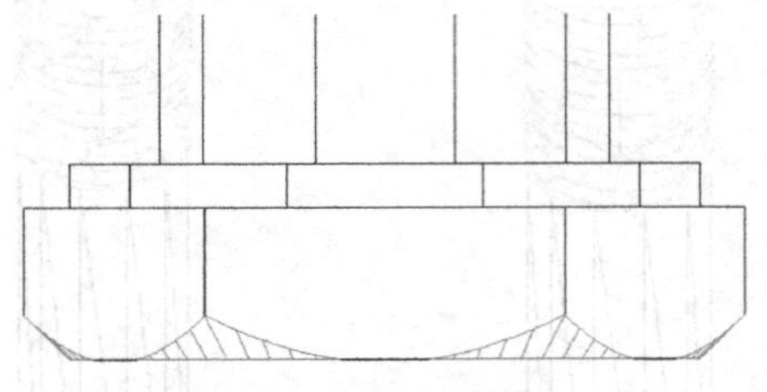

图 14-41　差集运算

（10）单击“实体编辑”工具栏中的“并集”按钮，合并所有图形。

（11）单击“视图”工具栏中的“西南等轴测”按钮，将当前视图设置为西南等轴测视图。

（12）选择菜单栏中的“视图”→“视觉样式”→“消隐”命令，对合并实体进行消隐处理，结果如图 14-42 所示。

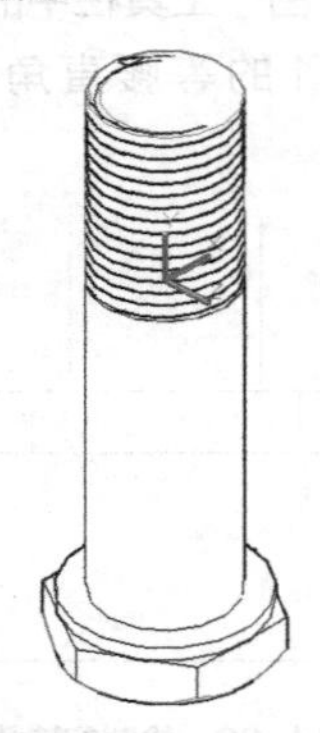

图 14-42　隐藏并集图形

（13）选择菜单栏中的“视图”→“视觉样式”→“概念”命令，最终效果如图 14-28 所示。

14.2.7 放样

1. 执行方式

命令行：LOFT

菜单：绘图→建模→放样

工具栏：建模→放样

2. 操作步骤

命令：LOFT↙
当前线框密度：ISOLINES=4，闭合轮廓创建模式 = 实体
按放样次序选择横截面或 [点（PO）/ 合并多条边（J）/ 模式（MO）]：_MO 闭合轮廓创建模式 [实体（SO）/ 曲面（SU）] <实体>：_SO↙
按放样次序选择横截面或 [点（PO）/ 合并多条边（J）/ 模式（MO）]：（依次选择图 14-43 中的 3 个截面）
输入选项 [导向（G）/ 路径（P）/ 仅横截面（C）/ 设置（S）/ 连续性（CO）/ 凸度幅值（B）] <仅横截面>：S↙

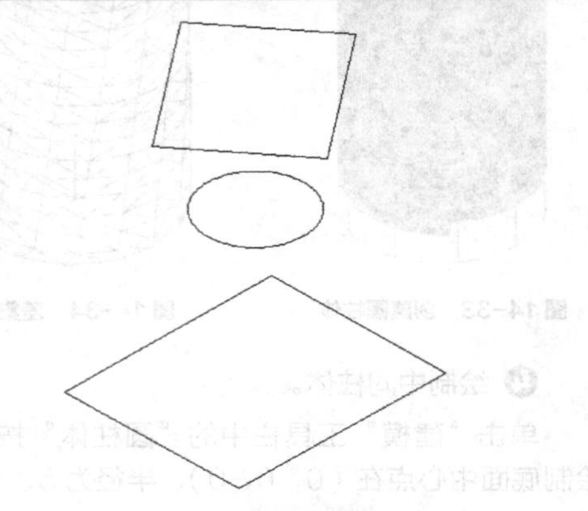

图 14-43　选择截面

3. 选项说明

（1）设置（S）：选择该选项，打开“放样设置”对话框，如图 14-44 所示。其中有 4 个单选按钮选项，图 14-45（a）所示为选择“直纹”单选按钮的放样结果示意图，图 14-45（b）所示为选择“平滑拟合”单选按钮的放样结果示意图，图 14-45（c）所示为选择“法线指向”单选按钮中的“所有横截面”选项的放样结果示意图，图 14-45（d）所示为选择“拔模斜度”单选按钮并设置“起点角度”为 45°、“起点幅值”为 10、“端点角度”为 60°、“端点幅值”为 10 的放样结果示意图。

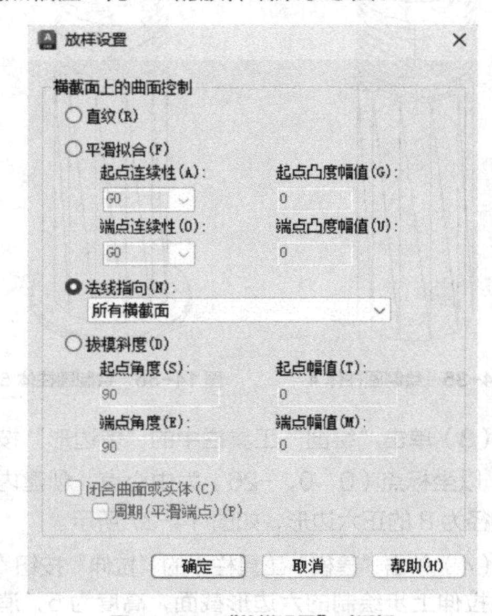

图 14-44　“放样设置”对话框

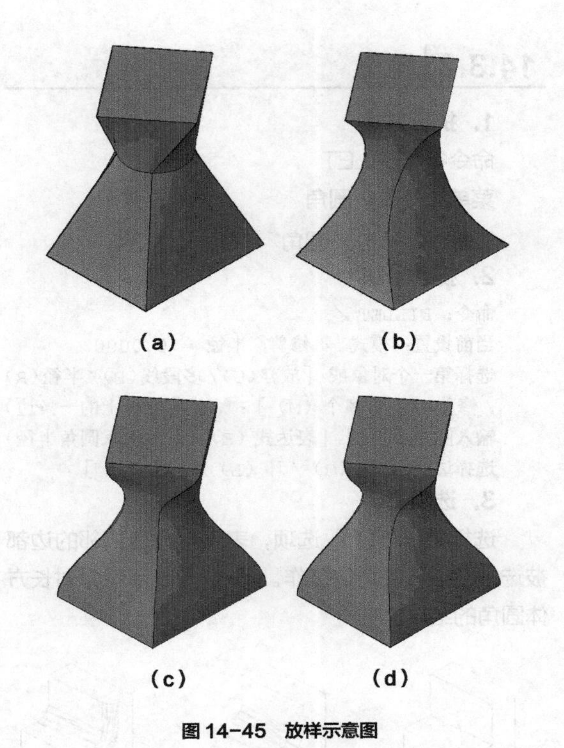

图 14-45 放样示意图

（2）导向（G）：指定控制放样实体或曲面形状的导向曲线。导向曲线可以是直线或曲线，可通过将其他线框指定为导向曲线来进一步完善实体或曲面形状，如图 14-46 所示。选择该选项，命令行提示：

```
选择导向曲线：（选择放样实体或曲面的导向曲线，然后按 Enter 键）
```

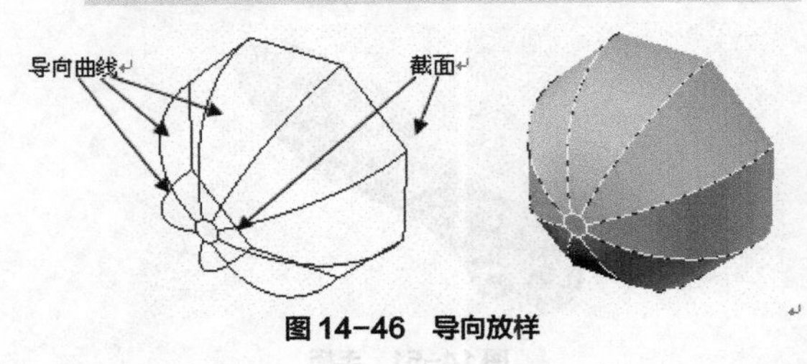

图 14-46 导向放样

路径曲线必须与横截面的所有平面相交。

（3）路径（P）：指定放样实体或曲面的单一路径，如图 14-47 所示。选择该选项，命令行提示：

```
选择路径：（指定放样实体或曲面的单一路径）
```

每条导向曲线必须满足以下条件才能正常工作：

◆与每个横截面相交；

◆从第一个横截面开始；

◆到最后一个横截面结束。

可以为放样曲面或实体选择任意数量的导向曲线。

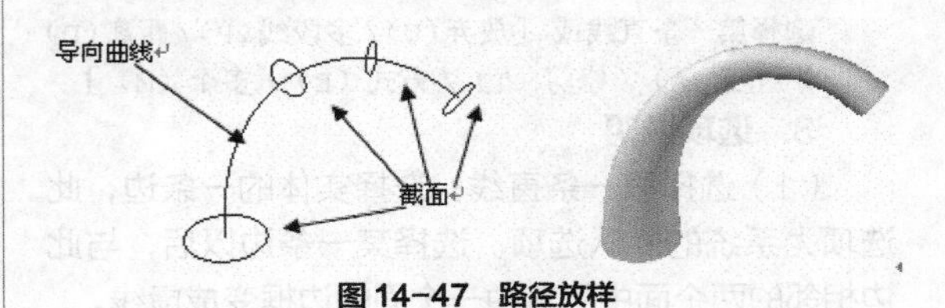

图 14-47 路径放样

14.2.8 拖曳

1. 执行方式

命令行：PRESSPULL

工具栏：建模→按住并拖动

2. 操作步骤

```
命令：PRESSPULL ↙
单击有限区域以进行按住或拖动操作。
已提取 1 个环。
```

选择有限区域后，按住鼠标并拖动，将相应的区域进行拉伸变形。图 14-48 所示为选择圆台上表面按住并拖动的结果。

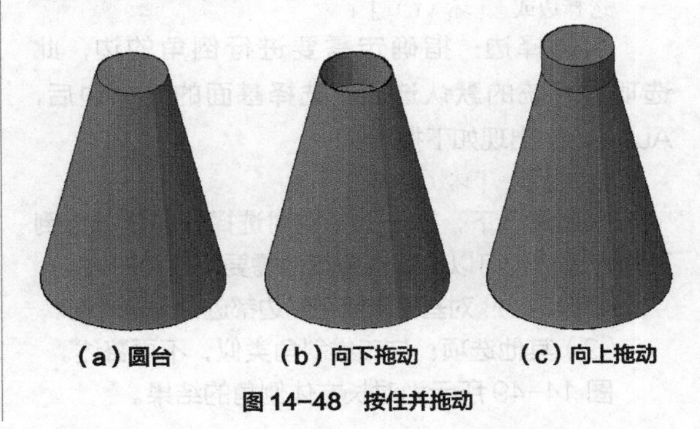

图 14-48 按住并拖动

14.3 三维倒角与圆角

与二维图形中用到的“倒角”命令和“倒圆”命令相似，三维实体建模中，也会用到这两个命令。命令虽然相同，但其执行方式还是有区别的，这里简要介绍。

14.3.1 倒角

1. 执行方式

命令行：CHAMFER

菜单：修改→倒角

工具栏：修改→倒角

2. 操作步骤

```
命令：CHAMFER↙
（"修剪"模式） 当前倒角距离 1 = 0.0000，距离 2 = 0.0000
选择第一条直线或 [放弃(U)/多段线(P)/距离(D)/角度(A)/修剪(T)/方式(E)/多个(M)]：
```

3. 选项说明

（1）选择第一条直线：选择实体的一条边，此选项为系统的默认选项。选择某一条边以后，与此边相邻的两个面中的其中一个面的边框变成虚线。

选择实体上要倒角的边后，命令行出现如下提示：

```
基面选择...
输入曲面选择选项 [下一个(N)/当前(OK)] <当前>：
```

该提示要求选择基面，默认选项是"当前（OK）"，即以虚线表示的面作为基面；如果选择"下一个（N）"，则以与所选边相邻的另一个面作为基面。

选择好基面后，出现如下提示：

```
指定基面的倒角距离 <2.0000>：（输入基面上的倒角距离）
指定其他曲面的倒角距离 <2.0000>：（输入与基面相邻的另外一个面上的倒角距离）
选择边或 [环(L)]：
```

①选择边：指确定需要进行倒角的边，此选项为系统的默认选项。选择基面的某一边后，AutoCAD 出现如下提示：

```
选择边或 [环(L)]：
```

在此提示下，按 Enter 键对选择好的边进行倒直角处理，也可以继续选择其他需要倒直角的边。

②环（L）：对基面上所有的边都进行倒角处理。

（2）其他选项：与二维斜角类似，不再赘述。

图 14-49 所示为对长方体倒角的结果。

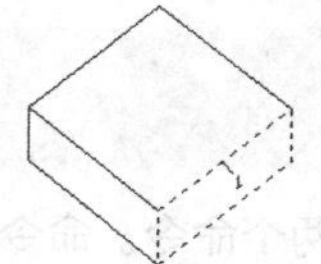
选择倒角边 1

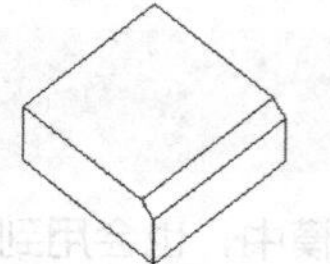
边倒角结果

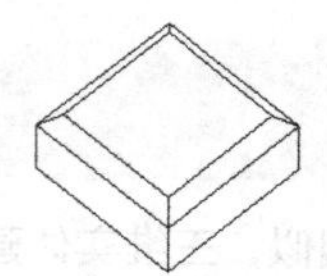
环倒角结果

图 14-49 对实体棱边作倒角

14.3.2 圆角

1. 执行方式

命令行：FILLET

菜单：修改→圆角

工具栏：修改→圆角

2. 操作步骤

```
命令：FILLET↙
当前设置：模式 = 修剪，半径 = 0.0000
选择第一个对象或 [放弃(U)/多段线(P)/半径(R)/修剪(T)/多个(M)]：（选择实体上的一条边）
输入圆角半径或 [表达式(E)]：（输入圆角半径）
选择边或 [链(C)/环(L)/半径(R)]：
```

3. 选项说明

选择"链（C）"选项，表示与此边相邻的边都被选中并进行圆角的操作。图 14-50 所示为对长方体圆角的结果。

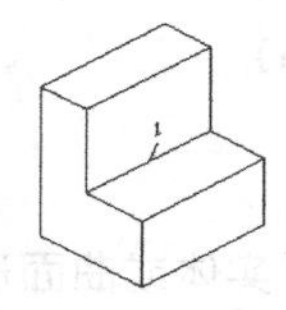
（a）选择倒圆角边 1

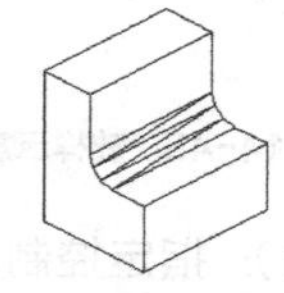
（b）边倒圆角结果

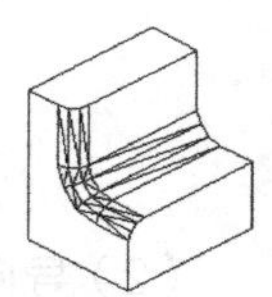
（c）链倒圆角结果

图 14-50 对实体棱边作圆角

14.3.3 实例——绘制手柄

绘制图 14-51 所示的手柄。

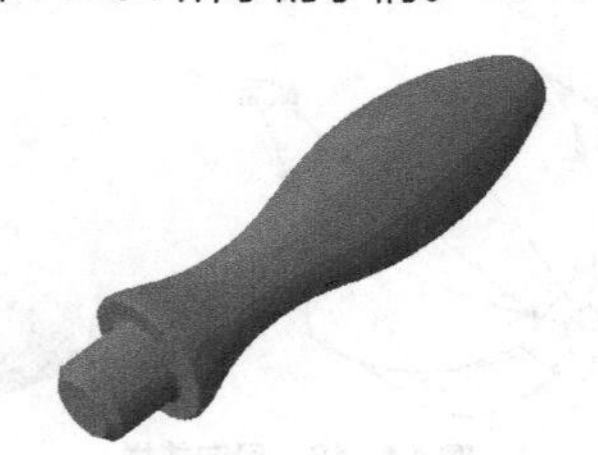
图 14-51 手柄

操作步骤

❶ 利用 ISOLINES 命令设置线框密度为 10。

❷ 绘制手柄把截面。

（1）单击"绘图"工具栏中的"圆"按钮，绘制半径为 13 的圆。

（2）单击"绘图"工具栏中的"构造线"按钮，过 R13 圆的圆心分别绘制一条竖直辅助线与水平辅助线。结果如图 14-52 所示。

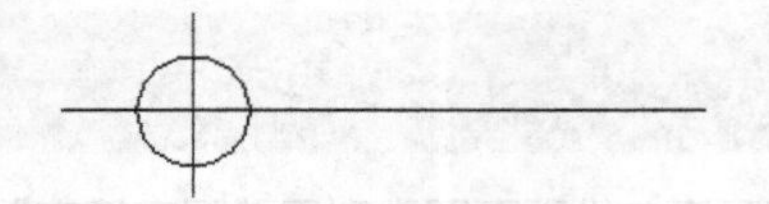

图 14-52 圆及辅助线

（3）单击“修改”工具栏中的“偏移”按钮，将竖直辅助线向右偏移 83。

（4）单击“绘图”工具栏中的“圆”按钮，捕捉最右边的竖直辅助线与水平辅助线的交点为圆心，绘制半径为 7 的圆，绘制结果如图 14-53 所示。

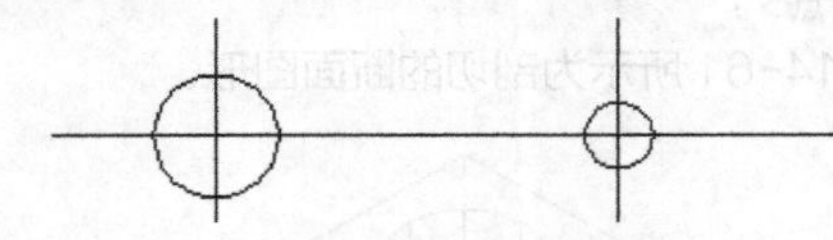

图 14-53 绘制 R7 圆

（5）单击“修改”工具栏中的“偏移”按钮，将水平辅助线向上偏移 13。

（6）单击“绘图”工具栏中的“圆”按钮，绘制与 R7 圆及偏移的水平辅助线相切、半径为 65 的圆；继续绘制与 R65 圆及 R13 圆相切、半径为 45 的圆，绘制结果如图 14-54 所示。

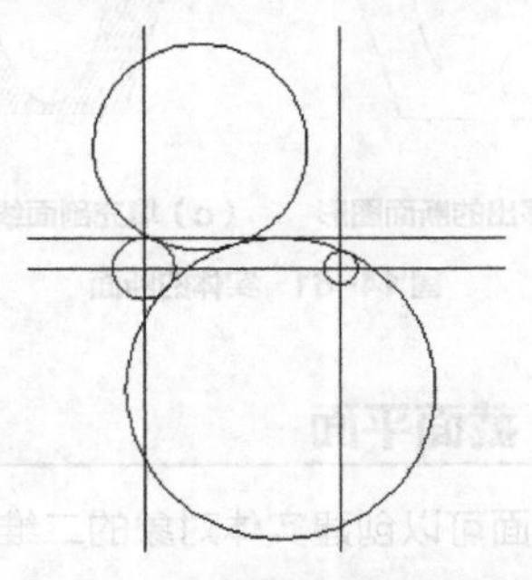

图 14-54 绘制 R65 及 R45 圆

（7）单击“修改”工具栏中的“修剪”按钮，对所绘制的图形进行修剪，修剪结果如图 14-55 所示。

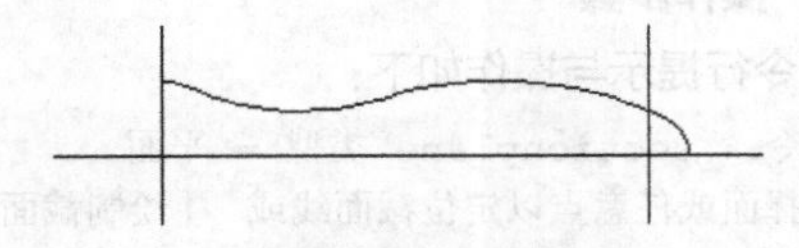

图 14-55 修剪图形

（8）单击“修改”工具栏中的“删除”按钮，删除辅助线。单击“绘图”工具栏中的“直线”按钮，绘制直线。

（9）单击“绘图”工具栏中的“面域”按钮，将全部图形创建成面域，结果如图 14-56 所示。

（10）单击“建模”工具栏中的“旋转”按钮，以水平线为旋转轴，旋转创建的面域，绘制柄体。单击“视图”工具栏中的“西南等轴测”按钮，切换到西南等轴测视图，如图 14-57 所示。

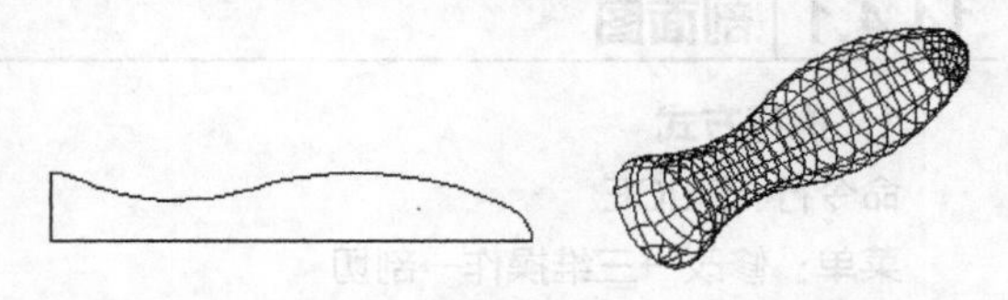

图 14-56 手柄把截面　　图 14-57 柄体

（11）单击“视图”工具栏中的“左视”按钮，切换到左视图。在命令行输入 UCS 后回车，命令行提示如下：

```
命令：UCS↙
输入选项 [新建（N）/移动（M）/正交（G）/上一个（P）/恢复（R）/保存（S）/删除（D）/应用（A）/?/世界（W）] <世界>：M↙
指定新原点或 [Z 向深度（Z）] <0，0，0>：（单击“对象捕捉”工具栏中的“捕捉到圆心”按钮）
_cen 于：（捕捉圆心）
```

（12）单击“建模”工具栏中的“圆柱体”按钮，以坐标原点为圆心，创建高为 15、半径为 8 的手柄头部。单击“视图”工具栏中的“西南等轴测”按钮，切换到西南等轴测视图，结果如图 14-58 所示。

（13）单击“修改”工具栏中的“倒角”按钮，对手柄头部进行倒角，倒角距离为 2，倒角结果如图 14-59 所示。

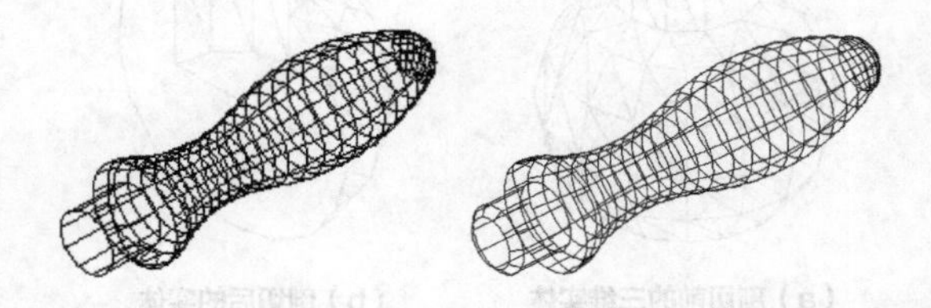

图 14-58 创建手柄头部　　图 14-59 倒角

（14）单击“建模”工具栏中的“并集”按钮，将手柄头部与手柄把进行并集运算。

（15）单击“修改”工具栏中的“圆角”按钮，将手柄头部与柄体的交线柄体端面圆进行倒圆角，圆角半径为 1。

（16）选择菜单栏中的“视图”→“视觉样式”→“概念”命令，最终效果如图 14-51 所示。

14.4 特殊视图

剖切断面是了解三维实体建模内部结构的一种常用方法，不同于二维平面图中利用“图案填充”等命令人为地去绘制断面图，设计三维实体建模时，可以根据已有的三维实体灵活地生成各种剖面图、断面图。

14.4.1 剖面图

1. 执行方式

命令行：SLICE

菜单：修改→三维操作→剖切

2. 操作步骤

```
命令：SLICE ↙
选择要剖切的对象：（选择要剖切的实体）
选择要剖切的对象：（继续选择或按 Enter 键结束）
指定切面的起点或 [平面对象（O）/曲面（S）/z 轴（Z）/视图（V）/xy（XY）/yz（YZ）/zx（ZX）/三点（3）] <三点>：
```

3. 选项说明

（1）平面对象（O）：将所选择的对象所在的平面作为剖切面。

（2）曲面（S）：将剪切平面与曲面对齐。

（3）Z 轴（Z）：通过平面上指定一点和在平面的 *Z* 轴（法线）上指定另一点来定义剖切平面。

（4）视图（V）：以平行于当前视图的平面作为剖切面。

（5）xy（XY）/ yz（YZ）/ zx（ZX）：将剖切平面与当前 UCS 的 *XY* 平面 / *YZ* 平面 / *ZX* 平面对齐，图 14-60 所示为剖切的三维实体图。

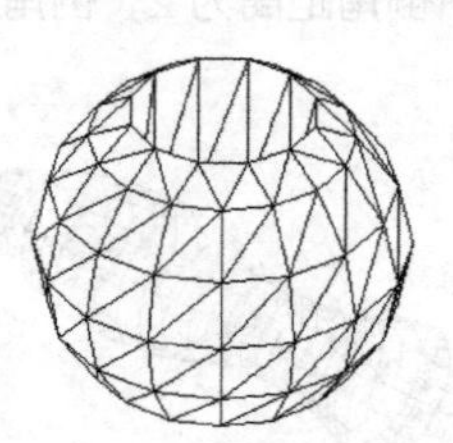
（a）剖切前的三维实体

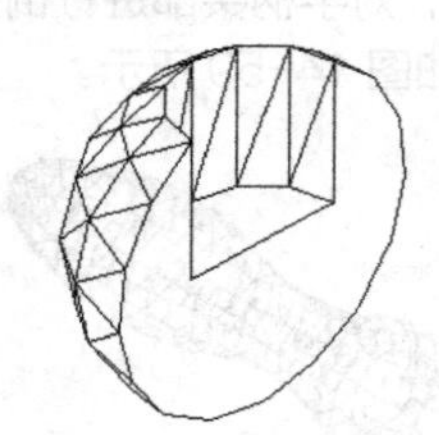
（b）剖切后的实体

图 14-60 剖切三维实体

（6）三点：根据空间中的 3 个点确定的平面作为剖切面。确定剖切面后，系统会提示保留一侧或两侧。

14.4.2 剖切断面

1. 执行方式

命令行：SECTION

2. 操作步骤

```
命令：SECTION ↙
选择对象：（选择要剖切的实体）
指定截面上的第一个点，依照 [对象（O）/Z 轴（Z）/视图（V）/ XY(XY)/YZ(YZ)/ZX(ZX)/三点（3）] <三点>：
```

图 14-61 所示为剖切的断面图形。

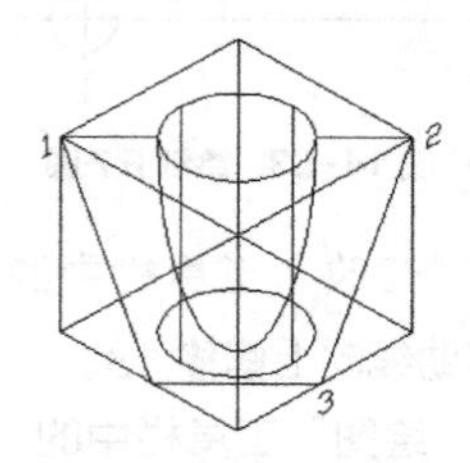

（a）剖切平面与断面

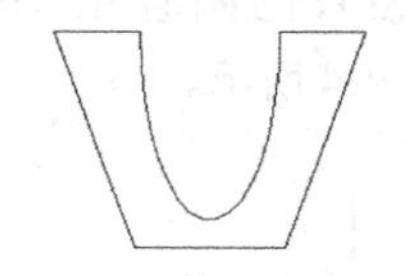
（b）移出的断面图形

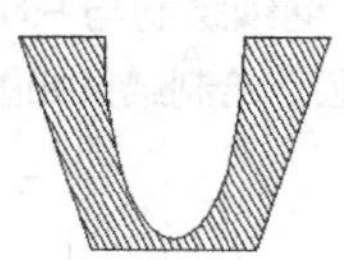
（c）填充剖面线的断面图形

图 14-61 实体的断面

14.4.3 截面平面

截面平面可以创建实体对象的二维截面平面或三维截面实体。

1. 执行方式

命令行：SECTIONPLANE

菜单：绘图→建模→截面平面。

2. 操作步骤

命令行提示与操作如下：

```
命令：_sectionplane 类型 = 平面
选择面或任意点以定位截面线或 [绘制截面（D）/正交（O）/类型（T）]：
```

3. 选项说明

（1）选择面或任意点以定位截面线

①选择绘图区的任意点（不在面上）可以创建独立于实体的截面对象。第一点可创建截面对象旋转时所围绕的点，第二点可创建截面对象。

图 14-62 所示为在手柄主视图上指定两点创建一个截面平面，图 14-63 所示为转换到西南等轴测视图的情形，图中半透明的平面为活动截面，实线为截面控制线。

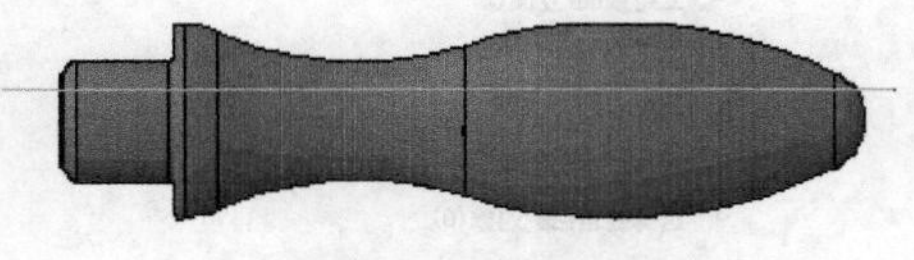

图 14-62　创建截面

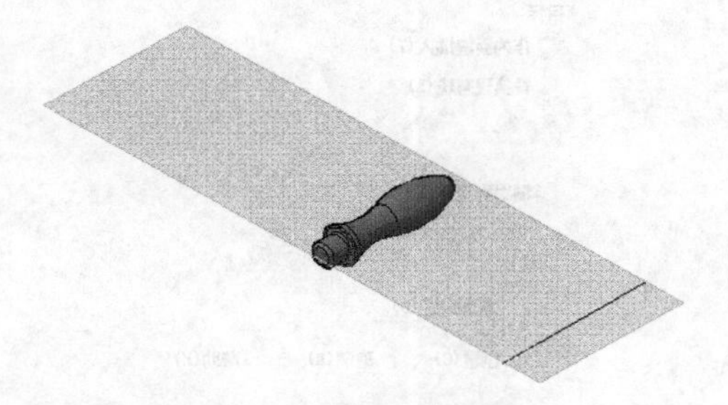

图 14-63　西南等轴测视图

单击活动截面平面，显示编辑夹点，如图 14-64 所示，其功能分别介绍如下。

a. 截面实体方向箭头：表示生成截面实体时所要保留的一侧，单击该箭头，则变为反向。

b. 截面平移编辑夹点：选中并拖动该夹点，截面沿其法向平移。

c. 宽度编辑夹点：选中并拖动该夹点，可以调节截面宽度。

d. 截面属性下拉菜单按钮：单击该按钮，显示当前截面的属性，包括截面平面（见图 14-64）、截面边界（见图 14-65）、截面体积（见图 14-66）3 种，分别显示截面平面相关操作的作用范围，调节相关夹点，可以调整范围。

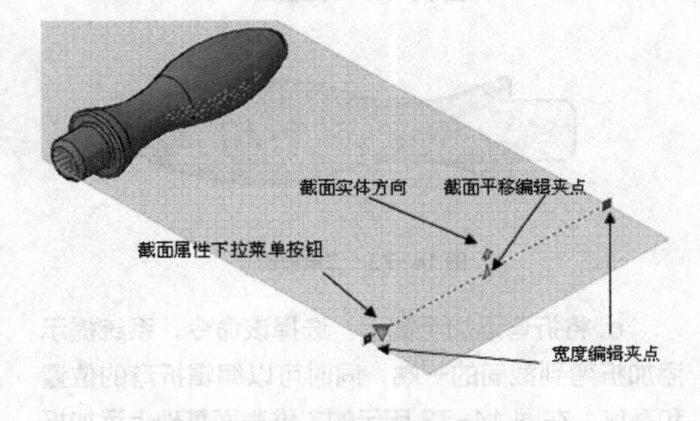

图 14-64　截面编辑夹点

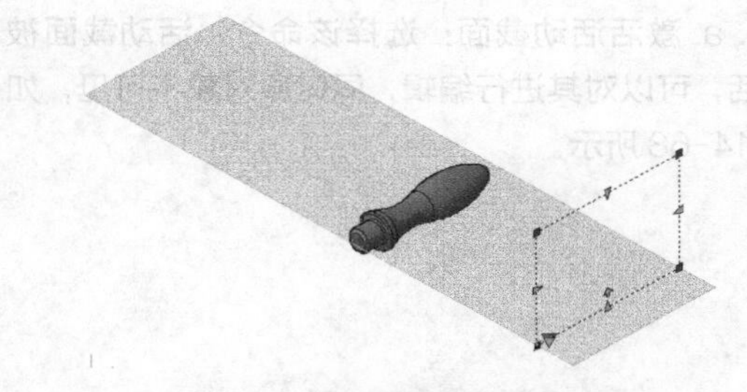

图 14-65　截面边界

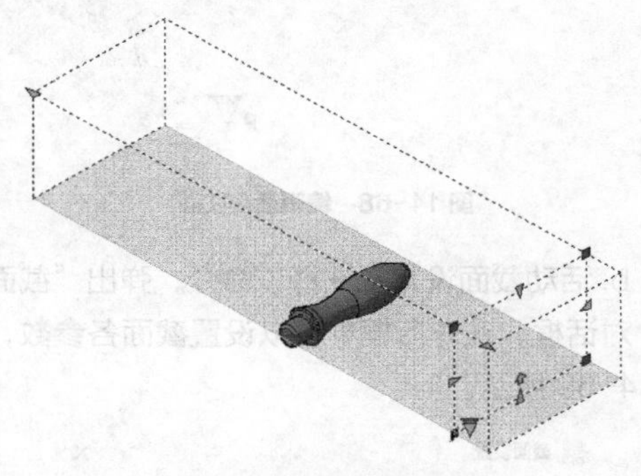

图 14-66　截面体积

②选择实体或面域上的面可以产生与该面重合的截面对象。

③快捷菜单。在截面平面编辑状态下右击，打开快捷菜单，如图 14-67 所示，其中几个主要命令介绍如下。

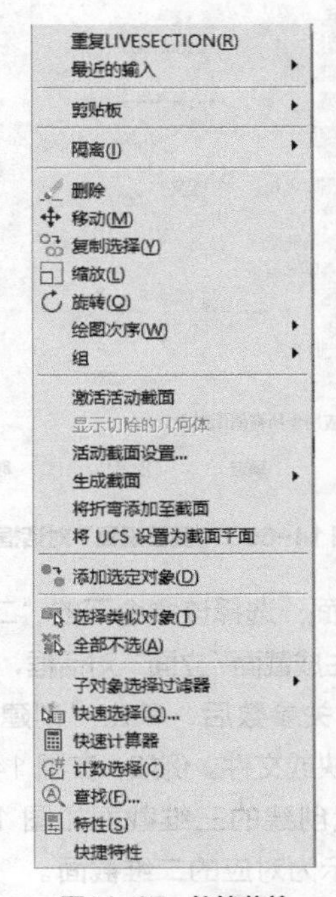

图14-67　快捷菜单

a. 激活活动截面：选择该命令，活动截面被激活，可以对其进行编辑，同时原对象不可见，如图 14-68 所示。

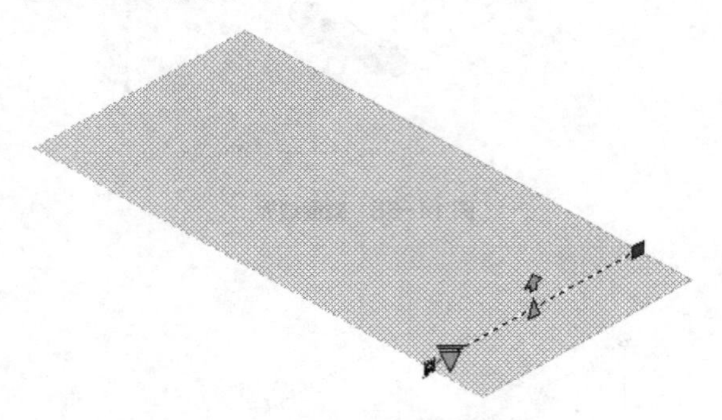

图 14-68 编辑活动截面

b. 活动截面设置：选择该命令，弹出“截面设置”对话框，在对话框中可以设置截面各参数，如图 14-69 所示。

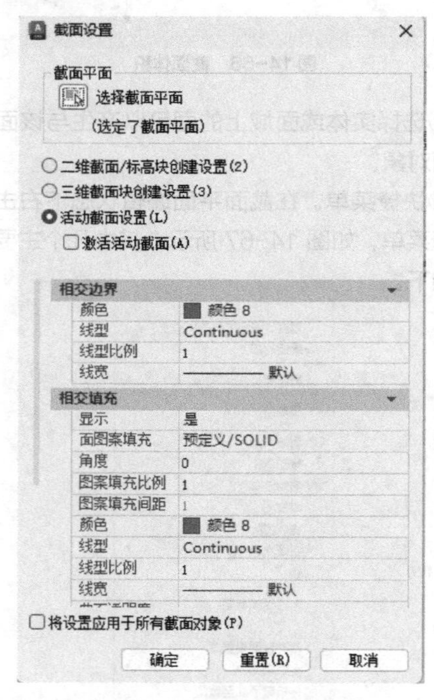

图 14-69 “截面设置”对话框

c. 生成截面：选择该命令下的“二维 / 三维块”命令，弹出“生成截面 / 立面”对话框，如图 14-70 所示。设置相关参数后，单击“创建”按钮，即可创建相应的图块或文件。例如，在图 14-71 所示的截面平面位置创建的三维截面如图 14-72 所示，图 14-73 所示为对应的二维截面。

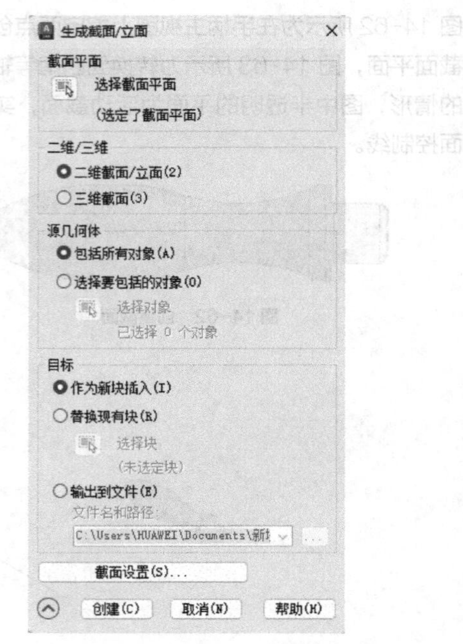

图 14-70 “生成截面 / 立面”对话框

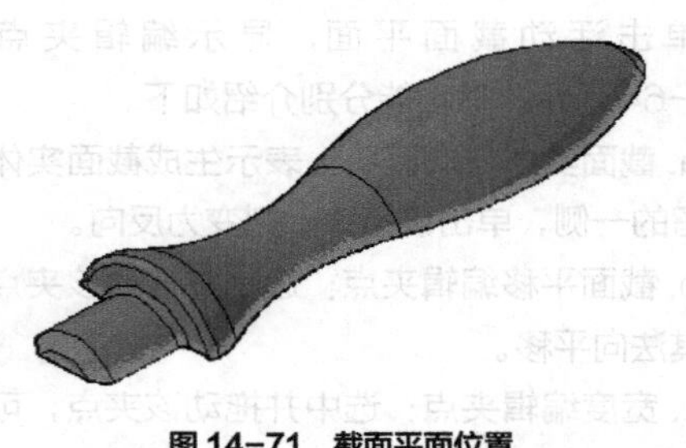

图 14-71 截面平面位置

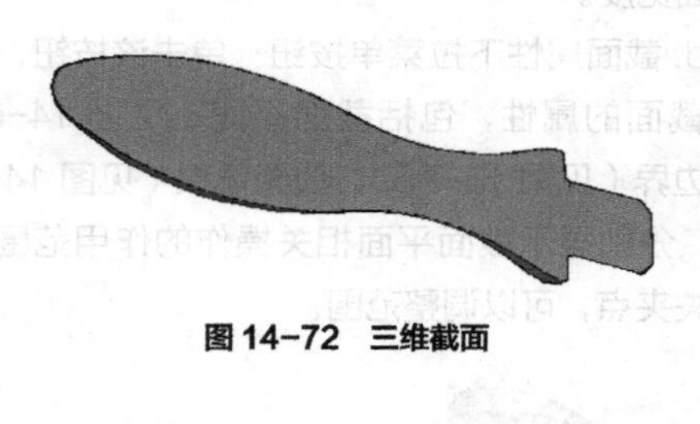

图 14-72 三维截面

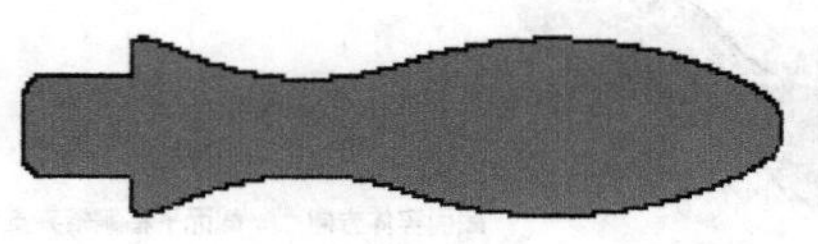

图 14-73 二维截面

d. 将折弯添加至截面：选择该命令，系统提示添加折弯到截面的一端，同时可以编辑折弯的位置和高度。在图 14-73 所示的二维截面基础上添加折弯后的截面平面如图 14-74 所示。

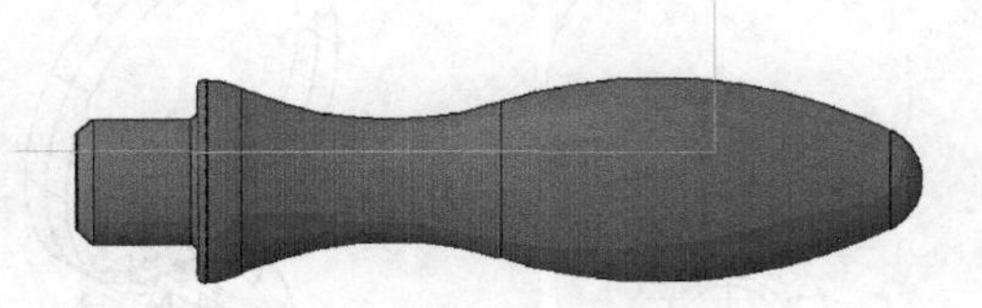
图 14-74 折弯后的截面平面

（2）绘制截面（D）：定义具有多个点的截面对象以创建带有折弯的截面线。选择该选项，命令行提示与操作如下：

```
指定起点：（指定点 1）
指定下一点：（指定点 2）
指定下一点或按 ENTER 键完成：（指定点 3 或按 <Enter> 键）
指定截面视图方向上的下一点：（指定点以指示剪切平面的方向）
```

该选项将创建处于“截面边界”状态的截面对象，并且活动截面会关闭，该截面线可以带有折弯效果，如图 14-75 所示。

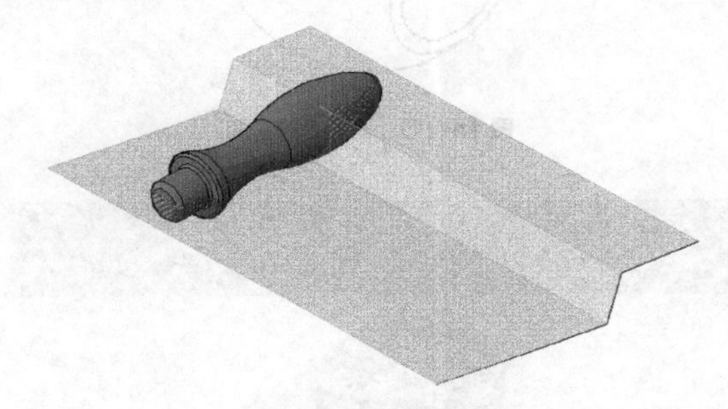
图 14-75 折弯截面

图 14-76 所示为按图 14-75 设置生成的三维截面对象，图 14-77 所示为对应的二维截面。

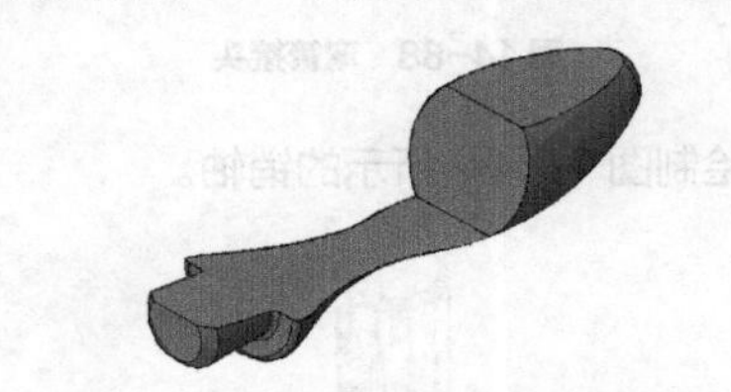
图 14-76 三维截面

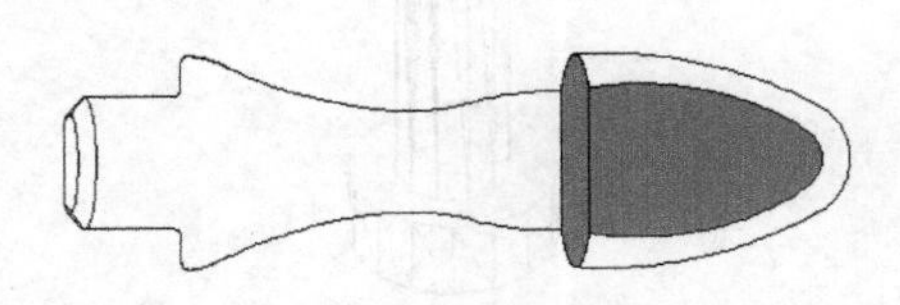
图 14-77 二维截面

（3）正交（O）：将截面对象与 UCS 正交。选择该选项，命令行提示如下：

```
将截面对齐至 [前(F)/后(B)/顶部(T)/底部(B)/左(L)/右(R)]：
```

选择该选项后，将以相对于 UCS（不是当前视图）的正交方向创建截面对象，并且该对象将包含所有三维对象。该选项将创建处于“截面边界”状态的截面对象，并且活动截面会打开。

选择该选项，可以很方便地创建工程制图中的剖视图。UCS 处于图 14-78 所示的位置，图 14-79 所示为对应的左向截面。

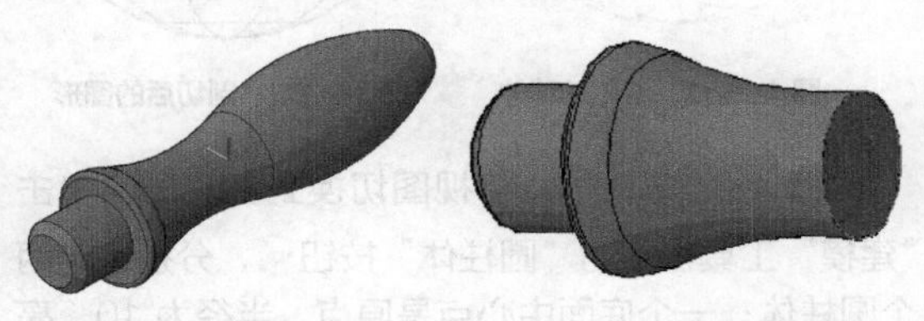
图 14-78 UCS 位置　　图 14-79 左向截面

14.4.4 实例——绘制阀芯

绘制图 14-80 所示的阀芯。

图 14-80 阀芯

操作步骤

❶ 利用球体绘制命令 SPHERE 绘制原点为球心、半径为 20 的球，结果如图 14-81 所示。

❷ 选择菜单栏中的“修改”→“三维操作”→“剖切”命令，将上一步绘制的球体沿过点（16，0，0）和（-16，0，0）的平面进行剖切处理。命令行提示如下：

```
命令：SLICE↙
选择要剖切的对象：（选择球体）↙
选择要剖切的对象：↙
指定 切面 的起点或 [平面对象(O)/曲面(S)/Z 轴(Z)/视图(V)/XY/YZ/ZX/三点(3)] <三点>：YZ↙
```

```
指定 YZX 平面上的点 <0, 0, 0>: 16, 0, 0↙
在要保留的一侧指定点或 [保留两侧（B）]：（选择侧面）
```

使用相同方法切掉右侧面，消隐后结果如图 14-82 所示。

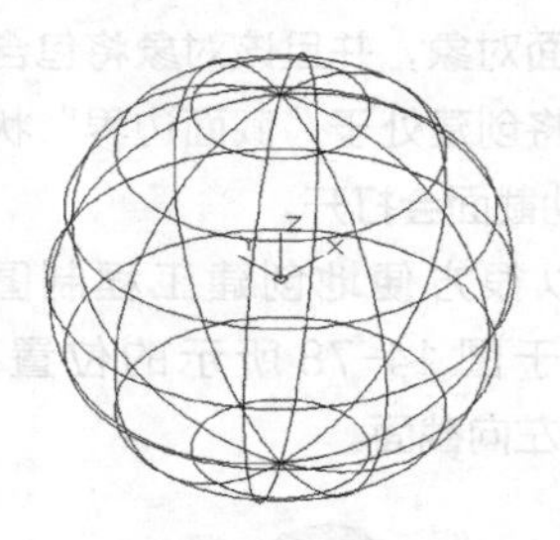

图 14-81　绘制的球体

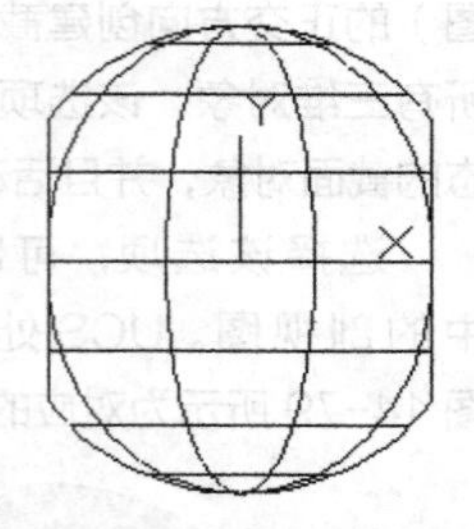

图 14-82　剖切后的图形

❸ 绘制圆柱体。将视图切换到左视图。单击“建模”工具栏中的“圆柱体”按钮，分别绘制两个圆柱体：一个底面中心点是原点，半径为 10，高度为 16；另一个底面中心点是（0，0，48），半径为 34，高度为 5，结果如图 14-83 所示。

❹ 三维镜像。利用三维镜像命令 MIRROR3D，将上一步绘制的两个圆柱体沿过原点的 *XY* 轴方向进行镜像操作，结果如图 14-84 所示。

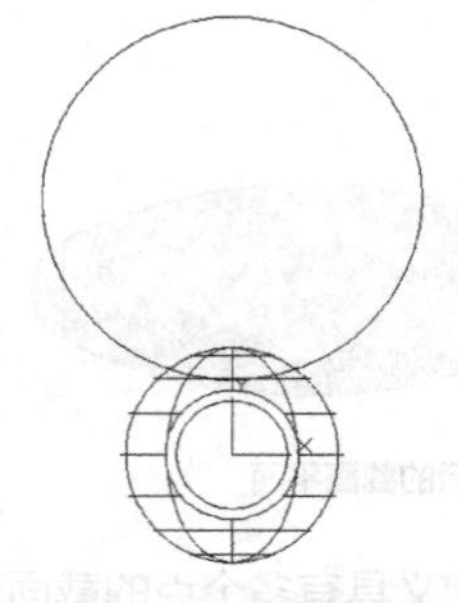

图 14-83　绘制圆柱体后的图形

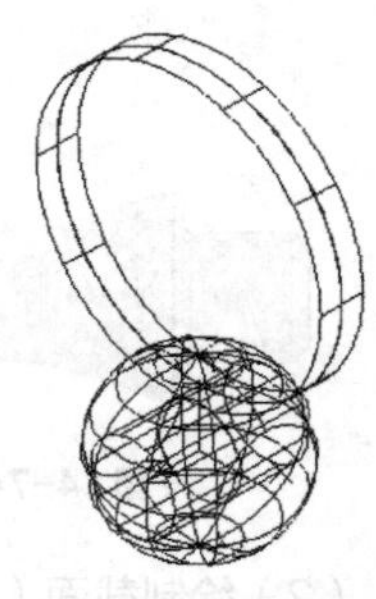

图 14-84　三维镜像后的图形

❺ 差集处理。单击“实体编辑”工具栏中的“差集”按钮，将球体和 4 个圆柱体进行差集处理。单击“渲染”工具栏中的“隐藏”按钮，消隐处理后的图形，结果如图 14-85 所示。

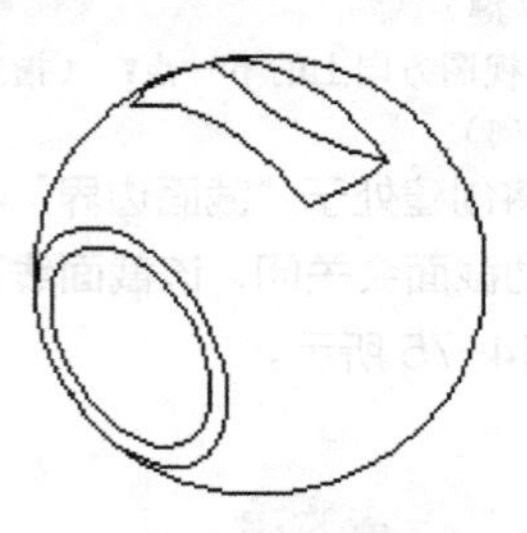

图 14-85　差集后的图形

14.5　练习

1. 绘制图 14-86 所示的带轮。

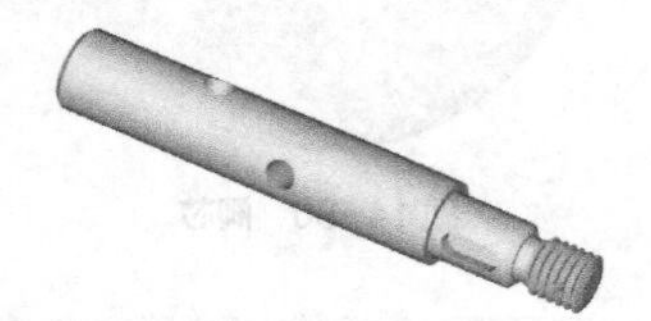

图 14-86　带轮

2. 绘制图 14-87 所示的压紧螺母。

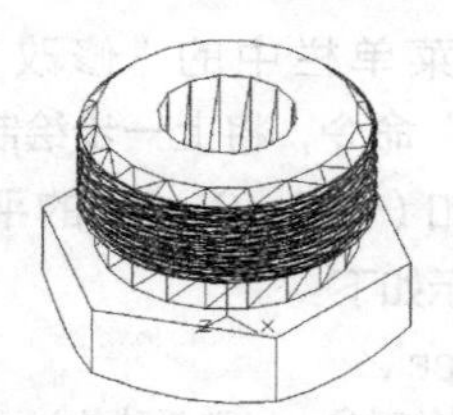

图 14-87　压紧螺母

3. 绘制图 14-88 所示的弯管接头。

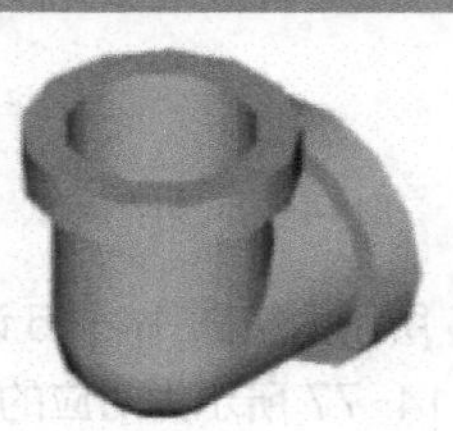

图 14-88　弯管接头

4. 绘制图 14-89 所示的销轴。

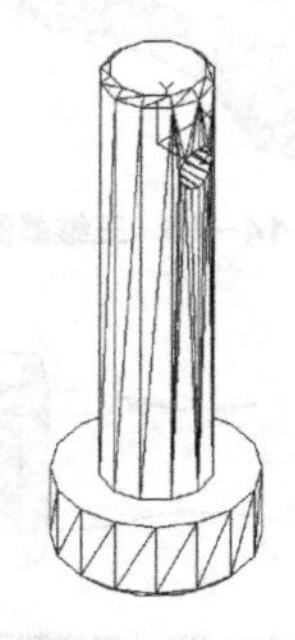

图 14-89　销轴

5. 绘制图 14-90 所示的转向盘。

图 14-90 转向盘

6. 绘制图 14-91 所示的旋塞体。

图 14-91 旋塞体

7. 绘制图 14-92 所示的小闹钟。

图 14-92 小闹钟

8. 绘制图 14-93 所示的深沟球轴承。

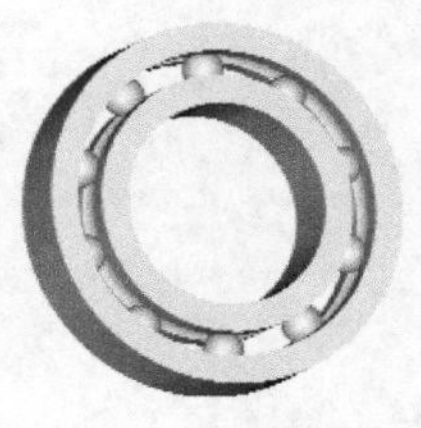

图 14-93 深沟球轴承

第 15 章

实体编辑

和二维图形一样，除了利用基本的绘制命令来完成简单的实体绘制以外，AutoCAD 还提供了三维实体编辑命令来实现复杂三维实体的创建。

重点与难点

- 编辑实体
- 渲染实体

15.1 编辑实体

一个实体造型绘制完成后，有时需要修改其中的错误或者在此基础上形成更复杂的造型，AutoCAD 实体编辑功能就能做到这些。

15.1.1 拉伸面

1. 执行方式

命令行：SOLIDEDIT

菜单：修改→实体编辑→拉伸面

工具栏：实体编辑→拉伸面

2. 操作步骤

```
命令：SOLIDEDIT↙
实体编辑自动检查：SOLIDCHECK=1
输入实体编辑选项 [面（F）/边（E）/体（B）/放弃（U）/退出（X）] <退出>：_face
输入面编辑选项[拉伸（E）/移动（M）/旋转（R）/偏移（O）/倾斜（T）/删除（D）/复制（C）/颜色（L）/材质（A）/放弃（U）/退出（X）]<退出>：_extrude
选择面或 [放弃（U）/删除（R）]：（选择要进行拉伸的面）
选择面或[放弃（U）/删除（R）/全部（ALL）]：↙
指定拉伸高度或 [路径（P）]：
指定拉伸的倾斜角度 <0>：
[拉伸（E）/移动（M）/旋转（R）/偏移（O）/倾斜（T）/删除（D）/复制（C）/颜色（L）/材质（A）/放弃（U）/退出（X）]<退出>：X↙
输入实体编辑选项 [面（F）/边（E）/体（B）/放弃（U）/退出（X）] <退出>：X↙
```

3. 选项说明

（1）指定拉伸高度：按指定的高度值来拉伸面。指定拉伸的倾斜角度后，再完成拉伸操作。

（2）路径（P）：沿指定的路径曲线拉伸面。图 15-1 所示为拉伸长方体的顶面和侧面的结果。

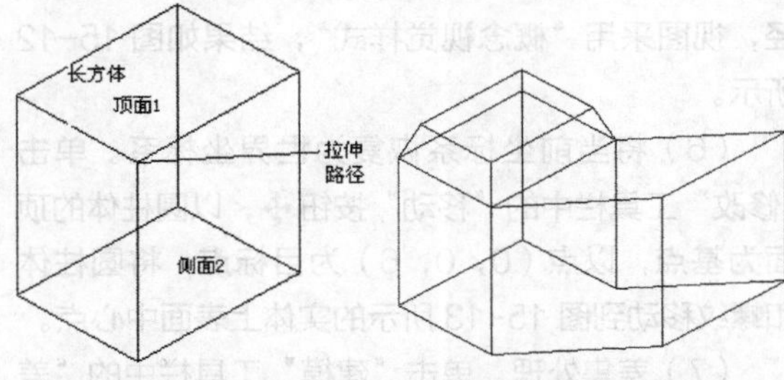

（a）拉伸前的长方体　（b）拉伸后的三维实体

图 15-1　拉伸长方体

15.1.2 实例——绘制六角螺母

绘制图 15-2 所示的六角螺母。

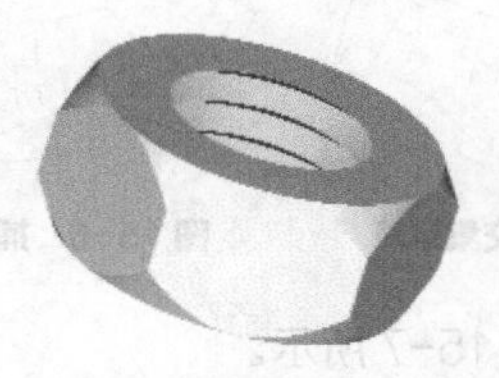

图 15-2　六角螺母

操作步骤

❶ 绘制螺母外形

（1）启动 AutoCAD，使用默认设置画图。

（2）用 ISOLINES 命令设置线框密度为 10。

（3）利用 Cone 命令，创建圆锥，结果如图 15-3 所示。

（4）单击“绘图”工具栏中的“正多边形”按钮，绘制一个中心点为（0，0，0）、内接于半径为 12 的圆的正六边形。

（5）单击“建模”工具栏中的“拉伸”按钮，拉伸正六边形，高度为 7，结果如图 15-4 所示。

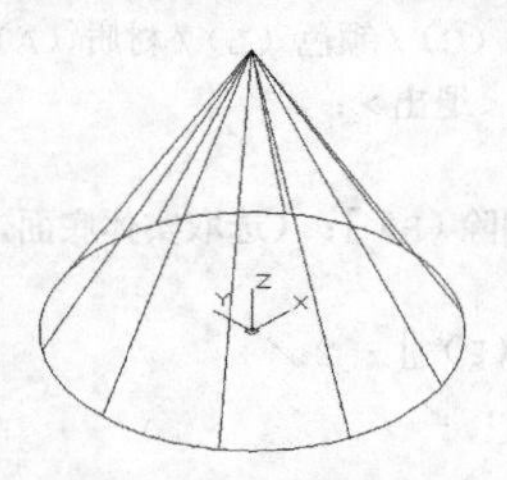

图 15-3　创建圆锥　　图 15-4　拉伸正六边形

（6）单击“实体编辑”工具栏中的“交集”按钮，对圆锥及正六棱柱进行交集运算，结果如图 15-5 所示。

（7）选择菜单栏中的“修改”→“三维操作”→“剖切”命令，对形成的实体进行剖切，命令行提示如下：

```
命令：_slice
选择要剖切的对象：（选择交集运算后形成的实体）
```

```
指定 切面 的起点或 [平面对象(O)/曲面(S)/Z 轴(Z)/视图(V)/XY/YZ/ZX/三点(3)] <三点>: XY↙
指定 XY 平面上的点 <0, 0, 0>: _mid 于(捕捉曲线的中点(点1),如图 15-6 所示)
在要保留的一侧指定点或 [保留两侧(B)]: (在点1下点取一点,保留下部)
```

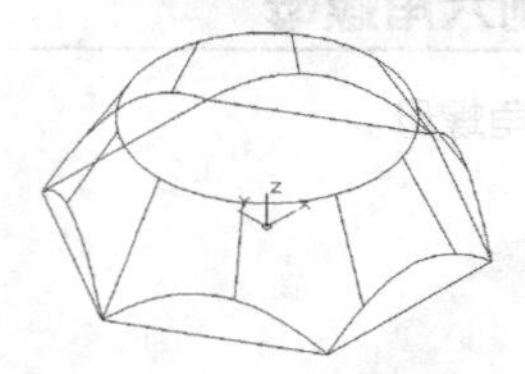

图 15-5 交集运算

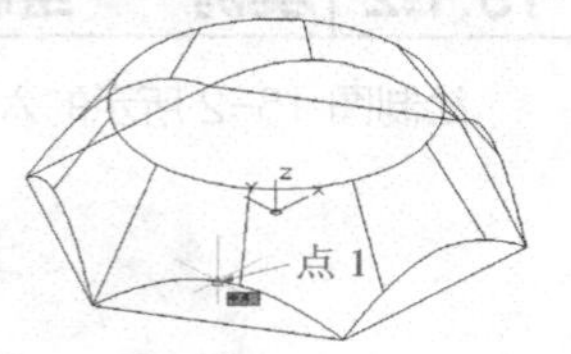

图 15-6 捕捉曲线中点

结果如图 15-7 所示。

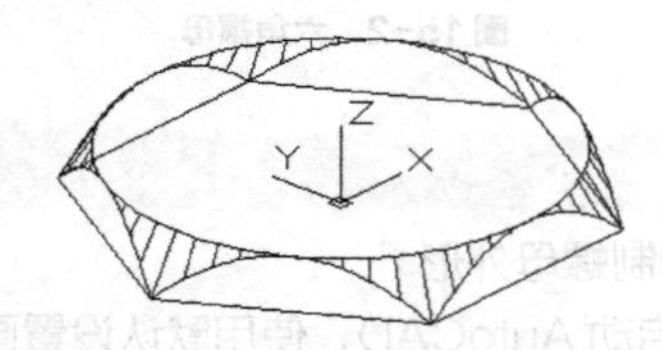

图 15-7 剖切后的实体

(8)单击"实体编辑"工具栏中的"拉伸面"按钮，命令行提示与操作如下:

```
命令: _solidedit↙
实体编辑自动检查: SOLIDCHECK=1
输入实体编辑选项 [面(F)/边(E)/体(B)/放弃(U)/退出(X)] <退出>: _face↙
输入面编辑选项
[拉伸(E)/移动(M)/旋转(R)/偏移(O)/倾斜(T)/删除(D)/复制(C)/颜色(L)/材质(A)/放弃(U)/退出(X)] <退出>: ↙
_extrude↙
选择面或 [放弃(U)/删除(R)]: (选取实体底面,如图 15-7 所示)
指定拉伸高度或 [路径(P)]: 2↙
指定拉伸的倾斜角度 <0>: ↙
已开始实体校验。
已完成实体校验。
输入面编辑选项
[拉伸(E)/移动(M)/旋转(R)/偏移(O)/倾斜(T)/删除(D)/复制(C)/颜色(L)/材质(A)/放弃(U)/退出(X)] <退出>: ↙
实体编辑自动检查: SOLIDCHECK=1
输入实体编辑选项 [面(F)/边(E)/体(B)/放弃(U)/退出(X)] <退出>: ↙
```

结果如图 15-8 所示。

(9)利用三维镜像命令 Mirror3D 将实体沿 *XOY* 平面镜像，结果如图 15-9 所示。

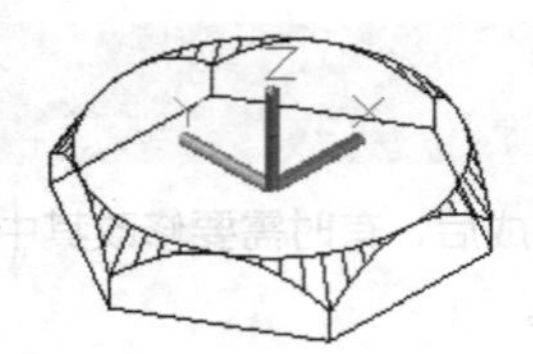

图 15-8 拉伸底面

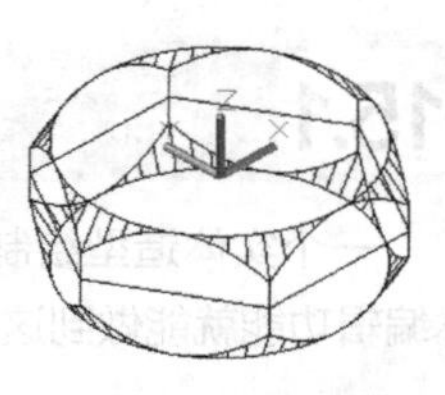

图 15-9 镜像实体

(10)用并集运算命令 Union 将镜像后两个实体进行并集运算。

❷ 创建螺纹

(1)单击"建模"工具栏中的"圆柱体"按钮，在绘图区任意位置绘制底面半径为 6.2、高度为 20 的圆柱体。

(2)选择菜单栏中的"绘图/螺旋"命令，以圆柱体的顶面圆心为中心点绘制半径为 6、圈数为 10、高度为 -20 的螺旋，结果如图 15-10 所示。

(3)利用 UCS 命令，使得坐标系绕 *Y* 轴旋转 90°。

(4)单击"绘图"工具栏中的"正多边形"按钮，绘制边长为 1.9 的三角形，结果如图 15-11 所示。

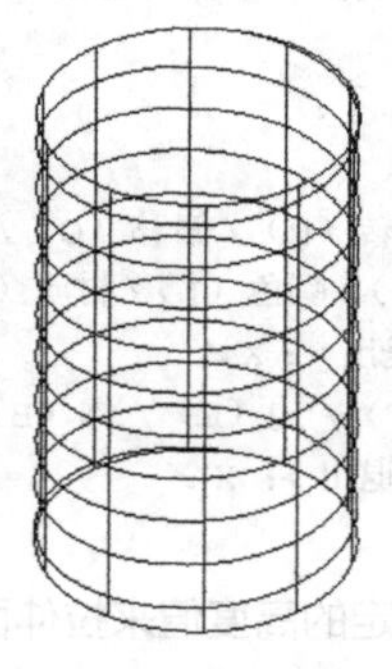

图 15-10 绘制圆柱体和螺旋

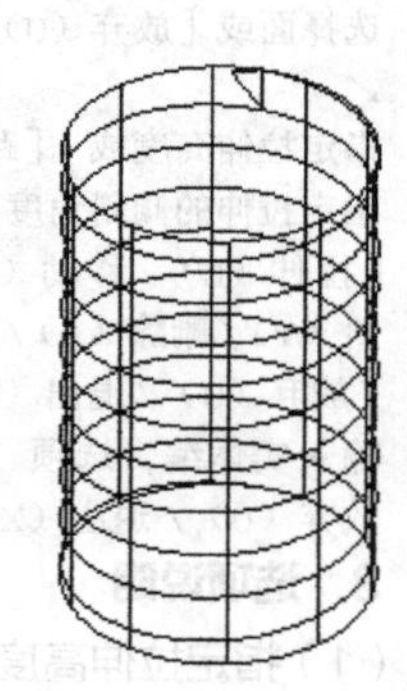

图 15-11 绘制截面

(5)单击"建模"工具栏中的"扫掠"按钮，拾取三角形为扫掠对象，拾取螺旋为扫掠路径，视图采用"概念视觉样式"，结果如图 15-12 所示。

(6)将当前坐标系恢复为世界坐标系。单击"修改"工具栏中的"移动"按钮，以圆柱体的顶面为基点，以点(0, 0, 6)为目标点，将圆柱体和螺纹移动到图 15-13 所示的实体上表面中心点。

(7)差集处理。单击"建模"工具栏中的"差集"按钮，首先将图 15-13 中的件 1 和圆柱体进行差集处理，再将差集后的实体与扫掠实体进行差集处理，结果如图 15-14 所示。

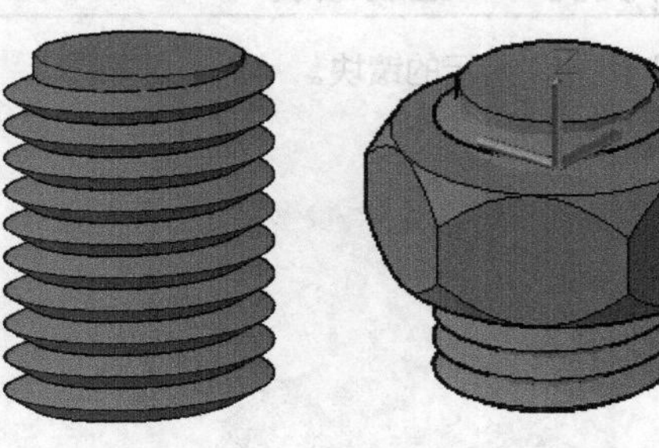

图 15-12 扫掠结果　　图 15-13 移动图形

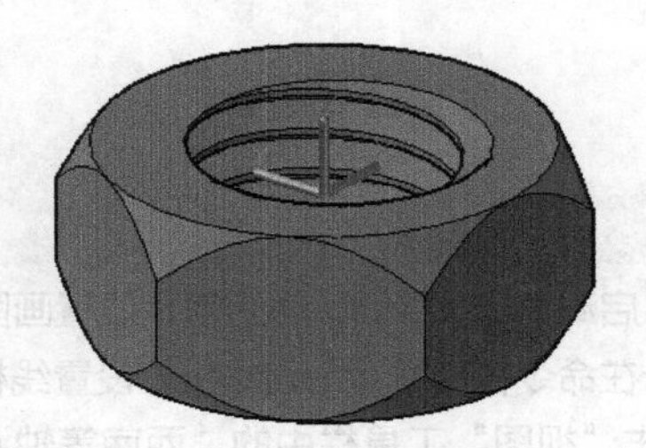

图 15-14 差集结果

15.1.3 移动面

1. 执行方式

命令行：SOLIDEDIT

菜单：修改→实体编辑→移动面

工具栏：实体编辑→移动面

2. 操作步骤

```
命令：_solidedit↙
实体编辑自动检查：SOLIDCHECK=1
输入实体编辑选项 [面（F）/边（E）/体（B）/放弃（U）/退出（X）]<退出>：_face↙
输入面编辑选项[拉伸（E）/移动（M）/旋转（R）/偏移（O）/倾斜（T）/删除（D）/复制（C）/颜色（L）/材质（A）/放弃（U）/退出（X）]<退出>：_move↙
选择面或 [放弃（U）/删除（R）]：（选择要进行移动的面）
选择面或 [放弃（U）/删除（R）/全部（ALL）]：（继续选择要移动的面或按 Enter 键）
指定基点或位移：（输入具体的坐标值或选择关键点）
指定位移的第二点：（输入具体的坐标值或选择关键点）
```

3. 选项说明

各选项的含义在前面介绍中都有涉及，如有问题，可往前回顾。图 15-15 所示为移动三维实体的示例。

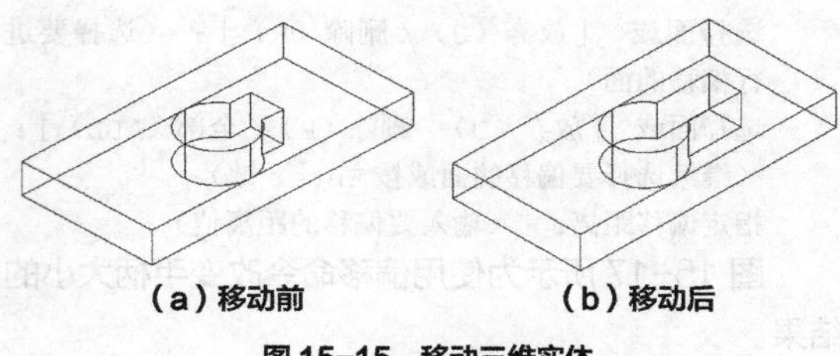

（a）移动前　　（b）移动后

图 15-15 移动三维实体

15.1.4 压印边

1. 执行方式

命令行：IMPRINT

菜单：修改→实体编辑→压印边

工具栏：实体编辑→压印

2. 操作步骤

```
命令：imprint↙
选择三维实体：（选择三维实体）
选择要压印的对象：（选择要压印的对象）
是否删除源对象 [是（Y）/否（N）]<N>：（设置是否删除源对象）
```

图 15-16 所示为将五角星压印在长方体上的示例。

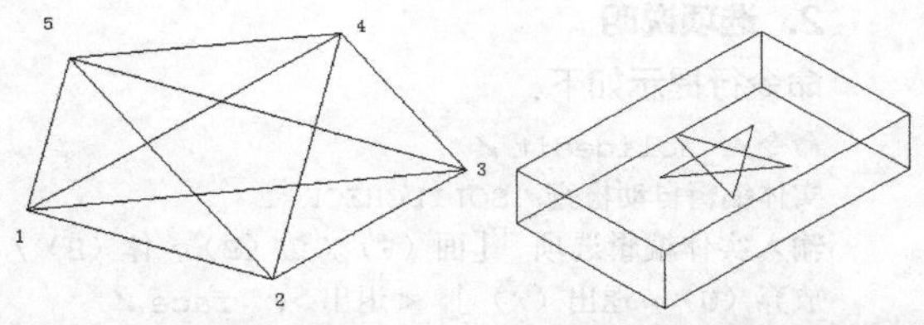

（a）五角星和五边形　　（b）压印后的长方体和五角星

图 15-16 压印对象

15.1.5 偏移面

1. 执行方式

命令行：SOLIDEDIT

菜单：修改→实体编辑→偏移面

工具栏：实体编辑→偏移面

2. 操作步骤

命令行提示如下：

```
命令：_solidedit↙
实体编辑自动检查：SOLIDCHECK=1
输入实体编辑选项 [面（F）/边（E）/体（B）/放弃（U）/退出（X）] <退出>：_face↙
输入面编辑选项[拉伸（E）/移动（M）/旋转（R）/偏移（O）/倾斜（T）/删除（D）/复制（C）/颜色（L）/材质（A）/放弃（U）/退出（X）]<退出>：_offset↙
```

选择面或 ［放弃（U）/ 删除（R）］：（选择要进行偏移的面）
选择面或 ［放弃（U）/ 删除（R）/ 全部（ALL）］：（继续选择要偏移的面或按 Enter 键）
指定偏移距离：（输入要偏移的距离值）

图 15-17 所示为使用偏移命令改变手柄大小的结果。

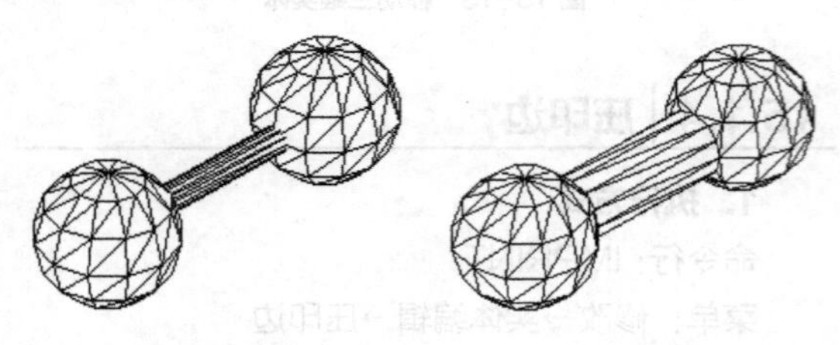

（a）偏移前　（b）偏移后

图 15-17　偏移对象

15.1.6 删除面

1. 执行方式

命令行：SOLIDEDIT

菜单：修改→实体编辑→删除面

工具栏：实体编辑→删除面

2. 选项说明

命令行提示如下：

命令：_solidedit↙
实体编辑自动检查：SOLIDCHECK=1
输入实体编辑选项 ［面（F）/ 边（E）/ 体（B）/ 放弃（U）/ 退出（X）］ <退出>：_face↙
输入面编辑选项［拉伸（E）/ 移动（M）/ 旋转（R）/ 偏移（O）/ 倾斜（T）/ 删除（D）/ 复制（C）/ 颜色（L）/ 材质（A）/ 放弃（U）/ 退出（X）］<退出>：_erase↙
选择面或 ［放弃（U）/ 删除（R）］：（选择要删除的面）

图 15-18 所示为删除长方体的一个圆角面后的示例。

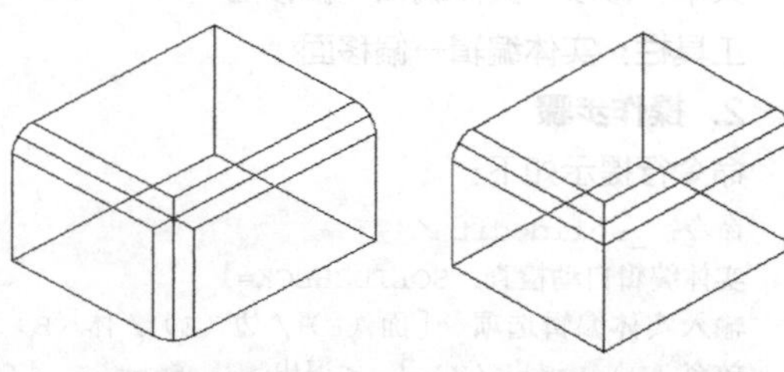

（a）删除圆角面前的长方体　（b）删除圆角面后的长方体

图 15-18　删除圆角面

15.1.7 实例——绘制镶块

绘制图 15-19 所示的镶块。

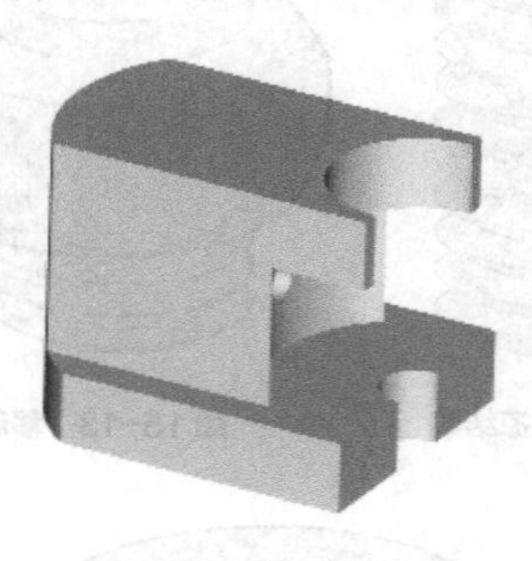

图 15-19　镶块

操作步骤

❶ 启动 AutoCAD，使用默认设置画图。

❷ 在命令行中输入 Isolines，设置线框密度为 10。单击“视图”工具栏中的“西南等轴测”按钮，切换到西南等轴测图。

❸ 单击“建模”工具栏中的“长方体”按钮，以坐标原点为角点，创建长为 50，宽为 100，高为 20 的长方体。

❹ 单击“建模”工具栏中的“圆柱体”按钮，以长方体右侧面底边中点为圆心，创建半径为 50、高为 20 的圆柱。

❺ 单击“实体编辑”工具栏中的“并集”按钮，将长方体与圆柱进行并集运算，结果如图 15-20 所示。

❻ 选择菜单栏“修改”→“三维操作”→“剖切”命令，以 *ZOX* 平面为剖切面，分别指定剖切面上的点为（0，10，0）和（0，90，0），对实体进行对称剖切处理，保留实体中部，结果如图 15-21 所示。

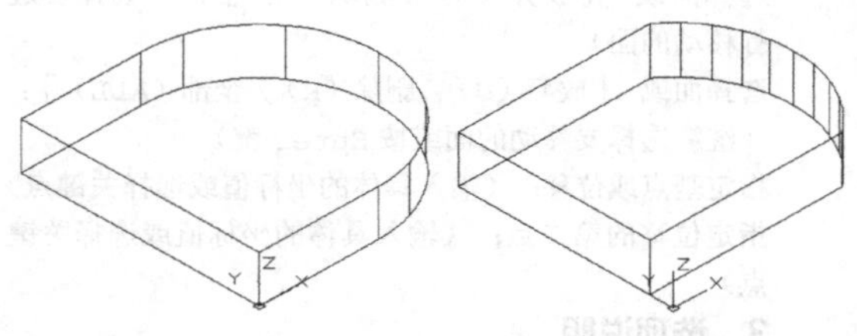

图 15-20　并集后的实体　图 15-21　剖切后的实体

❼ 单击“修改”工具栏中的“复制”按钮，如图 15-22 所示，将剖切后的实体向上复制。

❽ 单击“实体编辑”工具栏中的“拉伸面”按钮，选取实体前端面为拉伸面，如图 15-23 所示，拉伸高度为 -10。将实体后侧面也拉伸 -10，结果如图 15-24 所示。

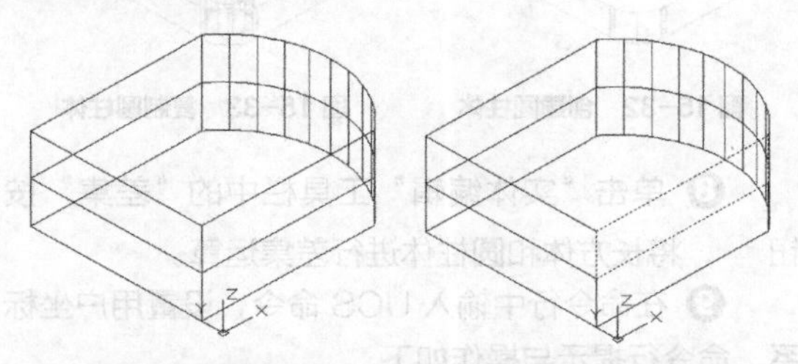

图 15-22 复制实体 **图 15-23 选取拉伸面**

❾ 单击“实体编辑”工具栏中的“删除面”按钮，选择图 15-25 所示的面为删除面。将实体后部的对称侧面删除，结果如图 15-26 所示。

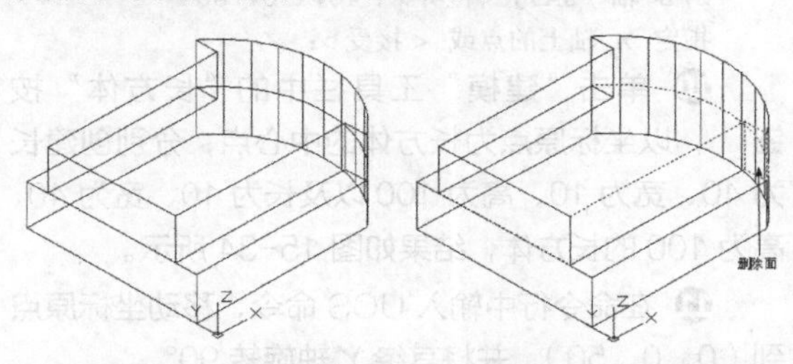

图 15-24 拉伸后的实体 **图 15-25 选取删除面**

❿ 单击“实体编辑”工具栏中的“拉伸面”按钮，将实体顶面向上拉伸 40，结果如图 15-27 所示。

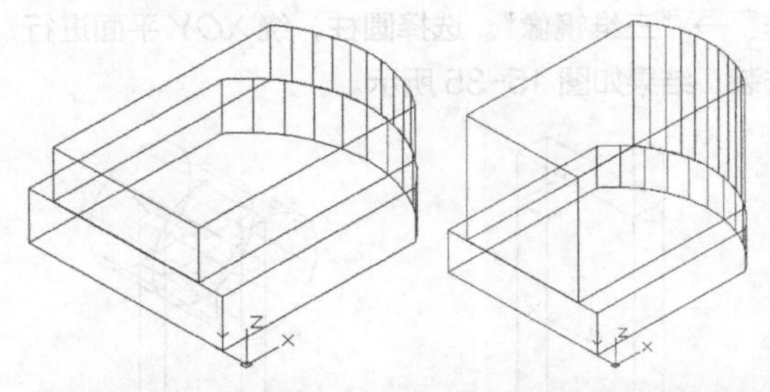

图 15-26 删除后的实体 **图 15-27 拉伸顶面后的实体**

⓫ 单击“建模”工具栏中的“圆柱体”按钮，以实体底面左边中点为圆心，创建底面半径为 10、高为 20 的圆柱。同理，以 R10 圆柱顶面圆心为中心点分别创建半径为 40、高为 40 以及半径为 25、高为 60 的圆柱。

⓬ 单击“建模”工具栏中的“并集”按钮，将两个实体进行并集运算。

⓭ 单击“建模”工具栏中的“差集”按钮，将实体与 3 个圆柱进行差集运算，结果如图 15-28 所示。

⓮ 在命令行输入 UCS 后回车，将坐标原点移动到（0，50，40），并将其绕 *Y* 轴旋转 90°。

⓯ 单击”建模”工具栏中的“圆柱体”按钮，以坐标原点为圆心，创建底面半径为 5、高为 100 的圆柱，结果如图 12-29 所示。

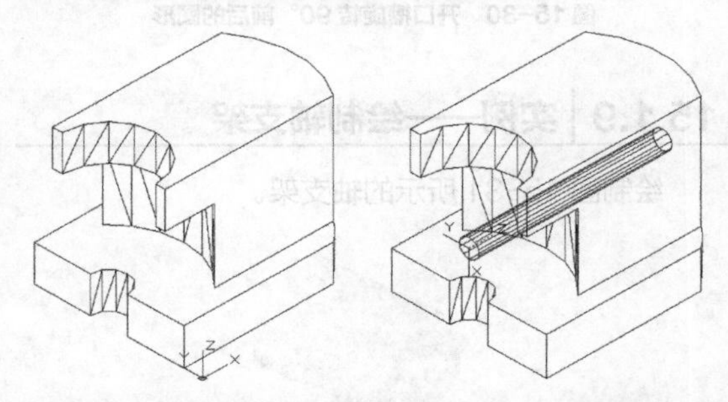

图 15-28 差集后的实体 **图 15-29 创建圆柱**

⓰ 单击“建模”工具栏中的“差集”按钮，将实体与圆柱进行差集运算。采用“概念视觉样式”后的结果如图 15-19 所示。

15.1.8 旋转面

1. 执行方式

命令行：SOLIDEDIT

菜单：修改→实体编辑→旋转面

工具栏：实体编辑→旋转面

2. 选项说明

命令行提示如下：

命令：_solidedit↙
实体编辑自动检查：SOLIDCHECK=1
输入实体编辑选项 ［面（F）/ 边（E）/ 体（B）/ 放弃（U）/ 退出（X）］ <退出>：_face↙
输入面编辑选项［拉伸（E）/ 移动（M）/ 旋转（R）/ 偏移（O）/ 倾斜（T）/ 删除（D）/ 复制（C）/ 颜色（L）/ 材质（A）/ 放弃（U）/ 退出（X）］<退出>：_rotate↙
选择面或 ［放弃（U）/ 删除（R）］：（选择要旋转的面）
选择面或 ［放弃（U）/ 删除（R）/ 全部（ALL）］：（继续选择或按 Enter 键）
指定轴点或［经过对象的轴（A）/ 视图（V）/X 轴（X）/Y 轴（Y）/Z 轴（Z）］<两点>：（确定轴线）
指定旋转角度或 ［参照（R）］：（输入旋转角度值）

图 15-30 所示的图为将开口槽的方向旋转 90°

后的结果。

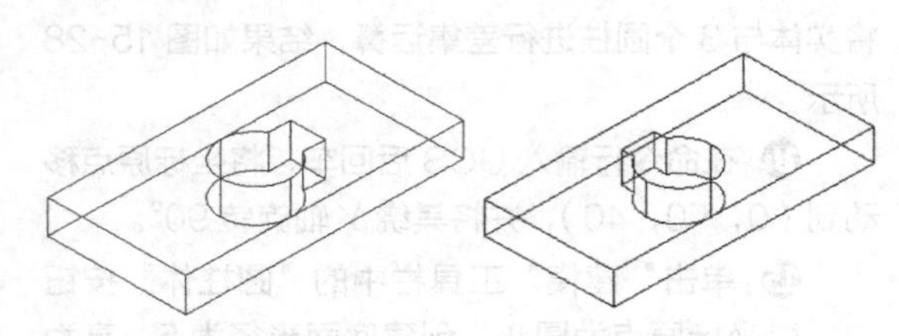
（a）旋转前　　（b）旋转后

图 15-30　开口槽旋转 90° 前后的图形

15.1.9 实例——绘制轴支架

绘制图 15-31 所示的轴支架。

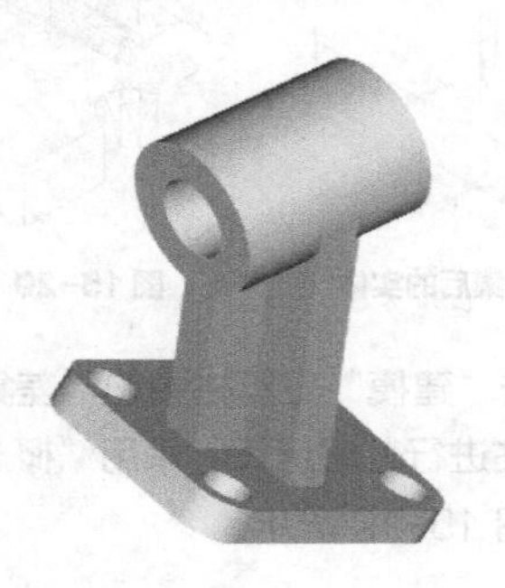

图 15-31　轴支架

操作步骤

❶ 启动 AutoCAD 2024，使用默认设置绘图环境。

❷ 设置线框密度，命令行提示如下：

```
命令：ISOLINES
输入 ISOLINES 的新值 <4>：10↙
```

❸ 单击“视图”工具栏中的“西南等轴测”按钮，将当前视图方向设置为西南等轴测视图。

❹ 单击“建模”工具栏中的“长方体”按钮，以角点坐标为原点、绘制长、宽、高分别为 80、60、10 的长方体。

❺ 单击“修改”工具栏中的“圆角”按钮，选择要圆角的长方体进行圆角处理。

❻ 单击“建模”工具栏中的“圆柱体”按钮，绘制底面中心点为（10，10，0）、半径为 6、高为 10 的圆柱体，结果如图 15-32 所示。

❼ 单击“修改”工具栏中的“复制”按钮，复制上一步绘制的圆柱体，并将结果按如图 15-33 所示的位置放置。

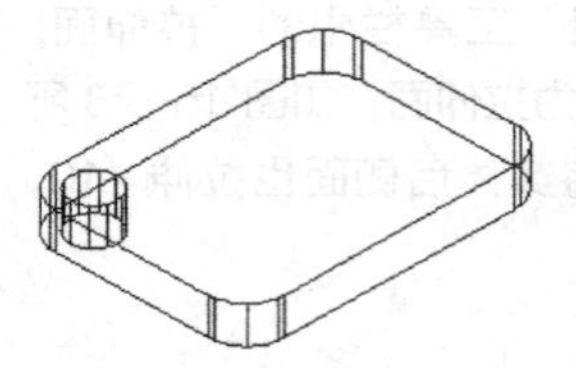

图 15-32　创建圆柱体

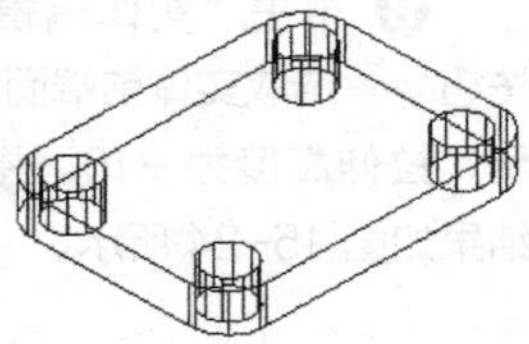

图 15-33　复制圆柱体

❽ 单击“实体编辑”工具栏中的“差集”按钮，将长方体和圆柱体进行差集运算。

❾ 在命令行中输入 UCS 命令，设置用户坐标系，命令行提示与操作如下：

```
命令：UCS↙
当前 UCS 名称：*世界*
指定 UCS 的原点或 [面(F)/命名(NA)/对象(OB)/上一个(P)/视图(V)/世界(W)/X/Y/Z/Z 轴(ZA)] <世界>：40，30，60↙
指定 X 轴上的点或 <接受>：↙
```

❿ 单击“建模”工具栏中的“长方体”按钮，以坐标原点为长方体的中心点，分别创建长为 40、宽为 10、高为 100 以及长为 10、宽为 40、高为 100 的长方体，结果如图 15-34 所示。

⓫ 在命令行中输入 UCS 命令，移动坐标原点到（0，0，50），并将其绕 *Y* 轴旋转 90°。

⓬ 单击“建模”工具栏中的“圆柱体”按钮，以坐标原点为圆心，创建底面半径为 20、高为 25 的圆柱体。

⓭ 选择菜单栏中的命令“修改”→“三维操作”→“三维镜像”。选择圆柱，绕 *XOY* 平面进行选装，结果如图 15-35 所示。

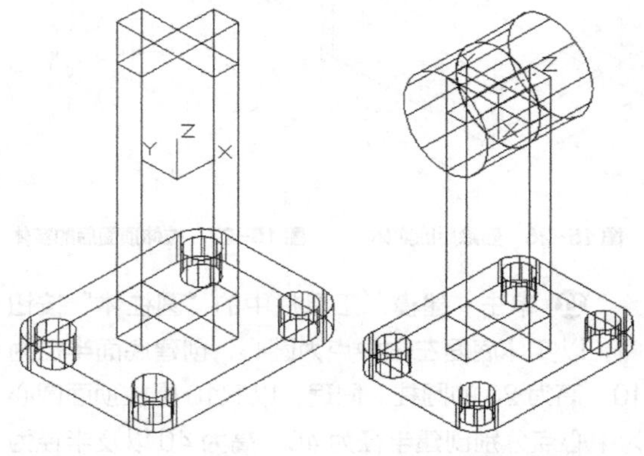

图 15-34　创建长方体　　图 15-35　镜像圆柱体

⓮ 单击“建模”工具栏中的“并集”按钮，选择镜像后的两个圆柱体与两个长方体进行并集

运算。

⑮ 单击“建模”工具栏中的“圆柱体”按钮，捕捉 R20 圆柱的圆心为圆心，创建半径为 10、高为 50 的圆柱体。

⑯ 单击“建模”工具栏中的“差集”按钮，将并集后的实体与刚创建的圆柱进行差集运算。消隐处理后的结果如图 15-36 所示。

⑰ 单击“实体编辑”工具栏中的“旋转面”按钮，旋转支架上部十字形底面。命令行提示如下：

```
命令：_solidedit↙
实体编辑自动检查：SOLIDCHECK=1
输入实体编辑选项 [面（F）/边（E）/体（B）/放弃（U）/退出（X）] <退出>：F↙
输入面编辑选项 [拉伸（E）/移动（M）/旋转（R）/偏移（O）/倾斜（T）/删除（D）/复制（C）/颜色（L）/材质（A）/放弃（U）/退出（X）] <退出>：R↙
选择面或 [放弃（U）/删除（R）]：（选择支架上部的十字形底面，如图 15-37 所示）
指定轴点或 [经过对象的轴（A）/视图（V）/X 轴（X）/Y 轴（Y）/Z 轴（Z）] <两点>：Y↙
指定旋转原点 <0，0，0>：_endp 于 （捕捉十字形底面的右端点）
指定旋转角度或 [参照（R）]：30↙
```

结果如图 15-37 所示。

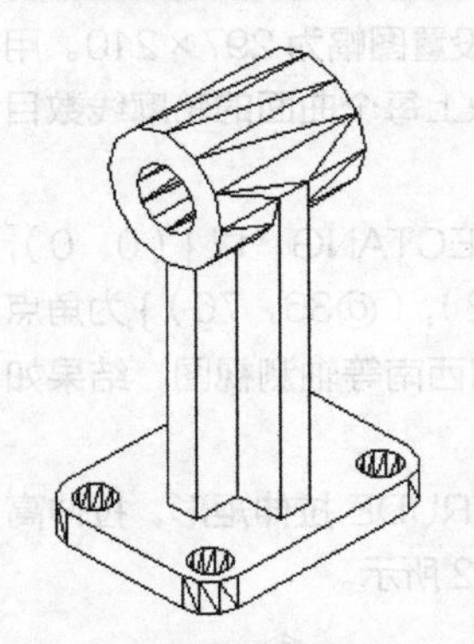

图 15-36 消隐后的实体

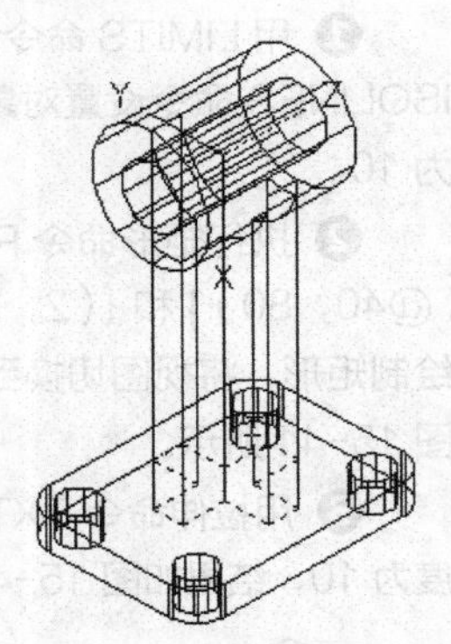

图 15-37 选择旋转面

⑱ 在命令行中输入命令 Rotate3D，旋转底板。命令行提示与操作如下：

```
命令：Rotate3D↙
选择对象：（选取底板）
指定轴上的第一个点或定义轴依据 [对象（O）/最近的（L）/视图（V）/X 轴（X）/Y 轴（Y）/Z 轴（Z）/两点（2）]：Y↙
指定 Y 轴上的点 <0，0，0>：_endp 于 （捕捉十字形底面的右端点）
指定旋转角度或 [参照（R）]：30↙
```

⑲ 单击“视图”工具栏中的“前视”按钮，将当前视图方向设置为主视图。消隐处理后的结果如图 15-38 所示。

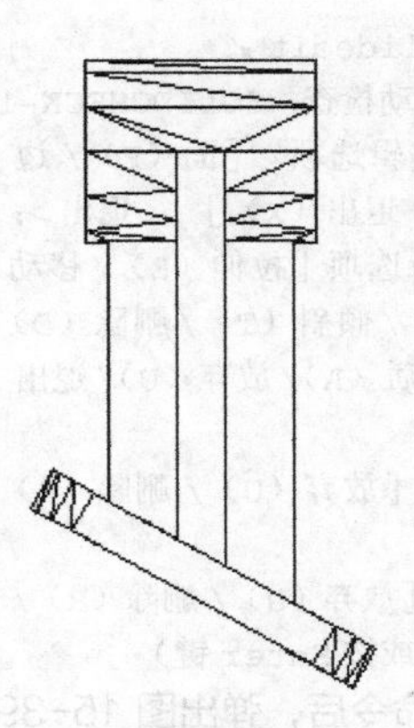

图 15-38 旋转底板

⑳ 采用“概念视觉样式”处理后的结果如图 15-31 所示。

15.1.10 复制面

1. 执行方式

命令行：SOLIDEDIT

菜单：修改→实体编辑→复制面

工具栏：实体编辑→复制面

2. 操作步骤

命令行提示如下：

```
命令：_solidedit↙
实体编辑自动检查：SOLIDCHECK=1
输入实体编辑选项 [面（F）/边（E）/体（B）/放弃（U）/退出（X）] <退出>：_face↙
输入面编辑选项 [拉伸（E）/移动（M）/旋转（R）/偏移（O）/倾斜（T）/删除（D）/复制（C）/颜色（L）/材质（A）/放弃（U）/退出（X）] <退出>：_copy↙
选择面或 [放弃（U）/删除（R）]：（选择要复制的面）
选择面或 [放弃（U）/删除（R）/全部（ALL）]：（继续选择或按 Enter 键）
指定基点或位移：（输入基点的坐标）
指定位移的第二点：（输入第二点的坐标）
```

15.1.11 着色面

1. 执行方式

命令行：SOLIDEDIT

菜单：修改→实体编辑→着色面

工具栏：实体编辑→着色面

2. **操作步骤**

命令行提示与操作如下：

```
命令：_solidedit↙
实体编辑自动检查：SOLIDCHECK=1
输入实体编辑选项 [面（F）/边（E）/体（B）/放弃（U）/退出（X）] <退出>：_face↙
输入面编辑选项 [拉伸（E）/移动（M）/旋转（R）/偏移（O）/倾斜（T）/删除（D）/复制（C）/颜色（L）/材质（A）/放弃（U）/退出（X）] <退出>：_color↙
选择面或 [放弃（U）/删除（R）]：（选择要着色的面）
选择面或 [放弃（U）/删除（R）/全部（ALL）]：（继续选择或按 Enter 键）
```

执行上述命令后，弹出图 15-39 所示的“选择颜色”对话框，在此对话框中可以根据需要选择合适颜色作为着色面的颜色。操作完成后，单击“确定”按钮，该表面将被选择颜色覆盖。

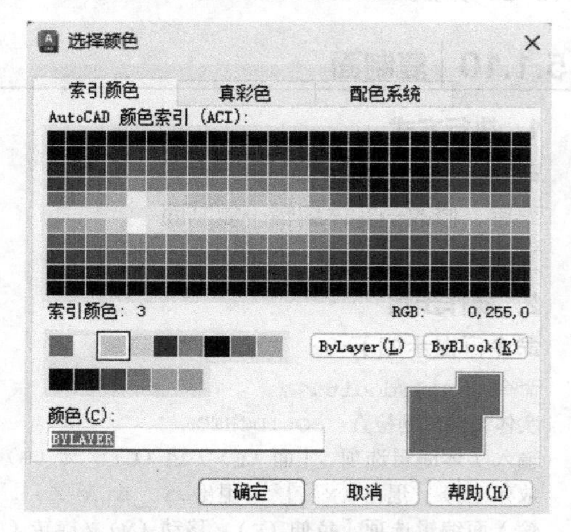

图 15-39 “选择颜色”对话框

15.1.12 倾斜面

1. **执行方式**

命令行：SOLIDEDIT

菜单：修改→实体编辑→倾斜面

工具栏：实体编辑→倾斜面

2. **操作步骤**

命令行提示与操作如下：

```
命令：_solidedit↙
实体编辑自动检查：SOLIDCHECK=1
输入实体编辑选项 [面（F）/边（E）/体（B）/放弃（U）/退出（X）] <退出>：_face↙
输入面编辑选项 [拉伸（E）/移动（M）/旋转（R）/偏移（O）/倾斜（T）/删除（D）/复制（C）/颜色（L）/材质（A）/放弃（U）/退出（X）] <退出>：_taper
选择面或 [放弃（U）/删除（R）]：（选择要倾斜的面）
选择面或 [放弃（U）/删除（R）/全部（ALL）]：（继续选择或按 Enter 键）
指定基点：（选择倾斜的基点（倾斜后不动的点））
指定沿倾斜轴的另一个点：（选择另一点，即倾斜后改变方向的点）
指定倾斜角度：（输入倾斜角度值）
```

15.1.13 实例——绘制回形窗

绘制图 15-40 所示的回形窗。

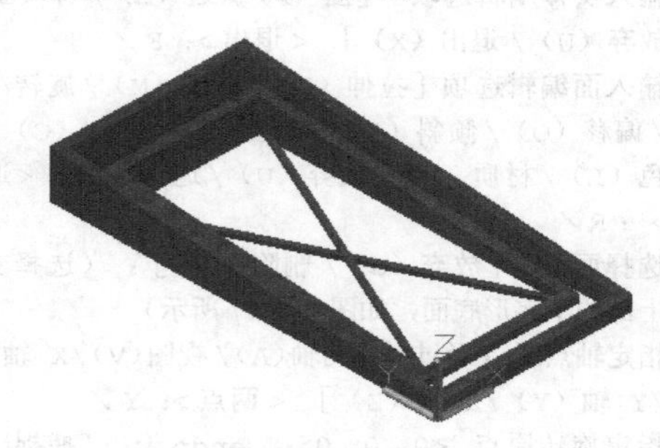

图 15-40 回形窗

操作步骤

❶ 用 LIMITS 命令设置图幅为 297×210。用 ISOLINES 命令设置对象上每个曲面的轮廓线数目为 10。

❷ 执行矩形命令 RECTANG，以 {（0，0），（@40，80）} 和 {（2，2），（@36，76）} 为角点绘制矩形，将视图切换到西南等轴测视图，结果如图 15-41 所示。

❸ 用拉伸命令 EXTRUDE 拉伸矩形，拉伸高度为 10，结果如图 15-42 所示。

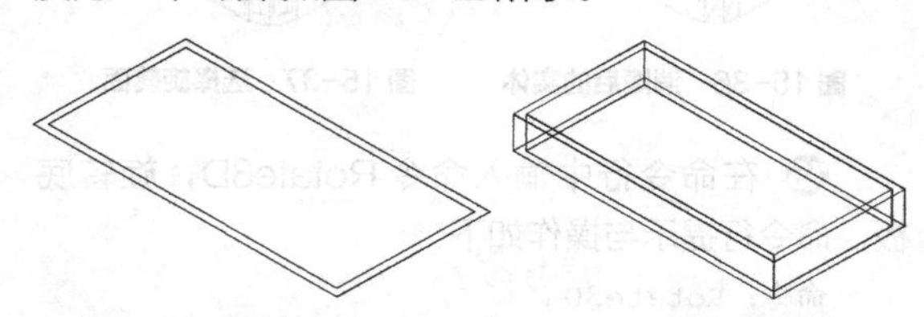

图 15-41 绘制矩形（1） 图 15-42 拉伸处理

❹ 用布尔运算中的差集命令 SUBTRACT 将两个拉伸实体进行差集运算；然后用直线命令 LINE 过点（20，2）和点（20，78）绘制直线，结果如图 15-43 所示。

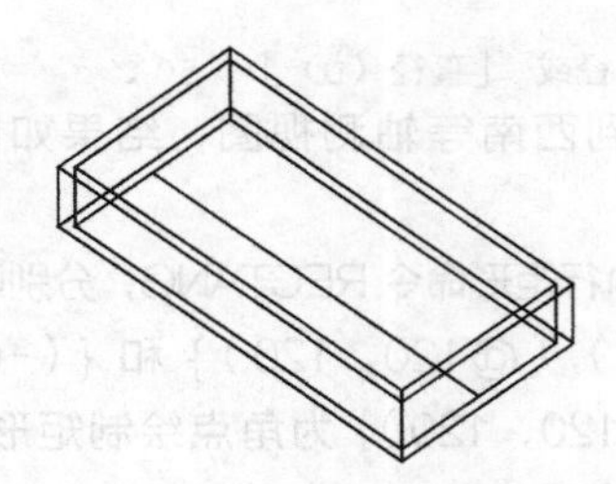

图 15-43 绘制直线

❺ 用实体编辑命令 SOLIDEDIT 对第 3 步中拉伸的实体进行倾斜面处理。命令行提示与操作如下：

```
命令：SOLIDEDIT↙
实体编辑自动检查： SOLIDCHECK=1
输入实体编辑选项 [面（F）/边（E）/体（B）/放弃（U）/退出（X）] <退出>：_face↙
输入面编辑选项[拉伸（E）/移动（M）/旋转（R）/偏移（O）/倾斜（T）/删除（D）/复制（C）/颜色（L）/材质（A）/放弃（U）/退出（X）]<退出>：_taper↙
选择面或 [放弃（U）/删除（R）]：（选择图15-44所示的阴影面）
选择面或 [放弃（U）/删除（R）/全部（ALL）]：↙
指定基点：（选择上述绘制直线的左上方的角点）↙
指定沿倾斜轴的另一个点：（选择直线右下方的角点）↙
指定倾斜角度：5↙
已开始实体校验。
已完成实体校验。
输入面编辑选项
[拉伸（E）/移动（M）/旋转（R）/偏移（O）/倾斜（T）/删除（D）/复制（C）/颜色（L）/材质（A）/放弃（U）/退出（X）]<退出>：↙
实体编辑自动检查： SOLIDCHECK=1
输入实体编辑选项 [面（F）/边（E）/体（B）/放弃（U）/退出（X）] <退出>：↙
```

结果如图 15-45 所示。

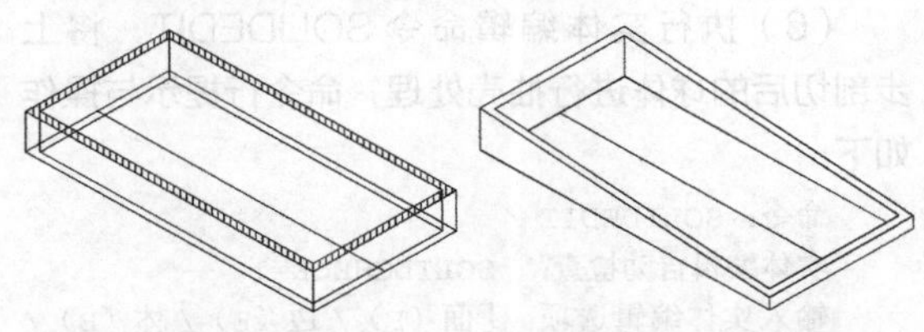

图 15-44 倾斜对象　　图 15-45 倾斜面处理

❻ 执行矩形命令 RECTANG，分别以{(4, 7),(@32, 66)}和{(6, 9),(@28, 62)}为角点绘制矩形，结果如图 15-46 所示。

❼ 用拉伸命令 EXTRUDE 拉伸矩形，拉伸高度为 8，结果如图 15-47 所示。

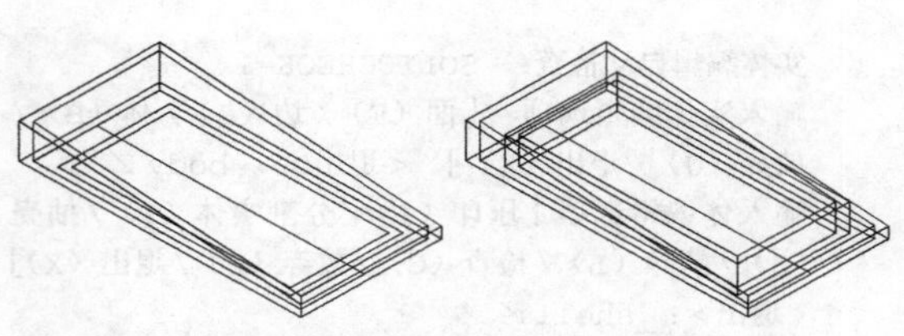

图 15-46 绘制矩形（2）　　图 15-47 拉伸处理

❽ 用布尔运算中的差集命令 SUBTRACT，将拉伸后的两个实体进行差集运算。

❾ 用实体编辑命令 SOLIDEDIT 将差集运算后的实体倾斜 5°，然后删除辅助直线，结果如图 15-48 所示。

❿ 用长方体命令 BOX，以(0, 0, 15)和(@1, 72, 1)为角点创建长方体，结果如图 15-49 所示。

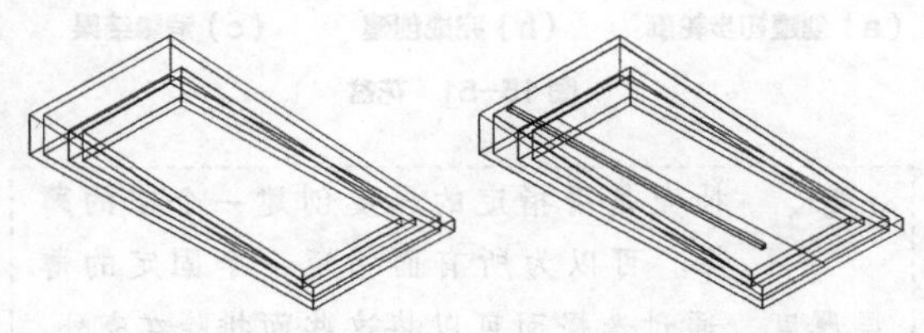

图 15-48 倾斜面处理　　图 15-49 创建长方体

⓫ 用复制命令 COPY 复制长方体，用三维旋转命令 3DROTATE 分别将两个长方体旋转 25°和 -25°，用移动命令 MOVE，将旋转后的长方体移动，结果如图 15-50 所示。

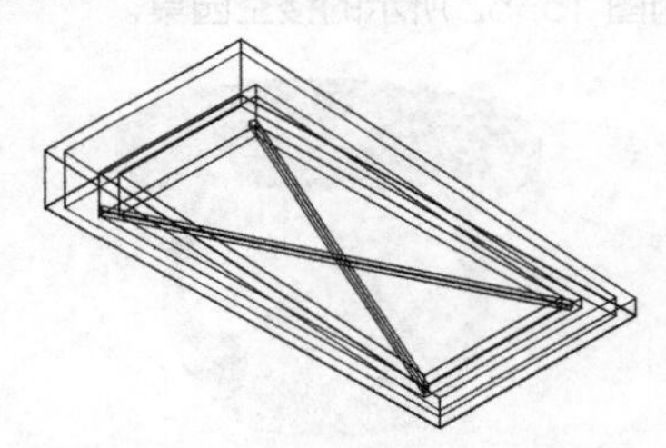

图 15-50 复制并旋转长方体

15.1.14 抽壳

1. 执行方式

命令行：SOLIDEDIT。

菜单：修改→实体编辑→抽壳

工具栏：实体编辑→抽壳

2. 操作步骤

命令行提示与操作如下：

```
命令：_solidedit↙
```

```
实体编辑自动检查：  SOLIDCHECK=1
输入实体编辑选项 ［面（F）/边（E）/体（B）/放弃（U）/退出（X）］ <退出>：_body↙
输入体编辑选项［压印（I）/分割实体（P）/抽壳（S）/清除（L）/检查（C）/放弃（U）/退出（X）］<退出>：_shell↙
选择三维实体：（选择三维实体）
删除面或 ［放弃（U）/添加（A）/全部（ALL）］：（选择开口面）
输入抽壳偏移距离：（指定壳体的厚度值）
```

图 15-51 所示为利用抽壳命令创建的花盆。

（a）创建初步轮廓

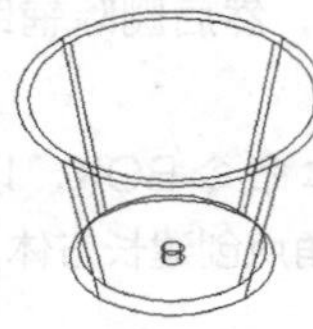

（b）完成创建

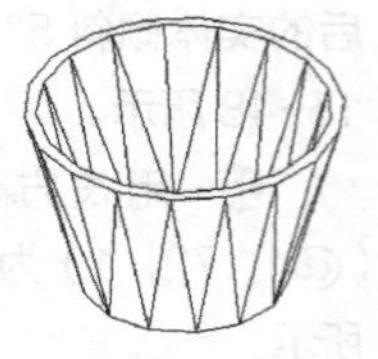

（c）消隐结果

图 15-51 花盆

注意 抽壳是用指定的厚度创建一个空的薄层。可以为所有面指定一个固定的薄层厚度，通过选择面可以将这些面排除在壳外。一个三维实体只能有一个壳，可以通过将现有面偏移出其原位置的方式来创建新的面。

15.1.15 实例——绘制镂空园桌

绘制图 15-52 所示的镂空园桌。

图 15-52 镂空园桌

操作步骤

❶ 绘制主体

（1）用 ISOLINES 命令设置对象上每个曲面的轮廓线数目为 10。

（2）用球体命令 SPHERE 绘制以坐标原点为球心、半径为 50 的球体命令行提示与操作如下：

```
命令：SPHERE↙
指定中心点或 ［三点（3P）/两点（2P）/切点、切点、半径（T）］：0，0，0↙
指定半径或 ［直径（D）］：50↙
```

切换到西南等轴测视图，结果如图 15-53 所示。

（3）执行矩形命令 RECTANG，分别以{(-60，-60，-40)，(@120，120)} 和 {(-60，-60，40)，(@120，120)} 为角点绘制矩形，结果如图 15-54 所示。

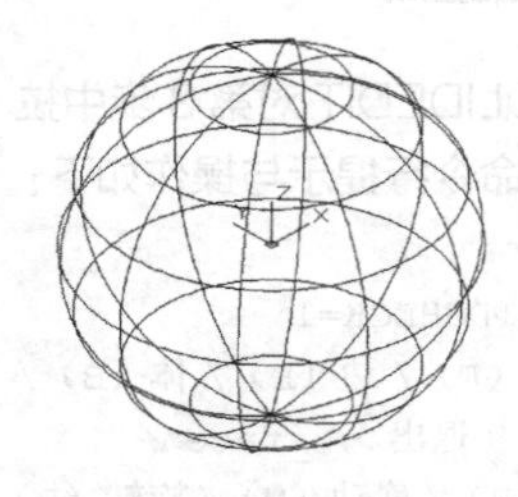

图 15-53 创建球体

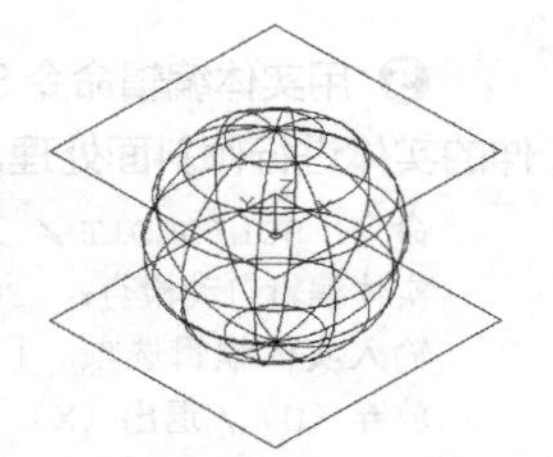

图 15-54 绘制矩形

（4）执行剖切命令 SLICE，分别选择两个矩形作为剖切面，保留球体中间部分，结果如图 15-55 所示。

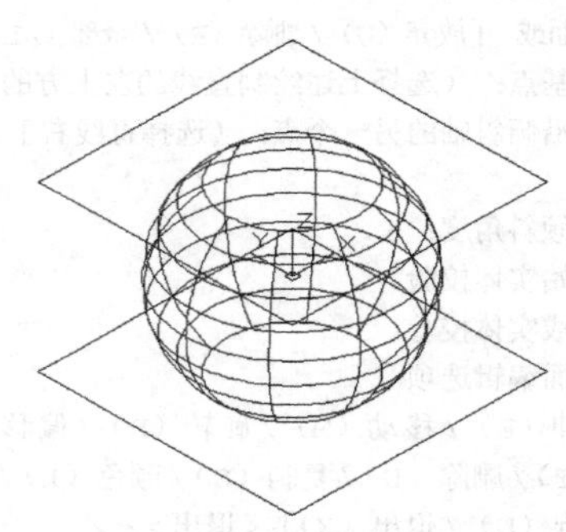

图 15-55 剖切处理

（5）执行删除命令 ERASE，将矩形删除，结果如图 15-56 所示。

（6）执行实体编辑命令 SOLIDEDIT，将上步剖切后的球体进行抽壳处理，命令行提示与操作如下：

```
命令：SOLIDEDIT↙
实体编辑自动检查：  SOLIDCHECK=1
输入实体编辑选项 ［面（F）/边（E）/体（B）/放弃（U）/退出（X）］ <退出>：_body↙
输入体编辑选项［压印（I）/分割实体（P）/抽壳（S）/清除（L）/检查（C）/放弃（U）/退出（X）］<退出>：_shell↙
选择三维实体：（选择剖切后的球体）↙
删除面或 ［放弃（U）/添加（A）/全部（ALL）］：↙
```

```
输入抽壳偏移距离：5↙
已开始实体校验。
已完成实体校验。
输入体编辑选项
[压印（I）/分割实体（P）/抽壳（S）/清除（L）/检查（C）/放弃（U）/退出（X）] <退出>：x↙
实体编辑自动检查： SOLIDCHECK=1
输入实体编辑选项 [面（F）/边（E）/体（B）/放弃（U）/退出（X）] <退出>：x↙
```

结果如图 15-57 所示。

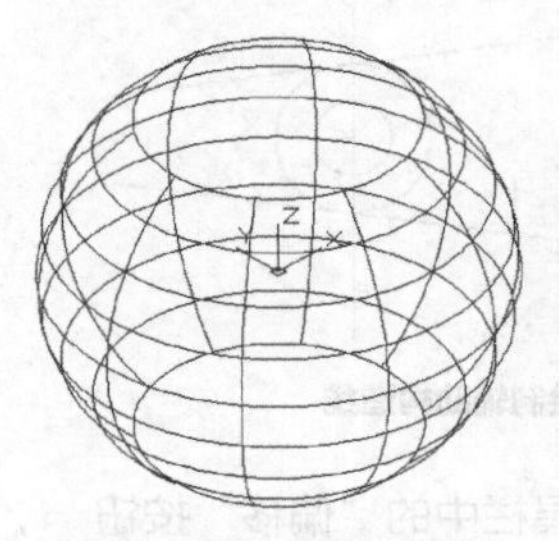

图 15-56 删除矩形　　图 15-57 抽壳处理

（7）创建新坐标系，并将其绕 *X* 轴旋转 -90°。

（8）执行圆柱体命令 CYLINDER，以（0，0，-50）为底面圆心、（@0，0，100）为顶面圆心，创建半径为 25 的圆柱体；切换到 WCS 坐标系，绕 *Y* 轴旋转 90°，再以（0，0，-50）为底面圆心、（@0，0，100）为顶面圆心，创建半径为 25 的圆柱体，结果如图 15-58 所示。

（9）用布尔运算中的差集命令 SUBTRACT 将两个圆柱体进行差集运算，结果如图 15-59 所示。

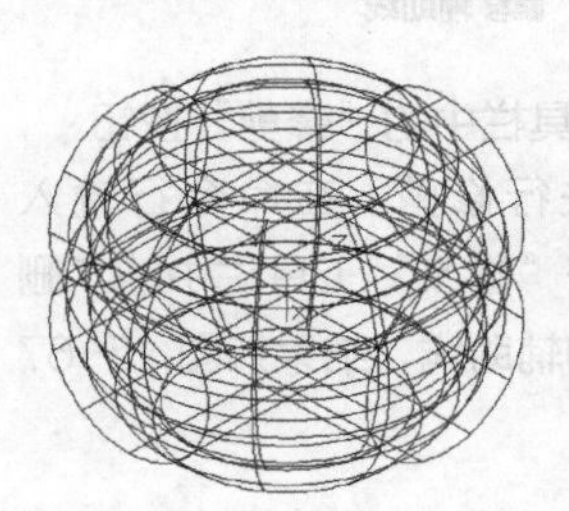

图 15-58 创建圆柱体（1）

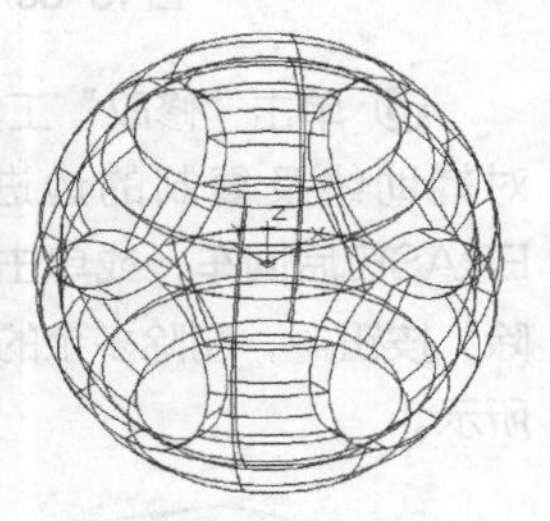

图 15-59 差集运算

❷ 绘制桌面

（1）回到世界坐标系，执行圆柱体命令 CYLINDER，以（0，0，40）为底面圆心，创建半径为 65、高为 10 的圆柱体，结果如图 15-60 所示。

（2）执行圆角命令 FILLET，将圆柱体的棱边进行圆角处理，圆角半径为 2，结果如图 15-61 所示。

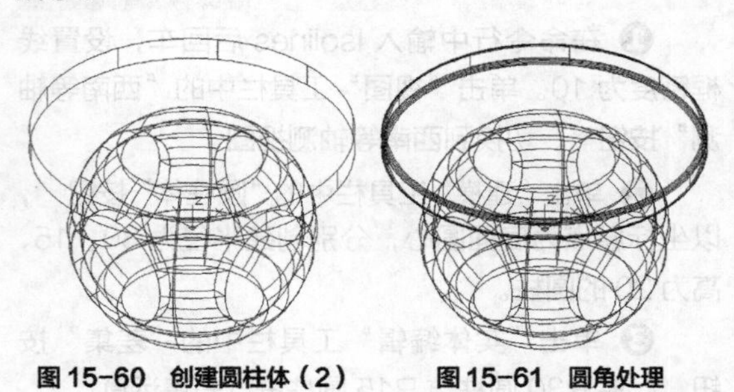

图 15-60 创建圆柱体（2）　　图 15-61 圆角处理

15.1.16 复制边

1. 执行方式

命令行：SOLIDEDIT

菜单：修改→实体编辑→复制边

工具栏：实体编辑→复制边

2. 操作步骤

命令行提示与操作如下：

```
命令：_solidedit↙
实体编辑自动检查： SOLIDCHECK=1
输入实体编辑选项 [面（F）/边（E）/体（B）/放弃（U）/退出（X）] <退出>：_edge↙
输入边编辑选项 [复制（C）/着色（L）/放弃（U）/退出（X）] <退出>：_copy↙
选择边或 [放弃（U）/删除（R）]：（选择曲线边）
选择边或 [放弃（U）/删除（R）]：↙
指定基点或位移：（确定复制的基准点）
指定位移的第二点：（确定复制的目标点）
```

图 15-62 所示为复制边的示例。

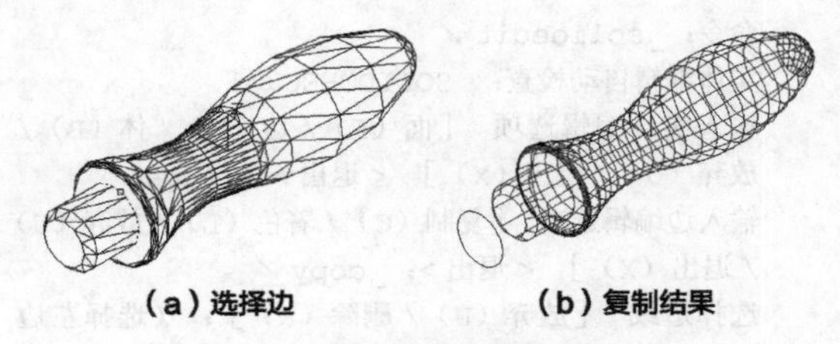

（a）选择边　　（b）复制结果

图 15-62 复制边

15.1.17 实例——绘制摇杆

绘制图 15-63 所示的摇杆。

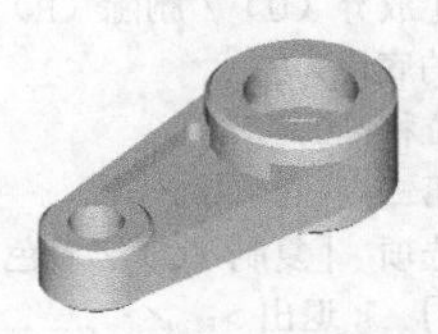

图 15-63 摇杆

操作步骤

❶ 在命令行中输入 Isolines 后回车，设置线框密度为 10。单击“视图”工具栏中的“西南等轴测”按钮，切换到西南等轴测视图。

❷ 单击“建模”工具栏中的“圆柱体”按钮，以坐标原点为底面圆心，分别创建半径为 30、15，高为 20 的圆柱。

❸ 单击“实体编辑”工具栏中的“差集”按钮，将 R30 圆柱与 R15 圆柱进行差集运算。

❹ 单击“建模”工具栏中的“圆柱体”按钮，以（150，0，0）为底面圆心，分别创建半径为 50、30，高为 30 的圆柱，以及半径为 40、高为 10 的圆柱。

❺ 单击“实体编辑”工具栏中的“差集”按钮，将 R50 圆柱与 R30、R40 圆柱进行差集运算，结果如图 15-64 所示。

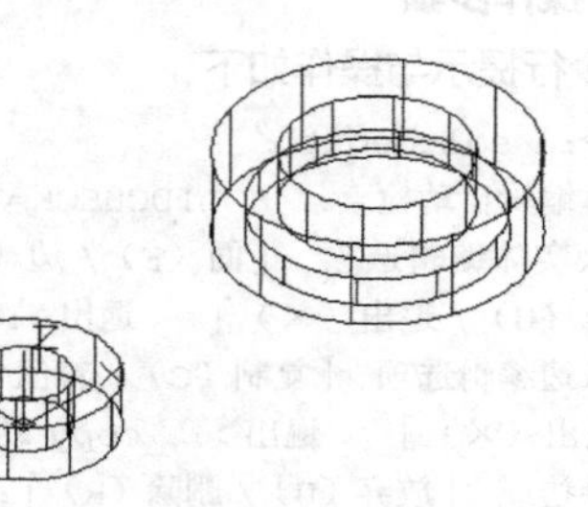

图 15-64 差集运算

❻ 单击“实体编辑”工具栏中的“复制边”按钮，命令行提示与操作如下：

```
命令：_solidedit↙
实体编辑自动检查： SOLIDCHECK=1
输入实体编辑选项 [面（F）/边（E）/体（B）/放弃（U）/退出（X）] <退出>：_edge↙
输入边编辑选项 [复制（C）/着色（L）/放弃（U）/退出（X）] <退出>：_copy↙
选择边或 [放弃（U）/删除（R）]：（选择左边 R30 圆柱体的底边，如图 15-64 所示）
指定基点或位移：0，0↙
指定位移的第二点：0，0↙
输入边编辑选项 [复制（C）/着色（L）/放弃（U）/退出（X）] <退出>：C↙
选择边或 [放弃（U）/删除（R）]：（选择右边 R50 圆柱体的底边）
指定基点或位移：0，0↙
指定位移的第二点：0，0↙
输入边编辑选项 [复制（C）/着色（L）/放弃（U）/退出（X）] <退出>：↙
```

❼ 单击“视图”工具栏中的“仰视”按钮，切换到仰视图；单击“渲染”工具栏中的“隐藏”按钮，进行消隐处理。

❽ 单击“绘图”工具栏中的“构造线”按钮，分别绘制所复制的 R30 及 R50 圆的外公切线，并绘制通过两个圆圆心的竖直辅助线，结果如图 15-65 所示。

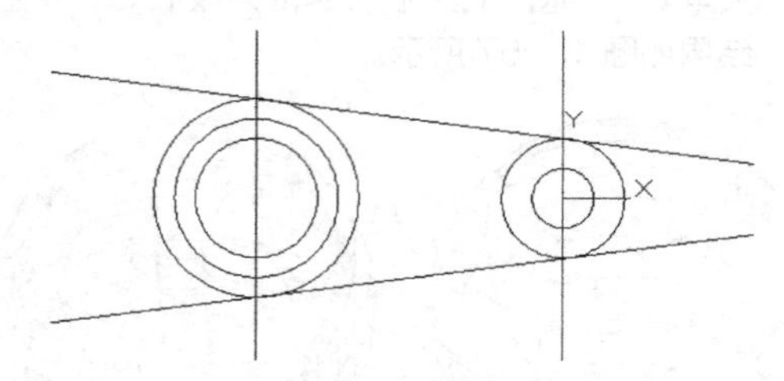

图 15-65 绘制辅助构造线

❾ 单击“修改”工具栏中的“偏移”按钮，将绘制的外公切线，分别向内偏移 10，并将左边竖直线向右偏移 45，将右边竖直线向左偏移 25。偏移结果如图 15-66 所示。

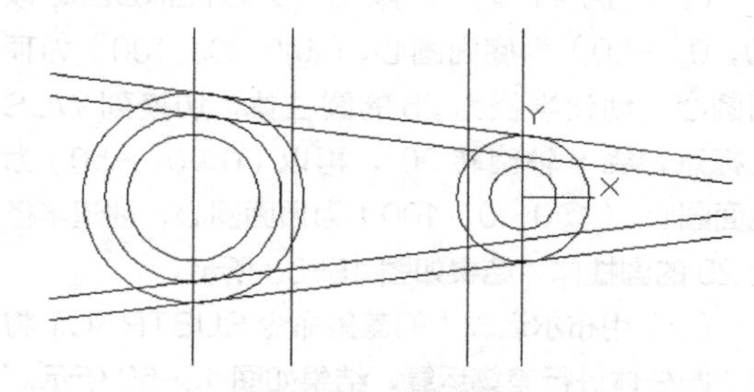

图 15-66 偏移辅助线

❿ 单击“修改”工具栏中的“修剪”按钮，对辅助线及复制的边进行修剪。在命令行输入 ERASE 后回车，或单击“修改”工具栏中的“删除”按钮，删除多余的辅助线，结果如图 15-67 所示。

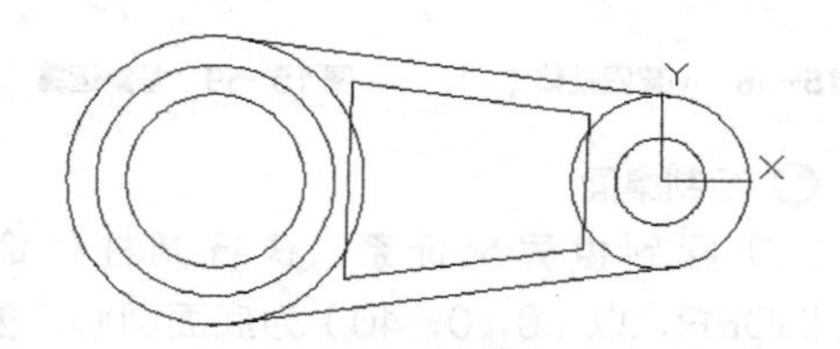

图 15-67 修剪辅助线及圆

⓫ 单击“视图”工具栏中的“西南等轴测”按钮，切换到西南等轴测视图。在命令行输入 REGION 后回车，或单击“绘图”工具栏中的“面

域”按钮，分别将辅助线与圆及辅助线之间围成的两个区域创建为面域。

⑫ 单击“修改”工具栏中的“移动”按钮，将内环面域向上移动 5。

⑬ 单击“建模”工具栏中的“拉伸”按钮，将外环和内环面域分别向上拉伸 16、11。

⑭ 单击“实体编辑”工具栏中的“差集”按钮，将拉伸生成的两个实体进行差集运算。

⑮ 单击“实体编辑”工具栏中的“并集”按钮，将图中所有实体进行并集运算。

⑯ 单击“修改”工具栏中的“圆角”按钮，对实体中内凹处进行倒圆角操作，圆角半径为 5。

⑰ 单击“修改”工具栏中“倒角”按钮，对实体左右两部分的顶面进行倒角操作，倒角距离为 3。单击“渲染”工具栏中的“隐藏”按钮，进行消隐处理后的结果如图 15-68 所示。

⑱ 选择菜单栏中的“修改”→“三维操作”→“三维镜像”命令，命令行提示与操作如下：

```
命令：_ mirror3d
选择对象：（选择实体）
指定镜像平面（三点）的第一个点或[对象（O）/最近的（L）/Z 轴（Z）/视图（V）/XY 平面（XY）/YZ 平面（YZ）/ZX 平面（ZX）/三点（3）]<三点>：XY↙
指定 XY 平面上的点 <0，0，0>：↙
是否删除源对象？[是（Y）/否（N）]<否>：↙
```

镜像结果如图 15-69 所示。

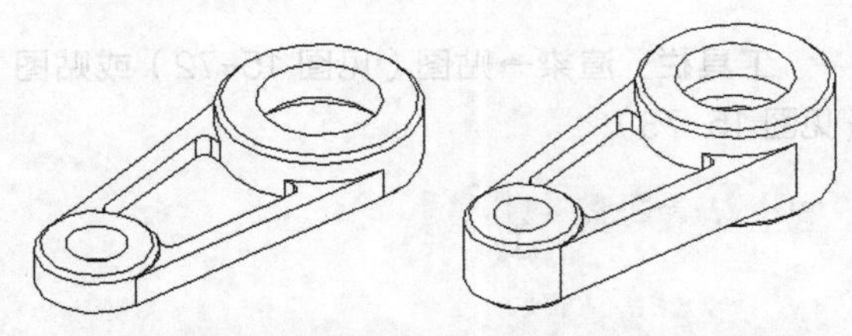

图 15-68 倒圆角及倒角后的实体 图 15-69 镜像后的实体

⑲ 单击“实体编辑”工具栏中的“并集”按钮，将图中所有实体进行并集运算。

⑳ 选择菜单栏中的“视图”→“视觉样式”→“概念”命令，最终结果如图 15-63 所示。

15.1.18 着色边

1. 执行方式

命令行：SOLIDEDIT

菜单：修改→实体编辑→着色边

工具栏：实体编辑→着色边

2. 操作步骤

命令行提示如下：

```
命令：_solidedit↙
实体编辑自动检查：SOLIDCHECK=1
输入实体编辑选项 [面（F）/边（E）/体（B）/放弃（U）/退出（X）]<退出>：_edge↙
输入边编辑选项 [复制（C）/着色（L）/放弃（U）/退出（X）]<退出>：L↙
选择边或 [放弃（U）/删除（R）]：（选择要着色的边）
选择面或 [放弃（U）/删除（R）/全部（ALL）]：（继续选择或按 Enter 键）
```

执行上述操作后，弹出“选择颜色”对话框，在该对话框中可以根据需要选择合适的颜色。

15.1.19 清除

1. 执行方式

命令行：SOLIDEDIT

菜单：修改→实体编辑→清除

工具栏：实体编辑→清除

2. 操作步骤

命令行提示如下：

```
命令：_solidedit↙
实体编辑自动检查：SOLIDCHECK=1
输入实体编辑选项 [面（F）/边（E）/体（B）/放弃（U）/退出（X）]<退出>：_body↙
输入体编辑选项[压印（I）/分割实体（P）/抽壳（S）/清除（L）/检查（C）/放弃（U）/退出（X）]<退出>：_clean↙
选择三维实体：（选择要删除的对象）
```

15.1.20 分割

1. 执行方式

命令行：SOLIDEDIT

菜单：修改→实体编辑→分割

工具栏：实体编辑→分割

2. 操作步骤

命令行提示与操作如下：

```
命令：_solidedit↙
实体编辑自动检查： SOLIDCHECK=1
输入实体编辑选项 [面（F）/边（E）/体（B）/放弃（U）/退出（X）]<退出>：_body↙
输入体编辑选项[压印（I）/分割实体（P）/抽壳（S）/清除（L）/检查（C）/放弃（U）/退出（X）]<退出>：_sperate↙
```

选择三维实体：（选择要分割的对象）

15.1.21 检查

1. 执行方式

命令行：SOLIDEDIT

菜单：修改→实体编辑→检查

工具栏：实体编辑→检查

2. 操作步骤

命令行提示与操作如下：

命令：_solidedit
实体编辑自动检查：　SOLIDCHECK=1
输入实体编辑选项　[面（F）/边（E）/体（B）/放弃（U）/退出（X）]　<退出>：_body
输入体编辑选项[压印（I）/分割实体（P）/抽壳（S）/清除（L）/检查®/放弃（U）/退出（X）]　<退出>：_check
选择三维实体：（选择要检查的三维实体）

执行上述命令后，命令行显示该对象是否是有效的 ACIS 实体。

15.1.22 夹点编辑

利用夹点编辑功能，可以对三维实体进行编辑，与二维对象夹点编辑功能类似。方法很简单，单击要编辑的对象，系统显示编辑夹点，选择某个夹点，按住鼠标左键拖动，三维对象随之改变，选择不同的夹点，可以编辑对象的不同参数，红色夹点为当前编辑夹点，如图 15-70 所示。

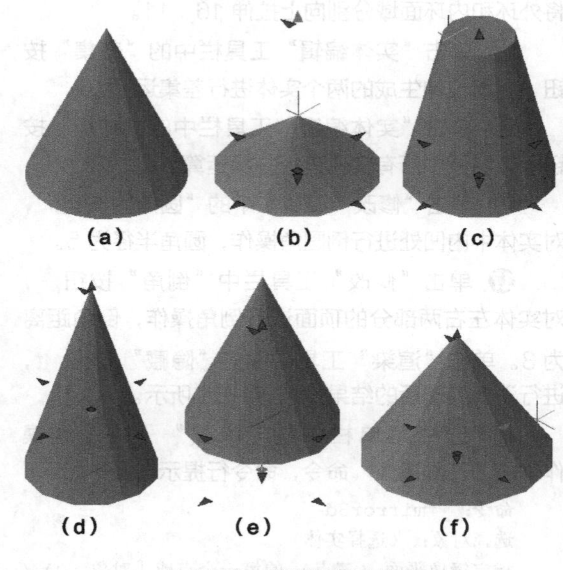

图 15-70　圆锥体及夹点编辑

15.2 渲染实体

渲染是为三维图形对象加上颜色、材质、灯光、背景、场景等，以更加真实地表达图形的外观和纹理。渲染是输出图形前的关键步骤，尤其是在效果图的设计中。

15.2.1 贴图

贴图功能使实体附着在带纹理的材质之后，可以调整实体或面上纹理贴图的方向。当材质被映射后，应调整材质以适应对象的形状，将材质类型更合适的贴图应用到对象中。

1. 执行方式

命令行：MATERIALMAP

菜单：视图→渲染→贴图（见图 15-71）

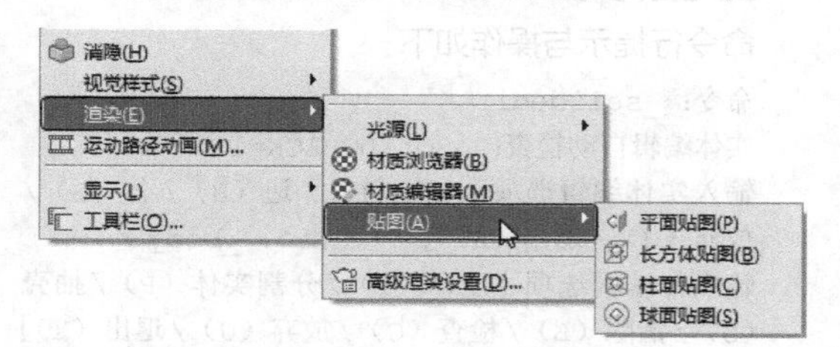

图 15-71　"贴图"子菜单

工具栏：渲染→贴图（见图 15-72）或贴图（见图 15-73）

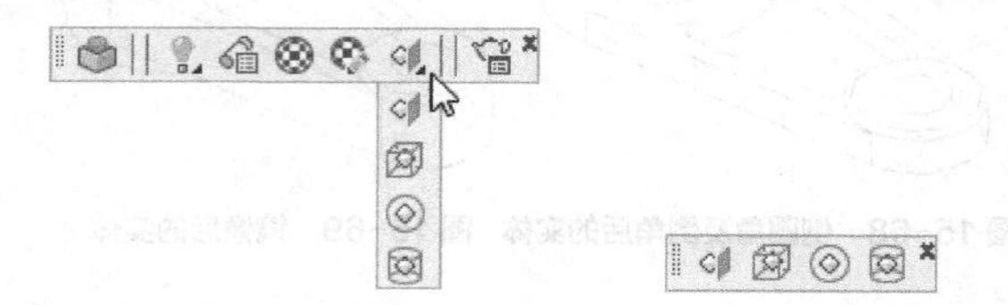

图 15-72　"渲染"工具栏　　图 15-73　"贴图"工具栏

2. 操作步骤

命令行提示如下：

命令：MATERIALMAP↙
选择选项[长方体（B）/平面（P）/球面（S）/柱面（C）/复制贴图至（Y）/重置贴图（R）]　<长方体>：

3. 选项说明

（1）长方体（B）：将图像映射到类似长方体的

实体上。该图像将在对象的每个面上重复使用。

（2）平面（P）：将图像映射到对象上，就像将其从幻灯片投影器投影到二维曲面上一样。图像不会失真，但是会被缩放以适应对象。该贴图最常用于面。

（3）球面（S）：在水平和垂直两个方向同时使图像弯曲。纹理贴图的顶边在球体的“北极”压缩为一个点，底边在“南极”压缩为一个点，如图 15-74 所示。

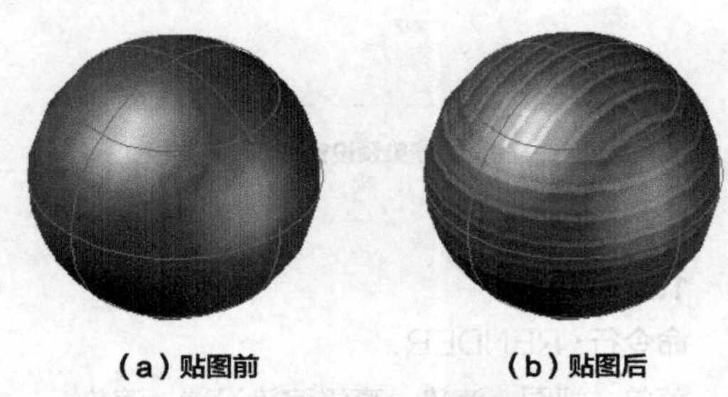

（a）贴图前　（b）贴图后

图 15-74　球面贴图

（4）柱面（C）：将图像映射到圆柱形对象上。水平边弯曲，顶边和底边不会弯曲。图像的高度将沿圆柱体的轴进行缩放。

（5）复制贴图至（Y）：将贴图从原始对象或面应用到选定对象。

（6）重置贴图（R）：将 UV 坐标重置为贴图的默认坐标。

15.2.2 材质

AutoCAD 将常用的材质都集成到工具选项板中。实现附着材质相关操作。

1. 执行方式

命令行：MATBROWSEROPEN

菜单：视图→渲染→材质浏览器

工具栏：渲染→材质浏览器

2. 操作步骤

命令行提示如下：

```
命令：MATBROWSEROPEN ↙
```

执行该命令后，弹出“材质浏览器”选项板。在该选项板中，可以对材质的有关参数进行设置。

具体附着材质的步骤如下。

（1）选择菜单栏中的“视图”→“渲染”→“材质浏览器”命令，打开“材质浏览器”选项板，如图 15-75 所示。

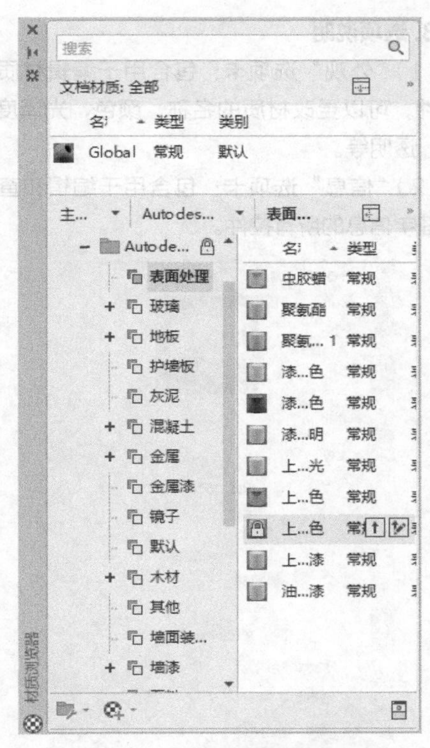

图 15-75　“材质浏览器”选项板

（2）选择需要的材质，将其直接拖动到对象上，如图 15-76 所示，这样材质就附着了。当将视觉样式转换成“真实”时，附着材质的图形显示，如图 15-77 所示。

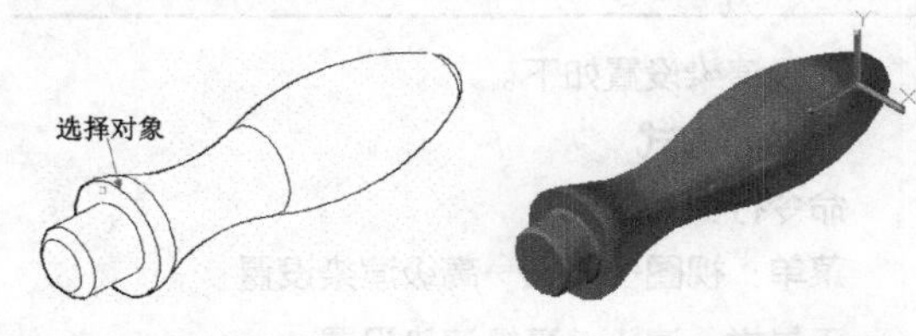

图 15-76　指定对象　　图 15-77　附着材质后

对材质进行相关设置。

1. 执行方式

命令行：mateditoropen

菜单：视图→渲染→材质编辑器

工具栏：渲染→材质编辑器

2. 操作步骤

命令行提示如下：

```
命令：mateditoropen ↙
```

执行该命令后，弹出如图 15-78 所示的“材质编辑器”选项板。

3. 选项说明

（1）“外观”选项卡：包含用于编辑材质特性的控件，可以更改材质的名称、颜色、光泽度、反射度、透明等。

（2）“信息”选项卡：包含用于编辑和查看材质关键字信息的所有控件。

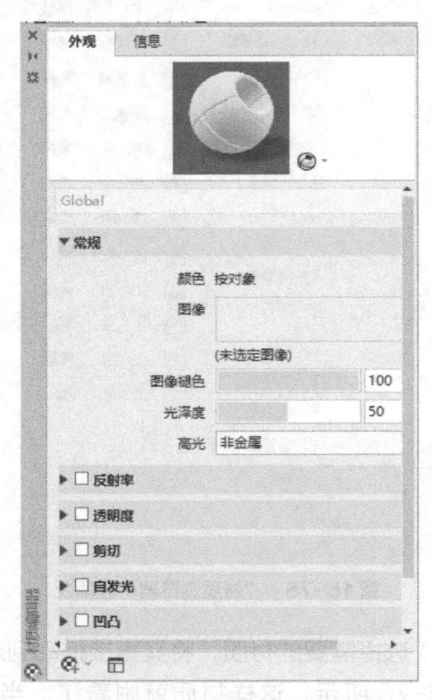

图 15-78　“材质编辑器”选项板

15.2.3 渲染

高级渲染设置如下。

1. 执行方式

命令行：RPREF

菜单：视图→渲染→高级渲染设置

工具栏：渲染→高级渲染设置

2. 操作步骤

命令行提示如下：

命令：RPREF ↙

执行上述命令后，打开图 15-79 所示的“渲染预设管理器”选项板。在该选项板中，可以对渲染的有关参数进行设置。

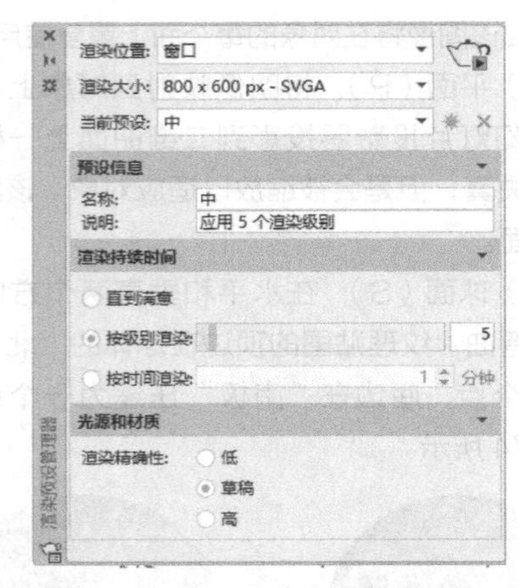

图 15-79　“渲染预设管理器”选项板

渲染操作如下。

1. 执行方式

命令行：RENDER

菜单：视图→渲染→高级渲染设置→渲染

工具栏：渲染→高级渲染设置→渲染

2. 操作步骤

命令行提示如下：

命令：RENDER ↙

执行上述命令后，弹出图 15-80 所示的“渲染”窗口，可以查看渲染结果和相关参数。

图 15-80　“渲染”窗口

15.3 综合实例——绘制齿轮

前面已经相对完整地介绍了三维实体建模和编辑的相关功能，为了进一步巩固和加深认识，下面绘制图 15-81 所示的齿轮。

图 15-81 齿轮

操作步骤

❶ 绘制基础

（1）建立新文件。启动 AutoCAD 2024，以“无样板打开 - 公制”方式建立新文件；将新文件命名为“大齿轮立体图”并保存。

（2）绘制矩形。单击“绘图”工具栏中的“矩形”按钮，指定两个角点坐标分别为（-20，0）和（20，94），绘制结果如图 15-82 所示。

（3）分解矩形。单击“修改”工具栏中的“分解”按钮，将刚刚绘制的矩形分解成 4 条直线。

（4）偏移直线。单击“修改”工具栏中的“偏移”按钮，分别向上偏移 20、32 和 84，两边再分别向中间偏移 11，结果如图 15-83 所示。

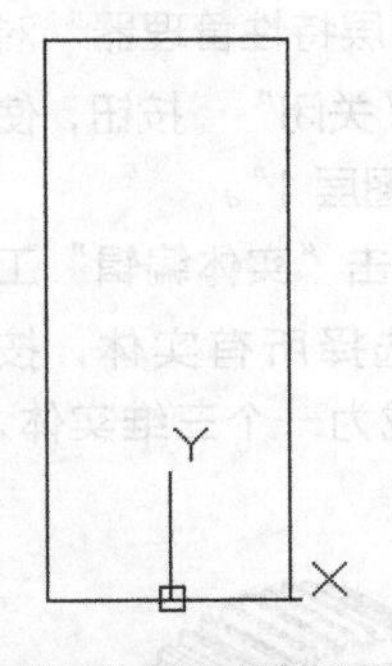

图 15-82 绘制矩形

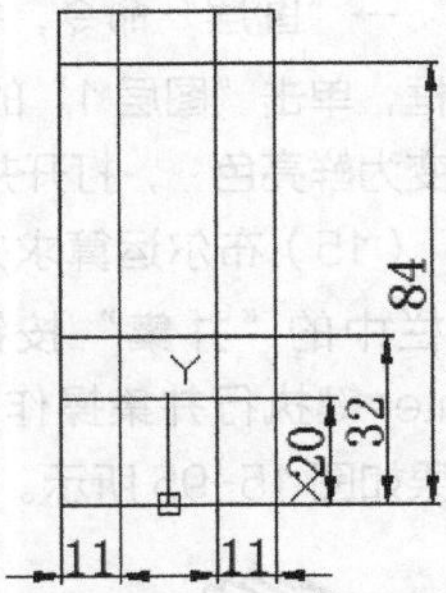

图 15-83 绘制偏移直线

（5）修剪图形。单击“修改”工具栏中的“修剪”按钮，对图形进行修剪，然后将多余的线段删除，结果如图 15-84 所示。

（6）合并轮廓线。利用多段线编辑命令 PEDIT，将齿轮基体轮廓线合并为一条多段线，满足“旋转实体”命令的要求，如图 15-85 所示。

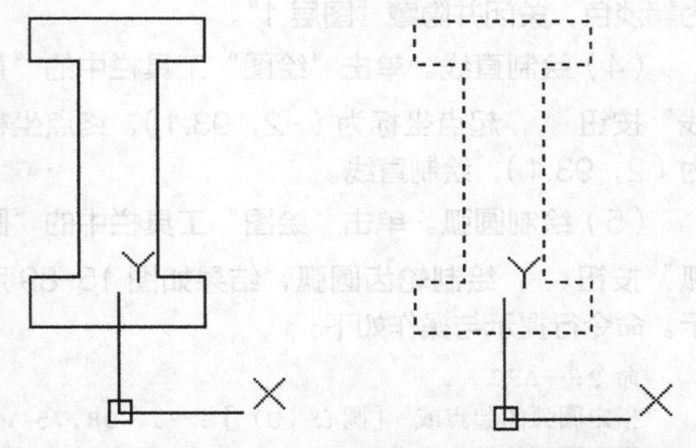

图 15-84 修剪图形　　图 15-85 合并齿轮基体轮廓线

（7）旋转实体。单击“建模”工具栏中的“旋转”按钮，将齿轮基体轮廓线绕 *X* 轴旋转一周。切换视图为西南等轴测视图，消隐后的结果如图 15-86 所示。

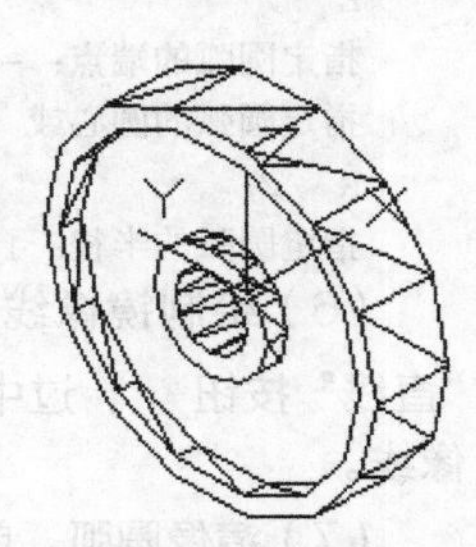

图 15-86 旋转实体

（8）实体倒圆角。单击“修改”工具栏中的“圆角”按钮，对齿轮内凹槽的轮廓线进行圆角处理，圆角半径为 2，如图 15-87 所示。

（9）实体倒直角。单击“修改”工具栏中的“倒角”按钮，对轴孔边缘进行倒直角操作，倒角距离为 2，结果如图 15-88 所示。

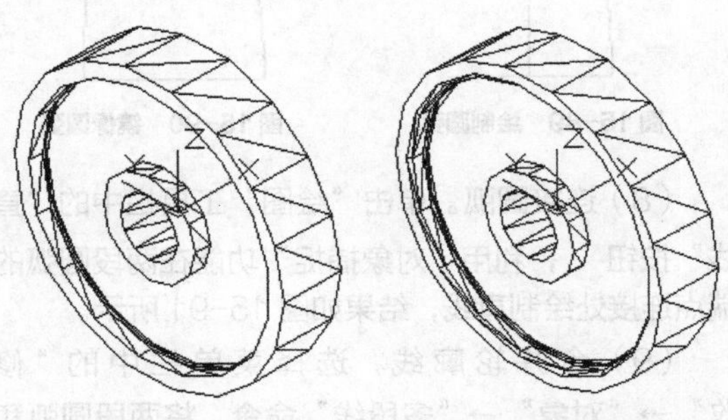

图 15-87 实体圆角　　图 15-88 实体倒直角

❷ 绘制齿轮轮齿

（1）切换视角。将当前视角切换为俯视视图。

（2）创建新图层。单击“图层”工具栏中的“图层特性管理器”按钮，打开“图层特性管理器”对话框，单击“新建”按钮，新建新图层“图层 1”，将齿轮基体图形对象的图层属性更改为“图层 1”。

（3）隐藏图层。在“图层特性管理器”对话框中，单击“图层 1”的“打开 / 关闭”按钮，使之变为黯淡色，关闭并隐藏“图层 1”。

（4）绘制直线。单击“绘图”工具栏中的“直线”按钮，起点坐标为（-2，93.1），终点坐标为（2，93.1），绘制直线。

（5）绘制圆弧。单击“绘图”工具栏中的“圆弧”按钮，绘制轮齿圆弧，结果如图 15-89 所示。命令行提示与操作如下：

```
命令： ARC ↙
指定圆弧的起点或 ［圆心（C）］：-1，98.75 ↙
指定圆弧的第二个点或 ［圆心（C）/ 端点（E）］：
E ↙
指定圆弧的端点：-2，93.1 ↙
指定圆弧的圆心或［角度(A)/方向(D)/半径(R)]:
R ↙
指定圆弧的半径：15 ↙
```

（6）绘制镜像线。单击“绘图”工具栏中的“直线”按钮，过中点绘制一条垂直线，作为镜像线。

（7）镜像圆弧。单击“修改”工具栏中的“镜像”按钮，以上步绘制的直线为镜像轴，将左边的圆弧进行镜像处理，然后删除作为镜像轴的直线，结果如图 15-90 所示。

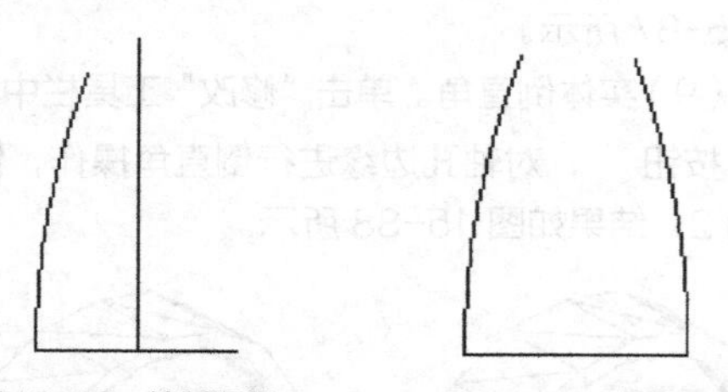

图 15-89　绘制圆弧　　图 15-90　镜像圆弧

（8）连接圆弧。单击“绘图”工具栏中的“直线”按钮，利用“对象捕捉”功能在两段圆弧的端点连接处绘制直线，结果如图 15-91 所示。

（9）合并轮廓线。选择菜单栏中的“修改”→“对象”→“多段线”命令，将两段圆弧和两段直线合并为一条多段线，以满足“拉伸实体”命令的要求。

（10）切换视角。选择菜单栏中的“视图”→“三维视图”→“西南等轴测”命令，或者单击“视图”工具栏中的“西南等轴测”按钮，将当前视图切换为西南等轴测视图。

（11）拉伸实体。单击“建模”工具栏中的“拉伸”按钮，将合并后的多段线向上拉伸 40，拉伸的倾斜角度为 0°，结果如图 15-92 所示。

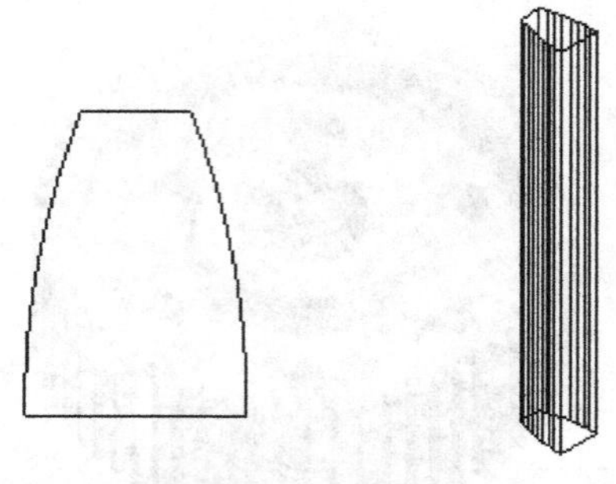

图 15-91　绘制直线　　图 15-92　拉伸实体

（12）环形阵列轮齿。单击“建模”工具栏中的“三维阵列”按钮，将拉伸实体进行 360° 环形阵列，阵列数目为 62，旋转阵列对象，阵列的中心点为（0，0，0），旋转轴上的第二点为（0，0，100），环形阵列，将阵列结果进行并集运算。采用三维隐藏视觉样式显示结果，如图 15-93 所示。

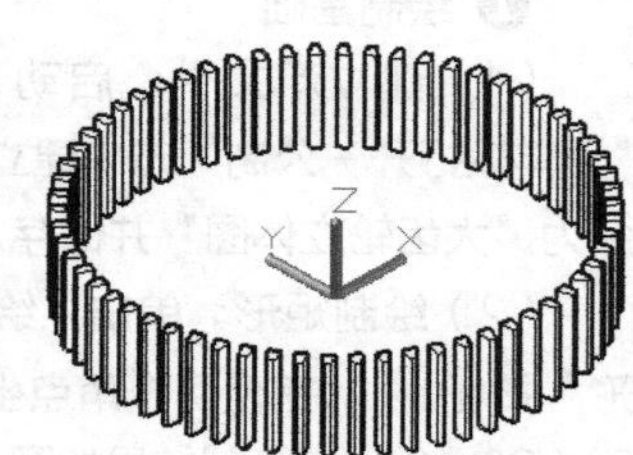

图 15-93　环形阵列实体

（13）旋转实体。单击“建模”工具栏中的“三维旋转”按钮，将所有轮齿以（0，0，0）为基点绕 *Y* 轴旋转 90°。以（0，0，0）为基点将旋转后的实体移动到点（20，0，0），结果如图 15-94 所示。

（14）打开图层 1。选择菜单栏中的“格式”→“图层”命令，打开“图层特性管理器”对话框，单击“图层 1”的“打开 / 关闭”按钮，使之变为鲜亮色，打开并显示“图层 1”。

（15）布尔运算求并集。单击“实体编辑”工具栏中的“并集”按钮，选择所有实体，按 Enter 键执行并集操作，使之成为一个三维实体，结果如图 15-95 所示。

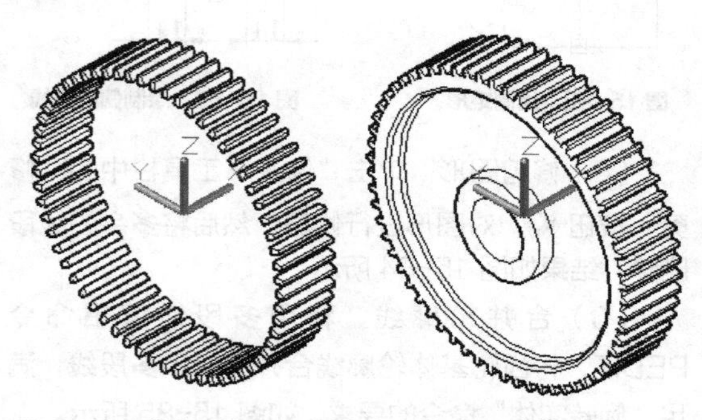

图 15-94　旋转和移动三维实体　　图 15-95　并集结果

❸ 绘制键槽和减轻孔

（1）绘制长方体。单击“建模”工具栏中的“长方体”按钮，指定一个角点坐标为（-25，16，-6），绘制一个长度为 60、宽度为 8、高度为 12 的长方体，如图 15-96 所示。

（2）绘制键槽。单击“实体编辑”工具栏中的“差集”按钮，将齿轮基体与刚绘制的长方体进行差集运算，在齿轮轴孔中形成键槽，如图 15-97 所示。

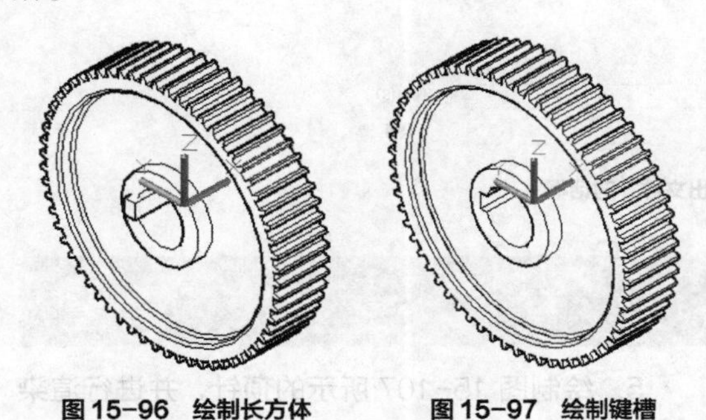

图 15-96　绘制长方体　　**图 15-97　绘制键槽**

（3）改变坐标系。命令行输入 UCS 后回车，将当前坐标系设置成绕 *Y* 轴旋转 -90°，再绕 *Z* 轴旋转 -90°。

（4）绘制圆柱体。单击“建模”工具栏中的“圆柱体”按钮，绘制一个中心点为（60，0，-20）、半径为 10、高度为 40 的圆柱体，如图 15-98 所示。

（5）环形阵列圆柱体。单击“建模”工具栏中的“三维阵列”按钮，将刚绘制的圆柱体进行 360° 环形阵列，阵列数目为 6，旋转阵列对象，阵列的中心点为（0，0，0），旋转轴上的第二点为（0，0，100），结果如图 15-99 所示。

（6）绘制减轻孔。单击“实体编辑”工具栏中的“差集”按钮，将齿轮基体与这 6 个圆柱体进行差集运算，在齿轮凹槽内形成 6 个减轻孔，如图 15-100 所示。

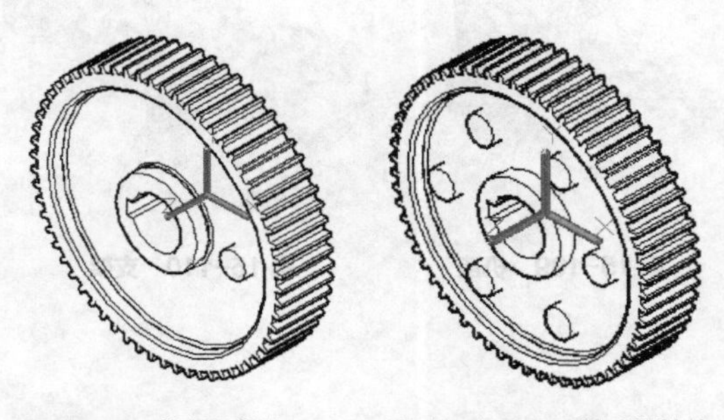

图 15-98　绘制圆柱体　　**图 15-99　环形阵列圆柱体**

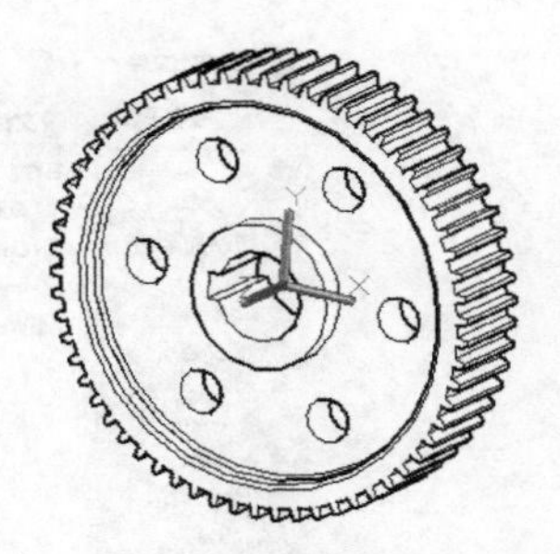

图 15-100　绘制减轻孔

❹ 渲染齿轮

（1）设置材质。单击“渲染”工具栏中的“材质浏览器”按钮，打开“材质浏览器”选项板，如图 15-101 所示，选择适当的材质赋予图形。

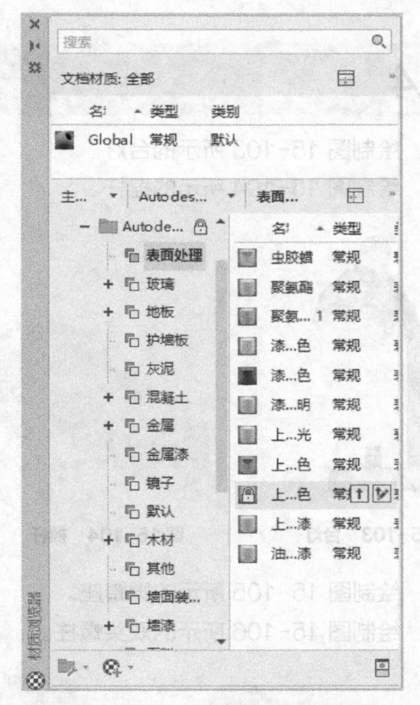

图 15-101　“材质浏览器”选项板

（2）渲染设置。选择菜单栏中的“视图”→“渲染”→“高级渲染设置→渲染”命令，或者单击“渲染”工具栏中的“高级渲染设置→渲染”按钮，渲染图形。

（3）保存渲染效果图。选择菜单栏中的“工具”→“显示图像”→“保存”命令，打开“渲染输出文件”对话框，如图 15-102 所示，设置保存图像的格式，输入图像名称，选择保存位置，单击“保存”按钮，保存图像。

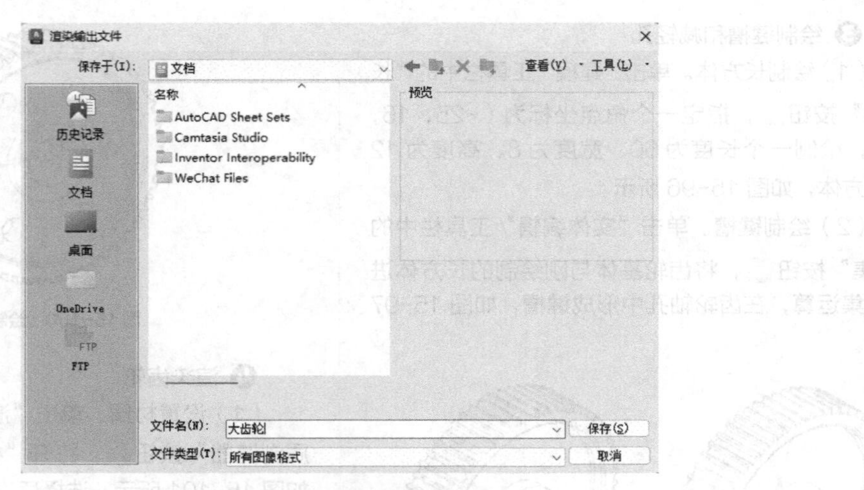

图 15-102 “渲染输出文件”对话框

15.4 练习

1. 绘制图 15-103 所示的台灯。
2. 绘制图 15-104 所示的摇杆。

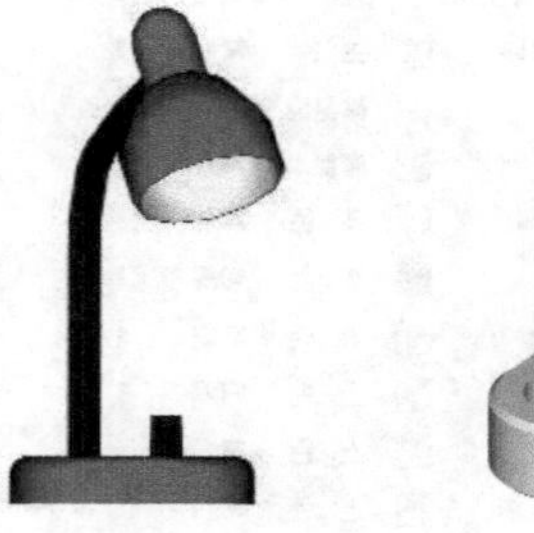

图 15-103 台灯

图 15-104 摇杆

3. 绘制图 15-105 所示的脚踏座。
4. 绘制图 15-106 所示的双头螺柱。

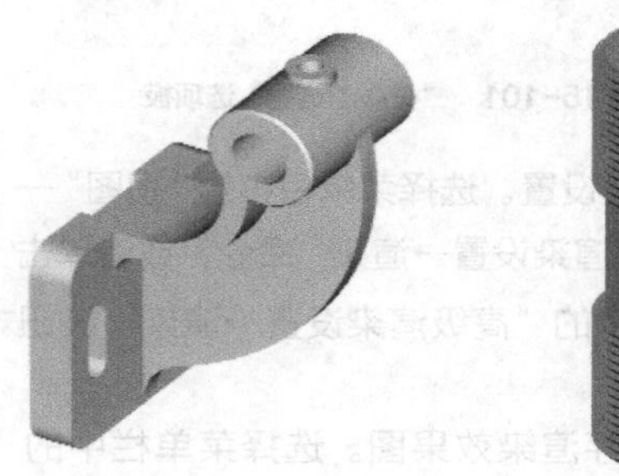

图 15-105 脚踏座

图 15-106 双头螺柱

5. 绘制图 15-107 所示的顶针，并进行渲染处理。
6. 绘制图 15-108 所示的斜轴架，并赋材渲染。

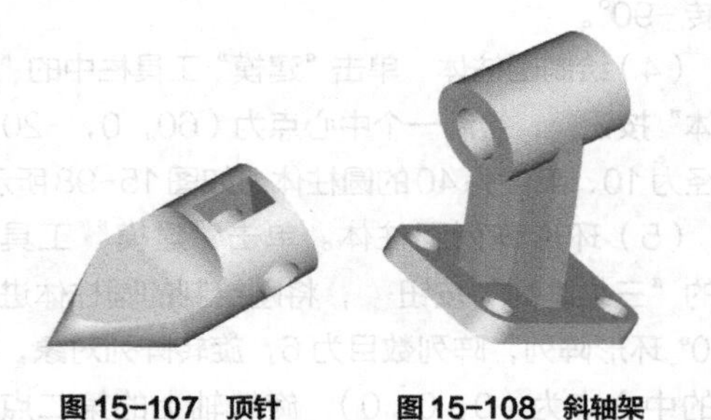

图 15-107 顶针　　图 15-108 斜轴架

7. 绘制图 15-109 所示的机座并赋材渲染。
8. 绘制图 15-110 所示的支架并赋材渲染。

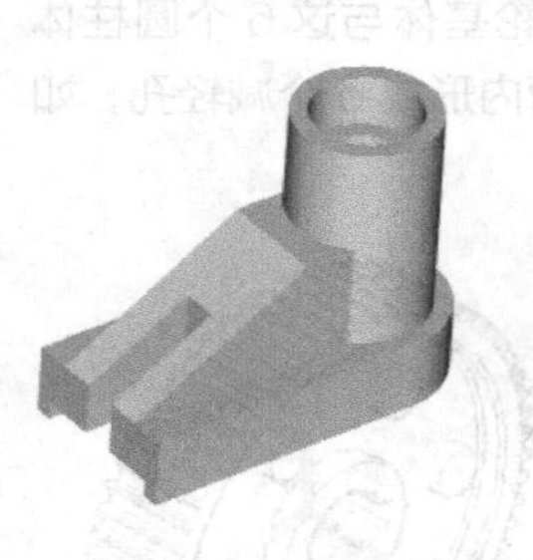

图 15-109 机座

图 15-110 支架

第 16 章

机械设计工程实例

在本章中，读者将掌握应用 AutoCAD 绘制完整零件图和装配图的方法和技巧。

重点与难点

- 完整零件图绘制方法
- 零件图绘制实例
- 完整装配图绘制方法
- 减速器装配图

16.1 完整零件图绘制方法

零件图是设计者表达零件设计意图的一种技术文件。

16.1.1 零件图内容

零件图是表示零件的结构形状、大小和技术要求的工程图样，可作为加工制造零件的依据。一幅完整的零件图应包括以下内容。

（1）一组视图：表达零件的形状与结构。

（2）一组尺寸：标出零件结构的大小、结构间的位置关系。

（3）技术要求：标出零件加工、检验时的技术指标。

（4）标题栏：注明零件的名称、材料、设计者、审核者、制造厂家等信息的表格。

16.1.2 零件图绘制过程

零件图的绘制过程包括草绘和绘制工作图两个部分，一般用 AutoCAD 绘制工作图。下面是绘制零件图的基本步骤。

（1）设置作图环境。作图环境的设置一般包括以下两方面。

①选择比例：根据零件的大小和复杂程度选择比例，尽量采用 1 ∶ 1。

②选择图纸幅面：根据图形、标注尺寸、技术要求所需图纸幅面，从标准幅面中选择。

（2）确定作图顺序，选择尺寸转换为坐标值的方式。

（3）标注尺寸，标注技术要求，填写标题栏。标注尺寸前要关闭剖面层，以免剖面线在标注尺寸时影响端点捕捉。

（4）校核与审核。

16.2 零件图绘制实例

本节将选取一些典型的机械零件，讲解其设计思路和具体绘制方法。

16.2.1 圆柱齿轮

圆柱齿轮零件是机械产品中经常使用的一种零件，它的主视剖面图呈对称形状，左视图则由一组同心圆构成，如图 16-1 所示。

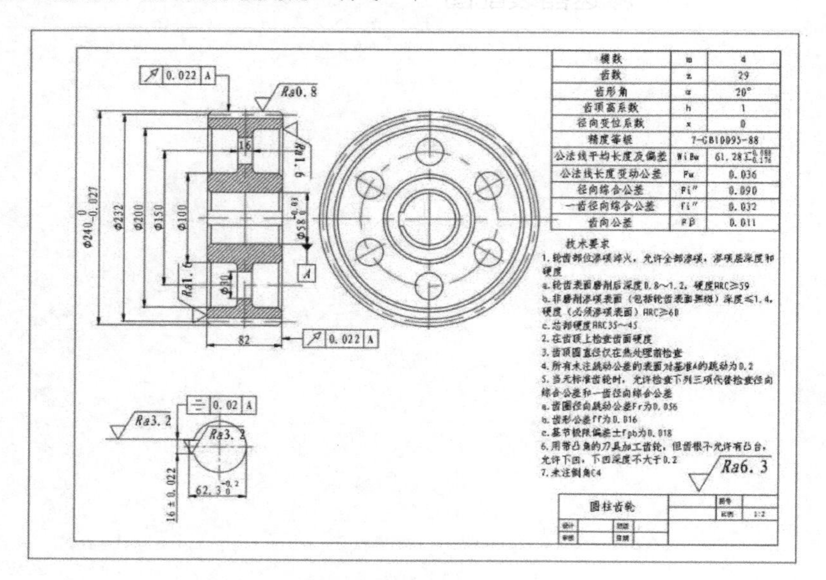

图 16-1 圆柱齿轮

由于圆柱齿轮的 1 ：1 全尺寸平面图大于 A3 图幅，为了绘制方便，需要先隐藏“标题栏层”和“图框层”。按照 1 ：1 全尺寸绘制圆柱齿轮的主视图和左视图，与前面章节类似，绘制过程中要充分利用多视图互相投影对应的关系。

操作步骤

❶ 配置绘图环境

单击“快速访问”工具栏中的“新建”按钮，弹出“选择样板”对话框，在该对话框中选择需要的样板图。本例选用 A3 横向样板图，其中样板图左下端点坐标为（0，0）。

❷ 绘制圆柱齿轮

（1）绘制中心线与隐藏图层

①切换图层。将“中心线层”设为当前图层。

②绘制中心线。单击“默认”选项卡“绘图”面板中的“直线”按钮，绘制直线{（25，170），（410，170）}，直线{（75，47），（75，292）}和直线{（270，47），（270，292）}，如图 16-2 所示。

注意 由于圆柱齿轮尺寸较大，因此先按照 1 ：1 的比例绘制圆柱齿轮，绘制完成后，再利用“图形缩放”命令将其缩小放入 A3 图纸里。

③隐藏图层。单击“默认”选项卡“图层”面板中的“图层特性”按钮，关闭“标题栏层”和“图框层”，如图 16-3 所示。

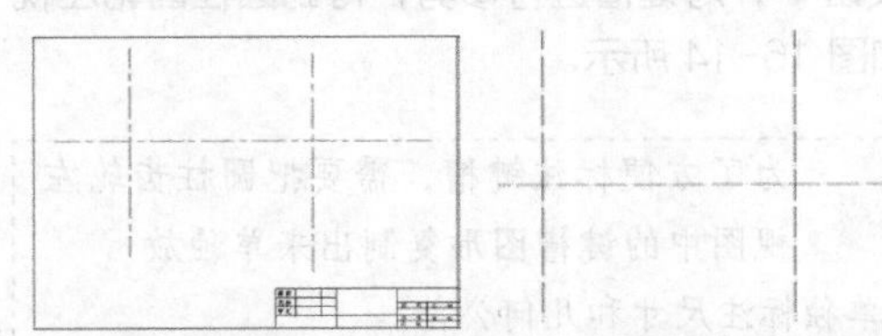

图 16-2 绘制中心线　　图 16-3 关闭图层后的绘图窗口

（2）绘制圆柱齿轮主视图

①将当前图层从“中心线层”切换到“实体层”。单击“默认”选项卡“绘图”面板中的“直线”按钮，利用 FROM 选项绘制两条直线，结果如图 16-4 所示，命令行提示与操作如下。

```
命令 : _line
指定第一个点 : from↙
基点 :（利用对象捕捉选择左侧中心线的交点）
< 偏移 >: @ -41,0↙
指定下一点或 [放弃 (U)] : @ 0,120↙
指定下一点或 [放弃 (U)] : @ 41, 0↙
指定下一点或 [闭合 (C) / 放弃 (U)] :↙
```

②单击“默认”选项卡“修改”面板中的“偏移”按钮，将最左侧的直线向右偏移，偏移量为 33，再将最上部的直线向下偏移，偏移量依次为 8、20、30、60、70 和 91，将中心线分别向上偏移 75 和 116，结果如图 16-5 所示。

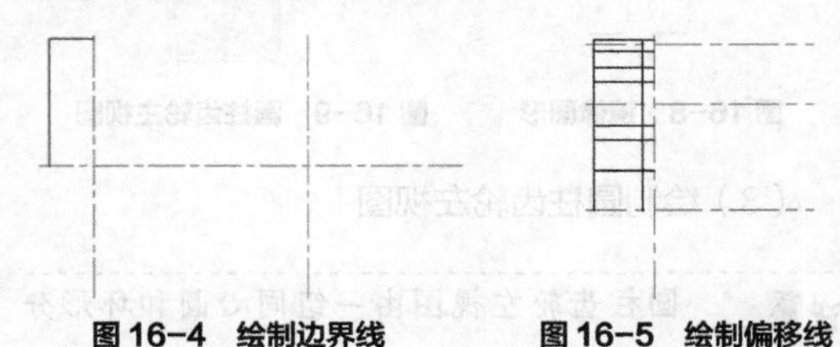

图 16-4 绘制边界线　　图 16-5 绘制偏移线

③单击“默认”选项卡“修改”面板中的“倒角”按钮，角度、距离模式，在齿轮的左上角处倒直角 C4；凹槽端口和孔口处倒直角 C4；利用“圆角”命令，对中间凹槽倒圆角，半径为 5。然后进行修剪，绘制倒圆角轮廓线。结果如图 16-6 所示。

注意 在执行“圆角”命令时，需要针对不同情况交互使用“修剪”模式和“不修剪”模式。若使用“不修剪”模式，还需利用“修剪”命令进行修剪编辑。

④单击“默认”选项卡“修改”面板中的“偏移”按钮，将中心线向上偏移 8，并将偏移后的直线放置在“实体层”。然后单击“默认”选项卡“修改”面板中的“修剪”按钮，进行修剪，结果如图 16-7 所示。

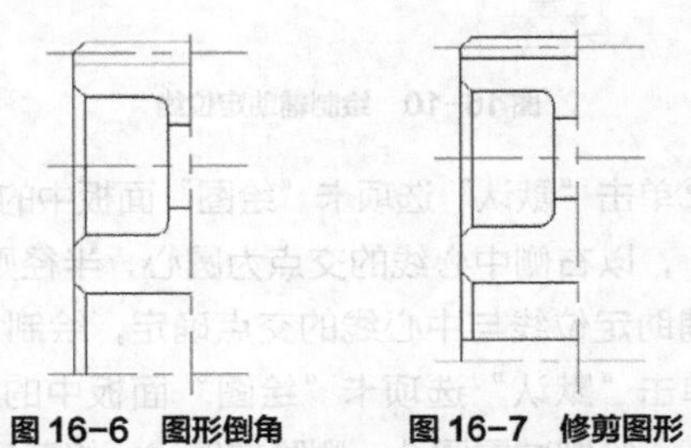

图 16-6 图形倒角　　图 16-7 修剪图形

⑤单击“默认”选项卡“修改”面板中的“镜像”按钮，分别以两条中心线为镜像轴进行镜像操作，结果如图 16-8 所示。

⑥切换到“剖面层”，单击“默认”选项卡“绘图”面板中的“图案填充”按钮，打开“图案填充创建”选项卡，选择“ANSI31”图案作为填充图案，选择填充区域，完成圆柱齿轮主视图的绘制，

如图 16-9 所示。

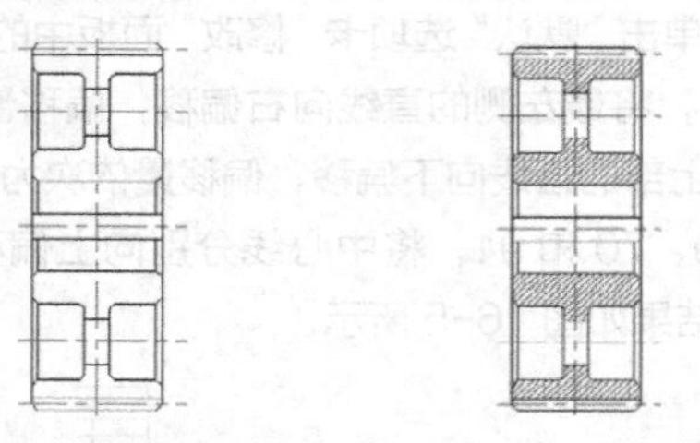

图 16-8 镜像图形　　图 16-9 圆柱齿轮主视图

（3）绘制圆柱齿轮左视图

> 注意　圆柱齿轮左视图由一组同心圆和环形分布的圆孔组成。左视图是在主视图的基础上生成的，因此需要借助主视图的位置信息确定同心圆的半径或直径数值，这时就需要从主视图引出相应的辅助定位线，利用“对象捕捉”功能确定同心圆。6 个减重圆孔可利用“环形阵列”功能进行绘制。

①单击“默认”选项卡“绘图”面板中的“构造线”按钮，利用“对象捕捉”功能在主视图中确定直线起点，终点位置任意，再利用“正交”功能保证引出的辅助线水平，绘制结果如图 16-10 所示。

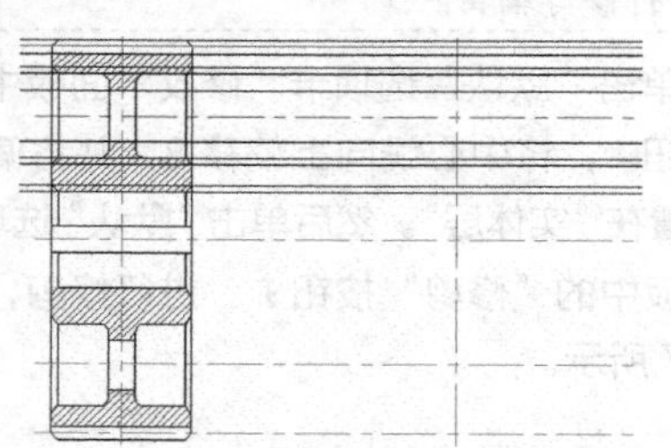

图 16-10 绘制辅助定位线

②单击“默认”选项卡“绘图”面板中的“圆”按钮，以右侧中心线的交点为圆心，半径则依次捕捉辅助定位线与中心线的交点确定，绘制 10 个圆；单击“默认”选项卡“绘图”面板中的“圆”按钮，绘制减重圆孔，删除辅助线，修剪后的结果如图 16-11 所示。注意，分度圆和减重圆孔的中心线圆都属于“中心线层”。

③单击“默认”选项卡“修改”面板中的“环形阵列”按钮，以同心圆的圆心为阵列中心点，选取图 16-11 中绘制的减重圆孔及其中心线为阵列对象，阵列个数为 6，阵列度数为 360°，得到环形分布的减重圆孔，如图 16-12 所示。单击“默认”选项卡“修改”面板中的“打断”按钮，修剪阵列减重孔上过长的中心线。

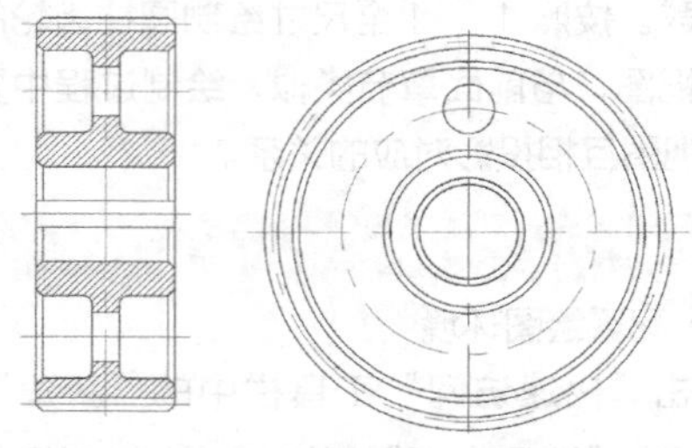

图 16-11 绘制同心圆和减重圆孔

④单击“默认”选项卡“修改”面板中的“偏移”按钮，向左偏移同心圆的竖直中心线，偏移量为 33.3；分别将水平中心线向上、向下偏移 8，并更改其图层属性为“实体层”，绘制键槽边界线，如图 16-13 所示。

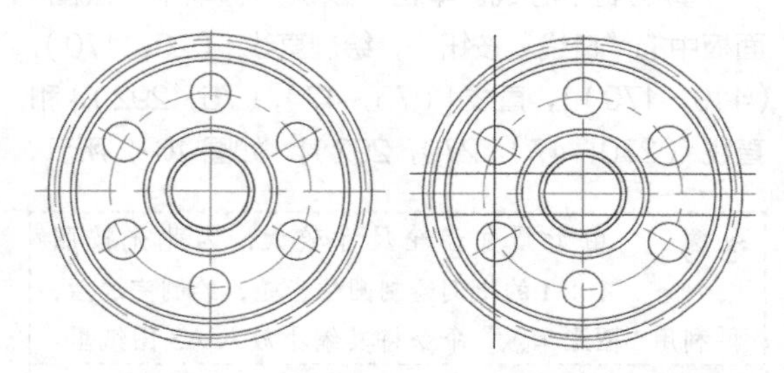

图 16-12 环形分布的减重圆孔　　图 16-13 绘制键槽边界线

⑤单击“默认”选项卡“修改”面板中的“修剪”按钮，对键槽进行修剪，得到圆柱齿轮左视图，如图 16-14 所示。

> 注意　为了方便标注键槽，需要把圆柱齿轮左视图中的键槽图形复制出来单独放置，单独标注尺寸和几何公差。

⑥单击“默认”选项卡“修改”面板中的“复制”按钮，选择键槽轮廓线和中心线，如图 16-15 所示，复制键槽。

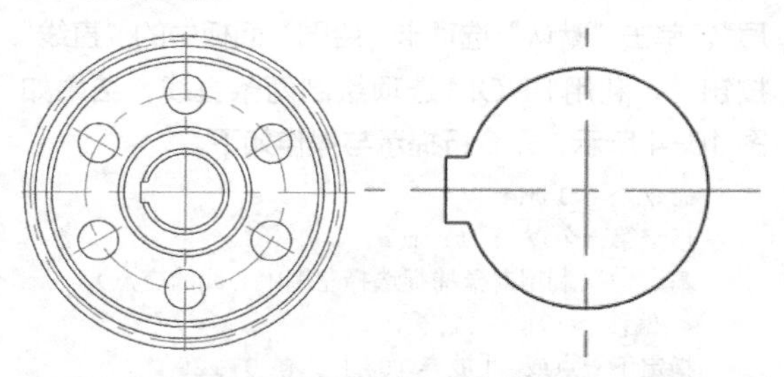

图 16-14 圆柱齿轮左视图　　图 16-15 键槽轮廓线

⑦单击“默认”选项卡“修改”面板中的“缩放”按钮，将所有图形缩小为原来的一半。

注意 如果视图缩放比例没设置好，在提取复制对象时可能比较困难，由于“缩放”和“平移”命令都属于透明命令，即可以在运行其他命令的过程中利用这两个命令，所以在提取复制对象前，可先调整视图。

❸ 标注圆柱齿轮

（1）无公差尺寸标注

①将当前图层切换到“尺寸标注层”。单击“默认”选项卡“注释”面板中的“标注样式”按钮，打开“标注样式管理器”对话框，将“机械制图”标注样式置为当前样式。单击“修改”按钮，打开“修改标注样式”对话框，如图 16-16 所示，选择“主单位”选项卡，将“比例因子”设为“2”，单击“确定”按钮后退出，并将“机械制图”样式设置为当前使用的标注样式。

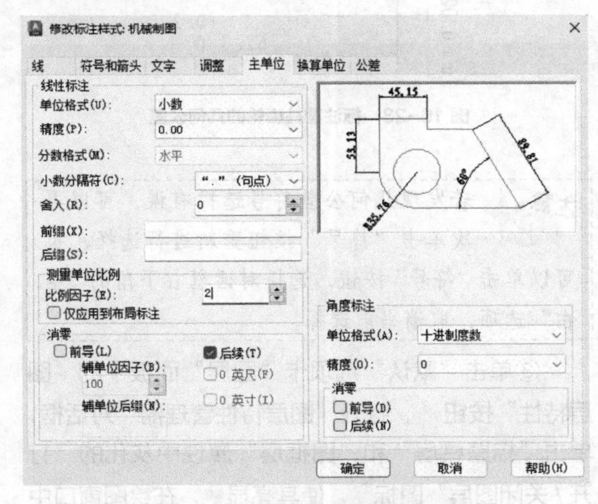

图 16-16 “修改标注样式”对话框

注意 机械制图的国家标准中规定，标注的尺寸值必须是零件的实际值，而不是在图形上的值。这里之所以修改标注样式，是因为前面将图形缩小了一半，在此将比例因子设置为 2，标注出的尺寸数值刚好为原来绘制时的数值。

②单击“默认”选项卡“注释”面板中的“线性”按钮，标注同心圆时使用特殊符号表示法，如“%%C50”表示“Ø50”，标注其他无公差尺寸，如图 16-17 所示。

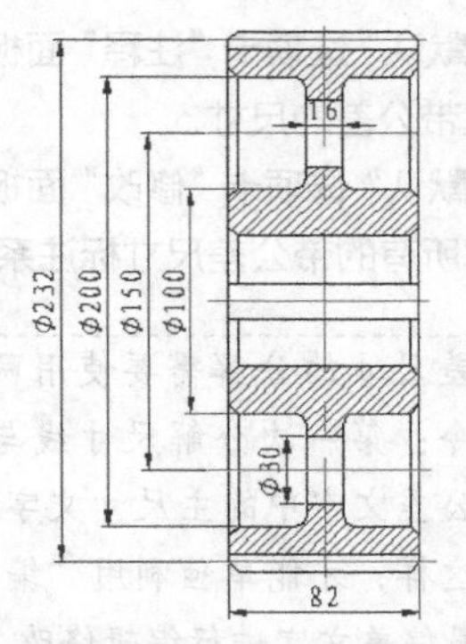

图 16-17 无公差尺寸标注

（2）带公差尺寸标注

①设置带公差标注样式。单击“默认”选项卡“注释”面板中的“标注样式”按钮，单击“新建”按钮，打开“创建新标注样式”对话框，如图 16-18 所示，新建一个名为“副本 机械制图（带公差）”的样式，“基础样式”为“机械制图”，单击“继续”按钮。在“新建标注样式”对话框中，根据图 16-19 所示内容设置“公差”选项卡，并把“副本 机械制图（带公差）”样式设置为当前使用的标注样式。

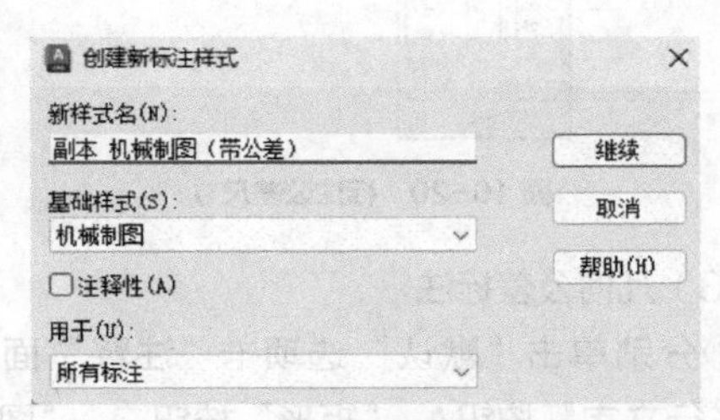

图 16-18 “创建新标注样式”对话框

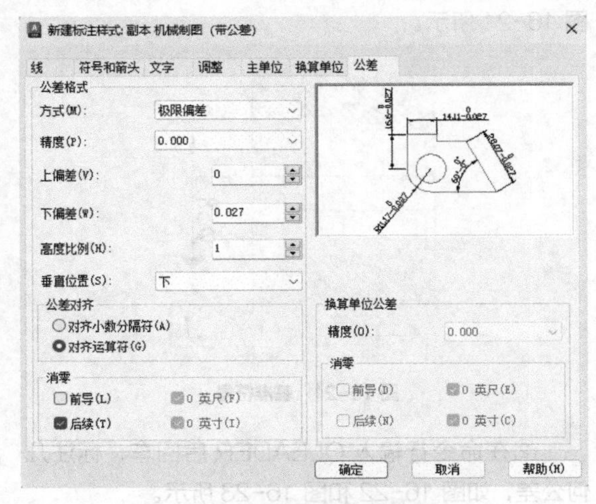

图 16-19 “公差”选项卡

②单击“默认”选项卡“注释”面板中的“线性”按钮，标注带公差的尺寸。

③单击“默认”选项卡“修改”面板中的“分解”按钮，分解所有的带公差尺寸标注系。

> **注意** 公差尺寸的分解需要使用两次“分解”命令：第一次分解尺寸线与公差文字；第二次分解公差文字中的主尺寸文字与极限偏差文字。只有这样，才能单独利用“编辑文字”命令对上下极限偏差文字进行编辑修改。

④编辑的尺寸的极限偏差。“Ø58”标注为“+0.03”和“0”,“Ø 240”标注为“0”和“-0.027”,“16”标注为“+0.022”和“-0.022”,“62.3”标注为“+0.2”和“0”，如图 16-20 所示。

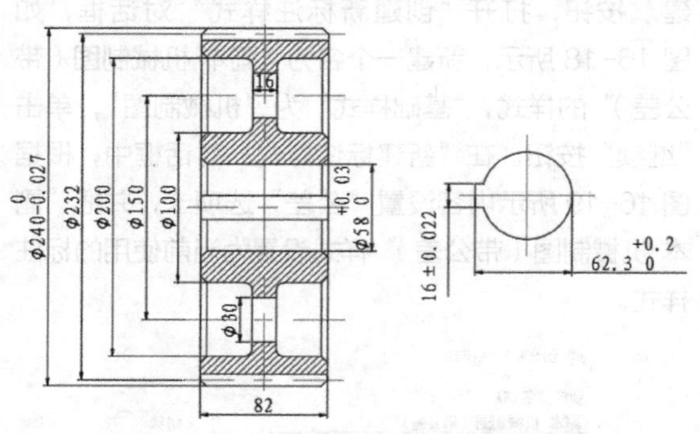

图 16-20 标注公差尺寸

（3）几何公差标注

①分别单击“默认”选项卡“注释”面板中的“多行文字”按钮A、“矩形”按钮、“图案填充”按钮和“直线”按钮，绘制基准符号，如图 16-21 所示。

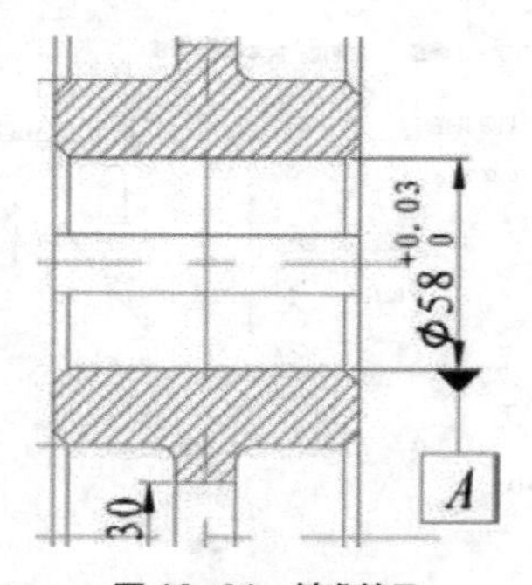

图 16-21 基准符号

②在命令行输入 QLEADER 后回车，标注几何公差，如图 16-22 和图 16-23 所示。

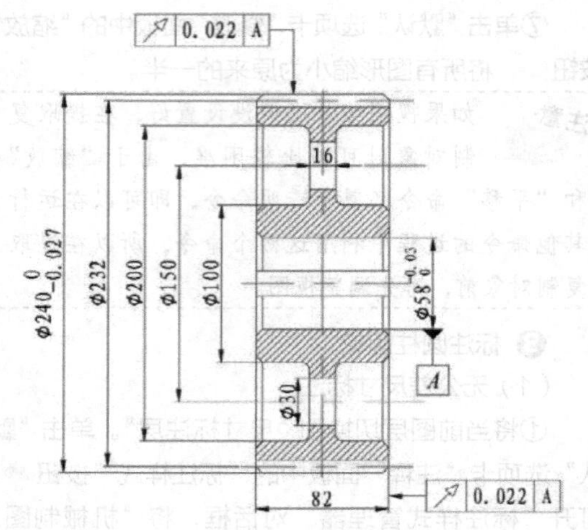

图 16-22 几何公差

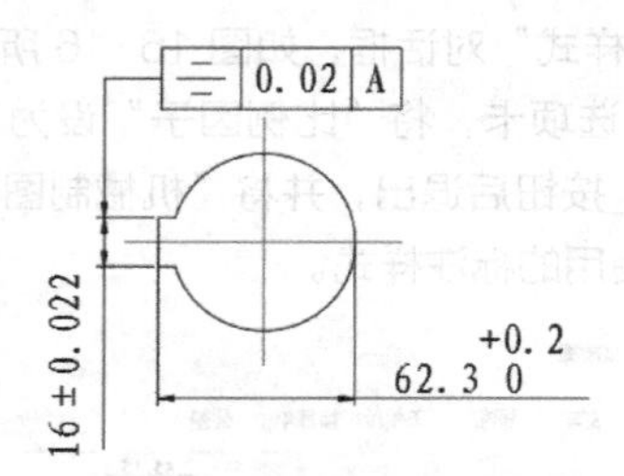

图 16-23 标注圆柱齿轮的几何公差

> **注意** 若发现几何公差符号选择有误，可以再次单击“符号”按钮重新进行选择，也可以单击“符号”按钮，选择对话框右下角的“空白”选项，取消当前选择。

③单击“默认”选项卡“图层”面板中的“图层特性”按钮，打开“图层特性管理器”对话框，单击“标题栏层”和“图框层”属性中灰化的“打开 / 关闭图层”图标，使其亮显，在绘图窗口中显示图幅边框和标题栏。

④单击“默认”选项卡“修改”面板中的“移动”按钮，分别移动圆柱齿轮主视图、左视图和键槽，使其均布于图纸版面。单击“默认”选项卡“修改”面板中的“打断”按钮，删掉多余的中心线，圆柱齿轮绘制完毕。

4 标注粗糙度、参数表与技术要求

（1）粗糙度标注

①将“尺寸标注层”设置为当前图层。

②结合“多行文字”命令标注粗糙度，得到的效果如图 16-24 所示。

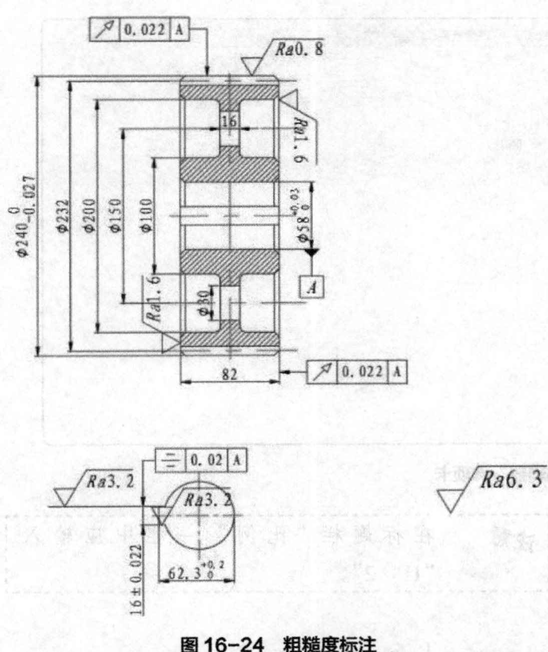

图 16-24 粗糙度标注

（2）参数表标注

①将“注释层”设置为当前图层。

②单击“默认”选项卡“注释”面板中的“表格样式”按钮，打开“表格样式”对话框，如图 16-25 所示。

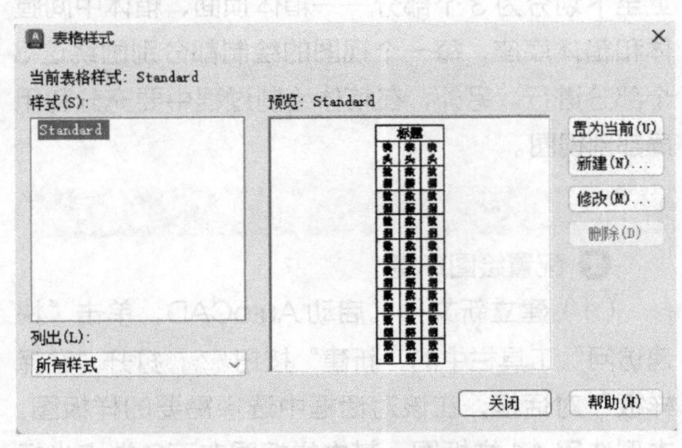

图 16-25 “表格样式”对话框

③单击“修改”按钮，打开“修改表格样式”对话框，如图 16-26 所示。在该对话框中，设置数据文字样式为“Standard”、文字高度为“4.5”、文字颜色为“ByBlock”、填充颜色为“无”、对齐方式为“正中”；在“边框特性”选项组中单击第一个按钮，设置栅格颜色为“洋红”；表格方向向下，设置水平和垂直单元边距都为“1.5”。

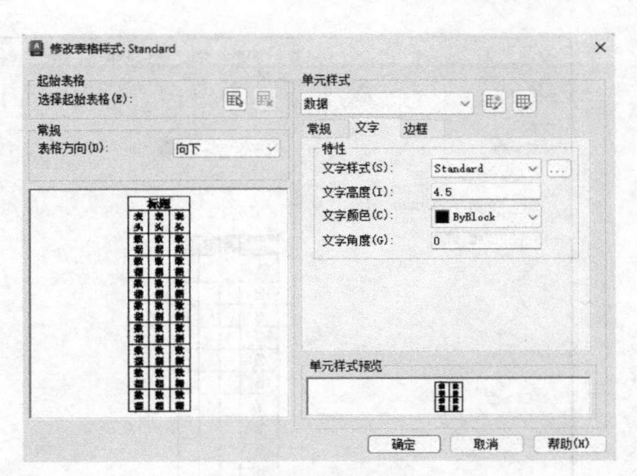

图 16-26 “修改表格样式”对话框

④设置好文字样式后，单击“确定”按钮退出。

⑤单击“默认”选项卡“注释”面板中的“表格”按钮，打开“插入表格”对话框，如图 16-27 所示，设置插入方式为“指定插入点”，设置第一行和第二行单元样式为“数据”，行和列设置为 8 行 3 列，列宽为“8”，行高为“1”。

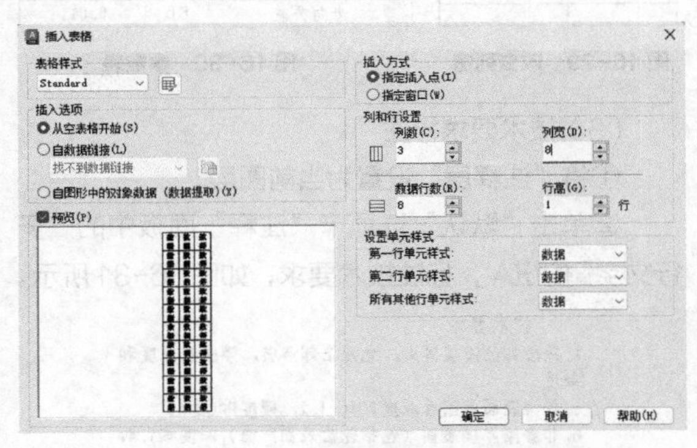

图 16-27 “插入表格”对话框

单击“确定”按钮，在绘图平面中指定插入点，则插入图 16-28 所示的空表格，并显示“文字编辑器”选项卡，不输入文字，直接在多行文字编辑器中单击“关闭”按钮退出。

⑥单击第 1 列某个单元格，然后单击鼠标右键，在弹出的快捷菜单中，利用特性命令调整列宽为“65”，用同样的方法，将第 2 列和第 3 列的列宽拉成“20”和“40”，结果如图 16-29 所示。

⑦双击单元格，重新打开多行文字编辑器，在各单元格中输入相应的文字或数据，结果如图 16-30 所示。

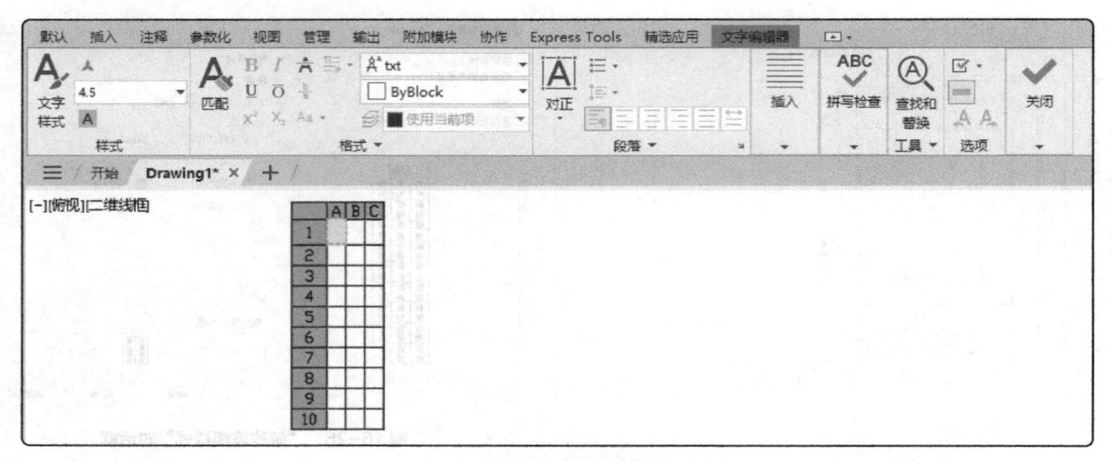

图 16-28 “文字编辑器”选项卡

图 16-29 改变列宽

模数	m	4
齿数	z	29
齿形角	α	20°
齿顶高系数	h	1
径向变位系数	x	0
精度等级	7-GB10095-88	
公法线平均长度及偏差	WiBw	$61.283^{-0.088}_{-0.176}$
公法线长度变动公差	Fw	0.036
径向综合公差	Fi″	0.090
一齿径向综合公差	fi″	0.032
齿向公差	Fβ	0.011

图 16-30 参数表

（3）技术要求标注

①将“注释层”设置为当前图层。

②单击“默认”选项卡“注释”面板中的“多行文字”按钮A，标注技术要求，如图 16-31 所示。

技术要求

1.轮齿部位渗碳淬火，允许全部渗碳，渗碳层深度和硬度

a.轮齿表面磨削后深度0.8～1.2，硬度HRC≥59

b.非磨削渗碳表面（包括轮齿表面黑斑）深度≤1.4，硬度（必须渗碳表面）HRC≥60

c.芯部硬度HRC35～45

2.在齿顶上检查齿面硬度

3.齿顶圆直径仅在热处理前检查

4.所有未注跳动公差的表面对基准A的跳动为0.2

5.当无标准齿轮时，允许检查下列三项代替检查径向综合公差和一齿径向综合公差

a.齿圈径向跳动公差Fr为0.056

b.齿形公差ff为0.016

c.基节极限偏差±fpb为0.018

6.用带凸角的刀具加工齿轮，但齿根不允许有凸台，允许下凹，下凹深度不大于0.2

7.未注倒角C4

图 16-31 标注技术要求

❺ 填写标题栏

（1）将“标题栏层”设置为当前图层。

（2）在标题栏中输入相应文本，圆柱齿轮设计最终效果如图 16-1 所示。

注意 在标题栏“比例”一栏中应输入“1：2”。

16.2.2 减速器箱体

本节将以图 16-32 所示的减速器箱体平面图为例，介绍其绘制过程。本例的绘制思路：依次绘制减速器箱体俯视图、主视图和左视图，充分利用多视图投影对应关系，绘制辅助定位直线；将箱体从上至下划分为 3 个部分——箱体顶面、箱体中间膛体和箱体底座，每一个视图的绘制都分别围绕这 3 个部分进行。另外，在箱体绘制过程中要充分利用局部剖视图。

操作步骤

❶ 配置绘图环境

（1）建立新文件。启动 AutoCAD，单击“快速访问”工具栏中的“新建”按钮，打开“选择样板”对话框，在该对话框中选择需要的样板图。本例选用 A1 样板图，其中样板图左下角端点坐标为（0，0），将新文件命名为“减速器箱体”并保存。

（2）设置图形界限。选择菜单栏中的“格式”→“图形界限”命令，使用 A1 图纸，设置两角点坐标分别为（0，0）和（841，594）。

（3）创建新图层。单击“默认”选项卡“图层”面板中的“图层特性”按钮，打开“图层特性管理器”对话框，新建并设置图层，如图 16-33 所示。

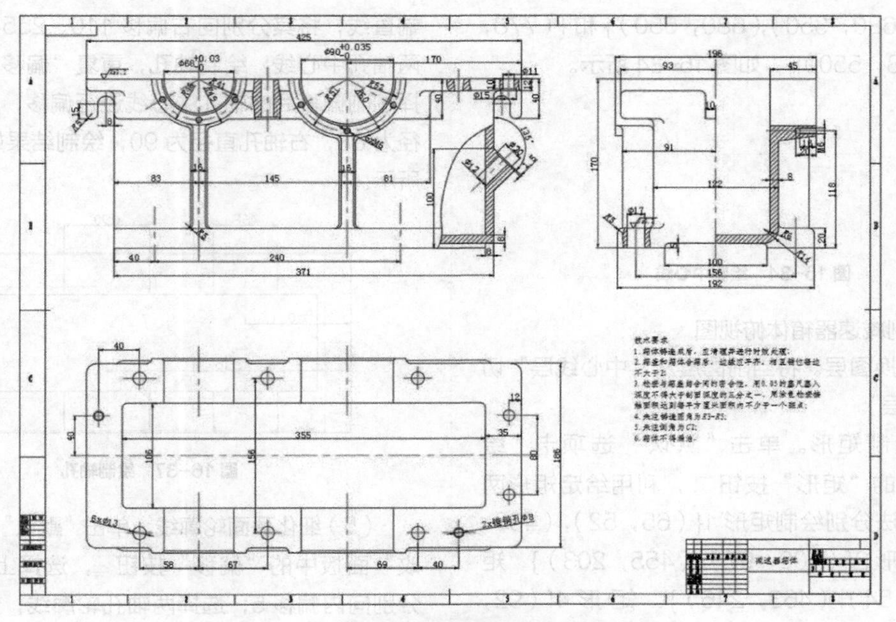

图 16-32 减速器箱体

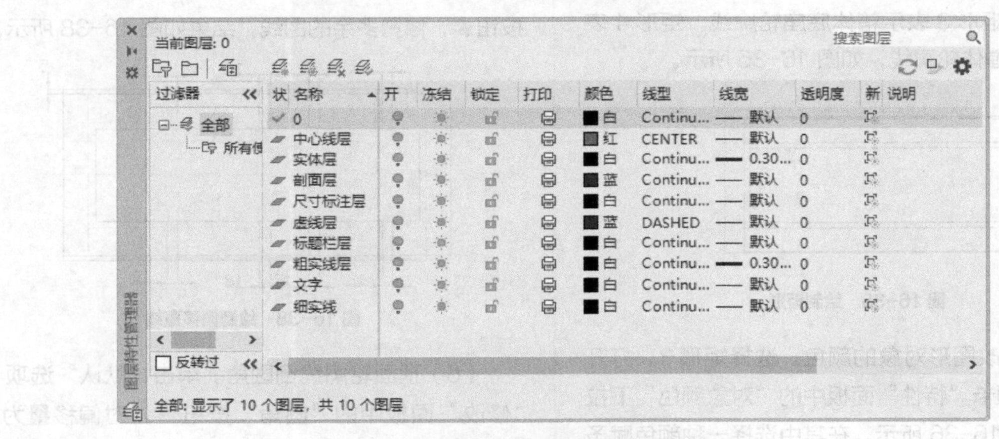

图 16-33 “图层特性管理器”对话框

（4）设置文字标注样式。单击“默认”选项卡“注释”面板中的“文字样式”按钮，打开“文字样式”对话框。创建“技术要求”文字样式，在“字体名”下拉列表框中选择“仿宋_GB2312”，将“字体样式”设置为“常规”，在“高度”文本框中输入“5.0000”，单击“应用”按钮，完成对“技术要求”文字样式的设置。

（5）创建新标注样式。单击“默认”选项卡“注释”面板中的“标注样式”按钮，打开“标注样式管理器”对话框，创建“机械制图标注”样式，各属性与前面章节的设置相同，并将其设置为当前使用的标注样式。

注意 机械制图国家标准中规定中心线不能超出轮廓线 2 ~ 5mm。

❷ 绘制中心线

（1）切换图层。将“中心线层”设置为当前图层。

（2）绘制中心线。单击“默认”选项卡“绘图”面板中的“直线”按钮，绘制 3 条水平直线 {（50，150），（500，150）}、{（50，360），（800，360）} 和 {（50，530），（800，530）}，5 条竖直直线 {（65，50），（65，550）}、{（490，50），（490，550）}、{（582，350），（582，

550）}、{（680，350），（680，550）}和{（778，350），（778，550）}，如图 16-34 所示。

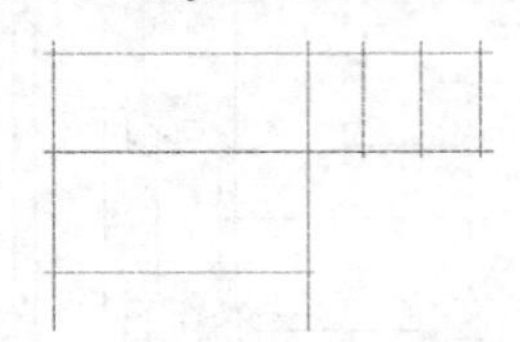

图 16-34　绘制中心线

❸ 绘制减速器箱体俯视图

（1）切换图层。将当前图层从“中心线层”切换到“实体层”。

（2）绘制矩形。单击“默认”选项卡“绘图”面板中的“矩形”按钮▭，利用给定矩形两个角点的方法分别绘制矩形 1{（65，52），（490，248）}、矩形 2{（100，97），（455，203）}、矩形 3{（92，54），（463，246）}、矩形 4{（92，89），（463，211）}。矩形 1 和矩形 2 构成箱体顶面轮廓线，矩形 3 表示箱体底座轮廓线，矩形 4 表示箱体中间膛体轮廓线，如图 16-35 所示。

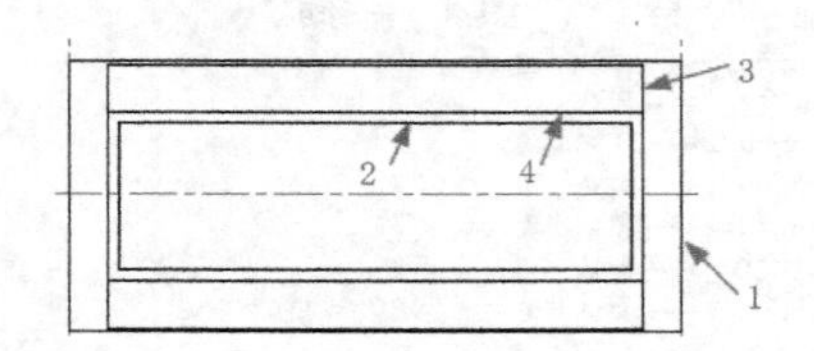

图 16-35　绘制矩形

（3）更改图形对象的颜色。选择矩形 3，打开“默认”选项卡“特性”面板中的“对象颜色”下拉列表，如图 16-36 所示，在其中选择一种颜色赋予矩形 3，再使用同样的方法更改矩形 4 的线条颜色。

图 16-36　“对象颜色”下拉列表

（4）绘制轴孔。绘制轴孔中心线，单击“默认”选项卡“修改”面板中的“偏移”按钮⊆，选择左端直线，将其分别向右偏移 110、255；得到左右两轴孔中心线；绘制轴孔，重复“偏移”命令，选择刚刚偏移后的轴孔中心线进行偏移，使左轴孔直径为 68，右轴孔直径为 90，绘制结果如图 16-37 所示。

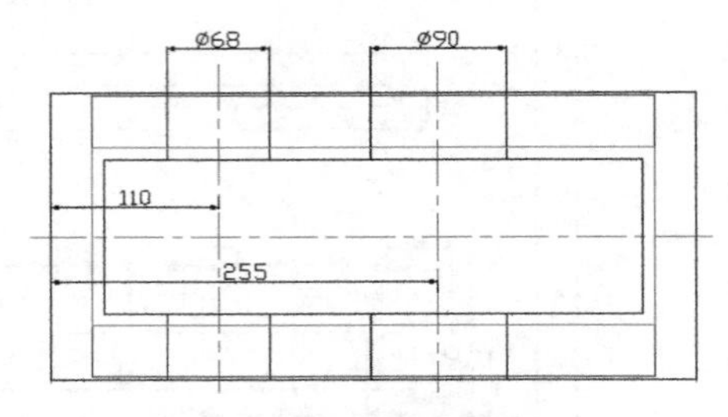

图 16-37　绘制轴孔

（5）细化顶面轮廓线。单击“默认”选项卡“修改”面板中的“偏移”按钮⊆，选择上下轮廓线，分别向内偏移 5；选择两轴孔轮廓线，分别向外偏移 12。单击“默认”选项卡“修改”面板中的“修剪”按钮✂，修剪多余的图线，结果如图 16-38 所示。

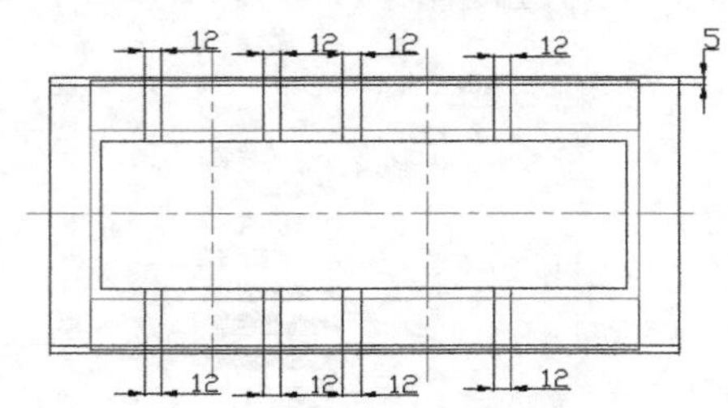

图 16-38　绘制偏移直线

（6）顶面轮廓线倒圆角。单击“默认”选项卡“修改”面板中的“圆角”按钮⌒，对偏移量为 5 的直线与矩形 1 的两条竖直线形成的 4 个直角进行倒圆角处理，半径为 10，其他处倒圆角半径为 5，矩形 2 的 4 个直角的圆角半径为“5”。单击“默认”选项卡“修改”面板中的“修剪”按钮✂，修剪多余的图线。单击“默认”选项卡“修改”面板中的“倒角”按钮⌐，对轴孔进行倒角处理，倒角直径为 2，结果如图 16-39 所示。

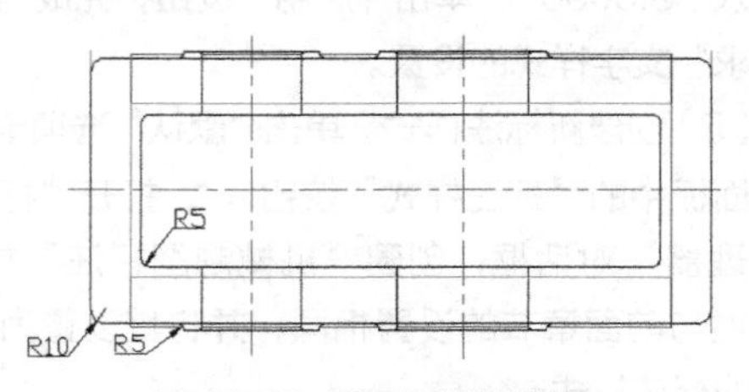

图 16-39　顶面轮廓线倒圆角

（7）绘制螺栓孔和销孔中心线。单击“默认”选项卡“修改”面板中的“偏移”按钮⊆，进行偏移操作，竖直偏移量和水平偏移量如图 16-40 所示，单击“默认”选项卡“修改”面板中的“修剪”按钮✂，修剪多余的图线，结果如图 16-40 所示。

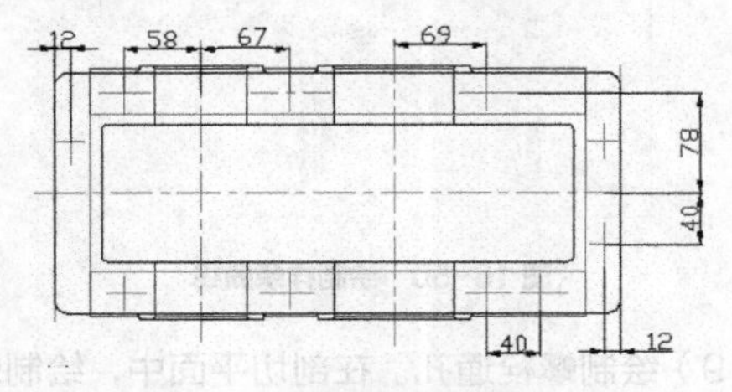

图 16-40　绘制螺栓孔和销孔中心线

（8）绘制螺栓孔和销孔。单击“默认”选项卡“绘图”面板中的“圆”按钮⊙，在上下两侧绘制 6 个 ø13 的螺栓孔；重复“圆”命令，在右侧绘制 2 个 ø11 的通孔；重复“圆”命令，在左右两侧绘制分别 2 个 ø 10 和 ø 8 的销孔。单击“默认”选项卡“修改”面板中的“修剪”按钮✂，修剪多余的图线，绘制结果如图 16-41 所示。

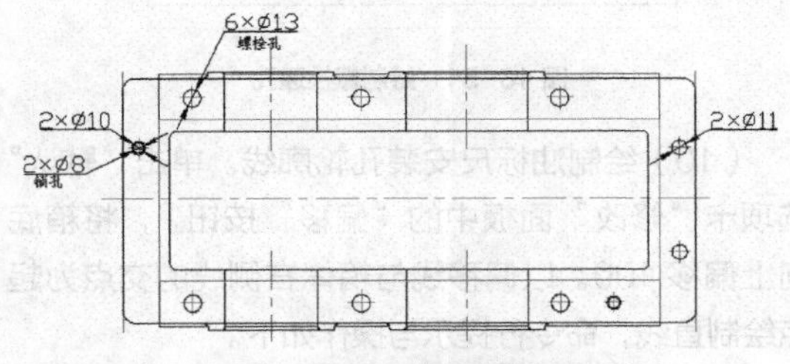

图 16-41　绘制螺栓孔和销孔

（9）对箱体底座轮廓线（矩形 3）倒圆角。单击“默认”选项卡“修改”面板中的“圆角”按钮⌒，对底座轮廓线（矩形 3）倒圆角处理，圆角半径为 10。再使用“修剪”功能修剪多余的图线，完成减速器箱体俯视图的绘制，结果如图 16-42 所示。

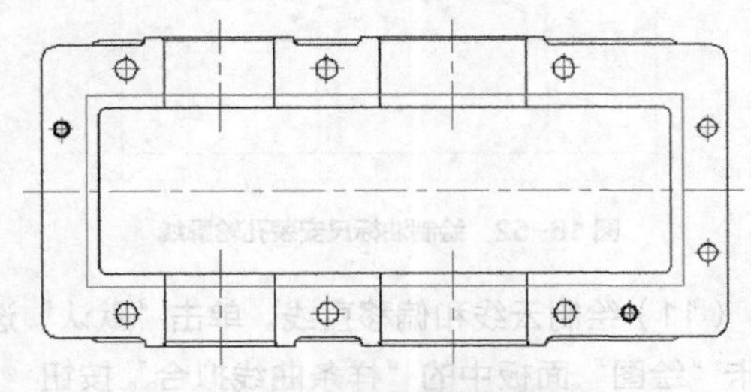

图 16-42　减速器箱体俯视图

❹ 绘制减速器箱体主视图

（1）绘制箱体主视图定位线。单击“默认”选项卡“绘图”面板中的“直线”按钮╱，单击状态栏中的“对象捕捉”按钮□和“正交模式”按钮∟，在俯视图中绘制投影定位线。单击“默认”选项卡“修改”面板中的“偏移”按钮⊆，将刚绘制的中心线向下偏移 12，再将下面的中心线向上偏移 20，结果如图 16-43 所示。

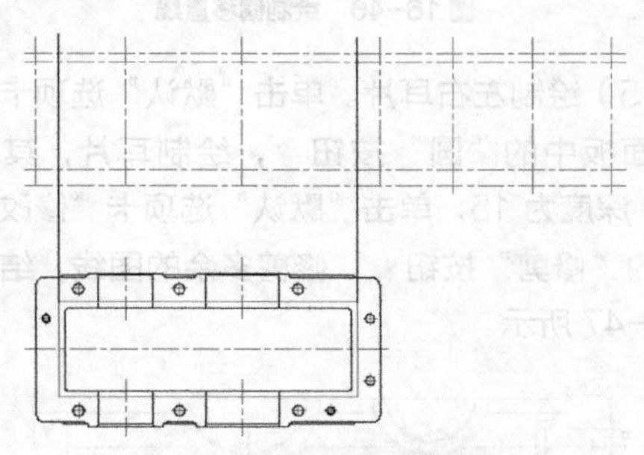

图 16-43　绘制箱体主视图定位线

（2）绘制主视图轮廓线。单击“默认”选项卡“修改”面板中的“修剪”按钮✂，对主视图进行修剪，绘制箱体顶面、箱体中间膛体和箱体底座的轮廓线，结果如图 16-44 所示。

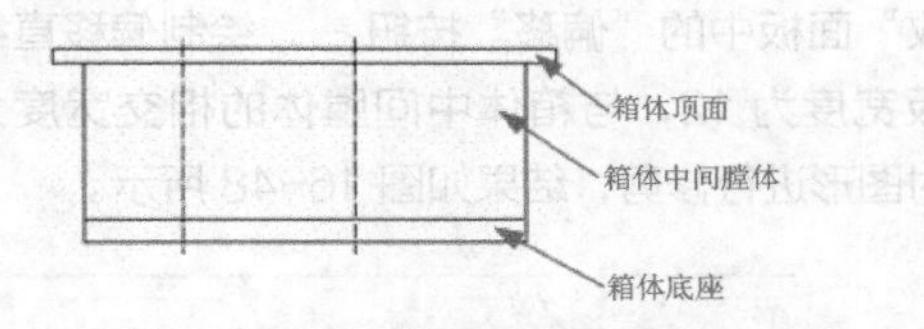

图 16-44　绘制主视图轮廓线

（3）绘制轴孔和端盖安装面。单击“默认”选项卡“绘图”面板中的“圆”按钮⊙，以两条竖直中心线与顶面线的交点为圆心，分别在左侧绘制一组同心圆 ø68、ø 72、ø 92 和 ø 98，右侧也绘制一组同心圆 ø 90、ø 94、ø 114 和 ø 120，再使用“修剪”命令进行修剪，结果如图 16-45 所示。

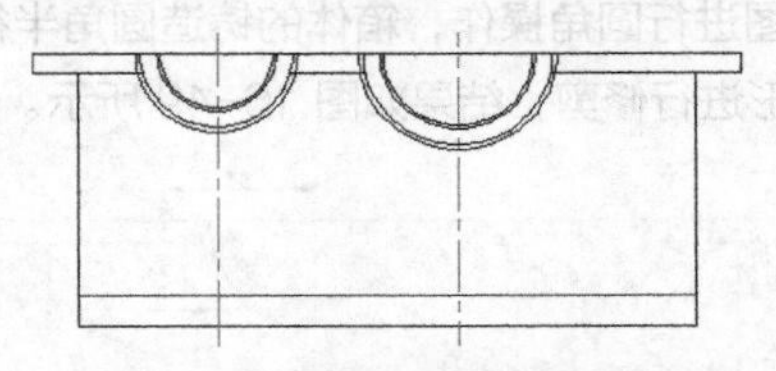

图 16-45　绘制轴孔和端盖安装面

（4）绘制偏移直线。单击“默认”选项卡“修改”面板中的“偏移”按钮⊆，将顶面向下偏移 40，再使用“修剪”命令进行修剪，补全左右轮廓线。利用“延伸”命令补全左右轮廓线，如图 16-46 所示。

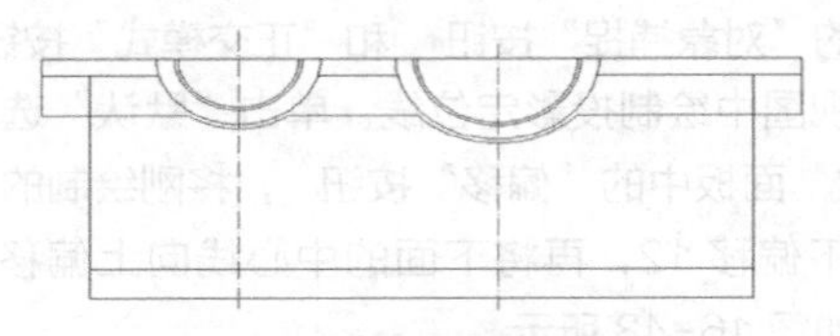

图 16-46 绘制偏移直线

（5）绘制左右耳片。单击“默认”选项卡“绘图”面板中的“圆”按钮，绘制耳片，其半径为 8、深度为 15；单击“默认”选项卡“修改”面板中的“修剪”按钮，修剪多余的图线，结果如图 16-47 所示。

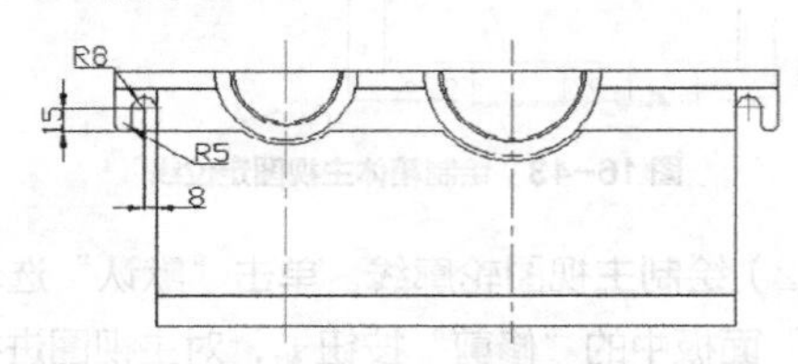

图 16-47 绘制左右耳片

（6）绘制左右肋板。单击“默认”选项卡“修改”面板中的“偏移”按钮，绘制偏移直线，肋板宽度为 12，与箱体中间膛体的相交宽度为 16，对图形进行修剪，结果如图 16-48 所示。

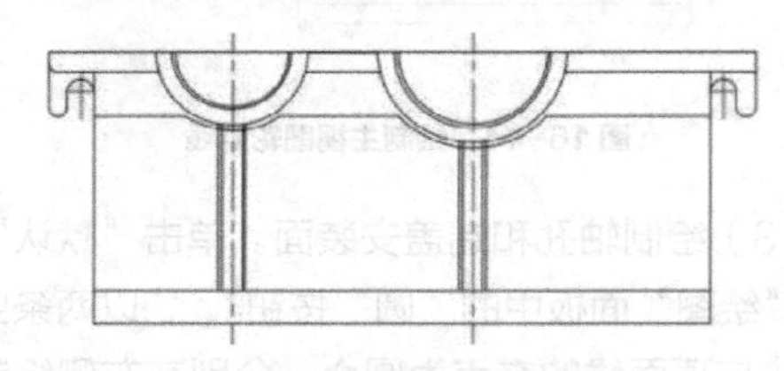

图 16-48 绘制左右肋板

（7）倒圆角。单击“默认”选项卡“修改”面板中的“圆角”按钮，采用不修剪、半径模式，对主视图进行圆角操作，箱体的铸造圆角半径为 5，再对图形进行修剪，结果如图 16-49 所示。

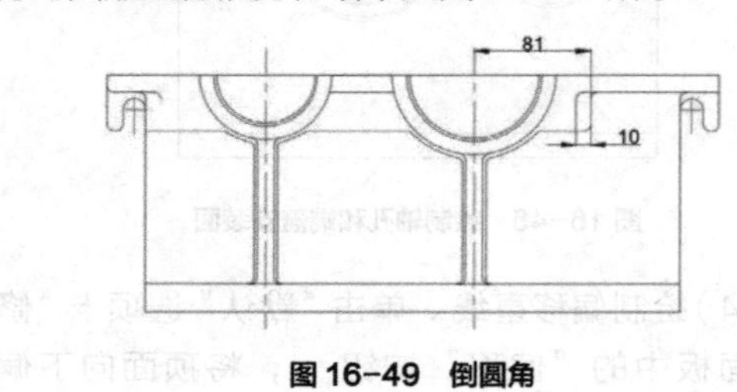

图 16-49 倒圆角

（8）绘制样条曲线。单击“默认”选项卡“绘图”面板中的“样条曲线拟合”按钮，在两个端盖安装面之间绘制曲线，构成剖切平面，如图 16-50 所示。

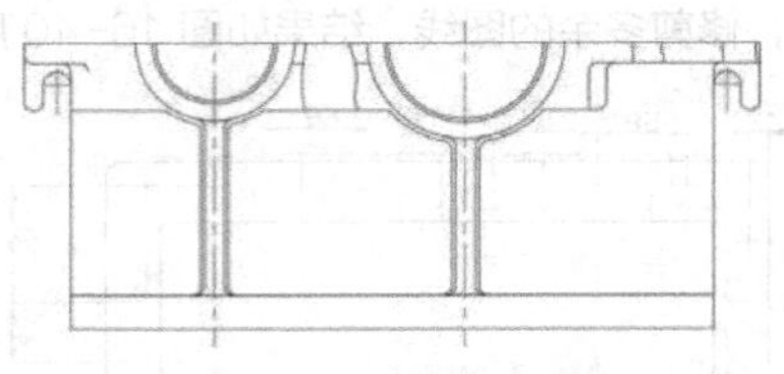

图 16-50 绘制样条曲线

（9）绘制螺栓通孔。在剖切平面中，绘制螺栓通孔 Ø13×38 和安装沉孔 Ø24×2。单击“默认”选项卡“绘图”面板中的“图案填充”按钮，将绘制图层切换到“剖面层”，绘制剖面线。用同样的方法，绘制销通孔 Ø10×12、螺栓通孔 Ø11×10 和安装沉孔 Ø15×2，绘制结果如图 16-51 所示。

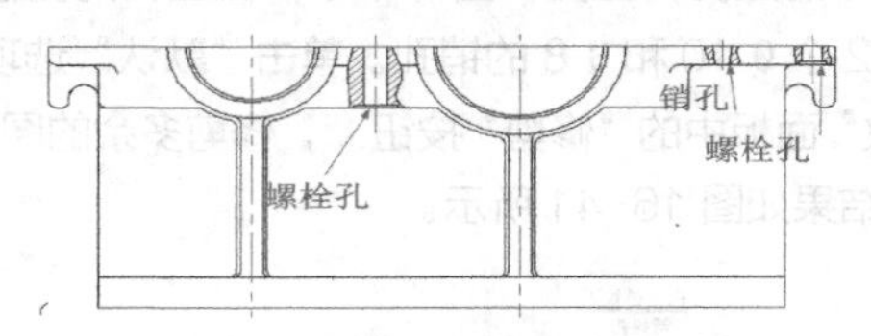

图 16-51 绘制螺栓通孔

（10）绘制油标尺安装孔轮廓线。单击“默认”选项卡“修改”面板中的“偏移”按钮，将箱底向上偏移 100。以偏移线与箱体右侧线的交点为起点绘制直线，命令行提示与操作如下。

```
命令： _line
指定第一个点： 按下状态栏中的“对象捕捉”按钮，捕捉偏移线与箱体右侧线交点
指定下一点或 [ 放弃 (U) ]: @30<-45 ↙
指定下一点或 [ 放弃 (U) ]: @30<-135 ↙
指定下一点或 [ 闭合 (C)/ 放弃 (U) ]: ↙
```

绘制结果如图 16-52 所示。

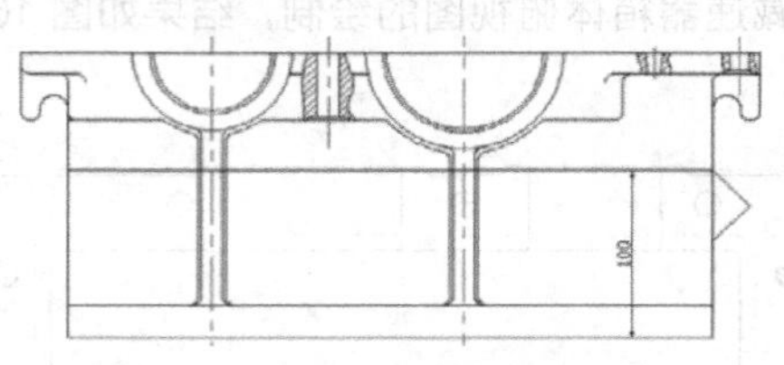

图 16-52 绘制油标尺安装孔轮廓线

（11）绘制云线和偏移直线。单击“默认”选项卡“绘图”面板中的“样条曲线拟合”按钮，绘制云线，作为油标尺安装孔剖面界线。单击“默

认”选项卡“修改”面板中的“偏移”按钮⊆，选择箱体外轮廓线，指定水平偏移量为 8，向上偏移量依次为 5 和 8，如图 16-53 所示。单击“默认”选项卡“修改”面板中的“修剪”按钮，修剪掉多余的图线，完成箱体内壁轮廓线的绘制，如图 16-54 所示。

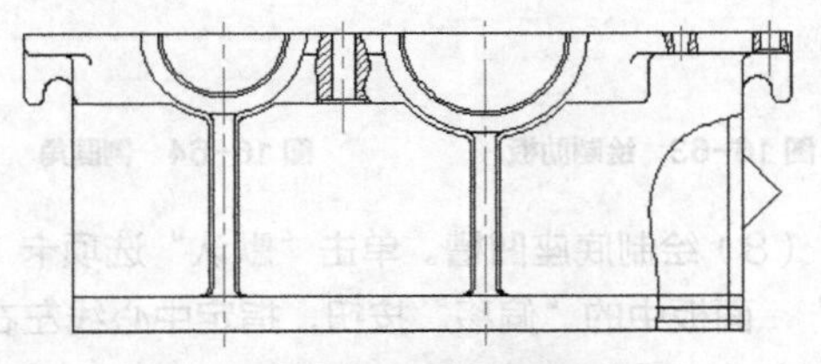

图 16-53 绘制云线和偏移直线

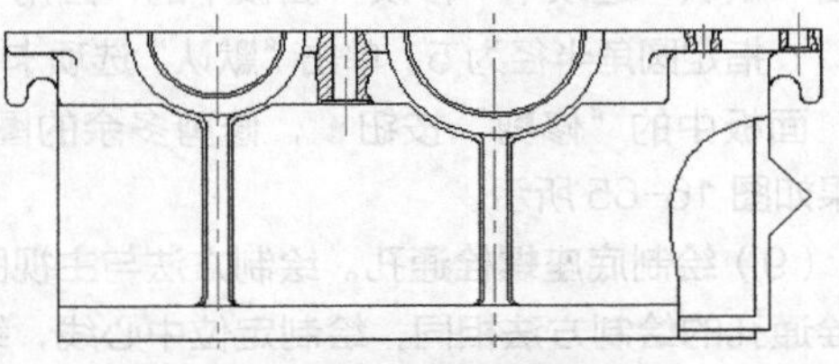

图 16-54 修剪后的结果

（12）绘制油标尺安装孔。单击“默认”选项卡“绘图”面板中的“直线”按钮和“修改”面板中的“偏移”按钮⊆，绘制孔径为 Ø12、安装沉孔为 Ø20×1.5 的油标尺安装孔，结果如图 16-55 所示。

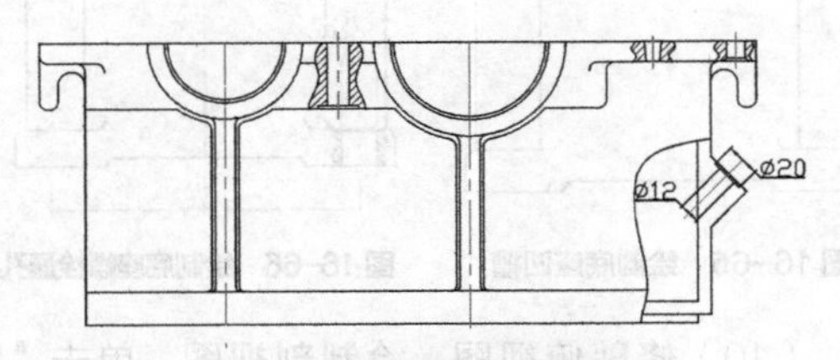

图 16-55 绘制油标尺安装孔

（13）绘制剖面线。单击“默认”选项卡“绘图”面板中的“图案填充”按钮，将绘制图层切换到“剖面层”，绘制剖面线。完成减速器箱体主视图的绘制，绘制结果如图 16-56 所示。

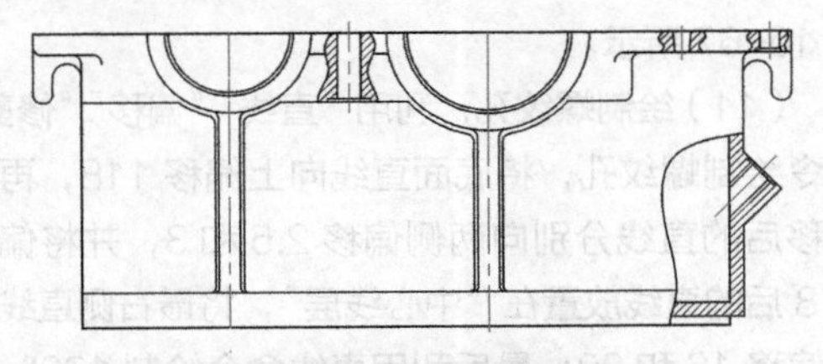

图 16-56 减速器箱体主视图

（14）绘制端盖安装孔。将“中心线层”设置为当前图层，单击“默认”选项卡“绘图”面板中的“直线”按钮，分别以 a 和 b 为起点，绘制端点为（@60<-30）的直线。单击“默认”选项卡“绘图”面板中的“圆”按钮，以 a 点为圆心绘制半径为 41 的圆，再以 b 点为圆心绘制半径为 52 的圆；重复“圆”命令，以中心线和中心圆的交点为圆心，绘制半径为 2.5 和 3 的同心圆，并对绘制的圆进行修剪和图层设置。单击“默认”选项卡“修改”面板中的“环形阵列”按钮，将绘制的同心圆和中心线进行环形阵列，阵列个数为 3，项目间角度为 60°，填充角度为 -120°，结果如图 16-57 所示。

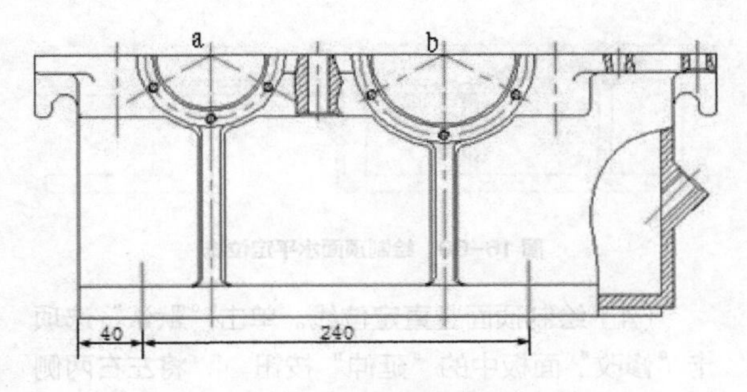

图 16-57 绘制端盖安装孔

❺ 绘制减速器箱体左视图

（1）绘制箱体左视图定位线。单击“默认”选项卡“修改”面板中的“偏移”按钮⊆，将中心线左右各偏移 61、96，结果如图 16-58 所示。

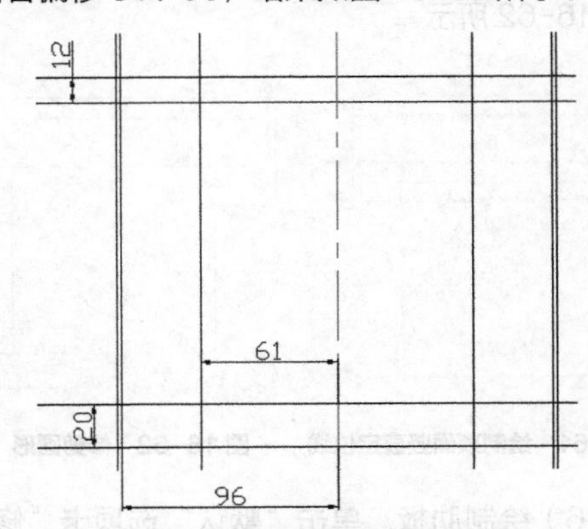

图 16-58 绘制箱体左视图定位线

（2）绘制左视图轮廓线。单击“默认”选项卡“修改”面板中的“修剪”按钮，对图形进行修剪，形成箱体顶面、箱体中间膛体和箱体底座的轮廓线，如图 16-59 所示。

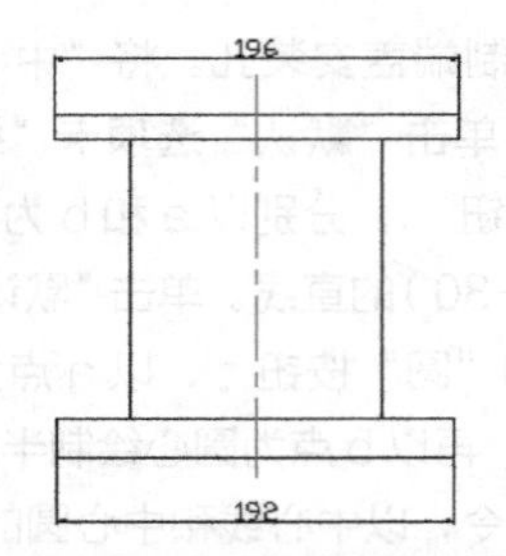

图 16-59　绘制左视图轮廓线

（3）绘制顶面水平定位线。单击“默认”选项卡“绘图”面板中的“直线”按钮，以主视图中的特征点为起点，利用“正交”功能绘制水平定位线，结果如图 16-60 所示。

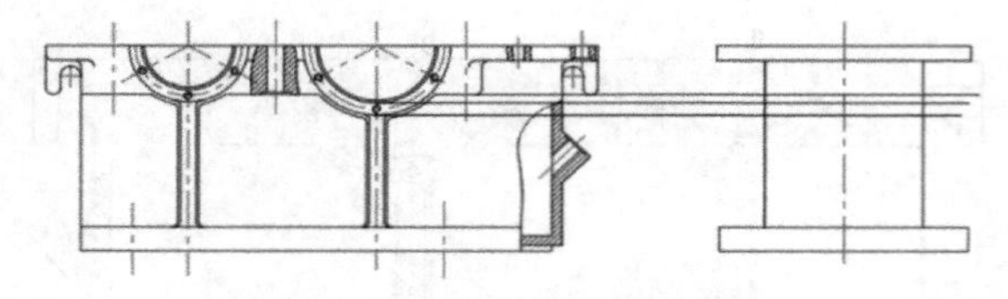

图 16-60　绘制顶面水平定位线

（4）绘制顶面竖直定位线。单击“默认”选项卡“修改”面板中的“延伸”按钮，将左右两侧轮廓线延伸。单击“默认”选项卡“修改”面板中的“偏移”按钮，指定左右偏移量为 5，结果如图 16-61 所示。

（5）修剪图形。单击“默认”选项卡“修改”面板中的“修剪”按钮，修剪多余的图线，结果如图 16-62 所示。

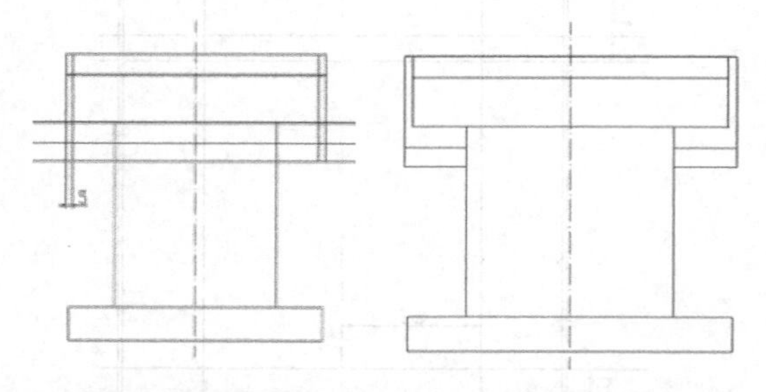

图 16-61　绘制顶面竖直定位线　　图 16-62　修剪图形

（6）绘制肋板。单击“默认”选项卡“修改”面板中的“偏移”按钮，指定左右偏移量为“5”；单击“默认”选项卡“修改”面板中的“修剪”按钮，修剪多余的图线，结果如图 16-63 所示。

（7）倒圆角。单击“默认”选项卡“修改”面板中的“圆角”按钮，指定圆角半径为 5，结果如图 16-64 所示。

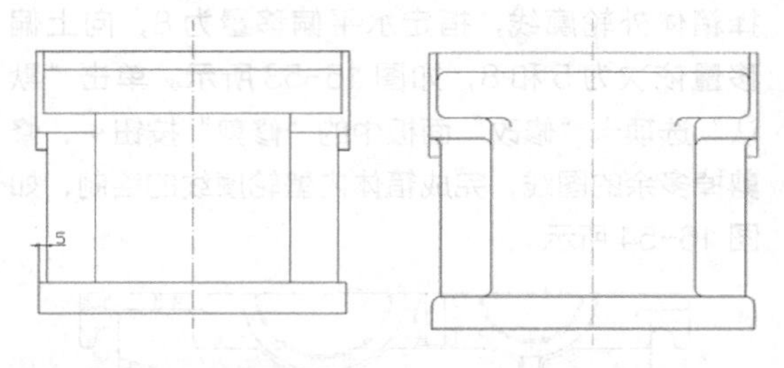

图 16-63　绘制肋板　　图 16-64　倒圆角

（8）绘制底座凹槽。单击“默认”选项卡“修改”面板中的“偏移”按钮，指定中心线左右偏移量均为 50，底面线向上偏移 5，绘制底座凹槽。单击“默认”选项卡“修改”面板中的“圆角”按钮，指定圆角半径为 5。单击“默认”选项卡“修改”面板中的“修剪”按钮，修剪多余的图线，结果如图 16-65 所示。

（9）绘制底座螺栓通孔。绘制方法与主视图中螺栓通孔的绘制方法相同，绘制定位中心线，绘制螺栓通孔，绘制剖切线，并利用“直线”、“圆角”、“修剪”等工具绘制中间耳片图形，结果如图 16-66 所示。

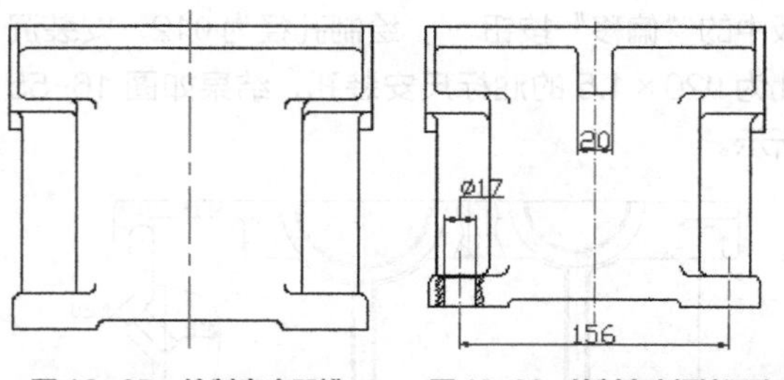

图 16-65　绘制底座凹槽　　图 16-66　绘制底座螺栓通孔

（10）修剪俯视图，绘制剖视图。单击“默认”选项卡“修改”面板中的“删除”按钮，删除左视图右半部分多余的线段；单击“默认”选项卡“修改”面板中的“偏移”按钮，将竖直中心线向右偏移 53，将下边的线向上偏移 8，利用“修剪”“延伸”“圆角”命令整理图形，结果如图 16-67 所示。

（11）绘制螺纹孔。利用“直线”“偏移”“修剪”命令绘制螺纹孔，将底面直线向上偏移 118，再将偏移后的直线分别向两侧偏移 2.5 和 3，并将偏移 118 后的直线放置在“中心线层”，将最右侧直线向左偏移 16 和 20；最后利用直线命令绘制 120° 的顶角，结果如图 16-68 所示。

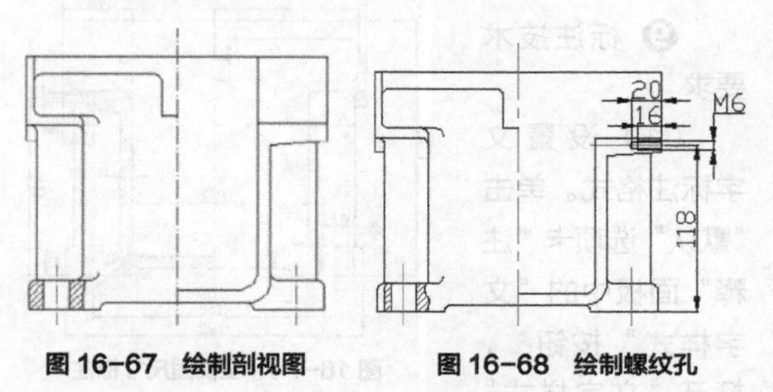

图 16-67　绘制剖视图　　　图 16-68　绘制螺纹孔

（12）填充图案。单击“默认”选项卡“绘图”面板中的“图案填充”按钮，对剖视图进行图案填充，结果如图 16-69 所示。

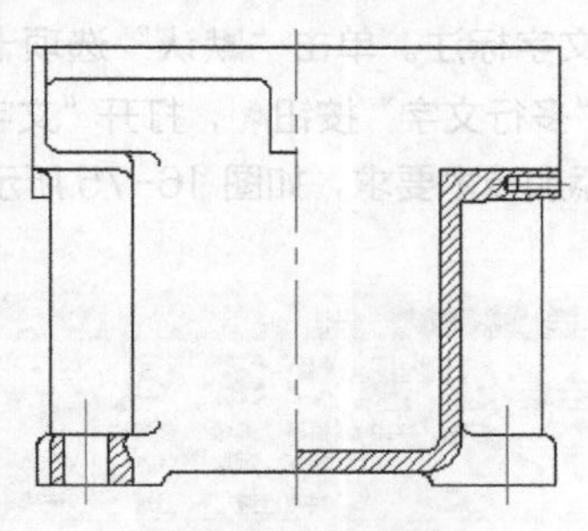

图 16-69　填充图案

（13）修剪俯视图。单击“默认”选项卡“修改”面板中的“删除”按钮，删除俯视图中的箱体中间膛体轮廓线（矩形 4），完成减速器箱体的设计，如图 16-70 所示。

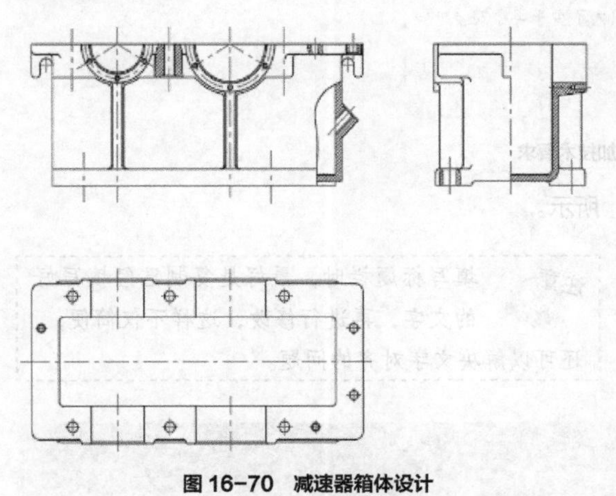

图 16-70　减速器箱体设计

❻ 俯视图尺寸标注

（1）切换图层。将当前图层从“剖面层”切换到“尺寸标注层”。单击“默认”选项卡“注释”面板中的“标注样式”按钮，将“机械制图标注”样式设置为当前使用的标注样式。

（2）俯视图尺寸标注。利用“默认”选项卡“注释”面板中的“线性”按钮和“直径”按钮，对俯视图进行尺寸标注，结果如图 16-71 所示。

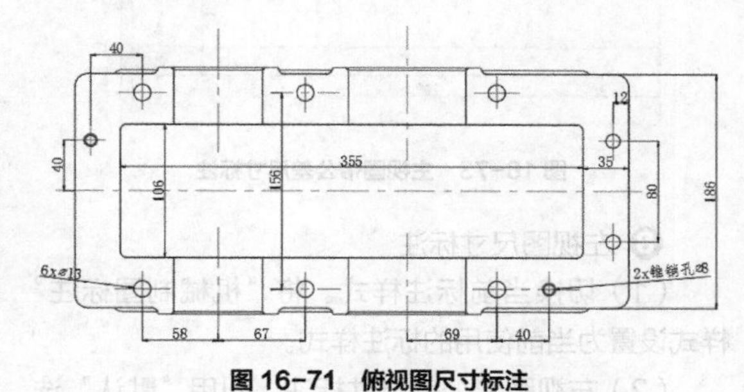

图 16-71　俯视图尺寸标注

❼ 主视图尺寸标注

（1）主视图无公差尺寸标注。利用“默认”选项卡“注释”面板中的“线性”按钮、“半径”按钮和“直径”按钮，对主视图进行无公差尺寸标注，结果如图 16-72 所示。

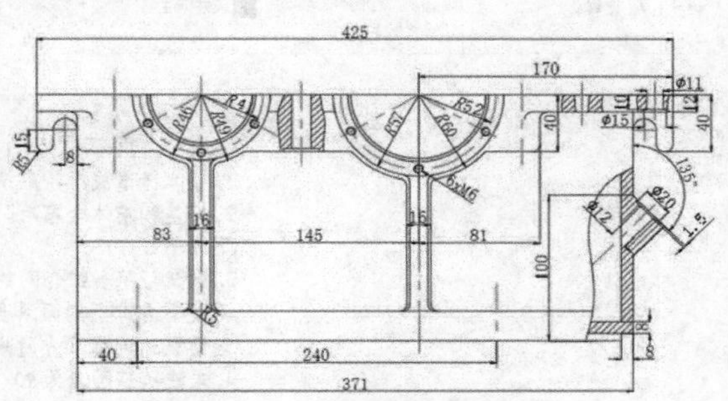

图 16-72　主视图无公差尺寸标注

（2）新建带公差标注样式。单击“默认”选项卡“注释”面板中的“标注样式”按钮，打开“标注样式管理器”对话框，创建一个名为“副本 机械制图标注（带公差）”的标注样式，设置“基础样式”为“机械制图标注”，单击“继续”按钮，打开“新建标注样式”对话框，设置“公差”选项卡，并把“副本 机械制图样式（带公差）”设置为当前使用的标注样式。

（3）主视图带公差尺寸标注。单击“默认”选项卡“注释”面板中的“线性”按钮，对主视图进行带公差的尺寸标注。使用前面章节介绍的带公差尺寸标注方法，进行公差的编辑和修改，标注结果如图 16-73 所示。

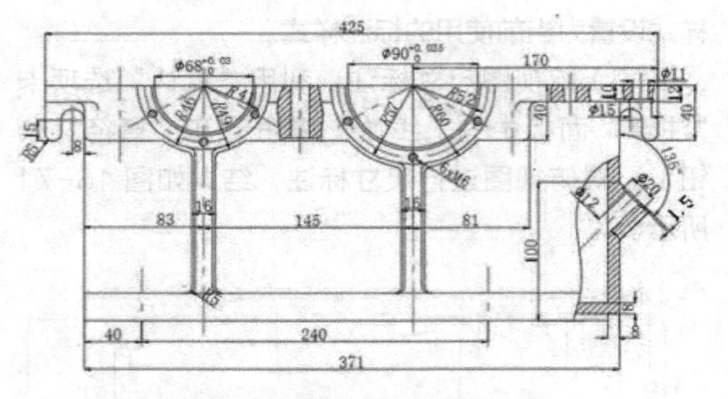

图 16-73 主视图带公差尺寸标注

❽ 左视图尺寸标注

（1）切换当前标注样式。将“机械制图标注”样式设置为当前使用的标注样式。

（2）左视图无公差尺寸标注。利用“默认”选项卡“注释”面板中的“线性”按钮和“半径”按钮，对左视图进行无公差尺寸标注，结果如图 16-74 所示。

❾ 标注技术要求

（1）设置文字标注格式。单击“默认”选项卡“注释”面板中的“文字样式”按钮，打开“文字样式”对话框，在“字体名”下拉列表框中选择“仿宋_GB2312”，单击“应用”按钮，将其设置为当前使用的文字样式。

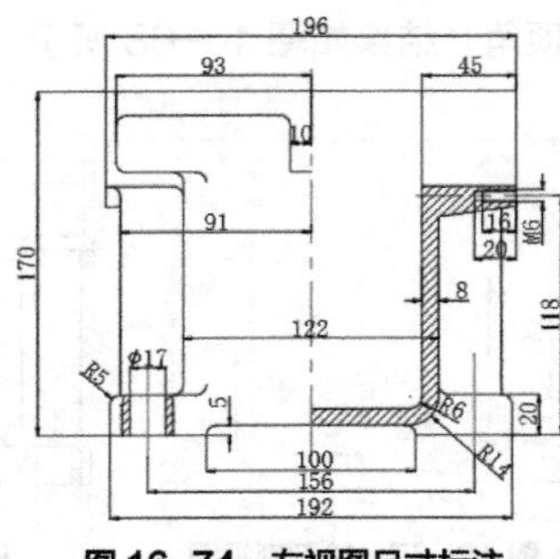

图 16-74 左视图尺寸标注

（2）文字标注。单击“默认”选项卡“注释”面板中的“多行文字”按钮，打开“文字编辑器”选项卡，添加技术要求，如图 16-75 所示。

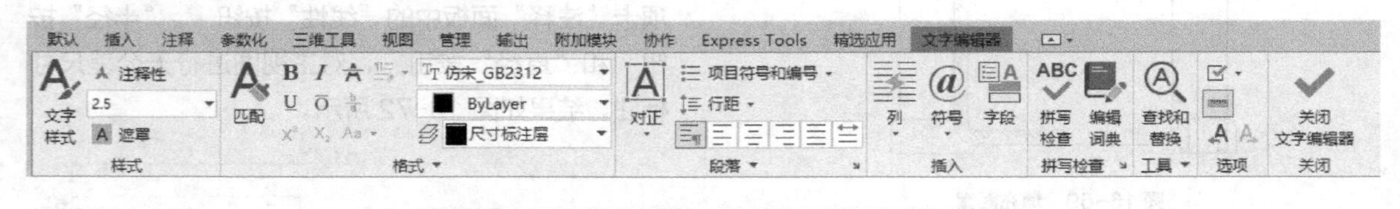

技术要求
1. 箱体铸造成后，应清理并进行时效处理；
2. 箱盖和箱体合箱后，边缘应平齐，相互错位每边不大于2；
3. 检查与箱盖结合面的密合性，用0.05的塞尺塞入深度不得大于剖面深度的三分之一。用涂色检查接触面积达到每平方厘米面积内不少于一个斑点；
4. 未注铸造圆角为$R3 \sim R5$；
5. 未注倒角为$C2$；
6. 箱体不得漏油。

图 16-75 添加技术要求

❿ 标注粗糙度

结合“多行文字”命令标注粗糙度。将“标题栏层”设置为当前图层，在标题栏中输入“减速器箱体”。减速器箱体的最终设计效果如图 16-32 所示。

填写标题栏时，最好是复制已经填写好的文字，再进行修改，这样不仅简便，还可以解决文字对齐的问题。

16.3 完整装配图绘制方法

装配图可以表现部件的设计构思、工作原理和装配关系，以及各零件间的相互位置、尺寸及结构形状。它是绘制零件工作图、部件组装、调试及维护等的技术依据。设计装配工作图时要综合考虑工作要求、材料、强度、刚度、磨损、加工、装拆、调整、润滑和维护以及经济等因素，并要用足够的视图表达清楚。

16.3.1 装配图内容

（1）一组图形：灵活运用一般表达方法和特殊表达方法，正确、完整、清晰和简便地表达装配体的工作原理，零件之间的装配关系、连接关系以及零件的主要结构形状。

（2）必要的尺寸：在装配图上必须标注出装配体的性能、规格以及装配、检验、安装时所需的尺寸。

（3）技术要求：用文字或符号说明装配体在性能、装配、检验、调试、使用等方面的要求。

（4）标题栏、零件的序号和明细表：按一定的格式，将零件、部件进行编号，并填写标题栏和明细表，以便读图。

16.3.2 装配图绘制过程

画装配图时应注意检验、校正零件的形状、尺寸，纠正零件草图中的不妥或错误之处。

（1）设置绘图环境

绘图前应当进行必要的环境设置，如绘图单位、图幅大小、图层线型、线宽、颜色、字体格式、尺寸格式等，设置方法见前面章节。为了绘图方便，比例选择为 1 ：1，或者调入事先绘制的装配图标题栏及有关设置。

（2）绘图步骤

①根据零件草图，在装配示意图中绘制各零件图，各零件的比例应当一致，零件尺寸必须准确，可以暂不标尺寸，用 WBLOCK 命令将每个零件定义为 DWG 格式文件。定义时，必须选好插入点，插入点应当是零件间相互有装配关系的特殊点。

②调入装配干线上的主要零件（如轴）。沿装配干线展开，逐个插入相关零件。插入后，若需剪断不可见的线段，应当炸开块。插入块时应当注意确定它的轴向和径向定位。

③根据零件之间的装配关系，检查各零件尺寸是否有干涉现象。

④根据需要对图形进行缩放、布局排版，然后根据具体情况设置尺寸样式，标注好尺寸及公差，最后填写标题栏，完成装配图。

16.4 减速器装配图

本实例的制作思路：先将“减速器箱体”图块插入预先设置好的装配图纸中，为后续零件装配定位；然后插入各个零件图块，利用“移动”命令将零件安装到减速器箱体中合适的位置；再修剪装配图，删除图中多余的图线，补绘漏缺的轮廓线；最后，标注装配图，给各个零件编号，填写标题栏和明细表。减速器装配图如图 16-76 所示。

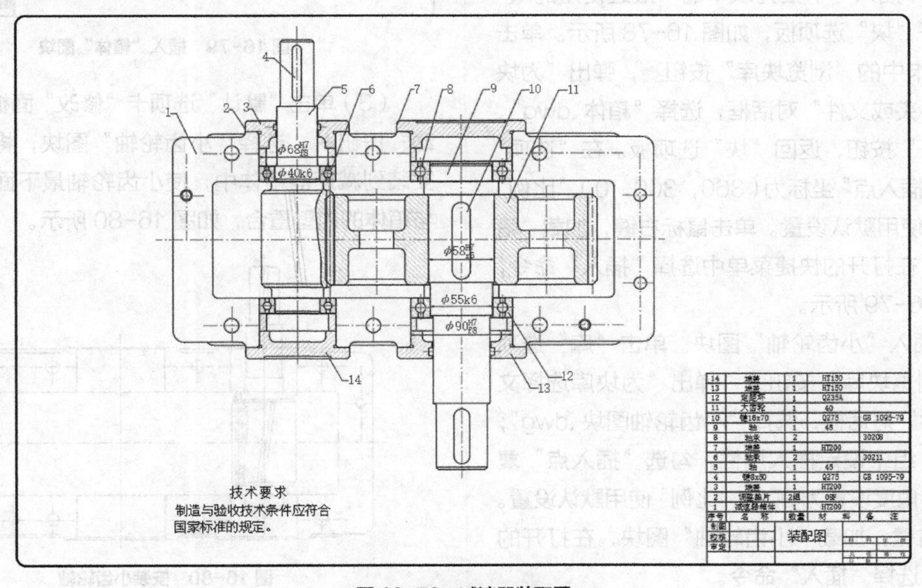

图 16-76 减速器装配图

16.4.1 配置绘图环境

操作步骤

❶ 新建文件。单击“快速访问”工具栏中的“新建”按钮，弹出“选择样板”对话框，在该对话框中选择需要的样板图。本例选用 A1 样板图，其中样板图左下角的端点坐标为（0，0）。

❷ 创建新图层。单击“默认”选项卡“图层”面板中的“图层特性”按钮，打开“图层特性管理器”对话框，新建并设置图层，如图 16-77 所示。

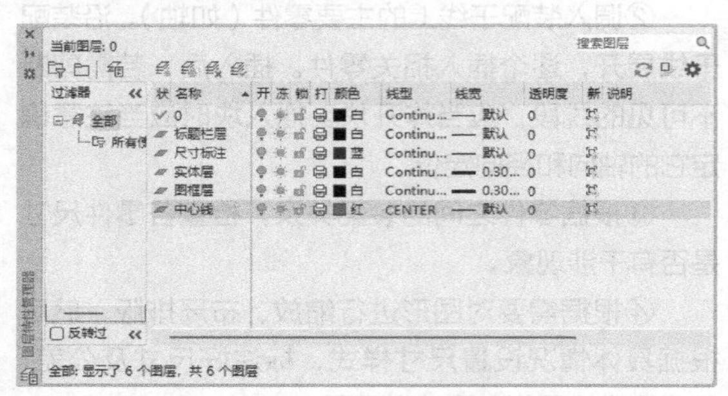

图 16-77 “图层特性管理器”对话框

16.4.2 拼装装配图

操作步骤

❶ 配置绘图环境

（1）插入“箱体”图块。选择“默认”选项卡“块”面板“插入”下拉列表中的“最近使用的块”选项，打开“块”选项板，如图 16-78 所示。单击“库”选项卡中的“浏览块库”按钮，弹出“为块库选择文件夹或文件”对话框，选择“箱体.dwg”，单击“打开”按钮，返回“块”选项板。在“选项”组中设定“插入点”坐标为（360，300，0），“比例”和“旋转”使用默认设置。单击鼠标右键，加载“箱体”图块，在打开的快捷菜单中选择“插入”命令，结果如图 16-79 所示。

（2）插入“小齿轮轴”图块。单击“库”选项卡中的“浏览块库”按钮，弹出“为块库选择文件夹或文件”对话框，选择“小齿轮轴图块.dwg”；在“选项”组中设定插入属性，勾选“插入点”复选框，旋转角度设置为 90°，“比例”使用默认设置。单击鼠标右键，加载“小齿轮轴”图块，在打开的快捷菜单中选择“插入”命令。

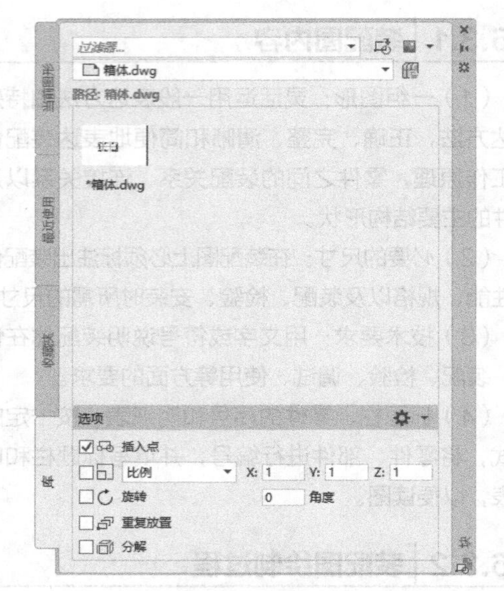

图 16-78 “块”选项板

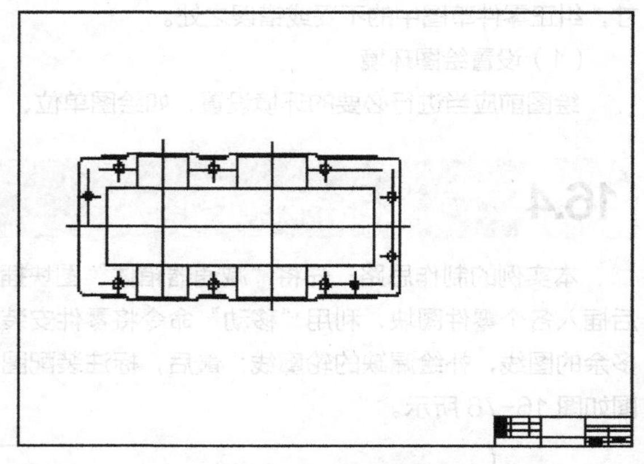

图 16-79 插入“箱体”图块

（3）单击“默认”选项卡“修改”面板中的“移动”按钮，选择“小齿轮轴”图块，将小齿轮轴安装到减速器箱体中，使小齿轮轴最下面的台阶面与箱体的内壁重合，如图 16-80 所示。

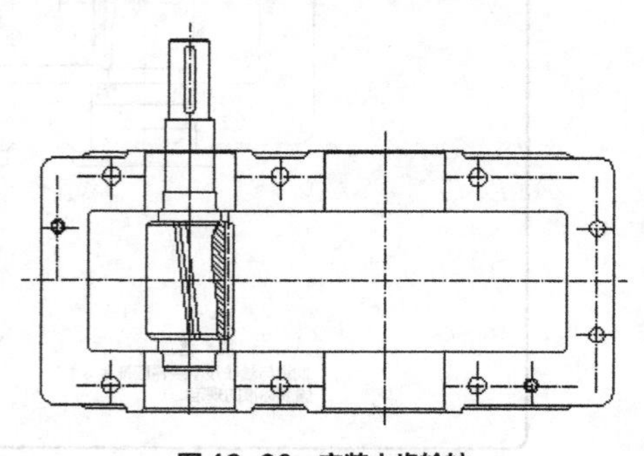

图 16-80 安装小齿轮轴

（4）插入“大齿轮轴”图块。单击“库”选项卡中的“浏览块库”按钮，弹出“为块库选择文件夹或文件”对话框，选择“大齿轮轴图块 .dwg”。在“选项”组中设定插入属性，勾选“插入点”复选框，旋转角度设置为 -90°，“比例”使用默认设置，单击鼠标右键，加载“大齿轮轴”图块，在打开的快捷菜单中选择“插入”命令。

（5）单击“默认”选项卡“修改”面板中的“移动”按钮✥，选择“大齿轮轴”图块，以大齿轮轴最上面的台阶面的中点为移动基点，将大齿轮轴安装到减速器箱体中，使大齿轮轴最上面的台阶面与减速器箱体的内壁重合，结果如图 16-81 所示。

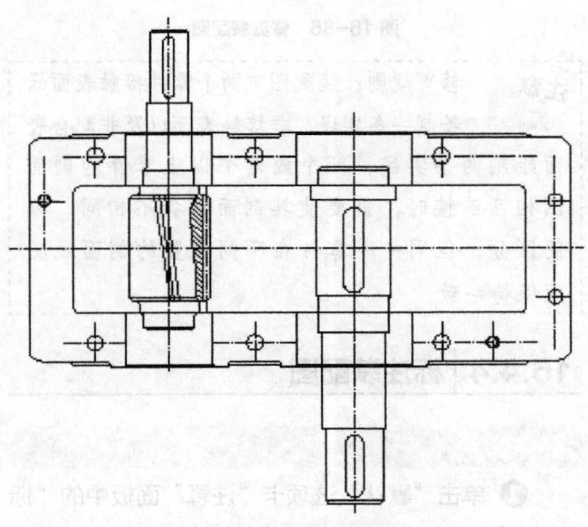

图 16-81　安装大齿轮轴

（6）插入“大齿轮”图块。选择“默认”选项卡“块”面板“插入”下拉列表中的“库中的块”选项，打开“块”选项板。单击“库”选项卡中的“浏览块库”按钮，弹出“为块库选择文件夹或文件”对话框，选择“大齿轮图块 .dwg”。在“选项”组中设定插入属性，勾选“插入点”复选框，旋转角度设置为 90°，单击鼠标右键，加载“大齿轮”图块，在打开的快捷菜单中选择“插入”命令。

注意　图块的旋转角度设置规则：逆时针旋转为正角度值，顺时针旋转为负角度值。

（7）移动图块。单击“默认”选项卡“修改”面板中的“移动”按钮✥，选择“大齿轮”图块，以大齿轮上端面的中点为移动基点，将大齿轮安装到减速器箱体中，使大齿轮的上端面与大齿轮轴的台阶面重合，结果如图 16-82 所示。

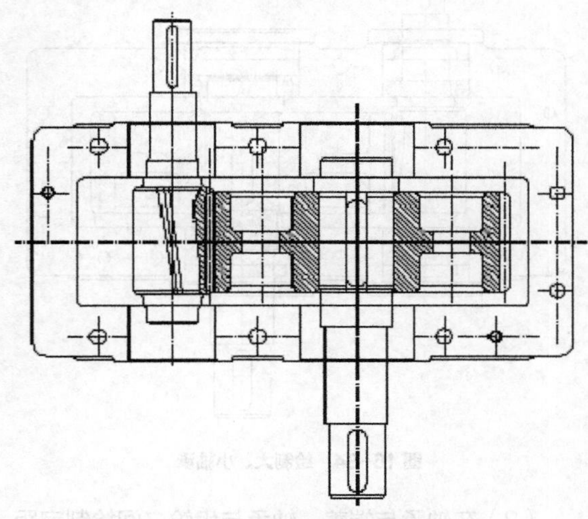

图 16-82　安装大齿轮

（8）安装其他减速器零件。仿照上面的方法，安装大轴承以及 4 个箱体端盖，结果如图 16-83 所示。

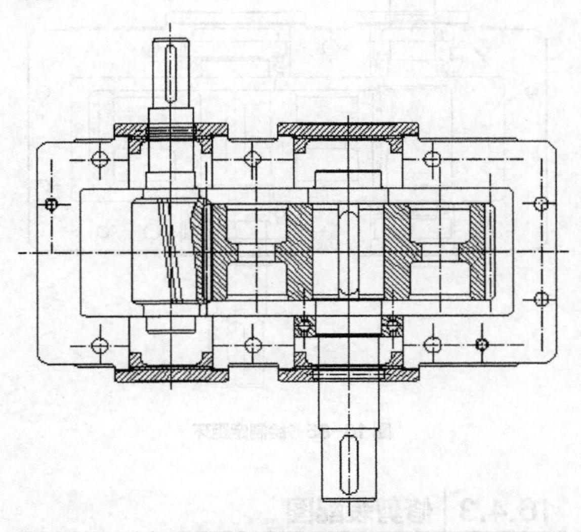

图 16-83　安装现有零件

❷ 补全装配图

（1）单击“默认”选项卡“修改”面板中的“复制”按钮，复制“大轴承”图块，并将其移动到大齿轮轴上合适的位置。绘制小齿轮轴上的两个轴承，其尺寸的内径为 Ø40、外径为 Ø68、宽度为 15，绘制结果如图 16-84 所示。

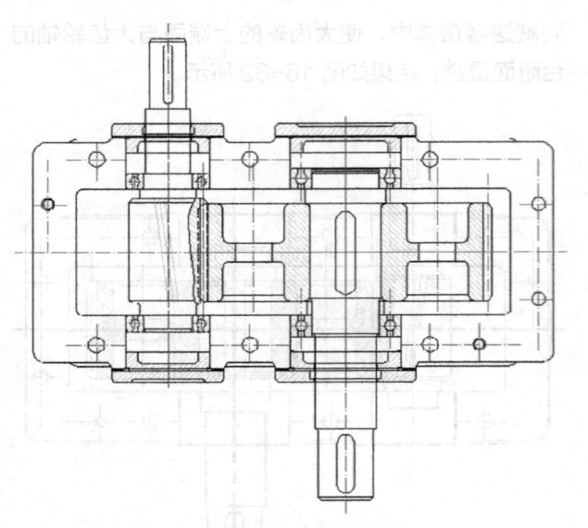

图 16-84　绘制大、小轴承

（2）在轴承与端盖、轴承与齿轮之间绘制定距环，结果如图 16-85 所示。

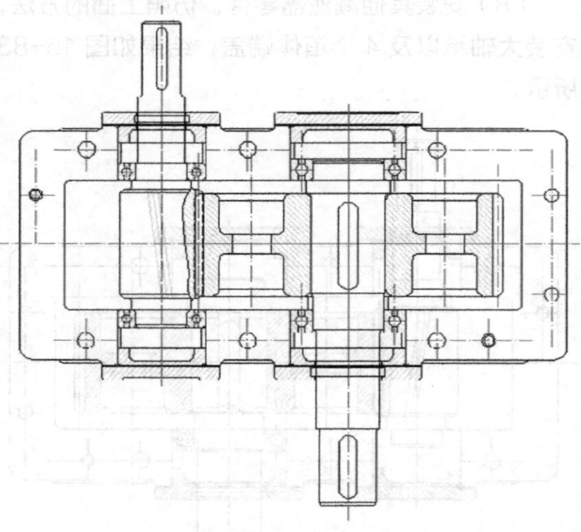

图 16-85　绘制定距环

16.4.3 修剪装配图

操作步骤

❶ 单击“默认”选项卡“修改”面板中的“分解”按钮，将所有图块进行分解。

❷ 利用“默认”选项卡“修改”面板中的“修剪”按钮、“删除”按钮与“打断于点”按钮，对装配图进行修剪，结果如图 16-86 所示。

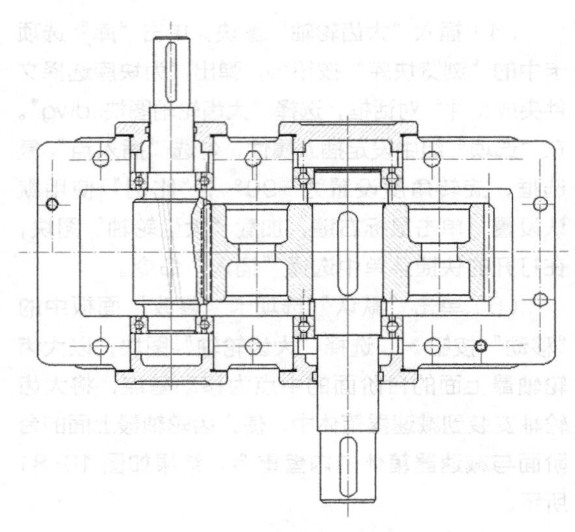

图 16-86　修剪装配图

> **注意** 修剪规则：装配图中两个零件接触表面只绘制一条实线，非接触表面以及非配合表面绘制两条实线；两个或两个以上零件的剖面图相互连接时，需要使其剖面线各不相同，以便区分，但同一个零件在不同位置的剖面线必须保持一致。

16.4.4 标注装配图

操作步骤

❶ 单击“默认”选项卡“注释”面板中的“标注样式”按钮，打开“标注样式管理器”对话框，创建“机械制图标注（带公差）”样式，各属性与前面设置相同，将其设置为当前使用的标注样式，并将“尺寸标注”图层设置为当前图层。

❷ 单击“默认”选项卡“注释”面板中的“线性”按钮，标注小齿轮轴与小轴承的配合尺寸、小轴承与箱体轴孔的配合尺寸、大齿轮轴与大齿轮的配合尺寸、大齿轮轴与大轴承的配合尺寸，以及大轴承与箱体轴孔的配合尺寸。

❸ 在命令行中输入 QLEADER 后回车，从装配图左上角开始，沿装配图外表面按顺时针顺序依次给各个减速器零件进行编号，结果如图 16-87 所示。

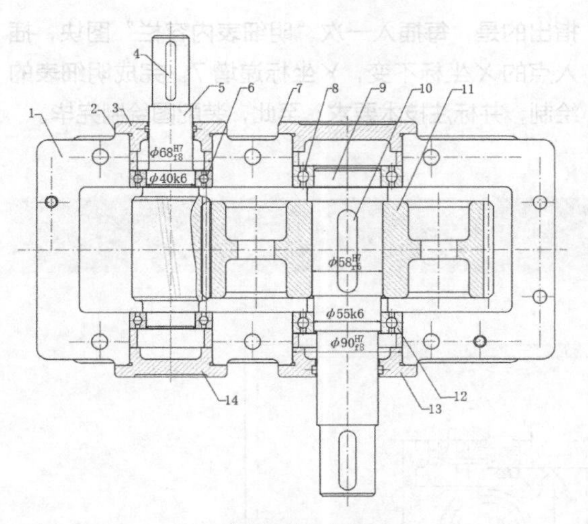

图 16-87 编号

> **注意** 根据装配图的作用，不需要标出每个零件的全部尺寸。装配图中需要标注的尺寸通常只有以下几种：规格（性能）尺寸、装配尺寸、外形尺寸、安装尺寸、其他重要尺寸（如齿轮分度圆直径等）。以上 5 种尺寸，并不是每张装配图上都必须要有的。有时同一尺寸有几种含义，因此在标注装配图尺寸时，首先要对所表示的机器或部件进行具体分析，再标注尺寸。
>
> 装配图中的零部件序号也有其编排的方法和规则，一般装配图中所有的零部件都必须编写序号，每一个零部件只写一个序号，同一装配图中相同的零部件应编写同样的序号，装配图中的零部件序号应与明细表中的序号一致。

16.4.5 填写标题栏和明细表

操作步骤

❶ 将“标题栏层”设置为当前图层，在标题栏中输入“装配图”。

❷ 选择“默认”选项卡“块”面板“插入”下拉列表中的“最近使用的块”选项，打开“块”选项板，如图 16-88 所示。单击“库”选项卡中的“浏览块库”按钮，弹出“为块库选择文件夹或文件”对话框，如图 16-89 所示，选择“明细表标题栏 .dwg”，单击“打开”按钮，返回“块”选项板。在“选项”组中，设定“插入点”坐标为（841，40，0），“比例”和“旋转”使用默认设置，单击鼠标右键，加载“明细表标题栏”图块，在打开的快捷菜单中选择“插入”命令，插入图块，结果如图 16-90 所示。

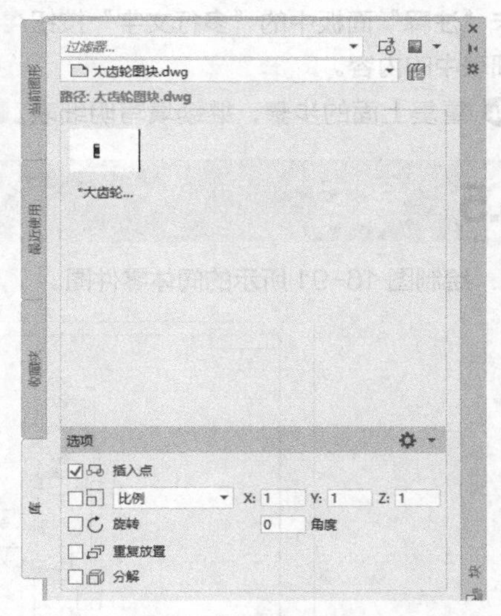

图 16-88 “块”选项板

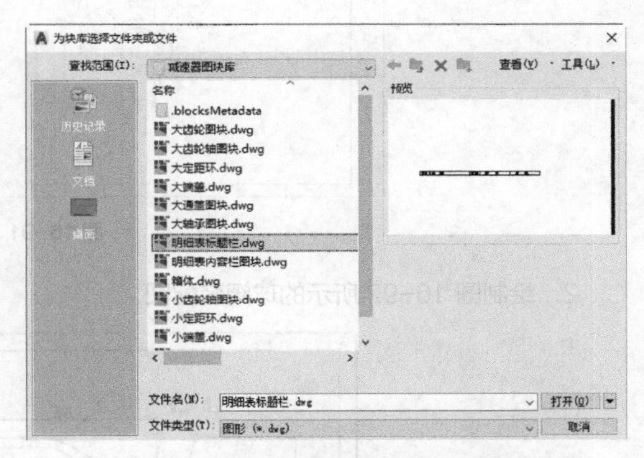

图 16-89 “为块库选择文件夹或文件”对话框

序号	名 称		数量	材 料	备 注	
制图			装配图			
校核					材 料	比 例
审定						
					共 张	第 张
					日 期	

图 16-90 插入“明细表标题栏”图块

❸ 选择“默认”选项卡“块”面板“插入”下拉列表中的“最近使用的块”选项，打开“块”选项板，单击“库”选项中的“浏览块库”按钮，弹出“为块库选择文件夹或文件”对话框，选择“明细表内容栏图块 .dwg”。在“选项”组中设定插入属性，将“插入点”坐标设置为（841，47，0），“比例”和“旋转”都使用默认设置，单击鼠标右键，加载“明细表内容栏”图块，在打开的快捷菜

单中选择“插入”命令，插入图块，单击“默认”选项卡“注释”面板中的“多行文字”按钮A，输入明细表中的内容。

❹ 重复上面的步骤，继续填写明细表。需要指出的是，每插入一次“明细表内容栏”图块，插入点的X坐标不变，Y坐标递增 7。完成明细表的绘制，并标注技术要求。至此，装配图绘制完毕。

16.5 练习

1. 绘制图 16-91 所示的阀体零件图。

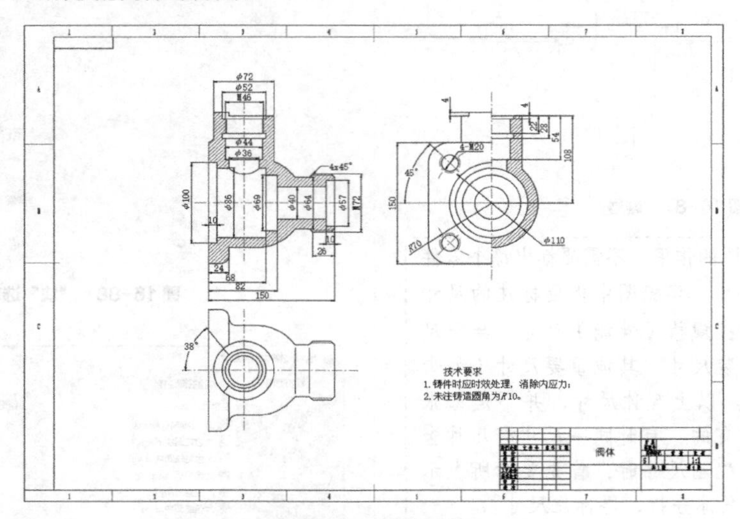

图 16-91 阀体零件图

2. 绘制图 16-92 所示的球阀装配图。

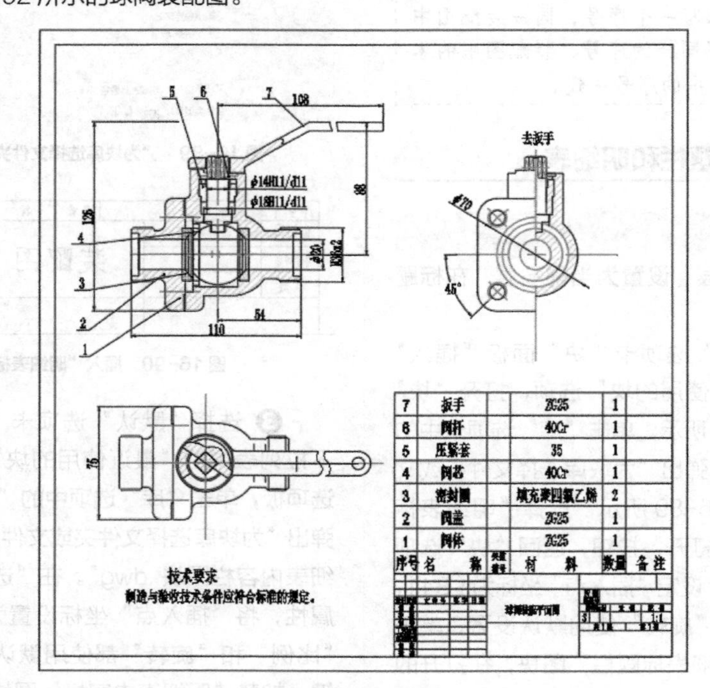

序号	名称		材料	数量	备注
7	扳手		ZG25	1	
6	阀杆		40Cr	1	
5	压紧套		35	1	
4	阀芯		40Cr	1	
3	密封圈		填充聚四氟乙烯	2	
2	阀盖		ZG25	1	
1	阀体		ZG25	1	

图 16-92 球阀装配图

第 17 章 建筑设计工程实例

建筑设计是 AutoCAD 应用的一个重要的专业领域。本章以别墅建筑设计为例，详细介绍建筑施工图的设计方法与绘制技巧，涉及平面图、立面图、剖面图和详图等图样。

重点与难点

- 建筑绘图概述
- 绘制别墅建筑图

17.1 建筑绘图概述

正式施工之前，需先将建筑物的内外形状和大小，以及各个部分的结构、构造、装修、设备等，按照现行国家标准，用正投影法详细、准确地绘制出来，这个图样称为“房屋建筑图”。由于该图样主要用于指导建筑施工，所以一般叫作“建筑施工图”。

建筑施工图是按照正投影法绘制出来的。正投影法就是在两个或两个以上相互垂直的、分别平行于建筑物主要侧面的投影面上，绘出建筑物的正投影，并把所得正投影按照一定规则绘制在同一个平面上。这种由两个或两个以上的正投影组合而成，用来确定空间建筑物形体的一组投影图，叫作正投影图。

建筑物根据使用功能和使用对象的不同分为很多种。一般说来，建筑物的第一层称为底层，也称一层或首层。从底层往上数，依次称为二层、三层、……、顶层。一层下面有基础，基础和底层之间有防潮层。对于大的建筑物而言，可能在基础和底层之间还有地下一层、地下二层等。建筑物一层一般有台阶、大门、一层地面等。各层均有楼面、走道、门窗、楼梯、楼梯平台、梁柱等，顶层还有屋面板、女儿墙、天沟等。其他的构件还有雨水管、雨篷、阳台、散水等。其中，屋面、楼板、梁柱、墙体、基础主要用来直接或间接地支撑来自建筑物本身和外部的载荷；门、走廊、楼梯、台阶用来沟通建筑物内外和上下；窗户和阳台用来通风和采光；天沟、雨水管、散水、明沟用来排水。其中一些构件的示意图如图 17-1 所示。

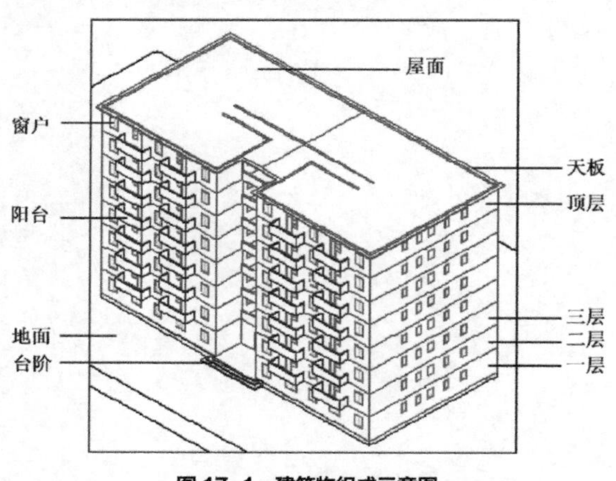

图 17-1　建筑物组成示意图

17.1.1 建筑设计概述

建筑设计是指在建造建筑物之前，设计者按照建设任务，把施工过程和使用过程中所存在的或可能发生的问题，事先做好通盘的设想，拟定好解决这些问题的办法、方案，用图纸和文件表达出来。建筑设计是为人类建立生活环境的综合艺术和科学，是一门涵盖领域极广的专业。从总体上说，建筑设计由三大阶段构成，即方案设计、初步设计和施工图设计。方案设计主要是构思建筑的总体布局，包括各个功能空间的设计、高度、层高、外观造型等；初步设计是对方案设计的进一步细化，确定建筑的具体尺度，包括建筑平面图、建筑剖面图和建筑立面图等；施工图设计则是将建筑构思变成图纸的重要阶段，是建造建筑的主要依据，不仅包括建筑平面图、建筑剖面图和建筑立面图，还包括各个建筑大样图、建筑构造节点图，以及其他专业设计图纸，如结构施工图、电气设备施工图、暖通空调设备施工图等。总体来说，建筑施工图越详细越好，要准确无误。

在建筑设计中，需按照国家规范及标准进行设计，确保建筑的安全、经济、适用等，需遵守的国家建筑设计规范主要有如下几项。

（1）房屋建筑制图统一标准 GB/T 50001—2017。

（2）建筑制图标准 GB/T 50104—2010。

（3）建筑内部装修设计防火规范 GB 50222—2017。

（4）建筑工程建筑面积计算规范 GB/T 50353—2013。

（5）建筑设计防火规范 GB 50016—2014。

（6）建筑采光设计标准 GB 50033—2013。

（7）建筑照明设计标准 GB 50034—2013。

（8）汽车库、修车库、停车场设计防火规范 GB 50067—2014。

（9）自动喷水灭火系统设计规范 GB 50084—2017。

（10）公共建筑节能设计标准 GB 50189—2015。

建筑设计规范中，GB是指国家标准，此外还有行业规范、地方标准等。

建筑设计是为人们工作、生活与休闲提供环境空间的综合艺术和科学，它与人们的日常生活息息相关，无论是住宅、商场、写字楼、酒店，还是教学楼、体育馆，无不与建筑设计有着紧密联系。图 17-2 所示为建筑方案效果图，图 17-3 所示为实体建筑。

图 17-2 中央电视台新总部大楼方案

图 17-3 国外某建筑

17.1.2 建筑设计特点

建筑设计是根据建筑物的使用性质、所处环境和相应标准，运用物质技术手段和建筑美学原理，创造功能合理、舒适优美、满足人们物质和精神生活需要的室内外空间环境。设计构思时，需要运用物质技术手段，即各类装饰材料和设施设备等；还需要遵循建筑美学原理，综合考虑使用功能、结构施工、材料设备、造价标准等多种因素。

从设计者的角度来分析建筑设计的方法，主要有以下几点。

1. 总体与细部深入推敲

总体推敲，即明确建筑设计的几个基本观点，形成全局观念。细部深入推敲是指在进行具体设计时，必须根据建筑的使用性质，深入调查，收集信息，掌握必要的资料和数据，从最基本的人体尺度、人流动线、活动范围和特点、家具与设备等的尺寸和使用它们时所必需的空间等着手。

2. 里外、局部与整体协调统一

设计建筑室内外空间环境需要与建筑整体的性质、标准、风格、室外环境协调统一，它们之间有着相互依存的密切关系，设计时需要从里到外、从外到里多次反复协调，使其完善合理。

3. 立意与表达

设计的构思、立意至关重要。可以说，一项设计，没有立意就等于没有“灵魂”，设计的难度也往往在于构思。一个成熟的构思，往往需要足够的信息量，需要经过多次商讨和思考，在设计前期和做方案的过程中使立意、构思逐步明确。

根据设计的进程，建筑设计通常可以分为 4 个阶段，即准备阶段、方案阶段、施工图阶段和实施阶段。

（1）准备阶段

准备阶段的主要工作是接受委托任务书，签订合同，或者根据标书要求参加投标；明确设计任务和要求，如建筑的使用性质、功能特点、设计规模、等级标准、总造价，以及根据建筑的使用性质规划建筑室内外空间环境氛围、文化内涵或艺术风格等。

（2）方案阶段

方案阶段是在准备阶段的基础上，进一步收集、分析、运用与设计和任务有关的资料与信息，经过分析与比较，确定初步设计方案，提供设计文件，如平面图、立面、透视效果图等。图 17-4 所示为某个项目建筑设计方案效果图。

图 17-4 建筑设计方案效果图

（3）施工图阶段

施工图阶段的主要工作是提供有关平面、立面、构造节点大样，以及设备管线图等施工图纸，以满足施工的需要。图 17-5 所示为某个建筑的平面施工图（局部）。

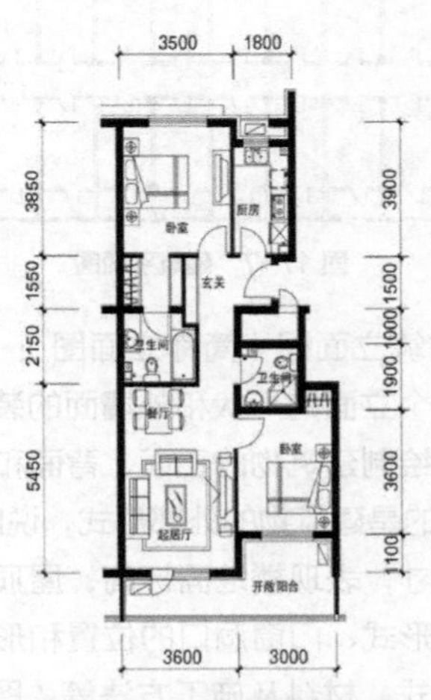

图 17-5 平面施工图（局部）

（4）实施阶段

实施阶段即工程的施工阶段。在施工前，设计人员应向施工单位进行设计意图说明及图纸的技术交底；工程施工期间需按图纸要求核对施工实况，有时还需根据现场实况提出对图纸的局部修改或补充；施工结束时，会同质检部门和建设单位一起进行工程验收。图 17-6 所示为正在施工的建筑（局部）。

图 17-6　施工中的建筑（局部）

一套工业与民用建筑的建筑施工图包括的图纸主要有如下几大类。

（1）建筑平面图（简称平面图）：按一定比例绘制的建筑的水平剖切图。通俗地讲，就是将一幢建筑的窗台以上的部分切掉，再将切面以下部分用直线和各种图例、符号直接绘制在纸上，以直观地表示建筑在设计和使用上的基本要求和特点。建筑平面图内容一般比较详细，通常采用较大的比例，如 1：200、1：100 和 1：50 等，并标出实际的详细尺寸，图 17-7 所示为某建筑标准层平面图。

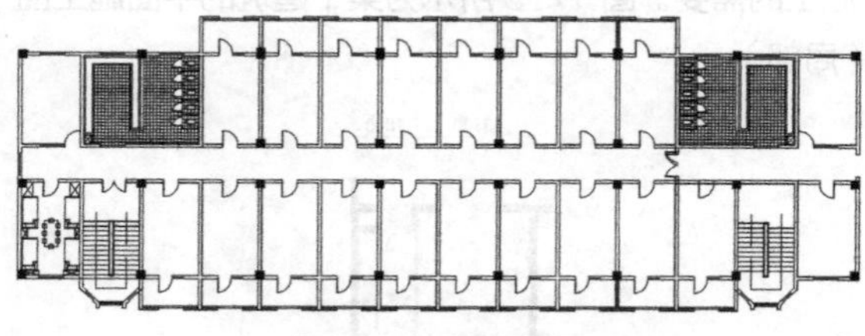

图 17-7　建筑平面图

（2）建筑立面图（简称立面图）：主要用来表达建筑物各个立面的形状和外墙面的装修等，即按照一定比例绘制建筑物的正面、背面和侧面的形状图，它表示的是建筑物的外部形式，说明建筑物长、宽、高的尺寸，表现楼地面标高、屋顶的形式、阳台的位置和形式、门窗洞口的位置和形式、外墙装饰的设计形式、材料及施工方法等，图 17-8 所示为某建筑的立面图。

图 17-8　建筑立面图

（3）建筑剖面图（简称剖面图）：按一定比例绘制的建筑竖直方向剖切前视图，它可以表示建筑内部的空间高度、室内立面的布置、结构等情况。在绘制剖面图时，应包括各层楼面的标高、窗台、窗上口、室内净尺寸等信息，剖切楼梯应表明楼梯分段与分级数量；表明建筑主要承重构件间的相互关系，画出房屋从屋面到地面的内部构造特征，如楼板构造、隔墙构造、内门高度、各层梁和板的位置、屋顶的结构形式与用料等；注明装修方法和楼、地面做法，说明所用材料，标明屋面做法及构造；标明各层的层高与标高，以及各部位高度尺寸等，图 17-9 所示为某建筑的剖面图。

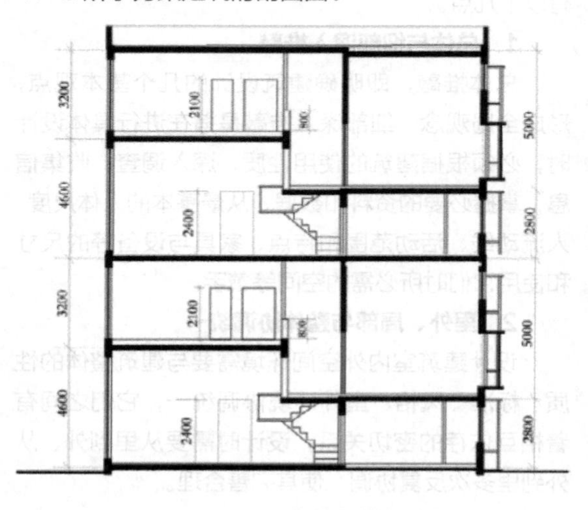

图 17-9　建筑剖面图

（4）建筑大样图（简称详图）：主要用以表达建筑物的细部构造、节点连接形式以及构件、配件的形状、大小、材料、做法等。建筑大样图要用较大比例绘制（如 1：20、1：5 等），尺寸标注要准确齐全，文字说明要详细。图 17-10 所示为墙身（局部）建筑大样图。

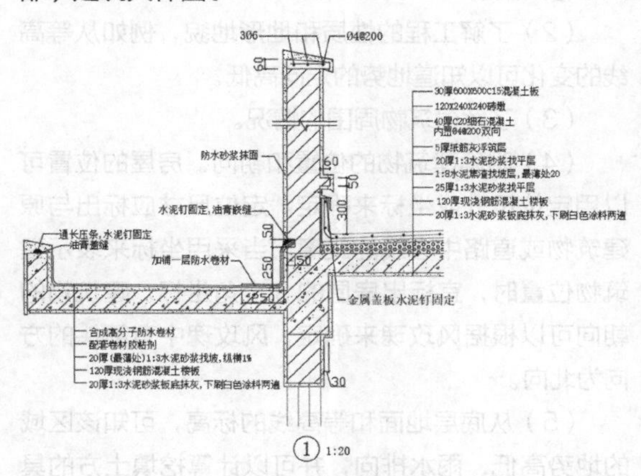

图 17-10 建筑大样图

（5）建筑透视图：除上述类型图纸外，实际工程实践中还经常绘制建筑透视图，尽管其不是施工图所要求的，但由于通过建筑透视图表示的建筑物内部空间或外部形体具有强烈的三维空间透视感，可以非常直观地表现建筑的造型、空间布置、色彩和外部环境等多方面内容，因此，常在建筑设计和销售时作为辅助图纸使用。建筑透视图可以采用多种视角，如从高处俯视，这种透视图叫作“鸟瞰图”或“俯视图”。建筑透视图一般要严格地按比例绘制，并进行适当的艺术加工，这种图通常被称为建筑表现图或建筑效果图。一幅绘制精美的建筑透视图就是一件艺术作品，具有很强的艺术感染力。图 17-11 所示为某建筑三维外观透视图。

图 17-11 建筑透视图

目前普遍使用计算机绘制效果图，其特点是透视效果逼真，可以复制多份。

17.1.3 建筑总平面图概述

1. 总平面图概述

作为新建建筑施工定位、土方施工以及施工总平面设计的重要依据，一般情况下，总平面图应该包括以下内容。

（1）测量坐标网或施工坐标网：测量坐标网采用“X，Y”表示，施工坐标网采用“A，B”来表示。

（2）新建建筑物的定位坐标、名称、建筑层数以及室内外的标高。

（3）附近的有关建筑物、拆除建筑物的位置和范围。

（4）附近的地形地貌：包括等高线、道路、桥梁、河流、池塘以及土坡等。

（5）指北针和风玫瑰图。

（6）绿化规定和管道的走向。

（7）补充图例和说明等。

以上各项内容，不是所有工程设计都需要全部满足。在实际工程中，要根据具体情况和工程特点来取舍。对于较为简单的工程，可以不画等高线、坐标网、管道、绿化等。图 17-12 所示为某工程总平面图。

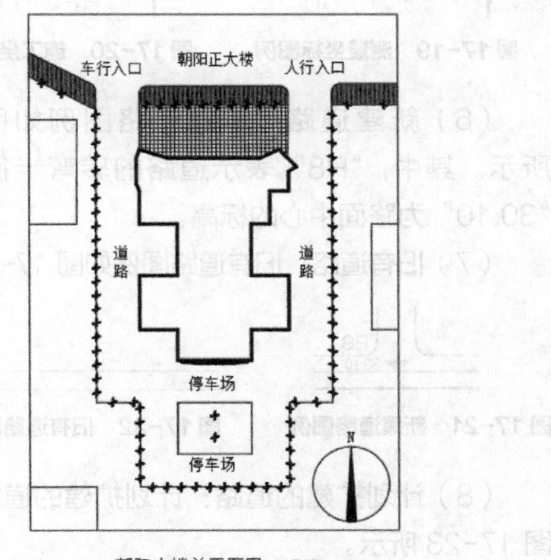

图 17-12 总平面图示例

2. 总平面图中的图例说明

（1）新建建筑物：采用粗实线表示，如图 17-13

所示。当有需要时可以在右上角用点数或数字来表示建筑物的层数，如图 17-14 和图 17-15 所示。

图 17-13　新建建筑物图例　　图 17-14　以点表示层数（4 层）

（2）旧有建筑物：采用细实线表示，如图 17-16 所示。同新建建筑物图例一样，也可以在右上角用点数或数字来表示建筑物的层数。

图 17-15　以数字表示层数（16 层）　　图 17-16　旧有建筑物图例

（3）计划中的建筑物：采用虚线表示，如图 17-17 所示。

（4）拆除的建筑物：采用打上叉号的细实线表示，如图 17-18 所示。

图 17-17　计划中的建筑物图例　　图 17-18　拆除的建筑物图例

（5）坐标：测量坐标图例和施工坐标图例如图 17-19 和图 17-20 所示，注意两种不同坐标的表示方法。

图 17-19　测量坐标图例　　图 17-20　施工坐标图例

（6）新建道路：新建道路图例如图 17-21 所示。其中，“R8”表示道路的转弯半径为 8m，“30.10”为路面中心的标高。

（7）旧有道路：旧有道路图例如图 17-22 所示。

图 17-21　新建道路图例　　图 17-22　旧有道路图例

（8）计划扩建的道路：计划扩建的道路图例如图 17-23 所示。

（9）拆除的道路：拆除的道路图例如图 17-24 所示。

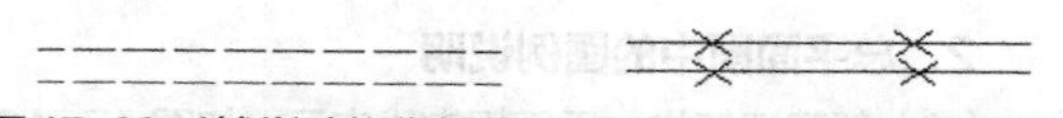

图 17-23　计划扩建的道路图例　　图 17-24　拆除的道路图例

3. 详解阅读总平面图

（1）了解图样比例、图例和文字说明。总平面图的范围一般都比较大，所以要采用较小的比例。对于总平面图来说，1 : 500 算是很大的比例，也可以使用 1 : 1000 或 1 : 2000 的比例。总平面图上的尺寸标注要以“m”为单位。

（2）了解工程的性质和地形地貌，例如从等高线的变化可以知道地势的走向高低。

（3）了解建筑物周围的情况。

（4）明确建筑物的位置和朝向。房屋的位置可以用定位尺寸或坐标来确定。定位尺寸应标出与原建筑物或道路中心线的距离。当采用坐标来表示建筑物位置时，宜标出房屋的 3 个角坐标。建筑物的朝向可以根据风玫瑰来确定，风玫瑰中有箭头的方向为北向。

（5）从底层地面和等高线的标高，可知该区域的地势高低、雨水排向，并可以计算挖填土方的具体数量。总平面图中的标高均为绝对标高。

4. 标高投影知识

总平面图中的等高线是一种立体的标高投影。所谓标高投影，就是在形体的水平投影上，以数字标注出各处的高度来表示形体形状的一种图示方法。

众所周知，地形对建筑物的布置和施工有很大影响。一般情况下都要对地形进行人工改造，例如平整场地、修建道路等。所以要在总平面图中把建筑物周围的地形表示出来。如果还是采用原来的正投影、轴侧投影等方法，则无法表示出地形的复杂情况。这种情况下，可采用标高投影法来表示。

总平面图中的标高是绝对标高。所谓绝对标高，就是以我国青岛市外的黄海海平面作为零点来测定的高度尺寸。在标高投影图中，通常绘出立体上平面或曲面的等高线来表示该立体。山地一般是不规则的曲面，以一系列整数标高的水平面与山地相截，把所截得的等高截交线正投影到水平面上，得到一系列形状不规则的等高线，再标注相应的标高值即可，所得图形称为地形图。图 17-25 所示为地形图的一部分。

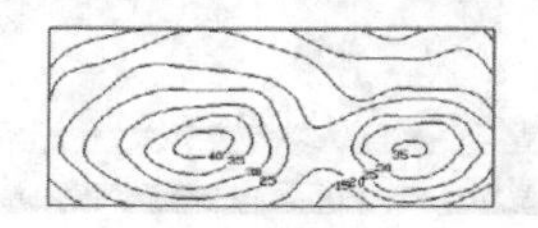

图 17-25　地形图的一部分

5. 绘制指北针和风玫瑰

指北针和风玫瑰是总平面图中两个重要的指示符号。指北针的作用是在图纸上标出正北方向，如图 17-26 所示。风玫瑰不仅能标出正北方向，还能表示出全年该地区的风向频率大小，如图 17-27 所示。

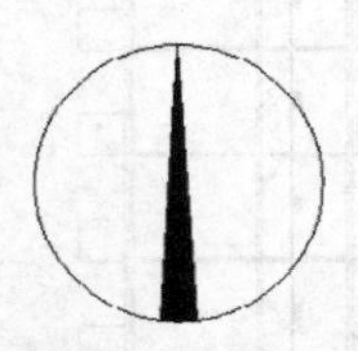

图 17-26 指北针

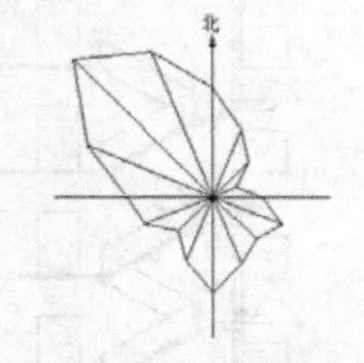

图 17-27 风玫瑰

17.1.4 建筑平面图概述

建筑平面图（简称平面图）就是用一水平的剖切面沿门窗洞的位置将房屋剖切后，对剖切面以下部分所做的水平剖面图。建筑平面图主要反映房屋的平面形状、大小、房间的布置，以及墙柱的位置、厚度和材料，门窗的类型和位置等。建筑平面图是建筑施工图中最为基本的图样之一，图 17-28 所示为某建筑平面图的示例。

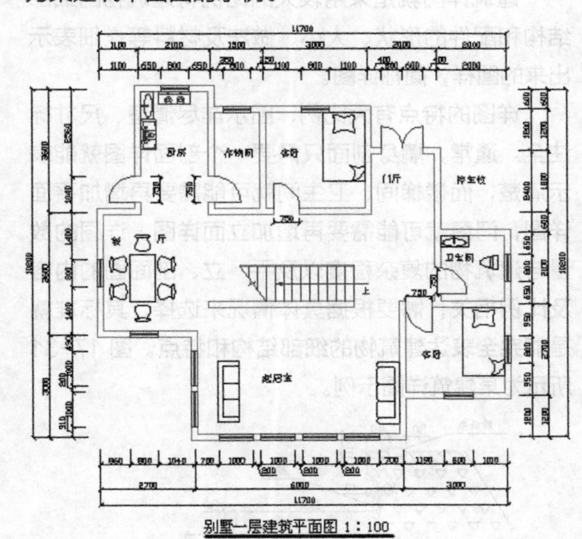

图 17-28 建筑平面图示例

1. 建筑平面图的图示要点

（1）每个平面图对应一个建筑物楼层，并注有相应的名称。

（2）可以表示多层的一张平面图称为标准层平面图。标准层平面图各层的房间数量、大小和布置必须一样。

（3）建筑物左右对称时，可以将两层平面图绘制在同一张图纸上，左右分别绘制各层的一半，同时要在中间注上对称符号。

（4）建筑平面较大时，可以分段绘制。

2. 建筑平面图的图示内容

（1）注明墙、柱、门、窗的位置和编号，房间名称或编号，轴线编号等。

（2）注明室内外的有关尺寸及室内楼面、地面的标高。建筑物的底层的标高为“±0.000”。

（3）注明电梯、楼梯的位置以及楼梯的上下方向和主要尺寸。

（4）注明阳台、雨篷、踏步、斜坡、雨水管道、排水沟等设施的具体位置和尺寸。

（5）绘出卫生器具、水池、工作台以及其他重要设备的位置。

（6）绘出剖面图的剖切符号及编号。根据绘图习惯，一般只在底层平面图绘制。

（7）标出有关部位的节点详图的索引符号。

（8）绘出指北针。根据绘图习惯，一般只在底层平面图绘出指北针。

17.1.5 建筑立面图概述

立面图主要反映房屋外观和立面装修的做法，这是因为建筑物给人的外表美感主要来自其立面的造型和装修。建筑立面图是用来研究建筑立面造型和装修的，反映主要入口或建筑物外观特征的一面的立面图叫作正立面图，其余面的立面图相应地称为背立面图和侧立面图。如果按房屋的朝向来分，可以分为南立面图、东立面图、西立面图和北立面图。如果按轴线编号来分，也可以有①～⑥立面图、Ⓐ～Ⓓ立面图等。建筑立面图使用大量图例来表示细部，这些细部的构造和做法一般都另有详图。如果建筑物有一部分立面不平行于投影面，可以将这部分立面展开到与投影面平行的位置，再绘制其立面图，然后在其图名后注写“展开”字样。图 17-29 所示为某建筑立面图的示例。

建筑立面图的图示内容主要包括以下几个方面。

（1）室内外地面线、房屋的勒脚、台阶、门窗、阳台、雨篷；室外的楼梯、墙、柱；外墙的预留孔洞、檐口、屋顶、雨水管、墙面修饰构件等。

（2）外墙各个主要部位的标高。

（3）建筑物两端或分段的轴线和编号。

（4）标出各部分构造、装饰节点详图的索引符号，用于说明外墙面的装饰材料和做法的图例和文字。

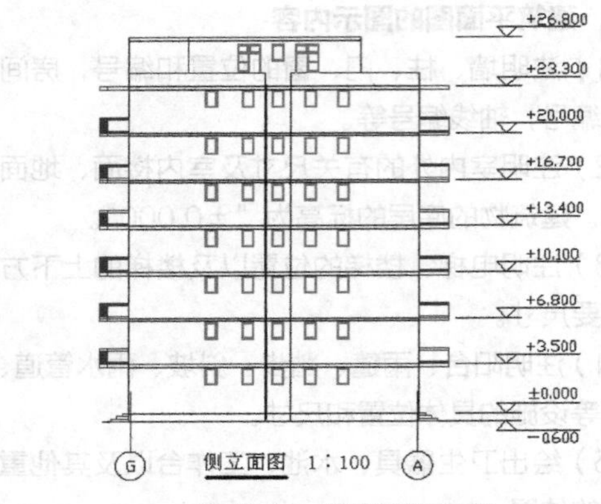

图 17-29 建筑立面图示例

17.1.6 建筑剖面图概述

建筑剖面图就是用一个或多个垂直于外墙轴线的铅垂剖切面，将建筑物剖开后所得的投影图，简称剖面图。剖面图的剖切方向一般是横向（平行于侧面）的，当然，这不是绝对的要求。剖切位置一般选择在建筑物内部构造比较复杂和典型的位置，并应通过门窗。多层建筑物应该选择在楼梯间或层高不同的位置。剖面图上的名称应与平面图上所标注的剖切符号及编号一致。剖面图的断面处理和平面图的处理相同。图 17-30 所示为某建筑剖面图示例。

剖面图的数量是根据建筑物的具体情况和施工需要来确定的，其图示内容主要包括以下几个方面。

（1）墙、柱及其定位轴线。

（2）室内底层地面、地沟，各层的楼面、顶棚、屋顶、门窗、楼梯、阳台、雨篷、墙洞、防潮层、室外地面、散水、脚踢板等能看到的内容，可以不画基础的大放脚。

（3）各个部位完成面的标高：包括室内外地面、各层楼面、各层楼梯平台、檐口或女儿墙顶面、楼梯间顶面、电梯间顶面的标高。

（4）各部位的高度尺寸：包括外部尺寸和内部尺寸。外部尺寸包括门窗洞口的高度、层间高度以及总高度。内部尺寸包括地坑深度、隔断、隔板、平台、室内门窗的高度。

（5）楼面、地面的构造。一般采用引出线指向所说明部位的方式，按照构造的层次顺序，逐层加以文字说明。

（6）详图的索引符号。

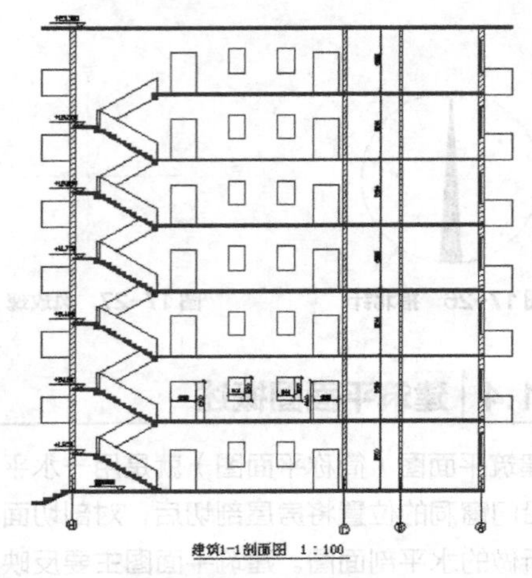

图 17-30 建筑剖面图示例

17.1.7 建筑详图概述

建筑详图就是采用较大的比例将建筑物的细部结构和配件的形状、大小、做法及材料等详细表示出来的图样，简称详图。

详图的特点有大比例、图示详尽清楚、尺寸标注全。通常，墙身剖面只需要一个剖面详图就能表示清楚，而楼梯间、卫生间就可能需要再增加平面详图，门窗就可能需要再增加立面详图。详图的数量与建筑物的复杂程度以及平、立、剖面图的内容及比例相关，需要根据具体情况来选择，其标准就是能完全表达建筑物的细部结构和特点。图 17-31 所示为某建筑详图示例。

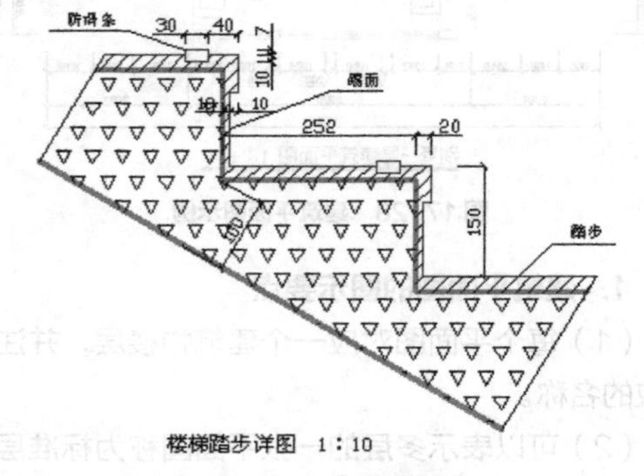

图 17-31 建筑详图示例

17.2 绘制别墅建筑图

本例别墅是建造于某城市郊区的一座独院别墅，砖混结构，地下一层、地上两层，共 3 层。地下层主要布置活动室，一层布置客厅、卧室、餐厅、厨房、卫生间、工人房、棋牌室、洗衣房、车库、游泳池，二层布置卧室、书房、卫生间、室外观景平台。

17.2.1 绘制别墅平面图

本节以别墅平面图为例介绍平面图的一般绘制方法。别墅是练习建筑绘图的理想实例，因为其规模不大、不复杂，易接受，而且包含的建筑构配件也比较齐全。下面将主要介绍地下层平面图的绘制。

操作步骤

❶ 设置绘图环境

（1）在命令行输入 LIMITS 后回车，设置图幅为“42000×29700”。

（2）单击“默认”选项卡“图层”面板中的“图层特性”按钮，打开“图层特性管理器”对话框。单击“新建图层”按钮，创建“轴线”“墙线”“标注”“标高”“楼梯”“室内布局”等图层，然后修改各图层的颜色、线型和线宽等，结果如图 17-32 所示。

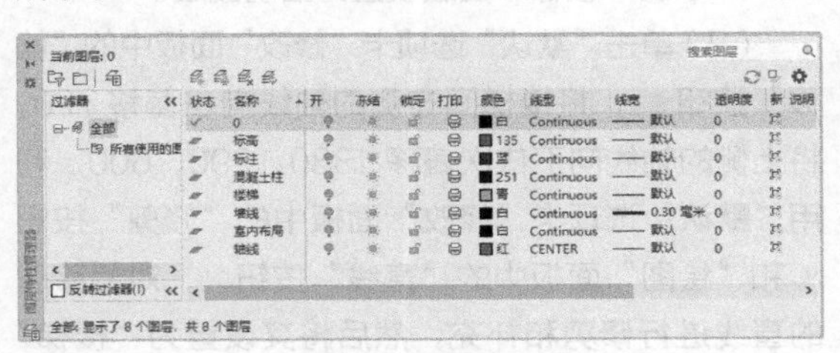

图 17-32 设置图层

❷ 绘制轴线网

（1）将“轴线”图层设置为当前图层。

（2）单击“默认”选项卡“绘图”面板中的“构造线”按钮，分别绘制一条水平构造线和竖直构造线，组成“十”字，如图 17-33 所示。

（3）单击“默认”选项卡“修改”面板中的“偏移”按钮，将水平构造线分别向上偏移 1200、3600、1800、2100、1900、1500、1100、1600、1200，得到水平方向的辅助线。再将竖直构造线分别向右偏移 900、1300、3600、600、900、3600、3300、600，得到竖直方向的辅助线，它们和水平辅助线一起构成正交的辅助线网。结果如图 17-34 所示。

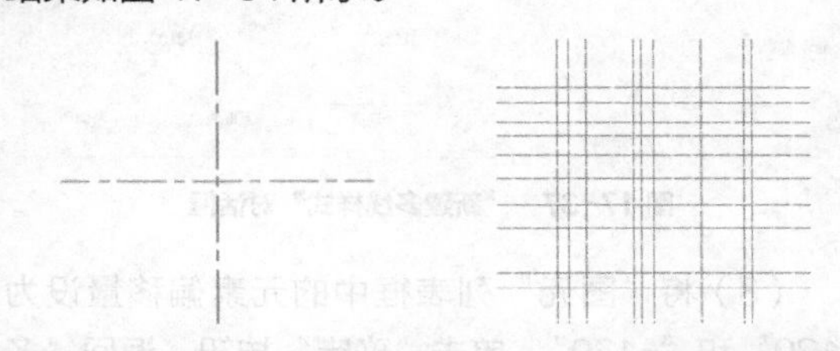

图 17-33 绘制“十”字构造线　　图 17-34 地下层辅助线网格

❸ 绘制墙体

（1）将“墙线”图层设置为当前图层。

（2）选择菜单栏中的“格式”→“多线样式”命令，打开“多线样式”对话框，如图 17-35 所示。单击“新建”按钮，打开“创建新的多线样式”对话框，如图 17-36 所示，在“新样式名”文本框中输入“240”，然后单击“继续”按钮，打开“新建多线样式”对话框，如图 17-37 所示。

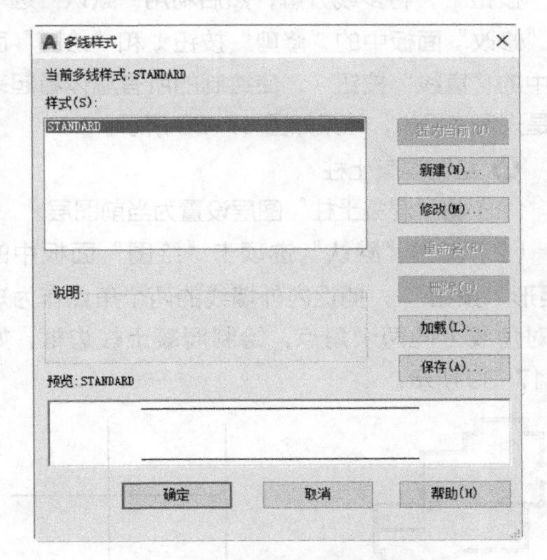

图 17-35 “多线样式”对话框

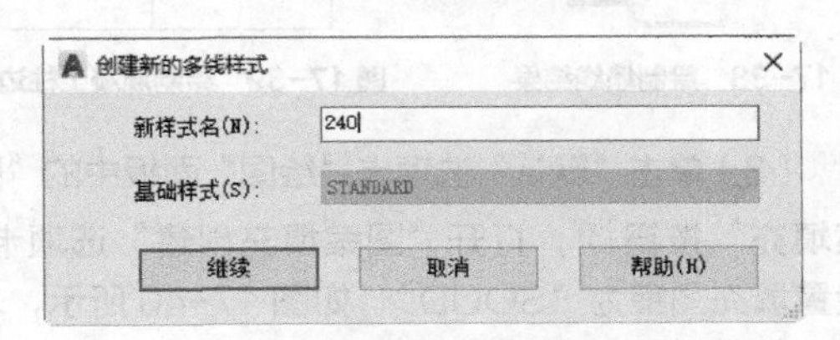

图 17-36 “创建新的多线样式”对话框

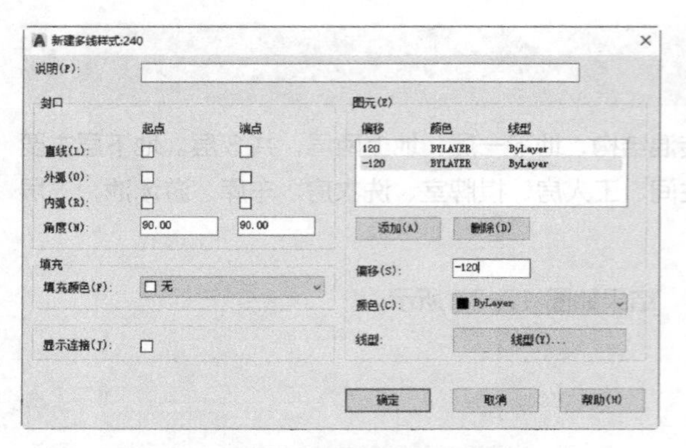

图 17-37 “新建多线样式”对话框

（3）将“图元”列表框中的元素偏移量设为“120”和“-120”，单击“确定”按钮，返回“多线样式”对话框，将多线样式“240”置为当前样式，完成“240”墙体多线的设置。

（4）选择菜单栏中的“绘图”→“多线”命令，根据命令提示把对正方式设为“无”、多线比例设为“1”、多线的样式为“240”，完成多线样式的调节。

（5）选取菜单栏中的“绘图”→“多线”命令，根据辅助线网格绘制墙线。

（6）单击“默认”选项卡“修改”面板中的“分解”按钮，将多线分解，然后利用“默认”选项卡“修改”面板中的“修剪”按钮和“绘图”面板中的“直线”按钮，使绘制的所有墙体看起来都是光滑连贯的，结果如图 17-38 所示。

❹ 绘制混凝土柱

（1）将“混凝土柱”图层设置为当前图层。

（2）单击“默认”选项卡“绘图”面板中的“矩形”按钮，捕捉内外墙线的两个角点作为矩形对角线上的两个角点，绘制混凝土柱边框，如图 17-39 所示。

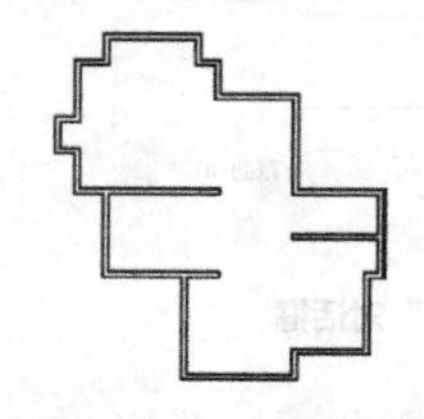

图 17-38 绘制墙线结果

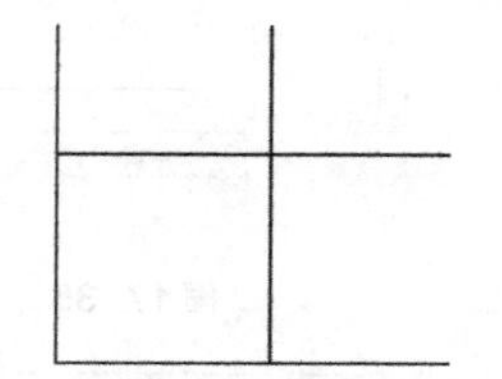

图 17-39 绘制混凝土柱边框

（3）单击“默认”选项卡“绘图”面板中的“图案填充”按钮，打开“图案填充创建”选项卡，设置填充图案为“SOLID”，如图 17-40 所示，填充柱子图形，结果如图 17-41 所示。

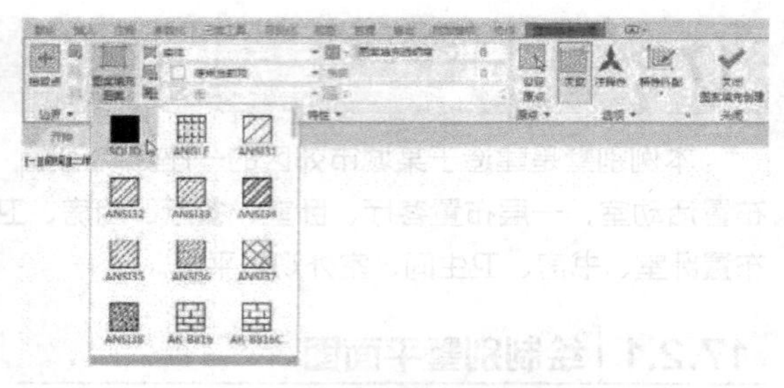

图 17-40 “图案填充创建”选项卡

（4）单击“默认”选项卡“修改”面板中的“复制”按钮，将混凝土柱图案复制到相应位置上。注意复制时灵活应用对象捕捉功能，方便定位，结果如图 17-42 所示。

图 17-41 图案填充　图 17-42 复制混凝土柱

❺ 绘制楼梯

（1）将“楼梯”图层设置为当前图层。

（2）单击“默认”选项卡“修改”面板中的“偏移”按钮，将楼梯间右侧的轴线向左偏移 720，将上侧的轴线向下依次偏移 1380、290、600。利用“默认”选项卡“修改”面板中的“修剪”按钮和“绘图”面板中的“直线”按钮，对偏移后的直线进行修剪和补充，然后将其设置为“楼梯”图层，结果如图 17-43 所示。

（3）将楼梯承台位置的线段颜色设置为黑色，并将其线宽改为“0.6”，结果如图 17-44 所示。

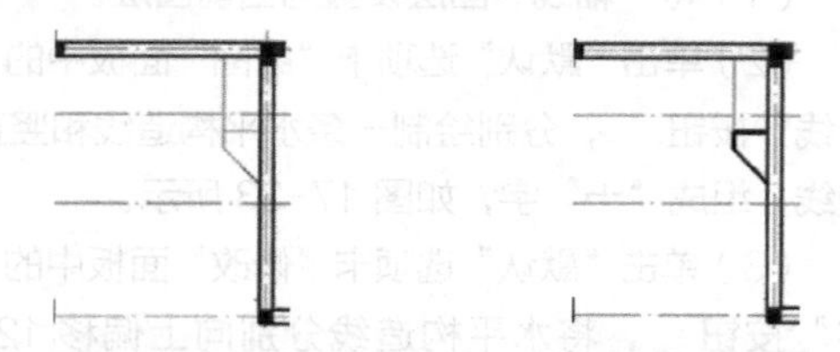

图 17-43 偏移轴线并修剪和补充　图 17-44 修改楼梯承台线段

（4）单击“默认”选项卡“修改”面板中的“偏移”按钮，将内墙线向左偏移 1200，将楼梯承台的斜边向下偏移 1200，然后将偏移后的直线设置为“楼梯”图层，结果如图 17-45 所示。

（5）单击“默认”选项卡“绘图”面板中的“直线”按钮，绘制台阶边线，结果如图 17-46 所示。

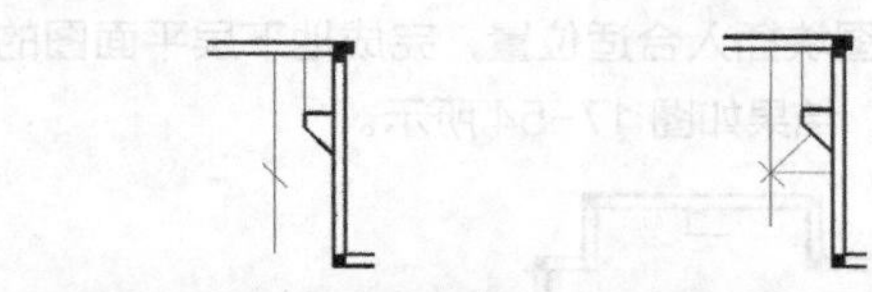

图 17-45 偏移直线并修改　　图 17-46 绘制台阶边线

（6）单击“默认”选项卡“修改”面板中的“偏移”按钮，将台阶边线分别向左侧和下方偏移 250，完成楼梯踏步的绘制，结果如图 17-47 所示。

（7）单击“默认”选项卡“修改”面板中的“偏移”按钮，将楼梯边线向左偏移 60，绘制楼梯扶手，然后利用“默认”选项卡“绘图”面板中的“直线”按钮和“圆弧”按钮，细化踏步和扶手，结果如图 17-48 所示。

图 17-47 绘制楼梯踏步　　图 17-48 绘制楼梯扶手

（8）单击“默认”选项卡“绘图”面板中的“直线”按钮，绘制倾斜折断线，然后单击“默认”选项卡“修改”面板中的“修剪”按钮，修剪多余线段，结果如图 17-49 所示。

（9）单击“默认”选项卡“绘图”面板中的“多段线”按钮和“多行文字”按钮A，绘制楼梯箭头，完成地下层楼梯的绘制，结果如图 17-50 所示。

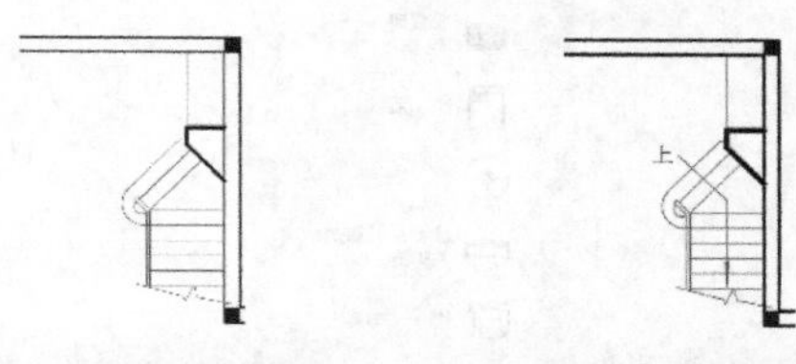

图 17-49 绘制折断线　　图 17-50 绘制楼梯箭头

❻ 室内布置

（1）将“室内布局”图层设置为当前图层。

（2）单击“视图”选项卡“选项板”面板中的“设计中心”按钮，打开“设计中心”面板，在“文件夹”列表框选择“X：\ Program Files\ AutoCAD 2024\Sample\Zh- cn\DesignCenter\ Home-Space Planner.dwg”中的“块”选项，右侧的列表框中出现桌子、椅子、床、钢琴等室内布置样例，如图 17-51 所示，将这些样例拖到“工具选项板”的“建筑”选项卡中，如图 17-52 所示。

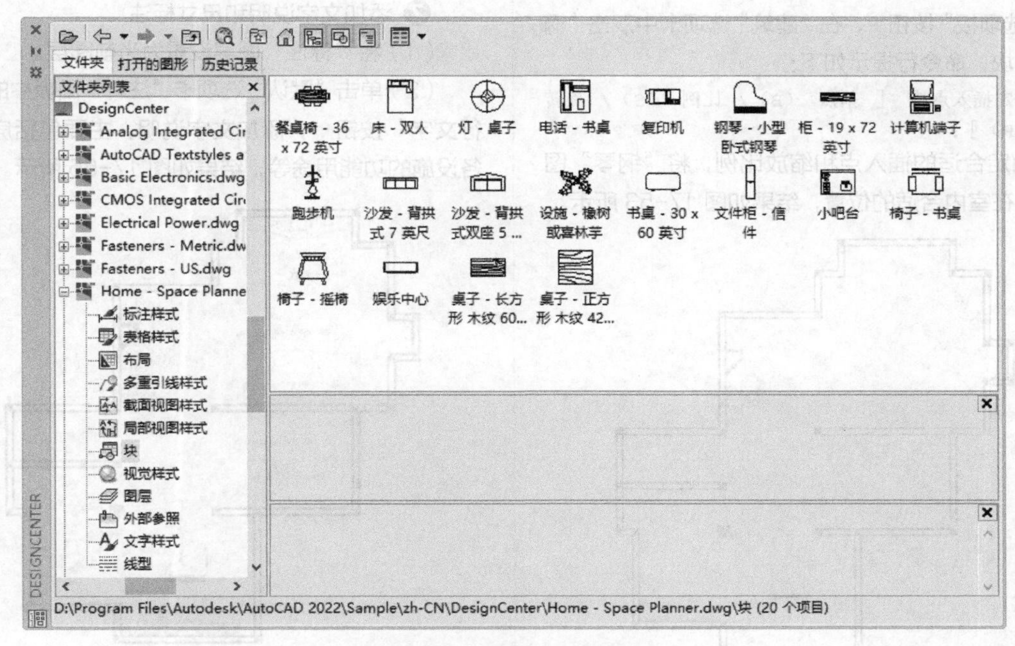

图 17-51 “设计中心”选项板

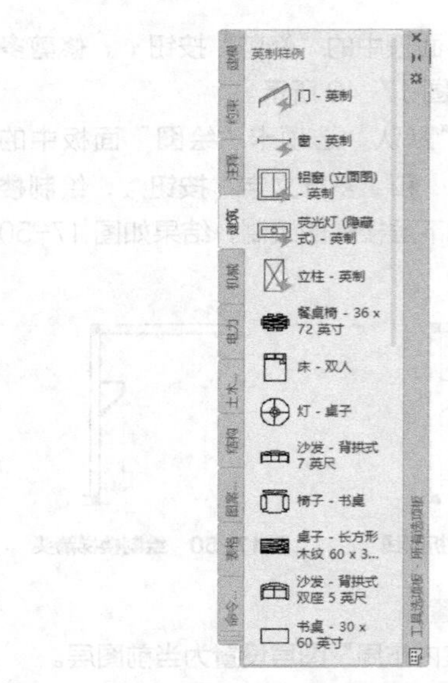

图 17-52　工具选项板

> **注意**　使用图库插入家具模块时，经常会遇到家具尺寸太大或太小、角度与实际要求不一致，或在家具组合图块中，部分家具需要更改等情况。这时，可以调用“比例”“旋转”等修改工具来调整家具的比例和角度。如有必要，还可以将图形模块先进行分解，再根据需求对家具的样式或组合进行修改。

（3）单击“视图”选项卡“选项板”面板中的“工具选项板”按钮，在“建筑”选项卡中双击“钢琴”图块，命令行提示如下：

```
指定插入点或 [ 基点 (B)/ 比例 (S)/ 旋转 (R)]：
```

确定合适的插入点和缩放比例，将“钢琴”图块放置在室内合适的位置，结果如图 17-53 所示。

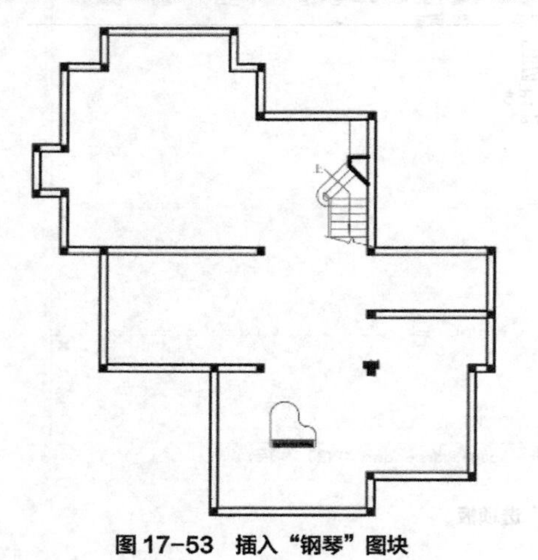

图 17-53　插入“钢琴”图块

（4）选择“默认”选项卡“块”面板“插入”下拉列表中的“最近使用的块”选项，打开“块”选项板，将“沙发”“电视柜”“音箱”“台球桌”“棋牌桌”等图块插入合适位置，完成地下层平面图的室内布置，结果如图 17-54 所示。

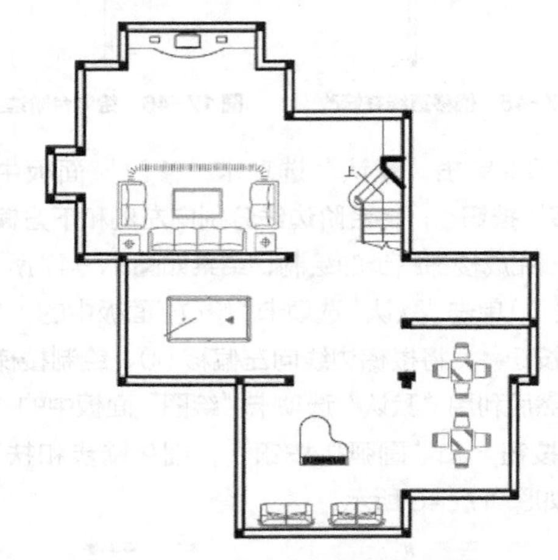

图 17-54　地下层平面图的室内布置

> **注意**　在 CAD 制图的过程中，利用好图块功能可以提高工作效率，减小出错概率。网络上有大量已创建好的图块供人们选用，如工程制图中常用的各种规格的齿轮与轴承，建筑制图中常用的门、窗、楼梯、台阶等。

❼ 添加文字说明和尺寸标注

（1）将“标注”图层设置为当前图层。

（2）单击“默认”选项卡“注释”面板中的“多行文字”按钮A，添加文字说明，主要包括房间及各设施的功能用途等，结果如图 17-55 所示。

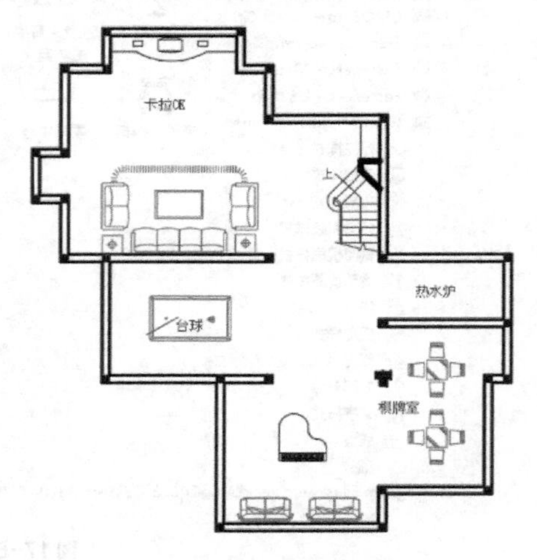

图 17-55　添加文字说明

（3）单击“默认”选项卡“绘图”面板中的“直线”按钮╱和“多行文字”按钮A，标注室内标高，结果如图 17-56 所示。

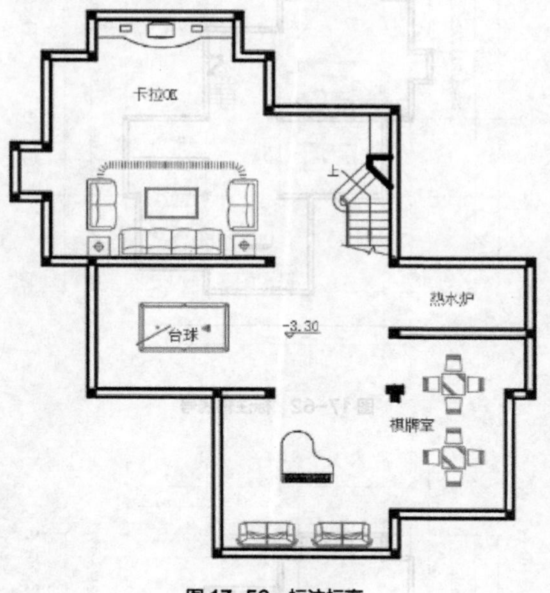

图 17-56 标注标高

（4）将“轴线”图层置为当前图层，修改轴线网，结果如图 17-57 所示。

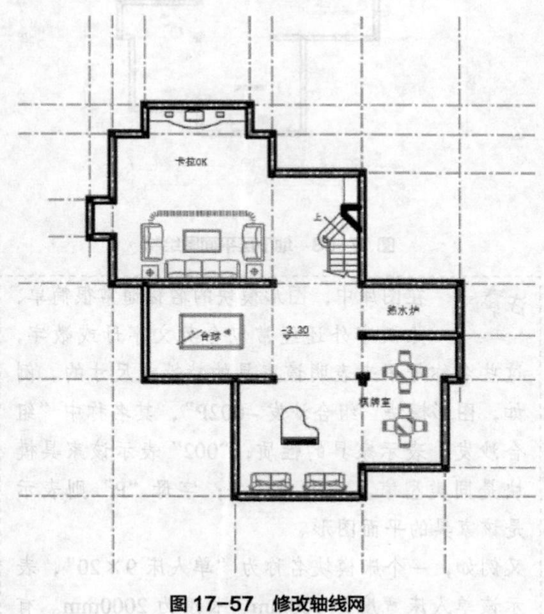

图 17-57 修改轴线网

（5）单击“默认”选项卡“注释”面板中的“标注样式”按钮⊿，打开“标注样式管理器”对话框，新建“地下层平面图”标注样式，选择“线”选项卡，在“尺寸界线”选项组中设置“超出尺寸线”为 200。选择“符号和箭头”选项卡，设定“箭头”为“建筑标记”，“箭头大小”为 200。选择“文字”选项卡，设置“文字高度”为 300，在“文字位置”选项组中设置“从尺寸线偏移”量为 100。

（6）单击“默认”选项卡“注释”面板中的“线性”按钮├┤和“注释”选项卡“标注”面板中的“连续”按钮┼┼┤，标注第一道尺寸，设置文字高度为 300，结果如图 17-58 所示。

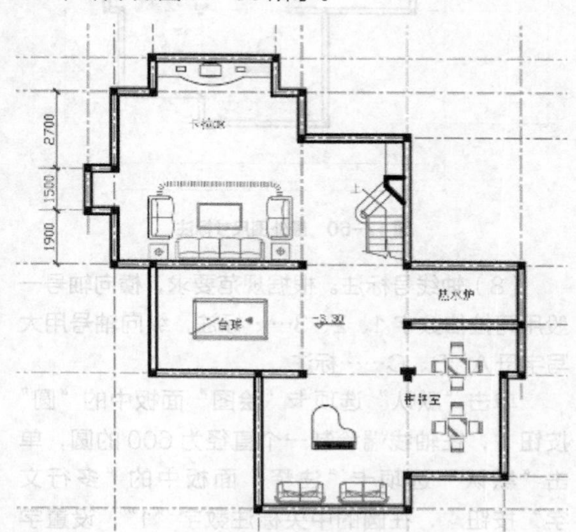

图 17-58 标注第一道尺寸

（7）重复上述命令，进行第二道尺寸和最外围尺寸的标注，结果如图 17-59 和图 17-60 所示。

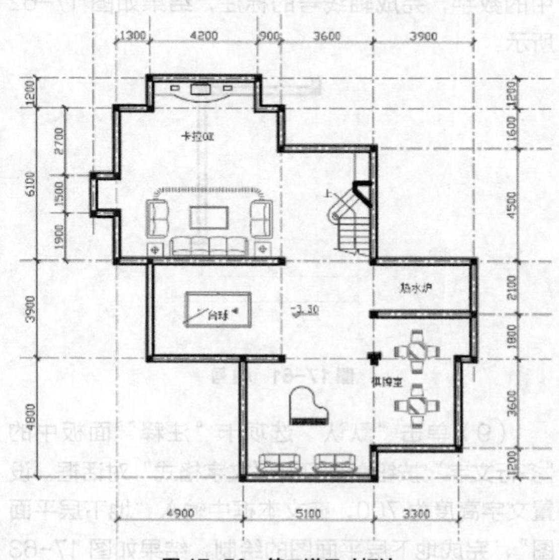

图 17-59 第二道尺寸标注

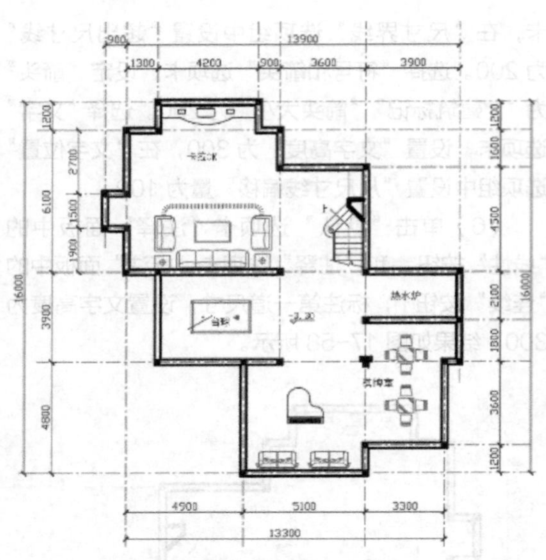

图 17-60　最外围尺寸标注

（8）轴线号标注。根据规范要求，横向轴号一般用阿拉伯数字 1、2、3……标注，纵向轴号用大写字母 A、B、C……标注。

单击“默认”选项卡“绘图”面板中的“圆”按钮⊙，在轴线端绘制一个直径为 600 的圆，单击“默认”选项卡“注释”面板中的“多行文字”按钮A，在圆的中央标注数字“1”，设置字高为 300，如图 17-61 所示。单击“默认”选项卡“修改”面板中的“复制”按钮，将该轴号图例复制到其他轴线端头，双击数字，修改其轴线号中的数字，完成轴线号的标注，结果如图 17-62 所示。

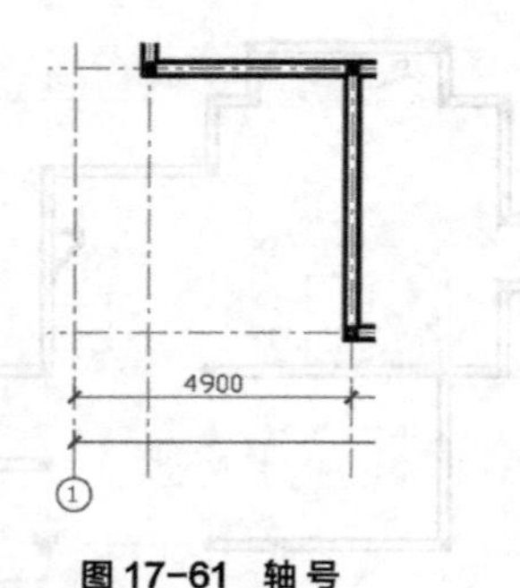

图 17-61　轴 号

（9）单击“默认”选项卡“注释”面板中的“多行文字”按钮A，打开“文字格式”对话框。设置文字高度为 700，在文本框中输入“地下层平面图”，完成地下层平面图的绘制，结果如图 17-63 所示。

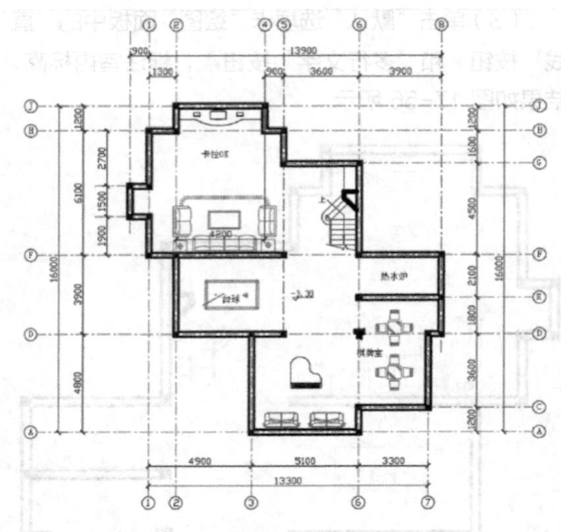

图 17-62　标注轴线号

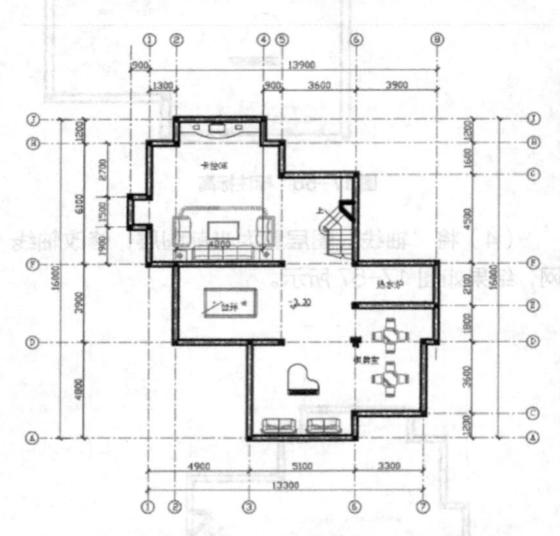

图 17-63　地下层平面图绘制

注意　在图库中，图形模块的名称通常很简单，除汉字外还经常包含英文字母或数字，这些名称是用来表明该家具的特性或尺寸的。例如，图形模块“组合沙发 -002P”，其名称中“组合沙发”表示家具的性质；“002”表示该家具模块是同类型家具中的第 2 个；字母“P”则表示是该家具的平面图形。

又例如，一个床模块名称为“单人床 9×20”，表示该单人床宽度为 900mm、长度为 2000mm。有了这些简单又明了的名称，绘图者就可以依据自己的实际需要方便地选择所需的图形模块，而无须费神地辨认和测量了。

综合上述步骤继续绘制图 17-64 ~图 17-66 所示的一层平面图、二层平面图、屋顶平面图。

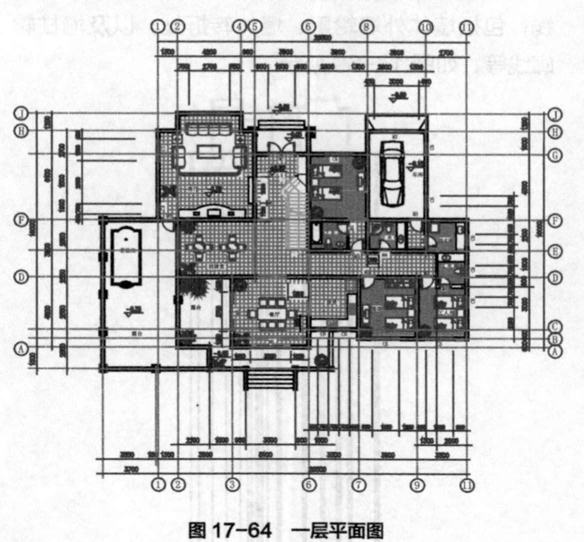

图 17-64 一层平面图

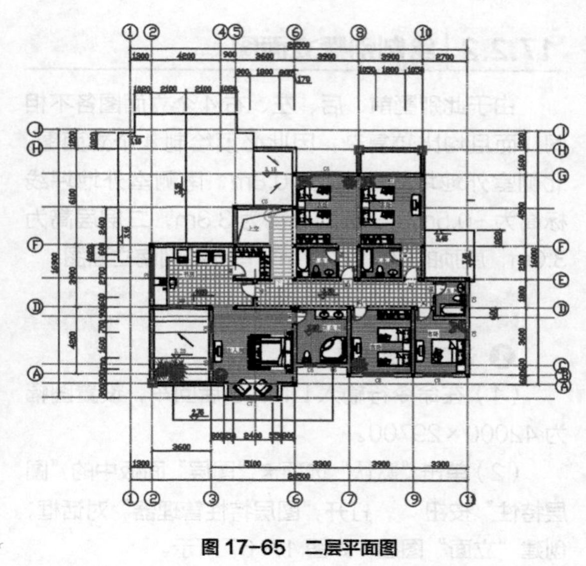

图 17-65 二层平面图

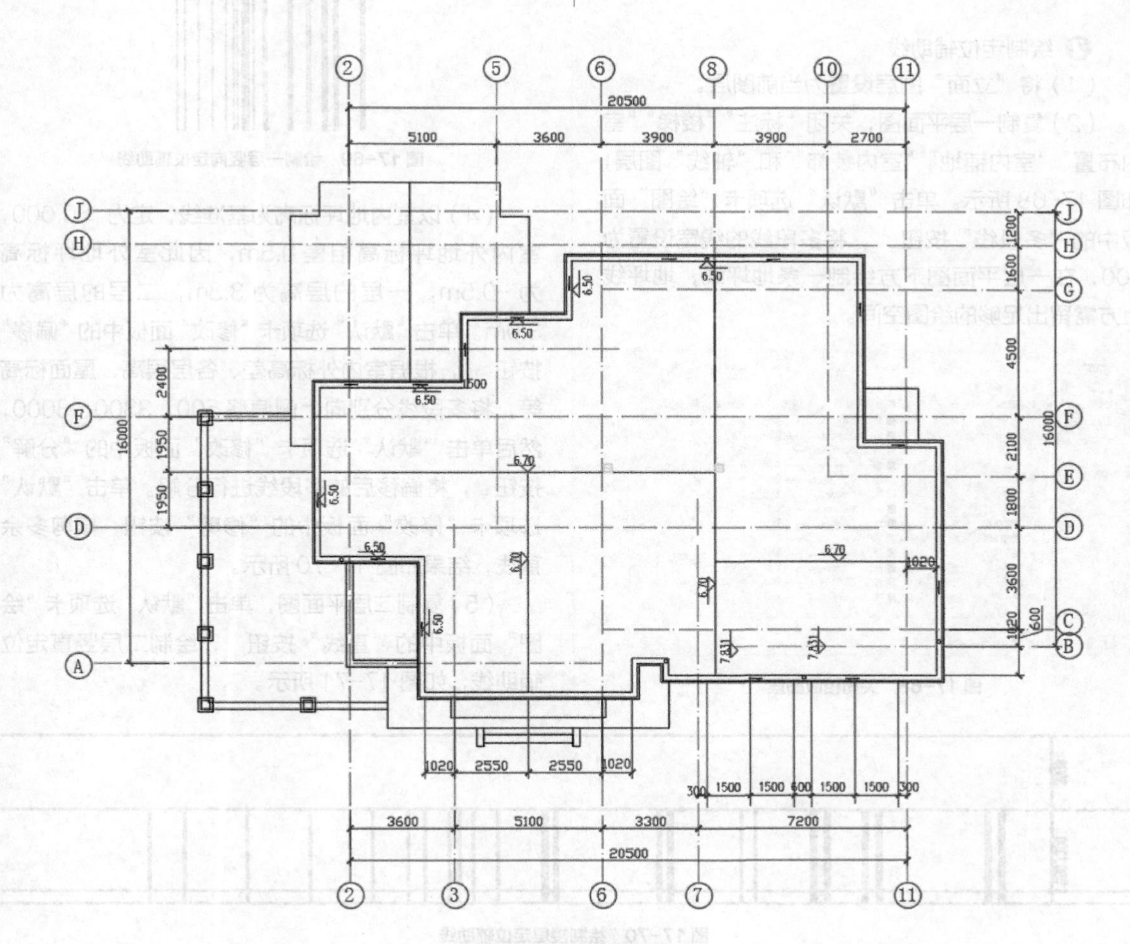

图 17-66 屋顶平面图

17.2.2 绘制别墅立面图

由于此别墅前、后、左、右 4 个立面图各不相同，而且均比较复杂，因此必须绘制 4 个立面图。北侧室外地坪线标高为 -0.8m，南侧室外地坪线标高为 -0.5m，一层的层高为 3.3m，二层层高为 3.0m，屋顶的厚度为 0.7m，首先绘制南立面图。

操作步骤

❶ 设置绘图环境

（1）在命令行输入 LIMITS 后回车，设置图幅为 42000×29700。

（2）单击“默认”选项卡“图层”面板中的“图层特性”按钮，打开“图层特性管理器”对话框，创建“立面”图层，如图 17-67 所示。

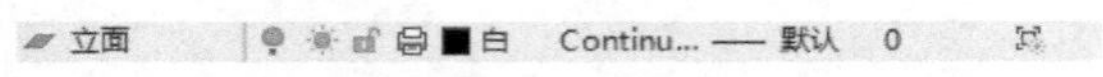

图 17-67 新建图层

❷ 绘制定位辅助线

（1）将“立面”图层设置为当前图层。

（2）复制一层平面图，关闭“标注”“楼梯”“室内布置”“室内铺地”“室内装饰”和“轴线”图层，如图 17-68 所示。单击“默认”选项卡“绘图”面板中的“多段线”按钮，将多段线的线宽设置为 100，在一层平面图下方绘制一条地坪线，地坪线上方需留出足够的绘图空间。

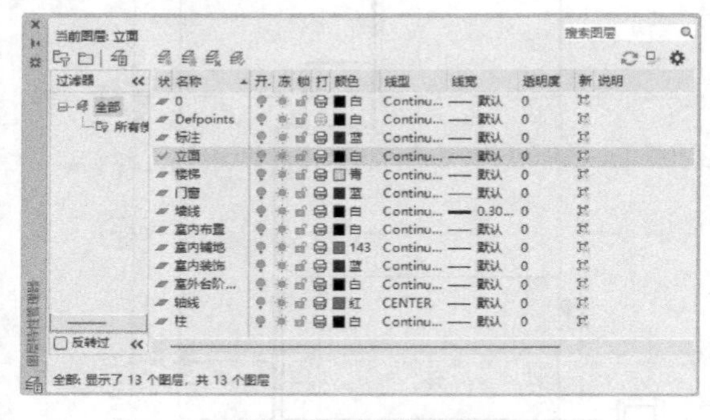

图 17-68 关闭相应图层

（3）单击“默认”选项卡“绘图”面板中的“直线”按钮，由一层平面图向下引出竖直定位辅助线，包括墙体外墙轮廓、墙体转折处，以及墙柱轮廓线等，如图 17-69 所示。

图 17-69 绘制一层竖向定位辅助线

（4）以室内地坪标高为基准线，定为 ±0.000，室内外地坪标高相差 0.5m，因此室外地坪标高为 -0.5m，一层的层高为 3.3m，二层的层高为 3.0m。单击“默认”选项卡“修改”面板中的“偏移”按钮，根据室内外标高差、各层层高、屋面标高等，将多段线分别向上侧偏移 500、3300、3000，然后单击“默认”选项卡“修改”面板中的“分解”按钮，将偏移后的多段线进行分解。单击“默认”选项卡“修改”面板中的“修剪”按钮，修剪多余直线，结果如图 17-70 所示。

（5）复制二层平面图，单击“默认”选项卡“绘图”面板中的“直线”按钮，绘制二层竖直定位辅助线，如图 17-71 所示。

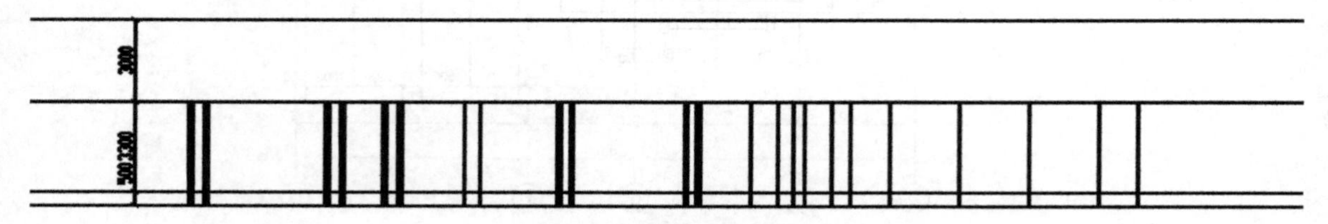

图 17-70 绘制楼层定位辅助线

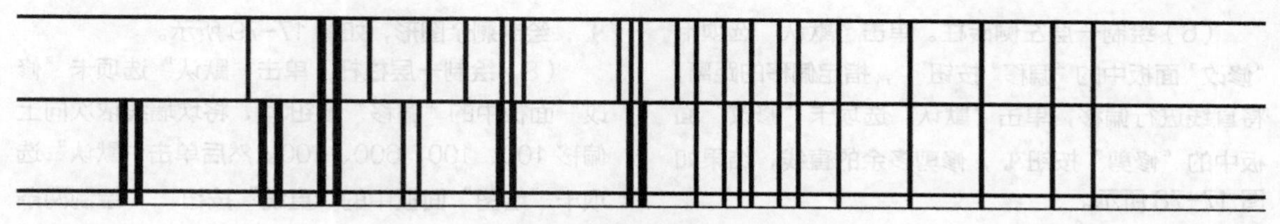

图 17-71 绘制二层竖直定位辅助线

❸ 绘制一层立面图

（1）绘制台阶和门柱。首先绘制三层台阶，台阶的踏步第一阶高度为 200，第二和第三阶的高度均为 150，台阶的扶手高度为 800。单击“默认”选项卡“修改”面板中的“偏移”按钮，指定偏移的距离分别为 200、350、500 和 800，将最下侧的多段线向上偏移，单击“默认”选项卡“修改”面板中的“分解”按钮和“修剪”按钮，将偏移后的多段线进行分解和修剪，结果如图 17-72 所示。设置门柱的高度为 3000，根据门柱的定位辅助线，单击“默认”选项卡“绘图”面板中的“直线”按钮╱和“修改”面板中的“修剪”按钮，绘制门柱，如图 17-73 所示。

（2）绘制大门。单击“默认”选项卡“修改”面板中的“偏移”按钮，将二层室内楼面定位线向下偏移 400，确定门的水平定位直线，结果如图 17-74 所示。然后根据平面图中大门的位置，单击“默认”选项卡“绘图”面板中的“直线”按钮╱，向立面图绘制定位线，由于门柱的原因，大门有一部分图形被遮挡，单击“修改”面板中的“修剪”按钮，修剪门框和门扇，如图 17-75 所示。

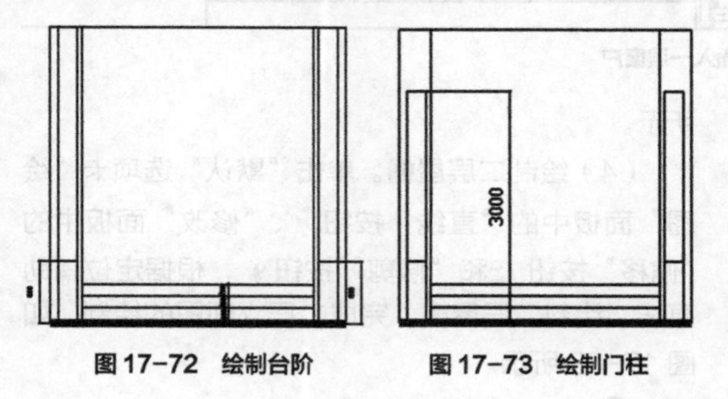

图 17-72 绘制台阶　　图 17-73 绘制门柱

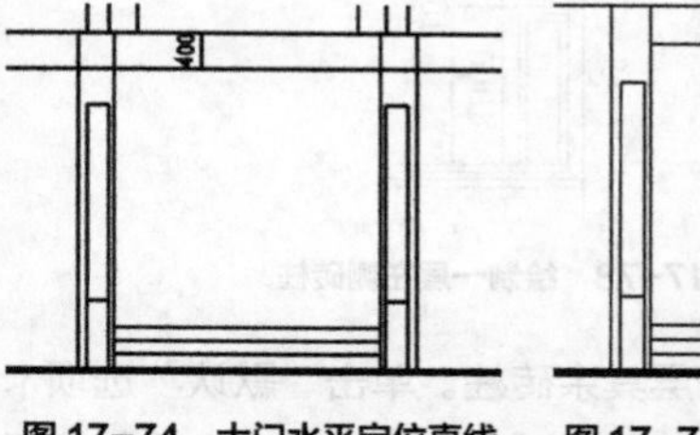

图 17-74 大门水平定位直线

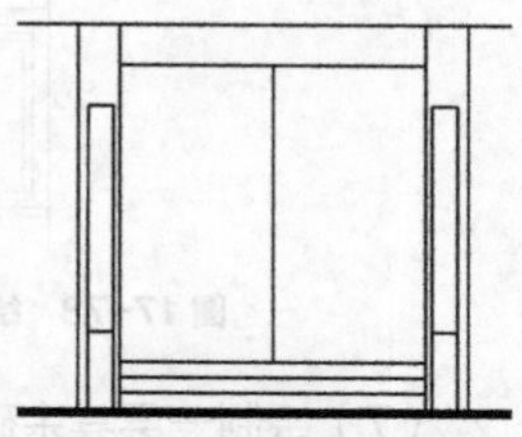

图 17-75 修剪门框和门扇

（3）细化门框。单击“默认”选项卡“修改”面板中的“偏移”按钮，将门框中的水平定位线向下侧偏移 4 次，两侧的竖直定位线向内侧偏移 2 次，偏移距离均为 50。然后单击“默认”选项卡“修改”面板中的“修剪”按钮，修剪多余的直线，结果如图 17-76 所示。

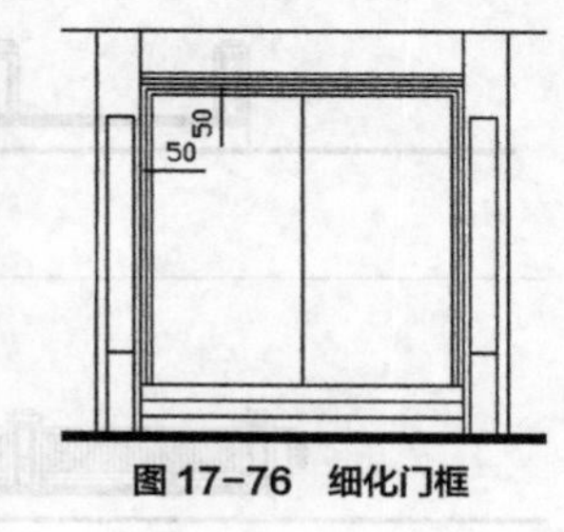

图 17-76 细化门框

（4）绘制坎墙。单击“默认”选项卡“修改”面板中的“偏移”按钮，指定偏移的距离为 550 和 800，将下部多段线分别向上侧偏移，单击“默认”选项卡“修改”面板中的“分解”按钮和“修剪”按钮，修剪掉多余的直线。

（5）细化坎墙。单击“默认”选项卡“修改”面板中的“偏移”按钮，将水平直线向下侧偏移 3 次，偏移距离均为 50。单击“默认”选项卡“绘图”面板中的“圆弧”按钮，绘制半径为 50 的圆弧，最后单击“默认”选项卡“修改”面板中的“修剪”按钮，修剪坎墙的辅助线，完成坎墙的绘制，结果如图 17-77 所示。

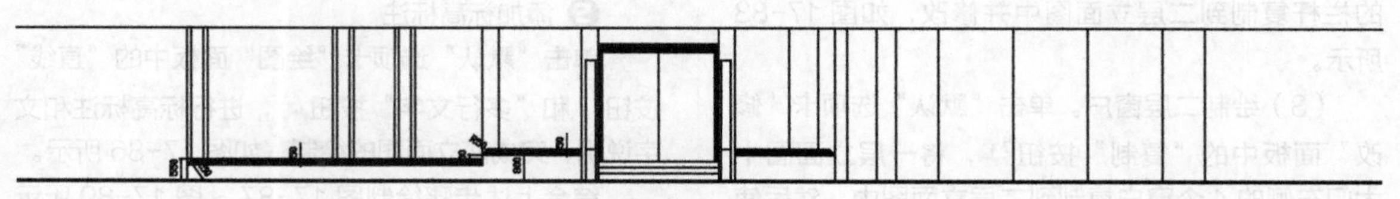

图 17-77 绘制坎墙

（6）绘制一层左侧砖柱。单击“默认”选项卡“修改”面板中的“偏移”按钮⊆，指定偏移的距离，将直线进行偏移，单击“默认”选项卡“修改”面板中的“修剪”按钮✂，修剪多余的直线，结果如图 17-78 所示。

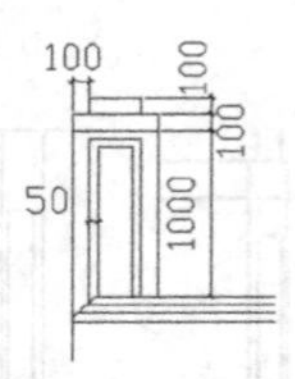

图 17-78 绘制一层左侧砖柱

（7）绘制一层其余砖柱。单击“默认”选项卡“修改”面板中的“偏移”按钮⊆和“修剪”按钮✂，绘制剩余图形，如图 17-79 所示。

（8）绘制一层栏杆。单击“默认”选项卡“修改”面板中的“偏移”按钮⊆，将坎墙线依次向上偏移 100、100、600、100。然后单击“默认”选项卡“绘图”面板中的“直线”按钮╱，绘制两条竖直线，间距为 20。单击“默认”选项卡“修改”面板中的“矩形阵列”按钮，将竖直线阵列，阵列的间距为 100，完成栏杆的绘制，绘制结果如图 17-80 所示。

（9）插入一层窗户。单击“默认”选项卡“块”面板中的“插入”按钮，插入“大窗户”和“小窗户”图块，如图 17-81 所示。

❹ 绘制二层立面图

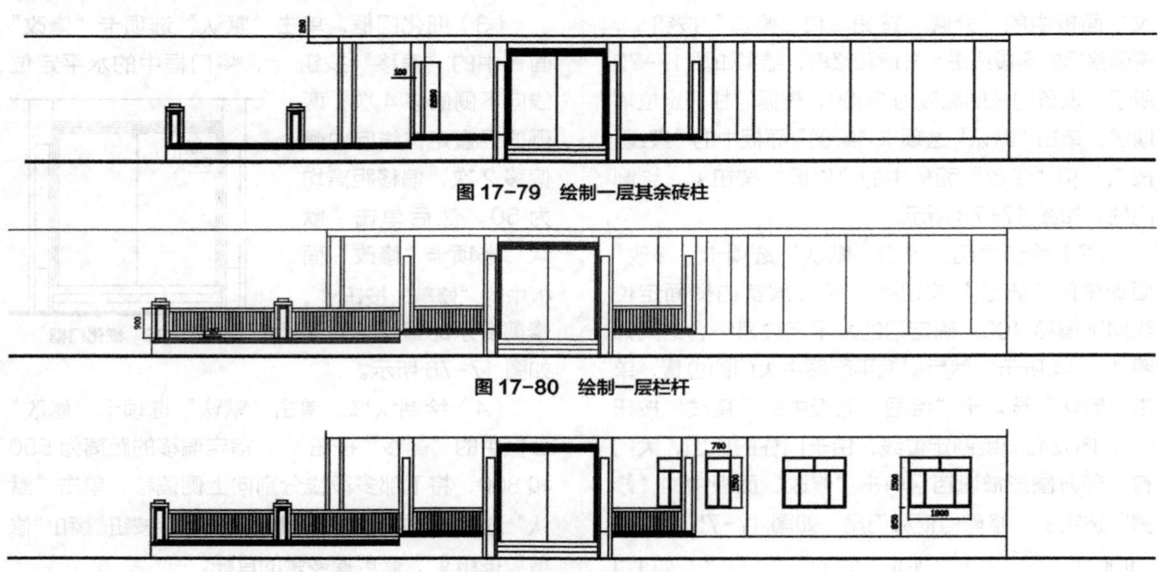

图 17-79 绘制一层其余砖柱

图 17-80 绘制一层栏杆

图 17-81 插入一层窗户

（1）绘制二层砖柱。根据二层平面图，确定砖柱的位置，然后单击“默认”选项卡“修改”面板中的“复制”按钮♁，将一层立面图中的砖柱复制到合适位置，并修改，如图 17-82 所示。

（2）绘制二层栏杆。单击“默认”选项卡“修改”面板中的“复制”按钮♁，将一层立面图中的栏杆复制到二层立面图中并修改，如图 17-83 所示。

（3）绘制二层窗户。单击“默认”选项卡“修改”面板中的“复制”按钮♁，将一层立面图中大门右侧的 4 个窗户复制到二层立面图中。然后使用相同方法，绘制左侧的两个窗户，如图 17-84 所示。

（4）绘制二层屋檐。单击“默认”选项卡“绘图”面板中的“直线”按钮╱、“修改”面板中的“偏移”按钮⊆和“修剪”按钮✂，根据定位辅助直线，绘制二层屋檐，完成二层立面图的绘制，如图 17-85 所示。

❺ 添加标高标注

单击“默认”选项卡“绘图”面板中的“直线”按钮╱和“多行文字”按钮A，进行标高标注和文字说明，完成南立面图的绘制，如图 17-86 所示。

综合上述步骤绘制图 17-87 ~ 图 17-89 所示的北立面图、西立面图和东立面图。

注意 使用菜单栏中的“文件”→“图形实用工具”→“清理”命令，对图形和数据内容进行清理时，要确认该元素在当前图纸中确实毫无作用，避免丢失有用的数据和图形元素。那些暂时无法确定是否该清理的图层，可以先将其保留，仅删去该图层中无用的图形元素；或将该图层关闭，使其保持不可见状态，待整个图形文件绘制完成后再进行选择性地清理。

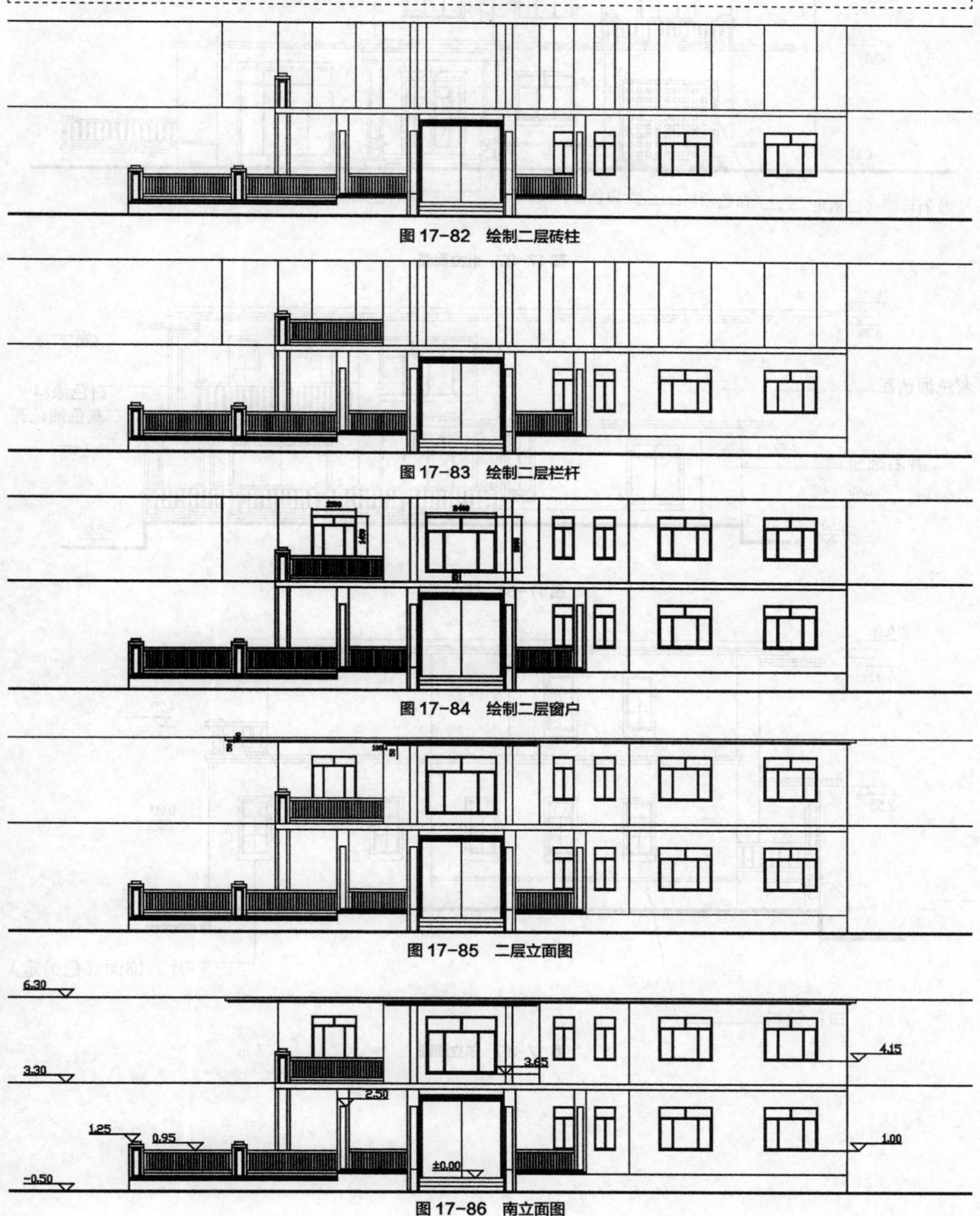

图 17-82 绘制二层砖柱

图 17-83 绘制二层栏杆

图 17-84 绘制二层窗户

图 17-85 二层立面图

图 17-86 南立面图

图 17-87　北立面图

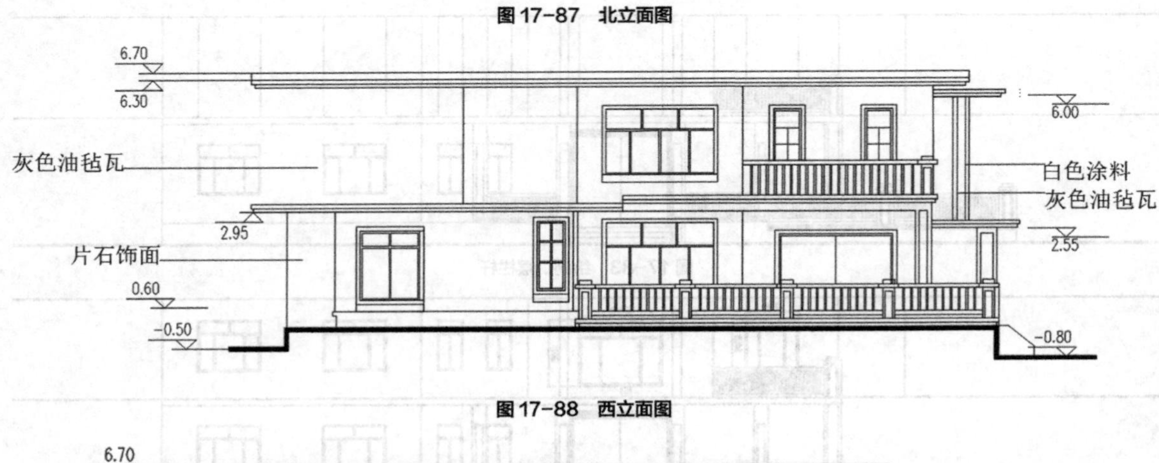

图 17-88　西立面图

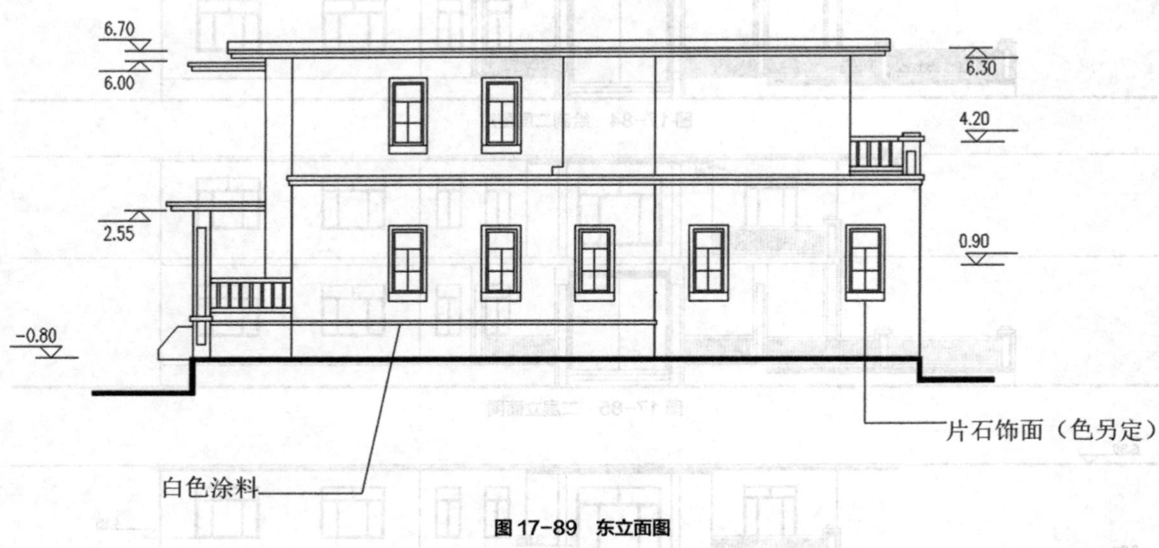

图 17-89　东立面图

17.2.3 绘制别墅剖面图

本小节以绘制别墅剖面图为例，介绍剖面图的绘制方法与技巧。

首先确定剖切位置和投射方向，根据别墅设计方案，选择 1-1 和 2-2 剖切位置。1-1 剖切位置中一层剖切线经过车库、卫生间、过道和卧室，二层剖切线经过北侧卧室、卫生间、过道和南侧卧室。2-2 剖切位置中一层剖切线经过楼梯间、过道和客厅，二层剖切线经过楼梯间、过道和主卧，剖视方向向左。

操作步骤

❶ 设置绘图环境

（1）在命令行输入 LIMITS 后回车，设置图幅为 42000×29700。

（2）单击“默认”选项卡“图层”面板中的“图层特性”按钮，打开“图层特性管理器”对话框，创建“剖面”图层。

❷ 绘制定位辅助线

（1）将“剖面”图层设置为当前图层。

（2）单击“默认”选项卡“绘图”面板中的“直线”按钮、“多段线”按钮和“多行文字”按钮 A，绘制剖切线和剖切符号，如图 17-90 所示。

> **注意** 绘制建筑剖面图中的门窗或楼梯时，除了可利用前面介绍的方法直接绘制外，也可借助图库中的图形模块进行绘制，例如，一些未被剖切的可见门窗或一组楼梯栏杆等。在常见的室内图库中，有很多不同种类和尺寸的门窗和栏杆立面可以选择，绘图者只需找到合适的图形模块进行复制，然后粘贴到自己的图形中即可。如果图库中提供的图形模块与实际需要的图形之间在尺寸或角度上存在差异，可利用“分解”命令先将模块进行分解，然后利用“旋转”或“缩放”命令进行修改，将其调整到满意的结果后，插入图中的相应位置。

❸ 绘制定位辅助线

（1）将暂时不用的图层关闭。关闭“标注”“楼梯”“室内布置”“室内铺地”“室内装饰”“轴线图层”，如图 17-91 所示。

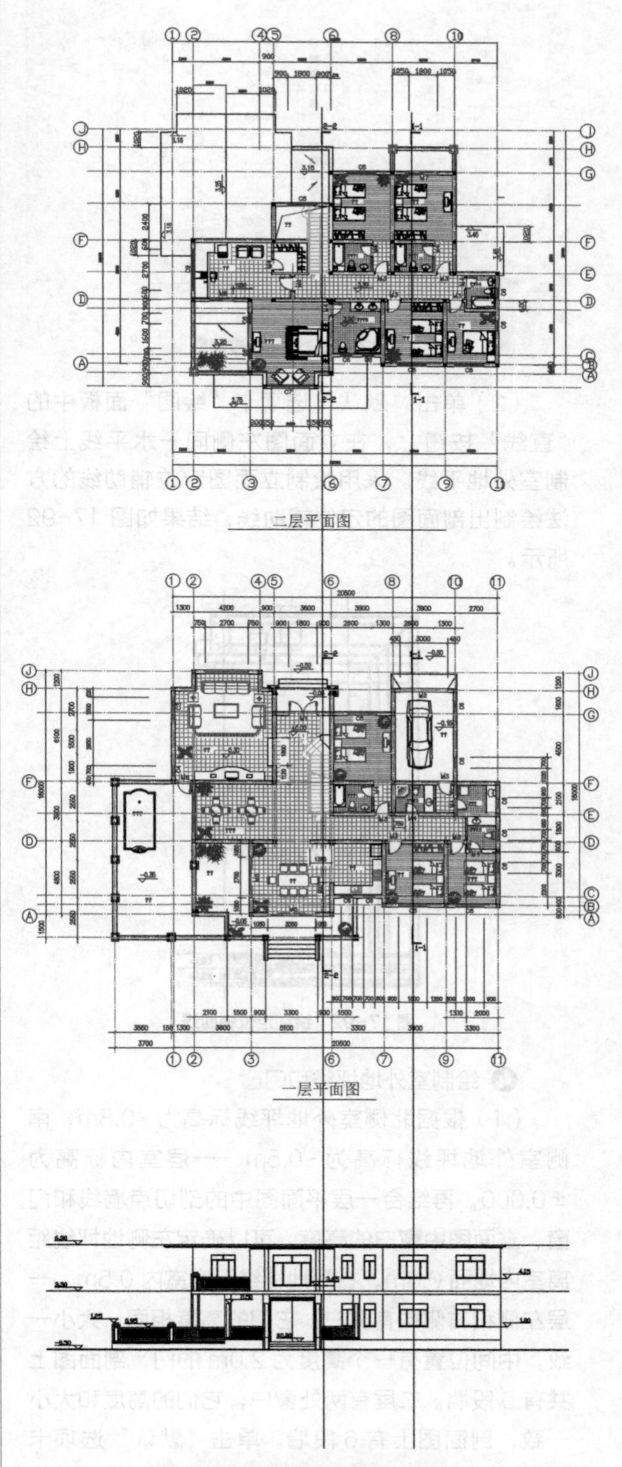

图 17-90 绘制剖切线和剖切符号

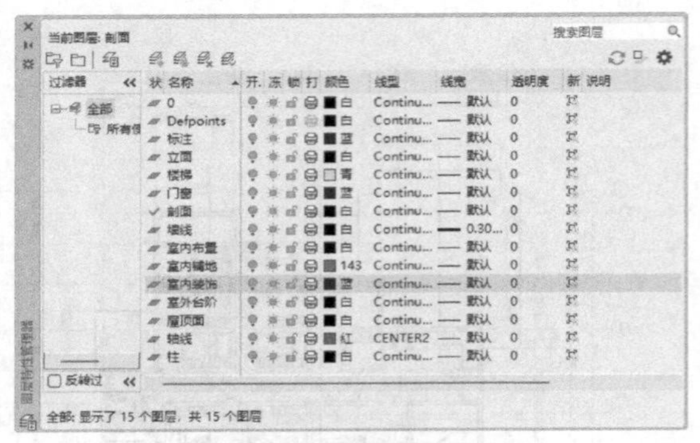

图 17-91　关闭相应图层

（2）单击“默认”选项卡“绘图”面板中的“直线”按钮╱，在立面图左侧同一水平线上绘制室外地平线。采用绘制立面图定位辅助线的方法绘制出剖面图的定位辅助线，结果如图 17-92 所示。

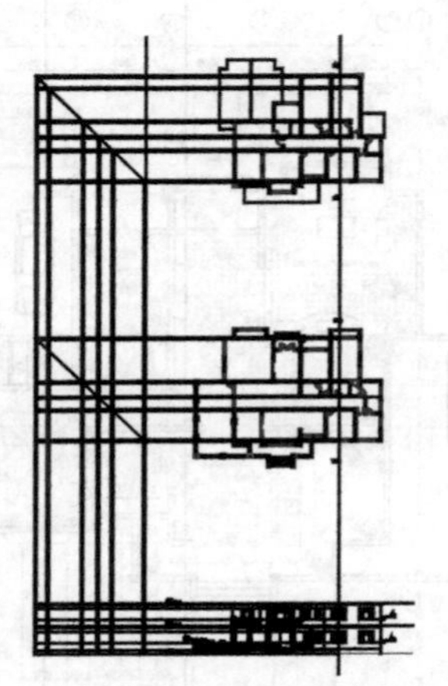

图 17-92　绘制定位辅助线

❹ 绘制室外地坪线和门窗

（1）根据北侧室外地坪线标高为 -0.8m、南侧室外地坪线标高为 -0.5m、一层室内标高为 ±0.000，再结合一层平面图中的剖切点墙线和门窗、立面图中窗户的高度，可以确定左侧地坪线距离室内地面 0.8m、右侧地坪线距离室内 0.5m。一层左侧和右侧均有窗户，它们的高度相同、大小一致，中间位置有一个高度为 2.0m 的门，剖面图上共有 5 段墙。二层有两处窗户，它们的高度和大小一致，剖面图上有 6 段墙。单击“默认”选项卡“绘图”面板中的“多段线”按钮，指定多段线的宽度为 100，结合室内外地坪的标高差，绘制地坪线。单击“默认”选项卡“绘图”面板中的“直线”按钮╱，结合平面图和立面图中的辅助线，绘制门窗。单击“默认”选项卡“修改”面板中的“修剪”按钮，修剪多余的线段。结果如图 17-93 所示。

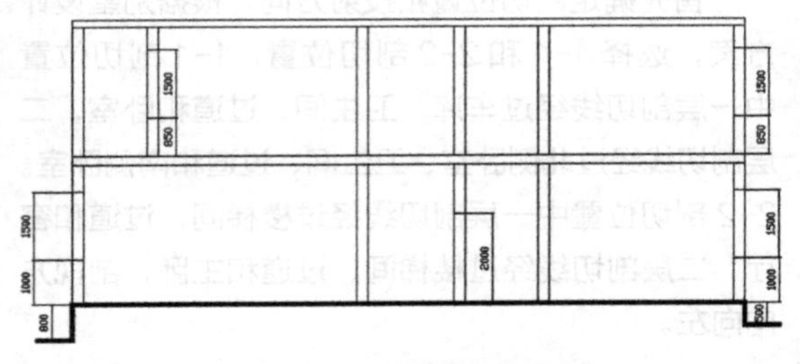

图 17-93　绘制地坪线和门窗

（2）根据剖切线的位置和方向可以确定，剖面图上还应有一层的两个窗户、二层的两个门。单击“默认”选项卡“绘图”面板中的“直线”按钮╱，从平面图向剖面图中做辅助线，如图 17-94 所示。结合门窗的高度，单击“默认”选项卡“修改”面板中的“修剪”按钮，修剪多余的线段，结果如图 17-95 所示。

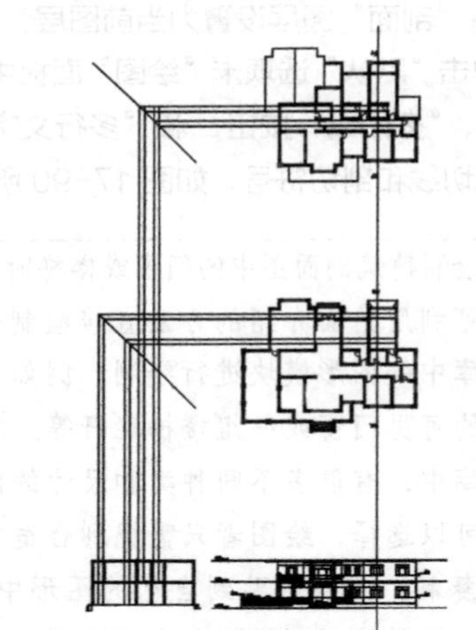

图 17-94　绘制辅助线

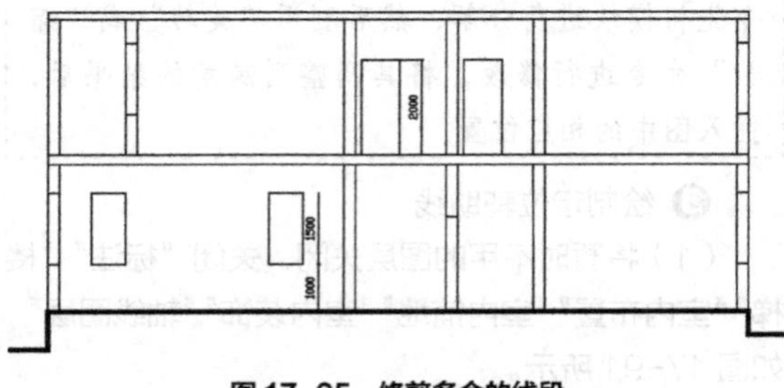

图 17-95　修剪多余的线段

❺ 绘制楼板

单击“默认”选项卡“绘图”面板中的“直线”按钮╱和“修改”面板中的“修剪”按钮✂，绘制楼板。单击“默认”选项卡“绘图”面板中的“图案填充”按钮▦，将楼板层填充为“SOLID”图案，结果如图 17-96 所示。

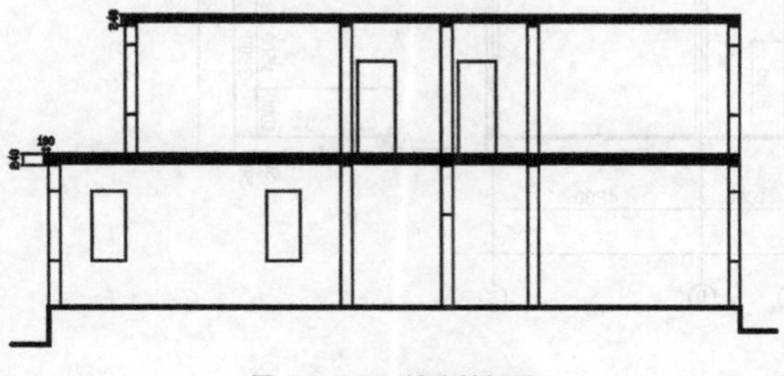

图 17-96 填充楼板层

❻ 绘制砖柱

根据二层平面图中砖柱的位置，确定剖面图中砖柱的位置，然后利用上述方法绘制剖面图的砖柱，结果如图 17-97 所示。

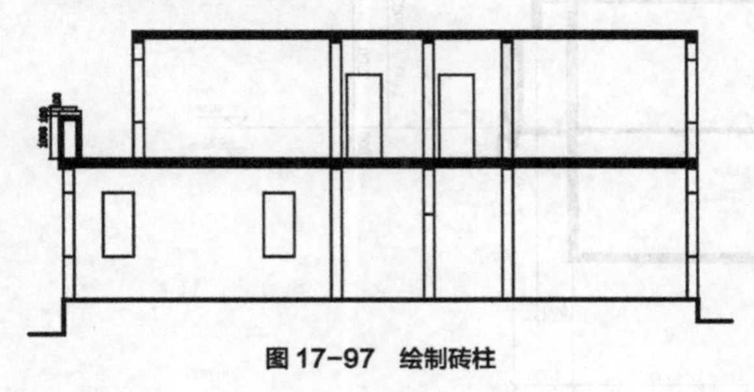

图 17-97 绘制砖柱

❼ 设置墙体宽度

设置墙线的线宽为 0.3，形成墙体剖面线，如图 17-98 所示。

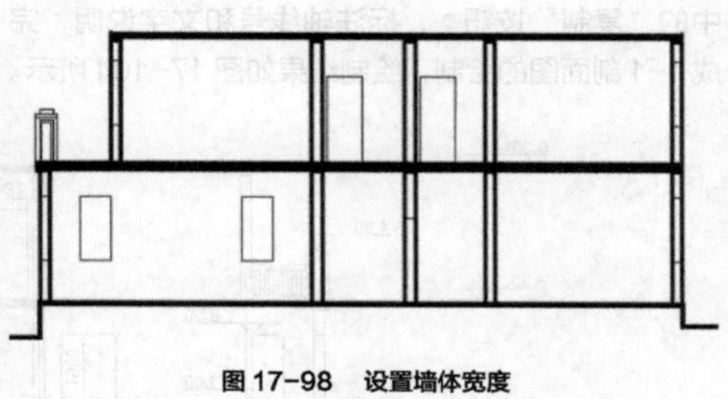

图 17-98 设置墙体宽度

❽ 绘制栏杆

绘制方法与立面图相同，绘制结果如图 17-99 所示。

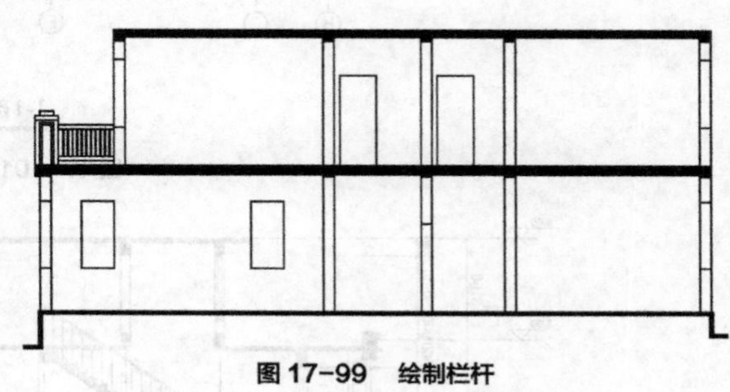

图 17-99 绘制栏杆

❾ 文字说明与标注

（1）单击“默认”选项卡“绘图”面板中的“直线”按钮╱和“多行文字”按钮A，进行标高的标注，如图 17-100 所示。

（2）单击“默认”选项卡“注释”面板中的“线性”按钮⊢和“连续”按钮⊞，标注门窗洞口、层高、轴线和总体长度的尺寸。

（3）单击“默认”选项卡“绘图”面板中的“圆”按钮⊙、“多行文字”按钮A和“修改”面板

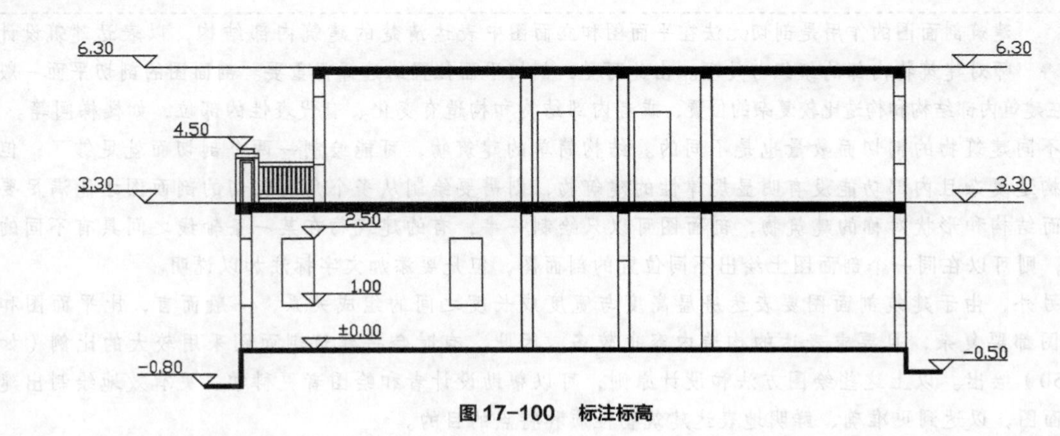

图 17-100 标注标高

中的“复制”按钮，标注轴线号和文字说明，完成 1-1 剖面图的绘制，绘制结果如图 17-101 所示。

综合上述步骤继续绘制 2-2 剖面图，如图 17-102 所示。

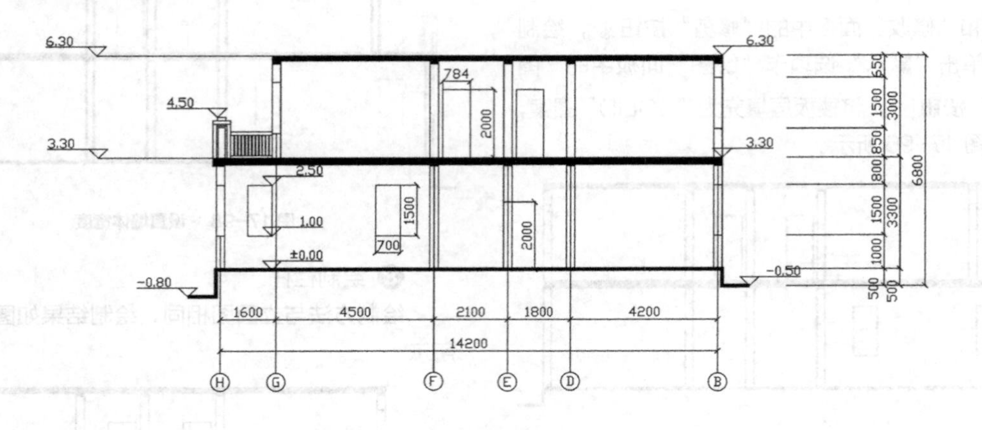

图 17-101　1-1 剖面图

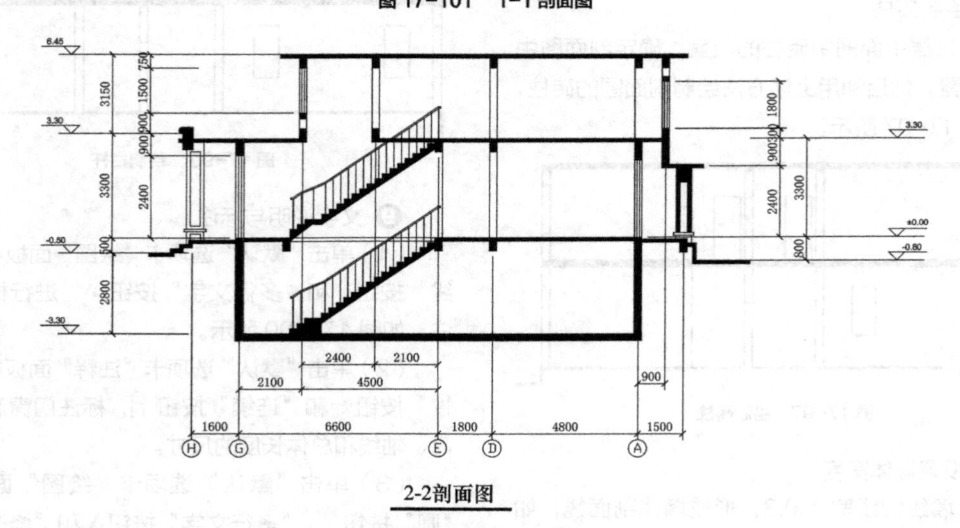

图 17-102　2-2 剖面图

注意　建筑剖面图的作用是剖切无法在平面图和立面图中表达清楚的建筑内部结构，以表达建筑设计师对建筑物内部的组织与处理。由此可见，剖切平面位置的选择很重要。剖面图的剖切平面一般选择在建筑内部结构和构造比较复杂的位置，或者内部结构和构造有变化、有代表性的部位，如楼梯间等。

不同建筑物的剖切面数量也是不同的。结构简单的建筑物，可能绘制一两个剖切面就足够了；但有些构造复杂且内部功能没有明显规律性的建筑物，则需要绘制从多个角度剖切的剖面图才能满足要求。而结构和形状对称的建筑物，剖面图可以只绘制一半，有的建筑物在某一条轴线之间具有不同的布置，则可以在同一个剖面图上绘出不同位置的剖面图，但是要添加文字标注加以说明。

另外，由于建筑剖面图要表达房屋高度与宽度或长度之间的组成关系，一般而言，比平面图和立面图都要复杂，且要求表达的构造内容也较多，因此，有时会将建筑剖面图采用较大的比例（如 1 ：50）绘出。以上这些绘图方法和设计原则，可以帮助设计者和绘图者更科学、更有效地绘制出建筑剖面图，以达到更准确、鲜明地表达建筑物性质和特点的目的。

17.2.4 绘制别墅建筑详图

本小节以绘制别墅建筑详图为例，介绍建筑详图绘制的一般方法与技巧。首先绘制外墙身详图。

操作步骤

❶ 绘制墙身节点 1

墙身节点 1 的绘制内容包括屋面防水和隔热层。

（1）绘制檐口轮廓。单击“默认”选项卡“绘图”面板中的“直线”按钮⁄、“多段线”按钮⊐、“圆”按钮⊙和“多行文字”按钮A，绘制轴线、楼板和檐口轮廓线，结果如图 17-103 所示。单击“默认”选项卡“修改”面板中的“偏移”按钮⊆，将檐口轮廓线向外偏移 50，完成抹灰的绘制，如图 17-104 所示。

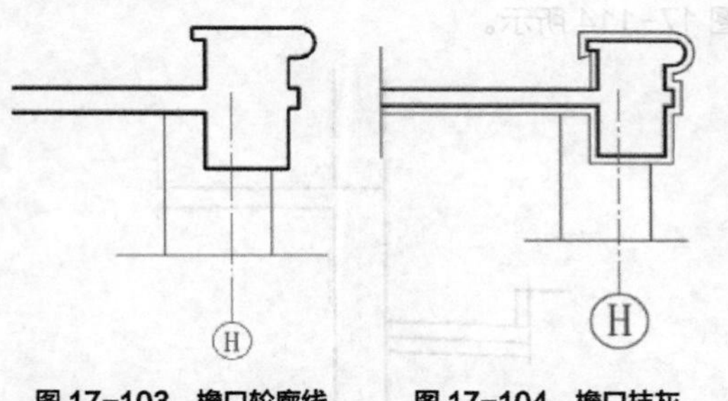

图 17-103 檐口轮廓线　　图 17-104 檐口抹灰

（2）单击“默认”选项卡“修改”面板中的“偏移”按钮⊆，将楼板层分别向上偏移 20、40、20、10、40，并将偏移后的直线设置为细实线，结果如图 17-105 所示。单击“默认”选项卡“绘图”面板中的“多段线”按钮⊐，绘制防水层，设置多段线宽度为 10，将转角处做圆角处理，结果如图 17-106 所示。

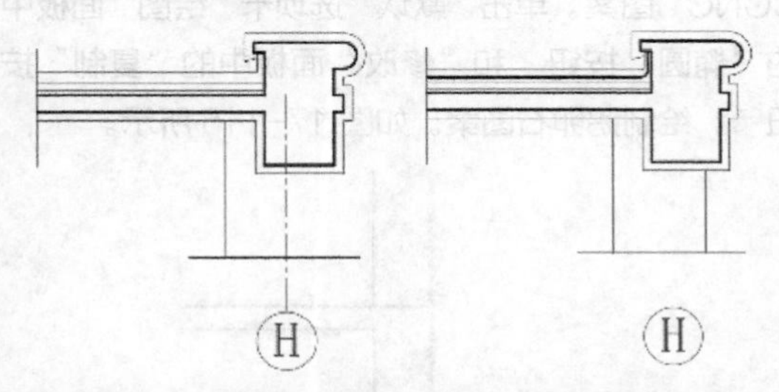

图 17-105 偏移直线　　图 17-106 绘制防水层

（3）图案填充。单击“默认”选项卡“绘图”面板中的“图案填充”按钮▦，依次填充各种材料图例，钢筋混凝土采用“ANSI31”和“AR-CONC”图案的叠加、聚苯乙烯泡沫塑料采用“ANSI37”图案，结果如图 17-107 所示。

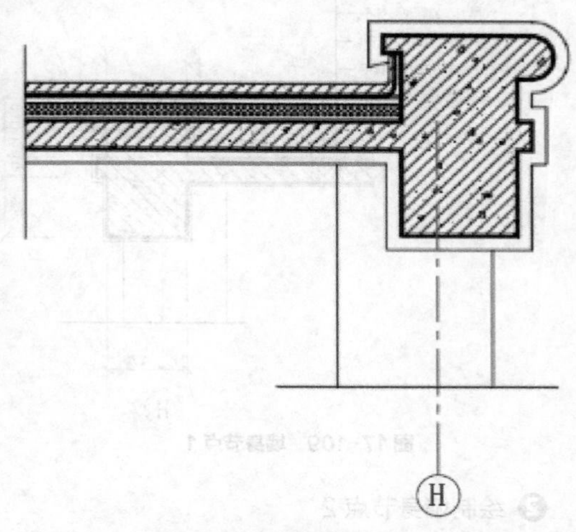

图 17-107 图案填充（1）

（4）尺寸标注。单击“默认”选项卡“注释”面板中的“线性”按钮⊢、“半径”按钮⁄和“注释”选项卡“标注”面板中的“连续”按钮⊢⊢，进行尺寸标注，如图 17-108 所示。

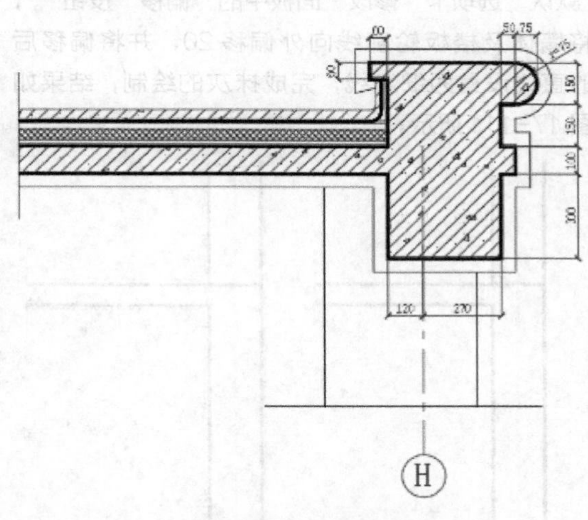

图 17-108 尺寸标注（1）

（5）文字说明。单击“默认”选项卡“绘图”面板中的“直线”按钮⁄，绘制引出线，单击“默认”选项卡“注释”面板中的“多行文字”按钮A，在左侧标注屋面防水层的多层次构造，完成墙身节点 1 的绘制，结果如图 17-109 所示。

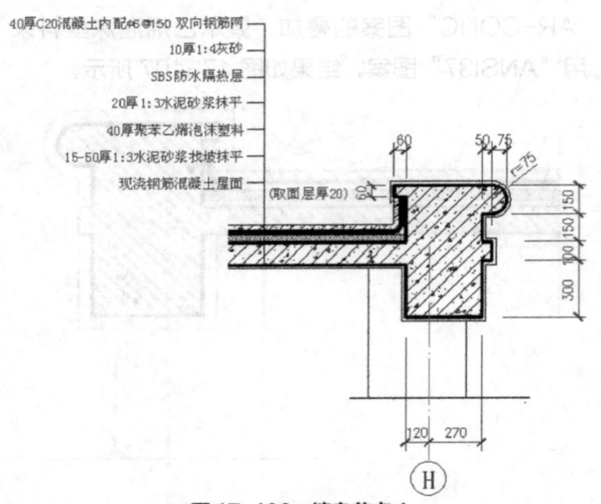

图 17-109　墙身节点 1

❷ 绘制墙身节点 2

墙身节点 2 的绘制内容包括墙体与室内外地坪的关系及散水。

（1）绘制墙体及一层楼板轮廓。单击“默认”选项卡“绘图”面板中的“直线”按钮，绘制墙体及一层楼板轮廓，结果如图 17-110 所示。单击“默认”选项卡“修改”面板中的“偏移”按钮，将墙体及楼板轮廓线向外偏移 20，并将偏移后的直线设置为细实线，完成抹灰的绘制，结果如图 17-111 所示。

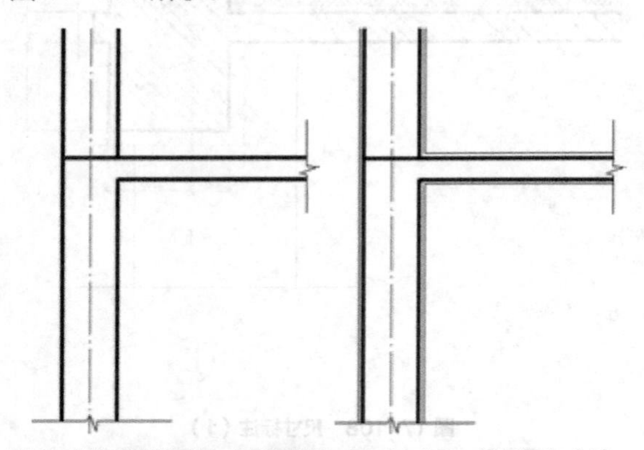

图 17-110　绘制墙体及一层楼板轮廓　图 17-111　绘制抹灰（1）

（2）绘制散水。

①单击“默认”选项卡“修改”面板中的“偏移”按钮，将墙线左侧的轮廓线依次向左偏移 615、60，将一层楼板下侧轮廓线依次向下偏移 367、182、80、71，单击“默认”选项卡“修改”面板中的“移动”按钮，将向下偏移的直线向左移动，结果如图 17-112 所示。

②单击“默认”选项卡“修改”面板中的“旋转”按钮，将移动后的直线以最下端直线的左端点为基点进行旋转，旋转角度为 2°，结果如图 17-113 所示。

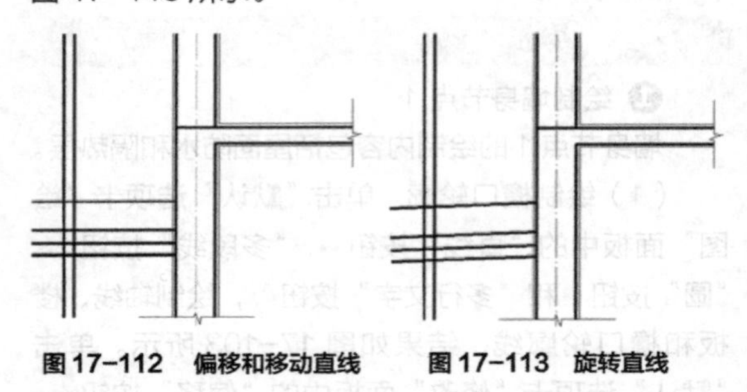

图 17-112　偏移和移动直线　图 17-113　旋转直线

③单击“默认”选项卡“修改”面板中的“修剪”按钮，修剪图中多余的直线，结果如图 17-114 所示。

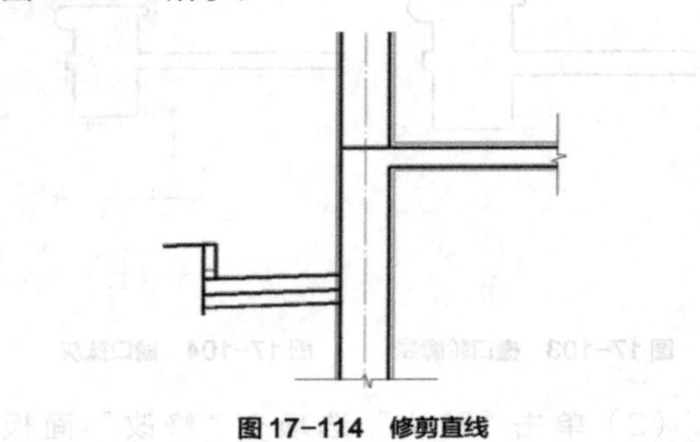

图 17-114　修剪直线

（3）图案填充。单击“默认”选项卡“绘图”面板中的“图案填充”按钮，依次填充各种材料图例，钢筋混凝土采用“ANSI31”和“AR-CONC”图案的叠加、砖墙采用“ANSI31”图案、素土采用“ANSI37”图案、素混凝土采用“AR-CONC”图案。单击“默认”选项卡“绘图”面板中的“椭圆”按钮和“修改”面板中的“复制”按钮，绘制鹅卵石图案。如图 17-115 所示。

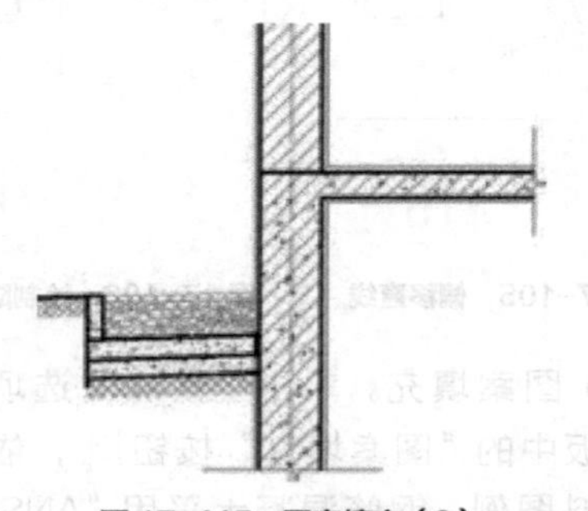

图 17-115　图案填充（2）

（4）尺寸标注。单击“默认”选项卡“注释”面板中的“线性”按钮，进行尺寸标注，结果如图 17-116 所示。

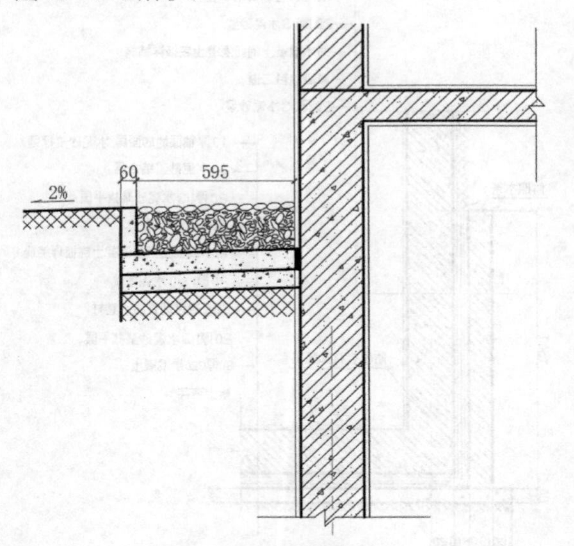

图 17-116 尺寸标注（2）

（5）文字说明。单击“默认”选项卡“绘图”面板中的“直线”按钮，绘制引出线。单击“默认”选项卡“注释”面板中的“多行文字”按钮A，标注散水的多层次构造，完成墙身节点 2 的绘制，结果如图 17-117 所示。

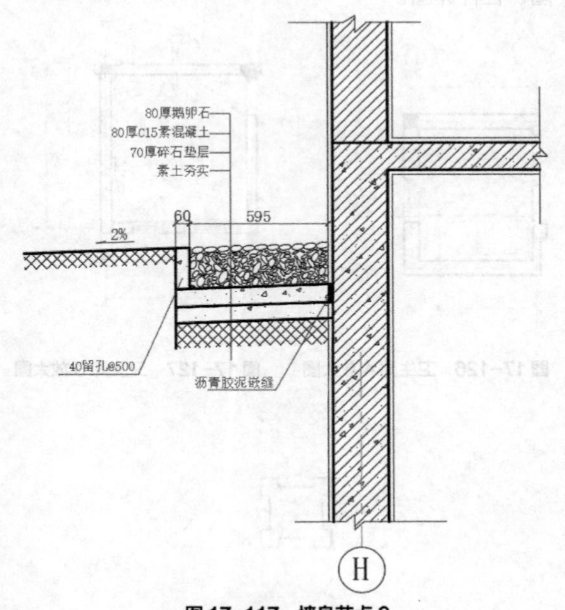

图 17-117 墙身节点 2

❸ 绘制墙身节点 3

墙身节点 3 的绘制内容包括地下室地坪和墙体防潮层。

（1）绘制地下室墙体及底部轮廓。单击“默认”选项卡“绘图”面板中的“直线”按钮，绘制地下室墙体及底部轮廓，结果如图 17-118 所示。单击“默认”选项卡“修改”面板中的“偏移”按钮，将轮廓线向外偏移 20，并将偏移后的直线设置为细实线，完成抹灰的绘制，如图 17-119 所示。

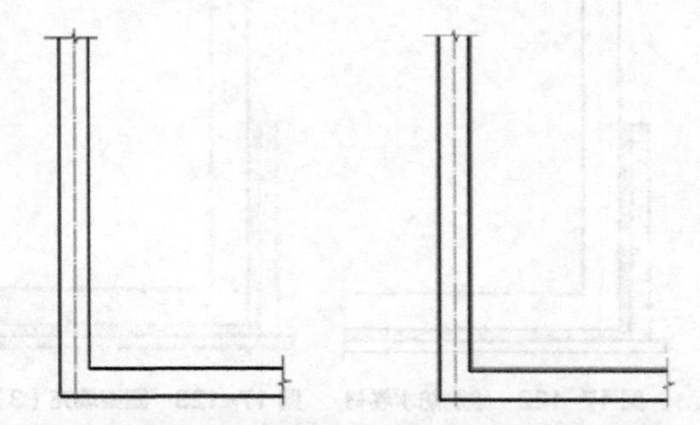

图 17-118 绘制地下室墙体及底部轮廓　图 17-119 绘制抹灰（2）

（2）绘制防潮层。单击“默认”选项卡“修改”面板中的“偏移”按钮，将墙线左侧的抹灰线依次向左偏移 20、16、24、120、106，将底部的抹灰线依次向下偏移 20、16、24、80。单击“默认”选项卡“修改”面板中的“修剪”按钮，修剪偏移后的直线。单击“默认”选项卡“修改”面板中的“圆角”按钮，将直角处倒圆角处理，并修改线段的宽度，结果如图 17-120 所示。单击“默认”选项卡“绘图”面板中的“直线”按钮，绘制防腐木条，如图 17-121 所示。

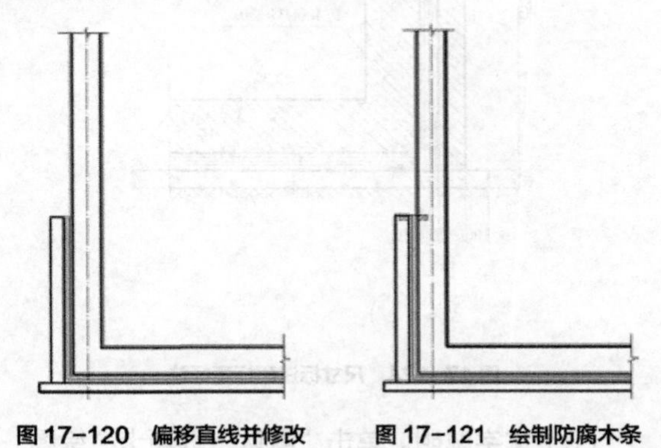

图 17-120 偏移直线并修改　图 17-121 绘制防腐木条

（3）单击“默认”选项卡“绘图”面板中的“多段线”按钮，绘制防水卷材，结果如图 17-122 所示。

（4）单击“默认”选项卡“绘图”面板中的“图

案填充”按钮▦，依次填充各种材料图例，钢筋混凝土采用“ANSI31”和“AR-CONC”图案的叠加、砖墙采用“ANSI31”图案、素土采用“ANSI37”图案、素混凝土采用“AR-CONC”图案，结果如图 17-123 所示。

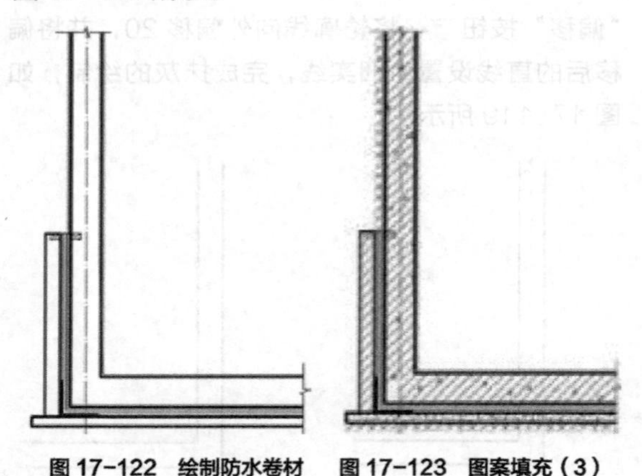

图 17-122　绘制防水卷材　　图 17-123　图案填充（3）

（5）尺寸标注和标高标注。单击“默认”选项卡“注释”面板中的“线性”按钮⊢、“多行文字”按钮A 和“绘图”面板中的“直线”按钮╱，进行尺寸标注和标高标注，结果如图 17-124 所示。

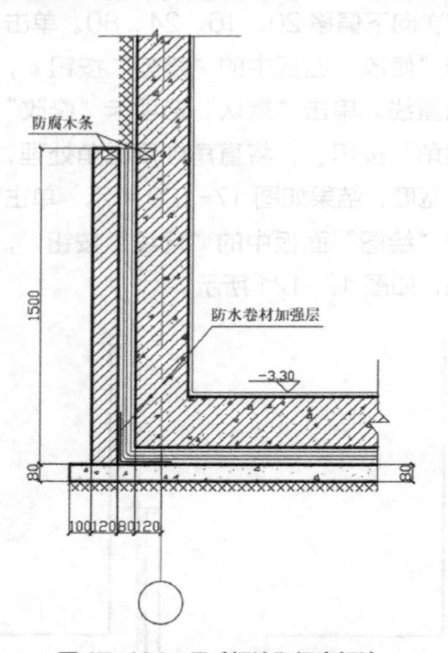

图 17-124　尺寸标注和标高标注

（6）文字说明。单击“默认”选项卡“绘图”面板中的“直线”按钮╱，绘制引出线。然后单击“默认”选项卡“注释”面板中的“多行文字”按钮A，标注散水的多层次构造，完成墙身节点 3 的绘制，如图 17-125 所示。

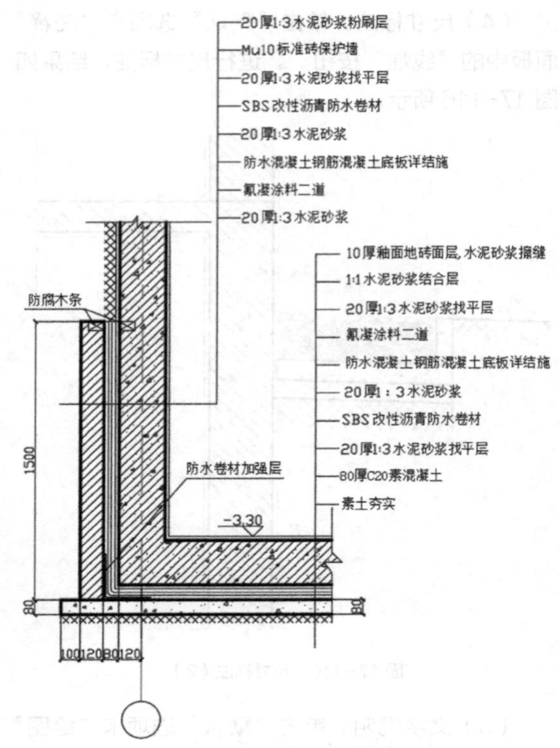

图 17-125　墙身节点 3

综合上述步骤绘制图 17-126 ～图 17-129 所示的卫生间 4 放大图、卫生间 5 放大图、装饰柱详图、栏杆详图。

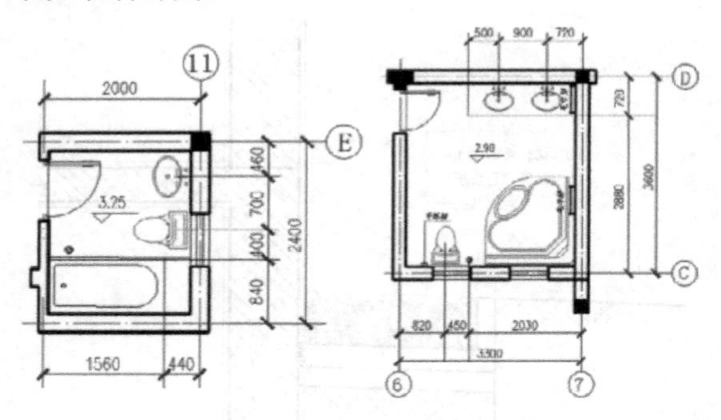

图 17-126　卫生间 4 放大图　　图 17-127　卫生间 5 放大图

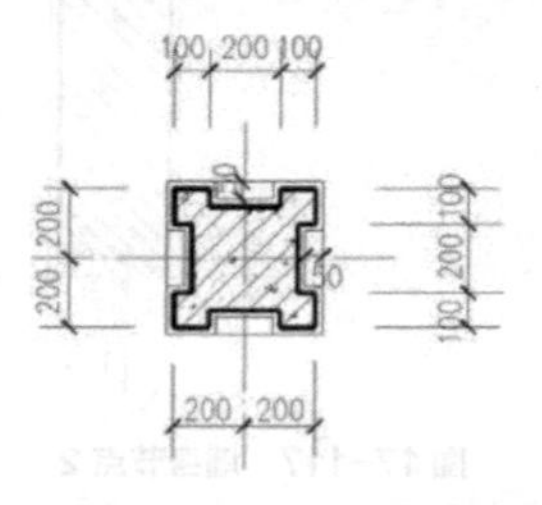

图 17-128　装饰柱详图

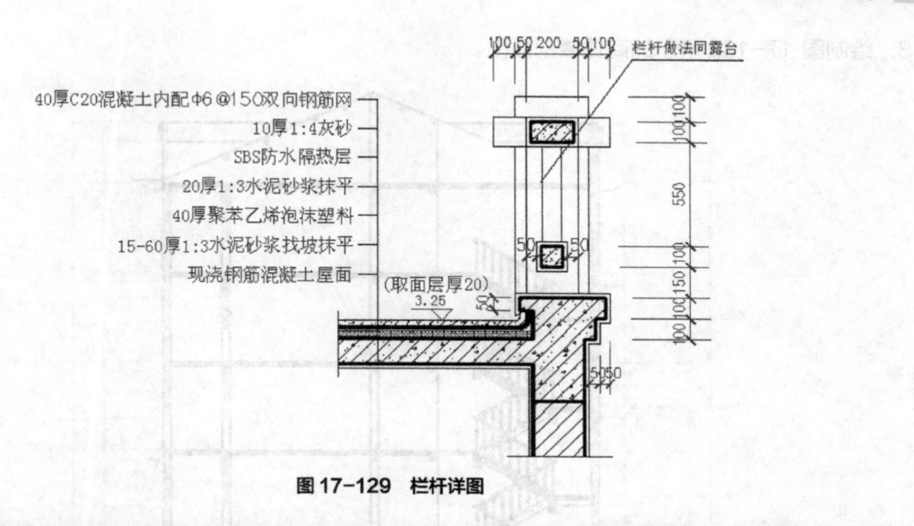

图 17-129 栏杆详图

17.3 练习

1. 绘制图 17-130 所示的商住楼一层平面图。

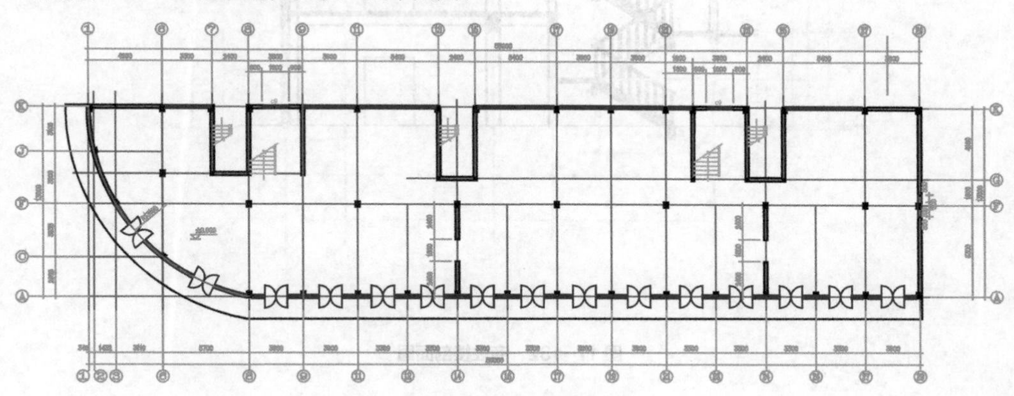

图 17-130 一层平面图

2. 绘制图 17-131 所示的商住楼立面图。

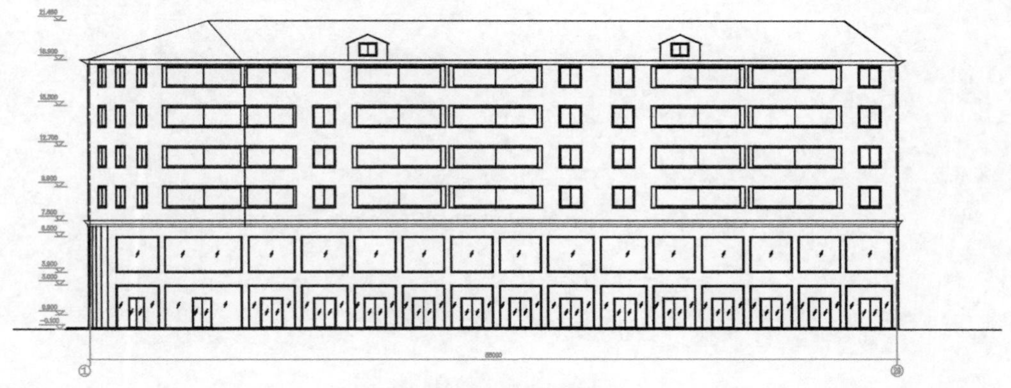

图 17-131 立面图

3. 绘制图 17-132 所示的商住楼剖面图。

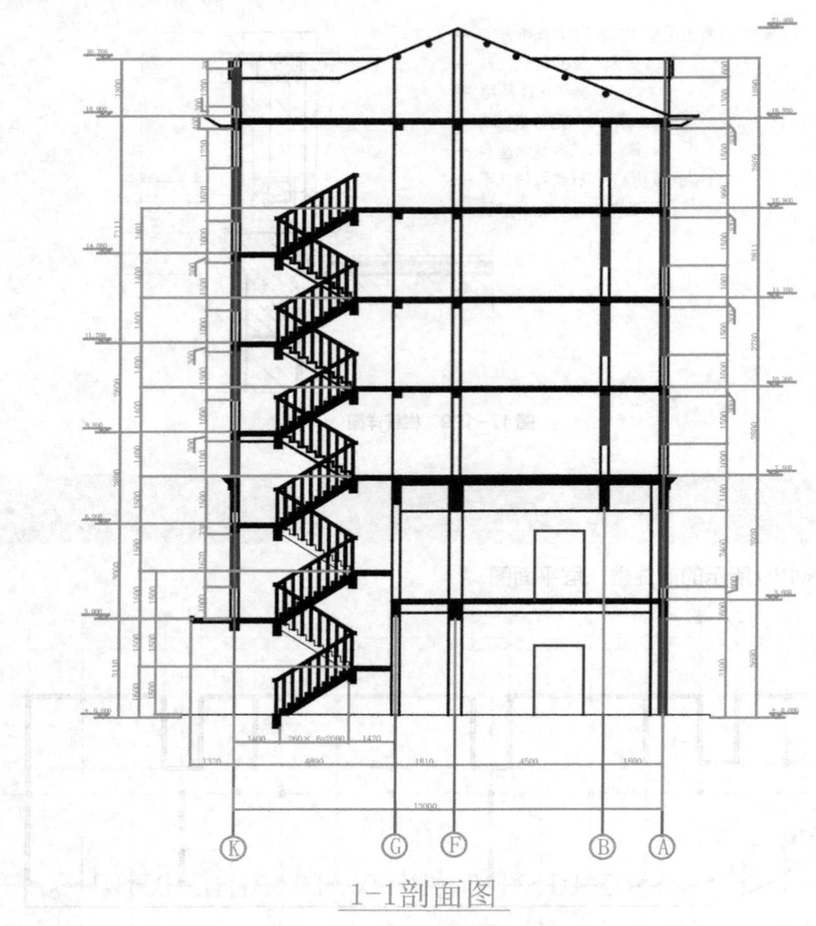

图 17-132　商住楼剖面图